中国民族建筑学术论文特辑 2024

中国民族建筑研究会　编

中国建设科技出版社有限责任公司
China Construction Science and Technology Press Co., Ltd.

北　京

图书在版编目（CIP）数据

中国民族建筑学术论文特辑. 2024/中国民族建筑研究会编. --北京：中国建设科技出版社有限责任公司，2025. 2. -- ISBN 978-7-5160-4392-9

Ⅰ. TU-092. 8

中国国家版本馆 CIP 数据核字第 2025L4W891 号

中国民族建筑学术论文特辑 2024
ZHONGGUO MINZU JIANZHU XUESHU LUNWEN TEJI 2024
中国民族建筑研究会　编

出版发行：中国建设科技出版社有限责任公司
地　　址：北京市西城区白纸坊东街 2 号院 6 号楼
邮　　编：100054
经　　销：全国各地新华书店
印　　刷：北京雁林吉兆印刷有限公司
开　　本：889mm×1194mm　1/16
印　　张：22. 5
字　　数：650 千字
版　　次：2025 年 2 月第 1 版
印　　次：2025 年 2 月第 1 次
定　　价：98. 00 元

本社网址：www. jskjcbs. com，微信公众号：zgjskjcbs

《中国民族建筑学术论文特辑2024》
编委会

前　言

为深入贯彻落实中央民族工作会议精神，进一步推进中华民族共同体建设，构筑中华民族共有精神家园，提升民族建筑学术研究的层次和创新能力，配合“2024 第二十三届中国民族建筑研究会学术年会”的召开，在中国民族建筑研究会广大会员和业内专家学者的支持下，经过广泛的论文征集和精心筹备，《中国民族建筑学术论文特辑 2024》与大家见面了。本次论文征集活动得到了广大会员和相关单位的热烈响应，共收到来自行业专家、科研院所、高校以及企事业单位等的学术论文 140 余篇。经研究会组织的专家组评议、筛选和推荐，最终有 58 篇优秀论文被选入《中国民族建筑学术论文特辑 2024》。此外，研究会还将除论文特辑收录外的部分优秀论文推荐给了《建筑遗产》《南方建筑》《华中建筑》等期刊，供这些核心期刊遴选使用。

随着时代的进步，民族建筑文化在现代社会中的重要性和作用愈发显著。作为中华文化的重要组成部分，民族建筑不仅蕴含着丰富的历史信息和深厚的文化底蕴，而且在促进民族团结、增强文化自信、推动地方经济发展等方面发挥着不可或缺的作用。因此，深入探索和研究民族建筑文化，对于保护和传承中华民族的优秀传统文化具有至关重要的意义。

《中国民族建筑学术论文特辑 2024》所收录的学术论文，紧紧围绕铸牢中华民族共同体意识建设和民族建筑事业发展方向，从多个学术和技术角度进行了深入论述，反映出我国民族传统建筑的保护和利用方面的科研水平和取得的新成就，以及各民族交往交流交融的学术成果。在此，我们向所有参与本书编撰工作的专家学者和编辑人员致以衷心的感谢。正是由于他们的辛勤工作和无私奉献，我们才能将这些宝贵的知识和经验集结成册，为推动民族建筑文化的传承与发展作出贡献。同时，我们也期待更多的研究者和实践者能够加入这一事业中来，共同为保护和弘扬中华民族优秀建筑文化而努力。

中国民族建筑研究会
2025 年 2 月

目　录

石佛寺古辽塔风格性形制复原研究[1]

胡峻嘉[2]　麦贤敏[3]

摘　要： 本次复原研究对象石佛寺塔为辽代密檐式实心砖塔，塔身以上塔檐、塔刹两部分无存，根据考古文献资料、辽代砖塔共性特征的研究成果，并参考建造时间、地点与石佛寺塔相近且形制相似的辽代古塔对石佛寺塔进行风格性复原研究。经研究得出石佛寺塔总体高度、塔身立面各部比例关系及主要构造做法等复原推断。

关键词： 复原设计；遗产保护；辽代砖塔；石佛寺塔；风格性

一、　石佛寺塔的历史沿革

1982年6月，沈阳市文物考古工作队对石佛寺塔地宫进行了考古发掘工作，地宫中的石碑上刻有“辽双州双城县时家寨净居院舍利塔”“辽咸雍十年七月初七”等字样，这一发现对确定辽代双州城遗址的具体位置具有重大学术意义。据《铁岭县志》[4] 记载，该塔在明代有过一次较大规模的修缮；1931年5月，塔檐与大半塔身垮塌，仅剩部分塔基和一面塔壁残存。2010年7月，沈阳市文化局委托沈阳故宫古建园林有限公司制定了《石佛寺舍利塔加固工程实施方案》，实施了加固维修工程，基本排除了残塔的安全隐患。

二、　复原思路与依据

试以石佛寺塔为对象做复原研究。石佛寺塔为辽代实心密檐式砖塔，依照学界的一般划分方法，将密檐塔分为塔基、塔身、塔檐、塔刹四部分。由于塔身以上塔檐、塔刹无存，本研究将根据考古文献资料、辽代砖塔共性特征等研究成果，同时参考建造时间地点与石佛寺塔相近且形制相似的辽代古塔进行风格性复原研究。本次研究侧重于对该塔的外观进行比例形制上的复原推断，对塔体纹样、细部构造等不作深入研究。主要研究内容为：①石佛寺塔的总体高度；②塔身立面各部分的比例关系；③一层大檐斗栱的构造做法；④密檐层数及其收分率。

1. 石佛寺塔现存情况

石佛寺塔现存于沈阳市沈北新区石佛寺村域内七星山景区。据《铁岭县志》记载：“塔顶与大半塔身于1931年5月的雨天轰然颓崩”，现仅存一面塔身与部分塔基。残存塔体于2010年加固修复，根据修复前的影像存档可以明确如下形制特征：①该塔为平面六边形实心密檐式砖塔；②塔身转角为圆形倚柱；③塔身为实心“一佛二菩萨”构图，正中设佛龛，佛龛两侧立胁侍菩萨，佛龛上设单宝盖双飞天；④一层大檐每面塔身设三朵补间铺作、两朵转角铺作；⑤经加固修复后的塔基部分为平素基座，表面没有任何纹样装饰和收分造型。经笔者实测，石佛寺塔外层砖尺寸为316mm×200mm×80mm，素面砖；内层砖尺寸为316mm×

1　基金项目：中央高校基本科研业务费专项资金优秀学生培养工程（项目编号ZYN2024158）。

2　西南民族大学建筑学院硕士研究生，610000，13890659374@163.com。

3　西南民族大学教授，610000，maixianmin@foxmail.com。

4　《铁岭县志》为地方志书，清康熙十六年（1677年）由贾弘文修、董国祥纂，辽宁图书馆藏康熙刊本。

150mm×60mm，沟纹砖，砖面有规则的七道沟纹；塔身面阔宽 3087mm；塔身转角倚柱高 2799mm（图 1）。

图 1　石佛寺塔现状
（来源：作者自摄于 2023 年 7 月）

2. 辽塔共性特征的研究现状

对辽代砖塔的研究，学界已有较为系统完整的研究成果。沈阳建筑大学教授陈伯超等从建筑技艺和营造技术的角度对辽代砖塔的建筑特点和发展演变历程进行了非常系统深入的分析研究[1]。长安大学建筑机械系主任马鹏飞等对辽代砖塔典型个例的尺度构成及各部分比例关系进行系统分析，揭示其尺度比例控制的内在规律[2]。辽宁工业大学土木建筑工程学院研究生导师赵兵兵等以现存辽代砖塔为研究对象，通过对砖塔砖料的坎磨加工、砌筑类型、砌筑方式三方面的研究，提出了在保证塔身整体性的前提下，如何通过砌筑方式最大程度地发挥其合理的受力特性[3]。内蒙古工业大学建筑学院副教授王卓男等对现存辽代砖塔进行实地调研取样，借助三维数字模型并采用数据分析法分析辽代密檐砖塔的制式规律，得出辽代典型密檐砖塔的塔檐和塔身的高度存在一定的比例关系，即塔身高与塔檐高之比为 1∶2.3～1∶4 的制式规律[4]；另外通过从塔基、塔身、塔檐及细部入手对白塔峪塔进行测绘、采集数据，探究其数理特征关系，发现白塔峪塔存在以中间层和倚柱控制塔高的现象，并且塔檐三至十三层为“等高收分”[5]。

3. 考古文献资料

《辽双州城考》中对 1982 年修复前的石佛寺塔残存状态有所描述：“塔现已颓残，据现存残余部分和暴露的塔基测定，塔为六角多层密檐式实心砖塔。现仅残存整个东南面塔基和塔身的外壁，两侧各有一小段连接部分残存。塔檐、塔刹部分全部颓毁不存。残高约 8m，塔基高 2.2m，面宽 4.3m，上为俯仰莲瓣及数层叠涩形成的须弥座，中嵌壶门及内外伎乐人等雕砖装饰已剥落不存，遗留痕迹尚依稀可辨。”[6]（图 2）

图 2　石佛寺塔维修前状况
（来源：陈鑫摄于 2003 年）

三、　复原尺度

关于辽代典型密檐砖塔的尺度构成，陈伯超、马鹏飞等已有详细的论证[2]，笔者在这里结合本文的研究对象进行简要概述。关于辽塔的营造尺制标准，现今已知的古文献中并没有相关的记载，只能通过相关时期的木构建筑尺制进行分析推测。目前关于中国古建筑的模数化尺度构成最早记载于北宋崇宁二年（1103 年）的《营造法式》1，虽然在历史上宋尺对辽代建筑的影响是必然的，但不能直接套用宋尺标准。石佛寺塔始建于辽道宗咸雍十年（1074 年），在《营造法式》颁布之前（1103 年），并且同一时期的辽代砖石塔塔身斗栱的用材尺寸相互之间存在一定的差异，也与《营造法式》中关于宋尺的记载有一定出入。造成这个问题的原因在于辽代砖石塔的用材尺度需要适应砖料质地和规格特征，其仿木构件的尺寸由砖层决定：辽塔斗栱中的华栱常为两层砖的厚度，并以此为基本模数，塔体各部高度也皆为基本模数的整数倍。由此可以推知，石佛寺塔的基本模数尺度应为 80mm×2＝160mm，约合 0.5 宋尺 2。

1　《营造法式》为北宋元符三年（1100 年）由将作监李诫组织编修完成，崇宁二年（1103 年）首次官方颁行。

2　据刘敦桢《中国建筑史》附录三，1 宋尺约合 30.9～32.9 厘米。

四、 立面损毁部分形制复原

1. 佛塔高度及总体比例推断

对于石佛寺塔的高度和总体比例的推断，由下述几个步骤逐步精确：第一步，依据《辽代典型密檐砖塔形制规律探析》的研究结论，初步得到与辽代砖塔总体比例关系相符合的石佛寺塔的高度与比例区间；第二步，根据上述区间选择多个相似度高的参考辽塔；第三步，参考选择的辽塔与石佛寺残塔计算得出相似系数区间，并利用该系数区间进一步精确石佛寺塔的高度与比例区间；第四步，将石佛寺塔的基本模数尺度带入计算，得到合适的高度与比例数据。

《辽代典型密檐砖塔形制规律探析》中采用了数据分析法，分析过程中为避免不同平面形式导致的误差，将实地三维扫描测绘的46座辽代典型密檐式砖塔（覆盖了辽代玉京道地区）的塔身平面内切圆直径 $D1$ 选为参考数值，并将其与塔高的比值进行离散化数据分析，发现该项数值变化基本趋于平稳，在2.20～2.95，进而发现辽代典型密檐砖塔的塔身至塔檐的高度“H”与塔身平面内切圆直径 $D1$ 之间存在固定的比例关系，即“H”=（2～3）×$D1$。此外，该研究进一步将塔基、塔身、塔檐、塔刹高度分别与塔身至塔檐的高度“H”进行比例关系分析，发现辽代典型密檐砖塔塔檐高度与塔身高度存在一定的比例关系，即塔身高 $H1$ ：塔檐高 $H2$ =1：2.3～1：4[4]。

依据这两个结论，结合石佛寺残塔的测绘数据即可对塔高和比例关系进行初步推测。已知石佛寺塔塔身高度 $H1$ 为2799mm；塔身开间宽度 $W2$ 为3087mm，即可算出塔身平面内切圆直径 $D1$ 为5347mm（图3）。根据辽代典型密檐式砖塔平面内切圆直径与塔身至塔檐高度的规律，可初步推知石佛寺塔塔身至塔檐高度“H”=（2～3）×D1 =10.69～16.04m。再根据立面塔身高度与塔檐高度之比为1：2.3～1：4，即可通过塔身高度 $H1$ 为2799mm，推知塔檐高度 $H2$ 为6438～11196mm，进而推知石佛寺塔身至塔檐高度“H”= $H1$ + $H2$ =9.24～14m。结合两者结论即可得到石佛寺塔的塔身至塔檐高度“H”为9.24～14m；塔身至塔檐高度“H”与塔身平面内切圆直径 $D1$ 之比“H”/$D1$ 为2～2.62。

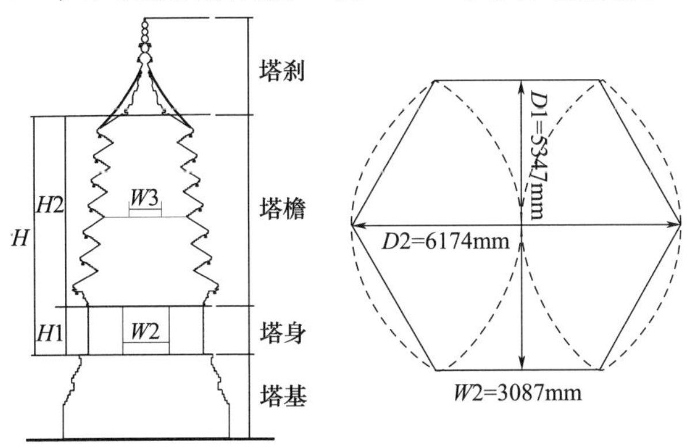

图3 塔身主要尺寸示意图
（资料来源：依据文献［4］改绘）

在参照塔的选择上主要考虑几个方面：①密檐层数相似，石佛寺塔的六边形平面多对应七层或九层檐；②平面形制相似，参照塔应为六边形密檐塔；③整体宽高比（“H”/$D1$）相似，参照塔塔身平面内切圆直径与塔身下皮至顶层塔檐檐口高度之比应与石佛寺塔的比例近似。首先，根据密檐层数进行初步筛选，选取辽宁地区现存的七层密檐式辽代砖塔包括：上京南塔、凌源十八里堡塔、葫芦岛安昌岘塔、辽阳塔湾塔、海城铁塔、北京照塔、玉皇塔；九层密檐式辽代砖塔包括：兴城磨石沟塔、东平房塔、绥中妙峰寺双塔大塔、阜新塔山塔、抚顺高尔山塔、香岩寺北塔、海城银塔。其次，在上述辽塔中筛选出六边形平面的塔包括：海城铁塔、海城银塔、东平房塔、香岩寺北塔。最后，将上述得出的石佛寺塔的（“H”/$D1$）与这四个辽塔的（“H”/$D1$）相比较，取近似的辽塔。海城铁塔（“H”/$D1$）为2.93；海城银塔（“H”/$D1$）为2.96，东平房塔（“H”/$D1$）为2.66；香岩寺北塔（“H”/$D1$）为2.41，由于石佛寺塔“H”/D1 为1.99～2.61，因此初步选取东平房塔和香岩寺北塔为参考辽塔（表1）。

表1 六边形辽塔的“H”/$D1$ [4]

层数	京道	塔名	“H”（米）	$D1$（米）	“H”/$D1$
七层	东京道	海城铁塔	10.28	3.51	2.93
九层	东京道	海城银塔	10.32	3.49	2.96
九层	东京道	东平房塔	14.79	5.56	2.66
九层	中京道	香岩寺北塔	12.22	5.07	2.41
七层	东京道	石佛寺塔	10.69～13.99	5.347	2～2.62

下面对东平房塔和香岩寺北塔的相似性做比对，东平房塔的塔身面阔宽3.22m与香岩寺北塔的塔身面阔宽2.85m之比为宽度相似系数：3.22÷2.85=1.1298；东平房塔的（“H”/$D1$）=2.66与香岩寺北塔的（“H”/$D1$）=2.41之比为体型相似系数：2.66÷2.41=1.1037，东平房塔与香岩寺北塔的宽度相似系数与体型相似系数近似：1.1298≈1.1037，说明东平房塔与香岩寺北塔可以被理解为整体形态上等比放大的相似关系。因此，选择东平房塔（图4）和香岩寺北塔（图5）作为参考形制，并拟定二者与石佛寺塔同样存在等比放大或缩小的相似关系。

进而，分别通过计算东平房塔、香岩寺北塔与石佛寺塔的宽度相似系数，用两个宽度相似系数分别计算石佛寺塔的（“H”/D1），从而可以进一步精确石佛寺塔的塔高和形态比例关系。采取东平房塔为参考原型时，东平房塔与石佛寺塔的宽度相似系数=东平房塔塔身面阔 $W2$ ÷石佛寺塔塔身面阔 $W2$ =3.22÷3.08=1.0455，石佛寺塔的“H”/

$D1$ = 东平房塔的（“H”/$D1$）÷宽度相似系数 = 2.66 ÷ 1.0455 = 2.54。采取香岩寺北塔为参考原型时，香岩寺北塔与石佛寺塔的宽度相似系数 = 香岩寺北塔塔身面阔 $W2$ ÷ 石佛寺塔塔身面阔 $W2$ = 2.85 ÷ 3.08 = 0.9253，石佛寺塔的（“H”/$D1$）= 香岩寺北塔的（“H”/$D1$）÷宽度相似系数 = 2.41 ÷ 0.9253 = 2.60。综合两个参考原型得出的石佛寺塔的（“H”/$D1$）以及上一步得出的石佛寺塔（“H”/$D1$）为 2 ~ 2.62，即可将石佛寺塔的形态比例进一步精确为（“H”/$D1$）为 2.54 ~ 2.60、塔身至塔檐高度“H”为 13.58 ~ 13.90m、塔檐高度 $H2$ 为 10.78 ~ 1.10m。

图 4　香岩寺北塔
（来源：百度百科）

图 5　东平房塔
（来源：百度百科）

最后，将石佛寺塔的基本模数尺度 160mm（0.5 宋尺）带入塔身至塔檐高度区间计算可得：当“H”为 13580mm，“H”时除以基本模数尺度 160mm 得到系数 84.875；当“H”为 13900mm 时，“H”除以基本模数 160mm 得到系数 86.875。由于塔体各部高度皆应为基本模数的整数倍且为单数，因此取系数为 85，得到塔身至塔檐的高度为 13600mm，塔檐部分的高度为 10720mm，且该高度下塔的比例关系更加趋近于东平房塔，因此推断后续细部构造基本采用东平房塔构造进行。

2. 檐部形制推断

上文已经对塔檐部分总体高度进行了推断，接下来根据现存典型辽代密檐式砖塔的檐部收分规律以及砖作技术对石佛寺塔檐部进行复原推断。主要分为如下几个部分：①推断石佛寺塔的密檐层数及出檐形式；②一层大檐推断，根据残塔顶部斗栱痕迹推断一层塔檐铺作形式，并依据基本模数尺度及构造形式对一层大檐搭建复原模型；③二至七层密檐推断，依据典型辽代砖塔的塔檐收分规律并结合基本模数尺度及构造形式进行模型搭建。

（1）密檐层数及出檐形制推断

辽代密檐式砖塔的密檐层数有一定的地位象征，《华严经探玄记》卷八：“真谛三藏引十二因缘经，八人应起塔，一如来，露盘八重以上，是佛塔；二菩萨，七盘；三缘觉，六盘；四罗汉，五盘；五阿那含，四盘；六斯陀含，三盘；七须陀洹，二盘；八轮王，一盘。”因此，在辽塔中应该存在“弟子塔”“罗汉塔”“菩萨塔”“辟支佛塔”和“释迦如来塔”等不同级别的塔。现存典型辽代砖塔塔檐层数都为奇数，且以五层、七层、九层、十三层居多，而六边形平面的辽代砖塔多对应七层或九层檐。另据当地乡民说，1931 年之前，可以清楚地分辨出石佛寺塔有七层檐。出檐形制方面，现存的辽代砖塔密檐常见的出檐形制主要有四种：一是一层塔檐用砖做斗栱，上用木结构椽飞挑出，上覆望板望砖，而后挂瓦；二是二层以上塔檐采用叠涩、瓦作和反叠涩收顶形式，叠涩出檐缓坡，直接挂瓦；三是二层以上塔檐层层以椽子挑出，后覆望板望砖出檐；四是层层塔檐以铺作承托。从残塔塔身上的斗栱痕迹来看（图 6），石佛寺塔一层大檐采用砖制斗栱上以木结构椽飞挑而出的做法，二至七层密檐的出檐形制根据石佛寺塔的等级来看，推测采用的是叠涩、瓦作和反叠涩的出檐形制。

图 6　石佛寺塔斗栱痕迹
（来源：作者自摄于 2023 年 7 月）

（2）一层大檐形制推断

根据檐下斗栱的位置，可将外檐铺作分为转角铺作与补间铺作两大类。按形式可将其分为斗口跳、四铺作、五铺作、六铺作，以现存辽代砖塔的斗栱形式来看，前三者是常用的形制。依据现存残塔宝盖上方砖制斗栱痕迹，首先可以确定石佛寺塔的每面开间设补间铺作三朵，两侧转角倚柱上各设转角铺作一朵，补间铺作和转角铺作的形制根据残塔上栌斗、泥道栱、一层华栱和槽升子的痕迹（图6）初步推断为单抄四铺作计心造。再结合东平房塔的大檐斗栱构造（图7）即可进一步推断补间铺作为单抄四铺作计心造兼批竹要头；转角铺作为单抄四铺作计心造，自栌斗出华栱三缝，令栱与侧面令栱出挑相列。砖制铺作虽然在形式上尽量仿效木构斗栱的做法，但由于材质的改变在结构处理方面与木构斗栱呈现出截然不同的做法，砖制铺作逐层挑出的总尺度，相较于木构铺作极大地缩小，从万部严经塔和青峰塔的砖制铺作剖面（图8）来看，铺作挑出形成的斜线与水平面间形成60°夹角[7]。铺作用材上，辽代砖塔铺作华栱常为两行砖高；栌斗做成平盘斗样式，采用两行砖高；普拍枋以一行砖高居多；阑额高度大多比普拍枋高一至两行砖[1]，根据铺作用材可得出石佛寺塔铺作层高度为960mm。砖制铺作的构件与组合方式以同为单抄四铺作计心造批竹要头的十八里堡塔分件组合方式作为参考（图9）。通过上述推断，结合十八里堡塔铺作分件组合方式即可建立石佛寺塔的两种铺作模型（图10、图11）。下面对典型辽塔铺作承托斗栱的构造方式进行描述：一般情况下，铺作承托出檐的做法是铺作承托替木（两行砖），其上是撩檐枋（两行砖）、檐椽（木制构件）出210mm、飞椽（一行砖）出210mm、反叠涩砖、苫背、筒板瓦（图12）。一层大檐复原推断模型如图13所示。

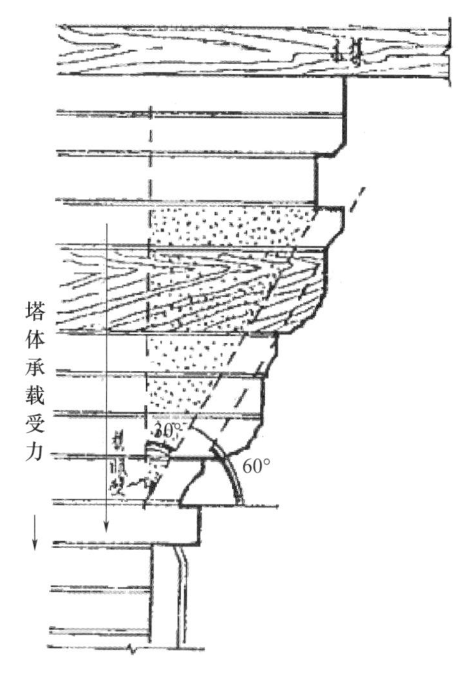

图8　万部严经塔铺作剖面[6]

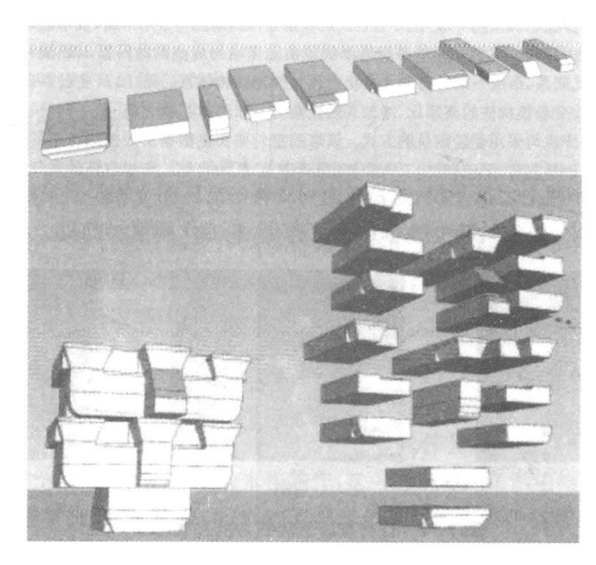

图9　十八里堡塔铺作分件组合示意图[1]

图7　东平房塔斗栱做法

（来源：作者自摄于2023年7月）

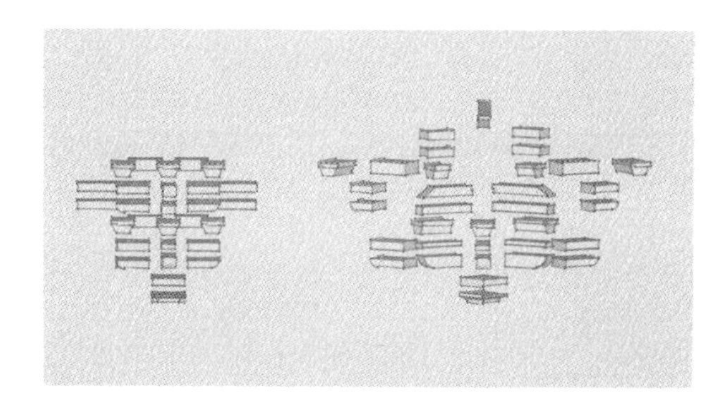

图10　石佛寺塔斗栱组件图[1]

（来源：作者自绘）

图11　石佛寺塔斗栱复原图
（来源：作者自绘）

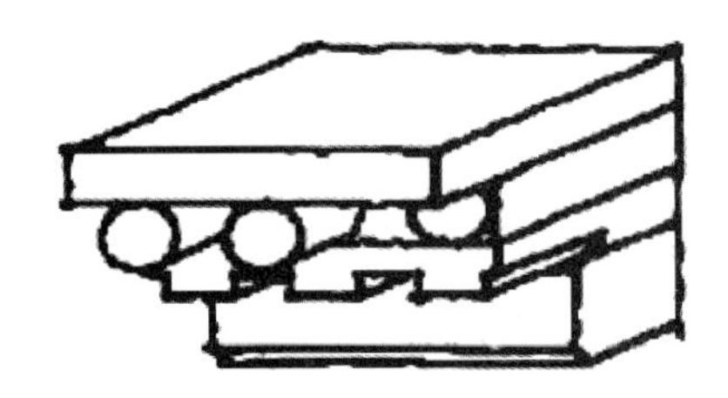

图12　东平房塔大檐承托做法
（来源：作者自绘）

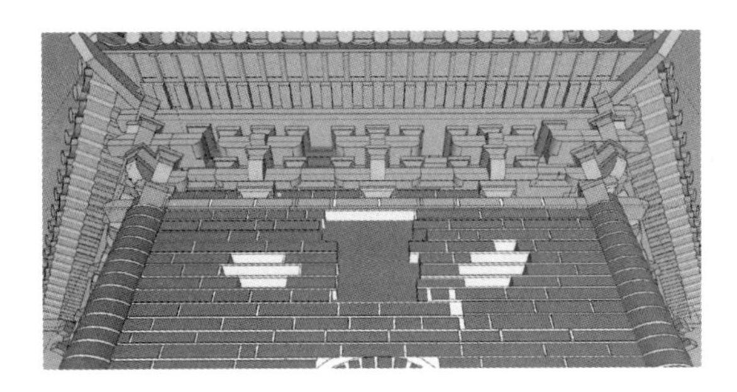

图13　石佛寺塔一层大檐复原图
（来源：作者自绘）

（3）二至七层叠涩式塔檐收分推断

塔檐部分收分的推断，根据《北京天宁寺塔三题》中对天宁寺塔密檐出檐尺度进行研究，得出天宁寺塔的出檐是由三段不同斜率的折线连接而成的结论[8]。陈伯超在《辽代砖塔》中进一步将这种檐部收分方式在大量辽塔上进行分析验证，进而得出结论——辽代密檐式砖塔是由中间层开始往两端选择相同层数来确定斜率改变范围[1]。因此，首先根据东平房塔和香岩寺北塔的比例关系推断石佛寺塔中间层（第四层）的塔檐开间宽度；其次是推断二至七层密檐各层高度；最后结合已知的塔身面阔求得二至七层塔檐的收分率。东平房塔的塔身至塔檐高度“H”与中间层塔檐面阔 $W3$ 之比为 5.89，可以求得石佛寺塔的中间层（第四层）塔檐开间 $W3$ 为：“H” ÷ 5.89 = 13600 ÷ 5.89 = 2309mm。关于塔檐部分各层密檐高度的推断，根据《中国古代城市规划建筑布局及建筑设计方法研究》中对辽代砖塔塔檐收分情况的研究及分析可知，辽代密檐砖塔存在二层以上密檐等高收分情况，一层大檐由于斗栱承托高度有一定变化，而觉山寺塔则是每层塔檐均为等高收分[9]。结合铺作层高度 960mm 可推知石佛寺塔二至七层各层塔檐高度为 1466mm。根据以上推断得出以下结论：第四层塔檐面阔 2309mm、二至七层塔檐各层高度为 1466mm，塔身面阔为 3087mm。经计算可得，二至七层密檐收分率 K 为 12.473。此外，结合叠涩出檐的一般构造做法：束腰三行砖，出挑三层，最外层一行砖，第二、三层均为两行砖，即可得到石佛寺塔推断复原立面图（图14）。

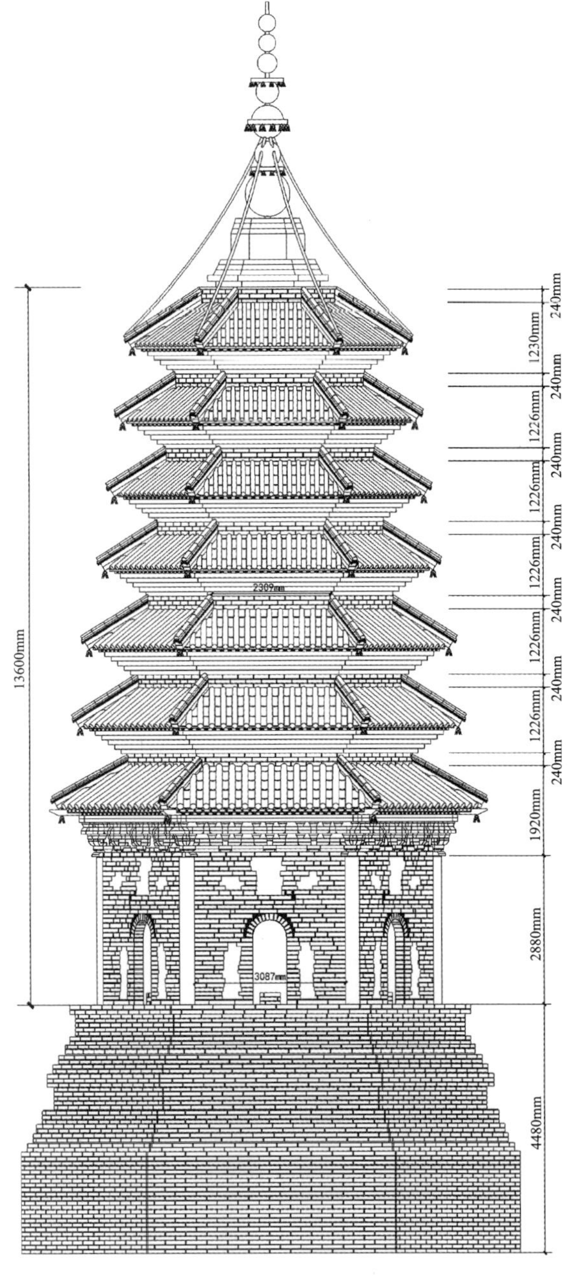

图14　石佛寺塔立面推断复原图
（来源：作者自绘）

五、 结论

通过以上分析研究可得出以下结论，其一，验证了其他学者对辽代砖塔研究[10-14]的可靠性，具有极高的学术价值。其二，为辽代密檐砖塔的复原推断提供一个思路。其三，对辽代双州城内净居院舍利塔的原貌有了初步的认知：石佛寺塔塔身底面至塔檐顶部高度为 13600mm，塔檐部分高度为 10720mm；塔身每面设三朵补间铺作，形制为单抄四铺作计心造兼批竹要头；转角倚柱上设转角铺作，形制为单抄四铺作计心造，自栌斗出华栱三缝，令栱与侧面令栱出挑相列，铺作层高度为 960mm；密檐层数为七层，中间层密檐（第四层）面阔 2309mm，二至七层密檐为等高收分，各层密檐高 1466mm，二至七层收分率为 12.473。

另外需要说明的是，本文是在研究辽代砖塔的诸位专家学者的研究基础上完成的阶段性复原研究成果，所得的相关结论只是在现有条件下受限于资料和个人学识而得到的相对合理的一种可能，且带有一定的主观性和理想化。推断中尚有诸多问题未能涉及，笔者希望随着辽代砖塔相关研究的发展以及考古工作的推进，能够提供新的资料不断完善石佛寺塔的复原研究。

参考文献

[1] 陈伯超，赵兵兵，马鹏飞，等．辽代砖塔［M］．武汉：华中科技大学出版社建筑分社，2018.

[2] 马鹏飞，陈伯超．典型辽塔尺度构成及各部比例关系探究［J］．华中建筑，2014，32（8）：160-164.

[3] 赵兵兵，张昕源．辽代砖作技术探究：以辽代砖塔为例［J］．建筑与文化，2017（8）：232-233.

[4] 王卓男，郑虹玉，王志强．辽代典型密檐砖塔形制规律探析［J］．古建园林技术，2022（3）：79-84 + 88.

[5] 顾宗耀，王卓男．辽宁白塔峪塔数理特征探析［J］．建筑与文化，2020（5）：230-231.

[6] 李仲元．辽双州城考［C］//陈述．辽金史论集（第二辑）．书目文献出版社，1987（7）：96-104.

[7] 张汉君，张晓东．辽代万部华严经塔砖构斗栱—兼探辽代仿木砖构斗栱构制的时代特征［J］．古建园林技术，2000（3）：3-15.

[8] 王世仁．北京天宁寺塔三题［M］//孙进己，冯永谦．中国考古集成，华北卷，宋辽（一）．北京：北京出版社，1995：143-158.

[9] 傅熹年．中国古代城市规划建筑群布局及建筑设计方法研究［M］．北京：中国建筑工业出版社，2001.

[10] 王贵祥．北魏洛阳永宁寺塔可能原状再探讨［J］．建筑史学刊，2022，3（3）：110-121.

[11] 钟晓青．中国古代建筑的复原研究与设计［J］．美术大观，2015（12）：101-105.

[12] 杨鸿勋．北魏洛阳永宁寺塔复原研究［C］//杨鸿勋．杨鸿勋建筑考古学论文集（增订版）．北京：清华大学出版社，2008：328-341.

[13] 钟晓青．北魏洛阳永宁寺塔复原探讨［J］．文物，1998（5）：51-64 + 1.

[14] 张驭寰．中国古代建筑技术史［M］．北京：科学出版社，1985.

青藏高原地区城乡风貌领域铸牢中华民族共同体意识的理论内涵与实践路径[1]

马扎·索南周扎[2]　李春林[3]　李文珠[4]　多杰仁青[5]

摘　要： 人居环境的文化风貌、精神气质，不仅是社会人文历史的延续，更是社会精神气质的体现。具有特定文化表征、文化内涵、精神气质的人居环境也在一定程度上潜移默化社会心理、社会审美的变迁。在青藏高原民族地区共同体意识培养、缔结，并逐步铸牢的过程中，不仅应该注重社会主体的主观意识的塑造，更应该重视社会意识所处的客观环境的营造。只有主观塑造的能动性和客观环境的适应性相结合，才能形成自发的、持续的共同意识的产生、发展、成熟。本文通过梳理青藏高原地区各民族建筑文化交往、交流、交融的历史，挖掘青藏高原地区各民族建筑文化融合发展进程中缔造的共同内涵，探索青藏高原城乡风貌领域铸牢中华民族共同体意识的实践机制；并提出在民族团结进步创建活动指标体系中考量城乡人居风貌和族群互嵌格局的建议。

关键词： 青藏高原地区；城乡风貌；中华民族共同体意识

一、 引言

法国作家雨果的名言“建筑是石头的史书”[6] 生动地揭示了建筑的历史属性。从历史与文化的范畴来看，每个时代都有与之相应的伟大的建筑作为标记，不同民族、不同地域更有彰显其文化特色与精神个性的伟大建筑，成为地理的标识、民族的象征。建筑作为傲立于自然环境之内，人工建造的系统空间工程，更深刻地烙印着所处时代、所在地域的自然与社会、政治与经济、人文与思想、资源与科技等几乎人类发展特定时期的全息内涵信息。

从时间或历史的范畴来讲，建筑的历史属性，并不仅仅是建筑本身发展演变的历史，以及不同社会时期建筑的历史特征，而是通过建筑的视野所展现的更为客观、真实、粗线条、框架性的人类历史的发展脉络，一个不被主观偏见所左右的历史真实。这是建筑史观基于历史学意义和哲学思维的另一层深意，也是建筑在历史维度、社会维度的能动性、主动性特征价值的体现，然而这种建筑的能动性、主动性往往被我们所忽视。从空间或地域的范畴来讲，建筑的文化属性，也不仅仅是不同地域、不同民族建筑文化的特征和差异，以及从区域整体所体现的建筑文化的共生关系[7]和文化生态[8]，而是建筑作为承载和涵养人类社会发

1　基金项目：2022 年度国家民委民族研究项目“从各民族建筑文化交往交流交融的历史路径探索青藏高原地区铸牢中华民族共同体意识的理论内涵和实践路径”，课题编号：2022-MGI-045。

2　中国民族建筑研究会副秘书长、专家委员会副主任委员，810007，1666236776@ qq. com。

3　中国民族建筑研究会会长、专家委员会副主任委员、国家民族事务委员会办公厅原主任，100142，minjianhui1995@ 163. com。

4　青海民族建筑研究会会长、青海明轮藏建建筑设计有限公司总经理，810007，498690795@ qq. com。

5　青海民族建筑研究会科研办主任，西藏民族大学马克思主义学院在读博士生，810007，clorin2010@ qq. com。

6　雨果．巴黎圣母院［M］．管震湖，译．上海：上海译文出版社，2011.

7　任艳，江滨·黑川纪章：基于共生理想的建筑师［J］．中国勘察设计，2018（9）：82-89.

8　刘鹏昱．文化生态保护区建设与“多元一体”民族共同体意识［J］．中州大学学报，2023（4）：86－91.

展、人的生活的物态空间载体，其对人、族群、社会的能动作用和文化机制。这一点与自然地理环境对于人类社会文化的影响是相似的，即所谓“一方水土养一方人”。其实，就建筑的文化属性来讲，地域性、民族性建筑的文化特征、空间格局，一样潜移默化地、持续主动地影响并塑造着人的精神、社会的文化。

由此看来，从社会不断发展进步的规律出发，在规划设计的创造思维和创新实践中，依然不能忘记建筑在历史属性和文化属性维度所具有的能动性。某种程度上，建筑师、建筑思想不是可以脱离于历史与地域的自由主义、个人主义。“千城一面、奇奇怪怪”等现象，其实都是没有从哲学的深度、人类学的视野，深刻认识建筑在历史与文化属性、历史与文化机制中的能动性所导致的后果。而这种后果，还会持续地作用于社会，作用于后代，潜移默化地影响人的精神、族群的意志、民族的文化。我们应该从国家整体安全观的战略高度，重视这个文化安全问题，重视这个因为人居环境的文化、精神属性而对社会造成的持续的文化心理影响。在建设社会主义文化强国的战略事业中，这一点至关重要。在铸牢中华民族共同体意识的时代精神中，这一点大有可为。

二、研究绪论

1. 问题的提出

改革开放以来，中国的城市和乡村发生了翻天覆地的变化。城市化进程使中国成为世界上最为耀眼的建设热土，成为国际范围内建筑师的理想执业之地，成为国内建筑师成长的实践之所。开放的格局、国际化的趋势，带来了全球性的建筑思想，但也对本土传统建筑文化产生了冲击和影响。甚至在一段时期，因为社会整体淡薄的传统文化观念，本土传统建筑文化被轻视，甚至边缘化，城乡风貌呈现背离于传统的国际化、同质化的趋势。同一时期，在以青藏高原为典型代表的西部民族地区，城乡风貌领域社会性的文化思考、文化实践也在逐步发生。与中东部等内地国际化、同质化的不同之处在于，民族地区的城乡风貌就其主流而言，进行的是一场本土化的复兴实践、现代化的融合实践、民族化的特色实践。21 世纪初，就内地而言，城市的千城一面、建筑的光怪陆离、传统村落的快速消亡，已经成为不能忽视的问题。就民族地区而言，在本土建筑文化复兴的有利环境下，一些实践层面、认识领域的问题也逐步开始显露。比如，在中国有着悠久历史和广泛地域分布的中式传统伊斯兰宗教建筑逐步被中东阿式伊斯兰宗教建筑代替，造成本土特色民族建筑文化的文脉断失、形式消亡[1]；涉藏地区大量具有特殊文化内涵，承载特殊文化仪轨的宗教建筑符号、元素，大量地用于世俗类公共建筑、教育建筑、文化建筑，造成传统文化伦理关系层面的失序和错乱；更为重要的是，这些建筑文化的非理性发展，会在长久的时间维度逐步造成城乡社会文化结构的失序、社会文化心理的异化。

就整体来看，至世纪之交，在客观层面本土传统文化式微的大环境中，在主观层面城乡建筑文化缺失战略导向的大背景下，无论是中东部为主的内地，还是西部为主的民族地区，我们共有的精神家园应该呈现怎样的建筑形态和文化底蕴？某种程度上已经成为中国城乡社会、中国城市化在人居环境领域面临的世纪之问。

2. 新时期的转折与反思

（1）城市工作方面

2014 年 10 月，习近平同志在参加文艺工作座谈会时表示，“不要搞奇奇怪怪的建筑”[2]。2015 年 12 月召开的中央城市工作会议[3]，开始从战略层面重视城市和建筑的文化问题、时代精神问题。2016 年 2 月，中共中央、国务院发布《关于进一步加强城市规划建设管理工作的若干意见》[4]，强调在城市建筑理念中融入地域性、民族性、时代性，解决“千城一面”的突出问题，提出了全新的城市发展理念和建筑方针，为新时期城市建筑发展指明了方向，努力以现代理念塑造城市建筑特色。

（2）民族工作方面

《中华人民共和国宪法》[5] 第一章第四条明确规定：中华人民共和国各民族一律平等。1992 年至 2021 年，中央先后召开五次中央民族工作会议[6]，为不同历史时期民族工作提供了思想指引，成为处理民族事务和实践边疆治理的根本遵循。新时期，中共中央分别于 2014 年和 2021 年两次召开中央民族工作会议，形成一系列新思想、新观点、新战略。新时代两次中央民族工作会议的创新发展，是以习近平同志为核心的党中央关于加强和改进民族工作重要思想的集中体现，是推进民族工作高质量发展的行动指南和唯一遵循。习近平同志在第四次中央民族工作会议上明确指

1 王文杰，广东伊斯兰教协会．秉承教义精神 传承中华文化：从中国清真寺的建筑风格浅谈伊斯兰教坚持中国化方向的几点体会［J］．广东省社会主义学院学报，2017（3）36-39.

2 冯果川．也谈奇奇怪怪的建筑［J］．新建筑，2014（6）：154-155.

3 黄江松．习近平关于城市工作重要论述研究［J］．城市管理与科技，2019（6）：7-11.

4 参考自《中共中央 国务院 关于进一步加强城市规划建设管理工作的若干意见》（2016 年 2 月 6 日）。

5 翟明煜，汤振华．铸牢中华民族共同体意识的宪法之维［J］．中南民族大学学报（人文社会科学版），2023（11）：1-9.

6 李赞，代宏丽．新时代两次中央民族工作会议比较研究［J］．内蒙古民族大学学报（社会科学版），2023，49（3）：65-73.

出："民族工作始终事关祖国统一和边疆巩固、事关民族团结和社会稳定，是国家长治久安和民族复兴的关键事。"[1] 2019 年 10 月 31 日，中国共产党第十九届中央委员会第四次全体会议通过的《中共中央关于坚持和完善中国特色社会主义制度　推进国家治理体系和治理能力现代化若干重大问题的决定》[2] 中提出坚持和完善中国特色社会主义制度、推进国家治理体系和治理能力现代化的重大意义和总体要求。国家治理体系视野下的民族事务和边疆治理，成为推进国家治理体系和治理能力现代化中非常重要的工作。2021 年，第五次中央民族工作会议明确，做好新时代党的民族工作，要把铸牢中华民族共同体意识作为党的民族工作的主线[3]。

（3）社会主义文化强国建设方面

党的十八大以来，以习近平同志为核心的党中央阐明了推进社会主义文化强国建设应遵循的原则与方向，将文化建设作为"五位一体"总体布局的重要组成部分，不断推进文化建设，实现文化自信自强。党的二十大报告指出："全面建设社会主义现代化国家，必须坚持中国特色社会主义文化发展道路，增强文化自信，围绕举旗帜、聚民心、育新人、兴文化、展形象建设社会主义文化强国。"社会主义文化强国建设成为以中国式现代化全面推进中华民族伟大复兴的必然要求。在城乡建设领域，2021 年 9 月，中共中央办公厅、国务院办公厅印发《关于在城乡建设中加强历史文化保护传承的意见》[4]，意见明确在城乡建设中系统保护、利用、传承好历史文化遗产，对延续历史文脉、推动城乡建设高质量发展、坚定文化自信、建设社会主义文化强国具有重要意义。

3. 本研究的目的与意义

民族建筑是中华各民族历史、社会、经济、科技、审美等智慧的结晶，是民族文化的物态彰显，更是民族文化孕育的载体、传承的基地。在世界建筑文化体系中，中华民族建筑文化体系与西方文化体系、中亚文化体系并驾齐驱，是东方建筑文化体系的核心构成。在历史的长河中，中华各民族交往、交流、交融，在幅员辽阔的中华大地上安居乐业，共同孕育并创造了有机共生、多元一体的民族建筑文化体系。以汉、藏、满、蒙、羌、土等民族为例，自唐朝开始，就开启了地域民族建筑文化之间交往、交流、交融的历史。建筑技术的融合实践了建筑文化的融合，而建筑文化的融合更进一步推动着民族社会的融合。汉藏建筑文化融合的大昭寺、承德外八庙；蒙藏文化融合的五当召、美岱召；金沙江流域的藏羌碉楼；河湟地区汉、藏、回等民族共同家园的庄廓……每个都生动地佐证着中华民族建筑文化体系融合发展的鲜活历史。古为今用，在铸牢中华民族共同体意识的时代语境下，从各民族建筑文化融合发展的历史路径中，分析和研究中华民族建筑文化体系形成的内在规律，并以此规律提炼总结，凝聚中华民族共同体意识的本土建筑思潮、文化传承路径，进一步在民族地区城乡建设、遗产保护领域构建具有文化认同价值的建筑实践模式，不仅具有铸牢中华民族共同体意识的理论学科价值，更具有铸牢中华民族共同体意识的现实实践意义。

近些年，不同学科领域，聚焦铸牢中华民族共同体意识的相关研究甚多。但总体而言多侧重社科理论层面的学理研究，亦有制度政策层面的法理研究，鲜见物态形式层面、人居环境层面的技术型、实践型相关研究。本研究的目的在于聚焦青藏高原地区人居环境的文化风貌和族群聚落，从各民族交往、交流、交融的历史文化路径中，梳理共同内涵，分析共生机制，并形成体现共生融合的文化气质；有利于培养共同意识的人居风貌理论，探索新时期青藏高原地区城乡风貌领域铸牢中华民族共同体意识的理论方法、实践路径、技术体系、政策建议。

三、 人居环境视野下族群社会共生存在现实与共同意识形成

1. 人居意识与人居实践

（1）意识与存在的关系

社会存在决定社会意识是辩证唯物主义物质决定意识原理在社会历史维度的具体运用，并形成历史唯物主义最基本的原理。社会存在决定社会意识的原理也科学解释了社会生活中物质方面和精神方面的根本关系。马克思和恩格斯在《德意志意识形态》一书中指出："物质生活的生产方式制约着整个社会生活、政治生活和精神生活的过程。不是人们的意识决定人们的存在，相反，是人们的社会存在决定人们的意识。"[5] 并强调社会存在具有不同于自然存在的特点，自然存在不通过人的活动而存在，社会存在却离不开有意识的人的活动。首先，社会存在是社会意识的基础和前提；其次，社会存在是社会意识的客观内容和客观来源；再次，社会存在的发展变化决定社会意识的发展变化。历史唯物主义在肯定社会存在决定社会意识的前提下，承认社会意识具有相对的独立性，对社会存在具有能

1　胡月军，吴大华．四次中央民族工作会议评述［J］．贵州民族研究，2015，36（3）：1-4.
2　《中共中央关于坚持和完善中国特色社会主义制度　推进国家治理体系和治理能力现代化若干重大问题的决定》（2019 年 10 月 31 日）。
3　青觉，徐欣顺．论新时代党的民族理论政策：思想内涵与实践要求——基于第五次中央民族工作会议精神的解读［J］．广西民族研究，2022（2）：48-56.
4　中共中央办公厅、国务院办公厅印发《关于在城乡建设中加强历史文化保护传承的意见》（2021 年 9 月印发）。
5　马克思，恩格斯．德意志意识形态［M］．北京：人民出版社，1961.

动的反作用。恩格斯指出："虽然物质生活条件是原始的起因，但是这并不排斥思想领域也反过来对这些物质条件起作用，虽然是第二性的作用"[1]。符合历史发展趋势的先进社会意识对社会存在的发展起积极的促进作用；违反历史发展趋势的落后的、错误的社会意识对社会存在的发展起消极的阻碍作用。历史唯物主义特别强调新的、进步的社会思想和理论在实现社会革命、解决社会物质生活发展提出的新任务中所具有的伟大作用。

（2）人居意识与人居实践

人居环境是指适合人类生存的环境，是人类工作劳动、生活居住、休息游乐和社会交往的空间场所。人居环境是以人工环境为主体，并与其共生的自然环境视为整体的人类适居环境。人居环境科学是以包括乡村、城镇、城市等在内的所有人类聚居形式为研究对象的科学，它着重研究人与环境之间的相互关系，强调把人类聚居作为一个整体，从政治、社会、文化、技术等各个方面，全面、系统、综合地加以研究，其目的是要了解、掌握人类聚居发生、发展的客观规律，从而更好地建设符合于人类理想的聚居环境。

从历史唯物主义的视角看，人类创造人居环境的意识决定于人类实践人居环境的客观条件和物质基础，而人类创造并栖居的物质性人居环境也在潜移默化地影响人类的人居意识、人居观念。这种关系不仅是辩证的，还是持续发展的。人类社会性人居实践是不同于其他生物筑巢造窝的个体本能的，其差别就在于，其相较于其他物种，有更为高级的社会性意识的组织和更为先进的利用自然资源、创造性营造复杂空间的能力。虽然，从现代人类文明的人居实践来看，发达的物质文明，让人居实践的行为可以在人居文化思潮的推动下，忽略或弱化环境条件和物质基础的影响，但在此之前，人类的人居实践一定是受制于生存环境，适应于生存方式，呈现于生存特征的。人居实践的物质性要素特征决定着精神性要素特征，而精神性要素特征契合于物质性特征。也就是人居实践决定了人居意识，继而在人类不断追求适居环境乃至幸福家园的内在需要下，推动了人居实践的发展，孕育了人居意识的精神文脉。

2. 共生存在的现实与共同意识的形成

在现代文明之前，人类的生存模式，就是基于所处自然环境条件，探索与之相适宜的生业模式，形成地域性的社会特征和文化特征，地域性的建筑文化特征即形成于此。可以说，在现代文明成为人类文明的主体形态之前，本土性是人居建筑的重要特征。随着人类社会生产力、科学技术的发展，大航海时代的到来，四通八达的交通，促成了人类社会前所未有的交融和流动。科学技术、社会生产力的发展，让一直以来尽显本土特征的人居建筑，开始跨越本土资源的限制、本土文化的限制、本土社会的限制，逐步形成全球性的人居技术、人居意识的趋同，现代建筑思想根植于此。20世纪60年代之后，后现代建筑思潮逐步形成[2]。伴随现代主义人居实践在社会伦理层面、多元文化层面、传统精神层面的诸多问题的困境，对于人居建筑地域性的"本土"与历史性的"传统"的思考和实践，逐步成为后现代建筑发展的重要思潮和重要流派。建筑的复杂性呈现于人居环境的系统性、有机性。

在青藏高原地区，由于其特殊的自然环境特征和社会文化特色，本土性的地域建筑不仅是文化的彰显载体，更是文化的蕴含主体。而青藏高原的自然环境最大限度地影响并决定了青藏高原的本土传统建筑。在青藏高原有限的适居自然环境中，多元共生的族群文化，交融共构的人居实践，形成了青藏高原各民族建筑文化的共同意识、整体成就。而在时代维度下，这种青藏高原多民族的共同人居意识，是青藏高原城乡建设领域，铸牢中华民族共同体意识的优秀文化基因，同时也是青藏高原地区城乡建设的重要文化脉络、实践路径。

四、交往、交流、交融下的青藏高原人居特征

1. 青藏高原族群交融的客观环境

青藏高原特殊的地理气候条件、社会经济模式、资源交通基础、族群社会分布，造就了青藏高原地区各民族之间、青藏高原与周边区域之间交往、交流、交融的历史事实[3]。这不仅是历史的选择，更是时代的需要，不仅是客观环境导致的必然，也是主观发展的必由之路。

从历史的维度看，青藏高原地区族群交融是客观环境导致的必然，是历史的选择。位于高原腹地高海拔的宜牧草原和高原周边山川河谷间有限的宜农盆地、阶地，成为青藏高原族群社会重要的资源载体和生存环境。长江、黄河、澜沧江、雅鲁藏布江等重要河流的河源地区——羌塘草原、阿里地区、三江源地区等是中国重要的牧区之一。黄河、金沙江、雅鲁藏布江、澜沧江、怒江等重要河流流经的藏南河谷、康巴地区、安多宗喀地区是青藏高原重要的农牧兼营区。北方的牧业和南方的农业，共同构成了青藏高原最为重要的族群传统生业格局，并形成了青藏高原族群社会基本稳定、循环闭合的朴素社会经济形态和社会发展模式。随着社会的发展，沿青藏高原南北走向和东西

1　马克思，恩格斯．马克思恩格斯选集：第4卷［M］．北京：人民出版社，2012.
2　胡义成．二战后的建筑文化思潮［J］．长安大学学报（社会科学版），2007（4）：1-12.
3　编辑部．专题：青藏高原综合科学研究进展［J］．中国科学院院刊，2017（9）：1.

走向的高山峡谷，沿横断山脉、巴彦卡拉山脉、冈底斯山脉，形成了青藏高原与外界交流融合的天然通道。以茶、盐、马、香料、农产品、畜产品为重要商贸资源的族群迁徙廊道、商业贸易廊道、军事扩张廊道、文化融合廊道逐渐形成。青藏高原地区自古以来相对闭塞，与外部的交通联系较少。青藏高原族群社会也逐步形成了建立在朴素生态意识基础上的资源循环和生态闭合的生存发展模式。茶、盐、马等资源成为青藏高原最为重要的外向型贸易资源，造就了唐蕃古道、茶马古道、麝香之路[1]等重要的交通空间廊道。高原自产的畜产品、农产品成为高原内需型的贸易资源，造就了沿澜沧江、黄河、怒江、金沙江、雅鲁藏布江等重要河谷形成的空间廊道，这些河谷空间廊道促进了青藏高原地区族群社会的迁徙、交融。

从时代的维度看，青藏高原地区族群交融是主体发展的必由之路，是时代的需要。2017 年 8 月 19 日，习近平总书记致信祝贺青藏高原第二次综合科学考察启动，贺信指出："青藏高原是世界屋脊、亚洲水塔，是地球第三极，是我国重要的生态安全屏障、战略资源储备基地，是中华民族特色文化的重要保护地。开展这次科学考察研究，揭示青藏高原环境变化机理，优化生态安全屏障体系，对推动青藏高原可持续发展、推进国家生态文明建设、促进全球生态环境保护将产生十分重要的影响。"同时，青藏高原地区族群交融也完整诠释了青藏高原的资源、生态、文化在中国整体发展生态中的特殊性和战略性。自古以来，由于特殊的地理气候特征、环境资源条件，青藏高原族群社会，逐步形成了建立在牧业为主、农业为辅基础上的朴素生业形态和生存模式。以牦牛、青稞、石木、草场、田地等为典型代表的本土资源，成为青藏高原文明的核心要素，解决了族群社会最基本的衣食住行，并达成了支撑朴素发展、原始生态型发展模式的资源条件。在青藏高原的传统社会，老百姓吃的是肉制品的红食、乳制品的白食，以及农产品的青稞糌粑；住的是石木构建的房舍、牛毛捻成的帐篷；烧的是牛粪、羊粪；穿的是牛羊毛织物；交通和运输工具是被称为"高原之舟"的牦牛。青藏高原族群社会的生存维系着朴素的生态思维，缓慢的发展速率，以及资源层面循环闭合的生存模式。而在发展的需要下，物质层面的盐和茶成为重要的生存资源，马、牛和羊畜产品成为重要的贸易资源。同步伴随族群迁徙、物流贸易，文化的交融、周边文化的纳入也成为青藏高原本土文明的重要特征。以藏传佛教为典型代表，青藏高原兼容其东西两侧的华夏文化和印度文化的优秀传统于一体。青藏高原与周边地区，不仅仅是地理气候层面的山水相连，资源层面的深度互补，生态层面的有机一体，文化层面的融合共生，更体现在整体发展生态的一体性、系统性。青藏高原文明形成发展的历史进程证明了这一点，青藏高原乃至中国社会面向未来发展的战略性趋势也证明了这一点。

2. 青藏高原族群交融的内在推力

（1）族群迁徙的驱动

青藏高原特殊的地理气候条件和资源环境特征决定了河谷阶地和河源草原这两种典型的人居聚落环境类型的存在。高原腹地高地和河源地区相对平坦的河源草原成为游牧牛业族群的生息场所，黑牦牛帐篷成为最典型的人居形态。而在青藏高原纵横交错的河谷山川地区，河谷阶地和河间盆地成为农牧兼作生业族群的重要生存空间，以石木、土木为主要材料的碉楼型民居成为典型的民居形态。青藏高原地区的河源游牧族群和河谷农牧族群之间，有着天然契合的生存资源互补性。牧区的畜产品和农区的农产品自古以来就是青藏高原族群社会交往融合的物质要素。周期性的冰期气候，也造成了位于北方河源地区的牧人因资源枯竭而向南方河谷地带的迁徙。而河谷地带的族群随着农业生产的发展、牧业生产的补充，以及逐步形成的手工业，推动了族群社会规模的发展，继而促进了族群社会在河谷中上下游之间、主支流之间的迁徙、拓展、扩散。河谷流域性族群社会的这一分布特征，产生了流域性族群文化的发展脉络，体现在风俗、信仰、建筑、语言等方面的族群文化时空生态。

（2）经贸往来的驱动

青藏高原地区典型的自然环境孕育了典型的生业模式，而特色的生业模式影响了与之契合的人居形态。从资源的角度看，在严酷的生存环境下，以最低的资源消耗实现族群社会的生存诉求，成为青藏高原族群社会典型的思维模式和文化特征，这种生存策略以精神信仰的形态，规制着人们的意识，规范着人们的行为。因此，无论是河源草原上游牧族群的生活，还是河谷田园中耕牧族群的日常，都显露出朴素的生态思维和生态习惯。立足本土的资源，降低物质性需求，实践生存、追求发展，乃至实现幸福，成为青藏高原地区族群社会的发展特征，也是人居文明的生态特征。这也是青藏高原地区族群社会在如此极端环境下，拥有坚定的精神信仰和厚重的幸福感的根本原因。从人居的视角看，可以说青藏高原的传统人居建筑历来讲求本土、低碳、低能耗。这种在当下生态文明视域下显得十分先进的人居思维，其实是在青藏高原严酷环境下，有限资源驯化的、必然的人居实践策略。在现在看来，在地的本土性特征和特色的精神性属性是青藏地区人居，乃至青藏文明最有效的存在策略和典型特性。

在河源牧区，游牧族群社会逐步形成了以牦牛、藏羊为典型资源载体的生存策略、发展策略、幸福策略。牧人

1　沈琛．麝香之路：7—10 世纪吐蕃与中亚的商贸往来［J］．中国藏学，2020（1）：49-59.

可以依靠牦牛和藏羊解决衣、食、住、行，基本实现生存发展的资源需要和资源闭合。不能自产的农产品、茶叶、盐等资源，恰恰成为促进青藏高原农牧族群社会之间、内地与青藏高原之间早期经贸往来的内在动力。同理，位于河谷地区的耕牧族群，见长于农产品和手工产品，并获得牧人的畜产品资源。沿着草原连接各个游牧部落的迁徙转场之路，沿着河谷的商贸廊道成为文化交融的实现路径。有意思的是，在现代文明的背景下，已经不是茶盐为媒，而是青藏高原特色的文化、厚重的精神、静谧的灵魂，成为推动青藏高原与内地之间、青藏高原与世界之间，相互需要、不断交融的内在动因。某种意义上讲，现代文明是青藏传统文明的挑战，更是青藏传统文明传承再兴的契机。我们只有两条路，要么逐步丢失内在的价值，异化、衰微，要么探索中国式现代化生态文明的特色模式，书写青藏高原生态文明高地的时代篇章。这一点对于青藏高原族群社会、中华民族，乃至全人类都是关键性的、战略性的。

（3）社会政治的驱动

青藏高原族群社会与内地的政治往来，由来已久。唐朝时期吐蕃遣使朝贡，促成了著名的唐蕃和亲[1]，唐与吐蕃在历史上有对抗，也有和睦，但总体来看，唐蕃和亲乃至唐蕃会盟是唐与蕃的历史主旋律，唐朝皇室先后有文成、金城公主远嫁吐蕃。到元朝，随着凉州会盟[2]，西藏正式纳入中央大统，青藏高原与祖国内地的内政联系更为密切。治理西藏也成为元朝中央政府的重要政务。忽必烈在中央政府中设立总制院，后在1288年改名为宣政院[3]，作为掌管全国佛教事务和藏族地区行政事务的中央机构，并命国师八思巴领总制院使。宣政院使作为朝廷重要官员，是由皇帝直接任命的，八思巴建立的西藏的行政体制从一开始就是与元朝中央的行政体制相联系的，是元朝行政体制的一部分。作为其时代性的重要历史见证，有“第二敦煌”之称的萨迦寺[4]就始建于元朝。明朝虽未在西藏驻军，也未派大臣督管，但明朝对西藏的政策是招附、赏赐、多封众建、政教合一，在基层则推行都指挥使司和卫所制度，军政合一。清朝时期，因为与蒙古诸部的关系问题，采用独尊黄教、安抚蒙藏的政策。1717年准噶尔势力入藏之后，青藏逐步由早期的以蒙治藏，转入蒙藏共治、以藏治蒙的战略，达赖喇嘛的政治统治地位逐步树立，噶伦共治[5]，推行政教合一。并在1724年噶伦内乱之后，设驻藏大臣，加强对西藏的统治。自唐朝以来，历经元、明、清，随着国家治理层面的政治需要，推进了青藏高原地区与祖国内地的交往、交流与交融。这种交融是大的政治推力下的商贸互通、社会交往、文化融合。唐蕃古道、茶马古道等重要的历史线路，成为汉藏文化融合的实践路径。今天，我们在这些历史文化的空间路线上，可以看到传统村落、古镇古村、古刹名寺、塘站驿站的线性文化遗产分布，记忆着自唐开始，延续宋、元、明、清的民族交往、文化融合。

（4）文化融合的驱动

青藏高原地区与祖国内地之间文化交融的历史，不仅有源自民间的商品资源互补贸易的需要，更有来自上层社会政治的推动。而最终，青藏高原地区与内地，乃至青藏高原内部不同区域之间，形成了稳定持续的文化融合。这种融合是文化价值的彼此认识、彼此认同、相互融合，更是汉藏等民族交往、交流、交融的持续驱动。从人居建筑的视角回顾历史，唐朝时期的大小昭寺、桑耶寺，元朝时期的萨迦寺，明清时期的承德外八庙、塔尔寺、拉卜楞寺、瞿昙寺等重要的建筑文化遗产，见证了汉藏等民族文化交融的历史，是东西文化互渐的历史产物。在滇康藏、川康藏、青康藏茶马古道沿线的传统村落、古镇古村中，我们依然可见族群互嵌、文化融合的鲜活例证。

3. 青藏高原文化融合的人居特征

（1）河湟地区的传统民居

黄河是中华民族的母亲河，在中华文明5000多年的发展历史中，有3000多年是以黄河流域为中心展开。黄河贯穿东西，成为连接中国东西部族群交往、交流、交融的空间廊道、历史路径。青藏高原东北部的河湟地区[6]，是黄河上游湟水、大通河等重要支流的流域地区。该区域是从青藏高原向黄土高原过渡的地理单元，是唐蕃古道上汉、藏、土、回等民族族群文化交流融合的文化走廊，是青藏腹地宜牧地区到青藏高原东北部宜农地区的过渡地带。在中国本土传统建筑体系的青藏地区民族建筑构成中，河湟谷地的民居具有鲜明的地域特色、务实的生业模式契合、多元的文化融合特征和青藏地区本土朴素的传统生态人居观念。在人居建筑方面，以庄廓[7]为典型特色的河湟民居，成为跨越民族个性、凸显地域特色、承载河湟各族人民乡土风情的安居之所。此外，河湟地区承载不同信仰的宗祠寺庙，也深刻地蕴含着本土文化的地域特色。汉藏风格融合的塔

1　杨娅．民族交往交流交融视域下的唐蕃和亲影响［J］．西藏民族大学学报（哲学社会科学版），2023，44（4）：31-36+44+154.

2　罗旦．凉州会盟推动了祖国统一大业的实现［J］．黑龙江史志，2009（24）：52-53.

3　胡晓鹏，陈建军．元代后期吐蕃行宣政院研究［J］．西北师大学报（社会科学版），2021，58（6）：120-129.

4　格桑．古老的萨迦寺 第二敦煌［J］．中国文化遗产，2009（6）：40-45+6.

5　娘毛吉．旧西藏喇嘛噶伦刍议［J］．西藏研究，2022（1）：58-66.

6　苏文彪，杨文笔．河湟地区各民族交往交流交融的特点与启示［J］．贵州民族研究，2023，44（1）：177-183.

7　王雪菲，雷振东，田虎．河湟地区传统庄廓院落形态的气候适应性研究［J］．新建筑，2020（6）：56-59.

尔寺建筑群、中国官式建筑中典藏藏传佛教艺术精品的瞿昙寺[1]，以及具有中式传统建筑特征的清真寺，成为河湟地区本土传统建筑的优秀代表、融合典范。河湟地区的民居聚落具有典型的地域特征。这种典型地域特征正是河湟地区各民族族群对宜居宜业环境的价值认同和共同选择。如果不从民居的细节之处，或者不对聚落中典型的仪式性文化建筑加以区分，我们甚至很难仅仅从民居的形态区分族群聚落的民族属性。在院落布局和民居构建上，相互学习、相互交融，你中有我、我中有你，体现出各美其美、美美与共的特征，形成以庄廓为典型的河湟民居。可以说庄廓是河湟地区各民族共同探索出的民居建筑形态。

（2）唐蕃古道的历史建筑

唐蕃古道是横贯我国西部、跨越举世闻名的“世界屋脊”、联通我国西南友好邻邦的“黄金路”，故亦有“丝绸南路”之称。唐蕃古道被称为中国古代三大通道之一，是藏汉友好的见证，是唐朝与吐蕃之间的贸易往来要道，更是一条承载汉藏交好、科技文化传播的“文化运河”。时至今日，在古道经过的许多地方仍然矗立着人们曾经修建的驿站、城池、村舍和古寺庙，遗留着灿烂的文化瑰宝。以唐蕃古道为主干，唐竺之道、明清时期联系中央政府和西藏的京藏之道，以及新时期不断推进建设的青藏、滇藏、川藏公路，青藏、川藏铁路，不断丰富着古道的时代内涵、现代意义。在这条路上，有文成公主进藏修建的大小昭寺，有汉、藏、尼文化融合的桑耶寺，更有河湟古刹塔尔寺、瞿昙寺，以及世界文化遗产——承德外八庙等众多见证并体现东西民族文化融合的历史建筑。

（3）茶马古道的传统村落

早在汉代，就有天府蜀郡与藏地诸部茶马互市的渊源。到了唐代，随着金城公主先后入藏，吐蕃逐步形成饮茶的风尚，茶马古道也日渐成形。宋代，茶马贸易成为汉藏之间具有战略意义的商贸模式，中央政府也正式建立了茶马互市制度[2]。茶马贸易逐步显现安边治边的战略价值。到了元代，随着西藏纳入中央大统，茶马古道成为中央入藏、继而治藏的重要空间廊道和实现路径。明清时期，沿着茶马古道的驿站体系、塘站、尖站、汛站逐步形成并运转。茶马古道是以川藏道、滇藏道与青藏道（甘青道）三条大道为主线，辅以众多的支线、附线，构成的一个庞大的交通网络。

以西藏昌都为例，西藏昌都地处青、川、滇、藏要冲，是不同历史时期各路茶马古道入藏后的门户，也是茶马古道中最为核心和险峻的重要地段。历史上自青、川、滇入藏的各路茶马贸易，形成了多条通道，但无论哪一条都绕不开昌都。以西藏昌都的察雅县为例，察雅境内设立两个汛站，即察雅汛站、阿孜汛站，其中阿孜汛为外围汛站，负责察雅境外的塘站，即现芒康县境内的站点。在察雅（香堆）设守备署，三个总汛，分别在察雅（香堆）、昂地、外围汛阿孜。在察雅境内共有六个站点，分别为阿足（阿孜，现阿孜乡）、洛家宗（现香堆镇热孜村）、乍丫（察雅，现香堆镇）、昂地（现噶铺，现属扩大乡）、王卡（王卡乡）、巴贡（王卡乡）；还有雨撒（香堆镇，来西山谷）、噶嘎（扩大乡，噶嘎村），但皆为半站，故又称为八站。察雅县境内的驿站体系留下了较为丰富的中央茶马治藏的历史记录和文献记载。清朝黄沛翘所撰《西藏图考》[3]一书中对察雅境内的站点记述有：“八十里至阿足塘，蛮性难驯，颇称狡猾，有驻防塘铺，有头人给役。”光绪年间，朝廷官员的随行文吏王我师，在察雅境内曾留下“尽日山中未有涯，更怜宿处野人家。捧来酥酪灰凝面，马粪炉头细煮茶”等诗句。

茶马古道沿线大量的传统村落生动地记录了不同时期各民族交往、交流、交融的历史图景，铭记了沿着茶马古道中央入藏治藏的国家记忆，留下了青藏高原地区各民族建筑文化不断融合发展的人居建筑遗产。

（4）援藏工程的实践

1984 年 2 月，第二次中央西藏工作座谈会[4]揭开了全国性援藏工程的序幕。2010 年 1 月，第五次中央西藏工作座谈会更进一步对青海、四川、云南、甘肃涉藏地区经济社会发展作出全面部署。在全国性援藏工程逐步推进和实施的背景下，广大涉藏地区经济社会快速发展，城乡人居环境有了巨大的改观。伴随援藏工程建设的需要，大批内地建筑师开始参与青藏高原地区城乡建设相关的规划设计工作，更为西藏本土建筑师创造了与内地建筑师相互交流学习的契机。藏地建筑文化与内地，甚至国际的交流，藏地与内地规划设计思想的碰撞，促进了青藏高原地区现当代建筑思想与建筑实践的发展。“本土与域外、传统与时代”也成为在青藏高原地区进行规划设计实践的建筑师需要思考的问题和协调的关系。城乡人居风貌的建设实践中，逐步开始了传统与时代、特色与共性等文化问题的积极探索。这场在国家相关涉藏政策的宏观指引下，以规划师、建筑师为主导的青藏地区本土建筑文化的多元融合探索、现代传承实践，以 2006 年崔愷院士设计的拉萨火车站为序曲，2010 年崔愷、庄惟敏等院士大师执笔绘制的新玉树的蓝图为高潮，实现了青藏高原地区本土建筑文化、城乡风貌建设实践的反思和转折。从此，融合、传承已经逐步成

1　汪红蕾．明代皇家寺庙——瞿昙寺［J］．建筑，2016（24）：20-21.

2　华锐·东智，才让扎西．河西地区“茶马互市”中的民族交往交流交融研究［J］．青藏高原论坛，2023，11（1）：1-7.

3　参见清代黄沛翘编纂、韩铣等人绘图的《西藏图考》。

4　南德庆，乔青华．中央第二次西藏工作座谈会与西藏经济社会发展成效研究［J］．青藏高原论坛，2021，9（4）：7-13.

为在青藏高原地区进行规划设计的规划师、建筑师的普遍共识，更为如今青藏高原地区建筑文化、城乡风貌领域和制度层面的政策指引，提供了学科研究的基础和规划设计的实践。从社会层面看，也反映了青藏高原地区广大民族群众对建筑文化和人居风貌发展性、开放性的更高要求。人居环境的文化风貌不仅是社会需要的实践，更促进和推动社会性文化审美水平的提升。这种关系是辩证的，更是统一的。

回顾总结这场发生在青藏高原地区人居建筑领域的深刻实践，不失为中国本土建筑现代发展实践中富有特色的一笔。一方面，内地建筑师怀着对青藏高原地区文化的尊重和敬畏，肩负融合发展的理念、传承和延续的精神，带着内地先进的经验、现代的思维理念，对青藏高原本土地域民族建筑进行了现代性的探索，逐步明确了建筑文化、城乡风貌发展变革的时代边界。另一方面，西藏本土建筑师在对本土文化、社会深度理解的基础上，深谙保护的责任，明白传承的要义。在同内地建筑师不断交流学习的过程中，逐步从思想和观念上走出本土思维定式，探索创新的步伐，并坚定守住建筑文化、城乡风貌发展变革的传统边界、底线。在当时“千城一面、奇奇怪怪”的城乡人居文化、建筑风貌的大背景下，青藏高原地区虽有波及，也出现了一些奇奇怪怪的建筑、复制粘贴的设计，但整体来说，这场由建筑师主导的青藏高原地区城乡风貌探索实践，无疑是中国本土建筑实践中成功、积极、具有特色的范式。

（5）新玉树、新家园

2010 年 4 月 14 玉树发生地震后，在党中央、国务院的关怀下，在全国人民的帮助下，玉树人民书写了建设新玉树、新家园的壮丽诗篇，独具康巴风情的玉树新城横空出世。为“高水平规划、高品位设计、高层次建设”新玉树，青海省通过中国建筑协会，邀请中国著名建筑大师率领的国内一流设计机构，承担玉树灾后重建十大重点工程项目设计重任。新玉树十大标志性工程包括玉树州博物馆及牦牛广场、康巴艺术中心、游客服务中心、格萨尔广场、玉树地震遗址博物馆、玉树州行政中心、文成公主博物馆、嘛呢石经城（石经城申遗核心）、两河景观和湿地公园。参与设计的建筑设计大师及专家有中国科学院院士何镜堂、中国建筑设计研究院总建筑师崔愷、天津华汇工程建筑设计有限公司总建筑师周恺、深圳市建筑设计研究总院总建筑师孟建民、清华大学建筑设计研究院院长庄惟敏、中国城市规划设计研究院院长李晓江、中国科学院建筑设计研究院副院长崔彤等。新玉树十大建筑是传统与时代结合的典范，是内地建筑师根植青藏高原地区本土文化的呕心之作。在青藏高原本土建筑的现代实践中，新玉树的建设呈现出多元文化间融合、根植传统又敢于创新的时代典范。

五、 青藏高原地区各民族建筑文化融合发展进程中缔造的共同内涵

1. 视觉形态层面的共同内涵

青藏高原地区各民族建筑文化在长期交往、交流、交融的历史中，逐步形成了共有的文化内涵。这种共同内涵的缔造和形成主要受到三个方面的影响。

其一是自然地理和资源环境因素形成了共同内涵。青藏高原地区以高山峡谷为主的地貌特征和河谷阶地的山地资源环境，形成了各民族共有的建筑文化内涵。首先，由于河谷地区有限的建筑材料和落后的交通条件，造就了藏族、羌族石砌建筑为主要技艺特征的传统建筑营造技艺体征，藏、彝、羌等诸多民族又同时见长于山地建筑的营造。其次，河谷自然地理环境造就了青藏高原地区各民族普遍一致的环境选择观念。高山区的草原成为宜牧的生产空间，河谷低阶的平地成为宜农的生产空间，而在其间不利于开展生产活动的山地坡地环境下，形成了人居聚落的布局。

其二是生业模式和生活习惯的相似性形成了共同内涵。青藏高原地区的传统生业模式，除河源草原地区纯牧业的生业模式外，绝大多数流域性河谷地区，多以农牧兼作的生业方式。农牧兼作的生业模式决定了这一地区普遍的居住模式。民居底层作为畜棚和生产仓储空间，中间层为生活起居空间，顶层适度退台后，形成谷物、饲草晾晒的空间，还有佛堂、煨桑台等精神仪式性的功能。这与青藏高原地区多民族早期信仰中天、人、隆的三界观相契合。

其三是文化、艺术、技术的交流因素形成了共同内涵。以西藏南部地区为例，由于较为充沛的降雨，木构坡屋面的建筑成为重要的民居特色，屋面覆盖材料多为木板条或片石。无论是藏、洛巴、门巴、彝族还是纳西族，我们很难从民居形态区分族群民族属性。各民族共同构成了基于文化交融的共同民居形态。青海河湟地区的庄廓也是适应本土地理气候环境和资源条件的多民族民居模式。而这种共同居住模式的形成，进一步促进了文化艺术的交流、工艺技术的融合，形成了地域性建筑的多民族适应性。在重要的宗教建筑群方面，位于青海的塔尔寺、瞿昙寺，位于西藏的桑耶寺、萨迦寺，都是多元文化、艺术、技术交流融合的遗产例证。

（1）空间与形态

①民居建筑

青藏高原地域民族建筑主要形态特征，以民居为典型

对象，分为庄廓式和碉楼式[1]两种典型类型。其中，庄廓式民居类型广泛分布在青藏高原东北部的河湟、安多地区；而碉楼式民居则是青藏高原流域河谷民居的普遍特征类型，广泛分布于长江上游、澜沧江上游、怒江上游等重要河流及其支流流域的康巴地区，以及雅鲁藏布江及其支流流域的卫藏、工布地区。另外，在羌塘藏北河源地区草原等纯牧业区，游牧族群世代的民居形式是黑牦牛帐篷[2]。而在阿里地区，凿壁为穴的民居方式，直到20世纪80年代之后才逐步退出历史舞台。

庄廓、碉楼、帐包等民居形态，并不特定地从属于某一民族。可以说，这些本土性的民居形态是自然气候、地理资源等环境要素，生业模式、生产方式等社会要素，以及审美意识、文化观念等文化要素共同决定的合理人居形态。这些人居形态经历了长期的自然契合、生业适应、文化趋同的过程。因此，我们可以看到，在河湟地区的庄廓中，如果你不从细部的人居装饰、生活风俗鉴别，大致地概览庄廓是无法区分所居住的居民主体属于哪一个特定的民族。在河湟地区，庄廓是汉、藏、土、回、撒拉等诸多民族共同的幸福家园。民居建筑最大限度地融合了区域性人居特征。而这一传统的人居社会价值，是在当前时代背景下，值得借鉴和学习的。同样，碉楼也是青藏高原地区藏、羌、彝、纳西、洛巴、门巴等民族民居建筑的普遍特征。

②宗教建筑

青藏高原地区生活着汉、藏、羌、蒙、回等诸多民族，其中藏、羌、蒙、土等诸多民族信奉藏传佛教。该地区也是藏传佛教最重要的教法流布区域，苯教、汉传佛教、伊斯兰教、萨满教、道教等宗教也有传播。其比较典型的宗教建筑类型为藏传佛教寺庙建筑和伊斯兰教清真寺建筑，尤其以藏传佛教寺庙分布广泛，遗产价值巨大。从空间形态特征来看，由于所处地理环境、资源条件、文化观念、工艺技术的不同，藏传佛教寺庙的空间布局与内地的汉传佛教寺庙有着显著的差异。在青藏高原河谷阶地的人居环境中，藏传佛教寺庙在选址上多高于族群聚落依山而建。山地环境造就了藏传佛教寺庙建筑因势利导、依势就势建设的自由空间布局。在这种自由的空间布局中，源自早期苯教观念和后来佛教意识的藏族传统文化的空间伦理观念，支配着自由布局中的有序性、生态性、审美性的合理逻辑。这种朴素的选址观，在今天看来可以总结为两点：一是建筑的选址以对自然的最小扰动为前提；二是建筑的布局以不破坏自然景观的协调性和整体性为前提。这两点从资源和景观的角度，体现了青藏高原地区建筑选址的科学性。在青藏高原地区的族群文化观念中，这种普遍意义上的生态思维是跨越民族而共有的文化认同。这种文化普遍认为，人类对于资源的取用是需要大地神明许可的，贪婪地取用资源是背德的行为。同样，在山川环境的空间认识中，这种文化同样认为，最为重要的地理环境特征要素是神灵的寄魂场所，比如山峰、重要的山脊线、河谷线、巨石、古木等要素，都是人居环境的禁忌之地。也只有最为尊贵的王者、圣殿才有可能在这样的要点适度地表征。这种朴素的建筑选址观念，在今天看来是非常有文化、有传统，并契合于科学的。我们今天看到的布达拉宫、雍布拉康，以及山顶的祭祀台、脊线的经幡、垭口的风马，以及保存完好的河谷古树名木、刻着经文的巨石岩壁，就是这种文化造就的现实景象。

（2）符号与元素

符号是一种象征物，也是一种具象的抽象物，象征某种取得群体认同的事物，并以符号本身为载体，以其内涵的表征，契合群体价值的认同。构成符号的元素，是从群体性的生存经验中淬炼的具有广泛代表性、共识性的典型，承载特定的意义，并在符号体系的整体中完成其文化的意义和价值的构建。在青藏高原地区，我们经常看到的“吉祥八宝”就是典型的符号体系和要素集成，其代表着特定文化背景下的社会群体、族群单元对于幸福安康等美好事物的追求。

在人居环境的维度，特定人居单元内共有的文化需要和精神诉求，表现在其人居环境本身的形态特征和装饰风格上。比如，我们在世界各地，如果看到牌坊以及雕梁画栋的建筑风格，一定会认为这里是唐人街或华人社区。这是一种差异性的文化符号和要素的展现。而在另一种维度，当我们游览过布达拉宫，再去看承德外八庙或北京故宫，经常会产生似曾相识的感觉。当我们在河湟地区的藏族、回族乡村间游历，如果单从民居来看，人居环境的形态特征上也会有趋同的印象。由此，我们不难发现，总有一些形态特征是承载着共同性的可以被普遍接受的内涵的。这种共性的形态特征，有全人类先天普遍认同的特征，也有后天因文化交融而逐步趋同共识的特征。

青藏高原地区各民族在建筑文化交融发展的历史进程中，共同创造了丰富的符号元素体系。这些符号元素体系，既有本土特色，又有多元文融合的内涵，其在人居环境中主要体现在建筑装饰及家具器物方面。

（3）材料与技艺

长期生活在青藏高原地区的各族人民，在特殊的地理气候环境下，在有限的资源条件和相对落后的生产力发展水平下，形成了独树一帜、高效务实、生态环保的传统建

1　蔡威．顶天立地：藏族碉楼的人观研究——以丹巴县为例［J］．四川民族学院学报，2022，31（05）：27-32＋47.

2　靳亦冰，韩泽琦，兰可染，等．生态牧民居——青南高原上的藏族黑牛毛帐篷［J］．人类居住，2023，（01）：42-45.

筑营造技艺体系[1]。就地取材和藏匠于民是青藏高原地区本土建筑技艺体系的重要特征。以青藏高原地区藏式建筑为典型代表，形成了以石、土、木、彩画、金铜为主要类型的技艺体系。

历史上除一些重要公共建筑、宗教建筑建造需要形成匠作团队、匠作流派之外，就广泛的民居建筑营造技艺而言，基本上就是青藏高原地区各民族成年男子最基本的生存技能，同时也在相互的劳务互助中成为重要的社交方式和公共活动。因此，青藏高原地区各民族之间，以筑屋造房为重要媒介，形成了交往、交流、交融的历史事实。以甘南地区的河州木匠为例，其匠作流派基本上散布于青藏高原东部河湟地区、安多地区。他们不仅修造了这一区域内众多的藏传佛教寺庙、清真寺、道观庙宇，更是这一区域老百姓修造民居重要的营造技艺团队。同样，青海循化的道惟石砌技艺也是安多地区非常重要的匠作技艺流派。这些年，道惟的石匠更远播于卫藏、康区。青藏高原各民族建筑因材料和技艺的相似性，形成了一脉相承、独具特色的人居文化景象。

2. 人居文化与人居审美层面的共同内涵

从人居文化的视角看，青藏高原地区各民族人居建筑在文化层面具有普遍的共同性。第一，这种共同性源自人居建筑所处地理气候、资源环境的影响。生活在青藏高原地区的藏、羌、彝等民族都擅长营造山地建筑，擅长石砌碉楼、土掌房[2]等。第二，这种共同性源自相似的生存环境、生业模式、生活习惯。在青藏高原地区的碉楼体系中，底层畜棚、中层人居、顶层神居祭祀，基本上是很多藏、羌、洛巴、门巴、彝、纳西等多民族共有的人居空间伦理格局。第三，这种共同性源自相似或共有的精神信仰。在青藏高原的族群聚落中，以佛塔、拉康、玛尼石堆为乡土聚落的空间组织核心，依山地空间逻辑特征建构族群社会的伦理空间格局，是各民族乡土人居聚落的典型特征。第四，这种共同性还源自青藏高原地区族群社会在严酷的自然环境和有限的资源条件下，形成的朴素的生态思维。在青藏高原地区的人居环境中，我们可以看到与自然环境共生一体的显著特征，以及贯穿各民族老百姓生活习惯中敬畏自然、顺应自然、谨慎消费自然的人居文化观念。青藏高原地区传统人居文化先天就是朴素生态和低碳节能的。

（1）体现为与环境共生的思想

青藏高原地区严苛的地理气候、有限的生存资源、闭塞的交通条件，造就了人与自然之间特殊的伦理关系。谦恭与自然、诚服与自然成为青藏高原地区族群社会的生存策略，顺应于自然，与自然共生成为青藏高原地区族群社会赖以生存的实践路径。在人居环境的维度，如何在山河之间找到宜居之地，成为环境选址的首要问题。最大限度减少对自然的扰动，不仅顺应遵从自然神明的精神诉求，更符合有限的生产水平。因此，青藏高原地区的族群聚落、人居建筑实现了以自然为前提，人诗意地栖居于其中的人居生态图景、人居生态机制。

（2）体现为朴素的人居生态智慧

以藏、羌等民族为典型代表的青藏高原地区世居民族，在长期的人居实践中形成了朴素的生态智慧。这种生态智慧不仅贯穿于人居环境营造的过程，更体现在人居行为的生活中。以青藏高原地区藏、蒙等游牧民族为例，形成了以牦牛、藏羊为核心资源的生态闭合。围绕牦牛、藏羊，完整解决了生存所需的衣、食、住、行等层面的问题。对于牧人来说，居住的帐包离不开牛羊，食物离不开乳制品、肉制品，穿着的衣服离不开牛羊，运输工具同样是牦牛。除茶叶、盐巴、青稞外，实现了生存的生态闭合。因此，青藏高原地区的世居民族在人居建筑和人居行为的维度，普遍形成了朴素的生态智慧和质朴的生存行为习惯。尊重自然、热爱自然、融于自然成为他们的生存本能。

（3）形成独特的人居审美观念

青藏高原地区严苛的生存环境，驯化出族群社会谦恭的文化性格；起伏的山地环境，迫使人居之所必须依山而建。谦恭的文化性格、朴素的生态思维、有限的资源条件和起伏的地貌特征，孕育了青藏高原地区民族建筑依山而建、自由疏放、融于自然的精神气质和富有纵向雕塑美感的审美特征。如果我们在内地平原看到的是富含伦理思维、具有张弛之美的建筑布局，那么我们在青藏高原地区看到的则是富有自然气质、雕塑美感的建筑形态。藏族传统建筑观以神居之所的坛城为终极的人居理想，并以人居环境体系与自然环境体系的共生、平衡、和谐为目标。这就是布达拉宫和紫禁城带给我们不同审美体验的内在原因。

六、 青藏高原城乡风貌领域铸牢中华民族共同体意识的实践机制

1. 实践策略

城乡建筑作为城乡人居环境的重要物质性构成要素，其文化风貌一方面是社会文化内涵、精神个性的彰显；另一方面，已经形成建筑、街区乃至城乡整体的文化风貌，又在潜移默化安居其中的社会、人群的文化心理，并逐渐形成地域性的文化认同。城乡人居单元中，具有传统风貌特征的建筑、街区、景观等，会逐渐形成社会性的认知认

1　黄跃昊，熊炜．论甘南藏族传统建筑营造技艺及其传承——以迭部县为例［J］．贵州民族研究，2017，38（1）：98-102.

2　张涛，刘加平，王军，等．传统民居土掌房的气候适应性研究［J］．建筑科学，2012，28（4）：76-81.

同，标定某一城乡人居环境的文化性格。

在人居环境的维度，具有文化内涵的城乡风貌，对于社会心理有着潜移默化的引导和教育作用。在城乡风貌的营造中有意识地突出融合的个性，会让城乡人居环境的文化气质呈现开放性、发展性、创造性的特征。这种融合不仅仅是空间意义上多元文化要素的共生融合，更应该是时间或历史意义上的融合，即传统与时代的有序传承与发展。这种在城乡风貌领域，时空意义上的文化对话与文化交融，其实质就是城乡的文化活力、城乡的文化个性。在铸牢中华民族共同体意识的时代精神需要下，城乡风貌所体现的特征、气质、个性是否有利于共同体意识的形成显得非常重要。在城乡风貌领域铸牢中华民族共同体意识的实践策略中，我们应该注意以下几个要点。

（1）应以建筑风貌的形成机理为逻辑

我们不能机械地为了铸牢共同体意识而生搬硬套营造建筑风貌。一个地区、一个城市、一条街区、一个建筑，其风貌的形成有一定的内在规律和形成机理。当然，这种风貌一定程度上受到建设单位、建筑师个性化诉求的影响，也是某一时期社会主流文化意识和审美思潮的反映。区域性建筑风貌的形成，是地域性的历史文化传统、时代性的审美意识思潮，以及建筑本身的形成条件等多方面复杂因素综合作用的结果。意在营造开放性、融合性文化气质的人居环境或建筑，一定要遵循建筑本身的逻辑，用建筑适用的模式和方法，实现开放和融合的风貌。违背建筑学的基本规律和手法，刻意地为了营造某种共同性而完成的建筑将是奇怪并可笑的。

（2）应该以本土的历史文化为土壤，以时代的精神气质为导向

建筑及人居环境的风貌，实质上是建筑文化性的形式表达，继而形成的文化气质的普遍社会认同。这种文化性的形式表达，不仅是符号、元素、形态、材料等层面的有形表达，更是这些外在形式内涵的风骨和气质。由此，建筑的文化风貌，才成为外露于形、内蕴于“风”的完整实现。建筑的风貌是建筑所在本土历史与文化客观条件的自然表达，更是建筑主体本身所系相关要素的主观表达。建筑的风貌不仅决定于所处环境的历史文化、自然地理等诸多要素，更决定于建筑本身的性质、建设单位、建筑师的目的和思维。一个开放、包容的建筑或人居环境在风貌上呈现的文化性，在共性的层面应该体现对于本土历史文化的理解和表达，在个性的层面应该体现对于时代和传统的个性理解。而这种开放、包容的文化思维、建筑思维，作用于建设者、建筑师的结果，就是具有多元文化包容性、传统文化本土性、时代精神创新性的建筑风貌。

（3）应该以城乡历史文化遗产的基本格局为骨架

建筑风貌就是建筑文化性的形式表达和内涵透射的辩证统一。而建筑文化性的表达，在不同文化气质的人居环境中，其时代性和传统性、国际性和本土性的表达是有差异的。在青藏高原地区，一定要甄别城乡单元的历史文化属性，区域性的中心城市、时代性的移民新城、底蕴深厚的历史文化名城名镇名村[1]，不可一概而论，应该区别对待。尤其在历史文化底蕴深厚的城乡人居单元，城乡历史文化遗产的空间结构和风貌格局，影响和决定建筑的风貌，街区的风貌乃至城市的风貌。

2. 实践机制

青藏高原城乡风貌领域铸牢中华民族共同体意识的具体实践，应从规划、设计、管理三个层面着手。

从规划的层面，多民族聚居的城乡单元，应在国土空间规划的整体指导下，以公共文化资源、公共文化空间的配置为导向，推进建设多元文化互嵌共生的人居景象，合理实现族群互嵌的社区格局。民族地区应在国土空间规划具体指导下，编制城乡风貌专项规划[2]，逐步科学管理、科学引导、科学规划、科学建设，有利于文化融合，有利于共同体意识培养的城乡建筑风貌环境。

从设计的层面，多民族聚居地区的城乡单元，应注重多元文化中共同基因的形式提取、共同内涵的文化表达，在建筑风貌中以共性为普遍的背景和底色，继而在其上体现突出的个性和特色。在以单一民族为主体的城乡单元，应注重传统与时代的结合，避免整体上的过分传统化、仿古街、民族化，规避一些在民族地区滥用宗教符号装饰世俗建筑，扰乱和违背文化伦理次序，刻意借鉴异域形式取代本土传统的现象。

在管理的层面，民族地区应注重城乡风貌专项规划的实施，加强城乡风貌的有序建设和考核，一方面把城乡风貌的管理作为规划管理实施的重要考核内容，在城市体检、规划实施的过程中，重点关注城乡风貌专项内容；另一方面，把城乡风貌的规划管理、建设维护，纳入民族团结进步创建工作体系中。

七、 建筑文化风貌和族群空间互嵌在市县民族团结进步创建活动评价指标体系中的考量

1. 民族团结进步创建活动评价指标体系

民族工作一直是党和国家非常重视的核心工作之一。

1 城建档案编辑部．推动历史文化名城名镇名村保护工作 完善保护体系 彰显文化内涵［J］．城建档案，2019（2）：5.

2 王安琪，李睿杰，李凯克，等．国内外城乡风貌管控体系与治理路径的比较研究［J］．规划师，2022，36（12）：113-118.

早在1931年，《中华苏维埃宪法大纲》[1] 就已经确立了各民族平等的基本原则。1949年9月通过的《中国人民政治协商会议共同纲领》[2] 以及1954年颁布的第一部《中华人民共和国宪法》[3]，更进一步明确了以民族平等为根本的民族政策。改革开放后，全国深入贯彻历次中央民族工作会议精神，逐步推进民族团结进步创建活动。

2010年，中央宣传部、中央统战部、国家民委联合发布《中央宣传部 中央统战部 国家民委关于进一步开展民族团结进步创建活动的意见》[4]，2014年国家民委发布《国家民委关于推动民族团结进步创建活动进机关 企业 社区 乡镇 学校 寺庙的实施意见》[5]，2013年国务院办公厅发布《国务院办公厅关于印发全国民族团结进步模范评选表彰办法的通知》[6] 等重要文件，推进民族团结进步创建活动。

党的十八大以来，习近平总书记在继承我党民族理论和民族政策的基础上，创造性地提出了中华民族共同体、铸牢中华民族共同体意识等一系列新思想、新论断、新要求，形成了关于加强和改进民族工作的重要思想。在2021年召开的中央民族工作会议上，习近平总书记明确指出"要深入开展民族团结进步创建，着力深化内涵、丰富形式、创新方法"，对创建工作提出了从内涵、形式、方法等全面提升的更高要求。为推动民族团结进步创建工作积极顺应形势任务变化，紧紧围绕铸牢中华民族共同体意识这条民族工作的主线，国家民委对2020年印发的《全国民族团结进步示范州（地、市、盟）测评指标（试行）》和2014年印发的《全国民族团结进步创建活动示范县（市、区、旗）测评指标》进行了修订。这是推动各地完整、准确、全面把握和贯彻习近平总书记关于加强和改进民族工作的重要思想，深入落实中央民族工作会议精神的具体举措。新指标严格对标对表中央最新要求，突出铸牢中华民族共同体意识的鲜明主线，紧紧围绕铸牢中华民族共同体意识五大任务设置测评项目，针对西部地区、东中部地区不同工作侧重分类制定指标，根据工作重要性、紧迫性、系统性科学确立权重，体现了创建工作导向理念、目标任务、形式方法等全面的更新和升级，将有力指导民族团结进步创建工作进一步沿着正确的方向不断向广度和深度拓展，充分发挥铸牢中华民族共同体意识重要抓手作用，为推动新时代党的民族工作高质量发展作出新的更大贡献。

新修订的指标体系，从框架搭建到具体测评内容设置，始终将有利于铸牢中华民族共同体意识作为首要原则。指标体系共分为加强和完善党对民族工作的全面领导、全面推进中华民族共有精神家园建设、推动各民族共同走向社会主义现代化、促进各民族交往交流交融、提升民族事务治理体系和治理能力现代化水平、坚决防范化解民族领域重大风险隐患六大部分。其中，第一部分"加强和完善党对民族工作的全面领导"是民族团结进步创建工作的根本保障，第二至六部分是铸牢中华民族共同体意识的五大任务。新指标体系充分考量我国民族工作在西部地区和中东部地区的地域差异。西部地区主要是指民族地区，与东中部地区相比，在推动各民族共同走向社会主义现代化、防范化解民族领域风险隐患、推广普及国家通用语言文字等方面任务更重，同时还面临固边兴边富民等特殊任务，所以设置指标时强化了对这些内容的考核。东中部地区则应在做好本地区民族团结工作的同时，充分发挥对口支援和东西部协作等机制作用，在推动民族地区巩固拓展脱贫攻坚成果同乡村振兴有效衔接，促进各民族跨区域双向交流、推动少数民族流动人口融入城市等促进各民族交往交流交融方面积极作为。与此同时，西部和东中部地区都要在加强和完善党对民族工作的全面领导、提升民族事务治理体系和治理能力现代化水平，特别是构筑中华民族共有精神家园上下功夫，切实引导各民族坚定对伟大祖国、中华民族、中华文化、中国共产党、中国特色社会主义的高度认同，积极推动中华民族成为认同度更高、凝聚力更强的命运共同体。

2023年，为贯彻落实党的二十大精神，深入落实习近平总书记关于加强和改进民族工作的重要思想及中央民族工作会议精神，国家民委再次修订完善了全国民族团结进步示范测评指标。本次修订是对各地区、各行业围绕铸牢中华民族共同体意识主线深化创建工作经验的总结，重点对市（地、州、盟）、县（市、区、旗）测评指标进行了细化充实，围绕民族团结进步"七进"[7]（进机关、进企业、进社区、进乡镇、进学校、进连队、进宗教活动场所）制定了测评指标，形成由示范区（西部地区市县和东中部地区市县）和示范单位（乡镇、机关、企业、社区、学校、宗教活动场所）两大系统组成的"2+6"测评指标体系。

2. 民族团结进步创建活动指标体系考量城乡建筑风貌和族群空间互嵌的必要性

目前新修订的民族团结进步创建活动指标体系共分为：

1 周石其，周小红．中华苏维埃共和国宪法大纲的核心内容和当代启示［J］．红色文化学刊，2022（4）：52-59+110-111.
2 顾行超．开辟中国历史的新纪元——解读中国人民政治协商会议共同纲领［J］．上海社会主义学院学报，2009（4）49-52.
3 翁有为．中华人民共和国第一部宪法制定考论［J］．史学月刊，2007（11）：62-68.
4 参见《中央宣传部 中央统战部 国家民委关于进一步开展民族团结进步创建活动的意见》（民委发〔2010〕13号）。
5 《国家民委关于推动民族团结进步创建活动进机关企业社区乡镇学校寺庙的实施意见》（民委发〔2014〕94号）。
6 《国务院办公厅关于印发全国民族团结进步模范评选表彰办法的通知》（国办发〔2013〕6号）。
7 米方．以七进为抓手推动民族团结进步创建［J］．当代广西，2021（18）：13.

加强和完善党对民族工作的全面领导、全面推进中华民族共有精神家园建设、推动各民族共同走向社会主义现代化、促进各民族交往交流交融、提升民族事务治理体系和治理能力现代化水平、坚决防范化解民族领域重大风险隐患六大部分。在这六大部分中，加强和完善党对民族工作的全面领导是创建工作的根本保障，全面推进中华民族共有精神家园建设、推动各民族共同走向社会主义现代化、促进各民族交往交流交融、提升民族事务治理体系和治理能力现代化水平、坚决防范化解民族领域重大风险隐患是五大核心工作。

城乡建筑属于人居环境的范畴，是族群社会活动的人工空间载体。人居环境的文化风貌、精神气质，不仅是社会人文历史的延续，更是社会精神气质的体现。同时，具有特定文化表征、文化内涵、精神气质的人居环境也在一定程度上潜移默化社会心理、社会审美的变迁。这是建筑空间和人居环境所具有的特殊社会功能的体现。在共同体意识培养、缔结并逐步铸牢的过程中，不仅应该注重社会主体的主观意识塑造，更应该重视社会意识所处客观环境的营造。只有主观塑造的能动性和客观环境的适应性相结合，才能形成自发、持续的共同体意识的产生、发展、成熟。指标体系应重视和加强客观环境要素、物质环境要素的考评指标。只有客观环境和主观需要辩证统一，才能形成持续自发的生态机制。因此，在民族团结进步创建活动指标体系中加入人居环境方面的考量非常必要。

3. 建筑文化风貌和族群空间互嵌在市县民族团结进步示范区建设中考量的办法

在民族团结进步创建活动指标体系中加入人居环境方面的考量，具体来说，主要应在三个方向落实，两个层面推进，两个维度考核。

（1）三个方向的落实

在民族团结进步创建的六大内容中，全面推进中华民族共有精神家园建设、推动各民族共同走向社会主义现代化、促进各民族交往交流交融都与城乡风貌和人居环境有着密切的关系。

①共有精神家园方面

现有指标体系的内容主要包括“深化多元一体的国情教育”“建立健全常态化教育机制”“加强舆论宣传引导”“建设各民族共享的中华文化”四项主要内容。主要依托于校园环境的教育、社会环境的实践、民族团结进步教育基地的建设，以及宣传舆论引导和共有文化遗产的保护等。实质上，城乡人居环境才是一定社会单元最重要的空间载体，城乡的建筑风貌、人居精神气质才是最重要的精神家园。一个城市的文化风貌是人文历史的积淀，更是精神气质的体现，也最大限度地影响着其中社会人群的文化品相。共有精神家园的形成，不仅需要从教育和实践入手，还需要培养社会性普遍观念和意识的认同，从而形成共有精神家园的“软环境”。同时，更要认识到人居环境与社会意识的内在关联、能动机制，塑造有利于涵养共同体意识的物理环境、人居空间、城乡风貌。

②推动各民族共同走向社会主义现代化方面

现有指标体系从“民生”“经济”“固边”“产业”“共同富裕”“公共服务与社会保障”“生态环境”七个方面考量各民族共同走向社会主主义现代化方面的工作。其中，民生是基础和人心所向，是走向现代化的目的和宗旨；产业是走向现代化的路径；经济发展和公共服务社会保障是具体内容；生态环境和共同富裕是约束和原则；稳定、团结是必然的结果，也是结果的前提。在整体构建的民族地区现代化的图景中，不仅仅有生态环境的美好，更有人居环境现代化，传统与时代的结合，宜居与宜业的实现，更是考量环境是否发展、是否现代化的重要内容。从人居建筑的风貌视角，囿于传统而固步自封不是现代化，摒弃传统求洋求怪也不是现代化。只有传统与时代的融合、多元文化的融合、建筑与自然的融合，才能构建人居环境建筑风貌的现代化图景。因此，考量各民族共同走向社会主义现代化的指标体系，不应缺少人居环境、建筑风貌方面和遗产保护利用方面的发展考察。

③促进各民族广泛交往交流交融方面

现有指标体系从“构建互嵌式社会结构和社区环境”和“建立交流机制、实施交流活动”两方面促进各民族广泛交往交流交融。其中，互嵌式的社会结构和社区环境是促进各民族文化交融的重要人居环境。在此基础上，建立沟通交流的机制才会行之有效。从人居环境的视角看，促进各民族广泛交往交流交融问题的核心在于两个方面。其一，我们如何考量和评价族群互嵌社区结构在规划层面的实现、发展层面的落实、运营层面的成效。其二，公共环境、公共设施本身的风貌特征和内涵文化问题，即我们提供何种有利于交融并培养共同体意识的公共空间和公共产品。原有指标体系已经涉及规划层面的族群互嵌，但是在具体实践层面和考核层面，是一个非常系统的难题，解决起来也是一个非常漫长的过程。在国土空间规划总体指导下的城乡风貌专项规划是非常重要的工作。民族地区风貌专项规划应该承担营造共同体意识的空间环境、文化融合精神氛围的使命和责任。另外，在城乡公共资源的配置中，应并举时代主题和融合主题公共活动空间，营造各民族交往交流交融的社区空间结构和公共活动空间。

（2）两个层面的推进和两个维度的考核

在规划层面的推进，应注重民族地区族群互嵌在规划层面的实践与落实。民族地区城乡社会，聚焦县市、乡镇，在国土空间规划的整体把控下，聚焦多元文化的融合，以公共资源、公共空间的合理配置为杠杆，合理引导族群互嵌的社会格局的形成。具有文化主题特征的公共文化资源的配置应该在规划层面为促进族群互嵌起到节点枢纽的作用，具有特色风貌的城乡街区、历史文化遗产等应起到线路连接的作用。

在城市设计、建筑设计层面的推进，应注重文化交融气质的体现。应避免两个极端：一是仅仅因为传统而制作仿古假古董，二是因民族特色而产生的文化单一化，这可能导致视觉上的疲劳。注重在城市设计、建筑设计中，依据所处城区环境、街区环境、建筑性质的差异，体现多元文化之间的借鉴与融合，体现传统文化与时代精神的融合。

在考核的维度，首先应对既往城乡建设成果——已经形成的城乡风貌、互嵌共生格局进行评价；其次，应对现行国土空间规划下，具体关乎城乡风貌、社区格局的专项规划进行评价，并借助周期性规划管理中城市体检的机制，对专项规划提出完善的修改意见；最后，应对规划、设计维度的实施、管理情况做出评价，形成契合于城乡建设、规划实施管理、社区治理的动态评价机制。整体实现过去、当下、未来三个维度的动态考核。

八、 建议

综上所述，笔者提出在民族团结进步创建活动指标体系中考量城乡人居风貌和族群互嵌格局的建议。

2014 年 10 月，习近平总书记在文艺工作座谈会时表示，不要搞“奇奇怪怪的建筑”。2015 年 12 月，中央城市工作会议开始从战略层面重视城市和建筑的文化问题、时代精神问题。针对城市规划层面千城一面，城市建筑层面贪大媚洋、滥用符号的乱象，2016 年 2 月，中共中央、国务院发布《关于进一步加强城市规划建设管理工作的若干意见》，强调在城市建筑理念中融入地域性、民族性、时代性，解决“千城一面”的突出问题，首次提出新时代城乡风貌根本性文化导向和文化遵循的重要性。在民族地区，如何正确地定位和认识城乡建设领域的文化风貌问题，如何科学地实践和展现城乡建设领域的文化风貌，不仅是关乎城乡建设的发展问题，更是关乎民族地区城乡社会文化形象、精神面貌的战略问题。

党的十九大报告提出“铸牢中华民族共同体意识”，2021 年，第五次中央民族工作会议明确，做好新时代党的民族工作，要把铸牢中华民族共同体意识作为党的民族工作的主线，民族工作已经成为事关全局的战略问题。回顾总结民族地区城乡风貌建设实践的经验，其深刻地揭示了民族地区城乡风貌与铸牢共同体意识、深耕民族团结的重大关系。

近些年，理论界在如何铸牢共同体意识层面展开了深入且广泛的研究，也有少数研究逐步涉及视觉符号层面，但是在最为重要的人居建筑物质形态、空间环境、技术实践层面的相关研究依旧薄弱。而在实践层面、城乡层面、视觉层面，乃至我们长期生存的人居环境层面，如何传承、耕耘各民族交往交流交融的历史文脉，塑造、体现民族地区城乡文化风貌的共同体意识气象，仍然是前沿的课题。

青藏高原地区特殊的地理位置和历史渊源，造就了多民族聚居、多宗教并存、多元文化交织的省情，民族团结是历史悠久的文化传承，是深入骨髓的精神基因，是各族人民倍加珍惜的生命线。在城乡风貌领域，无论多元民族文化交融共生的河湟地区、传统文化与时代气象有机结合的新玉树，还是长期以来援藏工程的建设成就，都为青藏高原民族地区城乡风貌领域探索铸牢共同体意识的新模式、实践团结示范的新路径，提供了久远的历史基因和坚实的实践基础。青藏高原应该聚焦民族地区，立足城乡风貌，为技术实践层面、物质形态层面、空间环境层面探索铸牢中华民族共同体意识的历史路径和实践机制，为民族团结进步示范区建设，提供城乡风貌领域的新要求、新指标。

建议立足青藏高原地区，聚焦城乡风貌领域，探索铸牢共同体意识的新模式、实践团结示范的新路径，包括如下两个方面。

一是立足特色、加强研究，推进利于共同体意识培养的城乡风貌、社区格局建设实践。把城乡建设领域铸牢共同意识，推进民族团结示范的研究实践内容，纳入铸牢共同体意识和民族团结创建研究实践体系的总体规划，广泛联系和团结目前在开展相关研究的机构和团队，挖掘青藏高原城乡风貌和民族互嵌的融合特质、团结基因，总体规划、系统布局，探索铸牢工作的青藏特色，做出团结示范工作的青藏贡献。在国土空间规划指导下的专项规划，逐步在成熟的县城或乡镇，推进建设实践和示范。二是总结经验、编制标准，将城乡风貌、人居互嵌纳入民族团结示范指标考核体系。会同相关部门，结合中国民族建筑研究会、青海民族建筑研究会承担国家民委、住建部的青藏民族地区相关领域课题研究成果，编制铸牢意识、团结示范指引下的青藏高原民族地区城乡风貌指南、导则、标准；并依据实践层面、视觉层面的城乡风貌经验，建议国家民委在民族团结示范创建指标体系中加入城乡风貌、人居互嵌方面的考量指标。

多元一体的民族村镇规划布局与保护研究

杨东生[1]

摘　要： 我国民族村镇的发展经历了漫长的历史过程，是各族人民基于生产生活、自然环境及其各族人民交往交流交融历史过程中形成的，也和新时代城镇化发展密不可分。新的历史时期，了解分析民族村镇空间布局的形成过程和价值，并做好保护利用，对铸牢中华民族共同体意识，推动共同体意识建设具有十分重要的意义。民族村镇布局特征体现在物质载体和非物质遗产及其民俗民风，以及人们对客观自然环境的认识和创新上。民族村镇的空间布局及其评价研究涉及民族村镇空间规划、自然环境、人居环境、特色建筑和以建筑为载体的中华民族建筑历史文化共有符号和布局等，是各民族在历史上不断交往交流交融形成和构建起的多元一体的共同理念和价值观。

关键词： 民族村镇；规划布局；共有建筑符号；价值；保护和利用

一、　民族村镇布局特征分析

1. 地域特征

民族村镇所在区域的地域文化对其形成和演变过程有着至关重要的作用，每个区域都会形成一批有着民族文化共性的村镇。民族村镇的地域特色主要表现在村镇布局形态与山水环境的关系、聚落特征、建筑的典型形制、历史元素的典型特征、传统民风民俗等方面。

2. 选址与生态环境

民族村镇在选址以及长期发展、演变过程中体现出的明显生态特点，主要表现为与自然环境的关系，即村镇选址与周边山水的关系、建筑布局与地貌环境的关系、产业布局与田园植被的关系、村镇发展与环境保护的关系。村落选址涉及地形地貌、河湖水系、村落聚居之间的关系、传统风水学说等。

3. 聚落空间

民族村镇的聚落空间特色主要表现在聚落形态和公共空间序列两方面。聚落特征包括聚落组合形式和建筑群构成关系。

聚落形态：受地理条件、风水观念、宗族观念、土地制度及民族风俗习惯等方面的影响，每个民族村镇聚落都有其不同的聚居形态。规划可从村镇聚落形成、发展及演变过程中总结提炼。

空间序列：民族村镇空间包括开放的公共空间和建筑空间。空间序列指建筑在公共空间的前后位置串联，可呈簇状序列、珠串状序列等。竖向空间序列指村落建筑高低等级序列和村落建筑及周边山体、农田的天际线，如藏族聚落多以藏传佛教寺庙为中心和制高点，依山势围绕而布置建筑，自发形成有特点的空间序列；再如侗族村落就是以鼓楼为中心，以各房族为单位，向心性紧凑布局在周边，所有房屋高度要低于鼓楼高度，达到最为节省用地的村寨空间组织形式。

1　中国民族建筑研究会秘书长、专家委员会委员，100070，2902871815@ qq. com。

4. 街巷布局

民族村镇多是自发生长形成的，每个村镇都有其独有的街巷格局，其尺度、走势及比例关系等因地形和院落布局的影响呈现多种形态，有因山就势而形成的阶梯尽端分布形式，平原地区多为回字形和井字形，河边江边多十字形街巷，视廊通透延至江边。街巷及尺度要素包括：街巷肌理（十字巷、井子巷、主街多巷等）、铺装形式（石板、碎石等）、街巷宽度、建筑物高宽比。

街巷布局要从街巷肌理、空间尺度、走势形态、装饰特征等方面总结和整理。街巷肌理是由建筑尺度层级、街巷规模、密度、装饰材料等所产生的视觉感受，街巷纹理直观形象呈图案状，如鱼骨状肌理。空间尺度包括街巷空间与两侧建筑的尺度比例和街巷空间尺度及建筑的尺度两个方面，其中街巷空间比为：街巷宽度/两侧建筑外墙高度。不同的比值所反映的空间性质也不同，如生活性街巷和商业性街巷的比值截然不同。走势形态指街巷与居民生产生活建筑的关系，不同的需求造就的街巷走势也呈现不一样的形态。装饰特征包括建筑装饰和景观装饰，建筑装饰包括建筑形态装饰、形制、风格、体量装修等，以及铺地、雕塑、小品等人工布景，景观装饰包括街巷绿化和人文宣传等。

5. 建筑风貌

不同历史时期的建筑风貌记载着不同时期的历史文化和时代变迁，是民族村镇特有文脉的体现和延续。

传统建筑从使用性质上一般分为公共建筑和民居，从建筑等级分为文物保护单位、历史建筑、准历史建筑、传统风貌建筑。建筑风貌表现在建筑类型、建筑布局、构造特征、建造工艺、结构形式、材料特征等方面。建筑类型一般通过传统建筑的时代、功能、形制和构造类型体现；建筑布局一般指传统建筑与周边环境的关系，以及建筑之间的相互关系；构造特征一般指传统建筑的台基、地面、墙体、构架等特征；建造工艺指传统的建筑建造技术和方法；材料特征指传统建筑所使用的主要建造材料类型。

6. 建筑装饰

民族地区建筑均有装饰，多以图腾、样式和色彩为表现方式，分为屋外装饰和屋内装饰。屋外装饰表现在门窗边框、屋顶结构、台基、墙面、梁、柱、椽头等部位；屋内装饰表现在顶棚、内墙、地板、柱等部分。公共场所重点装饰，其余则简单装饰。

7. 产业空间

民族村镇特定的生产生活空间决定了相应的产业类型，最具有代表性的是民族传统手工业和旅游业，不仅展示并弘扬了当地的风俗民情，还促进了当地的经济发展。

产业空间特色表现在产业类型、产业规模和空间格局三个方面。产业类型分为农耕、手工艺、林业、旅游业、园艺等。产业规模一般是指少数民族村镇支柱产业的占地面积、年收入比例等。空间格局是产业载体空间的布局和与村镇之间的关系。

8. 多民族共有建筑文化符号和规划布局

基于中华文明起源和演变，在建筑和村镇规划布局方面，历经千年的民族交往交流交融，形成了共同的思想观念，并在建筑上体现出共有符号和相同的规划设计理念。中华文明的起源与气候、地理环境及自然资源密不可分。最早的建筑是人类克服自然环境中对居住生活的不利因素，由防御掩体的基本需要而产生的。有了实用的建筑之后，才会讲更多的功能，进入文明社会以后，建筑也才有了公共的社会属性。

从建筑角度而言，城池的出现是人类迈进文明社会的重要标志。城即是围合的墙，池即是围绕城墙的护城河，这是古国建立的物理标志之一，也表明当时已经形成了社会结构层次，建立了等级，具备了成熟的统治制度和模式。考古发现，我国最早的城池可以追溯到约5300年前，在今河南郑州的西山，是以城池为核心的仰韶文化遗址。进入王国时代后的建筑城垣遗址则更为规整、成熟，较具代表性的就是河南偃师二里头文化遗址，距今3800～3500年，遗址发现有中国最早的井字形城市主干道、网格式城市布局，推测有宫殿区、作坊区和居住区。

千百年来，中华各民族之间交流不断加强，民族之间文化相互影响、相互融合。各民族交往交流交融过程中，在建筑空间布局和建筑本体上形成了以下几方面的共有认同。

空间结构：村镇空间布局为街巷式，主街多巷道，一般为“井”字形或“十”字形街巷。以围廊围墙环绕成围合式院落，院门考究。有中轴线，形成对称式布局。院落围合式结构，多重庭院落组成建筑群等。

建筑外观：台基、屋身和屋顶三段式结构。坡屋顶、屋脊、吻兽、屋檐、屋面、山墙。

建筑单体：立柱与横梁组合，形成“间”字架构。梁坊、檐柱、斗拱。一般采用柔性木结构承重与土石围护结构。斗拱起到力学功能和装饰作用。

衬托性建筑：照壁、石狮、华表、牌坊、门档、山门等。

装饰及色彩：门窗、屋顶、隔扇、藻井，多以形象、花纹、色彩装饰。木雕石雕砖雕，吉祥的纹饰，如龙凤、蝙蝠、如意纹、古钱币符号、梅兰竹菊等。书法绘画，匾额对联。色彩在建筑上的应用依民族和地区不同有所差异。

景观：建筑群内外山石、花木、植被布景，造园艺术强调意境。

建筑材料：木材、瓦石、泥土为主要建筑材料。建筑材料方面，古代建筑多依据地质气候条件，就地取材，除木材、石料和砖瓦外，南方沿海更盛产石材，先民将这些建筑材料用于台基、建筑结构和屋面。

影响中国建筑的因素，除气候、地理环境、建筑材料和营建方法外，社会制度、伦理观念和生活习惯都对建筑本身和规划布局产生影响。如儒家思想的产生和影响、佛教的广泛传播、本土道教的影响和宗族民众的民间信仰等，由此产生了各民族共识的一些建筑元素，如斗拱、阁楼、屋脊、台基、围墙；产生了具有共同价值观的建筑装饰符号，如龙凤、蝙蝠、梅兰竹菊等，以及具有共同寓意的建筑色彩。城池规划、对称分布、院落布局及"天人合一"等建筑理念和营建方式也逐渐产生并发展。

对村镇规划布局的分析主要体现了六个方面的价值，即科学价值、历史价值、文化价值、艺术价值、社会价值和经济价值。

科学价值：记载了某个历史时期某个民族的特定生活方式及文化习俗。

历史价值：记录了民族村镇的历史演进过程，呈现了各个时期的历史建筑和历史环境要素。

文化价值：反映了民族村落在特定历史时期背景下的文化形态，以及保护传承过程。

艺术价值：民族村镇的传统建筑在装饰、结构方面具有鲜明的艺术价值，反映了工匠的高超技艺和特定时期的艺术水平。

社会价值：民族村镇是我国村镇体系不可或缺的一部分，是交往交流交融的体现，是民族文化的主要载体。保护和利用民族村镇有助于民族团结和社会进步，是铸牢中华民族共同体意识的体现。

经济价值：民族村镇保留下来的优秀物质文化遗产和非物质文化遗产是其宝贵的旅游资源，有效保护和合理利用这些资源会给当地带来可观的经济效益。

二、 村镇空间保护规划原则

1. 民族村镇规划保护对象与保护范围

应针对民族村镇的特色与价值，明确保护对象，划定保护范围。保护对象为民族村镇保护的重点对象，如文物保护单位、重要历史建筑、历史街区、最能体现村镇特色的核心风貌区、周边原生态的山水资源等。根据保护对象划定保护范围，实行整体保护的策略。优先采用"新老分离，互不干扰"的规划策略，使老村真实完整地保存下来，另行选址建设新区。同时，新镇区（村）建设要风貌协调，新老统一，要有乡土文脉传承关系。新镇村的建筑风貌要与传统建筑风貌相协调，可提炼应用传统建筑元素（如造型、色彩、纹样、结构等）。

2. 民族村镇的保护规划及分区

（1）村镇的生态环境保护规划

村镇的环境要素包括山、水、田、园、林、房、路；每个民族村镇均有其独特的空间环境布局结构，规划应包括这些布局结构及环境要素。

不随意破坏村镇的生态环境要素，不破坏山体的形态，不改变河道的走向，不拆除传统建筑，不随意占用农田，不乱砍滥伐，不破坏道路街巷的空间尺度。

（2）村镇的景观体系规划

景观的规划设计遵循着一定的形制，尽可能彰显其直观性和可识别性。应当建立起以保护主要标志性景观为核心内容的完整城镇聚落景观风貌保护体系。

村镇核心的景观元素有自然环境、街巷空间、聚落中心（祠堂、鼓楼等）、民居（街区）、历史环境要素（水口、风水林、桥等）。规划保护或复原核心景观元素，应打通视线走廊；对重要节点进行详细设计，要考虑历史文脉的传承。

村镇的景观体系规划要综合考虑各方面因素，以满足现代生活需求为主。提取民族元素，将其融入景观设计中，最终形成"点线面"的复合绿化体系，景观风貌要与历史建筑风貌相统一。

（3）村镇保护分区

①街巷格局节点空间

村镇的街巷布局和肌理是在长期发展过程中逐渐形成的，文化底蕴深厚，传统特色突出，应成为基本的保护目标。这些街巷适应各地迥异的气候条件和生活习俗，有多种形态和风貌，其文化特征的表现十分鲜明生动，是传统城镇聚落特色的集中表现，因此要特别注意街巷格局肌理以及其与院落房屋布局的关系，不随意更改和变动。街巷的空间尺度，街道与房屋的比例关系，不乱添加、拓宽、加高。街巷的节点空间，不任意改建乱拆，而是应当作为重点保护对象，加强其节点空间特征可读性文化内涵的展示。

②核心保护区

规划将重点文物、建筑和与周边景观风貌相融合的历史建筑一起作为村镇整体核心风貌区进行保护。

规划严格保护原有的历史建筑、树木、水体、地形地貌及其他环境要素，并注意保持原有的历史街巷格局。核心风貌区内的建筑高度、体量、材料、色彩及形式应符合历史传统风貌。

③建设控制区

建设控制区是与核心风貌区相邻的区域，控制区内的景观风貌要与核心区的传统风貌相协调，需对控制区内的历史建筑、树木、水体、地形地貌及街巷格局进行控制，不随意拆建、改建历史建筑。

④风貌协调区

风貌协调区是村镇周边的自然生态景观用地，也包括“新老分离”的新区，规划将与村镇息息相关的生态空间划定为协调风貌区，限制村镇建设用地的盲目扩张，使村寨周边的山体、水系、农田、林木景观与村落建筑风貌相协调。

三、 民族村镇建筑的保护和利用

1. 建筑普查

对房屋设施普查，分类建档。对村镇房屋按照建造年代、历史风貌特色、破损程度、历史重要性分类建档。

用照片、测绘图纸、数字化等手段记录现在的建筑结构形式。对历史年代悠久、保存完整、有一定历史地位的建筑应保留电子信息，并请专人测绘，保存测绘档案。

建立责任人制度，监管重要历史建筑破损情况。对文物保护单位和重要历史建筑，实行责任人动态监管制度。

2. 挂牌保护

（1）重要历史建筑和文物古木等应挂牌保护

摸清民族村镇内房屋的建筑年代、历史地位和改造修复情况，对改革开放前建造的历史风貌完整的历史建筑进行挂牌保护。

对村镇内及周边的风水树、风水林及古树名木挂牌保护。

（2）挂牌保护建筑应重点保护

对于挂牌保护的文物建筑和历史建筑，须定期对建筑破损程度进行监管，提出保护要求，划定保护界线。

3. 控制拆建

（1）尽量保持村镇原风貌

在2013年12月的中央城镇化工作会议上，习近平总书记提出：“在促进城乡一体化发展中，要注意保留村庄原始风貌，慎砍树、不填湖、少拆房，尽可能在原有村庄形态上改善居民生活条件。”

（2）保护所有历史建筑

凡是有历史年代的建筑，都是历史遗存，能保护的尽量保护。1987年国际古迹遗址理事会（ICOMOS）通过的关于保护历史城镇与城区的《华盛顿宪章》指出：“历史城区，不论大小，其中包括城市、城镇以及历史中心或居住区，也包括其自然的和人造的环境。除它们的历史文献作用外，这些地区体现着传统的城市文化的价值。要鼓励对这些文化遗产的保护，无论这些文化遗产多么微不足道，都构成人类集体的记忆。”因此，还必须提高认识，大力宣传文化多样性保护的重要意义。

4. 建筑分期保护

村镇内的建筑体现了各种历史时期的风貌，需要对历史悠久的传统建筑加以保护，对影响村镇整体风貌特色的建筑加以改造。根据建筑的不同年代保护改造原则参考如下：

①1911年以前古代时期的建筑，重点保护，挂牌保护，影像记录，修旧如旧；

②1911—1949年近代现时期的建筑，重点保护，挂牌保护，影像记录，修旧如旧；

③1949—1977年的建筑，重点保护，挂牌保护，影像记录，修旧如旧；

④改革开放以后的建筑，保留质量较好的，适度改造、重建全新建筑。

5. 建筑分类保护

（1）文物建筑和世界遗产（修复）

即按文物法修复。按相关法规保护，最小干预原则；完全保留建筑的外观形态与内部构造，禁止拆除与重建。

（2）历史建筑（修缮）

以安全为前提，修旧如旧，保留建筑的原真性，整体性。以保护加固为主，禁止对保护建筑外观进行改造，不改变建筑的材质与体量，不扩建或增加高度。如远期需修缮，要提前向政府备案，可适当改造建筑内部环境。

（3）普通老建筑（维修）

即改革开放以前的建筑，以符合传统的建筑风貌为前提，通过适当的维修，能再现建筑历史风貌，对建筑起到加固的作用。外观尽量保持原风貌，内部有机更新，可改造为实用的多种形式。

（4）近期建筑（整改）

即改革开放后的建筑，采用“新且中”手法，与老建筑协调文脉。在保护区内，如果体量、色彩对整体风貌影响不大，可维持原貌；若太不协调，应予以拆除。

（5）构筑物（协调）

井桥堤路堡坎等，尽量保持原貌，并加以协调处理。

参考文献

[1] 中国民族建筑研究会人居环境与建筑文化专业委员会. 新型城镇化过程中民族建筑及村落保护与利用研究［R］. 北京：国家发展和改革委员会，2015.

[2] 中国民族建筑研究会. “十三五”期间少数民族地区特色镇转型升级策略研究［R］. 北京：国家发展和改革委员会，2015.

[3] 中国民族建筑研究会. 少数民族特色村镇保护与发展推广导则［R］. 北京：国家民族事务委员会，2016.

[4] 中国民族建筑研究会. 建筑文化中的中华民族共同体［J］. 中国民族建筑，2024（1）：1.

民族建筑木作窗棂的雕饰特征及其匠作技艺传承 ——以湖北清江流域土家族聚居区为例

辛艺峰[1]

摘 要： 本文以清江流域土家族聚居区内民族建筑木作窗棂雕饰匠作的田野实勘调研为基础，通过对清江流域巴土文化之特色、发展概貌、木作窗棂的造型特征等方面进行探究，并结合其现存民族建筑窗棂遗迹与实例，对传统民居建筑木作窗棂雕饰匠作留存技艺予以挖掘和梳理，以使乡土营建中清江流域土家族聚居区内的民族建筑木作窗棂雕饰匠作之美能够赋予中华农耕文明新的时代内涵并得以传承。

关键词： 土家族；木作窗棂；雕饰特征；技艺传承；清江流域

从“美丽乡村”来看，建设宜居宜业和美乡村是全面建设社会主义现代化国家的重要内容，而宜居宜业和美乡村的建设需依托乡土营建作为原动力，推动乡村经济发展与乡风文明建设，研究广大乡村留存的优秀传统文化、乡风民俗、宜居生态，以使其空间特征与传统文化匠作技艺得以传承，即是对清江流域土家族木作窗棂雕饰的匠作技艺进行梳理和探究的目的所在。

一、 清江流域巴土文化之特色及其民族建筑中的木作窗棂雕饰

1. 清江流域巴土文化之特色

清江是长江在湖北省境内的第二大支流，古称夷水、盐水。发源于恩施州利川市都亭山西麓，自西向东，干、支流流经恩施土家族苗族自治州的利川市、咸丰、恩施、宣恩、建始、巴东、鹤峰七县市和宜昌市的五峰、长阳、宜都三县市，于宜都注入长江，干流全长423km，总落差达1430m，其流域总面积为1.67万km^2（图1）。清江流域地处古代巴蜀文化、楚文化、中原文化的交汇点，且在各个不同的历史时期彼此影响交融。流域内聚居的土家族是古代巴人的后裔，热情、质朴、勤劳、善良、勇敢是土家人优良的民族素质，加之婚丧习俗、歌舞曲艺、饮食服饰、建筑交通等构成，由此形成了清江巴土文化鲜明的地域和原生态艺术特色。

聚居于清江流域内的土家族，位居湘、渝、黔接壤的湖北省西南部武陵山区，在中国55个少数民族中人口排名第七位，是一个能歌善舞的少数民族。土家族自称“毕兹卡”“密基卡”或“贝锦卡”，意为“土生土长的人”。清江流域土家族悠久之历史可上溯到远古的巴人，他们以白虎为崇拜的图腾，信鬼崇巫，且继承巴人歌舞遗风，有着粗犷豪放的民风，这对其民族风格及文化的发展也产生了影响[1]。因此，如与汉族纤巧细腻的风格相比，清江流域土家族聚落的传统匠作之美更具粗犷开放的艺术特征（图2）。

2. 土家族传统建筑中的木作窗棂雕饰

地处清江流域的土家族传统建筑多聚居而建，或依山、或傍水，其中最为典型的民居建筑是一种干栏式的吊脚楼。

1 华中科技大学建筑与城市规划学院教授，430074，997280563@ qq. com。

这种“干栏式”建筑——吊脚楼，既可避免平时住房潮湿，防止暴雨时被山洪冲刷淹没，又可抵御山中野兽及毒蛇的侵袭。其特点是正屋建在实地上，厢房除一边靠在实地和正房相连，其余三边皆悬空靠柱子支撑。作为当地特有的吊脚楼民居建筑，其主体结构以木材为主，屋顶常选择茅草铺设。只是现在完全木结构的吊脚楼已少见，更多的是砖木结构吊脚楼。而吊脚楼是土家族最主要的住所形式之一，清江流域土家族的吊脚楼因前有阳台、两边有走廊，互成转角之势，故名“转角吊脚楼”。吊脚楼集建筑、绘画、雕刻艺术于一体，是土家族建筑艺术的杰出代表（图3）。

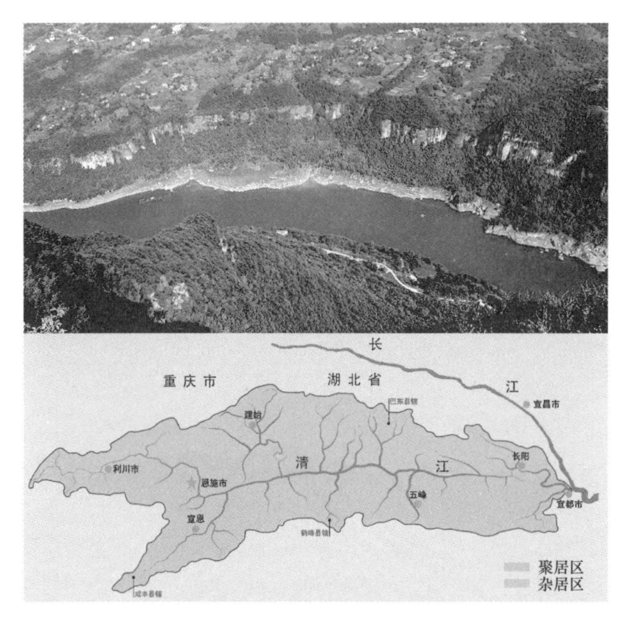

图1　延绵八百里之清江及其流域内土家族聚落分布图

图2　清江流域土家族已形成了鲜明的地域文化和原生态艺术特色

由于清江流域土家人崇信白虎图腾，其传统建筑在格局上也采取了被称为“四棋三间”的虎坐形，即中间为堂屋，作为祭祖、迎宾的地方；两侧厢房则住人，右侧厢房设有火炕，不仅可以用来取暖，也可煮饭办菜。一些生活富裕的人家还拥有“七柱十一棋”和“四合天井”的大型宅院。

在清江流域土家族传统建筑中的木作窗户，不仅具有

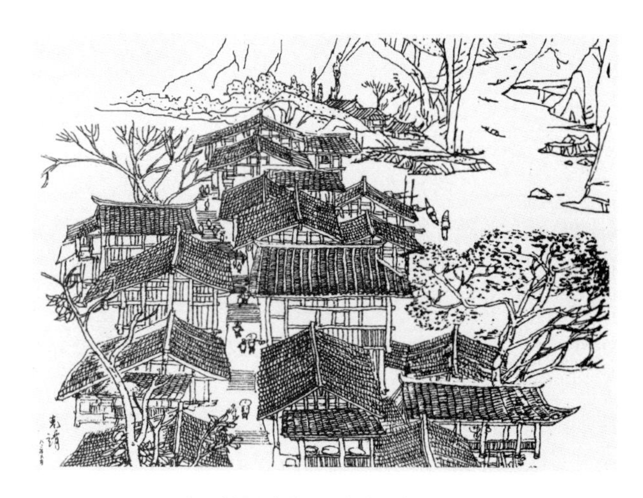

图3　清江流域土家族“干栏式”建筑——吊脚楼

（来源：辛克靖绘）

功能作用，而且具有视觉美感，既与其传统民居建筑在风格上协调统一，还成为其土家族艺术中最具特色的装饰构件，是其传统建筑中重点装饰处理的部位。清江流域土家族传统建筑中的木作窗棂雕饰形式多样，由简到繁，由粗到细，处理巧妙而娴熟。依形式不同，其建筑中的木作窗户可分为直楞窗、花窗和格扇窗等。由直棂条构成的各种几何纹饰居多，并喜欢在窗棂中心嵌以圆、椭圆、扇形、长方形、菱形、正方形等形状，四角用变形的蝙蝠或蝴蝶作角花，呈现出一种图案纹样曲与直、动与静相结合，庄重而生动的对比美感来。通过对清江流域土家族传统建筑窗棂装饰的实勘调研，在湖北利川市大水井李氏庄园与宗祠建筑组群、咸丰县唐崖镇“严家祠堂”、恩施市文昌阁、宣恩县彭家寨和五峰县茶园古村、宜都市聂家河古镇等，均可见到清江流域土家族吊脚楼特色鲜明的窗棂装饰（图4）。

图4　清江流域土家族传统民居建筑窗棂雕饰展现出的棂扇之美

二、清江流域土家族传统建筑木作窗棂雕饰的造型特征

就清江流域土家族传统建筑窗棂雕饰的造型特征看，据已有文献记载，早期对这个区域民族建筑及其装饰艺术

进行原真性探究的当推20世纪50年代后期即从华中师范学院（现华中师范大学）来到鄂西恩施支援文化建设的辛克靖先生，他在鄂西地区工作生活了27年，其间多年跋涉在湘、鄂、黔、渝及西南地区崇山峻岭之中的民族村寨，曾多次与在八百里清江生死翻滚中的放排人勇闯惊涛骇浪，对其流域延绵数百里之大山中茂盛的森林，以及土家族村寨与吊脚楼的盛衰变迁，从木作营造建屋的选材、工匠、技艺等层面进行了深入细致的田野调查，足迹遍布清江流域两岸各县及民族聚居村寨，收集了大量具有原生态、原真乡土味浓的土家族传统建筑及装饰艺术图案纹样。至20世纪80年代中期离开鄂西重返高校执教，并以在鄂西清江流域多年进行田野调查收集的民族传统建筑装饰纹样为基础，增补相关内容出版了《中国古建筑装饰图案》（1990年）一书。其后还有数十篇民族建筑与装饰艺术方面的学术论文公开发表。其中，《鄂西土家族传统建筑装修艺术研究》（1987年）一文，对鄂西传统建筑木作雕饰造型特征进行了重点探究，认为“土家建筑的装修、装饰，最精采处，当推多彩多姿的窗格了，它主要表现为有中心，有系统，交代清楚，构图明确地组织图案。花格的局部与整体衬托得宜；局部与局部间又相呼应，穿插自然、均齐平衡、富有韵律感。”[2]尤其是20世纪70年代在清江流域收集近千幅传统建筑木作雕饰手绘纹样及整理出的数百幅传统建筑木作门窗雕饰图案，更是显得弥足珍贵（图5）。（其中收录了其所绘的数十幅清江流域土家族传统建筑窗棂雕饰图案。）辛克靖先生生前花费10年编写的专著《中国民族建筑装饰图典（上・下卷）》，后人又继续整理了9年，该专著即将由机械工业出版社出版。著作按照对其民族建筑装饰形式的梳理→民族建筑装饰应用部位的解析→民族建筑单体小品呈现这个逻辑框架，对中国民族建筑装饰予以图文展示，其篇幅宏大，民族地区传统建筑中的木作窗棂雕饰即是其中重要的构成内容。此外，著述的出版既是对辛克靖先生作为民族建筑及传统装饰艺术探究先行者的学术成果总结，也是对先生九十诞辰最好的纪念。依据已有相关研究成果，结合我们对清江流域土家族传统建筑窗棂雕饰进行再次踏勘调研与梳理，归纳出的造型特征包括如下三点（图6）。

图5　湖北清江流域土家族传统建筑窗棂雕饰图案

（来源：辛克靖、李静淑绘）

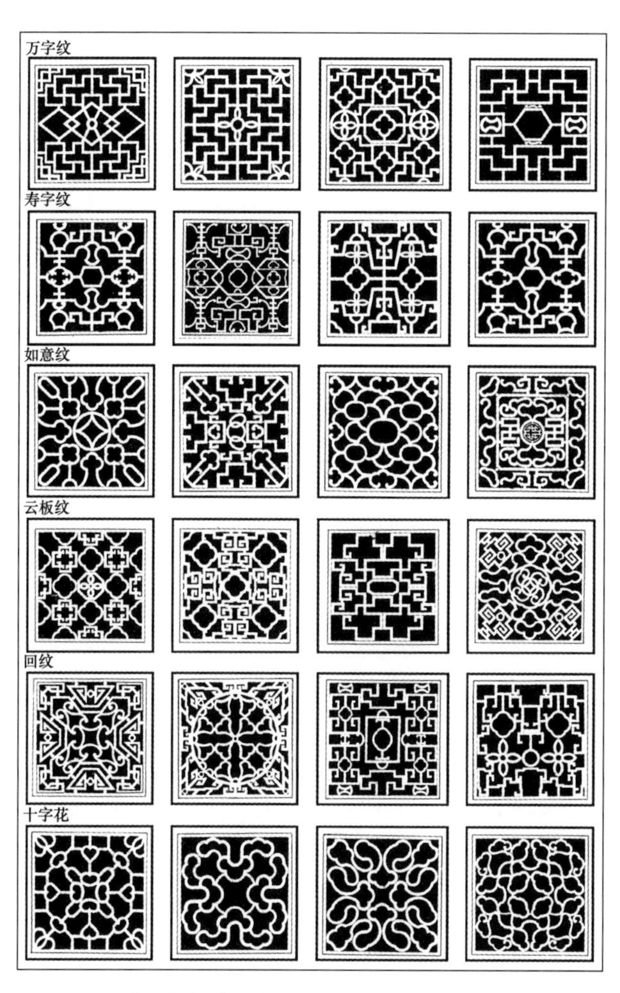

图6　清江流域土家族传统建筑木作窗棂雕饰实测图案纹样

一是其建筑窗棂装饰有构图明确的组织关系，窗棂纹饰图案整体与局部衬托得体；局部之间又相互呼应，穿插自然、均齐平衡、富有韵律感。如“布满式”窗棂的“平行直棂”、斜方格眼“攒方锦”等虽然花纹繁密，却也显得条理分明、疏密有致；还有冰裂纹的窗棂纹饰，看起来好像十分杂乱，但细细看来，其分布皆具规律可循。

二是其建筑窗棂装饰将几何形图案与自然形图案结合应用，使其动与静、抽象与具象融为一体。例如在用有棂条构成的框格式“步步锦”“灯笼锦”“归脊锦”“肘接式楔接纹”“献礼纹”“并合锦”“并合锦”“方圆光”“风车纹”“万字纹”“寿字纹”“如意纹”“云板纹”“回纹”“十字花”；内外连锁的“套方锦”“外接纹”等直棂条构成的几何形图案中嵌上自然形态的雕花，以及佛手与各种变形的蝙蝠、蝴蝶等图案。使用直棂条构成的几何纹与用曲线构成的自然纹疏密相间、穿插自然，均齐而平衡，形成了统一、调和的艺术效果。而用几何形作骨架的窗棂纹饰由于在图案正中填入了自然纹样，不仅使这种窗棂纹饰获得了整体统一的外观形象，同时还产生出别具一格的建筑装饰艺术韵味。

三是其建筑窗棂装饰风格独特，造型内容主要表现在题材广泛，有山水、花卉、龙凤麒麟、飞禽走兽、神话故事、戏曲歌舞及反映平民生活的渔、樵、耕、织、收割、饲牲、狩猎、比武、歌舞、读书、经商及战争等生活场面和宗教伦理等方面的内容；在布局上讲究整体与局部的统一，又在统一中变化；在风格上讲究简洁古朴，精细和粗犷的和谐统一，体现出清江流域土家族人诚实、粗犷的民族气质[3]。

三、清江流域土家族传统建筑木作窗棂雕饰的匠作技艺传承

“匠作”是中国从古至今对建筑和土木等行业中木工、瓦工、石工等工匠、匠技和匠意的统一性称谓，其中“匠”即指工匠，“作”即指营造实践。其匠作价值则涉及营造匠技、营造匠意以及所遵循的仪式、制度和工具使用等要素构成，是工匠在长期营造活动中所积累的产物。清江流域土家族聚落传统建筑中的木作窗棂雕饰，具有古朴、粗犷的风格和精湛高超的雕镂技艺，不仅充分体现出居住在清江流域土家人的民族精神，同时也充分展示出清江流域土家族乡民在木作窗棂雕饰层面的艺术技巧和创造精神。

通过对清江流域土家族传统建筑木作窗棂雕饰匠作技艺的梳理，可知其主要有浮雕、透空双面雕、剔地雕、镶嵌和线刻技法，当然也有不少木作窗棂是多种匠作技艺综合运用的。其匠作技艺主要包括以下几个特点。

一是其木作窗棂雕饰选材广泛，有香樟、梓木、楠木、柚木、猴梨木、椿木等，也有的地方用更好的杉木和马尾松木。大部分质地细腻，纹路优美，还能防虫防腐。再加上所选木材质地坚硬，经久耐用，是木作窗棂雕饰的优质用材。清江流域土家族传统建筑主要以木材作为木作雕饰的材料，雕饰完成后匠人们常在窗户的外表涂刷桐油，既起到保护木材，具有防潮、防腐、防火的作用，又突显其木材本色之美。也有在窗户的外表施以油彩金粉，更是体现出窗户的色彩美。

二是其木作窗棂雕饰使用的榫卯结构和搭接技艺，通过巧妙的构图和拼接，使窗扇达到了拼接无缝、轮廓平整、造型流畅的艺术效果。其榫卯结构和搭接技艺主要有直角结合、十字搭接、小格肩榫、十字平接、丁字结合、双交棂花等形式。其窗棂条间的搭接，其一为水平棂条（横川）与竖直棂条（直川）在中部的连接，即在其木作窗棂搭接中常采用三角形的龙牙榫卯和平接榫卯的形式，因其契合的口形为三角形，故得名龙牙榫；其二为水平棂条（横川）与竖直棂条（直川）在端部的连接，即在其木作窗棂搭接中所用45°斜切平榫卯的形式；其三为斜向连接，即垂直平榫卯的形式。

三是其木作窗棂雕饰技法包括浮雕、透空双面雕、剔

地雕、镶嵌和线刻，也有多种匠作技艺综合运用进行木作窗棂雕饰，经过岁月的洗礼逐渐形成了一套完整的工艺流程。而清江流域土家族传统建筑木作窗棂的雕花应用既加强了窗扇的稳定性，又增添了建筑的装饰性，使得窗扇整个画面感看上去不粗略、不烦琐，从构图和工艺上达到了高度的融合，展现出材质与技艺融合的工艺美感印象[4]。

四、清江流域土家族传统建筑木作窗棂雕饰在乡上营建中的匠作价值

推进宜居宜业和美乡村建设，把我国农耕文明的优秀遗产和现代文明要素结合起来，赋予新的时代内涵[5]，让我国历史悠久的农耕文明在新时代展现其魅力和风采，即是清江流域土家族传统民居建筑木作窗棂雕饰技艺匠作之美及其价值传承之必然（图 7）。其传承的价值主要体现在以下几个方面。

图 7　清江流域土家族木作窗棂雕饰在乡土营建中与民族旅游景点建设结合

一是需实现清江流域两岸土家族传统建筑木作窗棂雕饰匠作技艺为现实服务。将土家族传统建筑木作窗棂雕饰匠作技艺智慧应用于当下的乡土营建。

二是清江流域两岸土家族传统建筑木作雕饰的匠作传承应体现在对其要素的提取，并结合现代新的生产技术，从风格、工艺等角度进行创新，使传统建筑木作窗棂雕饰在清江流域两岸当下传承中得以发展创新。

三是清江流域土家族传统民居建筑木作窗棂雕饰在乡村振兴战略中的传统村落修复、民宿建筑营造、内外环境陈设、乡土器物开发、装饰用品制作及木作文创产品开发等层面予以拓展，开发其经济应用价值。

在当今国家实施“美丽乡村”建设中，对民族地区乡土营建中传统文化特色要素的挖掘，必将伴随着量大面广的乡村建设的深化、社会经济的发展和物质生活水平的提高，为乡村建设的个性化追求及其设计理论与应用研究拓展崭新的领域。清江流域土家族聚居区内的民族建筑木作窗棂雕饰匠作之美也将在乡土营建中赋予中华农耕文明新的时代内涵，并得以传承。

参考文献

[1]《土家族简史》编写组编．土家族简史［M］．北京：民族出版社，2009.

[2] 辛克靖．鄂西土家族传统建筑装修艺术研究［J］．武汉城市建设学院学报．1987（2）：91-101.

[3] 辛克靖．湘鄂西土家族民居风情［J］．建筑知识，2004（9）：1-4.

[4] 辛艺峰．棂扇之韵——鄂西土家民居建筑窗格装饰装修艺术考析［J］．中国建筑装饰装修，2004（1）：184-188.

[5] 胡春华．建设宜居宜业和美乡村［N］．人民日报，2022-11-15（6）.

HUL 视角下的肇庆阅江楼历史文化街区更新策略探讨

褚　睿[1]　王国光[2]

摘　要： 肇庆市阅江楼历史文化街区中现存的历史遗产类型多样、特征多元、格局完整，但目前面临保护与发展的困境。本研究引入城市历史景观（HUL）的理论与方法，以阅江楼历史文化街区为研究对象，从时间维度梳理街区的历史演变并分析动态层积性，从空间维度进行要素载体分类并分析彼此的关联性，得出了儒学礼教是关联各要素的文化与空间核心，商业与文教并置的结构下南北纵向轴线与文脉不清晰的结论。基于分析结果，结合目前街区内现存的问题与困境，提出基于动态层积性的文脉继承与延续，基于整体关联性的空间保护与更新，基于格局完整性的规划引导与发展三方面保护与更新策略。

关键词： 阅江楼历史文化街区；城市历史景观；历史层积；整体关联；更新策略

一、 引言

1. 阅江楼历史文化街区的现状特征

阅江楼历史文化街区是肇庆历史文化名城的重要组成部分，是肇庆四个省级历史文化街区之一。街区形成于明代，片区内拥有数量众多的国家级、省级以及市级文物保护单位，同时还保留了大量传统风貌的民居建筑，记录着肇庆城东近千年来的空间格局与建筑演变历程，充分体现出肇庆从古至今城市的传统空间格局与特征，具有丰富的历史文化景观遗产价值。随着阅江楼历史文化街区入选第二批广东省历史文化街区名单，该片区的历史环境与现状遗存的保护与发展都得到了充分重视（图 1）。

图 1　阅江楼历史文化街区现状鸟瞰照片

因历史变迁与社会发展，街区内存在大量不同时期、不同类型和不同功能的建筑与景观遗存，各要素杂糅并置，呈现出多元复合的空间形态。目前街区内空间与景观特征较难识别，历史文脉的完整性与延续性不够清晰，其空间肌理与格局轴线的关联性不强。因此，在保护与发展过程中要梳理街区的文化脉络，识别历史环境的特征与发展逻

1　华南理工大学建筑学院硕士，510641，1172434228@ qq. com。
2　华南理工大学教授、博士生导师，510641，wgg999@ 126. com。

辑，评估出内在价值，才能有效地平衡保护与发展的关系，因此在思路与方法上仍需要不断探索，并需要相应的理论作为实践支撑。

2. 城市历史景观视角下历史文化街区的保护发展路径

2011 年，联合国教科文组织（UNESCO）颁布了《关于城市历史景观（HUL）的建议书》，提供了一种平衡当代城市遗产保护与发展之间关系的方法。其中明确将“城市历史景观（HUL)”定义为“一个拥有文化和自然价值特性、富含历史层积叠加效果的城镇地区。其超越了‘历史中心’或‘建筑群’的概念，包含更广阔的城市文脉和地理环境内涵。”

近年来，HUL 理论已逐步应用到对于历史片区与城市更新发展的研究分析中，作为一个“景观方法”的提出，该理论强调城市是一个不断动态发展、层层叠合的有机整体，与自然环境和社会文化相互关联。这反映出对于城市遗产的理解与认知具有历史层积性与相互关联性两个关键的理念。利用 HUL 理论对于历史层积与相互关联的分析，有利于识别城市复杂多变的空间与景观要素，对历史演变与文脉要素形成有更清晰的认知，并从整体性角度促进遗产动态保护与可持续发展，这为历史街区的保护与发展提供了新的方法与视角，对于我国在发展与转型时期的城市历史文化遗产保护和可持续发展等多方面工作都具有重要意义。

本研究基于 HUL 理论所提出的“层积性”与“关联性”，探讨阅江楼历史文化街区内各要素并置的原因，从时间与空间两个维度进行分析，从历史层积角度梳理历史遗存发展变迁的脉络与格局特征；从要素关联探讨自然环境、社会文化之间的相互关联，识别其景观特征，并评估其保护价值与具体对象，最后制定相应的策略（图 2）。

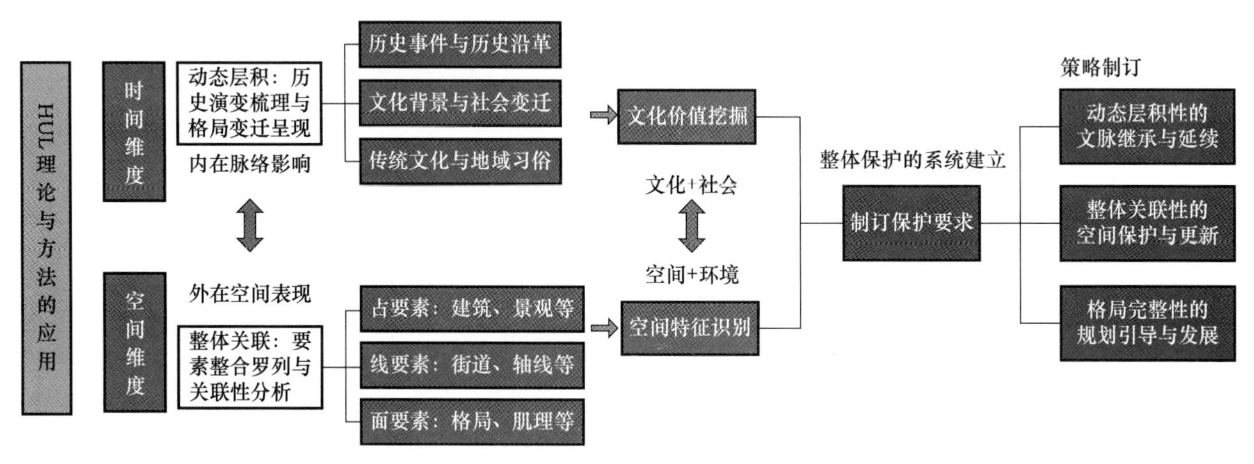

图 2　本研究框架路线

二、　阅江楼历史文化街区历史层积与要素分析

1. 时间维度：阅江楼历史文化街区的历史演变与动态层积分析

（1）历史演变过程

①两宋至明初期——奠定书院格局和岭南文教中心的地位

宋代肇庆城墙兴建，筑城以后积极推进儒学思想与礼教文化，开设学堂与儒学机构。北宋靖国元年新任兴庆军节度使郑敦义将端州州学从府城内迁移至城东，崇宁年间建设完成的端州州学（今为高要学宫）成为西江流域最早的学宫之一。随后端州升为兴庆府，城东州学改为府学。

②明清时期——文化教育发展和西江文化中心的确立

明代嘉靖四十三年（1564 年），两广总督府迁至肇庆，极大推动了肇庆的社会发展，城市建设在此时达到了鼎盛时期。随着政治中心的迁移，教育讲学得到大力发展。儒学思想也深刻影响了教育建筑与景观的建设，从而奠定了以儒学礼教文化为代表的街区空间格局。明代嘉靖十一年（1532 年），县学宫迁设于东门外府学宫之右，两学合为一庙，形成了延续至今的“左府学，右县学，庙居中，两学合为一庙”的空间格局；到了清朝时期则形成了“文庙—大成殿—崇圣祠—明伦堂—尊经阁”的朝拜孔圣先贤的庙宇空间序列，并设立文昌阁用于藏书，此时期民居建筑开始增多并形成组团，其命名也受儒学影响并沿用至今。

③清末至民国时期——近代城市商业发展与新轴线的形成

清朝以来，城市居民区进一步向城外拓展，并以阅江楼街区所在的东厢为主要拓展方向。此时期阅江楼片区受到战乱影响，街区内许多文教建筑都受到不同程度的破坏与拆除。在城市功能转型的民国时期，受西方文化影响与城市商业贸易发展的需要，形成了以骑楼街为主的道路界面形态，城东的东西横向商业轴线不断强化，并朝着南北纵向发展，形成了十字交叉轴。

④1949 年后至今——商业中心形成与文物建筑得到保护与重视

建国后为纪念革命时期叶挺在肇庆的贡献，1959 年重修了阅江楼，并将楼前的民居进行搬迁，扩地建设广场，并将阅江楼辟为叶挺独立团团部旧址纪念馆。改革开放后，城市规模不断扩展，正东路成为肇庆最为繁荣的商业街之一。同时，阅江楼片区列入历史文化街区后，对于历史环境与建筑的保护得到了重视。

（2）历史动态层积分析

通过对阅江楼历史文化街区层积的分析，片区内不同的建筑与景观遗存都反映出不同时代文化背景的多元特征。根据锚固-层积理论，层积空间不断迭代发展，标志建筑作为片区的锚固点一直延续至今，片区以高要学宫与阅江楼为基础，形成了受儒学礼教影响下的基本格局，并不断维持向外扩发展，与城墙始终通过横向道路相衔接，从而形成对应关系；随后由于政治功能下降，受战乱影响，许多文教建筑及轴线序列被破坏，商业贸易的发展使得原有的格局与建筑被骑楼与民居所覆盖；近现代城市的发展形成了现代建筑与历史建筑并置的现象，逐步发展到如今历史街区功能衰退（图 3、图 4）。

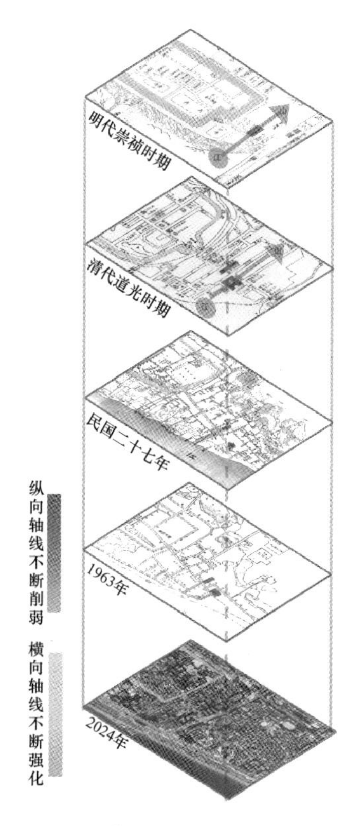

图 3　阅江楼历史文化街区历史切片示意

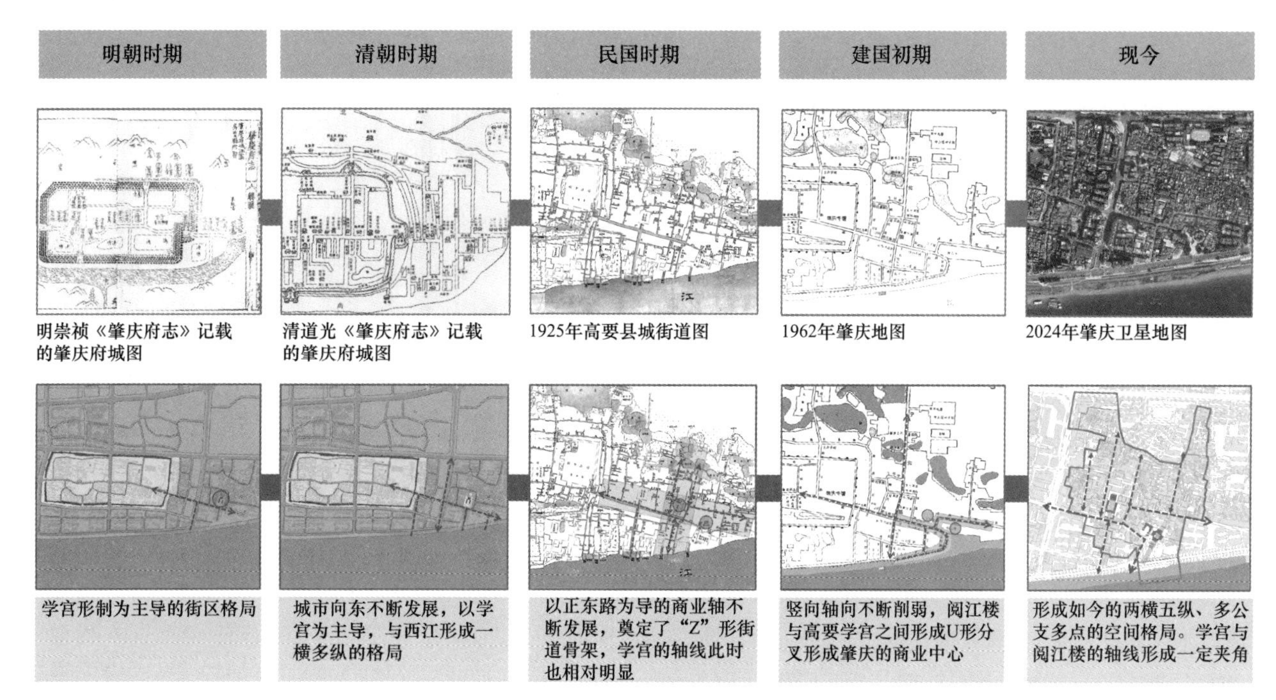

图 4　阅江楼历史文化街区的历史演变与格局分析

这一历史演变过程在文化层面反映出儒学礼教的确立、繁荣、衰退；再到近代商业贸易兴起、发展；最后呈现出商业与文教并置的历史更迭与变化过程。由于时序的层积，最终目前片区内呈现出纵向的礼教文化相对不够清晰，而商业贸易轴线则相对显著的特点（图 5）。

2. 空间维度：阅江楼历史文化街区的要素载体与整体关联性分析

（1）街区内历史景观的构成要素

①点要素

建筑遗存：片区内有国家级文物保护单位 1 处、省级文物保护单位 1 处、市级文物保护单位 2 处、未定级且不可移动文物 6 处、历史建筑 11 处、传统风貌建筑多达 562 处[1]。其中，阅江楼与高要学宫是街区核心的建筑节点，院落式的空间布局显著；五经里的民居建筑反映出岭南建筑的地域特色与传统风貌；正东路的骑楼则受西方文化影响。

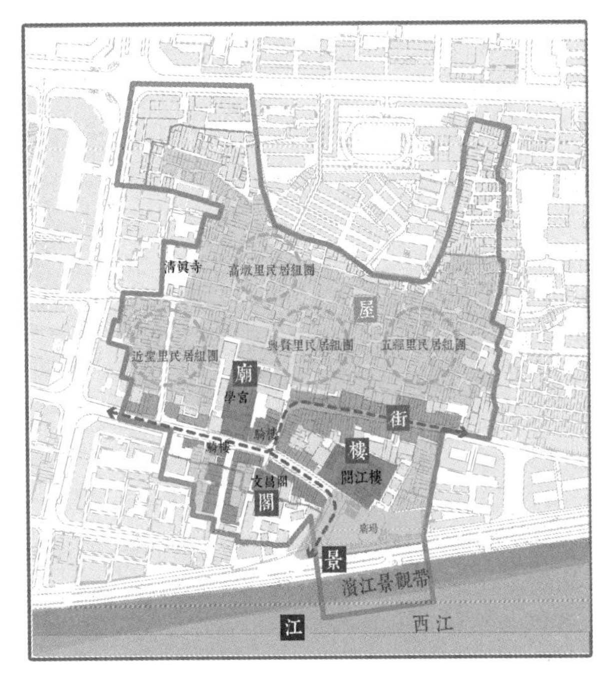

图 5　阅江楼历史文化街区的格局与文化特征

景观遗存：街区内历史环境主要包括兴贤里、近圣里与五经里的 7 处古井，1 处水阀；古树则主要有阅江楼前广场上的木棉树，其在片区内具有显著的识别特征；其次还有高要学宫的大榕树与近圣里街巷内的榕树 2 棵。

②线要素

街巷道路：横向轴线为正东路和阅江路，是宽约 10 米的城市支路，两侧以现代商业为主；纵向轴线则为历史街巷，分布着较为密集的传统风貌民居建筑与历史环境要素等。

街道格局：片区内的道路形成了“两横五纵”的格局特征，其中横向的街道轴线十分显著，总体呈现出以“Z”字形为中心向两侧放射的鱼骨形肌理。

滨江景观带：片区紧邻西江，处在西江北岸景观视廊的核心地带，有极好的自然景观资源，建筑与滨江景观带产生紧密的连接，形成良好的对应关系与景观轴线。

③面要素

公共空间：阅江楼前的广场是该片区面积较大的公共空间，紧邻滨江景观带，使得片区南侧拥有良好的视野；高要学宫由大殿和两侧厢房与内部景观围合形成一个合院。

民居组团与建筑肌理：阅江楼历史文化街区由大量民居建筑组团组成，主要有五经里、近圣里、兴贤里和高墩里四大民居组团，组团内的民居建筑密度较大，大多都为竹筒屋形制，呈南北竖向排列，形成了丰富的肌理。

（2）历史景观要素的关联性分析

在众多影响因素中，儒学礼教文化对该片区的形成与发展影响最为深刻。其附近的民居组团受到高要学宫布局与轴线的影响，在布局上都是南北竖向排列，组团之间也由此形成纵向的多条路网的竖向肌理与格局。在后续发展中，由于两广总督府的迁移，其政治文教功能下降；而片区紧邻西江又靠近府城城墙的地理位置属性，决定了其商业功能，影响到片区新的发展并生成新的轴线。

因此，从整体上看各要素是相互影响又相互联系的，片区内各个景观要素的排布都受到肇庆古城背山环水城市格局的深刻影响。在南北纵向轴线上，儒学礼教是关联文教历史建筑要素的文化核心，各个历史景观要素在历史演进过程中与学宫的布局均有很强的联系，共同延续着片区礼教文化的内在脉络。而东西横向新轴线则与近代商业贸易的发展有较大关联性，近代城市发展沿正东路向东拓展，因此横向的商业轴线成为关联骑楼等建筑要素的重要载体。

三、城市历史景观（HUL）视角下的阅江楼历史文化街区更新策略

根据前文对阅江楼历史文化街区的历史文化脉络与层积要素梳理，提取出了历史文化价值与景观建筑价值，以 HUL 理论中的“层积性”“关联性”与“整体性”作为指导，结合目前片区内存在的问题与发展困境，立足于保持历史环境与空间格局的整体性，从历史文化与空间肌理两个维度出发，对应提出以下三方面更新策略。

1. 基于动态层积性的文脉继承与延续

其一，从整体上看，片区以居住和文化展示功能为主，因此要强化文教文化的单元核心，补充文化节点，从而形成相对完整的文化框架，结合高要学宫和阅江楼这两个核心建筑节点，作为街区代表，将文化价值和历史层积传递给大众。

其二，在纵向结构上恢复肌理与轴线序列，继承传统文化影响下形成的空间格局，延续历史文脉。在保持街区原有的格局与肌理基础上，强化文教礼制的纵向轴线，梳理沿江建筑与景观，结合朝圣路打通景观视廊，营造礼教文化的空间序列，重塑空间界面，修复文教建筑的肌理与风貌。

其三，明确街区承载历史文化的差异化，协调不同类

1　参考肇庆市住房和城乡建设局《肇庆市端州区阅江楼历史文化街区保护规划（2021—2035 年）》。

型、不同时代的历史环境与建筑，控制整体风貌。结合其横向轴线骑楼街的商业属性，打造文化名片与路径体验，通过不同轴线与路径设置展示历史的层积与文化的延续。

2. 基于整体关联性的空间保护与更新

历史文化街区通常经过长期的层积，我们不能仅关注于历史遗存的每个个体，还应认识到各要素之间的关联凝聚了该地区发展过程中公众的日常生活与情感记忆，其具有丰富的历史信息。因此，要根据街区结构强化各要素的联系，避免历史信息的碎片化，从而建立起点、线、面整体相互关联的体系。

（1）点要素的微改造

对街区内不可移动文物和其他建筑遗存进行分类分级，采用“保留修缮、风貌协调、整治改善”的保护整治措施。对核心的文物建筑按照相关法规进行保护，以修缮为主，制订修缮计划；对于传统风貌建筑要保护其立面形制、平面布局、装饰色彩等，采用微改造的形式进行循序渐进的更新；对于严重影响风貌的景观与建筑进行整治与少量拆除，适当增加景观节点，丰富景观层次。

（2）线要素的相串联

重点保护正东路、阅江路和五经里的传统街巷格局，强化骑楼街与传统民居建筑形成的街巷界面的延续性，在立面风格应保持协调性，保护街区内街巷尺度的高宽比，连通高要学宫与文昌阁、朝圣路的空间序列，结合滨江绿化带与广场打通景观视廊，从而有更加良好的视线关系。

（3）面要素的相协调

在民居组团上，新建和修复的建筑体量应与民居组团的体量相协调，采用梯度式的控高，形成天际线，从而保持片区内大面积的民居组团所形成的肌理。在滨江界面上，建议拆除文昌阁周围的临时建筑与部分损坏较为严重的建筑，打造文化广场，增加景观带，形成良好的滨江景观界面。

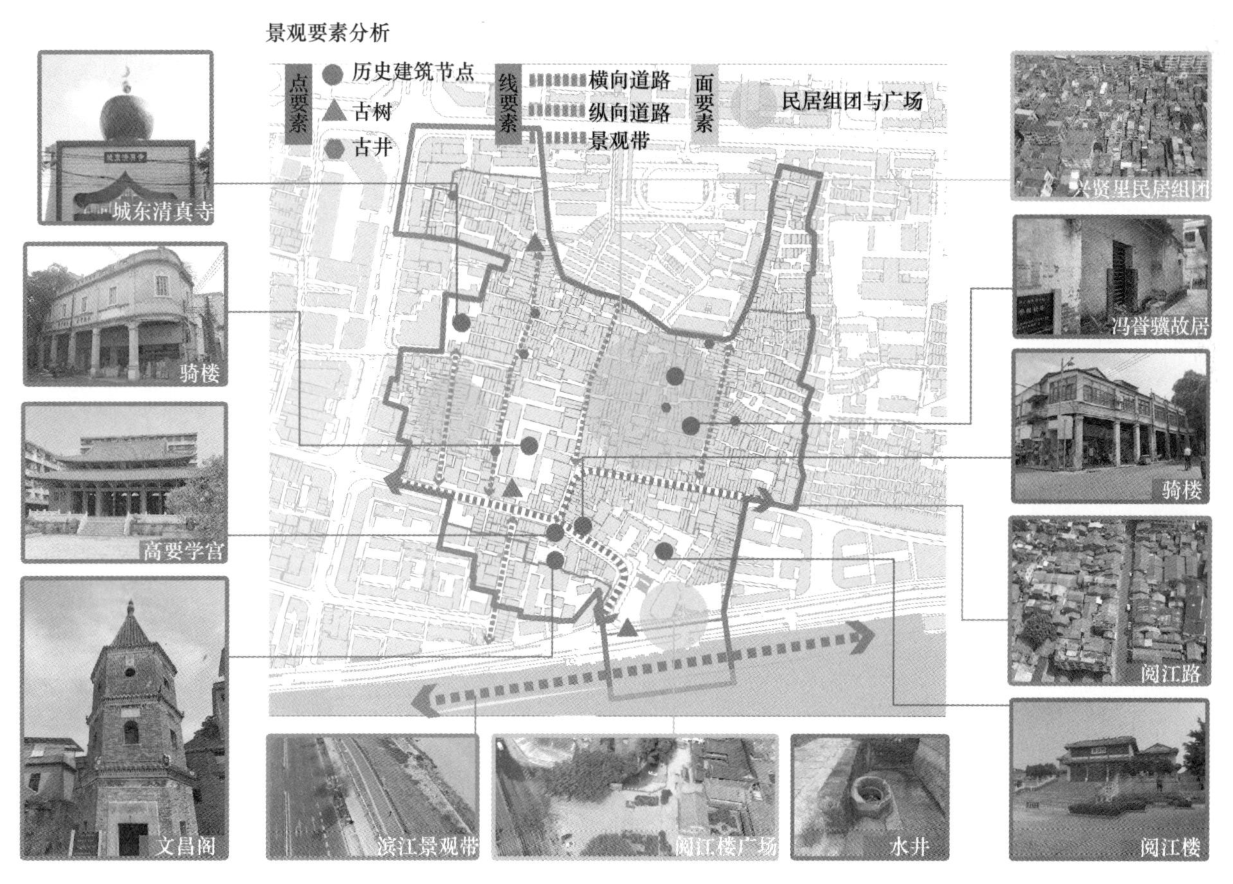

图 6　阅江楼历史文化街区要素构成示意图

3. 基于格局完整性的规划引导与发展

在街区未来的规划与发展中，应建立起整体观，认识到历史文化街区是动态发展的。城市的发展是动态、变化、新旧交替的，这种认识是我们对文化遗产进行整体和系统保护的基础。在保持现有街区格局的基础上，建议在横向轴线空间营造文昌武盛文化旅游景观带；积极引入文创产业和特色商贸区，凸显儒家文化展示和爱国主义教育基地的功能；在纵向轴线与街区靠北的民居组团上，打造西江名人故居展示区；在滨江景观带打造西江沿岸生态观景走廊，提供市民游览、观赏、休憩的休闲地，从而以点带面地进行整体规划发展（图 7）。

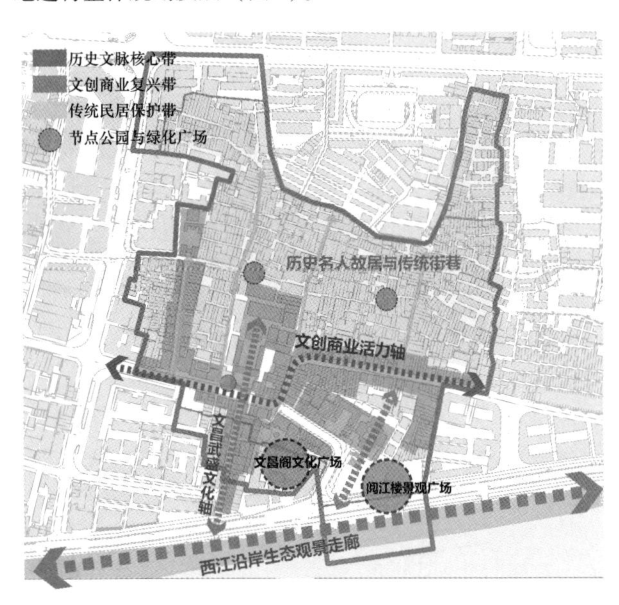

图 7　阅江楼历史文化街区规划构想

四、 结语

本研究利用城市历史景观的理念系统地梳理了阅江楼历史文化街区内各个历史遗存的发展与演变，并分析了各要素的特征与关联性，有助于识别出历史遗存与环境的内在脉络与外在特征，抓住核心内容与价值，从而更加全面系统地保护和延续街区的历史文脉与传统格局的风貌，这也是对目前历史文化街区保护更新策略走向可持续发展模式的一种积极尝试。同时，将城市历史景观理论应用于我国历史文化街区的保护与发展还需要更多的研究与实践探索。

参考文献

[1] 张兵．历史城镇整体保护中的“关联性”与“系统方法”——对“历史性城市景观”概念的观察和思考［J］．城市规划，2014，38（S2）：42-48 +113.

[2] 张文卓，韩锋．城市历史景观理论与实践探究述要［J］．风景园林，2017（6）：22-28.

[3] 李睿，李楚欣，芮光晔．城市历史景观（HUL）视角下的历史文化街区保护规划编制方法研究——以广州逢源大街—荔湾湖历史文化街区为例［J］．规划师，2020，36（15）：66-72 +85.

[4] 刘晓生．肇庆府两学历史渊源及宋元教官考［J］．肇庆学院学报，2020，41（4）：7-11.

[5] 易梁．肇庆历史城区空间演进特征及动因研究［D］．广州：华南理工大学，2023.

[6] 李和平，张栩晨．城市历史景观视角下的历史文化名城保护研究——以河北明清大名古城为例［J］．小城镇建设，2019，37（1）：102-112.

[7] 郭谦，肖磊，黄凯．城市历史景观（HUL）视角下的肇庆端州府衙遗址保护研究［J］．中国园林，2023，39（3）：99-105.

[8] 颜舒蓓，王国光．“阅江楼 - 高要学宫”片区空间演进分析［C］//中国民族建筑研究会．第二十八届民居建筑学术年会论文集，2023.

[9] 王园，金承协．城市历史景观视角下历史街区层积解析和保护策略研究——以旅顺太阳沟历史街区为例［J］．华中建筑，2024，42（1）：83-87.

[10] 陈菁．历史性城镇景观（HUL）视角下一般历史城市文脉延续研究［D］．南京：东南大学，2022.

[11] 肖竞，曹珂，李和平．城镇历史景观的演进规律与层积管理［J］．城市发展研究，2018，25（3）：59-69.

川西北黑水地区藏族民居建筑特征及营建技术[1]

蒋思玮[2]

摘　要： 运用田野调查、文献对读、实地测绘等方法，以黑水地区的藏族碉房民居为研究对象，分析民居建筑立面、空间布局、细部装饰等形态特征，并结合实地观察及口述访谈，调查民居建筑的墙体结构、木作结构、楼面结构等营建技术。通过以上分析，为地域民居建筑的后续研究与保护发展提供参考，也对民族交错地带的藏族民居研究进行补充。

关键词： 藏族民居；建筑特征；营建技术；黑水地区；地域性

黑水地区位于青藏高原东缘的嘉绒藏区，既与藏区腹地相邻，又与羌族地区接界。从地域文化交流角度看，两种文化交融的特征在黑水地区非常明显。与之对应，民居文化事象和建筑形态在保持藏族特色的同时，又表现出地域之间相互借鉴的交错杂糅，进而更具地域营建特色和文化内涵。目前，对卫藏、康巴、安多等典型文化区的藏族民居相关研究较为成熟，针对嘉绒藏族民居的研究也仅集中在丹巴、马尔康等腹地区域，并逐步归纳为类型化的“典型民居”。相较而言，对于民族交错地带的“非典型”藏族民居则缺乏关注，致使这些民居建筑长期处于“散落乡间无人识”的尴尬境地。结合文献爬梳，黑水藏族民居研究最早始于叶启燊等学者关于川藏住宅建筑的实地考察[1]，部分全局性、概论性民居研究也将黑水藏族民居纳入全局研究体系[2-3]，但对该地区民居建筑具有针对性的研究较为零散，未能反映其真实面貌。于此，笔者基于家乡在地优势，深入实地探访并记录大量传统民居实例。受研究资料所限，通过文献对读、田野调查、实地测绘、口述访谈等方法获取多元研究素材，以求真实地反映地域民居的建筑特征与营建细节。

一、　黑水地区及藏族民居概述

黑水地区，主要指今川西北阿坝州黑水县（图 1），地区内属典型的高山峡谷地貌，地形崎岖复杂，山沟并列，沟壑纵横，植被资源丰富。域内聚居民族以藏族为主体，地域族群属藏族支系嘉绒群系。历史上该地区不同族群冲突、分化、演变，相互影响、相互融合，形成了当地错综复杂的族源关系和多元杂糅的地域文化。藏民族在此世居繁衍，适应当地的自然、历史、社会环境，以半农半牧为其生活根本，形成了风格鲜明、形态多样、装饰细部独特的藏族民居。

黑水藏族民居与嘉绒四土碉房、羌族北支碉房同属川西北“邛笼”石木碉房建筑区。[4]据史志文献记载，黑水古称“柯（戈）基龙坝”，最早是“羌戈大战”中的“戈（基）人”定居于此，“戈（基）人”耕牧山野，善于石砌。在八字、白尔窝等地发现应属新石器晚期岷江上游类型文化遗址以及民族考古的石棺葬分布，尚可说明当地早期氏族先民垒石构筑的证据。至迟到秦汉，氐羌系族群南下与土著部族融合，受到岷江沿岸地理环境限制以及生产

1　基金项目：四川省社会科学重点研究基地现代设计与文化研究中心项目（编号：MD21E014）；四川省社会科学重点研究基地中国近现代西南区域政治与社会研究中心项目（编号：XNZZSH2309）。

2　北京建筑大学建筑与城市规划学院博士研究生，100000，1245291107@ qq. com。

资料的发展，逐步演化成《后汉书》中记载的“众皆依山居止，累石为室，……，唯以麦为资，而宜畜牧”的冉駹部族。唐蕃争战时期，当、悉、茂等州（辖地黑水）居住形态皆为“垒石而居”[5]，这种“依山居止，累石为室”“兼农兼牧”“日耕野壑，夜宿碉房”的“石室”居住生活历经唐宋，延至明清；经过数千年的发展演变，至今仍体现出强烈的地域性特征。实地调查发现，黑水地区连片留存着较多的碉房民居（图1），比较完整地保留着“石室”住居的原型特征。当地藏族选择避风向阳、坡度适宜、耕地资源相对充裕的山地地块修建房屋，继承着防住合一的碉房建筑体系和营建技艺，同时也因当地资源条件、生活生产和宗教认知等差异性因素衍化出具有并置混合、多元杂糅特征的民居建筑。

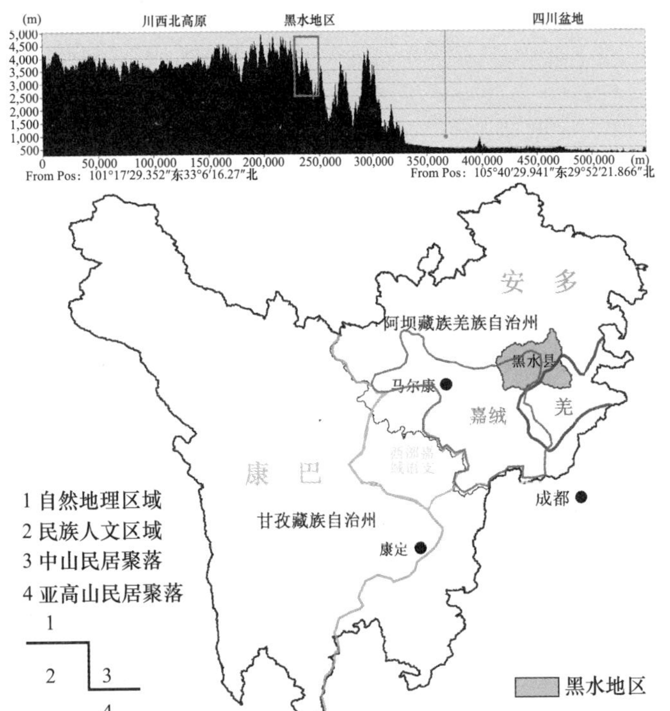

图1　黑水区位及藏族民居概图

（来源：作者自绘、自摄）

二、 黑水藏族民居建筑形态特征

1. 建筑立面

黑水藏族民居多建于坡地，一般为三层，高则四层，内部层高为2.2～2.5米。因坡地地势限制，民居通过缩小宅基地面积，将底层基面与地表尽可能吻合以适应坡度环境。同时，为了扩展功能空间和增加使用面积，建筑主要在竖向垂直形态上分割变化，这使得民居立面形态更显高峻厚重［图2（a）］。出于结构与防御需求，建筑外墙墙基一体直接砌筑到顶部，“墙垣俱砌乱石，远望作水裂纹，整齐如刀削”，立面向上微倾收分，形体封闭方正且棱角内聚。民居外部门窗开洞普遍较小，向阳且密闭性较好，较高楼层设置较大窗户以满足采光、通风、眺望，而为了提高防风保温性能，北面墙体更是完全封闭。民居屋顶大多以不同于羌族碉房“所居多平顶房”的坡屋顶以适应当地夏季多暴雨、冬季多风雪的季风性气候，屋顶以双坡居多，少有单坡屋顶、歇山式屋顶，平坡屋顶之间构成夹层，出檐深远以利排水。此外，民居顶层建造体现出复合结构所形成的拼贴叠加形态特征［图2（b）］，既有类似羌族的罩楼、“洋拉各”（意为敞间）的木屋拼板结构，也有晒廊、吊脚楼厕所等悬挑结构，这些局部结构的立体体块与外在风貌不仅丰富了建筑立面形态，在结构稳定性以及使用功能性上也占有优势。

2. 空间布局

黑水藏族民居空间布局层面，一方面以适应半农半牧生产、调节室内微气候、按照家庭生活需要来安排布局；另一方面也融入了族群文化习惯、宗教信仰等因素，但纵向的高低之间并不完全被赋予神圣与世俗的阶序意义。笔者所调查的民居，虽然层数与规模尺寸有些许差异，但平面皆较规整，室内墙体位置上下相对，多呈方形，俗称“藏居方室”［图3（a）～（c）］。建筑底层结合坡地因素构成圈舍、粮草间及附属空间，一般猪圈靠内侧固定圈养，牛舍靠入户门厅［图3（d）］，以便夏秋散养、冬春圈养、采集奶肉和粪料等。中间层（二、三层）是人居层，各家将主要热源空间——“带火塘（炉）的主室”设置于中间层，火塘（炉）热温通过木质夯土地面传导到底层，也可为牲畜提供冬季保暖。在民居内部，主室兼具炊事、取暖和聚会等主要住居活动［图3（e）］，朝向较好，靠外侧墙面开设窗户采光，室内内侧角落布置有“兴堪”（意为佛龛），上供佛教菩萨、护法以及自然崇拜物，中间设香案，佛龛布局位置具体由主室房门的位置以对角线来决定，类同于羌族“角角神”的布局形式。佛龛两侧安设壁龛、壁柜，边角上空设置吊架隔板，陈列着各种铜质及木碗器皿以示生活殷实。除主室外，中间层还包括卧室以及靠近梯井加工储藏粮食的过道，另有民居建有井干式嵌入粮仓［图3（f）］。民居顶层呈“L”“一”字形的半开敞房间，前侧作为晒台以供脱粒、晒粮和家人休息，墙缘砌筑煨桑台，插风马旗。后侧空间则体现出多元混合的空间特征：靠近羌族地区的民居顶层修建罩楼、敞间，用于储藏、堆放物品，主要房间为主人卧室，不另设经堂；而芦花、沙石多地区受藏传佛教影响尤甚，民居顶层作为经堂与僧侣卧室，经堂位于主室上方，以表达神在人之上的精神崇拜［图3（g）］。山墙两侧向外的木悬挑结构作为晒廊、吊脚楼厕所等。民居内部主要通过独木梯或木板梯连通上下，梯井位于靠入户门的通风一侧［图3（h）］。早期为了防盗和防御，楼梯可以随意搬动；百姓习以积粮防饥，常利用楼梯上下空间修筑贮藏暗仓，多贮粮糗物资。

(a) 黑水藏族碉房民居

敞间

罩楼

吊脚楼厕所

木构晒廊

(b) 民居顶层不同构造形态

图2　民居立面形态（来源：作者自摄）

3. 细部装饰

黑水藏族民居极其注重建筑视觉上所呈现的象征性理念和主观意图的宗教性表达，一为昭示民族属性和地方传统，二为祈求神灵护佑平安祥和。各家基本按照宗教信仰、喜好需求和家庭财力灵活布设装饰，主要体现在室外门窗、屋檐、墙面等造型要素上。民居大门以木板门为主，板厚结实，采用“内活外死”的插榫将门板扣住门框柱和石墙，大门木枋上方悬挂经幡、碰头巾等宗教圣物，过梁洞口及外墙上安放“擦擦（泥菩萨）”和经文石刻以标识民居的神性特征。民居窗户样式繁多，向阳面多以八角窗、牛勒窗、双扇板窗为主，也有花格纹饰的板窗、汉式镂空菱格窗和上雕下板的屏风式隔窗。窗户上部由传统藏式“三檐三盖”“两檐两盖”构成，上置石板雨搭，窗檐绘制三角、八宝、莲花、卷草等吉祥图案，另有堆经、榫卯等复杂结构。据调查发现，民居屋檐、墙面所呈现的特殊装饰来自于藏族对镇宅辟邪功能的追求，也体现着当地藏族尚“白”观念的显著特征。新年伊始，每家每户点燃松枝、谷物，围绕房屋煨桑熏烟，用白石灰将门框、窗框、墙角、屋檐等地方刷白，在外墙上绘出日月、雍仲、黍麦等图腾符号，以这种方式“把外面的脏东西避开，不让它们进来”。另外，民居外部凡能供放白石之处都供奉着白石，墙上更有白石嵌成牛头或“卍”形。据村民口述，“白石是当作雪山神与土地神来供奉的，用来保人畜平安”，这种根植于民间信仰的“集体无意识”积淀在民众文化心理深处，以至于普遍存在民居细部装饰中。

三、 黑水藏族民居营建技术

1. 石砌技术

黑水藏族民居属石木混合结构，即作为围合结构的石墙与梁柱构架共同承重。砌筑墙体的石块边采边用，靠山建屋则选择开挖山岩，石块不拘大小，不用绳墨，随石块形体施工。有大块石料的地区，民居用大石块砌筑墙体，错缝肌理较为规则，工匠用榔头锤击碎石以夯实并以泥浆填充缝隙，接缝规律，有些还会在大石材上叠压较规则的薄片石［图 4（a）］；缺乏大块石料的地区，工匠以石块、片石叠砌成大小石块相间、接缝关系复杂的构造肌理［图 4（b）］，利用泥浆填塞间缝固结，使得墙体抵抗水平力时的整体柔性加强，具有微变形调节能力，这种砌筑方式对工匠的砌筑技术要求较高。总体来看，工匠为提高建筑墙体的结构稳定性主要采取以下几种砌筑技术。

（1）墙基整砌技术

当地藏族认为建房的“勒拍撒”（即“打地基”）不宜过深，一般根据基址软硬、地势与排水开挖深 30 ~ 50 厘米、宽 80 ~ 100 厘米的基槽，基脚转角处夯实土层叠压大石板以加强基坑，由地基向上基墙一体连砌到顶部，上窄下宽，墙体竖向荷载自重增大，因而墙脚处使用大石砌筑以稳定墙身，增加抗剪强度。

（2）收分叠压技术

墙体从基础到墙体勒脚，墙身整体向上且内垂直、外收分，墙体砌块错位叠压，墙角两头砌块升高形成“达垮”（意为“曲”或“斜”）砌筑肌理［图 4（c）］，使墙身形成偏向于中心的挤压力以达到平衡。当墙体跨度过大时，墙面增加一条垂直于地面的叠压转角“脊”［图 4（d）］，起到分压柱作用。

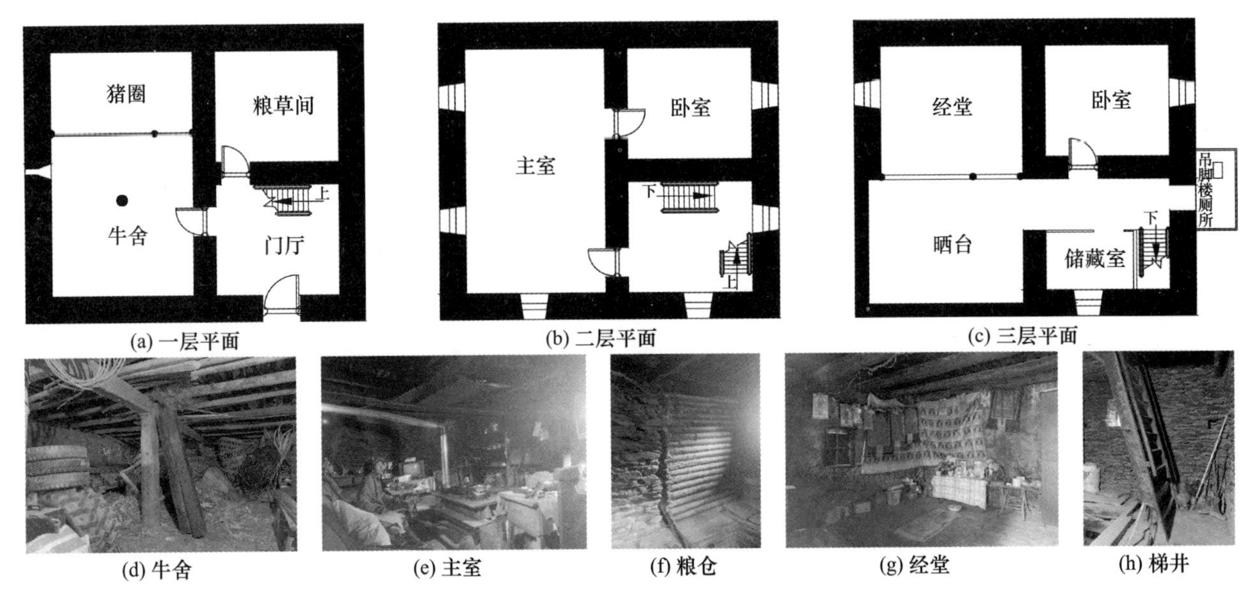

(a) 一层平面 (b) 二层平面 (c) 三层平面
(d) 牛舍 (e) 主室 (f) 粮仓 (g) 经堂 (h) 梯井

图 3 民居空间布局（来源：作者自绘、自摄）

(a) 大石块一片石叉叠砌 (b) 大小石块相间叠砌 (c) 墙身曲线 (d) 墙面转角“脊”

图 4 民居建筑石砌外墙（来源：作者自摄）

(3) 墙身加筋技术

民居墙体厚度一般为60~80厘米，为处理好石料连接关系，墙体内外两侧连砌，缝隙挤压紧密，墙身内侧嵌插木桩，墙体拉结筋，再用大石块压住木桩，以便向下均匀沉降受力，增强墙体整体性能。墙体石材形态以及砌筑技术的不同，由此也产生了民居石墙不同的构造肌理变化和风貌视觉感受。

2. 木作技术

民居木作可分为大木技术和小木技术两类：大木技术用于梁、柱、板材等结构的制作；小木技术主要用于门、窗及装饰雕凿等。木作技术一般都由村内的木匠加工完成，所用工具相对简易，主要有斧、锛、锯、刨、凿等。建房所用木料根据木作技术与用料需求因地制宜、因材致用地选择不同木材，梁、柱通常选用直径粗大的高山松或云杉，门窗、出挑挑梁与立柱结构则选择相对耐腐坚韧的木料，如柏木、青冈。建房前半年，主家将原木选定伐倒后置于山上，建房时由工匠将原木锯成长度合适的料子以方便运输，这也直接导致了房屋木梁等用材跨度的相对受限。梁、柱的施工，因工匠多为寨内工匠及百姓，在建造技术和施工操作上一般寻求简单易行，木梁修平两端上下两面形成扁梁头，直接插入墙体约20厘米，下方垫横木，搭在石墙砌体上。梁柱交接方式早先采用柱上顶梁，梁柱上下直搭的方式，构件间的固定依赖上部荷载的稳定下压来防止位移变形，后来部分梁柱搭接处采用加垫枕木，垂直于梁的方式，或者将柱顶挖成内凹弧面，梁坐于其上，以防止构件开裂。柱体一般立地为础，部分与楼面交接处凿成凹槽，内嵌木枋牢固搭接，下部加垫石板以防潮防腐。过去修建房屋，“改（刨）板子、剔槽口是个难活路，废工废料”，一般家庭殷实者或木工技术好的才使用大量板材修建敞间、罩楼等。敞间、罩楼多使用桦木、杉木板材，安装方法采用卡板连接法，上下过梁横枋开凿槽口，木槛柱枋之间以凹口、木钉衔接，板材嵌槽拼接而成。出挑结构与此类似，挑梁嵌入墙体至墙内固定，上铺木檩形成平台，围合结构采用木板拼接镶嵌，也有直接用匀净原木垒砌井干的做法。小木技术中最为独特的是窗子的制作，其造型各样、尺度多变，体现着木作技术、艺术水平和传统审美的和谐统一。一般，“一个窗子五个工（天）”，其构造复杂，既有采用汉式阴阳榫、竖挺斜向榫卯、镂空木条窗格的做法，也有剖凿堆经、木勒对嵌的藏式技艺。通过对芦花一带的木匠访谈显示，这些复合多元技术多是“学底下羌族的和高上沙石多（嘉绒）的”，由此可见地域之间营建技艺的交流借鉴对地区民居建筑风格的影响。

3. 楼面屋顶技术

民居楼面可分为屋内楼面（25~30厘米）与屋顶楼面（30~40厘米）。屋内楼面通常由木梁、密梁两端嵌入墙体作承重面，使其荷载由内外墙负担。墙体每砌筑到一层高时，就在木梁上铺设檩条和搁栅做密梁，再密铺厚5~8厘米的麻柳枝干、原木劈柴，其上混以黄泥、碎石、干草等夯实成地面层，主室、卧室常会铺设木地板。屋顶楼面与屋内构造类似，较屋内地面夯土层更厚，表层由更具黏性的“尼衣木”（一种专门用于屋顶楼面的黄土）夯实而成。屋顶前侧地面找坡向女儿墙倾斜，在侧立面墙缘飞檐上安装枧槽排水。后侧坡顶设立“人字梯”三角木构架，承托梁、椽搁置在墙缘上，屋顶材料早先以杉木木板相互搭接作为瓦片，覆以石板固定，“但雨雪重压殊不经久”，现在基本都更换成红砖瓦或预制瓦。这种平坡结合的屋顶既能保温又可防雨，并形成通透干燥的半开敞夹层，成为民居“货藏于上”的主要空间，这也是当地藏族长期适应当地气候、农耕生产所形成的一种因地制宜的屋顶建造方法。

四、结语

在黑水地区特殊的自然环境及人文环境影响下，当地藏族在长期的民居营建过程中顺应自然、因地制宜，选择适宜的营建方式，就地取材，物以致用，进而形成具有地域特色的民居建筑类型和形态样貌，其反映了地域环境与族群文化互适发展的相对稳定性和连续性，也体现了民居建筑营建的生态观和功用观。本文以简短篇幅展开黑水藏族民居的调查研究，分析其建筑立面、空间布局以及细部装饰特征，归纳了民居建筑石砌、木构、楼面等营造上的适应性技术，希望为地域民居建筑研究提供更多基础资料，也为下一步系统性研究黑水地区藏族民居建筑特征以及乡土民居营造体系的当代演进与保护传承做基础性工作。

参考文献

[1] 叶启燊. 四川藏族住宅［M］. 成都：四川民族出版社，1992.

[2] 陈耀东. 中国藏族建筑［M］. 北京：中国建筑工业出版社，2007.

[3] 中华人民共和国住房和城乡建设部. 中国传统民居类型全集［M］. 北京：中国建筑工业出版社，2014.

[4] 蓝勇. 西南历史文化地理［M］. 重庆：西南师范大学出版社，1997.

[5] 熊梅. 历史时期川西高原的民居形制及其成因［J］. 中国历史地理论丛，2015，30（4）：125-138.

楚文化视角下湘北传统民居的空间内涵解析——以张谷英村建筑群为例[1]

林 进[2] 石 爽[3]

摘 要： 楚文化作为中国古文化的重要分支，有着鲜明的地域特征与内涵。在南方众多的民族建筑中，仍保留着浪漫主义的楚风特征。因此，本文以湘北传统民居为例，解析建筑空间的精神内涵与组织构成。从楚文化的起源发展中，探讨古代“天人合一”的建筑观与价值观。以建筑、文化与自然三者关系为主线，揭示张谷英村建筑群落的文化特征与构成要素。通过对楚文化的提取分析，得出建筑空间内在的文化遗存与构成逻辑，继而促进楚文化传播与发展。

关键词： 楚文化；传统民居；空间内涵；建筑观

一、 引言

历经漫长的发展过程，南北多民族的文化交融形成了当下的中华文化。其中，楚文化作为我国古代文化的重要分支和南方长江流域的核心文化，历史悠久、流长源远。文化与技术造就了独特的楚国建筑，其建筑风格、建筑观影响着后世南方大部分地区。在南方传统建筑所展现的地域文化特征中，也一直遗存着楚文化的痕迹。传统建筑不依赖于系统化的设计，其建筑形态与空间完全由当地的历史文化、自然气候、生活习俗，及建造技艺所决定。在高效建造的现代化模式下，应更加重视传统建筑中所蕴含的原始、纯粹的语言文化，传承保护好地域建筑文化与技艺。

二、 楚文化的起源与内涵

1. 楚文化起源

随着周王朝末期分封制的不断演化，大分裂割据时代开启，群雄争霸、百家争鸣。英国考古学家戈登·柴尔德（Childe，Vere Gordon）指出，城市的主体性，认为是由社会、经济、政治与文化的演变而形成的，这些演变促成了最早城市与国家的出现[1]。由此可见，城市、国家的强盛繁荣是孕育文化的必要前提，而冲突与融合统一是促进形成多元文化的关键诱因。在夏初禹征讨三苗部落后，芈姓楚先祖陆续开始南迁，居于现丹江与汉江间、汉江下游以西流域[2]。随后西周中原移民的南迁，将中原文化带到楚地，继而形成了蛮夷文化、原始农业文化的融合。此后，随着楚国不断开疆拓土，鼎盛时期疆域囊括南方大部分地

1 基金项目：教育部人文社会科学研究青年基金项目“数字叙事下湖南乡土建筑遗产适应性保护方法与文化传承路径研究”（项目编号：24YJC850005），湖南省社会科学成果评审委员会课题“湘西民族建筑基因图谱的建构与保护研究”（项目编号：XSP24YBC331），2024 年度湖南省普通本科高校教学改革研究项目（项目编号：202401000153）。

2 湖南交通工程学院专任教师、工程师，421000，1354719984@ qq. com。

3 湖南交通工程学院专任教师、工程师，421000，1969634015@ qq. com。

区，其统一加速了地域文化的交汇融合，最终促进了独树一帜的楚文化形成。

2. 楚文化的内涵与特点

楚地平原、山地、丘陵与湖泊众多，水网纵横交错，地形地貌复杂多样。《国语·楚语》云："赫赫楚国，而君临之，抚征南海，训及诸夏"。当时楚国疆域方圆达3000里[1]，包括今鄂、湘、赣（信江流域除外）、豫南、皖西、陕东南、粤北、桂东北，地跨八省，成为春秋时期土地最为广阔的大国。至春秋时期，除楚族后世之辈，还有汉阳诸姬、蛮族、濮族、巴族等。楚地地广，文化多元，已然可见楚文化强大的开放、包容力。《离骚》中的"何方圜之能周兮，夫孰异道而相安，屈心而抑志兮，忍尤而攘诟。伏清白以死直兮，固前圣之所厚"等句，展现屈原对理想世界、高尚人格的追求，以及超然脱俗、奋斗进取的精神内涵。活跃开放、民族融合的南方，山川秀丽、钟灵毓秀。其理想与精神境界的追求，夸张大胆的神话想象与虚幻情节，以《楚辞》《庄子》的散文为代表，浓墨重彩地展现了楚文化的浪漫主义特点[3]。楚国诗词文学、楚乐编钟十二律，余音延绵不绝。楚虽亡，但楚风遗存依旧，且影响甚远。

三、楚文化"天人合一"的建筑观

楚国理学的核心是以"天人合一"的价值观，将人的个体与自然保持高度的联系，促使个人幻想在时间、空间与自然内存在超现实的统一观念。因楚人有着极高的想象力，在面对现实与理想间有着自我的独特见解，且始终保持一种超凡浪漫主义的思想观，继而孕育出"天人合一"的建筑观。

楚国的建造文化是以人与自然的高度融合为理念，就地取材、适应自然，追求淡雅、含蓄之美。在南方建构体系中，以"干栏式"木构建筑为主，木材的合理选用与精巧加工、制作，使建筑主体更加亲近自然。在楚国的宫殿庙宇、舞榭歌台与亭台楼阁间，建筑始终保持与自然的开放通透。建筑造型上，整体大气沉稳，屋脊平缓、外廊开敞，巧妙消减了建筑体量，使之融入自然，达到和谐。而在建筑美学中，人们开始意识到自然环境与空间景态间的层次性、关联性，逐步构建出理想环境的空间结构[4]。精美的建筑细部、角脊飞檐、梁柱构件等勾勒装饰，充分展现了自然人文与结构之美的融合。此外，在建筑选址与城市布局上，十分注重自然与人的和谐共生关系，追求人与自然的"天人感应""天时地利"。在东汉《吴越春秋·阖闾内传第四》、唐末五代《吴地记》中就分别记载："子胥乃使相土尝水，象天法地，造筑大城"，以及"阖闾城，周敬王六年伍子胥筑，大城周回四十五（别本作四十二）里三十步。小城八里六百（别本作二百）六十步。陆门八，以象天地之八卦"。它也充分体现了"五行四象"之说，以及注重风水的建筑理念。敬天顺时、追求自然，重视礼法、宗法，以及朴素的唯物主义和辩证思维，最终奠定了"天人合一"思想基础。

四、"建筑—文化—自然"的和谐共生

1."文化认同"的张谷英村

屈原《九歌·湘夫人》有诗句："鸟何萃兮蘋中，罾何为兮木上？"唐代诗人沈传师有诗曰："为闻楚国富山水，青嶂逦迤僧家园。"它们都描绘出了楚地水草丰茂、环境良好的场景，以其意境表现出行走楚国山水之间心旷神怡的感觉。

张谷英村地处湘北地区洞庭湖平原（古荆楚地区），现岳阳市岳阳县以东，以始祖张谷英而得名，始建距今600余年。村落犹如世外桃源，渭洞笔架山下，环龙形山、临渭溪河而建，自然气候宜人、植被丰茂。村落内仍保留有大量明清时期建筑，总建筑面积可达5万m^2。其中当大门、王家墩、上新屋三大建筑群，被外界称之为"民间故宫"。张谷英村的建筑风格典雅古朴，保留着传统的乡土民居风貌，及浓厚的文化底蕴（图1）。符号学家尤里·洛特曼（Juri Lotman）认为"文化产生与记忆的累积传承有关，继而能产生一种集体性的记忆载体"[5]。由此，本研究以湘北张谷英村为例，发掘楚文化在南方传统民居的记忆遗存与渊源，继而促进乡土文化的延续发展。

图1　张谷英村建筑风貌图

（来源：作者自摄）

2."价值主体"的民居空间

价值主体是指历史筛选、保留传承下来的优秀传统观念、文化等，体现在营造技艺、宗族礼法、装饰图腾以及节日风俗等方面。从秦灭六国统一中原，到汉朝的"罢黜

1　1里为500m。

百家，独尊儒术”，楚文化的消亡是一个渐进的历史过程，并不是偶然的事件。由于南方各部相对于北方中原王朝较远，且管理较为薄弱，地方文化较容易被保留下来。此后，在建筑营造中，诸多南方传统建筑仍保留着楚文化中浪漫主义、夸张各异的造型特点[6]。

楚国建筑多筑之以高台，出现大量宫殿、宗庙、坛、祠、观景楼阁等。在《九歌·湘夫人》“筑室兮水中，葺之兮荷盖，……合百草兮实庭，建芳馨兮庑门”中，借水神的名义描绘出美轮美奂、设计精美的建筑意境，反映出楚国独特的建筑审美。后世受楚文化影响，继而形成了南方地区的“干栏式”建筑的体系样式。在张谷英村的建筑群营造上，天井院落的组合构成了不同的功能空间，而屋的前后巷道承担起各家庭间的联系，使建筑内部居民能保持良好的来往走访。此外，组合式的“天井院落”可调节建筑群内部的微气候，体现了人的精神意志与自然的和谐共处，以及楚文化“天人合一”的建筑思想。楚文化的潜在意识影响至今，建筑群内多数人家都有各自的堂屋以供奉先祖神明等，可见空间内涵与文化已产生了高度的关联（图2）。这一切的文化遗存离不开高度认同的理想信仰，以及人们心中对自然的崇拜之情，也正因如此才保留下浓厚文化价值主体的民居空间。

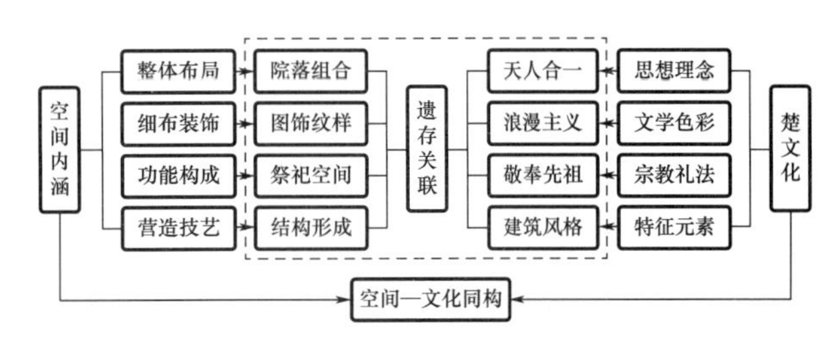

图2　楚文化与民居空间关联图
（来源：作者自绘）

3.“自然和谐”的地域选址

楚人讲究“天人合一”的自然和谐，它认为地形、地势、水文、气流等自然要素与人们的生活和命运密切相关。《易经》中也记载了“观乎天文，以察时变，观乎人文，以化成天下”等语句，展现着古人对“天时地利人和”的理想追求。在这种自然观的影响下，张谷英村通过“家族式”的世代经营，继而形成了独特的建筑群落与空间形态。张谷英村房屋选址四面环山，地势北高南低，有渭溪河水横贯全村，俗称“金带环抱”。其村落被旭峰山、笔架山、桃花山、大峰山环绕，渭溪河外绕，故既藏风聚气，又有水界止。“枕山、环水、面屏”的理想地理格局，既有利于生存，又有一种悠然避世的格调，充分体现人与自然的和谐（图3）。“当大门”“王家墩”“上新屋”建筑群环龙形山而建，其整体长达600多米，形态似半月，又犹如“龙形”，表现出吉祥纳福的寓意。“山水环绕、前耕后宅”的村落格局，以及平缓的盆地地形，形成了舒适宜居的环境气候（图4）。“一阴一阳之谓道，继之者善也，成之者性也”的处世准则，“负阴抱阳”的村落格局，体现出楚文化中“天地共生、万物合一”的理想观念。

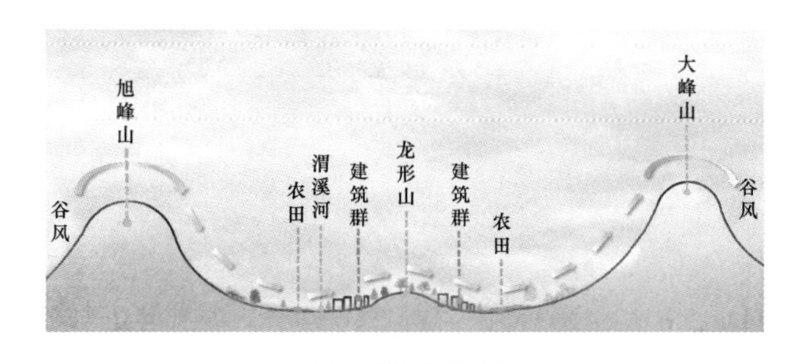

图3　村落空间分析图
（来源：作者自绘）

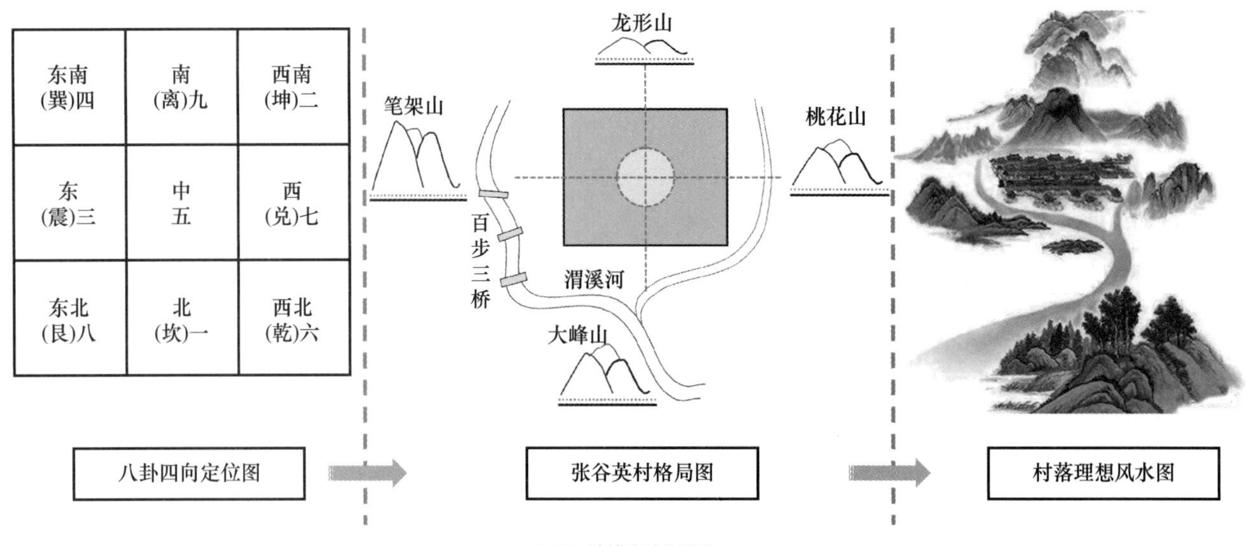

图4　地域选址分析图
（来源：作者自绘）

五、 文化传承的“空间—精神”内涵解析

1. 传统民居的空间逻辑

传统民居的空间逻辑是与人们的日常生活和文化传统紧密相连的。它强调人与人之间的交流与互动，注重生活的平衡和谐，同时与自然环境和谐相融合，体现出楚文化的智慧和生活哲学。此外，在空间逻辑中以“组织、符号、比例”为信息特征，除了关注空间与人、行为、环境间的关系，还注重空间延续发展的路径与方向[7]。

“九重台榭翠华丽，龙蛇相缠气象奇”，描绘出楚国建筑中的亭台楼阁华丽，及优美的组织流线，呈现出对称统一的气象。基于此，通过对张谷英村民居的空间逻辑分析，也可发现高度的组织秩序、逻辑关系。它以“院落”单元式为主，其“当大门”“王家塅”“上新屋”等建筑群都以龙形山为延展组合而建，形成了“三开间、两进深”的“方形”建筑单元。堂屋为中心、两侧为厢房，功能空间组织高度对称。例如，“当大门”建筑群中主次空间逻辑关系就非常清晰，以院落天井为核心，空间单元依次递进形成“主轴”的组织联系；而主轴两侧则以廊道连接，以“丰”字平面布局依次向两侧蔓延，支横堂对称布置，可满足家族后代的延续扩张（图5）。《天玉经》记载着“先定来山后定向，联珠不相妨”的法则，张谷英村民居虽顺应山形走势而变化，但民居功能空间大部分都有着良好朝向，实现了民居定向与外部环境的动态平衡。此外，在天井空间的比例上，其进深与建筑物高度比约为 1：1.3，接近该地区规定 1：1.1 日照间距系数[8]。建筑群地处平缓盆地地带，夏季南面的风流可带走暑气，冬季三面山峰可遮挡寒流，使得整体空间内部舒适宜居。综上可见，“天人合一”的建筑观影响后世甚远，合理的空间布局、尺度比例的运用以及符合自然规律的设计，创造出与地域环境融洽一致的建筑空间。

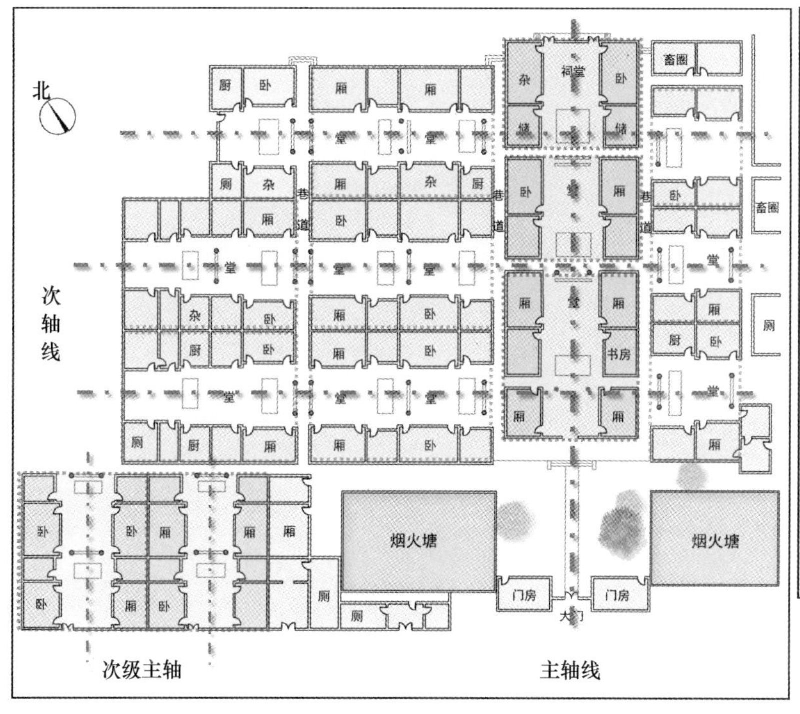

◀ 民居空间平面分析图

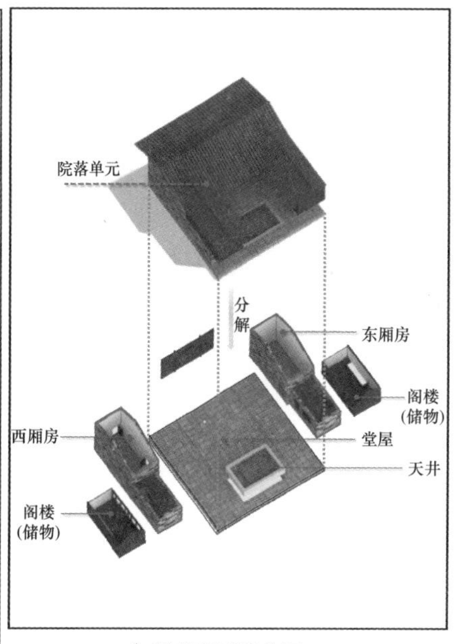

▲ 院落单元拆分图

图5 “当大门”建筑群空间分析图
（来源：作者自绘）

2. 传统民居的细部装饰

楚国位于中国历史文化汇聚的重要地带，其建筑装饰风格受到多种文化的熏陶和影响，包括中原文化、少数民族文化以及自身独特的楚文化。其渊源与交融，使楚国建筑具有了丰富多彩的图案装饰，展现出独特的历史价值和艺术魅力。

楚国人对色彩的审美追求艳丽而鲜明、繁复而多彩的表现。《楚辞·招魂》中这样描绘楚宫：“砥室翠翘，挂曲琼些”，“翡翠珠被”。奢华靓丽、光鲜璀璨，使人满载向往与憧憬。在楚国的建筑装饰中多用红色和黑色。红色在楚国文化中代表着南方和生命之力，而黑色象征北方。将红色和黑色结合起来，象征着阴阳的调和与平衡。由此，楚文化中“崇尚自然、追求和谐与平衡”的观念，在传统民

居的细部装饰中得到充分体现。例如，在屋顶、门窗的雕刻中常能看到树木、花草等自然元素，其造型和图案形式强调着自然的生机和美感。而楚文化中的纹饰、色彩和符号，如祥云、龙凤、仙鹤等都具有吉祥的象征意义。其纹饰和符号被巧妙地运用在门窗、木构件等细节装饰上，以表达对幸福美满和繁荣昌盛的期望（图 6）。最终，楚文化的审美观念、纹饰符号和历史底蕴，为传统民居的细部装饰提供了独特的艺术风格、寓意象征和题材灵感。

图 6　民居细部装饰图
（来源：作者自摄）

3. 宗族礼法的精神内涵

宗族礼法、地域文化、社会关系构成了传统村落民居空间的精神内涵，对空间组织、日常行为与整体布局等产生了深刻的影响。此外，楚文化的浪漫主义，追求自由、奔放的个性，同时又注重人与人之间的和谐关系。它与宗族礼法的精神内涵相呼应，宗族礼法规范了家族成员的行为，强调尊重长辈、团结互助、维护家族和社会的集体利益。而在张谷英村的建筑群中，宗族礼法反映在严格的空间秩序与组织方面，它已成为该空间延续的内因。例如，在“当大门”建筑群中，清晰的轴线对称、院落的依次递进、内部末端设祖先堂，均体现出尊卑有序、孝敬祖宗的文化内涵。《庄子・外篇・刻意》中的“众人重利，廉士重名，贤士尚志，圣人贵精”，告诫人们关注内在的精神追求，超越功利和个人欲望。正与张谷英村的孝廉文化契合，男女老少世代遵循“内孝外和、聚而不散”的宗族礼法，这种传统的社会秩序观念与精神内涵，帮助构建了一个有着清晰等级关系和责任分工的社会结构，确保了家族、村落的凝聚力和发展。

六、 结语

楚文化影响深远，已成为中国历史和文化的重要遗产。由此，本研究首先采用文献研究和实地考察相结合的方式，对湘北传统民居的历史背景和基本结构进行梳理。然后，对湘北地区的传统民居进行实地调研与测绘，分析其空间布局、细部装饰和精神内涵等方面。最后，通过对获取空间形态数据的整理分析，总结出湘北传统民居的空间内涵与楚文化的关联，其结论概括如下两个方面。

其一，湘北传统民居受“天人合一”的建筑观影响，建筑选址充分考虑地形、水文、气流等自然要素，追求理想、舒适的居所。院落式的内外空间界限，有效地隔离外界喧嚣，同时保证了内部的私密性。此外，建筑群的巧妙组合布局，“外廊—天井”调节着室内空间的微气候，体现出人与自然和谐共生的理想状态。

其二，族群多代同堂居住的需求形成了“单元式”相互连接的空间结构，家族观念与传统美德在湘北传统民居中得到充分体现，同时反映出对家族凝聚力和传统价值观的重视。尊重长辈等传统礼仪已成为湘北传统民居的重要特点，正厅通常设祖先的供奉台，表达着对祖先的敬意和祭祀。此外，湘北传统民居空间与环境的融合，“等级秩序、连续递进、互通共融”的空间逻辑，形成了有序的节奏、和谐的秩序、多样的变化以及自然人文的交融，体现着楚文化天地融合、阴阳平衡的理念。

参考文献

[1] V. Gordon Childe. The Urban Revolution [J]. The Town Planning Review，1950，211：3-17.

[2] 江凌．试论荆楚文化的流变、分期与近代转型［J］. 史学集刊，2011（5）：73-79.

[3] 殷义祥，丹枫．楚文化的特点及影响［J］. 吉林大学社会科学学报，2001（2）：93-97.

[4] 高介华．“楚辞”中透射出的建筑艺术光辉——文学“幻想”，楚乡土建筑艺术的全息折射［J］. 华中建筑，1998（2）：30-40.

[5] JU M Lotman. Universe of the Mind：A Semiotic Theory of Culture［M］. BLoom ington：Indiana University Press. 1990.

[6] 柳肃．古代楚文化在湖湘建筑艺术中的遗存［J］. 建筑遗产，2018（3）：1-8.

[7] Jin Lin，Chuan He，Shuang Shi，et al. Heterogeneous isomorphism -Spatial Gene Transcreation Design for Traditional Villages in Hunan［C］. 2023 International Conference on Comprehensive Art and Cultural Communication（CACC 2023）. Wuhan，China，2023.

[8] 刘伟，徐峰，解明境．适应湖南中北部地区气候的传统民居建筑技术——以岳阳张谷英村古宅为例［J］. 华中建筑，2009，27（3）：172-175.

数字化背景下传统村落集中连片保护理论与方法研究[1]

李开厚[2]　董莉莉[3]

摘　要： 传统村落作为重要的文化遗产，面临建筑损毁和文化流失等挑战。数字化技术为其保护提供了新途径。本文探讨了无人机、3D 扫描、GIS、BIM/HBIM、VR/AR 等技术在数据采集、管理、分析和展示中的应用，并分析了云南丽江古城、福建五夫镇和日本白川乡合掌村的成功案例，展示了数字化技术在提升保护效率和公众参与方面的优势。同时，本文指出了技术成本、人员培训和数据管理等方面的挑战，提出通过跨学科合作提升数字化技术应用效果，以推动传统村落的可持续发展。本研究为传统村落的数字化保护提供了理论支持和实践指导。

关键词： 数字化技术；传统村落；集中连片保护；应用案例

一、 引言

1. 研究背景与意义

（1）传统村落的重要性及面临的挑战

传统村落是文化遗产的重要组成部分，承载着丰富的历史和文化记忆。这些村落保存了大量独特的传统建筑，展示了精湛的工艺和独特的艺术价值[1]。村落中的非物质文化遗产，如传统节庆、风俗习惯和民间艺术，体现了中华民族深厚的文化底蕴。传统村落不仅是文化遗产的活态载体，也是生态环境保护的重要组成部分，其选址和布局与自然环境高度契合，体现了人与自然和谐共生的理念[2]。

然而，现代化进程对传统村落造成了巨大冲击。城市化和工业化的快速推进使得许多传统建筑被拆除，非物质文化遗产面临失传风险。传统村落经济发展滞后，人口老龄化严重，导致村落的生产生活方式难以维持。此外，资金短缺、保护意识不足和管理体制不健全等问题也制约了传统村落的保护与发展。

在此背景下，研究和探索数字化技术如何应用于传统村落集中连片保护理论与方法显得尤为重要，这不仅可为保护传统村落提供新的技术支持，也可为其可持续发展注入新的活力[3]

（2）数字化技术在文化遗产保护中的潜力

数字化技术在文化遗产保护中展现出巨大潜力，为应对传统村落保护面临的挑战提供了新的解决方案。通过无人机、3D 扫描和地理信息系统（GIS）等技术，可以高效、精准地采集传统村落的建筑和环境数据，建立详细的数字档案，为保护和修复工作提供可靠依据[4]。建筑信息模型（BIM）和历史建筑信息模型（HBIM）技术的应用，可以对传统建筑进行精细化管理和模拟，帮助制订科学的保护和修复方案。

此外，虚拟现实（VR）和增强现实（AR）技术可以将传统村落的文化遗产以互动和沉浸式的方式呈现给公众，增强公众的保护意识和参与度。这些技术不仅能够展示传统村落的历史风貌，还可以用于教育和宣传，提升社会对文化遗产保护的关注和支持[5-6]。

数字化平台的建立有助于实现多方协同管理和信息共

1　基金项目：2024 年重庆市研究生科研创新项目（项目编号：CYS240498）研究成果之一。

2　重庆交通大学建筑与城市规划学院在读研究生，400074，1518384577@ qq. com。

3　重庆交通大学建筑与城市规划学院院长、教授，400074，1518384577@ qq. com。

享，提高保护工作的效率和效果。通过数据的共享与分析，可以更好地制订保护策略，优化资源配置，实现对传统村落的全面保护。总之，数字化技术为传统村落的保护和可持续发展提供了强有力的支持和创新的解决方案。

2. 研究目的

本研究旨在探讨数字化背景下的传统村落集中连片保护理论与方法。具体而言，包括如下三个方面：一是构建数字化保护理论框架，通过分析数字化技术在传统村落保护中的应用现状和潜力，构建一套适用于传统村落集中连片保护的数字化理论框架；二是开发数字化保护技术方法，研究并开发基于数字化技术的保护方法，包括但不限于无人机、3D 扫描、GIS、BIM/HBIM、VR/AR 等技术的应用，探讨这些技术在传统村落保护中的具体应用场景和实施步骤，提出有效的保护和修复方案；三是总结数字化保护研究经验，选择具有代表性的传统村落集中连片保护案例进行实证研究，分析数字化技术在这些案例中的应用效果，通过详细的案例分析，验证所提出理论和方法的可行性和有效性，总结成功经验和教训。

通过本研究，希望为传统村落集中连片保护提供理论支持和技术指导，推动数字化技术在文化遗产保护领域的深入应用，实现传统村落的可持续发展。

二、 理论基础

1. 传统村落保护理论

（1）保护的必要性和目标

传统村落作为文化遗产的重要组成部分，对其予以保护具有重要的文化、社会和生态意义。传统村落保存了大量的历史建筑和非物质文化遗产，承载了丰富的历史记忆和文化价值。通过保护这些村落，可以促进文化旅游和相关产业的发展，增加当地居民的收入，改善生活条件。此外，传统村落的选址、布局与自然环境高度契合，保护这些村落有助于维护生态环境，促进人与自然和谐共生。

保护传统村落的目标包括：维护和传承历史文化遗产，保持传统村落的原真性和完整性；促进当地经济社会发展，提高居民生活质量；保护自然环境，实现生态可持续性。通过这些努力，可以确保传统村落在现代化进程中得到有效保护和合理利用，成为文化传承和地方发展的重要资源。

（2）集中连片保护的定义及其优势

集中连片保护是指在一定区域范围内，将多个具有相似文化和历史背景的传统村落进行整体规划和保护。这种保护方式不仅关注单个村落的保护，还注重村落之间的整体协调与发展，通过系统性的管理和资源利用，实现传统村落的综合保护和可持续发展。集中连片保护强调区域内的统一规划，统筹利用文化资源和自然资源，形成保护与发展的合力。

集中连片保护具有多方面优势。其一，它能够提高资源利用效率，通过统筹规划和集中管理，避免资源的重复投入和浪费。其二，集中连片保护可以促进区域内的协同发展，通过整合不同村落的特色和资源，形成互补优势，推动文化旅游和相关产业的发展。其三，这种保护方式能够更有效地维护和传承区域文化整体性，增强文化认同感，提升居民的参与度和自豪感。总之，集中连片保护为传统村落的整体保护和可持续发展提供了一种科学有效的路径。

2. 数字化技术在传统村落保护中的应用

（1）关键数字化技术

数字化技术在传统村落保护中发挥着重要作用，其关键技术包括无人机、3D 扫描、地理信息系统（GIS）、虚拟现实/增强现实（VR/AR）以及建筑信息模型（BIM）和历史建筑信息模型（HBIM）[7-8]。这些技术在数据采集、管理、分析和展示方面提供了强有力的支持。

无人机技术能够快速、高效地获取村落的高清影像和地理信息，为传统村落的全貌和环境变化提供精准的实时数据。3D 扫描技术通过激光扫描和摄影测量，生成高精度的三维模型，详细记录传统建筑的结构和细节，为保护和修复工作提供精确依据。GIS 技术将空间数据与属性数据结合，进行多层次、多角度的分析和管理，有助于制订科学的保护规划。

VR/AR 技术可以生动、直观地展示传统村落的历史风貌和文化内涵，增强公众的参与感和保护意识。BIM/HBIM 技术通过构建详细的建筑信息模型，实现对传统建筑的全生命周期管理，从设计、施工到维护和修复，都能提供全面支持。这些数字化技术的应用，使得传统村落的保护更加科学、系统和高效，为文化遗产的传承和可持续发展提供了重要保障。

（2）数字化技术的应用案例及效果

在传统村落保护中，数字化技术的应用案例越来越多，并且取得了显著效果。

浙江省丽水市古堰画乡，利用无人机和 3D 扫描技术，对整个村落进行高精度的三维建模，详细记录了村落的建筑布局和细节。这些数据不仅用于日常管理和保护规划，还为修复工作提供了精确的参考。通过无人机航拍，全景展示了古堰画乡的地理环境和建筑分布情况，辅助管理者进行综合评估和决策。三维建模技术生成的数字模型则用于模拟不同保护方案的效果，帮助制订最优的保护和修复策略，极大地提升了保护效率和科学性[9]。

在湖南省凤凰古城的保护项目中，GIS 技术的应用为其建立了完整的村落地理信息系统。该系统将空间数据与历史文化信息结合，进行科学地保护和开发规划。通过 GIS

系统，管理者能够更好地了解和掌握村落的整体状况，实时监控和管理古城的建筑状况、土地使用情况以及环境变化。此外，GIS技术还为文化旅游发展提供了科学依据，帮助规划旅游线路，管理游客流量，确保在开发旅游资源的同时不破坏古城的历史风貌和生态环境[10]。

在福建省永定土楼群的保护中，VR/AR技术被广泛应用，通过虚拟现实展示土楼的历史和文化背景，增强了游客的体验感和参与度。在永定土楼，游客可以通过VR设备，体验土楼的历史变迁，了解土楼的建筑特点和文化内涵。AR技术则在现场导览中得到应用，游客通过手机或平板设备，可以看到土楼在不同时期的样貌，对比现实中的建筑，从而加深对土楼文化的理解和认同。这种沉浸式的体验不仅提高了游客的兴趣和满意度，也增强了公众的保护意识，推动了文化遗产的传播和教育[11-12]。

在河南省开封古城的保护中，BIM/HBIM技术同样取得了显著效果。通过详细的建筑信息模型，实现了对传统建筑的精细化管理和修复。BIM/HBIM技术记录了建筑的各类信息，包括结构、材料、工艺等，形成了一个完整的数字档案。这个数字档案不仅用于日常维护，还在修复过程中提供了精确的参考数据，确保修复工作的精准和高效。例如，在对开封古城的延庆观修复中，通过BIM模型可以精确计算出需要修复部分的材料和工艺要求，避免了盲目施工，提高了工作效率和修复质量。

上述案例表明，数字化技术在传统村落保护中具有重要作用，不仅提升了保护和管理的科学性和高效性，还促进了公众参与和文化传承。通过数字化技术，传统村落的保护工作变得更加系统和全面，为文化遗产的传承和可持续发展提供了强有力的支持。数字化技术的广泛应用，为传统村落的保护和发展开辟了新的路径，提供了丰富的工具和方法，推动了传统文化的现代传承与创新。

三、 实施方法

1. 数据采集与管理

（1）采用无人机和3D扫描技术进行高效数据采集

在传统村落保护中，数据采集是关键的一环。无人机和3D扫描技术的应用，大大提高了数据采集的效率和精度。无人机能够快速获取大范围的高分辨率影像，生成详细的地理信息和建筑布局图。这些影像数据可以用于识别和记录传统村落中的建筑物、道路、水体等重要元素，为后续的保护规划提供全面的基础资料。

3D扫描技术通过激光扫描和摄影测量，可以生成高精度的三维模型，详细记录建筑物的结构和细节。这些三维模型不仅可以展示建筑的外观，还可以捕捉到肉眼难以察觉的细微变化，如墙体裂缝、倾斜等问题，便于及时采取修复措施。此外，3D扫描数据可以与历史档案进行比对，帮助研究人员分析建筑的演变过程和历史价值。

结合无人机和3D扫描技术，可以实现对传统村落的全面、快速和精准的数据采集。无人机提供的宏观视角和全局数据，配合3D扫描技术的微观细节捕捉，构建起一个完整的数字档案系统[13-14]。这些数据不仅可以用于日常管理和监测，还可以为保护规划、修复设计和公众展示提供重要参考，能有效提升传统村落保护的科学性和系统性。通过高效的数据采集手段，确保传统村落的保护工作在现代技术的支持下更加精准和高效。

（2）建立综合数据管理平台，利用GIS进行空间分析

在传统村落保护中，建立综合数据管理平台是实现科学保护和有效管理的重要手段。通过整合无人机、3D扫描和其他数据来源，构建一个集成化的数据管理平台，可以系统地存储、管理和分析传统村落的各类信息。该平台不仅包括建筑物的三维模型、地理信息数据，还涵盖历史文献、修复记录和文化资源等多方面内容，形成一个全面的数字档案。

利用地理信息系统（GIS）进行空间分析是数据管理平台的重要功能之一。GIS技术将空间数据与属性数据结合，进行多层次、多维度的分析，帮助管理者全面了解传统村落的现状和变化趋势。通过GIS，可以进行土地利用分析、水资源管理、交通规划和环境监测等，提供科学的决策支持。例如，GIS可以帮助确定村落中需要优先保护和修复的区域，制订合理的保护规划，优化资源配置[15]。

此外，GIS平台还能实现数据的动态更新和共享，便于多部门、多专业协同工作。通过实时监控和数据分析，管理者可以及时发现和解决问题，提高保护工作的效率和效果。综合数据管理平台与GIS技术的结合，不仅提升了传统村落保护的科学性和系统性，还为未来的研究和管理提供了坚实的基础。通过这一平台，可确保传统村落的文化、历史和环境资源得到有效保护和合理利用，推动其可持续发展[16]。

2. 保护规划与实施

（1）应用HBIM进行保护规划与模拟

在传统村落的保护规划与实施中，历史建筑信息模型（HBIM）技术发挥着重要作用。HBIM技术通过构建详细的三维建筑信息模型，将建筑的几何信息、材料特性、结构细节和历史数据集成在一个数字平台上，形成一个完整的数字档案[17]。这些信息不仅有助于全面了解建筑的现状，还能为保护规划提供精确的数据支持。

通过HBIM技术，可以对传统村落中的各类建筑进行精细化地模拟和分析。在保护规划阶段，利用HBIM可以模拟不同修复方案的效果，评估其对建筑结构、外观和使用功能的影响，选择最优的修复方案。此外，HBIM还可以用于

模拟建筑在不同环境条件下的表现，如地震、风雨等自然灾害，从而制订相应的防护措施，增强建筑的耐久性和安全性。

在实施阶段，HBIM 可以指导具体的修复和施工工作。通过详细的三维模型和数据，施工团队能够精确了解每一个细节，确保修复工作的精准和高效。同时，HBIM 还可以记录修复过程中的每一个步骤，为后续的维护和管理提供参考。

总体而言，HBIM 技术在保护规划与实施中的应用，不仅提升了传统村落保护工作的科学性和系统性，还为建筑的长期维护和管理提供了有力保障。通过精细化的模拟和规划，实现对历史建筑的精准保护，确保传统村落在现代化进程中得以延续和传承[18]。

（2）VR/AR 技术在保护实施中的实际应用，增强公众参与和教育

在传统村落的保护规划与实施中，VR（虚拟现实）和 AR（增强现实）技术具有显著的应用价值，能够有效增强公众参与和教育效果。

通过 VR 技术，可以构建出逼真的虚拟传统村落，使公众能够身临其境地体验村落的历史风貌和文化内涵。通过佩戴 VR 设备，参观者可以在虚拟环境中自由探索村落的每一个角落，了解建筑的结构、布局和细节，感受村落的独特魅力[19]。

AR 技术则通过在现实环境中叠加数字信息，为参观者提供丰富的互动体验。使用智能手机或平板设备，参观者可以通过 AR 应用看到历史建筑的原貌复原，以及建筑在不同历史时期的变化。这不仅可提高参观者的兴趣和参与度，还可帮助他们更直观地理解传统村落的历史演变和文化价值[5,20]。

此外，VR/AR 技术在保护实施中的应用还可以用于公众教育和宣传。例如，通过虚拟导览和互动展示，向公众普及传统村落的保护知识和重要性，提升社会对文化遗产保护的关注和支持。教育机构可以利用 VR/AR 技术开展生动的教学活动，使学生在沉浸式体验中学习历史和文化知识。

总之，VR/AR 技术的应用，为传统村落的保护和宣传提供了创新的手段和途径。不仅增强了公众的参与感和保护意识，还为文化遗产的教育和传播开辟了新的渠道，推动了传统村落保护工作的全面发展。

四、 案例分析

1. 选取国内外成功的传统村落集中连片保护案例

在传统村落集中连片保护中，选择和分析国内外成功案例可以为本研究提供宝贵的经验和借鉴，以下是几个典型的成功案例。

（1）云南省丽江市古城

丽江古城作为中国传统村落保护的典范，成功地将现代数字化技术融入保护工作中。通过无人机和 3D 扫描技术，对古城的建筑、街道和水系进行了全方位的数据采集和建模。利用 GIS 技术，建立了古城的综合管理平台，实现了对地理信息的动态监控和分析。BIM/HBIM 技术的应用，使得丽江古城在修复和维护过程中，能够精准地管理建筑信息，提高了保护工作的效率和科学性。此外，VR/AR 技术在丽江古城的旅游展示中得到广泛应用，通过此技术展示古城的历史文化背景，增强了游客的体验感和参与度，提升了公众的保护意识[15,21]。

（2）福建省武夷山五夫镇

五夫镇通过集中连片保护规划，将区域内的多个传统村落进行整体保护和开发。利用数字化技术，对传统建筑进行了详细的三维建模和数据记录，确保每一个细节都得到精确保存。在保护规划中，BIM/HBIM 技术被广泛应用，通过建筑信息模型，制定科学的修复方案和维护计划。GIS 技术的应用，实现了对村落土地利用、水资源管理和环境监测的综合分析，优化了资源配置，提高了保护的科学性。五夫镇还通过 AR 技术，提供互动导览服务，游客可以通过手机或平板设备，看到历史建筑的原貌复原，了解村落的历史文化，增加了旅游的吸引力和教育价值。

（3）日本白川乡合掌村

白川乡合掌村作为世界文化遗产，成功地实施了集中连片保护。该村利用无人机和 3D 扫描技术，对“合掌造”传统建筑进行了详细的三维数据采集，建立了综合数据管理平台。通过 GIS 技术，实现了对村落整体布局、土地使用和环境变化的科学监测和管理。在保护实施过程中，BIM/HBIM 技术的应用，使得修复工作更加精准和高效，每一座建筑的修复过程都被详细记录和管理。VR/AR 技术在合掌村的展示和教育中也发挥了重要作用，游客可以通过虚拟现实体验“合掌造”的建筑工艺和历史背景，增强了文化传承和公众参与。

2. 应用效果分析

通过对云南省丽江市古城、福建省武夷山五夫镇和日本白川乡合掌村的分析，可以看到数字化技术在传统村落保护中的广泛应用及其显著效果。

（1）云南省丽江市古城

在丽江古城，无人机和 3D 扫描技术被用于全面的数据采集。无人机的高空航拍为古城提供了详细的地理信息和建筑布局数据，而 3D 扫描技术则生成了高精度的三维模型，捕捉到建筑的细微结构和细节。这些数据通过 GIS 平台进行整合和分析，实现了对古城动态变化的实时监测[15,22]。BIM/HBIM 技术进一步将这些数据用于建筑信息

管理，使得修复和维护工作更加精准高效。利用 VR/AR 技术，丽江古城为游客提供了沉浸式的历史文化体验，显著增强了公众的参与度和保护意识。这些技术的综合应用，不仅提升了古城的保护效率和科学性，还促进了文化旅游业的发展，增强了当地居民的经济收益。

（2）福建省武夷山五夫镇

五夫镇的集中连片保护利用了先进的数字化技术进行详细的三维建模和数据记录。BIM/HBIM 技术在修复和维护过程中发挥了重要作用，通过详细的建筑信息模型，确保每一个修复步骤的科学性和准确性。GIS 技术的应用，使得管理者可以对村落的土地利用、水资源管理和环境监测进行全面的分析和管理，优化了资源配置，提升了保护工作的整体效果。AR 技术的引入，为游客提供了互动导览服务，通过手机或平板设备，游客可以看到历史建筑的原貌复原，了解村落的历史文化，增加了旅游的吸引力和教育价值。这些技术的应用，使得五夫镇的保护工作更加系统和高效。

（3）日本白川乡合掌村

白川乡合掌村通过无人机和 3D 扫描技术，对传统建筑进行了详细的数据采集，生成了高精度的三维模型。这些数据被整合到综合数据管理平台中，通过 GIS 技术实现对村落整体布局、土地使用和环境变化的科学监测和管理。BIM/HBIM 技术在修复过程中确保了每一个建筑细节的精准管理和记录，提升了修复工作的效率和质量。VR/AR 技术在展示和教育中的应用，为游客提供了生动的文化体验，使得合掌村的历史文化得以广泛传播和传承，增强了公众的保护意识和参与感。

通过这些案例的详细分析，可以看到数字化技术在传统村落保护中的多方面应用及其显著效果。无人机和 3D 扫描技术提高了数据采集的效率和精度，GIS 技术实现了对空间数据的综合管理和分析，BIM/HBIM 技术提升了修复和维护工作的科学性和效率，VR/AR 技术增强了公众的参与度和保护意识。这些技术的综合应用，不仅有效提升了传统村落的保护效率和科学性，还促进了文化旅游业的发展，增强了公众对文化遗产保护的认知和支持，为传统村落的可持续发展提供了坚实的技术保障。

3. 经验与教训总结

通过对云南省丽江市古城、福建省武夷山五夫镇和日本白川乡合掌村的案例分析，可以总结出如下数字化技术在传统村落集中连片保护中的重要经验与教训。

数字化技术的全面应用显著提高了保护工作的效率和精度。无人机、3D 扫描、GIS 和 BIM/HBIM 等技术的结合，提供了详细的地理信息和建筑数据，确保了保护规划和修复工作的科学性和准确性。然而，技术应用过程中需要克服数据处理复杂、设备成本高和技术人员培训不足等挑战。

公众参与和教育的增强是数字化技术的重要成果。通过 VR/AR 技术，传统村落的历史文化得以生动展示，极大地提高了公众的参与度和保护意识。这种互动体验不仅增强了文化旅游的吸引力，也促进了文化遗产的传承和传播。同时，综合管理和协同合作是成功的关键。建立综合数据管理平台，实现多部门、多专业的协同工作，有助于优化资源配置，提高保护工作的整体效果。另外，必须重视政策支持和资金保障，确保保护工作可持续进行。

总结这些经验与教训，可为后续研究提供了宝贵的参考。未来的研究应继续探索数字化技术在传统村落保护中的创新应用，优化技术与管理的结合，推动传统村落的可持续发展。

五、结语

1. 优势与挑战

（1）主要优势：高效、精准、可视化

数字化技术在传统村落保护中展现了显著的优势，主要体现在高效、精准和可视化三个方面[16,23]。无人机和 3D 扫描技术能够迅速获取大范围的高分辨率影像和三维数据，极大地缩短了数据采集时间，提高了工作效率。GIS 技术的应用使得数据管理和分析更加便捷，优化了保护规划和决策过程。3D 扫描和 BIM/HBIM 技术提供了建筑结构的详细信息，能精确捕捉到建筑的细微变化，使得保护和修复工作有据可依，并可确保每一步操作的科学性和准确性，从而提高保护效果。VR/AR 技术则通过生动再现传统村落的历史文化，增强了公众的参与度和保护意识。这些技术的可视化特点不仅有助于展示保护工作的成果，还能用于教育和宣传，提高社会对文化遗产保护的关注和支持。总体而言，数字化技术的高效、精准和可视化优势，为传统村落保护提供了强有力的支持，推动了文化遗产的传承和可持续发展。

（2）面临的主要挑战：技术成本、人员培训、数据管理

尽管数字化技术在传统村落保护中具有显著优势，但也面临一些挑战。其一，技术成本是一个重要问题。高精度的无人机、3D 扫描设备以及 GIS 和 BIM/HBIM 软件的采购和维护费用较高，对于许多地方政府和机构来说是一笔不小的开支[24]。其二，人员培训也是一大挑战。数字化技术的应用需要专业的技术人员操作和维护，而现有的保护团队往往缺乏这方面的专业知识和技能[25-26]。培训和招聘专业技术人员不仅耗时，还增加了人力成本[27]。其三，数据管理的复杂性也是一个不容忽视的问题。大量的高精度数据需要妥善存储和管理，这对数据存储设施和管理系统提出了很高的要求。此外，不同技术和设备生成的数据格

式各异，整合和使用这些数据也存在一定难度。这些挑战需要在未来的研究和实践中不断探索解决方案，以充分发挥数字化技术在传统村落保护中的潜力。

2. 未来展望

（1）提出进一步提升数字化技术应用效果的建议

为了进一步提升数字化技术在传统村落保护中的应用效果，首先需要加强技术的普及和培训。政府和相关机构应加大对数字化设备和软件的投资，同时提供专业的培训课程，培养更多具备数字化技术应用能力的专业人才。与高校和科研机构合作，建立实践基地，通过实际项目训练，提高保护团队的技术水平。此外，可以引入国际先进经验和技术，通过交流和合作，提升本地技术应用的深度和广度。

其次，建立健全的数据管理体系也是提升数字化技术应用效果的关键。需要构建一个统一的数字化平台，整合不同来源和格式的数据，实现数据的标准化和集中管理[28]。该平台应具备强大的数据处理和分析能力，能够支持不同部门和团队的协同工作。引入大数据和人工智能技术，对收集的数据进行深度分析，提供科学的决策支持。同时，应制定相关的数据保护和隐私政策，确保数据的安全和合法使用。通过这些措施，可以有效提升数字化技术在传统村落保护中的应用效果，推动文化遗产的传承与可持续发展。

（2）强调跨学科合作的重要性

在提升传统村落保护的数字化应用效果方面，跨学科合作至关重要。传统村落保护不仅涉及建筑和文化遗产的保护，还涉及环境科学、信息技术、社会学和经济学等多个领域。通过跨学科合作，可以集成不同学科的优势和专业知识，形成综合解决方案。例如，建筑学和工程学的专业知识可以确保修复工作的科学性和准确性，环境科学可以提供生态保护和可持续发展方面的指导，信息技术可以优化数据管理和分析过程，社会学和经济学则可以评估保护项目对社区的影响和经济效益。跨学科合作不仅能提升项目的整体效果，还能推动创新，找到更加高效和可持续的保护方法。因此，建立跨学科合作机制，促进各领域专家的交流与合作，是实现传统村落数字化保护目标的重要途径。通过这种综合性的合作方式，可以更好地保护和传承传统村落的历史文化遗产，推动其可持续发展。

参考文献

[1] ZHOU Z，ZHENG X. A Cultural Route Perspective on Rural Revitalization of Traditional Villages：A Case Study from Chishui，China［J］. Sustainability，2022，14（4）：2468.

[2] HU Z，STROBL J，MIN Q，et al. Visualizing the cultural landscape gene of traditional settlements in China：a semiotic perspective［J］. Heritage Science，2021，9：1-19.

[3] ZHENG W，LIU P. Digital protection of traditional villages of“Retaining Homesickness”［J］. Smart Tourism，2020，1（1）：9.

[4] MENDOZA M A D，FRANCO E D L H，GÓMEZ J E G. Technologies for the Preservation of Cultural Heritage—A Systematic Review of the Literature［J］. Sustainability，2023，15（2）：1059.

[5] BOBOC R，BĂUTU E，GÎRBACIA F，et al. Augmented Reality in Cultural Heritage：An Overview of the Last Decade of Applications［J］. Applied Sciences，2022，12（19）：9859.

[6] PERVOLARAKIS Z，ZIDIANAKIS E，KATZOURAKIS A，et al. Visiting Heritage Sites in AR and VR［J］. Heritage，2023，6（3）：2489-2502.

[7] LIN G，LI G，GIORDANO A，et al. Three-Dimensional Documentation and Reconversion of Architectural Heritage by UAV and HBIM：A Study of Santo Stefano Church in Italy［J］. Drones，2024，8（6）：250.

[8] LIN Y C. Application of Integration of HBIM and VR Technology to 3D Immersive Digital Management—Take Han Type Traditional Architecture as an Example［J］. The International Archives of the Photogrammetry，Remote Sensing and Spatial Information Sciences，2017，XLII-2-W5：443-446.

[9] HU D，MINNER J. UAVs and 3D City Modeling to Aid Urban Planning and Historic Preservation：A Systematic Review［J］. Remote Sensing，2023，15（23）：5507.

[10] LIU B，WU C，XU W，et al. Emerging trends in GIS application on cultural heritage conservation：a review［J］. Heritage Science，2024，12（1）：139.

[11] HUANG Y. Bibliometric analysis of GIS applications in heritage studies based on Web of Science from 1994 to 2023［J］. Heritage Science，2024，12（1）：57.

[12] YAO Y，WANG X，LUO L，et al. An Overview of GIS-RS Applications for Archaeological and Cultural Heritage under the DBAR-Heritage Mission［J］. Remote Sensing，2023，15（24）：5766.

[13] TYSIAC P，SIE Ń SKA A，TARNOWSKA M，et al. Combination of terrestrial laser scanning and UAV photogrammetry for 3D modelling and degradation assessment of heritage building based on a lighting analysis：case study—St. Adalbert Church in Gdansk，Poland［J］. Heritage Science，2023，11（1）：53.

[14] NEX F，REMONDINO F. UAV for 3D mapping applica-

tions: a review [J]. Applied Geomatics, 2014, 6 (1): 1-15.

[15] LI Y, DU Y, YANG M, et al. A review of the tools and techniques used in the digital preservation of architectural heritage within disaster cycles [J]. Heritage Science, 2023, 11 (1): 199.

[16] LIN G, GIORDANO A, SANG K, et al. Application of Territorial Laser Scanning in 3D Modeling of Traditional Village: A Case Study of Fenghuang Village in China [J]. ISPRS International Journal of Geo-Information, 2021, 10 (11): 770.

[17] MAO Y, LU H, XIAO Y, et al. A Parametric HBIM Approach for Preservation of Bai Ethnic Traditional Timber Dwellings in Yunnan, China [J]. Buildings, 2024, 14 (7): 1960.

[18] GIULIANI F, GAGLIO F, MARTINO M, et al. A HBIM pipeline for the conservation of large-scale architectural heritage: the city Walls of Pisa [J]. Heritage Science, 2024, 12 (1): 35.

[19] CHONG H T, LIM C K, RAFI A, et al. Comprehensive systematic review on virtual reality for cultural heritage practices: coherent taxonomy and motivations [J]. Multimedia Systems, 2022, 28 (3): 711-726.

[20] IBIŞ A, ÇAKICI ALP N. Augmented Reality and Wearable Technology for Cultural Heritage Preservation [J]. Sustainability, 2024, 16 (10): 4007.

[21] COLUCCI E, DE RUVO V, LINGUA A, et al. HBIM-GIS Integration: From IFC to CityGML Standard for Damaged Cultural Heritage in a Multiscale 3D GIS [J]. Applied Sciences, 2020, 10 (4): 1356.

[22] RIZO-MAESTRE C, GONZÁLEZ-AVILÉS Á, GALIANO-GARRIGÓS A, et al. UAV + BIM: Incorporation of Photogrammetric Techniques in Architectural Projects with Building Information Modeling Versus Classical Work Processes [J]. Remote Sensing, 2020, 12 (14): 2329.

[23] ZHUO L, ZHANG J, HONG X. Cultural heritage characteristics and damage analysis based on multidimensional data fusion and HBIM - taking the former residence of HSBC bank in Xiamen, China as an example [J]. Heritage Science, 2024, 12 (1): 128.

[24] XIAO M, LUO S, YANG S. Synergizing Technology and Tradition: A Pathway to Intelligent Village Governance and Sustainable Rural Development [J]. Journal of the Knowledge Economy, 2024, 18: 1-56.

[25] XIA J, GU X, FU T, et al. Trends and Future Directions in Research on the Protection of Traditional Village Cultural Heritage in Urban Renewal [J]. Buildings, 2024, 14 (5): 1362.

[26] ZHENG H, CHEN L, HU H, et al. Research on the Digital Preservation of Architectural Heritage Based on Virtual Reality Technology [J]. Buildings, 2024, 14 (5): 1436.

[27] WAGNER A, DE CLIPPELE M S. Safeguarding Cultural Heritage in the Digital Era-A Critical Challenge [J]. International Journal for the Semiotics of Law - Revue internationale de Sémiotique juridique, 2023, 36 (5): 1915-1923.

[28] ZHAO W, LIANG Z, LI B. Realizing a Rural Sustainable Development through a Digital Village Construction: Experiences from China [J]. Sustainability, 2022, 14 (21): 14199.

广西壮族家屋火塘与堂屋空间格局演变研究

吴桂宁[1] 黄潇娴[2]

摘 要： 壮族作为广西主要的世居少数民族，其独特的家屋模式及其蕴含的社会结构特征无一不反映了其家屋社会的文化独特性。本文以壮族家屋中火塘和堂屋的位置和功能的变化为研究对象，通过对比分析桂西、桂中、桂东及桂北不同分区壮族家屋内部格局变化，基于共时性的静态特征和历时性的动态演变描绘出大致空间演变格局图谱，以此探讨当下壮族家屋从“中心型”家屋社会到个体解放“去中心化”的内在动机和外在驱动。

关键词： 壮族干栏；地居化；火塘；堂屋；家屋社会

一、 问题的提出

美国社会学家柯林斯认为，在发生于公开且正式的场合，借助于一整套程式化行动（仪轨）得以推进的“正式仪式”（formal ritual）之外，在人们的日常生活中，还时时上演着大量的“自然仪式”（natural ritual）。与“正式仪式”的不同在于，“自然仪式”不受“刻板程序”（stereotyped procedures）的规约。对于“自然仪式”而言，行动者之间主体际性的建立以及共享情感的促生，则并不仰赖于对仪轨的操演[1]。

在东方生活场景中，无论是“正式仪式”还是“自然仪式”的操演都依托于家屋中的精神中心——火塘与堂屋两者的连接和发散。家屋通过控制各类普通或重要的物质资料来形成“身体”和建成形式之间的互动关系[3]，并体现在仪式中；家屋中火塘与堂屋的主要功能是承载相关仪式，而观念与仪式传统往往是壮族民族特质的核心部分[2]。广西是以壮族为主要的多民族杂居地区，同时，在大杂居小聚居的格局下，族群互动和地域文化影响使得壮族家屋[4]在不同区域演变分化成不同的形态，始终作为家屋精神中心的火塘与堂屋也在迭代发展中呈现出不同的变化。同时，火塘与堂屋的变迁过程也清晰地呈现出民族交往、交流、交融的影响。

以往在人类学、民族学和建筑学等学科研究中，不乏对火塘与堂屋的关注与研究，但通常以单一的研究路径分别陈述其作为家屋空间的文化建构及其映射的社会关系以及价值变革，而甚少将两者并置作为关联性的线索去解读社会体系中人与人、人与自然、人与神的联结。本文以桂西、桂中、桂东及桂北分区的一些典型的壮族家屋为实例，通过梳理与比较不同分区壮族家屋中火塘与堂屋的空间关系，并基于共时性和历时性的变体对比描绘出大致空间演变格局图谱，以此探讨当下壮族家屋从“中心型”家屋社会到个体解放“去中心化”的内在动机和外在驱动。

---

1 华南理工大学建筑学院教授，510000，102066398@qq.com。

2 华南理工大学建筑学院硕士研究生，510000，1102946836@qq.com。

3 1995年，卡斯滕和休－琼斯在《关于房屋》（About the House）中论述道：“因为身体和房屋都构成了最为亲密的日常环境，并且常常作为彼此的类比，有时候甚至分不清到底谁是谁的隐喻——房屋是身体的隐喻，还是身体是房屋的隐喻。”

4 因广西地域宽阔，传统壮族民居呈现出多元形式，本研究不特指某种具体的建筑类型，如全架空干栏、半架空干栏或地居式，主要聚焦于其家屋内部空间模式。

二、 初始壮族家屋的内部空间模式

民国时期的刘锡蕃（刘介）曾在《岭表纪蛮》中对壮人干栏的民居形式进行过详细的阐述：“人皆楼居，楼下为两部……楼上分三部分或两部；左右为卧室，最狭，普通仅可容榻；中间为火堂……除调羹造饭外，隆冬天寒，其火力及于四周，蛮人不瞻，藉以取暖。”在初始壮族家屋中，内部空间还没得到发展和功能分化，火塘作为家屋空间的核心，承载着几乎所有起居、做饭、工作等活动，堂屋与火塘更多的是作为一个整体的中心存在。

1. 火塘与堂屋的传统位置与功能

1851 年，德国建筑师戈特里德·森佩尔提出了建筑四要素：火炉、屋顶、墩子和围栏（图 1、图 2）。森佩尔将“要素”的内涵从表示具体的物质性要素转向人类的基本“动机”[4]。火炉作为“汇聚（gathering）”的象征，是人类社群形成并维系的核心，人类最早的群体联盟是出现、聚集在火炉周围的，随后基于联盟的原始宗教观演化出了各种祭拜习俗，这种聚集的行为动机最终演化成生活中的火炉要素，成为建筑形式起源的重要因素之一（图 3）。[1]

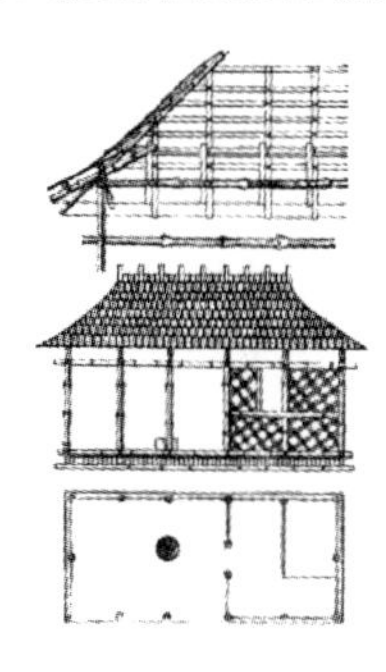

图 1　展示于万国博览会上的来自特立尼达岛的“加勒比”茅屋[2]

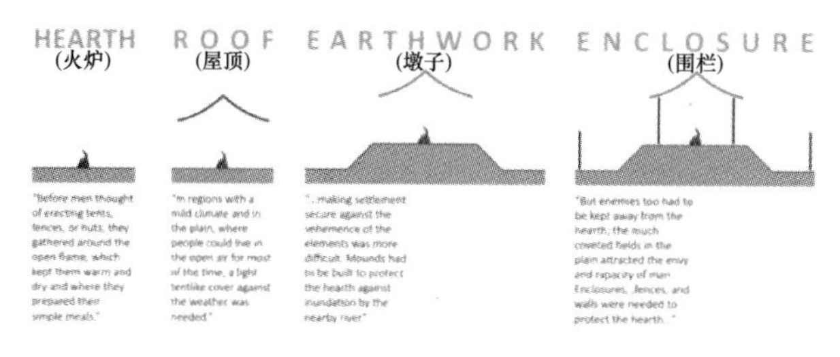

图 2　建筑“四要素”图解[2]

图 3　壮族初始居住形制晓锦遗址栅居复原图[3]

2. 火塘的基本功能及承载意义

初始壮族家屋原型中，环火而居的生活方式表明火塘包含的基本功能和承载的空间象征意义如下所述。

（1）满足基本的生活条件

初始壮族家屋以全架空干栏为主，一般不设置厨房空间，壮族居民生活围绕火塘（代替厨房）进行；受结构与材料的限制，通过火塘提升室内温度，同时设置阁楼，降低起居空间的层高，以解决冬季保温性差的问题。初始壮族家屋中火塘成为壮族干栏式建筑的主要中心形式以及壮族居民的生活中心。

（2）家族信仰中心的角色赋予

火塘作为家族的象征，指向所属于同一个火塘的人，其具有亲缘、血缘的关系；从家族中分出去的小家庭，通常具有垒自己火塘的权力，但从血缘上讲，仍与大家族具有一定的同一关系，但他们不再使用同一火塘作为自己家屋的象征，体现了火塘的单向传递性，火塘的传递最终指向的是人类生殖力的传递，展现了壮族的生殖观念与家族观念。

（3）家屋建构所需的“向心性”

初始壮族家屋中的中柱形象带有父权意识，具有父亲的文化意向；而后期中柱让位于火塘，目前常规的壮族干栏式建筑采取偶数的中柱，将房屋正中心空置以设火塘，火塘建筑空间中心的文化意向渐渐超出其建筑原有的空间形式，通常按照家屋主人活动空间的中心确定火塘位置。

（4）社区秩序构建的象征语境

对火的崇拜催生了火的场域与空间，影响了社区基本

1　在国内乡土建筑研究的语境下，森佩尔建筑四要素中的“火炉”在我国南部少数民族聚居地的民居建筑中多以“火塘”的角色出现，在较长的历史时段中是壮族及其他少数民族族群居所内必需的生活设施。

2　来源于 Chad Schwartz 的《Investigating the Tectonic》一书。

3　源于曹劲《先秦两汉岭南建筑研究》。

单位的构建，区分了世俗环境与神圣世界，火塘的出现为社区秩序的构建提供了象征支持。相对于社区而言，火塘强调家庭与家庭之间的不同；相对于家庭内部而言，火塘又强调了个体与家庭的重合部分。火塘增强了以血缘为联系的家族单位，在一定的区域内起到凝聚力量的作用，并使得个体臣服于整体、遵守整体的规则与秩序，从而维持了区域内社会关系、人际关系的相对平衡；寻找人在社区中的位置，以期达到寻找人存在的位置与意义。

3. 堂屋作为家庭活动和社会交往的中心

家屋是一个圣俗结合的空间，其空间礼制主要包括人与人、人与神（祖）之间的人伦秩序和宇宙三界法则[5]。堂屋具有家祠的特性，其中神龛是香火和继嗣制度的物化象征。堂屋是壮族家屋的礼仪空间，是家庭成员与祖先、神灵进行沟通、礼拜的场所，堂屋正上方屋顶通常设置数片明瓦，明瓦在壮族宗教信仰中象征神灵的光芒。堂屋上空不设阁楼，堂屋与屋顶阁楼之间的隔墙未到屋顶，加大了通风效率。

在独立堂屋出现以后，神龛取代了传统火塘作为家庭祭祀核心的地位，并置于堂屋之中（往往位于直面大门的明亮区域），标志着堂屋正式成为家屋内部最为神圣的核心空间。20 世纪中期的民族调查显示，在湘、桂、粤地区的苗族与瑶族村寨中，独立堂屋尚未普及，内部空间尚未形成明显的分隔，火塘仍占据中心位置，紧邻中柱，家先神位则多安置于后山墙的神龛之上，作为次要的祭祀空间存在。但另有研究调查显示，在距今 100～200 年前，家先神位已经开始从原本围绕火塘的中柱区域转至更为庄重、显赫的堂屋神龛[6]。

三、 火塘与堂屋空间结构秩序的认识、建构及转化

房屋格局的改变折射出一个宏大的社会背景，即从社会主义早期集体化改造带来的个体解放，到改革开放后公社和生产队从基层退出后，消费主义填补了私人生活的空白，即“家庭的私人化”[7]。客厅兴起、火塘衰落背后蕴含的是家庭生活和社会生产方式的转变。曾经发生在火塘周围的居住行为都被一一分解到了每个有专门用途的房间内，彼时火塘的功能需求被更高效安全的现代工业产物所取代，火塘所承载着的向心的、等级阶序的、隐喻魂灵的家屋仪礼也随之消散。

1. 火塘与堂屋的相同性

（1）作为祭祀空间的原型同构性

二者以不同的祭祀仪式作为家屋的灵魂表征，却都以“火”的使用及其意义作为表现形式，具有原型同构性。在壮族家屋中，“堂屋—香火”与“火塘—碗柜”构成两套献祭空间，堂屋的献祭要素主要是堂屋本身空间和神龛，一般分为上下两坛，供奉家先与镇宅土地，早期香火柜做凹龛式；火塘本身构成其主体空间中的祭台，凹龛式或独立式碗柜以神龛的意象出现，碗柜祭祀灶王。实际上，在壮族家屋中形成了两套具有相同原型的祭祀空间。

（2）通天的方向指向设计和有意识的“留白”

火塘上方不做上层楼板而下吊一竹匾，俗称“禾炕”，上面搁置腊肉等熏制食品，或在梁架上搁细竹竿，上铺竹席，旨在将此晾晒的禾把再用烟熏干，避免受潮和生虫。堂屋香火区域垂直设计独特，屋面层全然“留白”，无楼板阻隔，直贯屋顶，凸显仪式空间至高无上。香火坛高置于屋架之巅，营造通天之势，象征神圣与崇高。

2. 火塘与堂屋的不同性

（1）献祭方向不同

根据与家屋大梁的位置关系，“火塘—碗柜”的献祭方向平行于大梁，堂屋的“香火—神台—供桌”的献祭方向垂直于大梁，垂直香火被视为死的方向。火塘与堂屋始终作为两个仪式空间相互对抗，通过相互制衡最终在变化中达到家屋空间内的动态平衡。

（2）家具摆设的尺度差异大

以火塘为生活中心的空间主要以低家具为主，壮族喜在堂屋香火前摆放高约 80 厘米的八仙桌以提示空间属性，在门楼中也会采用 60 厘米的迎客凳以区分火塘空间的低家具。

四、 广西各分区壮族家屋火塘与堂屋演变情况

1. 整体特征

壮族家屋从西至东在逐步走向汉化的过程中，总体上呈现出由干栏式朝地居式演化的趋势，并且火塘与堂屋演变脉络呈现出两种完全相反的趋势（图 4、图 5）。一是堂屋空间愈发纯粹，具有神圣仪式空间的功能唯一性，精神内核高度集中的特点；二是伴随照明、采暖、炊煮、祭祀等功能的分解，曾经在火塘边发生的各种生活行为被分散到有专门用途的房间，火塘地位有所衰落，退于次间或灶间。

演变的三条暗线包括：一是堂屋空间始终作为家屋的核心空间，在演变分化中逐渐被强调出来，作为一个独立空间存在；二是家屋内部功能空间逐渐以堂屋为核心布局，卧室从后置空间慢慢转向侧部，与堂屋并列布局，根本原因是汉族“居中为尊”观念的从东到西逐渐渗透（图 6）；三是火塘逐渐从融合空间中抽离并作为附属的次要空间存在，而“灶改”后多使用以灶台为主的厨房，造成以火塘为主的祭祀空间在家屋中的仪式性“丢失”。

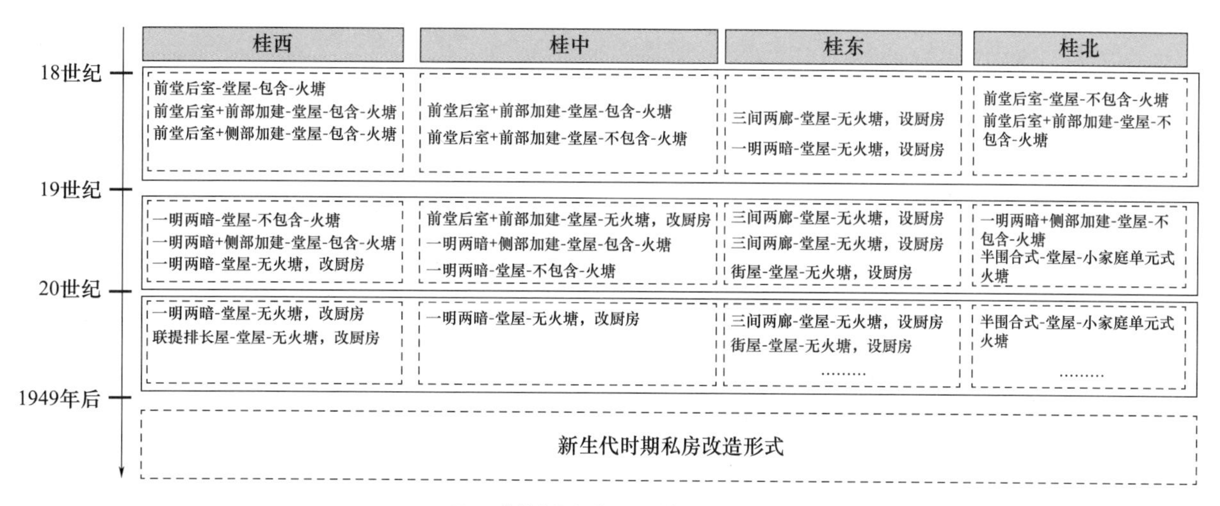

图4　壮族家屋各分区平面格局类型总结

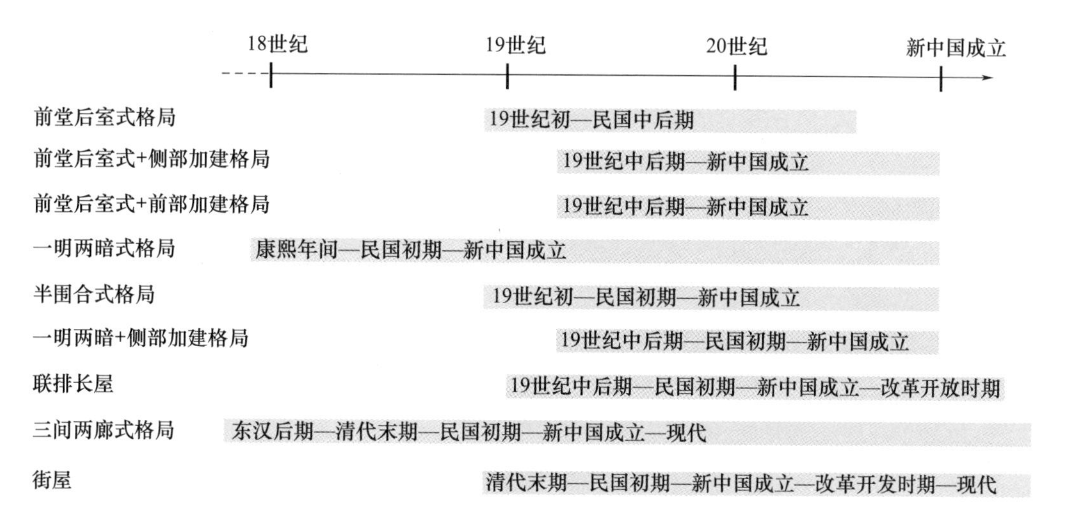

图5　壮族家屋平面格局发展主要时段[1]

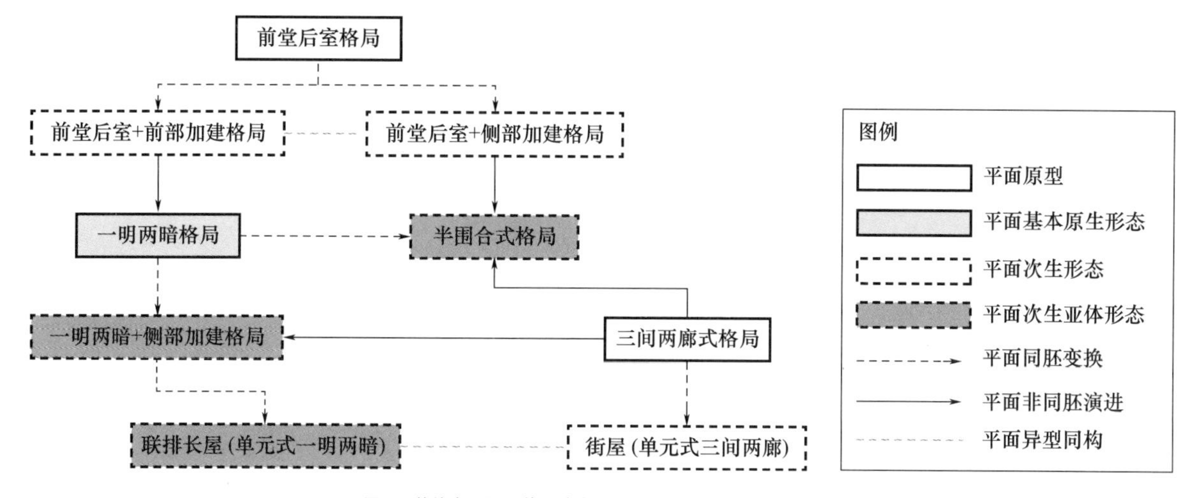

图6　壮族家屋平面格局演变示意图（资料来源：作者自绘）

1　改绘自文献[3,8-9]。

2. 个体特征

对各分区壮族家屋平面格局类型的历时性变化进行了梳理，采用“X、Z、D、B”表示桂西、中、东、北分区的代号，其中以桂西为例，“X0”表示为平面原型，“X”表示为平面基本原生形态，“X-号码”（如 X-1）表示为平面次生形态，“X＋罗马数字”（如 XⅠ）表示为平面次生亚体形态。

（1）桂西分区

在桂西分区[1]中，如图 7 所示，从“X0”至“XⅢ”（即从左至右）的横向衍化类型平面中可以看到，火塘与堂屋存在于同一物理空间中，属包含关系，且大部分火塘分布于堂屋的一侧，火塘在房屋进深方向位于正柱与前今（金）柱之间，这正好与堂屋的中心空间在一个水平线上，显示出这一中心区域的公共领域特征。

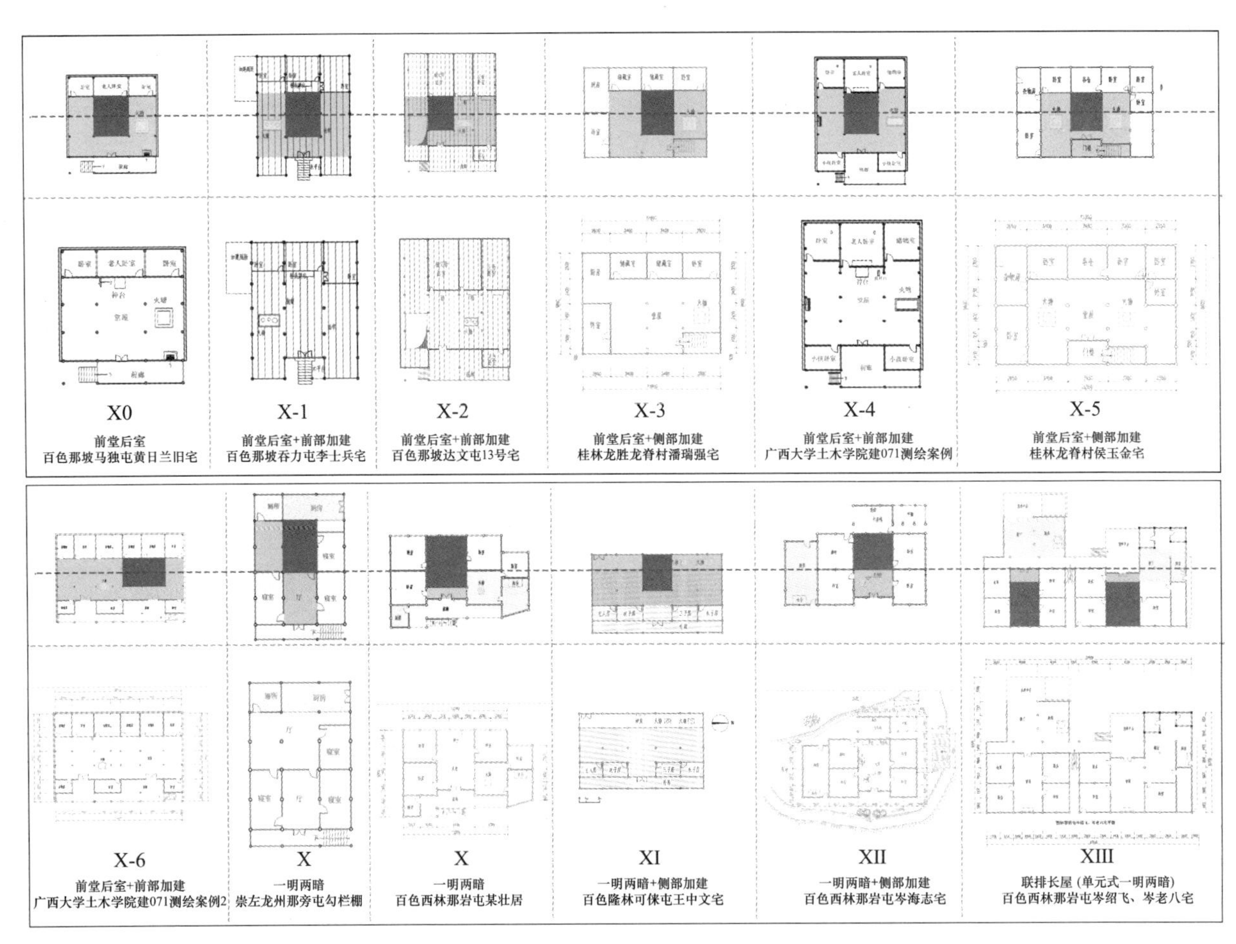

图 7　桂西分区壮族家屋平面格局历时性变化梳理[2]

20 世纪 50 年代以前，壮族倾向于大家庭聚居的居住模式，所以会在家屋内部设置大小火塘（如 X-5 和 XⅠ），火塘间位置位于堂屋两侧的次间，由于壮族地区普遍有以东面为尊的传统，一般东面的火塘是主火塘，西面的是次火塘。分家后，老人使用西面的火塘，年轻人使用东面的火塘。20 世纪 50 年代以后，多数采用小家庭聚居模式，新建家屋中火塘多数只做一个，但在部分多民族杂居地区，壮族借鉴苗侗等其他民族的居住模式，会出现以小家庭为居住单元组合成大家庭聚居的模式，并开始将火塘从堂屋中分离出来。

再往后的演化过程中，原本位于堂屋两侧的火塘被移至堂屋后部，甚至有堂屋两侧火塘废弃，而在主体房屋两侧有加建厨房代替火塘的现象，厨房的引入改变了原本围绕火塘为中心就餐的生活习性。受到汉文化的影响，“前堂后室”的初始家屋平面格局开始逐步向“一明两暗”的汉地民居平面格局转变。

（2）桂中分区

如图 8 所示，桂中分区是家屋平面次生形态及次生亚

1　主要指桂西北、桂西及桂西南地区，地区划分参考文献[3]。

2　改绘自文献[3,8-10]。

体形态最为丰富的区域，包含了数量众多的亚态干栏建筑文化，也是干栏地面化发生发展的主要地区。同时，桂中也是受到汉化地居原生形态直接影响的区域，其干栏形制既保留着干栏建筑要求的建构逻辑，同时又遵守着汉化地居的形制规则。在桂中分区，火塘并不作为家屋精神空间的存在，更多扮演的是“自然仪式”的承载者。所以，在往后的不断演变中，火塘的重要性逐渐被削弱，并逐步被厨房取代。

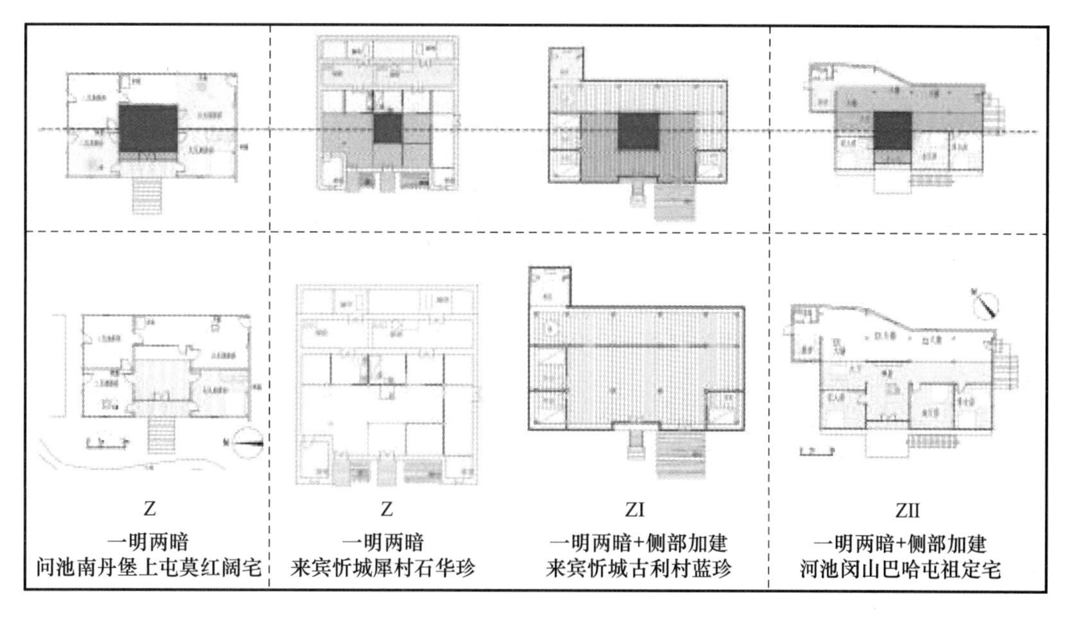

图8　桂中分区壮族家屋平面格局历时性变化梳理[1]

（3）桂东分区

在汉文化强势地区，如桂东北、桂东、桂东南等地，当地壮民广泛采用汉族民居形式，其建筑形制已完全汉化，与当地汉族民居无异。如图9所示汉化地居以建筑围合天井形成的“进”为三间两廊基本原生形态，在平面空间上进行横向或纵向叠加扩大居住面积以实现大家族聚居，如“D0”通过天井拼接两个相同的基本单元形成“D－1”。

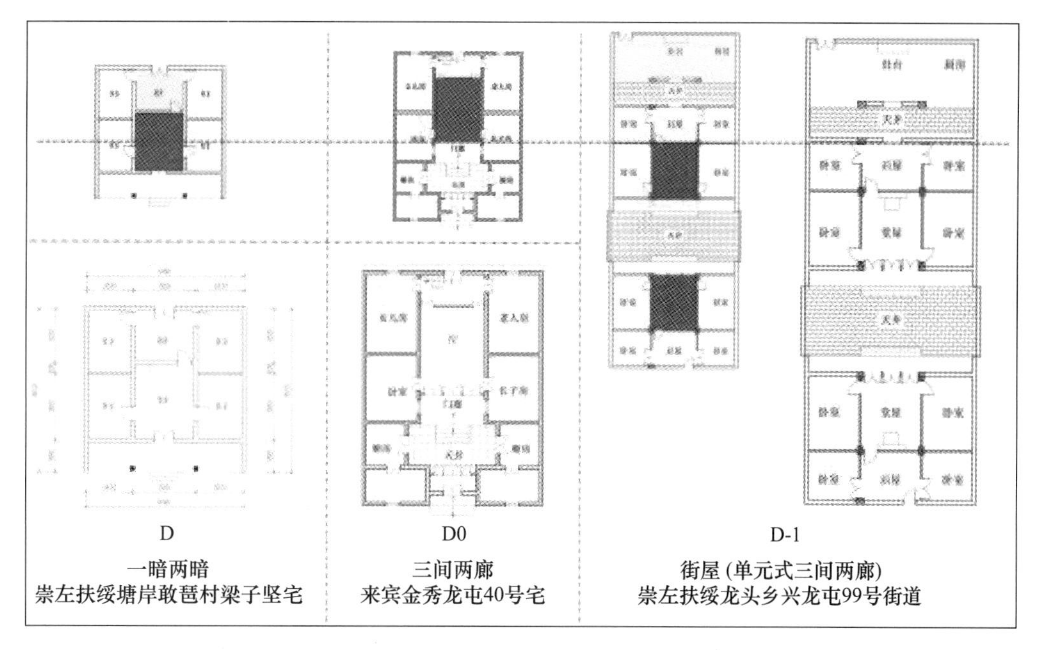

图9　桂东分区壮族家屋平面格局历时性变化梳理[1]

1　改绘自文献[3,8-10]。

在桂东分区，堂屋完完全全成为家屋唯一的精神空间与祭祀空间，并多冠以“厅堂”称谓。与此同时，厨房取代了传统的火塘，通常设置在天井两侧的辅助性用房或厅堂后侧的空地，并以天井做分隔，火塘在家庭精神寄托中不再扮演任何角色。

（4）桂北分区

如图 10 所示，桂北地区是壮、侗、瑶、苗、汉等多种民族的聚居地，这些民族延续了百越文化的特点，又有着各自民族的文化传统、宗教信仰和生活习性，相互影响，相互融合。桂北壮族家屋也相应受到这些民族建筑文化的影响，特别是火塘与堂屋的形制相互借鉴与参考。相较于桂北其他民族的一个单元布置一个火塘的思路，壮民一般不采用小家庭模式，通常一栋房屋由一个家庭的几对夫妻居住，一对夫妻使用一个火塘，卧室紧靠火塘，形成以火塘为小中心的“单元式”空间布局。

如图 11 所示，在多种的外在驱动和内在动机共同作用下，壮族家屋平面最终形成了自己独特的格局演变发展谱系。

五、从“中心型”到“去中心化”的外在驱动与内在动机

1. 外在驱动

壮族家屋“去中心化”的变化趋势是技术进步打破传统材料的限制，以及多重文化下强势文化与弱势文化相互制衡的结果。有学者曾说：“任何时代的文化都在不断变迁，任何文化变迁都是传统之‘旧’、现实之‘新’以及在有条件的时候加上外来之‘异’——三者激荡之结果。传统、现实、外来这三者形成层叠、交融、并列，方能产生当下的文化。”[12]

同时，“去中心化”的强化与个体意识的觉醒也不可分割。当代，传播方式的转变导致原本信息从围绕地缘性外部空间到家屋内部火塘与堂屋的传统传播路径被打破，无序性与无向性的虚拟空间传播成为主要方式。在新的传播环境下，由于技术对普通用户的赋权，使得传播环境中每个节点都具有高度自治的特征，节点对中心的依赖程度降低，甚至能够脱离所谓的“中心”[13]。人类在网络社会中的存在方式改变了生产方式，人类思维方式也随之发生改变，人类思维开始从单一、直接、线性思维逐步向复杂、分散、网络思维转变，个体公民意识的思想基础由此产生。

2. 内在动机

在历史进程中，家屋内个体轨迹的改变导致了“自然仪式”的多元选择和“正式仪式”的场所转变；在社会发展进程中，政策、经济等外部因素促使个体行径轨迹的变化，引发家庭仪式的改变，最终导致家屋空间模式的变迁；不论是“自然仪式”还是“正式仪式”，作为家庭仪式的参与者，既是受传者又是传播者，在仪式中传授的边界被打破，家屋空间展演的人观与位序也被重塑。

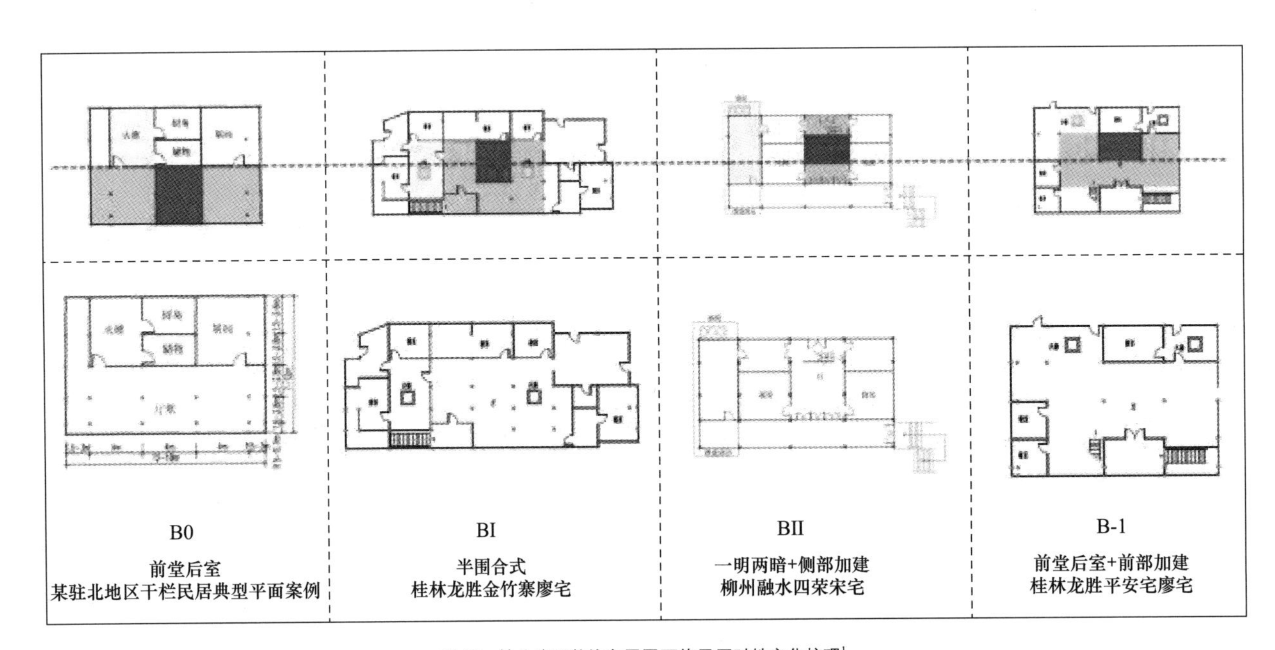

图 10　桂北分区壮族家屋平面格局历时性变化梳理[1]

1　改绘自文献[3,8-9,11]。

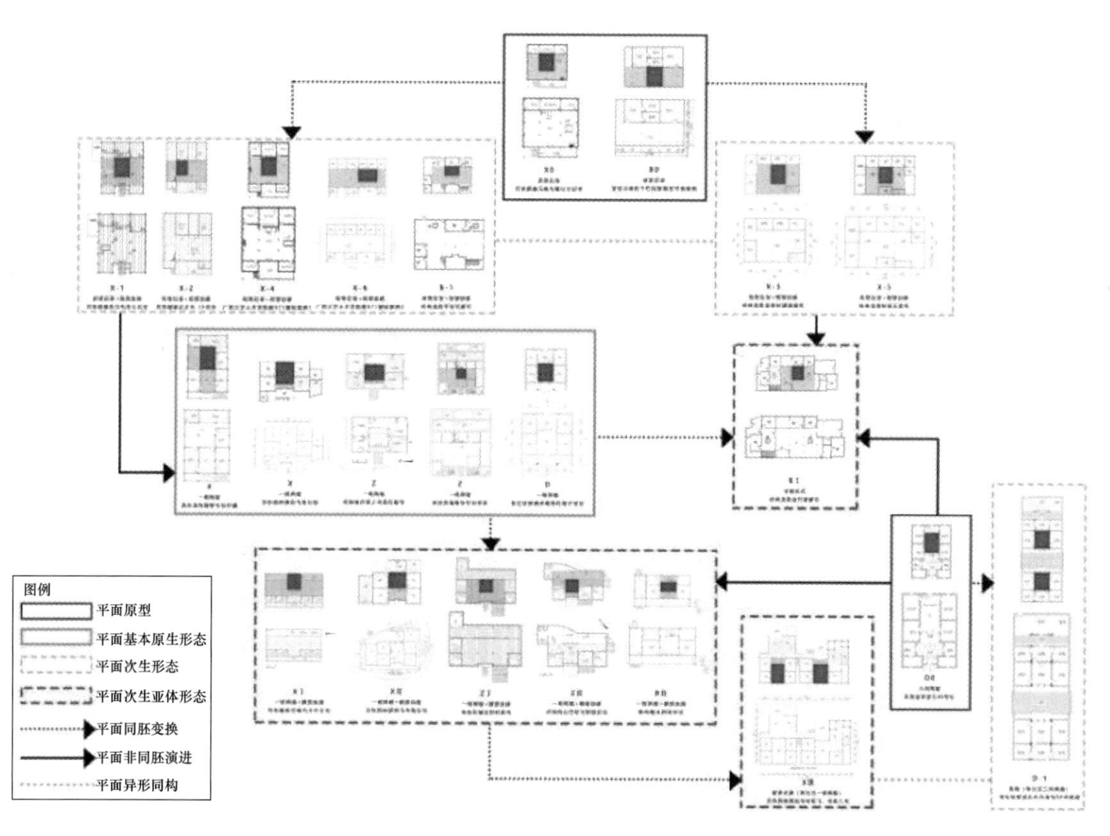

图11　壮族家屋平面格局演变发展谱系图[1]

六、 结语

对火塘与堂屋的既有研究不乏有将其视为探寻族群文化认知与建构容器的认识，而事实上这种单一空间研究有着阉割其文化空间整体性与互动性的弊端，特别是在商品、信息与资本流动的全球化背景下，处于杂居状态的族群研究难以在文化本位中复原其文化生态[14]。新的传播语境下，作为传统生活方式的空间留存需要从新的角度进行转变与解读，更多基于文化本位去思考当下场景生活中“中心”与“边缘”在传播中的所指。

参考文献

［1］邓昕．被遮蔽的情感之维：兰德尔·柯林斯互动仪式链理论诠释［J］．新闻界，2020（8）：40-47+95. DOI：10. 15897/j. cnki. cn51-1046/g2. 2020. 08. 005.

［2］赵晓梅．桑江流域火塘与堂屋空间格局变迁研究［J］．广西民族大学学报（哲学社会科学版），2020，42（4）：29-36.

［3］赵冶．广西壮族传统聚落及民居研究［D］．广州：华南理工大学，2012.

［4］VUYOSEVICH R D. Semper and Two American Glass Houses［J］．Reflections，1991：8.

［5］冯智明．桂西高山汉人的家屋观念及其建构［J］．文化遗产，2022（1）：105-113.

［6］赵晓梅．家先祭祀与空间变迁——桂北苗瑶家屋二柱象征意义的获得［J］．建筑学报，2020（6）：16-21. DOI：10. 19819/j. cnki. ISSN0529-1399. 202006004.

［7］巨浪，宗喀·漾正冈布．火塘衰落与客厅兴起：嘉绒家屋中神圣空间的分化现象探析［J］．建筑学报，2020（7）：26-30. DOI：10. 19819/j. cnki. ISSN0529-1399. 202007005.

［8］石郝．中国南方干栏及其变迁研究［D］．广州：华南理工大学，2013.

［9］熊伟．广西传统乡土建筑文化研究［D］．广州：华南理工大学，2012.

［10］刘祥学．壮族地区人地关系过程中的环境适应研究［D］．上海：复旦大学，2008.

［11］韦钰琪．桂北传统干栏民居空间更新研究［D］．南宁：广西大学，2018

［12］朱炳祥．“文化叠合”与“文化还原”［J］．广西民族学院学报（哲学社会科学版），2000（6）：2-7.

［13］刘康．“去中心化—再中心化”传播环境下主流意识形态话语权面临的双重困境及建构路径［J］．中国青年研究，2019（5）：102-109. DOI：10. 19633/j. cnki. 11-2579/d. 2019. 0086.

［14］谢菲．“火房”与“堂屋”：花瑶空间秩序认知、建构与转化——基于湖南隆回县虎形山瑶族自治乡崇木凼村的考察［J］．原生态民族文化学刊，2018，10（3）：151-156.

佛教建筑壁画中钩阑形制特征研究
——以文殊山东万佛洞《弥勒上生经变》为例

曹世博[1]

摘　要： 钩阑是建筑中与人关系最为密切的构件，其形制的变迁、艺术形式的产生都暗含着丰富的时代特征及社会审美，本文从文殊山东万佛洞《弥勒上生经变》中的钩阑出发，对其形制功能做具体研究，同时采用建筑图像类型学的研究方法，对唐至西夏间佛教建筑壁画中钩阑的发展轨迹、形制特征做出系统的研究分析，并尝试使用建筑构件对佛教建筑壁画进行断代分析，有助于文殊山石窟及民族建筑的进一步研究。

关键词： 文殊山；钩阑；建筑图像类型学；民族建筑

钩阑即栏杆。关于“钩阑”一词，在汉代字书《说文解字》中便有提及“阑，门遮也”“干，犯也”。“阑干”便是钩阑的别称，由此可以得知，最初的“阑干”便是以简易的形式设置在建筑物之外，用以防止或是抵挡外界的冲犯，其实早在周代的铜器上，我们就可以看到在门前有矮小的像坐凳栏杆的东西，在礼器座上也有类似汉明器上的栏杆的东西。随着时代的推移，钩阑也逐渐成为了人最直接接触的建筑构件，中国古时的文人墨客便一直有“凭栏远眺”的做法，发展到宋代，钩阑已经成为了建筑中极为重要的组成部分。

一、以佛教建筑壁画作为建筑构件形制研究基础的依据

佛教对于中国文化的影响可谓源远流长，建筑艺术、石窟艺术、书法艺术等都与佛法佛理有着密切关系。佛教的盛行，为美术绘画提供了新的题材，佛教建筑壁画也成为画家展示才华、写实记录的新方向。由于皇家的推崇以及民间的广泛信仰，许多技艺不凡的画师，甚至是文人画师，都投身于佛教主题的创作，为我们留下了珍贵的研究资料。其中关于佛教寺院建筑的内容，成为了研究中国佛教寺院建筑乃至于中国古建筑的重要途径。正如梁思成先生在《中国的佛教建筑》一文中所说：“我们对于唐末五代以上木构建筑形象方面的知识是异常贫乏的……所赖的主要史料就是敦煌壁画。”[1]

二、文殊山万佛洞壁画概述及其历史地位

1. 文殊山石窟概述

文殊山石窟位于甘肃省肃南裕固族自治县祁丰藏族乡，始建于北凉时期（401—433年），是一处规模较大的佛教石窟群。洞窟依山势开凿于文殊山前山和后山的崖壁上，分布于南北1.5千米、东西2.5千米的范围内。现存窟龛100多个，其中有早期中心柱窟8座，禅窟1座，窟前寺院遗址28处。现存较重要的洞窟有前山千佛洞、万佛洞、后山古佛洞和千佛洞等，均为穹隆顶、平面近方形的中心柱窟[2]。

右壁（东壁）全壁绘《弥勒上生经》（全称为《弥勒

1　江苏建筑职业技术学院，专业主任，22100，772678874@qq.com。

上生兜率天经》）经变画（以下简称为《经变》）（图1），其下部靠近地面处绘5方佛画，左起第一幅为《贤愚经变·尸毗王本生》，第二幅为《贤愚经·须提品》中的《割肉贸鸽》情节，第三幅为《海神问船人》情节，第四幅为《波斯匿王金刚女》，第五幅为《萨太子本生》。在《经变》图左、右下侧各绘《太子须大拿经》中以施舍为内容的佛画一方[3]。

图1 《弥勒上生经》经变画

2. 文殊山万佛洞的历史地位及研究存疑

对文殊山石窟的研究可以追溯到1954年史岩先生亲临文殊山石窟并发表的《酒泉文殊山的石窟寺院遗迹》一文。文殊山石窟在古代建筑画及佛教艺术等的研究领域都具有极高的地位和代表性，在一定程度上甚至可以与敦煌莫高窟中所展现的壁画相媲美，实为我国艺术研究领域中的一颗明珠。

但对于文殊山石窟及其中所绘壁画的断代研究，学界始终没有统一的定论，仅对于文殊山万佛洞东壁《经变》图就有许多不同的见解。综合现有的研究，其断代主要集中在西夏、元、明，且所考依据主要集中为壁画中的人物形象衣着、建筑形式、《经变》内容、历史记载这四个方面，本文将收集新的依据，着眼于《经变》图中所绘建筑构件——钩阑，结合所绘钩阑的形式进行断代佐证，并对其所展现的功能属性及艺术特征进行研究论述。

三、《经变》图中所绘钩阑的做法及复原研究

钩阑做法一般都是由横向构件与纵向构件插接而成，形成坚固的统一整体，围挡在建筑周围，用以防止人从高处跌落或是限定空间，横向构件主要为寻杖、盆唇、地栿，纵向构件有望柱、蜀柱、瘿项、华板等。这种组合方式从东汉开始，一直沿用至清，未有大的改变。

1.《经变》图中钩阑的类别及功能性

钩阑作为建筑外围重要的功能性构件，在与人相伴的漫长过程中成为了人身体以及心理上的双重依靠，既能阻隔危险，又能凭栏远眺或是感时抒怀，还能彰显权力威严，体现皇家等级，而绘制在佛教壁画中的钩阑表达出的又是完全不同的另一幅场景了以《经变》图为例，画家通过细腻写实的手法呈现出了四种不同功能性的钩阑。

第一种位于《经变》图中最下部的城垣之上，钩阑整体分为三段，皆笔直地区分开了下部城垣以及上部楼阁，望柱随补间铺作布置，密且对称，华板上刻隋唐五代时期常用的“勾片纹”，配合城垣的广阔高耸以及楼阁连廊的笔直庄重，使整个场景庄严肃穆了起来，反映出供奉侍者前往天宫听法通过天宫城垣时的严肃内心（图2）。

图2 勾片纹钩阑

第二种的应用面积最广，位于《经变》图中下部的水中平台及两侧阁楼，平台上众多供养人物、舞伎以及持箜篌、琵琶的十二神乐伎，或坐或立，排列成数排散布其中，平台用钩阑围合，明确了平台与水及石桥的空间关系。同时，华板上应用了工艺较为复杂的“套环纹”，使钩阑显得轻快而华丽，并能与平台上舞乐起伏、祥和欢快的氛围相呼应（图3）。

图3 套环纹钩阑

第三种位于正殿及其两侧连廊，弥勒菩萨结跏趺坐于正殿正中的莲花座上，在其面前便横亘着一排钩阑，加之钩阑下做须弥座，将正殿与外部庭院分割开来，有了很明显的对比，并通过跪拜姿势、面朝方向等人物造型手法，表达出了图中的尊卑等级概念。

在《营造法式》中有着明确规定，在台阶转角处钩阑应设望柱作“合角造”，但是《经变》图中仅在台阶下部位钩阑处设望柱，须弥座上的钩阑则没有，仍然采用了“绞角造”的做法，推断原因有两点：一是为了避免因设立望柱破坏了钩阑在视觉上的连续性，而削弱了主殿与外部

庭院的分隔感；二是为了突出表现正殿中弥勒菩萨的形象，不宜在同一水平线上再设置较高的构件；三是此处钩阑所用华板为“菱形龟背纹”，装饰最为烦琐，工艺最为复杂，用以搭配正殿的建筑等级（图4）。

图4 菱形龟背纹钩阑

第四种位于《经变》图的最上部阁楼平台及两侧长廊，整个平台呈现出“凸”字形，上立四身人物均手持笏板，相对侍立。钩阑作围合状，区分了空间及画面前后关系，钩阑华板上用较为简单的“竖密纹”，契合建筑等级并且强化了阁楼的竖向关系（图5）。

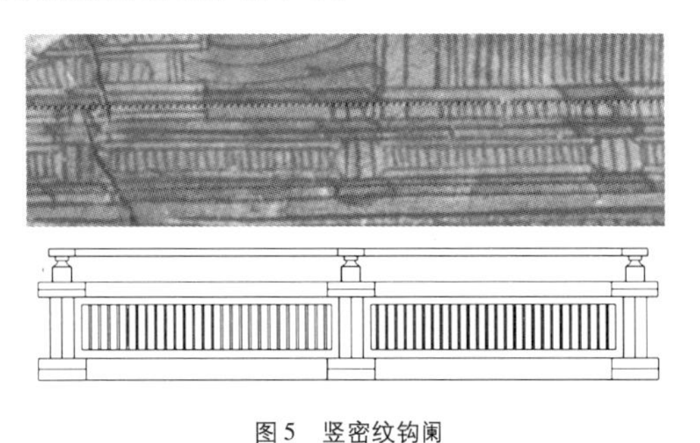

图5 竖密纹钩阑

2. 色彩及材质复原

《经变》图中，在钩阑各构件的接头处都包裹了用以连接的构件，颜色较图中寻杖朱色更深，或为施漆的金属片。望柱柱身施浅色或是所用石材、白玉本色，望柱柱头雕饰处色彩略深，为深朱色。寻杖、瘿项、蜀柱、盆唇、地栿均为朱色，华板施浅色并做深线，应是表达华板纹样为雕作纹样，并未镂空。色彩的使用起到了区分构件、显示结构的作用，总体效果华丽而和谐（图6）。

图6 《经变》图中钩阑色彩及材质复原

构件接合部用金属片包裹的做法，既是固结构件的需要，同木材也因此有了色彩和质感上的对比，有很强的装饰性[4]。这种做法在日本十分盛行，甚至木材本身全不做刷饰，以质朴的木材本色和闪闪发亮的白铜片对比，精致而又质朴。不同的是，《经变》图中的木材和金属片均施以彩漆，可能是用以表达《经变》中富丽繁华的场景和氛围。

四、 基于建筑图像类型学的佛教壁画中钩阑的发展轨迹

通过对唐、五代、宋、西夏等时期佛教建筑壁画的取样分析，共收集了52份样本（其中初唐16幅、盛唐3幅、中唐10幅、晚唐12幅、五代6幅、宋3幅、西夏2幅），并对其中具有典型特点或是时代特征的钩阑进行了描绘复原。发现钩阑在这一历史时期具备很大程度上的相似性，虽不存在整体或结构上变革式的改进，但在某些构件或是装饰的特征上呈现出了一定的发展轨迹。

1. 佛教壁画中钩阑的图像尺寸

佛国本来就是信仰想象之产物，要表现佛国，就需要有比表现现实生活更多的想象。一幅表现现实人物的画，如果为了强调画中的主题人物而把他画得特别高大，其他的人物画得十分矮小，人们会感到不真实不自然，但佛教壁画中的佛和主要菩萨，比起其他菩萨和伎乐高大得多，人们会认为这是无可非议的。众多的小菩萨和建筑的比例基本符合，有助于人们获得对建筑正确的尺度感。如果没有这么多的小菩萨，那么建筑和如此之大的主尊相比就会显得像是模型或玩具了。所以，在建筑图像类型学的比较中，选取壁画中的小菩萨或是侍奉作为建筑图像之外的参考比例。

通过对唐至宋的52份佛教建筑壁画样本进行简要分析后，对其中具有鲜明时代特点并且能够进行参考比较的9份样本进行了描绘复原（图7）。通过与同图像中的小菩萨或是侍奉进行了比较后发现，样本高度比例主要为0.25。《宋史》中有记载“嘉祐二年复定等仗，自上四军至武肃、忠靖皆五尺已上，差以寸分而视其奉钱：一千者以五尺八寸[1]、……不给奉钱者，以五尺二寸或下五寸七指、八指为等。”由此可知，宋代征兵最低身高标准为五尺二寸，即164.74cm。若以此推算，样本中钩阑高度仅为49.4cm，显然是不合乎功能或是要求高度的，并且宋代《营造法式》中对钩阑的高度尺寸作出了明确的规定，即“造楼阁殿亭钩阑之制有二：一曰重台钩阑，高四尺至四尺五寸；二曰单钩阑，高三尺至三尺六寸。”据此可知，样本中的单钩阑高度应为95.04～114.05cm。

---

1 1尺约为33.33cm，1寸约为3.33cm。

图 7　钩阑与主佛及侍奉高度比较

为何佛教壁画中钩阑的图像高度距实际标准降低了如此之多？在重新分析了样本图像后总结了两种原因。首先，唐至宋的佛教建筑壁画在正投影和透视画法两个方面都有所运用，使用最多的是透视画法，画面呈左右对称，主尊及主殿位于图像中心，为了进一步凸显中心图像，画师会有意地将主殿放大，将其他建筑组团略微缩小，以达到统率全局、整合画面的目的，正如山水画那样，“主峰最宜高耸，客山须是奔趋”（传唐 · 王维《山水诀》）。同时，压低建筑底部，升高建筑顶部，使其中部被拉长，建筑就能显得高耸雄伟。于是在这些过程中，位于建筑底部或是偏殿、亭阁的钩阑就被“人为”地缩小了尺寸。其次，由于当时透视画法的使用还相对稚嫩，画师在绘制大空间（如水上平台）时，并不能完整地表达空间，空间的远边总是显得紧张局促，所以这一阶段图像中的人物多用坐姿，使空间与人物对比时能尽量更显宽阔，而又因为坐姿使人物高度降低，所以将环绕在空间周围的钩阑高度降低，以尽可能地表达人物与空间关系。

2. 佛教壁画中钩阑的连接及装饰结构

隋唐时期是建筑与艺术的高度繁荣及成熟时期，钩阑的连接结构也基本上趋于稳定。不论“单钩阑”还是“重台钩阑”都采用柱梁式结构，但在构件接合部的做法上产生了些许变化。构件接合部用金属片包裹的做法在隋唐时便已盛行，在敦煌壁画中就有很好的体现，此做法在最初时只应用在了盆唇、地栿与蜀柱的接合部位上，并施以铆钉加固，寻杖上并不采用，仅以蜀柱小斗上承寻杖。

到了中唐时期，在望柱的侧面紧贴着一条蜀柱和瘿项的做法开始普遍使用，寻杖与瘿项的接合部也开始采用金釭包裹的做法，并且由于建造技艺的提高和对整体美感的进一步要求，金釭上逐渐不再使用铆钉加固，闪亮完整的金釭具备更强的装饰性（表 1）。这一时期的钩阑在结构稳固及美感协调上都达到了顶峰，深远地影响了广大地域以及后世的建筑审美。

表 1　寻杖与瘿项接合方式变化

朝代	图像	复原	寻杖与瘿项接合方式
初唐			瘿项托承
晚唐			金釭

唐代佛教绘画中的钩阑还有一个颇具佛教特色的装饰特点，就是常在蜀柱与寻杖连接点之上置宝珠或莲花，与望柱头的形式相呼应。这一做法，可能是五代及两宋时期“葱台钉”的先声（图 8）。

《营造法式》中并未阐明“葱台钉”的用法，但记载了“葱台钉”的尺度——“钩阑上葱台钉高五寸，径一寸”“盖葱台钉筒字（子）高六寸”，与五代两宋绘画中常见的云拱与寻杖连接处的长钉尺度大致吻合，可能是兼具节点加固和装饰作用的做法[4]。相似的做法还出现在寻杖转角的交接处，在敦煌第 172 窟北壁《观无量寿经变》中，就出现了寻杖采用“绞角造”，但在转角蜀柱上方也就是两根寻杖的交叉处设置了宝珠的做法，此法应可视为“葱台钉”的一种变种。另外，此幅《观无量寿经变》中同时出现了寻杖的三种连接方式——绞角造、“葱台钉”、合角造，更加佐证了唐代属于钩阑寻杖连接方式的一个过渡阶段的观点。显而易见的是，寻杖上设置“葱台钉”有碍凭栏者的安全，因此在宋代以后便消失了。

3. 佛教壁画中钩阑的复杂化及纹样发展

唐宋时期的钩阑实物留存至今者甚少，现有的少量零散构件遗存亦属于较低的等级。然而，通过佛教建筑壁画或是《营造法式》，我们可以了解到当时钩阑的精致化与复杂化，其主要体现在不改变各部结构的情况下，各构件可选择的雕刻纹样非常丰富。如《营造法式》中记录的雕刻方式“起突卷叶华”便可施于钩阑中的寻杖头、华板等处，“卷叶华之制有三品：一曰海石榴华；二曰宝牙华；三曰宝相华。每一叶之上，三卷者为上，两卷者次之，一卷者又次之。以上并施之于梁、额……寻杖头……及华板。”，亦或是望柱头可选的样式，从复杂的龙、凤、狮子、菩萨、仙人到简单的胡桃子、海石榴头，共有 39 种之多。不同做法随宜搭配，便产生无穷的变化，故当时的钩阑图像极少有雷同[5]。

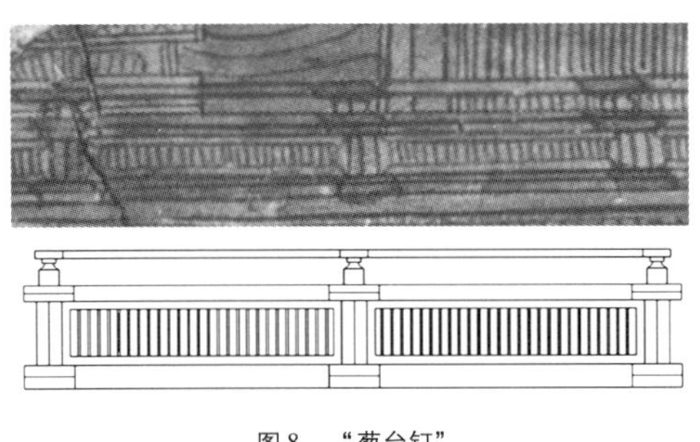

图 8 “葱台钉”

在佛教建筑壁画的建筑图像类型学分析中，从唐至宋的钩阑纹样单独来看呈现出复杂化的轨迹，各式纹样、各处雕琢都更加丰富且具有时代、地域、民族特色。但就整体而言，由于透视画法的发展以及审美情趣的不断进步，佛教壁画尤其是佛教建筑壁画，图像内容更倾向于创作大场景、建筑群，且这段时期对佛祖、人物的形象创作也是高速发展的时期，画师们更多地将注意力集中在对场景、人物的刻画，对建筑构件的表现自然减弱不少，所绘纹样雕琢便也倾向简明，几笔勾勒。

五、 基于建筑图像类型学的断代分析

通过对各个时期佛教建筑壁画中钩阑典型形制的特征进行统计（表 2），并将文殊山万佛洞《经变》图中的钩阑特征进行纵向比较，从中提取相似特征，进行断代分析。

表 2 唐至西夏各时期钩阑典型形制特征统计

序号	时期	窟	壁画	寻杖交接方式	寻杖断面形状	华板组合方式	构件连接方式	望柱内侧有无蜀柱、瘿项	葱台钉	施漆位置	望柱柱身雕刻	纹样
1	初唐	329	弥勒经变	合角	方	相同	拼接	无	有	望柱柱头（深）、华板	无	复杂
2	盛唐	148	观无量寿经变	合角	方	间隔不同	金釭	有	有	望柱柱头（深）、华板	简单	简单
3	中唐	158	金光明经变	合角	圆	纹样相同，色彩不同	金釭	有	有	望柱柱头（深）、华板	简单	简单
4	晚唐	156	思益梵天问经变	合角	圆	无纹样，色彩不同	金釭	有	无	望柱柱头（深）、华板	无	简单
5	五代	61	药师经变	合角	圆	间隔不同	金釭（深）	有	有	望柱柱头（深）、华板	无	简单
6	宋	55	观音经变	合角	圆	间隔不同	金釭	有	有	望柱柱头（深）、华板	无	简单
7	西夏	418	药师佛	合角	方	间隔不同	金釭	有	有	华板	无	简单
8	存疑	文殊山	《经变》图	绞角	方	相同	金釭（深）	无	无	望柱柱头（深）	无	简单

根据各时期特征对比分析，文殊山《经变》图并没有明显的沿袭轨迹，也未符合某个时期的典型制式，根据选用深色金釭用以构件连接，可推断《经变》图是五代之后的产物，同时对比宋代佛教建筑壁画钩阑寻仗皆为圆混（圆形断面），更将《经变》图的时代可能性缩小到西夏时期。

由于西夏时期的特殊性，其前期和辽、北宋并立，后期与金朝并立，在文化、艺术审美方面，西夏多崇唐宋，在许多方面都有借鉴，其艺术的形成也曾受到唐宋、回鹘、吐蕃，乃至瓜沙地方曹氏艺术的交互影响，所以其时代特征并不明显，应是属于对唐宋及其他地方艺术的杂用。这便也能解释为何《经变》图并没有明显的沿袭轨迹。

六、 结语

唐宋时期是佛教建筑壁画高度发展的时期，时人采用界画的画法更是有着“折算无亏”的美誉，本文对唐宋佛教建筑壁画中的钩阑做了一定的整理研究，对钩阑形式的

取样真实客观，其装饰性、艺术性及对当时建筑的写实表达都为后世的研究提供了丰富翔实的资料。在对钩阑这一细部构件的研究中，发现各个时期的所谓“典型制式”也都蕴含着一定的变迁轨迹，反映了不同时期的建筑属性、绘画技巧以及审美倾向，并且也能为佛教建筑壁画的断代提供依据。

参考文献

［1］梁思成．中国的佛教建筑［J］．清华大学学报（自然科学版），1961（2）：51-74.

［2］李甜．文殊山石窟研究的回顾与展望［J］．石河子大学学报（哲学社会科学版），2017，31（1）：29-37.

［3］施爱民．文殊山石窟万佛洞西夏壁画［J］．文物世界，2003（1）：57-59.

［4］沈芳漪．辽宋金元建筑中的栏杆形制与装饰研究［D］．杭州：浙江大学，2019.

［5］李路珂．内外之间，即景生情——中国古代建筑、文学与艺术中的栏杆［J］．世界建筑，2018（9）：18-23+120.

陈家桅杆民居建筑装饰纹样的儒释道文化释义

李王玥[1]　凌　霞[2]

摘　要： 陈家桅杆民居建筑是保存完整的晚清川西民居典范，地处都江堰核心灌溉区，受四川深厚的道家文化熏陶，其空间布局、建筑形制和装饰都体现了儒释道文化的交融与共生，其中道家思想影响更为深刻，形成了独特的建筑语言。通过对建筑装饰纹样的分析，解读其蕴含的文化内涵，对弘扬中国传统建筑文化具有重要的理论意义。

关键词： 建筑装饰纹样；儒释道；蜀学；川西民居；陈家桅杆

一、 引言

建筑是文化的物质载体，承载着人类、社会、自然与建筑之间的互动信息。建筑文化凝聚了人类对社会习俗、意识形态、伦理道德和技术水平的整体认知，反映了不同地域和民族的文化模式，体现了文化多样性。民居是社会的综合文化体现，向人们传递着特定历史人文背景下的文化信息，反映了特定社会历史环境中人们的精神需求。

陈家桅杆民居建筑是保存完整的晚清川西民居典范，地处都江堰核心灌溉区，受四川深厚的道家文化熏陶，其空间布局、建筑形制和装饰都体现了儒释道文化的交融与共生，其中道家思想影响更为深刻，形成了独特的建筑语言。该建筑不仅是地域文化的外在表现形式，也体现了建造者的文化素养与审美追求。

二、 桅杆——功名赋予宅制的象征

陈家桅杆是由陈宗典修建，位于成都市温江区寿安乡，是现存较为完好的清代川西宅院，是集住宅、宗祠、园林、书院于一体的林盘建筑，这种建筑主要分布于川西农村地区。陈家桅杆既遵循传统宅制的规范，又融入了蜀地特有的“天高皇帝远”的逾制思想。这些宅院的选址深受风水理念、农耕文化以及隐逸文化的影响，体现了当地的文化特色和生活方式。其空间布局受儒家礼制影响和社会等级制约，呈现坐西朝东、以院落为中心进行扩展、由轴线控制空间组织的特征。同时，其建筑装饰题材丰富，技艺精湛，令人赞叹。

陈家桅杆的名称来源于宅院大门两侧竖立的双重斗形华表，即“桅杆”。在中国封建社会科举制度中，这种桅杆是朝廷赐予有功之人的一种荣耀，同时也是清代功名与宅第制度相结合的标志。陈家桅杆门外设置的双斗桅杆，每根石柱上分别悬挂着大小不一的斗形石雕，分别蕴含着“魁星点斗”和“才高八斗”的寓意，分别象征着陈氏家族中父子二人取得的翰林院学士和武举人的官职和学识成就。

陈家桅杆由陈宗典于清同治三年（1864 年）修建，历时八年。陈氏家族祖籍在重庆璧山，翠柏山房中的石刻碑就记录着陈家的三次迁徙和家族兴衰。陈宗典早年在京城为官，官至翰林，其在官场生涯中秉持儒家“兼济天下”理念，受儒家理念的影响，在家中设有书房和祠堂，以及在院外修建双华表，指由科举起家，以表忠诚。而他在成

1　西南民族大学建筑学院研究生在读，611100，13981955463@163.com。
2　西南民族大学教授，611100，993200475@qq.com。

都养老期间，受道教思想的影响，追求出世生活，最终选择在青城山出家。陈家大院的建筑布局设计严谨，同时巧妙地融合了儒家礼仪和道教超然世外的思想，展现出独特的审美风格，反映了陈宗典从入世到出世的追求的转变。

三、 灵活规整的空间布局

陈家桅杆位于都江堰灌溉区，宅院东西走向，被小溪环绕，是典型的川西林盘布局。成都平原气候宜人，地形平坦，水资源丰富，是风水宝地。

传统庭院设计倾向于坐北朝南、背山面水，采用中轴对称的礼制，但陈家桅杆的设计则违反了这些传统规范。由于四川地区夏季炎热，为了避免西晒，选择了东南朝向。四川地区远离都城，文化包容，且修建时期为清中后期，封建住宅制度相对松弛，从而有了更多的创作空间。此外，有学者认为这可能与陈家想通过建筑表达他们的身份背景有关，如“东方”指的是陈家老家重庆璧山县（今璧山区）和皇帝居住的北京。陈家桅杆设计中的创新尝试，也反映了当时社会的变化和使用者的思想，也成为了一种独特的文化符号。

陈家桅杆是一处位于川西地区的古建筑群落，由三个部分组成（图1、图2）。

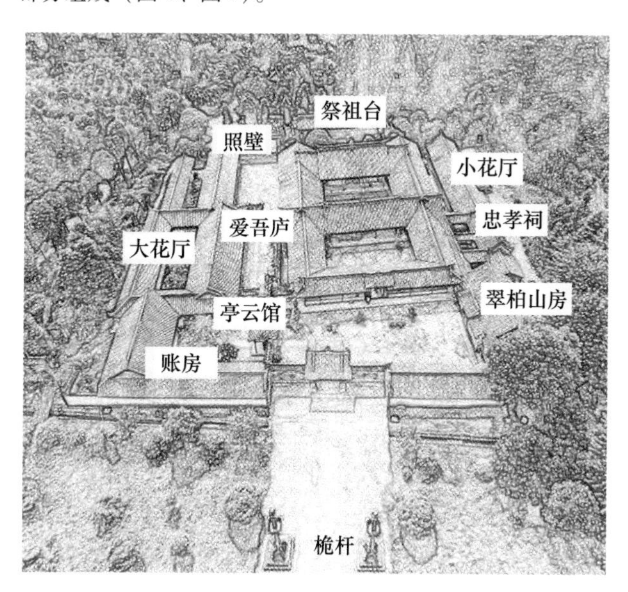

图1　陈家桅杆鸟瞰图

第一部分是三进院的住宅，包括前厅硬山式、二厅悬山式和正房歇山式三个大院，用以作为主人的起居之所。其布局严格按照中轴线设计，不仅体现了庄重和严肃的空间氛围，并且通过院落大小与屋顶等级的递减，清晰地表达了等级和秩序，体现了儒家“礼”的思想。

第二部分是西侧小花厅，分别称为“翠柏山房”和忠孝祠堂，前者布置典雅，供主人传教授业；后者内设有石拱桥和石刻宗谱，用于祭祖。这一区域的院落布局同样呈现出规整的特点，由轴线控制，营造出严肃的氛围。

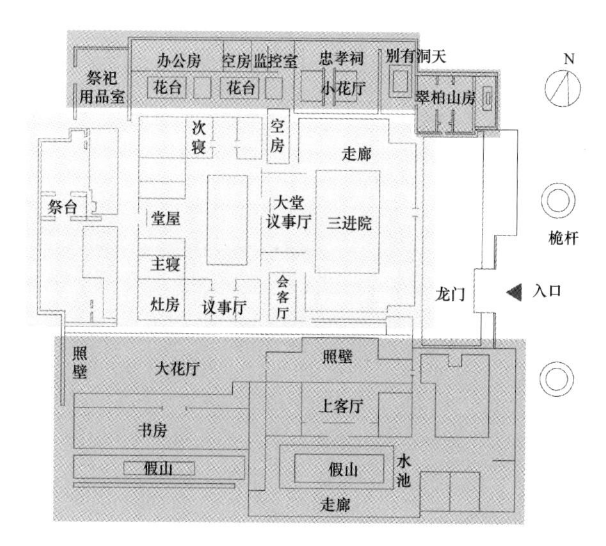

图2　陈家桅杆平面图

第三部分是东侧的大花厅，是整个建筑群中最具有趣味的部分，作为宅主休闲以及接待客人的场所，其院落布局更加灵活和不对称。其内设有影壁、石砌牌坊，青瓦覆盖、雕梁画栋、林竹掩映、曲径环绕，还有亭、阁、水榭、水池和假山等园林建筑。园林中的花木、山石、水井等元素增添了生气和自然美，使得整个空间更加宜人和舒适。这组建筑也是一个独立的“院中院”景观，运用了对景、借景、遮挡等手法，平衡了严谨与活泼之间的关系。

整体来看，陈家桅杆建筑群通过不同的院落布局和空间设计，不仅满足了功能需求，也体现了家族的社会地位和文化追求，是川西传统民居建筑中规整与灵活并存的典范。

四、 蜀学影响下的建筑装饰文化内涵

道教起源于四川，与蜀学共同展现了其包容性和创造力的文化特质。蜀学以巴蜀思想家为代表，融合齐鲁和楚文化，将儒家伦理与道家哲理相结合，并吸收佛教思想，形成了独特的巴蜀思想文化。这种融合了儒释道的哲学思想体现了巴蜀文化的包容性和开放性。

在蜀学文化包容性和开放性的影响下，陈家桅杆的建筑装饰纹样丰富杂糅，同时融合了儒释道的哲学思想，从而体现了深厚的地域文化内涵和宅主对美好生活的向往。这些纹样不仅展示了使用者的艺术审美情趣，也体现了对不同文化元素的融合与创新，也反映了当地的地域文化和思想特征。

1. 道家纹样

四川地区的道教发展历史悠久，在建筑装饰中还有一部分来源于道教中具有特殊意义的符号及事物，如太极八卦、八仙和暗八仙等。这些符号和事物通过谐音、会意和一定的组合来表达不同的寓意和期许。道家文化在中国古建筑艺术中留下了深刻的印记，体现在多种装饰纹样上（图3）。

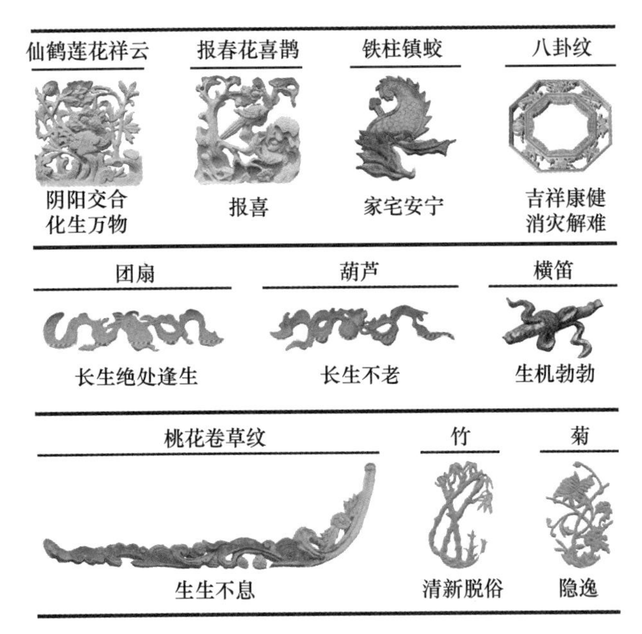

图3　道家寓意建筑纹样

图4　儒家寓意建筑纹样

在明清时期，出现了“纹以载道”的理念，指的是通过纹样来传达中国传统文化的信息和价值观。这种纹样的出现，是在特定的社会背景下，表达中国传统文化认同的一种宇宙观。这种宇宙观强调了人与天地的统一和相互关联，并将这种关系体现在了建筑和物件的装饰上，在陈家桅杆中多用于门窗装饰。例如云纹，尤其是在汉代和明清时期的流行，与升仙思想紧密相关。陈家桅杆建筑中多处使用云纹与其他吉祥纹组合的纹样。又如忠孝祠堂的桥上雕刻着“八仙”和“暗八仙”的纹样。“暗八仙”是指道教传说中的“八仙”，所持的法器，分别是葫芦、团扇、宝剑、莲花、花篮、鱼鼓、横笛和玉板，呈现着“八仙过海，各显其能”的神话故事。在建筑装饰中，“暗八仙”的图案巧妙融入，以隐晦的方式展示，在这里不仅寓意神仙的降临，也表达喜庆吉祥的愿望。

2. 儒家纹样

儒家思想强调伦理道德、仁义礼智信，视“仁”为最高信仰。同时，由于受蜀文化包容开放的影响，儒家思想的仁义礼治还与中庸之道对平衡的追求相结合，进一步影响人的价值观。

在蜀学影响下的儒家文化在建筑装饰中主要表现为以家庭道德观为核心，以人为本，强调仁爱和血缘关系中的礼制，体现人与自然和谐，对陈家的家学理念也产生了影响（图4）。因此，“福禄寿喜”成了陈家桅杆建筑装饰中重要的组成部分。这些纹样创作中，巧妙地融合了儒家价值观，生动地展现了“福禄寿”这一儒家理想人生状态的精髓。如门旁两堵照壁分别为刻有“福”“寿”两字的八字墙。

同时，儒家思想强调“天人合一”，主张人与自然和谐共生。因此，自然界中的花鸟鱼虫常被用来表达人们的内心情感。例如在建筑正脊的装饰中，多出现梅和喜鹊的组合，表达喜上眉梢的寓意；蟠桃，寓意吉祥长寿。儒家注重伦理意识的表达，在正脊上有着鸳鸯纹样代表夫妻和谐、举案齐眉，象征关系和睦；忠孝祠的桥上有凤凰纹样，代表君臣关系。这些纹样的设计体现了儒家文化对中国传统建筑的深远影响，强调了人与自然、人与人之间和谐相处的重要性。

3. 佛家纹样

佛教自传入中国后，便与本土文化融合，形成了具有中国特色的佛家文化。这一体系以缘起论为核心，强调普度众生，倡导宽容与善良，接纳神的存在以及人的轮回观念。与道家追求“道”，认为“道”是宇宙万物的本原，主张顺应自然，超越世俗的束缚，达到“无为而治”有着相同的含义。陈家桅杆的建筑装饰纹样也充分体现了佛、道文化的交融。在大花厅外的景观建筑物上，我们可以看到狮子和卷草纹等佛家元素与道家的八仙、葫芦、仙鹤等纹样相结合。

佛家的许多元素在传统民居的装饰艺术中被广泛采用（图5），如莲花寓意纯洁与重生，宝瓶象征智慧与圆满，金鱼代表活力与安宁，盘长纹饰则体现循环不息和永恒。陈家桅杆建筑装饰中广泛应用的万字流水纹，就源于佛教的吉祥符号，寓意美德和吉祥；宝相花纹，寓意开悟、吉祥和幸福；竹叶纹和水田纹等，寓意节俭。这些纹样表达了宅主对后代追求智慧，懂得节俭等的美好期望。

4. 儒释道纹样融合

陈家桅杆的建筑装饰充满了儒释道文化的糅合，以大花厅门牌“爱吾庐”为例展开分析（图6）。

图5　佛家寓意建筑纹样

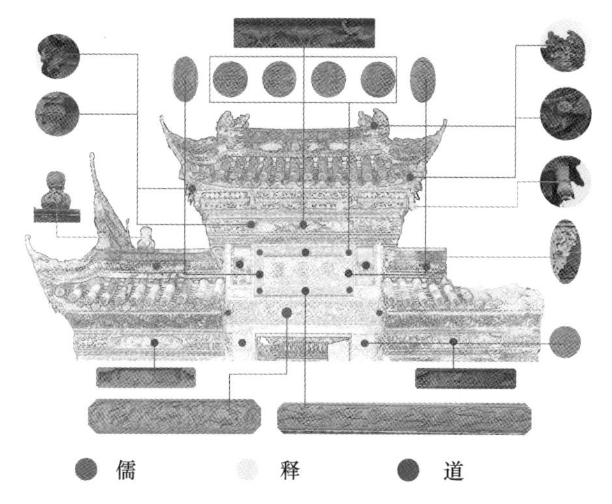

图6　“爱吾庐”建筑纹样分析

儒家元素首先体现在门楣上的鸱吻，既是防火的守护神，又象征着权力与鲤鱼跃龙门的进取精神，表达了宅主期望家人事业有成；额栏上的蝙蝠和麒麟的图案组合，蝙蝠寓意福气和长寿，麒麟则象征吉祥，二者共同祈求家庭幸福，子孙美满；福禄寿喜四字位于正匾的四角，表达了对美好生活的追求，期望生活富足，健康常在。

道家的元素首先体现在小额枋上，“暗八仙”法器的运用，团扇象征团圆，葫芦则寓含多子多福以及平安吉祥，展现了宅主对家庭和睦与平安的向往；正匾的装饰边中，仙鹤祥云代表着阴阳交合，化生万物；侧边的竹子、莲花的组合，寓意着宅主对高雅清逸生活的追求。

佛家元素主要体现在宝瓶垂花柱的莲花装饰中，莲花象征着纯洁与慈悲，而竹叶、水田纹的点缀和卷草纹，都寓含着祝福、吉祥和丰收的寓意；松树山石的雕刻，进一步展现了主人对闲适、淡泊生活的向往。

“爱吾庐”的每一处细节都融入了儒释道文化思想，同时也凝聚了宅主对家庭福祉、成功事业等的美好期许。陈家桅杆的建筑文化在蜀学包容的体系下，融入了儒家的家庭伦理观、道家顺应自然的世界观以及佛家的轮回观，它们相互融合，营造出空灵淡泊、清雅脱俗的空间氛围。这种独特的儒释道文化融合的建筑风格，也从侧面反映了陈家人面对世事的灵活切换，即入世时遵循儒家伦理、出世时寻佛问道的超脱人生哲学。

五、结论

川西地区的民居装饰艺术是当地民俗文化和民间艺术的精华，它紧密地与地域文化特色和社会历史背景相融合，展现出独特的风格和深厚的历史文化底蕴。川西民居的装饰艺术不仅反映了人们的精神追求，也揭示了社会历史环境的影响。其中，陈家桅杆作为川西民居的典型代表，其建筑装饰中蕴含着丰富的文化寓意，展现了儒释道思想的和谐交融。通过对这些装饰纹样的深入分析，我们可以洞察到当时文人、士大夫的审美观念和深层次的精神世界。陈家桅杆的建筑装饰不仅是一种视觉艺术，更是一种文化传承，它将儒释道的哲学思想巧妙地融入建筑细节中，体现了中国传统文化的精神内涵。研究这些装饰纹样，有助于我们更深入地领悟中国传统建筑纹样的艺术魅力和文化内涵。

参考文献

［1］解文峰，沈民秋．陈家桅杆门窗艺术审美价值探析［J］．华中建筑，2023，41（4）：154-157.

［2］马逸初，张晓东，郭奕宏．纹样在中国传统建筑中的文化意蕴及其设计应用——以承德避暑山庄为例［J］．河北经贸大学学报（综合版），2022，22（4）：

［3］苗立坤．晋商大院中建筑构件的装饰艺术与文化内涵研究［D］．北京：北京交通大学，2022.

［4］汪雪婷，曾永富，戚小艺．河下古镇传统民居建筑装饰纹样探析［J］．居舍，2021（34）：34-36.

［5］初楚，马凯，骆婧雯．非物质文化遗产视角下的传统建筑营造技艺探析——以江西省罗田村世大夫第为例［J］．建筑与文化，2019（7）：85-86.

［6］魏益军．四川民居建筑中的道家思想体现［J］．绿色科技，2019，（12）：208-209.

［7］刘茂群．儒道合一的文人建筑——试论寿安陈家大院的文化内涵［J］．文物鉴定与鉴赏，2018（12）：5-9.

［8］万雅欣．川西宅院景观空间特征研究［D］．雅安：四川农业大学，2018.

［9］李本一．浅谈儒释道文化对我国建筑装饰的影响［J］．大众文艺，2013（21）：274.

［10］王文灏．吉祥装饰纹样在中国传统建筑中的应用及其儒家思想内涵探析［J］．民俗研究，2012.

［11］龚静，谭富微，邹祖绪．道家思想与建筑装饰［J］．山西建筑，2005（21）：25-26.

［12］吴庆洲．中国传统建筑文化与儒释道“三教合一”思想［C］//中国建筑学会建筑史学分会．建筑历史与理论第五辑，1993：7.

基于热环境因素分析的川西北嘉绒藏族民居生态智慧研究

巩文斌[1]

摘　要： 川西北嘉绒藏族民居根据本地的气候和地形条件，采用了适应当地恶劣气候的建筑形式，形成了独特的地域特色。本文旨在探讨川西北嘉绒藏族民居形成的地方性因素以及对热环境的影响，通过对民居热环境因素进行分析，揭示了嘉绒藏族民居根据当地实际的气候特征所采取的主要策略，即在一定程度上减少建筑内部的采光性，将保温性作为首要选择，以最大限度地适应当地气候条件。

关键词： 热环境；嘉绒藏族民居；生态智慧；聚落选址；微环境

一、　背景

在四川西北高原上，由于其独特的地理环境、资源条件和气候特点，形成了具有浓厚地域特色的聚落和建筑。嘉绒藏族主要分布在邛崃山以西的大小金川河流域和大渡河流域。嘉绒藏族民居根据当地恶劣的气候和地形条件，主要采用碉房的形式，外墙以石块逐层砌墙，室内用木柱承重，楼板覆盖土层，形成木-石复合的结构方式，具有强大的生存力，以适应恶劣的生存环境。

二、　川西北嘉绒藏族民居形成的地方性因素

1. 自然因素

嘉绒藏族聚居区内多为高山峡谷地貌，地形高差起伏大。该地区阳光照射强烈，昼夜温差明显，植被和气候垂直变化剧烈，夏季多雨，春冬季干旱，年平均蒸发量是降水量的 2 倍以上。此外，区域内经常发生地震、泥石流等自然灾害。嘉绒藏族所处的地域气候条件是影响其聚落形式与生活空间的重要因素，嘉绒藏民在长期实践中，运用当地丰富的天然资源，尊重当地的气候与基地条件，建筑背山向阳，采用厚实的建筑外墙，在背风面减少窗户面积；在建筑内部，采用相对独立但又能够相互连通的组合箱体结构。这种建筑形式与当地的热环境因素相结合，将室内的热量散失降到最低，具有较强的保温与防风效果，能更好地提供安全性、舒适性。

2. 社会因素

社会因素影响着人们态度的形成和改变。嘉绒称为“绒巴”，意为“农区人”，在该地区，农业生产占据主导地位。生产模式影响着建筑的空间结构与类型，在丹巴、马尔康等地的河谷有较小的冲积平原，这些地区的土壤湿润肥沃，形成了多个村寨聚落。村寨大多分布在不同的地方，村民遵循最大限度利用田地的原则：条件良好的土地用作农田，建筑靠近田地，建造在荒芜的土地上。在农田面积小的地方，建筑房屋之间关系紧凑，形成了密集的聚落。

1　西南民族大学建筑学院实验师，610040，360179894@ qq. com。

3. 人文因素

藏族信奉万物有灵，这也影响了嘉绒藏族对于聚落的选址及民居的建筑布局。丹巴的村寨大多面向墨尔多神山，以求平安，反映了对神明的信仰。藏民会在村寨或周边修建佛寺，以满足居民祭拜的精神需求。在当地，人们相信阳光会带来光与热，因此很多藏民都将住宅朝东，以此期望幸福安康。此外，在院门或外墙上常常装饰日月图案，以此希望带来好运。

三、川西北嘉绒藏族民居的热环境因素分析

1. 聚落选址与微环境

嘉绒藏族聚落主要选择在向阳避风、视野良好的山麓山洼下，尤其是被群山环绕且能够挡风的小盆地山台。聚落选址依照地势主要可分为4种，如图1所示。山麓河谷型大多沿缓坡平行于等高线松散分布，各户朝向基本相同，但疏密不同。山腰缓坡型位于山腰较为平坦的台地上，民居沿着陡坡垂直于等高线布置。山间台地型处于半山地带，因地形起伏不平，会将基址选在高半山或山顶坡缓地多的地带。山顶高地型地势险要、防御性强，但交通不方便，水资源也相对匮乏。

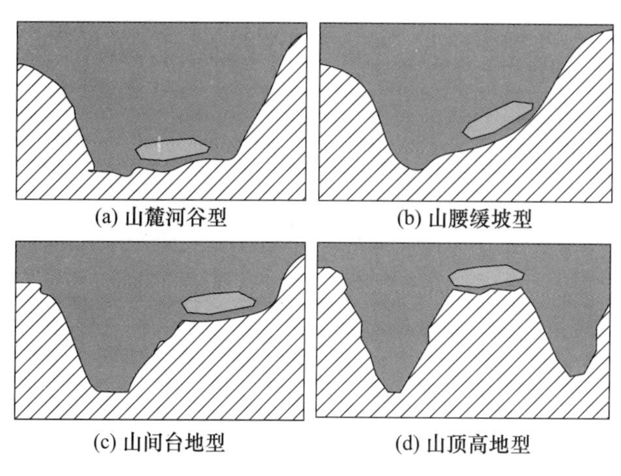

图1　嘉绒藏族聚落选址类型

（来源：作者自绘）

基址微环境涵盖了单个建筑基地周围的地表状况、植被环境和聚落布局等要素，对建筑内部的热环境产生了重要影响。地表状况主要指基地所在地的地貌形态，例如坡地、盆地、山坳或山洼等。嘉绒藏族民居在选择基址时，通常结合山水格局，背山面水、顺应地势逐渐上升，以有效获取向阳处的阳光，减少寒流的侵袭。在植被方面，嘉绒藏族民居通常会选择建在植被茂盛的基址周围，以充分利用周边的林木、农田、草坪和灌木丛来实现湿度调节、遮阳防晒、降噪降温、改善通风等功能。在川西北嘉绒藏族建筑中，根据长期的择址经验和传统建造技术，建筑的热环境能与基地微环境和谐共生，实现自然和生活方式相融合的状态。

2. 整体布局与室内空间

在嘉绒藏族地区，历来都有依山而建、就坡建房的习惯。为了节省耕地，当地居民在建造时采取了密集型、竖向型的方式布局。这种建筑布局方式不会对原始地貌造成太大的破坏，聚落通常只有1～2条山间小路与外界相连，以增强防御。

嘉绒藏族民居的层数通常都在二、三层以上，空间内部以垂直交通为纽带，连接不同的功能空间。从建筑平面上看，房屋的一层通常用以饲养家畜、堆砌柴火杂物及生产用具。二层为生活空间，用作居室、厨房。房屋中心通常为采暖的火塘；厨房是嘉绒藏族村民最常用的活动场所，具有客厅与饭厅的使用功能。第三层设置为晒台和用于宗教活动的功能房间。在建筑外围，往往会增设许多连廊，以增强使用空间和建筑面积。

3. 建筑体型与厚重的围护结构

建筑的体形系数 S 是建筑外露表面的面积 F 与建筑总体积 V 之间的比值，是用来衡量建筑外形对室内热环境影响的一项指标。较小的 S 值通常更有助于控制室内热环境，嘉绒藏族民居的平面布局更接近于正方形，民居形体系数 S 通常在0.3上下或更低的范围内，有利于提高保温效果。

嘉绒藏族民居的整体布局形态呈现出简洁规整的特点（图2），其方整的布局有效地减少了建筑与外界环境的接触面积，从而使得外墙能够更好地抵御风雨和保持隔热性能。同时，建筑采用了厚重的外墙围护结构，在屋顶和围墙上加强保温措施，以封闭的外观挡风或隔热。

民居尽量减少开口的面积，在南面开窗来增加采光面积，解决室内采光通风的问题。在白天，建筑内外受到太阳辐射的能量，使围护结构的表层温度逐渐升高，开始储存热量；到了夜晚，室内开始通过热对流的方式，从围护结构内部储存的热量中释放热能，从而营造更为舒适的热环境。

4. 走廊与采光井的运用

从总体布局与人工调节的角度来看，檐廊、天井空间可以称为“热缓冲空间”。在温差较大的川西北高原地区，在密集布局的聚落中设置采光井，可以解决民居之间的采光通风问题。半开敞的走廊可在阳光或降雨时提供舒适的活动场地，同时避免了立面的单调与封闭，形成建筑与院落之间的过渡灰空间。此外，民居采用升窗与高侧窗方式来通风换气、获取日照。这两种开窗形式有助于排出火塘产生的烟气，能够最大限度地使光线投射到房屋深处，改善室内的封闭感。

图 2　嘉绒藏族民居
（来源：作者自摄）

5. 平屋顶的形态与功能

藏区的降水量较少，建筑的屋顶形式以平顶形式居多。平屋顶位于较高的位置，多个平屋顶退台在冬季吸收大量的太阳辐射，可以改善室内的热环境。平屋顶不仅节约用地、避免山区湿气的影响，还兼有晾晒、交通、眺望等功能，丰富了建筑空间的使用功能。同时，传统的宗教活动功能房间布置在屋顶同层的区域，而晒坝则位于房屋背风一侧，巧妙地回避了冬季的寒风。

6. 建筑内部的保温间层

嘉绒藏族民居多数为低层住宅，其室内层高通常不会超过 2. 8m。这种设计有利于缩减围护结构与外界之间的接触表面积，增强保温效果；同时也有助于降低建筑的高度，更有利于防风。

整个民居采用竖向分隔空间布局，形成了空气间层结构，提供了更为舒适的室内微环境。底层通常用于饲养牲畜，二层作为主要居住层，顶层则作为晒台和宗教活动房间使用。底层和顶层的房间起到作为缓冲空间抵御严寒的作用，以更少的热量，为主要居住层营造更好的热舒适性。另外，还有增加楼层、区分夏室和冬室等措施以应对高原地带冬夏两季显著的气温差异。

7. 建筑材料的循环利用

川西北地区交通运输条件相对较差，当地民居最大程度地利用当地资源，适应当地环境。石材、泥土及木材等是嘉绒藏族民居建筑的主要材料（图 3）。为了适应早晚温差变化，嘉绒藏族民居采用了土石砌筑的实体墙，其保温隔热性能出色。木材因具有容重小、易加工、高抗压等优点，主要应用在室内空间。屋顶覆盖材料可选用石板瓦或木板瓦。嘉绒藏族民居利用当地天然材料，结合传统施工工艺，因材设计，可循环利用，既可降低建造成本，又可减少运输能耗和环境污染，具有很强的地域特色。

图 3　嘉绒藏族民居使用的建筑材料
（来源：作者自摄）

四、 川西北嘉绒藏族民居热环境测试分析——以波色龙村吴建光宅为例

1. 丹巴县中路乡波色龙村简介

波色龙村位于四川省丹巴县中路乡北部，地势北低南高，三面环山，中部平坦，是嘉绒藏族地区高山村落的典型代表。村落依山傍水，属于青藏高原季风气候，年平均气温 14. 2℃，年降水量 600mm，全年日照充足。建筑类型丰富，组合灵活多变，与周围雪山森林有机地整合在一起，形成融入自然山水、极具魅力的空间形式。波色龙藏寨民

居建筑随着地势起伏变化呈散点式布局，每一户周边留有一定空间，形成一个相对独立的生活单元。吴建光宅是一座独立的传统民居，其平面布局为矩形，西南朝向，共三层：一层为储物，二层为厨房、客厅，三层为晒台，平立剖面如图4所示。

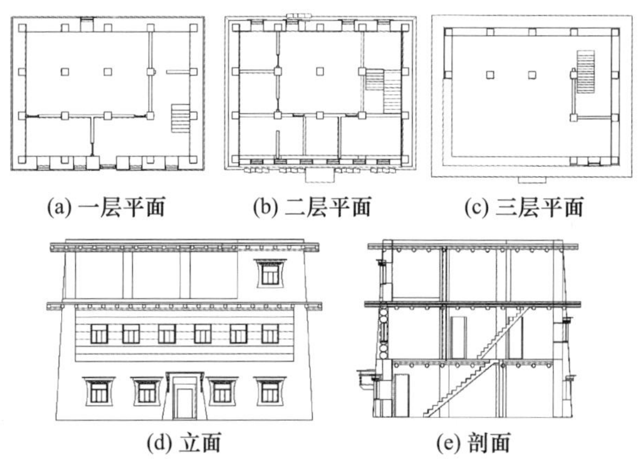

图4　波色龙村吴建光宅平面、立面、剖面
（来源：作者自绘）

2. 波色龙村吴建光宅热环境测试分析

本研究以丹巴县中路乡波色龙村吴建光宅为研究对象，于2019年1月20日和2019年7月23日进行了实地调查。通过对川西北嘉绒藏族民居建筑进行实地考察，对冬季和夏季的热环境以及人体热舒适情况进行了测试和分析。测试仪器为Q-TRAK室内空气品质测试仪，该仪器可以测量CO_2浓度、CO浓度、温度和相对湿度等关键参数。在测试过程中，测试设备放置在测试房间距离地面1.5m处的位置，连续进行了24h的不间断测量，间隔每10min进行一次测量。

（1）夏季热环境测试分析及对比

夏季测试的时间为2019年7月23日，该日为波色龙村年气温最高日。夏季室内外温湿度对比如下。

① 空气温度

图5反映了室外（测点4）和吴建光宅的卧室（测点1）、客厅（测点2）、厨房（测点3）在一天中的温度变化。

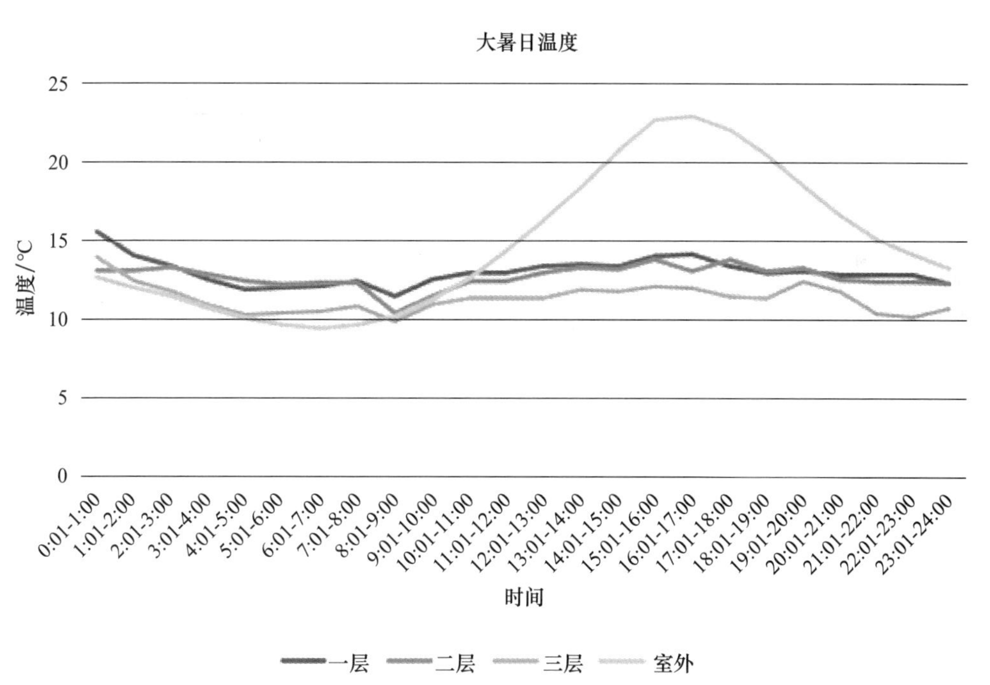

测点	平均值（℃）	最高温（℃）	最低值（℃）	波幅（℃）
一层	13.1	14.2	12.4	2.2
二层	12.7	13.9	12.4	0.5
三层	11.4	12.5	10.3	2.2
室外	14.9	23	9.5	13.5

图5　大暑日空气温度测试图表

15:00时，室外达到最高温度，为23℃；次日7:00时，室外达到最低温度，为9.5℃。室外的平均温度约为13.5℃，白天和晚上的温差较大。从大约8:00时开始，室外温度开始上升，直到15:00达到最高值（23℃），之后开始下降。在 17:00—21:00 时，温度下降趋势较为明显，之后开始缓慢下降。

吴建光的住宅二层和一层的温度变化相对于室外温度来说较为稳定，波动变化不明显。二层的平均温度为 12.7℃。在午后 15:00—18:00 时，二层出现最高温度（13.9℃），而在 23:00 时至第二天早上 8:00 时，二层温度逐渐下降，但下降速度非常缓慢。与室外温度下降不同，二层的温度波动变化并没有同步进行，这是由于建筑物的空气间层结构非常好，能够有效地保持室内温度的稳定。二层的温度波动范围在 13.9～12.4℃，波幅仅为 0.5℃，可以看出传统嘉绒藏族民居采用的崩科式结构，同样也具有较为稳定的保温性能。

在 19:00—20:00 时，室外温度呈下降趋势，而吴建光宅一楼的温度却保持稳定。一楼的平均温度为 13.1℃，而最高温度出现在 17:00（14.2℃）。可以看出，吴建光宅的石砌墙体结构具有良好的隔热能力，导致室内温度上升相对于室外温度延迟了 4 个小时。

② 空气相对湿度

图 6 为室外（测点 4）与吴建光宅的卧室（测点 1）、客厅（测点 2）、厨房（测点 3）的相对湿度变化状况。

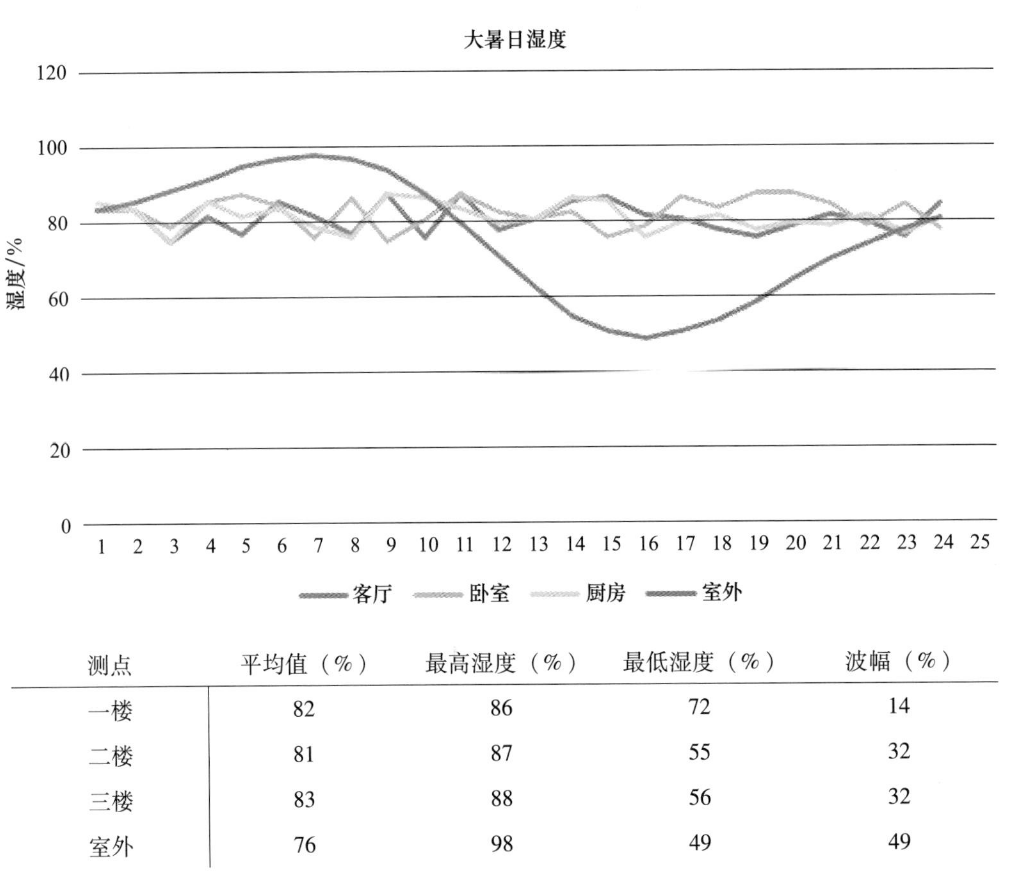

测点	平均值（%）	最高湿度（%）	最低湿度（%）	波幅（%）
一楼	82	86	72	14
二楼	81	87	55	32
三楼	83	88	56	32
室外	76	98	49	49

图 6　大暑日空气相对湿度测试图表

中路乡的室外空气相对湿度呈现与温度相反的变化趋势。当室外温度达到最高点，即 15:00 时，室外湿度反而降至最低水平（49%）。在 9:00—14:00 时，湿度随着温度的急剧上升而迅速下降，然后在温度开始下降时逐渐上升，直到第二天 7:00 时达到最高值（98%）。总体来看，中路乡的室外空气相对湿度一直保持在较高水平。卧室的平均相对湿度达到了 81%，而二楼的相对湿度变化相对缓慢。在室外湿度迅速上升的时间段（16:00—19:00），二楼的相对湿度也出现了一次波动，特别是在 18:00—20:00 时，出现了两次全天湿度的最高峰值（87%）。这两个峰值的出现应该是由于二楼的人员活动以及开合窗户造成的。而 20:00 时之后，室外湿度处于高峰状态时，室内反而出现一个带有小幅波动的平缓下滑状态，由此可以看出吴建光宅的崩科式墙体具有良好的稳定性，能够使室内保持在一个较为稳定的湿度状态。

在吴建光的住宅一楼，平均相对湿度为 82%，最高相对湿度达到 86%（峰值），最低相对湿度为 72%（谷值），波动范围为 14%。这表明，尽管吴建光的住宅对一楼进行了大面积的开窗改建，但室内的湿度仍然保持在一个稳定的范围内。一层和二层的平均相对湿度保持一致，由此可以看出吴建光宅的传统石砌墙体与木质崩科结构墙体都具有良好的稳定性，表现出较好的隔热保湿性能。

（2）冬季热环境测试分析及对比

冬季测试时间为2019年1月20日（大寒日），当日为波色龙村年气温最低日。冬季室内外温湿度对比如下。

① 空气温度

图7反映了吴建光宅冬季室内外温度变化状况。波色龙村的冬季室外温度较低，最高温度为9.3℃（峰值），最低温度为零下7.7℃（谷值），温差达到了17℃。平均温度为零下0.7℃，表明冬季波色龙的室外温度相对较低。当太阳在上午10:00出现后，室外温度迅速上升，并在17:00达到峰值（9.3℃），这表明太阳辐射对室外温度有明显的影响。在18:00之后，室外开始迅速降温，降温过程也非常快速。

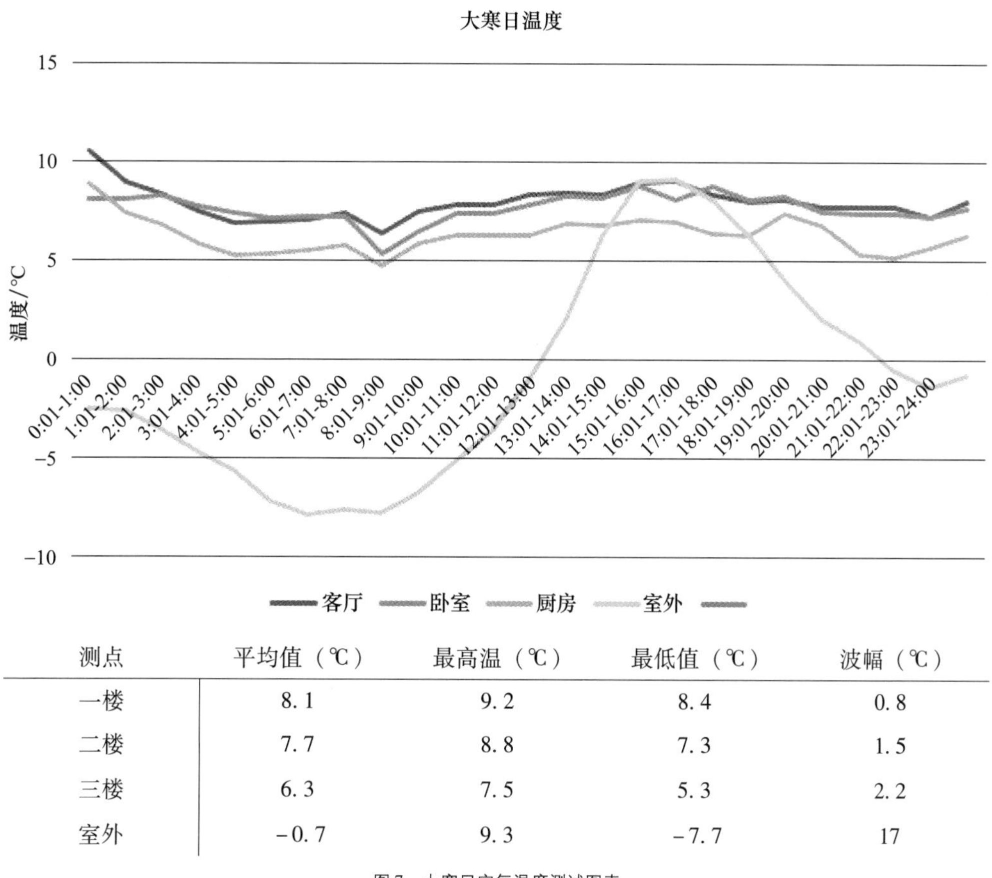

测点	平均值（℃）	最高温（℃）	最低值（℃）	波幅（℃）
一楼	8.1	9.2	8.4	0.8
二楼	7.7	8.8	7.3	1.5
三楼	6.3	7.5	5.3	2.2
室外	−0.7	9.3	−7.7	17

图7　大寒日空气温度测试图表

吴建光宅的二楼温度变化幅度相对平缓，平均温度保持在7.7℃，最高温度为8.8℃，最低温度为7.3℃，温差为1.5℃。这表明崩科式围护结构在保持良好的蓄热功能和稳定性方面发挥了重要作用。但从7:00—9:00时的全天室内最低温度时段，二楼的气温下降幅度明显高于其他楼层的情况来看，在保温蓄热能力方面崩科式围护结构要弱于石砌墙体围护结构。

在吴建光的住宅中，一楼的温度变化相对卧室来说更加平稳，平均温度为8.1℃，最高温度为9.2℃，最低温度为8.4℃，波动范围仅为0.8℃。由此可见，嘉绒藏族传统民居建筑所采用的石砌墙体围护结构具有更好的保温和稳定性能。吴建光宅的总体蓄热能力较好，特别是在室内有采暖措施的情况下，可以达到与室外寒冷天气完全阻隔的作用。

② 空气相对湿度

图8反映了冬季室内外相对湿度的变化状况。冬季时，波色龙村的室外相对湿度变化范围很大，最高值可以到达52%，最低值仅有2%，幅度为50%。平均相对湿度约为26%，峰值和谷值分别出现在早上8:00时和下午16:00时。相比夏季，波色龙村地区的冬季湿度要低得多。此外，室外相对湿度随着温度上升而呈现下降的趋势。在太阳缓慢升起的9:00—11:00时，相对湿度以较快的速度逐渐降低，随着温度的升高，下降速度逐渐放缓。

吴建光宅二楼相对湿度变化较明显，其最峰值为32%，最低值为22%，平均相对湿度为29%，波幅为10%。二楼相对湿度出现了两次比较明显的波动。第一次是5:00—7:00时，第二次是18:00—21:00时，两次变化应该是室内人员起居活动所造成的。这说明，家庭成员在室内的活动，对室内湿度会带来一定影响，也从侧面反映出吴建光宅二楼崩科式结构的热稳定性和湿度稳定性较好。

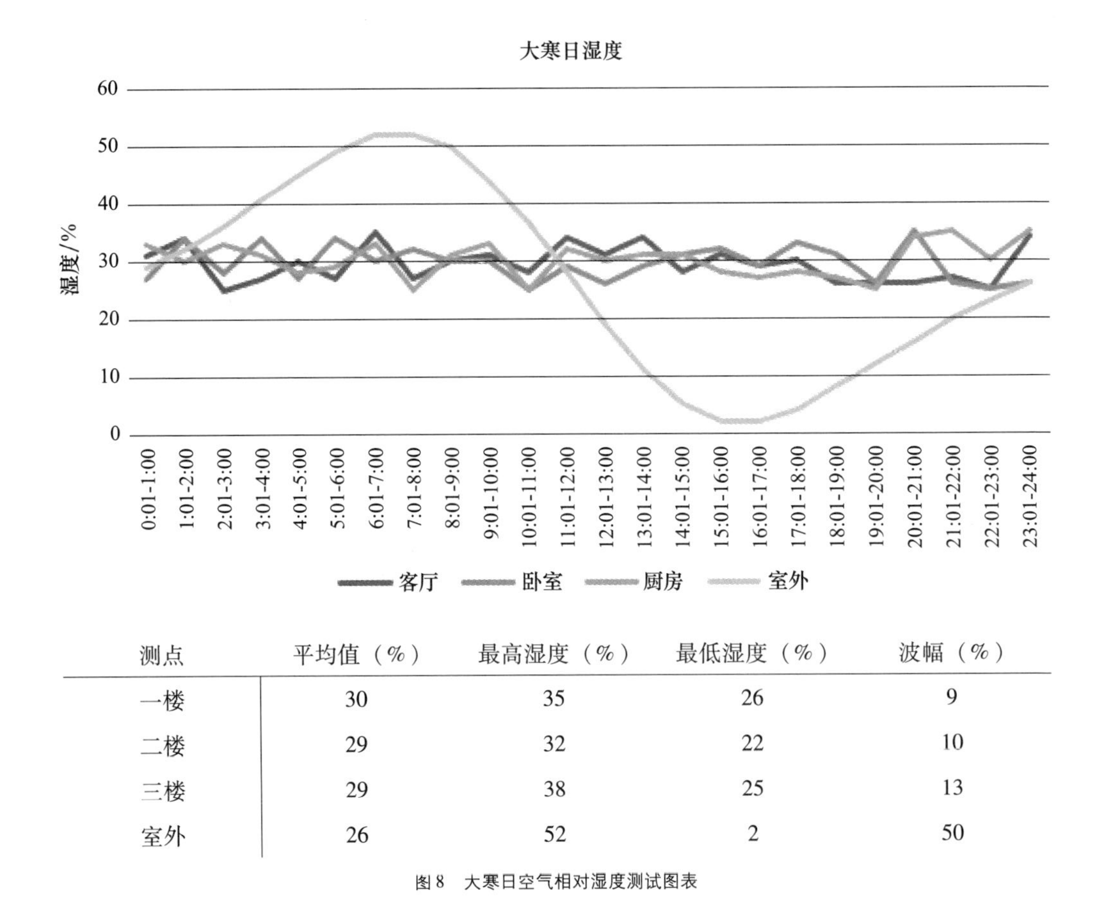

测点	平均值（%）	最高湿度（%）	最低湿度（%）	波幅（%）
一楼	30	35	26	9
二楼	29	32	22	10
三楼	29	38	25	13
室外	26	52	2	50

图 8　大寒日空气相对湿度测试图表

在测试期间，吴建光宅一楼的最高相对湿度为 35%，最低相对湿度为 26%，平均相对湿度为 30%。湿度的波动幅度为 9%，表现出较小的波动范围。客厅的相对湿度在 6:00—8:00 时和 12:00—14:00 时之间分别出现了两次明显的波动。这两次波动与三楼同一时段出现的波动一致，应该是由厨房生火做饭、屋顶烟道同步排烟所引起的。19:00 时以后，随着室内活动的减少，一楼湿度又开始下降，并未受室外湿度继续上升的影响，说明吴建光宅的传统石砌墙体围护结构具有良好的隔湿作用。一楼与二楼的平均相对湿度相差不多，最低值比二楼高 3%，并且其相对湿度波动幅度较小，这应该是石砌墙体围护结构的隔湿性能优于木质崩科结构的反应。

五、 结论

嘉绒藏族民居在建造历程中积累了适应当地气候和生态环境的建筑经验。通过对其地方性因素和热环境因素分析，得出以下三方面结论。

其一，嘉绒藏族地区的气候特点主要表现为昼夜温差大。因此，在当地的民居建造中，保温控制成为了首要考虑的因素。与其他楼层相比，二楼的温湿度变化更为稳定，说明空气间层结构在室内热环境方面起到了一定的增益作用。

其二，嘉绒藏族民居具备优秀的隔热和蓄热功能。传统石砌墙体围护结构有较好的温度稳定性，且民居的开窗面积相对较小，这些传统的建造经验对室内热环境的适应和调节起到了重要作用。

其三，嘉绒藏族民居根据当地的气候特征，牺牲了一部分建筑内部的采光，将保温作为建筑物功能的首要选择，最大限度地保证了建筑对气候的适应性。

参考文献

[1] 李军环．嘉绒藏族传统聚落的整体空间与形态特征［J］．城市建筑，2011（10）：36-39.

[2] 于佳．西藏林芝地区民居冬季热环境研究［D］．武汉：华中科技大学，2011.

[3] 杨茜．寒冷地区室内热舒适研究［D］．西安：西安建筑科技大学，2010.

[4] 王艺霏．四川西北部藏族民居室内热环境研究［D］．西安：西安建筑科技大学，2015.

[5] 何泉，刘大龙，朱新荣，等．川西高原藏族民居室内热环境测试研究［J］．西安建筑科技大学学报（自然科学版），2015，47（3）：402-406.

汉口山陕会馆中轴线建筑匾额楹联复原与研究

蓝锡坚[1]　付凹平[2]　张　楠[3]

摘　要： 于20世纪初被焚毁的汉口山陕会馆曾在历史上占据重要地位，受限于历史资料的匮乏，其建筑细部装饰未能得到充分揭示与研究。本研究综合多个海外数据库历史图像，结合地方志书，对汉口山陕会馆的匾额、楹联做复原工作。最终，第一进头门院落的匾额、楹联，以及正殿戏台的所有楹联全部对位复原。在此基础上，尝试基于匾额、楹联的文字内容和所处位置，浅析其中所凝聚的旅汉山陕商人价值观，以及匾额楹联对于会馆中轴线建筑序列所产生的作用。

关键词： 山陕会馆；匾额楹联；历史图像；对位复原；海外数据

汉口山陕会馆（简称“山陕会馆”或“西会馆”，下简称为“西会馆”）坐落于汉皋循礼坊夹街后[1]（今武汉硚口区汉正街和多福路口附近），1911年因辛亥革命阳夏之战倾颓。幸运的是，这座会馆建筑从康熙二十二年（1683年）多次改、扩建，至光绪二十一年（1895年）修缮完毕，在成书于光绪二十二年（1896年）的《汉口山陕西会馆志》（下简称为《会馆志》）中均有着详尽的文字记录，从总体平面图、日常会馆事务管理，再到细如厘金抽取、祭祀贡品摆设和匾额楹联建筑装饰等内容均记录在内。

在既往研究中了解到以下几方面情况：西会馆为旅汉秦晋商贾发挥着“笃乡谊、祀神祇、联嘉会”的功用[2]；作为城内最辉煌的会馆建筑，重塑了城市天际线，与晴川阁、黄鹤楼并称为“武汉三大高楼”，影响了城内的建筑风格，并由点及面地改变了汉口城的街道格局[3]；西会馆建筑群的本身包含三条轴线，作为主轴的中轴线上布置有影壁、头门、关圣殿和春秋楼等主体建筑[4-5]（图1）；西会馆从整体风格到装饰细部，因万里茶道的等线性文化带来的交流融合而呈现出南北融合的多元形态[6]；受限于历史图像等资料的匮乏，鲜有专门的西会馆建筑装饰细部相关研究内容。

匾额、楹联（下简称为“匾联”）作为传统建筑中重要的建筑装饰细部，具有强烈的民族性，极少能翻译、改写或移植[7]，并与建筑共同形成一个有机的整体。《会馆志》中对匾联有着详尽的罗列式记录，但无具体对应位置（图2）。在前期研究工作中[8]，收集并梳理了收录在海外开放数据库中的西会馆历史图像，这些黑白图像均是20世纪初到访西会馆的海外学者或官员等使用彼时先进的摄影器材所拍摄，有现在传播广泛的法国在华官员菲尔曼·拉里贝所拍摄的图像，也有比利时斯普鲁伊特兄弟菲利普和阿道夫所拍摄的图像[4]。其拍摄的内容基本是中轴线上的建筑，使复原当中的建筑匾联装饰成为可能。故尝试依托志书与历史图像，对西会馆中轴线主体建筑匾联进行对位复原，并从匾联的视角浅析西会馆的营造意匠。

1　天津城建大学建筑学院硕士研究生，300384，fllxjhhh@163.com。
2　合肥工业大学建筑与艺术学院博士研究生，230601，693588950@qq.com。
3　通讯作者，天津城建大学建筑学院副教授，300384，6632278@qq.com。
4　菲尔曼·拉里贝拍摄图像现收录于法国图书馆数据库；斯普鲁伊特兄弟拍摄图像现收录于比利时根特大学数据库。

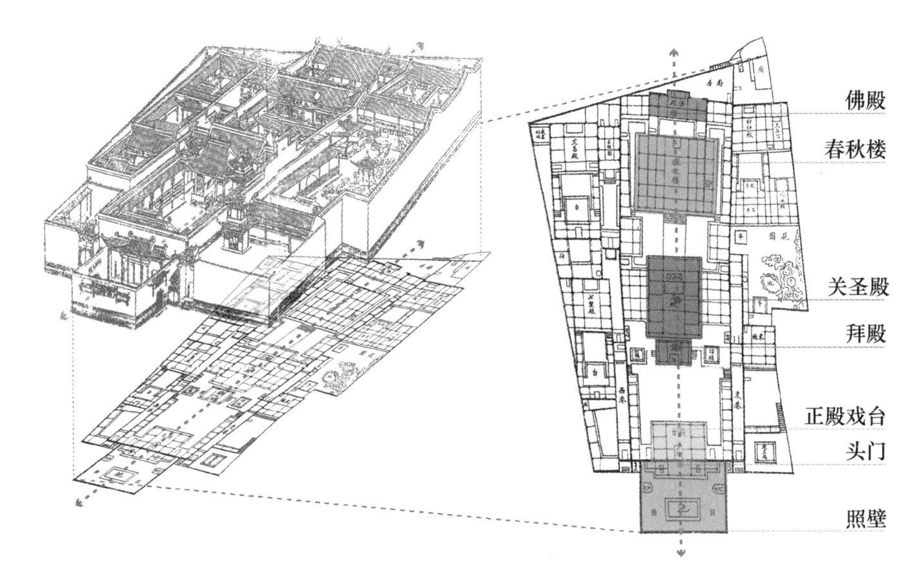

图 1　西会馆平面图（来源：改绘自参考文献［1］）

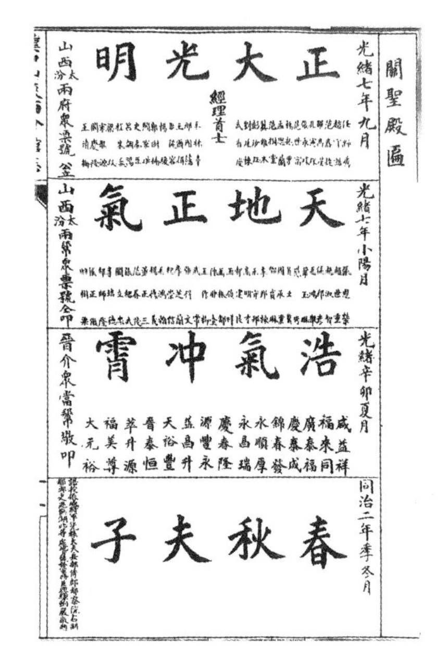
關聖殿匾

光緒七年九月
正大光明
經理首士

光緒七年小陽月
天地正氣

光緒辛卯夏月
浩氣冲霄

同治二年季冬月
春秋夫子

图 2　志书中的匾额记录
（来源：改绘自参考文献［1］）

一、中轴线建筑的匾联复原

西会馆中轴线从南至北依次排列有：头门、正殿戏台、拜殿、关圣殿、韦驮殿、春秋楼和佛殿。所搜集的历史图像除韦驮殿和佛殿外，包含了中轴线上的主要建筑。西会馆各建筑单体匾联众多且在《会馆志》上有详细文字记录，结合历史图像为佐证资料，并依据楹联“发现上联便知下联”的联句对仗特点，对西会馆中轴线的以下建筑匾联装饰进行对位复原。

1. 头门、照壁和铁旗杆

照壁、头门和院墙围合形成院落，内有水池、石狮子和一对铁旗杆等。匾联主要位于头门、照壁和铁旗杆上，但头门的历史图像［图 3（a）］分辨率较低，且檐柱遮挡住西侧门门楣匾额（匾额序号 3）的一半，同时志书上对侧门门楣匾额没有单独列出类别，这些因素都加大了对此部分匾联的识别难度。最终的复原结果如图 3（c）和表 1 所示，除表内文字为繁体原文外，本文叙述部分仍使用简体字。

(a) 历史图像1

(b) 历史图像2

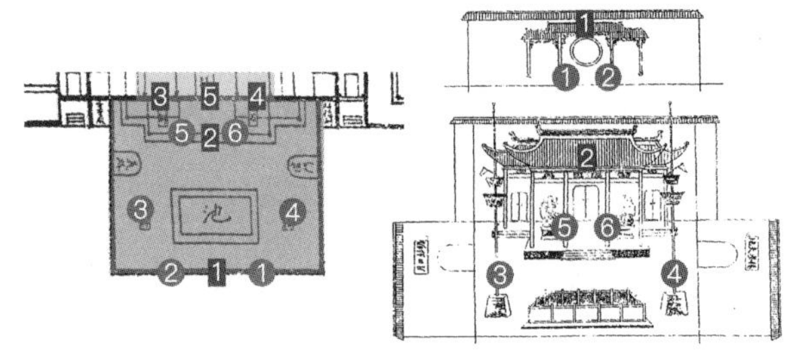

(c) 复原平、立面对照

图 3　照壁、头门匾联复原[1]

1　图 3（a）源自网络资料（https：//mp. weixin. qq. com/s/9LWrPp8_ tGQXCFlfvN07Nw），图 3（b）源自比利时根特大学数据库，图 3（c）改绘自参考文献［1］。

表1　照壁、头门匾联内容

	序号	内容	序号	内容
匾额	1	乾坤正氣	2	山西一人
	3	月華	4	日麗
	5	關帝廟（竖式）		
楹联	1	安劉安漢安蜀 安天下志在春秋	2	曰侯曰王曰帝曰聖人名光日月
	3	忠肝貫金石志在春秋	4	高義薄雲天威震華夏
	5	宇宙三分壯節懸	6	河山千古英靈在

2. 正殿戏台

正殿戏台与头门结合设置，并正对关圣殿，是西会馆7个戏台中规模和形制最大的戏台[5]。匾联众多，但正殿戏台属于“凸出型”台口[6]，内柱楹联识别难度大［图4（a）］，幸而菲利普的照片是从地面往戏台上近距离仰拍［图4（b）］，为戏台内侧匾联对位复原提供了极为珍贵的视角，使正殿戏台所有的楹联成功对位复原。最终结果如图4（c）和表2所示。

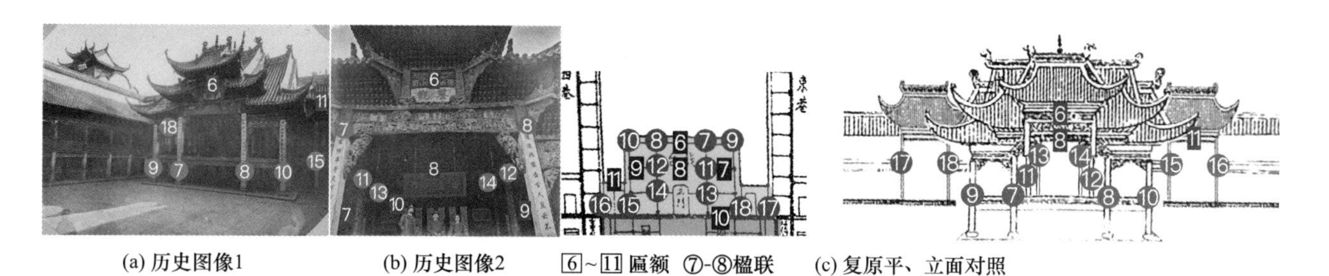

(a) 历史图像1　　(b) 历史图像2　　⑥~⑪匾额　⑦-⑧楹联　　(c) 复原平、立面对照

图4　正殿戏台匾联复原[1]

表2　正殿戏台匾联内容

	序号	内容	序号	内容
匾额	6	鑒觀	7	咸英餘曲
	8	曲盡人情	9	絲竹千聲
	10	先聲	11	懸鏡
楹联	7	羣情畢寄天下事 當作如是觀	8	陳迹興懷古令人豈云不相及
	9	看滿眼流丹叠翠 爽氣西來	10	唱一曲白雪陽春大江東去
	11	鄉情話西土權當著 師涓餽晉公子觀秦	12	雅樂操南音可還是 玉笛樓中牙琴臺上
	13	莫道局中是戲點破 千百世機關	14	且從忙裏偷閑看盡古今來情狀
	15	人在枌榆社裏對此歌衫 舞扇開尊同與話家山	16	地當鸚鵡洲邊搆兹 玉宇瓊樓入座渾如遊洞府
	17	鐵板銅琶翻古調問 鄉音操處憶否關西	18	陽春白雪有新聲聽 楚客歌來徧傳漢上

3. 拜殿

拜殿与关圣殿紧密相连，从外部拍摄基本只能记录拜殿的匾联。通过图5(a)~(b)两个角度的拍摄，能将拜殿的3个匾额和8根楹柱上的楹联复原。最终结果如图5（c）和表3所示。

表3　拜殿匾联内容

	序号	内容	序号	内容
匾额	12	陟降在兹	13	咫威
	14	正大光明		
楹联	19	敬恭聯梓里即今讌聚 且毋忘汾渭遺風	20	忠義景桃園亘古 馨香又恰是孫吳舊治
	21	唐之遺周之舊最先民 矩薤共賽春秋	22	隰有栗山有榛緬故 國流風不輸江漢
	23	止戈為武佐當朝銷兵 氣勳名與日月爭光	24	惟聖乃神輔大漢振天 聲忠義偕河山並壽
	25	熙朝崇謚號配聖賢並 隆享祀萬世師尊	26	漢室賴匡扶征魏吳未 竟戰功三分鼎峙

4. 春秋楼

春秋楼为西会馆建筑群内制高点，与关圣殿间过小的间隔（图1）导致在彼时没有广角镜头的年代难以将高耸的春秋楼拍摄完整。迄今为止，关于春秋楼外观最清晰的历史图像[2]为菲利普所摄，如图6（a）所示，但可惜的是一层外檐匾额因阴影的遮挡并未能复原，最终结果如图6（b）和表4所示。

1　图4（a）来自法国图书馆数据库；图4（b）来自比利时根特大学数据库；图4（c）改绘自参考文献［1］。

2　迄今发现的关于春秋楼的外部照片有二，除菲利普的照片外，另一处载录于日本学者常盘大定和关野贞所著《中国文化史迹》一书中，但照片清晰度不佳，不能从其中识别匾联字迹。

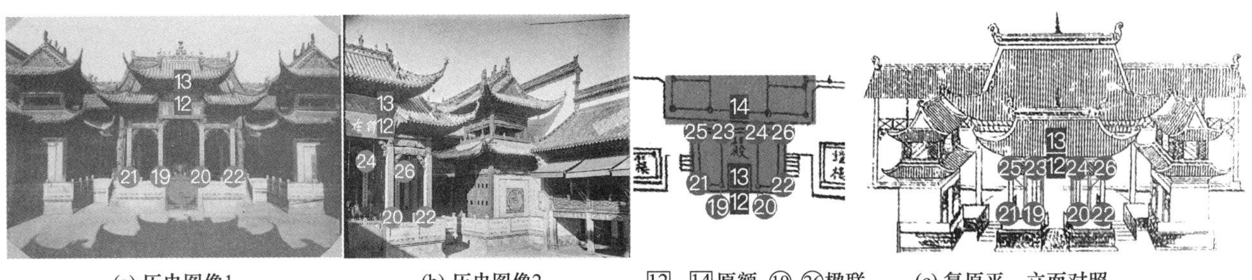

(a) 历史图像1　　(b) 历史图像2　　12~14 匾额　19-26楹联　　(c) 复原平、立面对照

图5　拜殿匾联复原[1]

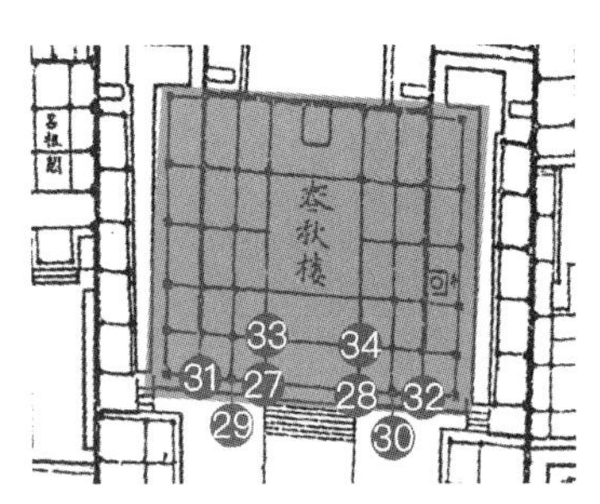

(a) 历史图像　　(b) 复原平、立面对照

图6　春秋楼匾联复原[2]

表4　春秋楼匾联内容

	序号	内容	序号	内容
匾额	15	春秋樓		
楹联	27	梓桑必恭敬合祠 秦晉視人間俎豆為親	28	江漢此從横通道荊襄 望天上旌旗不遠
	29	高樓憑夏口縱目望荊 襄遺鎮尚餘治澤沛江流	30	正統凜春王側身當吳魏 交爭獨抒忠忱扶漢運
	31	神威臨鵠渚情殿望帝 長留隱恨欲吞吳	32	聖學衍麟經義重尊王 共仰精忠能輔漢
	33	睥睨魏吳之際心傷 漢鼎三分	34	馳驅戎馬之間志在麟經一部
	35	層樓鵠峙看對江 黃鶴掩映重霄	36	一部麟經偕百鍊 青龍光芒萬丈

二、 中轴线建筑匾联蕴含的价值观

楹联的内容在特定环境下会被视为体现“神”的无上权威和福泽万民的旨意，进而起到慰藉心灵和答疑解惑的信仰效果[7]。从西会馆楹联文字中也可以凝练出旅汉山陕商人意欲传达的观念，或对自身和后人的警示。

1. 忠义经商观

传统社会中“以农为本，工商为末”“重农抑商”的思想仍占据主导地位。山陕商人向来讲求以义取利、制利，关公的忠义形象正好契合山陕商人所追求的商业伦理道德，以期通过供奉关公塑造自身“利义并举”的儒商品质，赋予经商的正义性、合法性。如拜殿廊柱书“惟圣乃神，辅大汉，振天声，忠义偕河山并寿；止戈为武，佐当朝，销兵气，勋名与日月争光”。上联神化了关羽的“忠义”——像山河般无穷无尽，下联则从其事迹“止戈为武”“销兵气”歌颂其为百姓消除战争带来和平，以日月光辉作喻，放大了关公身上以战止战、忠义勇猛的品质。又如春秋楼前廊柱书“圣学衍麟经，义重尊王，共仰精忠能辅汉；神威临鹄渚，情殷望帝，长留隐恨欲吞吴”。上联中“麟经”即儒学经典《春秋》，春秋楼作为后寝供奉关公夜读《春秋》神像，体现了关公作为武将儒气的一面，借此联系关羽“精忠能辅汉”的大将之风；下联中“长留隐恨欲吞吴”，道出关公与孙吴交战大意失荆州的典故，且西会馆所在地汉口城在三国时期即属荆州。在此联中借古喻今，隐喻山陕商人有着关公“忠义”气质并有能“吞吴”般在汉口经商的气魄，作为关公后人用商业壮大山陕群体，以商“收复”荆州。

1　图5（a）来自法国图书馆数据库；图5（b）来自比利时根特大学数据库；图5（c）改绘自参考文献［1］。
2　图6（a）来自比利时根特大学数据库；图6（b）改绘自参考文献［1］。

2. 思乡之情观

山陕商人远到他乡经商难免会有思乡之时，在西会馆内利用匾联装饰上的文字作为承载家乡回忆的“文化符号”以告诫自身和同乡勿忘家乡。如拜殿正间的外檐楹柱书“忠义景桃园，亘古馨香，又恰是孙吴旧治；敬恭联梓里，即今宴聚，且毋忘汾渭遗风”。上联是刘关张桃园结义故事，下联中梓里即故乡，汾渭即汾河和渭河，指代山陕二省，在这对楹联当中隐喻山陕商人即便身在汉口取得成就也应勿忘家乡。又如正殿戏台内侧楹柱书“雅乐操南音，可还是玉笛楼中牙琴台上；乡情话西土，权当着师涓馈晋公子观秦”。其中，上联中雅乐、南音都是古代音律，牙琴是伯牙弹琴；下联中“西土”指长安，借师涓（春秋时卫国音乐家）随卫灵公至晋国给晋平公演奏音乐的典故，道出在汉口也能听到“家乡之音”，期望通过各历史典故来创造一个漂泊异乡但充满亲情的精神家园。

3. 神灵佑人观

山陕商人在汉口从事行业众多，囊括茶业、盐业和烟业等多达30多家。通过祈求关帝这一“万能之神”和其他神祇显灵以此保佑各行业顺利，周边亲朋良友身体健康等。如西会馆照壁前作为关中文化和财富炫耀的物化形象的铁旗杆，铁在古代传统社会中有驱鬼的作用，此处铁旗杆刻“高义薄云天，威震华夏；忠肝贯金石，志在春秋”。其中“威震华夏”与“志在春秋”常见于关帝庙和山陕会馆，是赞美关公声名的常用句；“高义薄云天”“忠肝贯金石”则为《宋书·谢灵运传论》中“英辞润金石，高义薄云天”的改写句，意为关羽威望能穿透金石、直冲云霄来驱散恶鬼。又如影壁楹联书“曰侯曰王曰帝曰圣人名光日月；安刘安汉安蜀安天下志在春秋”。这副楹联在安徽祁门关帝庙亦有记载，祈祷关公显灵，能如“安刘安汉安蜀安天下”般保佑安居且乐业。

三、中轴线建筑序列与匾联的相互作用

匾联作为中国传统建筑文化的有机组成部分，依附于建筑构件，并参与建筑空间的划分、导引空间序列、确立空间主从，还为建筑空间提供解说和点题，通过人的各种感观凝练、综合以后，上升为审美意识，引起观者共鸣[7]。

1. 匾联对中轴建筑意境的塑造

建筑是凝固的音乐，而匾联所营造的建筑秩序空间如音乐谱曲，分为前奏、引子、高潮、回味和尾声[8]五个部分，以匾联文字的内容使观者产生超越物理空间的意象空间（图7）。

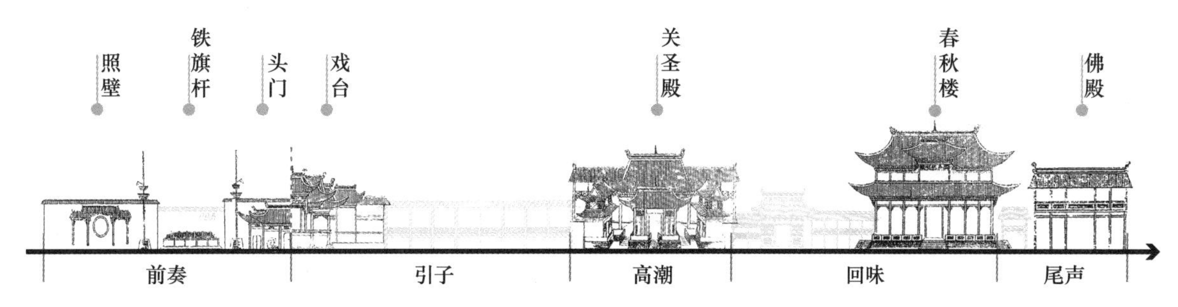

图7　西会馆中轴线剖面想象

（资料来源：作者自绘）

在西会馆中轴线上，序列的开端“前奏”是影壁和头门所形成的第一进院落，照壁匾额“乾坤正气”、铁旗杆上的“威震华夏”与“志在春秋”以及头门匾额“山西一人”道明了西会馆的神祇身份，也为整体序列奠定了信仰基调，暗示观者已进入西会馆领域。穿过头门则是“引子”部分，为戏台一层狭窄的过道和空旷广场，先收后放、欲扬先抑的空间处理衬托出序列后关圣殿的主体地位，也为观者即将到达序列“高潮”作铺垫，起到承前启后的作用，给观者以引导、启示、酝酿和期待[7]。随着临近“高潮”，拜殿匾额“咫威”“陟降在兹”逐渐明晰，观者情绪随之变得严肃[1]。拜殿虽为三开间，但8根楹柱上均篆刻着密集联句，竖向、对称的楹联线条使拜殿狭小的空间以及观者的视线得以延伸至关圣殿内，使用透视创造出心理上的空间扩张。同时，关圣殿内匾联数量为西会馆之最，内部匾联推测应十分密集，从广场的空旷到匾联的密集转化达到了序列和观者情绪的“高潮”。穿过关圣殿是春秋楼，即关羽的后寝部分，虽为西会馆的制高点，但在中轴线上延展程度（进深长度）不如关圣殿部分，由深远空间向伸展空

1　“咫威”出自王安石《和蔡枢密孟夏旦日西府书事》“咫尺威颜”，在此指关羽为天子之颜；“陟降在兹”出自《诗经·周颂·敬之》“无曰高高在上，陟降厥士，日监在兹”，在此指关羽在天上观看子民，明察秋毫。

间转变，由高潮恢复到平静，有余音缭绕之意境令人追思和“回味”。最后到达佛殿，暗喻关羽最终从人至佛、至神，序列“尾声”亦是结束。

2. 匾联对中轴线的强化作用

匾联的数量、形状和文体等内容与建筑群序列、建筑单体的主次形成有机的统一。西会馆中轴线的建筑及其匾联也遵循这一原则。例如匾联的数量，中轴线建筑远大于东西轴线的匾联数量，且中轴线上主体建筑关圣殿和春秋楼的匾联数量也大于其他建筑，呈现出鲜明的主次关系（表5）。又如匾额的形状，头门正中门上“关圣殿”匾额以竖向形式设置，而东西侧门“日丽”“月华”匾额则是横向，竖向设置在两侧横向的衬托下以建筑装饰凸显出正门的地位，也强化了中轴线的存在。还有楹联的文体，春秋楼内部位于正中的楹联，其文体以正体为主，笔画端正不粘连，创造出中正的空间；而两侧的字画文体显得更为自由奔放，用曲线增加了灵动感（图8）。

表5　西会馆各轴线匾联统计 1

	西路	中路					东路
		大门院落	正殿戏台	关圣殿	春秋楼	佛殿	
匾额/副	65	7	8	43	40	2	43
楹联/对	17	3	6	18	20	0	16
合计		10	14	61	60	2	
	82	147					59

图8　春秋楼内部

四、结语

通过结合《会馆志》和多方数据库的历史图像，将西会馆中轴线上主要建筑的匾额、楹联这一建筑装饰进行了对位复原，其中头门、照壁和铁旗杆部分的匾额、楹联，以及正殿戏台和拜殿的楹联全部复原完成。且中轴线建筑序列与匾联所书内容达到空间与文化的和谐统一，匾联能给予观者建筑实体空间的视觉延伸、建筑意境空间的精神升华。遗憾的是，西会馆内匾额、楹联最多的建筑单体是关圣殿和春秋楼，此二也是西会馆最重要且体量最大的建筑。但迄今为止，春秋楼的内部历史照片仅有一张被识别（图8），而关圣殿仍然未见，期待未来能有更多关于西会馆的历史图像被识别，进一步揭示这座会馆建筑的历史风貌。

参考文献

［1］祁县晋商文化研究所，湖北长盛川青砖茶研究所．汉口山陕西会馆志［M］．太原：三晋出版社，2017.

［2］赵逵，邵岚．山陕会馆与关帝庙［M］．上海：中国出版集团东方出版中心，2015.

［3］刘剀．汉口会馆对汉口城市空间形态的影响［J］．建筑学报，2012（S1）：137-143.

［4］潘长学，徐宇甦．汉口山陕会馆考［J］．华中建筑，2003（4）：100-102.

［5］田联申．图说汉口山陕会馆［J］．武汉文史资料，2016（5）：48-55.

［6］李创．万里茶道文化线路上的山陕会馆建筑研究［D］．武汉：华中科技大学，2021.

［7］黄文华．关中地区明清建筑楹联研究［D］．西安：西安建筑科技大学，2013.

［8］张楠，蓝锡坚，付凹平，等．汉口山陕会馆建筑历史风貌考（1895—1911）［J］．建筑学报，2023（S2）：17-23.

1　来自参考文献［1］。

河北沿长城带边关古村镇民族融合与建筑特征研究[1]

解　丹[2]　刘可新[3]

摘　要： 作为历史上重要的军事要塞，河北沿长城带边关古镇是中原农耕民族和北方少数民族相互融合和发生征战的过渡地区，其发展史也是一部多元民族融合的历史。本文以沿长城带边关古村镇为考察对象，通过分析农耕文明与游牧民族在历史发展过程中的民族民俗融合现象，研究在民族战争和人口迁徙的历史背景下，沿长城带边关古村镇这一多民族杂居区的民族融合特征。

关键词： 民族民俗融合；边关古村镇；军事要塞；长城聚落

一、 引言

民族民俗融合是指各个民族在交流交往过程中相互融合趋于统一的过程，边关古村镇作为民族战争、外交以及商业贸易等活动的主要发生场所，民族民俗融合活动更加频繁，各民族的民俗文化通过相互碰撞、交流，在内容和形式上逐渐消除差异趋于一致，在这个过程中又形成了独特丰富的民族民俗文化资源。历史上，少数民族的南向扩散早在东汉时期就大量出现。北方游牧民族为了冲破气候环境因素对生产资料的限制，需要学习华夏民族农耕文化的先进生产技术和社会制度。但文化的交融从来都是双向的，北方民族的南下也影响了华夏民族固有的价值观念、生活方式和文化习俗。在历史的洪流中，两种截然不同的民族文化正在碰撞中逐渐发生改变。

河北省东临渤海，西倚太行，南越漳、滏，北跨燕山，军都山屏蔽于西北，山地东南连华北平原，西北接内蒙古大草原。其自古关山险峻，川泽流通，据天下之脊，控夷夏之防[4]。在宏观地理格局上，这一地域的长城是我国古代农耕与游牧两大人类文明形态的分界线之一，民族文化冲突与融合频繁，战事连绵不断。辽代之后，北京成为多个朝代建都之地，也因其多山、地险，为历代统治集团军事攻防重地，而河北、天津地区则成为拱卫京都的战略要冲、兵家必争之地。各朝代长城修筑活动频繁，境内长城绵延不断、区域广大、分布地形地貌复杂，沿长城带边关古村镇受历史战争情况和自然地理因素的影响，形成了具有独特人文内涵的古村镇。明长城为我国修建范围最广、形制最完善的长城，其边关古村镇的民族融合与建筑特征为本文的主要研究内容。

二、 河北沿长城带边关古村镇的民族迁徙与杂居

长城边关地带作为抵御外敌、防卫京师的重要屏障，其战争活动、外交活动、商业贸易以及民族活动极为频繁，特殊的历史和地理条件，是造成人口大规模流动的主要原因。

1　基金项目：国家自然科学基金面上项目（52278017）、河北省社会科学基金项目（HB24WH031）、河北省研究生示范课程建设项目（KCJSX2022016）资助。

2　河北工业大学建筑与艺术设计学院教授，300401，xiedan@ hebut. edu. cn。

3　河北工业大学建筑与艺术设计学院硕士研究生，300401，2247580723@ qq. com。

4　参考许闻诗的《张北县志 · 卷五》（民国二十四年铅印本）。

1. 战争因素引起的双向人口流动

明代之初，徐达战败雁门关后，明太祖为彻底除掉蒙古部族在该地的群众基础，便有了当时的“屯兵”政策，在此背景下，产生了特殊的人口迁徙模式。大量的战俘和饥荒是造成人口迁徙的主要因素，这就以长城为边界，形成了双向的人口流动。在隆庆议和以前，俺答等少数民族为了增加劳动人口数量，掠夺大量的汉族劳力，造成强制性的人口迁移，使汉族百姓成为少数民族的最底层劳动力，农耕文化随着被掠夺的俘虏和饥荒逃民被带入塞外，为游牧民族定居生活、发展农耕业、获得手工技术提供了先决条件。

2. “放垦政策”引起的移民热潮

明末清初，朝代变迁，战乱不断，导致社会动荡、经济凋零。清朝建立以后，为了巩固政权，迅速恢复经济，开荒招民就成了恢复经济生产与社会安宁的主要手段。于是，在清王朝建立以后，多次颁布垦荒令，鼓励关内百姓积极开垦荒田，而对于蒙地开垦，清朝廷也给出了相应的政策，就是派人前往蒙地教授蒙古族人民耕种知识。由于蒙古族为游牧民族，不擅长耕种，所以很多蒙民就把田地租给汉人耕种，以收取租金为生。加之，经历过战乱的汉民穷困潦倒，很多流亡到了蒙古边境一带，在那里开荒种田，定居生活。因此，在清末放垦政策的刺激下，又掀起了一次移民高潮。

3. 和平贸易与商贸型古村镇

沿长城带边关古村镇不仅是民族战争的战场，也是汉族与少数民族商业互市的主要场所。随着战争逐渐平息，边关古镇的军事性能逐步降低，商业功能开始提升，明蒙双方迫切的物质交换需要促使官方贸易通道畅开，边关古村镇逐渐成为南北贸易的集散地，同时也成为民族民俗文化交流的重要场所，互市贸易市场沿明长城而建，承载了明蒙双方经济、文化等方面的流通活动。

商贸型古村镇成为明朝廷和各蒙古部落关系的纽带，在频繁的贸易往来中，促进了边关古村镇汉民胡化和少数民族汉化的过程，各个民族的生活习俗、饮食习俗、民族习俗等等都在潜移默化地相互影响，这就体现了沿长城带边关古镇文化的包容性和丰富性。在社会稳定的背景下，各民族之间以商业贸易为交流平台，通过贸易往来这一载体，汉民族和少数民族的认识加深，逐渐产生认同感，双方发展不平衡的问题逐步解决，民族矛盾逐渐消失，民族民俗融合进程不断加快。

三、 河北沿长城带边关古村镇及其空间分布

1. 河北明长城及军事聚落历史分布

河北地区的明代长城及军事聚落早期由蓟镇和宣府镇管辖，嘉靖中期分设昌镇和真保镇。蓟镇位于河北四镇的东部，东接辽东镇，西接昌镇，此段长城防区仅这一道屏障，直接面对北方游牧民族，因此位置至关重要，防守形势严峻。蓟镇聚落主要以屯兵屯田的防守功能为主，而非进攻性的征伐据点，因此聚落多位于长城墙体内侧。堡寨由南向北、由内部纵深向防御前线，数量逐渐增多，分布密度亦逐渐增大，防御强度逐渐增强。昌镇所辖长城在长城诸镇中最短，但由于其屏蔽京师，地理位置极其重要，因此备受重视，在长城修建的投入数倍于其他各镇。著名的慕田峪长城、八达岭长城及自古被称为“绝险”的居庸关均在昌镇。宣府镇据守北京西北，一方面需直接防御来自长城外的游牧民族的进犯，另一方面还要防备从西部诸镇突破而来、从南边迂回进攻北京的军事攻击，因此宣府镇的军事聚落防御以镇城宣府为中心，各路城堡据守四方。又因北边为战略前沿，城堡分布密集。真保镇扼守由山西进入京师的陆路和水路，囊括了太行八陉中的大部分要道，沿线关口、关城总数达 300 余个，构成一条南北连贯的防线。真保镇阻碍自太行山西侧进犯直隶（今河北、北京）的敌人，以达到保卫京师的目的。

2. 河北边关古村镇空间分布现状

河北省传统村落与边关古村镇分布位置有较大差异，河北国家级传统村落主要分布在太行山东麓沿线以及燕山南侧，整体呈现南多北少、西多东少的分布特征，河北省境内现存长城资源丰富，大多集中在北部地区。沿长城带边关古村镇分布具有其特殊性，是边关将士驻兵、屯田的主要活动场所，也是长城防御体系的构成要素（图 1）。

九边总兵镇守制度与都司卫所并存的军事管理制度共同实现了明朝北边的防御和统治，同时也决定了北边军事防御性聚落的结构秩序及其分布形态。沿长城带的军事聚落具有一定纵深发展的分层特征，依次为关隘、堡寨、营城堡、卫所治府等城池，较高级别卫所城堡的周边设有驿站。沿长城带的军事聚落在不断的发展过程中，其军事防御职能逐渐削弱，逐步变为当地居民栖息的传统聚落。在民族战争、人口迁徙、地理环境等特殊因素的作用下，边关古村镇的空间分布、建筑特色和民族民俗文化等都具有其特殊性。

四、 双向融合的边关建筑

战争年代，边关建筑的防御性为其突出表现特点，其军事功能占据主要地位，居民生活空间伴随着防御空间和防御设施，民族民俗的融合处于初步阶段。

1. 边关古村镇建筑的防御性

（1）闭合性防御：“前堡后村”

河北北部一直是少数民族和汉族争夺的重要军事区域，

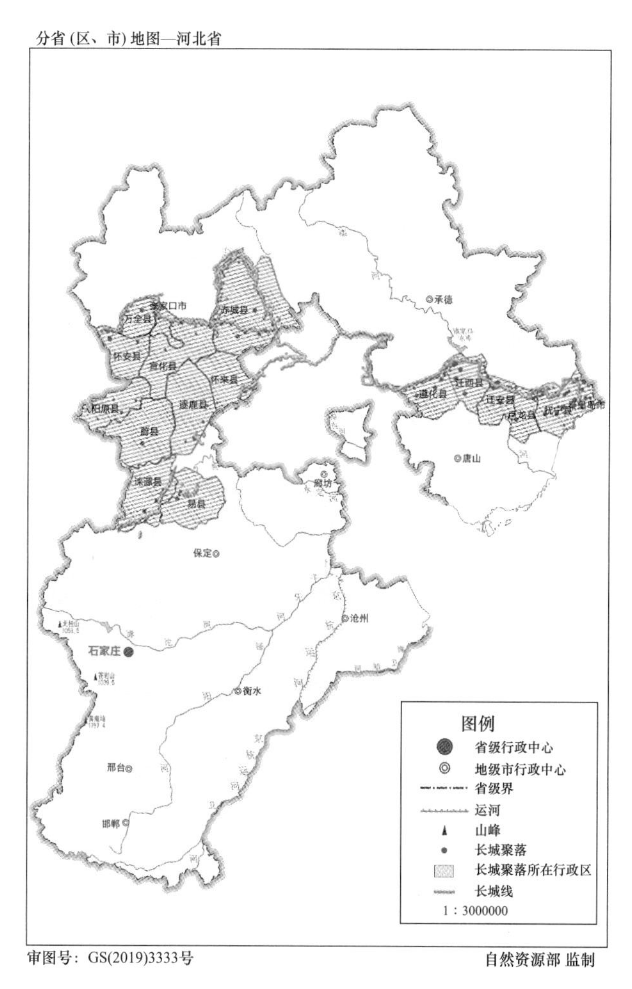

图1　河北省长城聚落分布示意图

（来源：作者自绘）

历代政府都极为重视该地区的边防建设，明代统治者广修长城、堡寨、墩台、烽燧等防御工事，形成了边地独特的军事建筑群。边关古村镇以“防卫”为主要目的，随着战争的结束、边境贸易的发展以及和平年代的到来，军事堡寨逐渐演化为民众日常居住和耕作的城镇、村庄，堡寨内部的宅院布局要素不断完备，呈现出坚实朴素的建筑文化。

边关古村镇外围有一圈呈闭合态势的夯土墙，坚实稳固，给人一种坚不可摧的心理感受。在厚厚夯土墙的围护下，堡内空间占据有利态势，决定着战争的成败。通过堡墙、瓮城、城门等要素营造出一种边界实体感，明确了领地的划分，形成了一种闭合性的防御形态。在边关古村镇前一般设有堡门，为进入村镇的主要入口，这样可以有效防御入侵的外族部落；到了战争年代，堡门也就成为具备了军事防御功能的军事堡垒，这种“前堡后村”的聚落形态反映了边关居民严峻的生活状态（图2、图3）。

（2）细节性防御：内部街道环境

整体性和闭合性是外围墙体防御系统的重要性质，与其相互呼应的是村镇内部街巷的细节性防御。这一防御系统以堡墙作为边界，利用纵横交叉的街巷编织出一张完整而又密布的方格网，打造成一个隐性的迷路空间结构，为村镇提供了又一层防护屏。堡寨内部街巷严格遵循“大街小巷”的建筑原则，主要由主干大街和分支小巷构成，网布而成多重“迷路系统”，以迷惑敌人。边关古村镇的坚不可摧依赖于城墙和内部街巷的有效配合。不论是依山而建的军堡，还是位于平坦盆地的卫所，高厚封闭的堡墙首先作为第一道屏障，起到御敌、防洪、抗风、阻野兽的防卫作用；然后是由主干大街、丁字路口、口袋路和狭窄小巷等细部设施组合成的第二道防御屏障，两道防线内外夹击，给入侵敌人以致命打击（图4、图5）。

图2　蔚县暖泉西古堡堡门

（来源：课题组拍摄）

图3　蔚县暖泉西古堡瓮城

（来源：课题组拍摄）

2. 边关古城镇的宅院空间要素

随着少数民族与农耕民族之间的矛盾摩擦逐渐平息，边关古镇村镇的军事功能逐渐减弱，居民逐渐过上了向往已久的安居乐业的生活，使得民居空间得到进一步的发展。同时，以民居为载体，蒙汉民族民俗文化从磨合适应转向逐步吸收融合。

图4　蔚县暖泉古镇西古堡街道
（来源：课题组拍摄）

图5　蔚县暖泉古镇西古堡瓮城
（来源：课题组拍摄）

（1）游牧化的合院建筑

边关古村镇的居住主体的民族成份不尽相同，但居住理念有共通之处：宅院建制都要求方正规整，以四合院最为典型，边关地区的四合院体现出长期浸染在游牧文化中的边关民众唯求实用、不喜奢华的生活习性。

游牧民族与农耕民族在居住环境上本身就有很大的区别。从地理自然环境来讲，游牧民族逐水草而居，居住空间也是可以方便迁徙的蒙古包。蒙古包的内部空间布置与农耕民族的砖瓦房也有很大的区别，尤其是在空间利用方面，游牧民族一般都将炉灶置于蒙古包中间的位置，这对于蒙民来说意味着生活美满，阖家兴旺。农耕民族以生产生活为基础，追求富足安稳的生活，有“日出而作，日落而息”的生活起居习惯，所以农耕民族的建筑为固定的居所，建筑多用院墙、廊道或厢房围成合院的形态。在边关古村镇中，合院的民居建筑形式更为明显，同时也具有防御性的意味。

河北坝上地区是草原文明与农耕文明的交汇区，其主要的民居形式“囫囵院”是两种文明交融的主要产物，农民大多保留着饲养牛羊骡马等牲畜的习惯，所以院落空间较为宽敞，正房坐北朝南、稍偏东，院门一般设置在东南方向，没有门楼，方便进出大牲畜：院子布局主次分明、灵活自由，所以被称为“囫囵院”，是明显游牧化的合院建筑。

蔚县有名的“九连环”套院，也是带有边关建筑色彩的合院建筑。多个家庭以这种连环式套院生活在一起，既相对独立又各自联系，每个院落的连接口并不显眼，在比较偏僻的角落里连接。门洞也很小，不容易被发现。为了防止兵患匪患，将空间设计成穿插格局，很像迷宫，这样兵匪不容易走出来，算是比较低级的八卦阵排列（图6、图7）。

图6　蔚州镇下关西向俯瞰
（来源：课题组拍摄）

图7　蔚州镇东关高家大院大门
（来源：课题组拍摄）

（2）朴实凝重的装饰细节

在民族民俗融合过程中，许多带有民族色彩的元素通过符号的形式得以留存下来，为当地增添了丰富的文化内涵和民族色彩。

就建筑装饰而言，蔚县古堡在其漫长的历史发展过程中也形成了自身特有的艺术特点，一方面有着北方特有的区域建筑装饰特点，另一方面也嫁接或借鉴了南方在材料加工方面的艺术特点，从而形成了蔚县古堡建筑今天的装饰艺术形态。例如蔚县暖泉镇西古堡的地藏寺是砖仿垂花口的典型，地藏寺院口的院口部分是砖拱口洞，口的正脊两端雕刻有精美的吻兽。蔚县军事堡寨传统建筑的门窗多数为木制门窗，门窗上刻有精美花纹，以“亚”字形和“万”字形花纹为主，寓意吉祥（图8、图9）。

图8　蔚县西古堡瓮城地藏寺
（来源：课题组拍摄）

图9　蔚县西古堡魁星庙
（来源：课题组拍摄）

蔚县的雕刻也具有很强的地方特色，从当地的生活习惯来讲，其建筑特点为就地取材，多用木质结构和泥塑结构。这也是各民族相互包容、相互学习的艺术体现。丰富的装饰效果与边关古村镇讲究务实、淳朴的民风并不矛盾，这是随着战争平定，经济繁荣，社会稳定，居民生活水平提高，物质生活得到满足，人们开始追求更高的审美体验的必然结果：人们就地取材，对建筑进行一些多样的雕刻装饰，来寄托对美好生活和伦理感情的向往。

五、结语

不同地区、不同民族间建筑文化的交流与融会是长期、必然的结果，游牧民族与农耕民族之间的融合是一种有选择性的部分摘取。边关古村镇建筑形态的变化取决于少数民族与汉民族的关系。当战争爆发时，堡寨的内外防御功能自动启动，军事型堡寨开始运转，所有的建筑都体现出一定的防御能力。当摩擦平息、民族关系缓和时，双方开始试探性地发生部分联系，体现在少数民族对汉族民居院落形式和装饰艺术的部分借鉴。

河北一直是少数民族和汉族争夺的重要军事区域，历代政府都极为重视该地区的边防建设。随着战火硝烟的逝去和民族关系的缓和，军事堡寨演化为民众日常居住和耕作的城镇、村庄，内部的宅院布局要素不断完备，呈现出实用大气的建筑文化。可以说，民族关系的变化影响了建筑功能和形式的交换，边关古村镇的建筑从摩擦阶段的军事性堡寨演变为和平时期的民居院落，也表现出不同族群物质民俗文化从摩擦到初步适应的轨迹。

参考文献

［1］郑绍宗，郑立新．河北古代长城沿革考略：上［J］．文物春秋，2009（3）：30-40.

［2］翁独健．中国民族关系史纲要．北京：中国社会科学出版社，2001.

［3］张鑫．山西沿长城带边关古村镇民族民俗融合研究［D］．太原：山西大学，2014.

［4］马剑，孙琳．民族互动与社会转型中的民俗变迁——以近代张家口地区为中心［J］．河北北方学院学报，2007（5）：48-50+92.

［5］王琳峰．明长城蓟镇军事防御性聚落研究［D］．天津：天津大学，2012.

［6］范熙晅，张玉坤．明代长城沿线明蒙互市贸易市场空间布局探析［J］．城市规划，2016，40（7）：99-104.

［7］同杨阳．明代长城防御体系与农牧互动关系研究［D］．西安：西北大学，2017.

［8］祁美琴．论清代长城边口贸易的时代特征［J］．清史研究，2007，67（3）：73-86.

［9］甘振坤．河北传统村落空间特征研究［D］．北京：北京建筑大学，2020. DOI：10. 26943/d. cnki. gbjzc. 20.

［10］谭立峰．庙宇系统对长城军事城镇形态的影响——以河北蔚县为例［J］．建筑学报，2016（S2）：12-15.

［11］蒋亮．防御性古村落［D］．北京：中央美术学院，2017.

［12］白佳雨．河北蔚县暖泉古镇“打树花”调查与研究［J］．度假旅游，2019（2）：165-166.

海洋文化下的海南会馆建筑的转译与移植[1]

陈　琳[2]　陈晓龙[3]　邵林峰[4]

摘　要： 海南的会馆建筑是商贸与移民文化高度结合的产物，其发展在清代达到了巅峰。本文从海洋文化特征入手，分析海南会馆建筑在闽粤文化“走进来”和侨乡文化“走出去”的双重推动下，通过“转译”与“移植”两种方式获得与当地传统文化的对接及身份重构。研究海南会馆不仅可以从侧面折射出海洋文化背景下商贸文化演进轨迹，还有助于准确认识和把握扼守南海航道咽喉的海南岛地位的重要性。

关键词： 海洋文化；海南；会馆建筑；转译；移植

一、引言

会馆作为中国封建社会后期商业贸易和地方文化交流发展的产物，是以敦乡谊、叙桑梓、答神庥、互助互济为宗旨的地缘性群体利益的整合组织[1]。会馆建筑作为中国古代建筑形成较晚的一种建筑类型，主要功能有笃乡情、联嘉会、迎神庥、襄义举。海南商业会馆主要来源于海洋文化，宋元时期海南岛的海上贸易开始萌芽，明代已经成为南向海上丝绸之路的中转站，但由于明清时期政治上“海禁”与“反海禁”政策的不断冲突[2]，海南会馆迟至清代才以一种成熟的建筑类型出现。随着康熙时期“海禁”政策的再次解除，尤其是乾隆中期以后的禁令松弛，使得琼州府海洋商业贸易发展迅速，人口激增，吸引了闽商、粤商来琼发展。随着两大商帮的到来，海南岛的经济得到进一步提高，海南会馆建筑的建立也开始兴起[3]。

海洋文化不同于内陆文化，属于动态文化，具有明显的流动性、开放性[2]。以海洋文化为背景，从而带动海南明清商贸经济的繁荣，会馆的设置就是最有力的凭证。会馆一般是由各地官贾、商人修建，所以在建筑形制上具有兼容性，既有官式建筑的主体布局方式，又融入了闽粤商人家乡的生活习惯与建筑元素，带有明显的地域文化特色。海南的会馆经历清代和民国时期的发展、繁荣和衰败，又随着华侨传播海外，至今琼胞的聚居地仍有大量的海南会馆。

二、“走进来”的会馆——文化的转译

清代，海南隶属广东省，广东商人捷足先登进入海南。早期，海口作为琼州海峡之门户港口，福建、广东地区的商人们活跃于此，并在此先后建立了兴潮会馆、漳泉会馆、福建会馆、五邑会馆（南海、番禺、东莞、顺德、新会）等；后期，各地商人从海口扩散至嘉积、万宁、陵水等地区，以商帮为轴心，商帮里的各大商人开始捐款筹建，又建立了大量地缘性会馆，如顺德会馆、潮州会馆、南顺会馆等20多所会馆建筑，同时本地商人也联合起来组建了一个属于海南的商帮——琼商，并在嘉庆二十五年（1820年）建立了第一个会馆建筑。商帮的出现，不仅带动了海

1　基金项目：海南省自然科学基金（高层次人才项目）“乡村振兴视域下的海南传统聚落遗产集群化保护与再利用策略研究”（编号721RC604）。

2　三亚学院国际设计学院，南海地域建筑文化遗产保护研究中心副主任、教授，572022，28052577@ qq. com。
3　三亚学院南海地域建筑文化遗产保护研究中心讲师，572022，28052577@ qq. com。
4　福建磐洲设计顾问有限公司设计师，350000，2469673949@ qq. com。

南岛的经济发展，刺激了本地商人的团结协作，更带来了外来的会馆建筑及建筑文化。如表1所示，海南会馆中4所为闽商捐款所建，10所为琼商所建，10所为粤商所建[4]。

表1　海南岛所有会馆建筑名单列表[1]

会馆名称	所在地	创建时间	派系	现状	保护单位
五邑会馆	海口	清末民初	广行	已拆除	无
高州会馆	海口	乾隆年间	高州行	已拆除	无
福建会馆	海口水巷口	1839年	福建行	已拆除	无
漳泉会馆	海口白沙门	1839年	福建行	已拆除	无
兴潮会馆	海口白沙门	1755年	潮行	改建天后宫	无
文昌会馆	海口	1864年	海南行	已拆除	无
文昌会所	海口	1820年	海南行	已拆除	无
鳌峰会馆	海口	1703年	海南行	已拆除	无
云氏会馆	海口龙华区	1900年	海南行	改建幼儿园	无
潮州会馆	海口	1757年	潮行	已拆除	无
广府会馆	儋州	1597年	广行	改建天后宫	无
福潮会馆	儋州	明清时期	广行	已拆除	无
潮州会馆	万宁	1757年	潮行	存在	第2批省级文物单位
顺德会馆	陵水	1713年	广行	存在	第1批省级文物单位
乐会会馆	陵水	清光绪年间	潮行	已拆除	无
琼山会馆	陵水	1921年	海南行	存在	第6批全国重点文物保护单位
潮州会馆	陵水	清光绪年间	潮行	已拆除	无
福建会馆	嘉积	1799年	福建行	已拆除	无
南顺会馆	嘉积	清代	福建行	已拆除	无
四邑会馆	崖城	清代	海南行	存在	无
顺邑会馆	陵阳	明清时期	海南行	已拆除	无
琼邑会馆	陵阳	明清时期	海南行	已拆除	无
佛罗南海会馆遗址	乐东县佛罗镇	明代	海南行	已拆除	无
琼邑会馆遗址	乐东	明代	海南行	已拆除	无

1. 文化背景的转译

海运经济的发展和会馆的兴建总是息息相关的，明清时期，随着珠江三角洲、韩江三角洲以及湛江平原农业商品化的发展，沿海运输业日趋繁荣，大大促进了海南海上贸易的发展。海南的会馆建筑来自商帮，是商贸移民文化的产物。移民文化博大精深，更何况是商贸移民文化，它在某种程度上代表了经济贸易的发展。当大量人口转移至海南生活，商人们便从中发现了商机，随之而来的就是大量商人转移至海南发展。在转移的过程中，不同人群会将不同的文化一同带来，如商人们带来商贸移民文化，其中就包括海上护航女神“天后”信仰等。海南岛“孤悬海外”，恶劣的海洋环境对航海者造成威胁，航海者一般会在出航前祈求海神保佑，确保往返安全。天后为海上护航女神，在福建、海南地区分布广泛，闽、琼人为祈求出海平安，多祭祀天后。而天后在他们眼里，已不仅是一方海神，而是通过祀奉故乡之神来体现维护乡谊、逐利谋生、求发展、保平安等多方面诉求。天后作为地方保护神的角色，其设立意义在于为会馆这一社会性行业组织建立集体认同的途径。

商帮联谊的风俗习惯众所周知，主要是祭祀、举办义卖活动及听戏曲。无论是何会馆的商人，都会在春秋两季前往天后宫进行祭拜，这也使得部分会馆在建立初期便加入祭祀功能。其中最著名的白沙门上村两座会馆建筑——漳泉会馆与兴潮会馆的建筑形制就带有祭祀功能，将会馆与天后宫合二为一，后期演化为天后宫。除了修建存放神像的屋舍，还有部分会馆会修建拜亭，既可作祭拜之用，也可作为戏台。陵水县顺德会馆，前身为凤城会馆，乃顺德商人于康熙五十二年（1713年）创立[5]，至宣统元年（1909年）[5]，其间六次重修，奉天后圣母于其中，增立拜亭，添设戏台，造叙福所，共遂邑人之念[5]。

这些会馆的建立同时也带来了自律互助的商业文化。明清时期，官府对商业多采取自由放任政策，加之利益驱动所诱发的不当竞争，市场出现了无序状态。而会馆的存在则大大约束商人：对本帮商人或本行业商人的商业行为提出具体要求，会馆成为解决商业纠纷、订立合约的重要场所[6]。每年春节，会馆召集不回乡的同籍商人交流聚餐；逢天后诞期，聘请戏班唱戏；平时也可作为慈善义卖之用。例如建于水巷口的福建会馆，其中一大宗旨就是补助同乡回家路费及其子弟入学费用；海口潮州会馆则先后在中山路、新华路、解放路等购置铺宇等公产，并办了一所潮海小学。这些构成因素也使得海南的每所会馆建筑都独具特色，具有多元性及兼容性，因此也体现了海南会馆建筑艺术及文化魅力。

2. 地理与气候背景影响下的转译

（1）沿海岸线分布

转入海南的会馆建筑越来越多时，会发现这些会馆建筑多建立在海南沿海城镇，特别是在海口一带修建较多。而构成这些会馆建筑的因素有许多，如人流量、气候及周边环境、风俗习惯等。如海口白沙门，早前因位于白沙河出海之口被称为“白沙口”，乃历代商贸船舶出入白沙津的必经之地，交通发达，人流较多，经济发展相对较好，是商人们的福地，也是修建会馆建筑的重要构成因素之一。从会馆的分布可以看出，清代以后西部港口的发展明显萎缩，东部港口仍保持发展势头，因为来自福建、广州的商船一般都会沿海南岛东北岸航行，同时也是通往东南亚诸国的必经之路，故沿岸的会馆也能得以发展（图 1）。

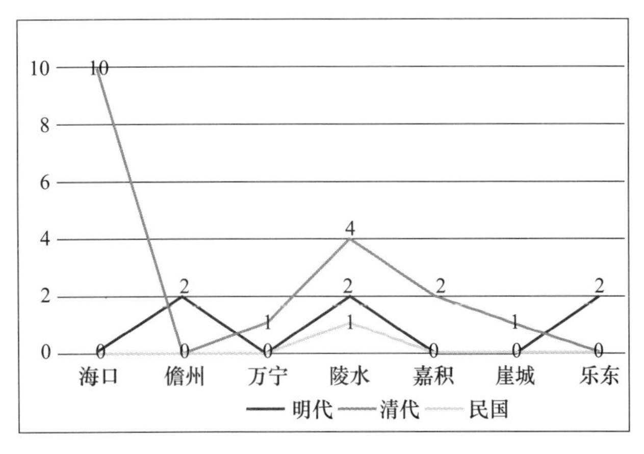

图 1　海南会馆建立地点分析图

（2）拜亭的创新使用

拜亭作为琼雷地区祭祀建筑的特殊形制，有其适应海南地区高温多雨气候的原因。海南会馆平面布局普遍使用院落与拜亭连接空间，以加强室内空间的连续性、祭拜空间的舒适性。海口府城三公里处的宋代古墓中出土了拜亭陶器，更能说明在该地区很早就有这一建筑形制的存在[6]。始建于公元 1713 年的陵水顺德会馆，由当时旅居陵水的广东顺德籍商贾捐资创建，写于宣统元年的《重建顺德会馆并建中庭碑记》记载“堂布两廊，拜亭向与香亭相接，中座还与后座相连”[5]。现存的顺德会馆呈三进合院式布局，沿中轴线从东至西由门楼、中堂、香亭、拜亭和新建的二层叙福楼组成。中堂与香亭连成一体，平面呈凸字形。香亭兼具祭祀和戏台之功用（图 2、图 3）。

中殿立面图

香亭立面图

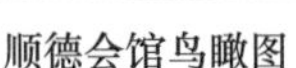

顺德会馆鸟瞰图　　山墙图　　二进二层心间梁架

图 2　顺德会馆组图

（来源：作者自摄）

（3）装饰风格的转译

由于海南会馆建筑是地方商业行帮所修建，不同信仰、不同生活习俗的商人，带来故乡的乡土文化以及世俗观念，参照当地建筑形制的同时都保留了自身特有的“典型符号”，称之为“转译”。如闽商主要以福建行为主，装饰上还体现了闽南无木不雕、无木不刻的传统装饰手法。有木雕、石雕、砖雕以及建筑装饰构件的装饰等。其中最为精彩的潮州会馆头门的“喜上眉梢”石雕作品，主要运用圆雕、透雕、浮雕等工艺手法；以喜鹊和梅花为组合，用牡丹、菊花来表示富贵，鸡来表示吉祥，因鸡与“吉”谐音。动植物都雕刻得栩栩如生、惟妙惟肖，且技法娴熟。头门两侧的浮雕下刻着圆形“商”字砖雕，突出潮行的重商精神，具有浓重的商业气息（图 4、图 5）。

广行的会馆以山墙装饰为典型，从远处一看就能清晰辨别其地域性，如顺德会馆的山墙则为镬耳式山墙，墙头与背脊会设计一些精致的纹样，常见的有龙舟脊和卷草脊。山墙背脊上运用了卷草纹做装饰。广行商人喜爱利用大量木材进行装饰，所以广行建筑常出现大量精美的木雕，主要以贴雕和通透雕技艺为主。拿顺德会馆来说，顺德会馆木质贴雕与通透雕都有，雕刻图案主要为松鹤、花草，寓意松鹤延年，部分主体建筑的木雕还镀了一层金边，给人一种富丽堂皇之感。高州行在会馆建筑装饰上的典型符号为栩栩如生的彩绘、壁画，常运用在主体建筑的前檐两侧及内部墙体或窗边上，彩绘主要是一些带有故事性的画面或带有好运寓意的图画。

除了外来的闽商与粤商两大商帮修建的会馆，本地商帮琼商的会馆建筑因建立时期接近西洋文化传入中国的民国时期，其建筑呈现中西合璧的特色。现存琼山会馆建筑平面布局则更多地使用了中国传统院落布局，建筑立面显然受西方文化影响，带有巴洛克风格，立面四柱三间的券拱门抱厦，但装饰细节又带有明显的中式传统元素。屋顶脊饰雕刻采用嵌瓷，由带有不同色彩的陶瓷边角料进行拼贴组合成吉祥双凤图案，其色彩鲜艳，装饰性较强（图6、图7）。

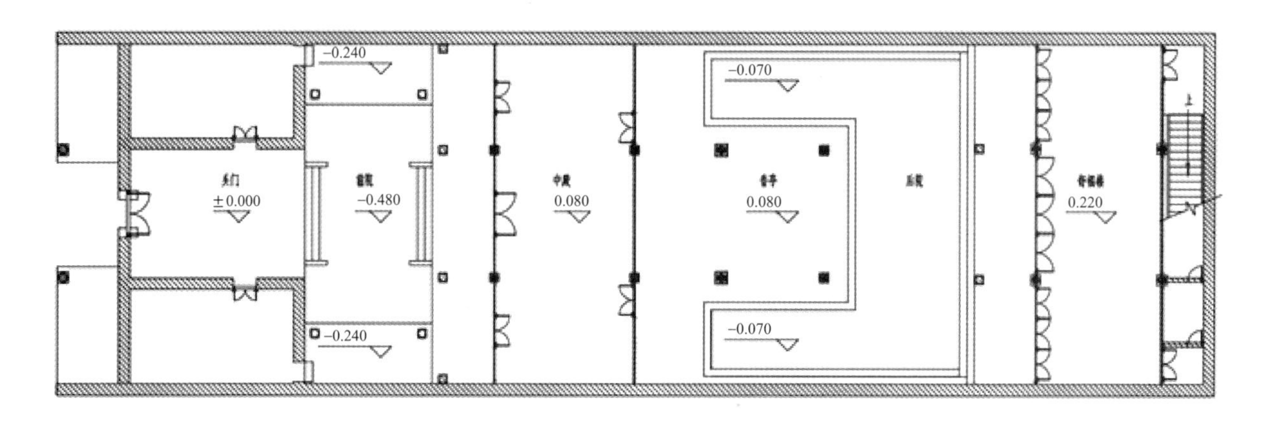

顺德会馆整体剖面图

图3 顺德会馆总体平面与剖面图
（来源：作者自绘）

图4 潮州会馆石刻浮雕

图5 潮州会馆石刻商字图案

图 6　琼山会馆报厦正立面

图 7　琼山会馆嵌瓷文化

三、“走出去”的会馆——文化的移植

公元 1858 年，第二次鸦片战争后清政府被迫与英、法、俄、美签订的《天津条约》所规定的通商口岸中就有海南的琼州，自此海南被迫对外开放。随着海南岛移进大量移民及外来商人，海南经济得到快速发展。本地商人有了资金，便开始向海外寻找发展机遇，同时带去了海南会馆建筑分馆以及妈祖庙。当然，还有部分原因是海南居民前往海外留学，为了方便联络从而修建海南会馆建筑。18 世纪至 19 世纪，海南商人开始迁移至海外发展并创建海南会馆。据统计调查，由海南商人移植出去的海南会馆共有 309 所，其中泰国 111 所，马来西亚 91 所，新加坡 56 所，中国 26 所（海南岛除外），印度尼西亚 19 所，越南 13 所，柬埔寨 11 所，美国 8 所，加拿大 5 所，澳大利亚 4 所，文莱 2 所，新西兰、法国、苏里南和缅甸各 1 所[7]（表 2）。

表 2　国外代表性海南会馆建筑名单列表[7-8]

名称	所在地	创建时间
新加坡琼州会馆	新加坡	1857 年
马六甲琼州会馆	马六甲	1869 年
太平琼州会馆	太平	1869 年
槟城琼州会馆	槟城	1870 年
麻坡琼州会馆	麻坡	1882 年
新山琼州会馆	新山	1883 年
关丹琼州会馆	关丹	1891 年
巴生琼州会馆	巴生	1894 年

续表

名称	所在地	创建时间
雪兰莪琼州会馆	吉隆坡	1889 年
安顺琼州会馆	安顺	1895 年
古普琼州会馆	古普	1898 年
永平琼州会馆	永平	1900 年
陈厝港琼州会馆	陈厝港	1880 年
新山海南会馆	新山	1881 年
纳闽海南会馆	纳闽	1890 年
宜力琼州会馆	宜力	1900 年
嘉定琼州会馆	嘉定	1824 年
柬埔寨琼雷会馆	柬埔寨	不详
文莱琼州会馆	文莱	不详
南加州琼州会馆	南加州	不详
悉尼琼州会馆	悉尼	不详

1. 文化背景的移植

妈祖虽然是外来神，但由于海南岛独特四面环海的自然环境和大量福建移民分布，其香火长盛不衰，使其发展成为民间信仰的重要组成部分。同时，由于历史地理的原因，海南人很早就到海外经商或谋生，海南人侨居海外，不仅带去了本土商品，也带去了中国传统文化。天后信仰以海南为中转站，进一步传播到新加坡、马来西亚等华人集中的地方，如新加坡琼州会馆祭祀天后，其神龛楹联曰：“海波不扬，长荷慈航宏利济；坤德能载，永教琼岛仰帡幪。”马来西亚的会馆，几乎都奉祀妈祖，和海南本土的信仰神灵，如水尾圣娘、一百零八兄弟公。海南会馆，让身在海外的海南华侨获得同乡的照顾帮扶和情感慰藉，在传统文化和当地文化的不断融合中，在海外形成了独特的华侨群体信仰文化[9]。

2. 外化符号的移植

移植海外的海南会馆早期多以庙宇式建筑形制存在，且多是妈祖庙与海南会馆相结合，其功能也是结合相加而成，主要用于海外商人联络、临时住宿场地或者是祭拜天后、私塾、职业介绍、丧葬事务及排难解纷的场所，甚至还设立有医疗所。海南华侨群体深受儒家商贸文化的影响，同时在海外也受到外来西方意识形态的浸染，其改良后的儒商形象需要以外化符号来表现，因此海南会馆成为符合其华侨阶层的新身份的表达。海南会馆与天后宫结合式的建筑多为多层宫殿式楼宇建筑形制，例如马六甲兴安会馆天后宫和雪隆海南会馆天后宫。两馆建筑均为中国传统坡屋顶，并增加了斗栱和飞檐翘角，在装饰纹样上也采用了独具中国风味的龙凤图腾及木雕，局部则结合了当地的地域特色和建筑风格，使中西方建筑元素达到融合（图 8、图 9）。

图8　马六甲兴安会馆天后宫侧面

图9　雪隆海南会馆天后宫侧面

虽然由于地域演变与风俗习惯的相对变化，使得海外的海南会馆呈现在建筑本体上，由于坐落于市中心繁华地带，因此建筑层数偏高，打破了传统会馆建筑以平面为延伸的布局形式，会馆以多层建筑形式出现，且建筑带有中西杂糅的装饰特色。但是原有的传统中国文化理念仍然扎根于华侨的灵魂深处，因此屋顶为典型的中国传统屋顶形制，远处一看便能辨别其风貌，而屋脊的卷草、鳌鱼等装饰元素则明显受到传统海洋文化的影响。会馆在中国社会近代化过程中，既保存了传统，又积极推进着社会变迁，在当今海外华人社会仍继续发挥积极作用。

四、结语

海南会馆的发展，比起内地明晚期和清早期的发展要晚一些，海南的会馆于清中期后才逐渐繁荣。伴随着清朝康乾时期禁海令的解除，海陆交通的兴建，西方思潮的不断输入，民族意识的蓬勃，琼州通商口岸的开放，海南会馆呈现出蓬勃发展的态势。后期外国资本主义的侵入，科举制度的取消，工商组织新法令的颁布，又加速了地缘组织商会的式微，因此在海洋文化背景下，海南会馆的发展在历史形态方面呈现出阶段性、动态性，价值取向上呈现出交融性、创新性等特征[10]。

以海洋文化为背景，分析海南的会馆建筑，有助于把握会馆作为海洋文化发展从而带动商贸发展强有力的凭证。重新回顾会馆"走进来"与"走出去"而带来的文化转译与移植，可以看到天后地方神祇，其重要意义在于通过祀奉故乡之神来体现维护乡谊、逐利谋生、求发展、保平安等多方面诉求，其设立意义在于为会馆这一社会性行业组织构建集体认同的途径。在清朝商品流通优于商品生产的社会历史条件下，会馆自然也沿海南岛的海岸线兴起与繁荣。海洋—港口—商品流通—沿海城市—会馆便构成了一个有机的整体，从某种意义上说，会馆的有无及数量的多少也反映了海洋文化和城市商贸的盛衰。这也同样可以解释，随着海南南部城市陵水、崖州的海洋商业败落，为何当地的会馆也逐渐衰落[11]。

海洋文化具有明显的涉海性与动态性，海南会馆在闽粤文化"走进来"和侨乡文化"走出去"的双重推动下，通过闽、粤、琼特定地域文化在当地进行物化转译，获得与当地传统文化的对接，呈现出混合性、兼容性特点。同时，由于中式的儒家商贸文化影响以及外来西方意识形态的浸染，海南华侨群体需要以明确的建筑及装饰的外化表现来体现其改良后的儒商形象，因此会馆必须符合其华侨阶层新身份的表达[12]，通过海南会馆的外在形象完成其身份重构过程。同时也能看出移民文化、商贸活动、聚落发展也是影响海南沿海边界的关键因素，以会馆为切入点研究海南城市的变迁，可以更好地理解扼守南海航道咽喉的海南岛地位的重要性。

参考文献

[1] 周均美．中国会馆志［M］．北京：方志出版社，2002.

[2] 徐晓望．论中国历史上内陆文化和海洋文化的交征［J］．东南文化，1988（Z1）：1-6+12.

[3] 何炳棣．中国会馆史论［M］．台北：学生书局，1966.

[4] 刘正刚，唐伟华．从会馆看清代海南的发展［J］．海南大学学报（人文社会科学版），2001（3）：39-43.

[5] 谭棣华，曹腾騑，冼剑民．广东碑刻集［M］．广州：广东高等教育出版社，2001.

[6] 陈琳．明清琼雷地区祭祀建筑研究［D］．广州：华南理工大学，2017.

[7] 刘福铸．海南岛妈祖文化传播状况、原因与影响［J］．妈祖文化研究，2019（3）：37-57.

[8] 王日根．乡土之链——明清会馆与社会变迁［M］．天津：天津人民出版社，1996.

[9] 王元林，邓敏锐．明清时期海南岛的妈祖信仰［J］．海南大学学报（人文社会科学版），2004（4）381-386.

[10] 沈旸．会馆三看：历史·城市·建筑［J］．世界建筑导报，2013，28（4）：11-13.

[11] 沈旸．丛问集：礼仪秩序与社会生活中的中国古代建筑［M］．上海：同济大学出版社，2019.

[12] 魏峰，郭焕宇．近代厦门侨乡民居建筑装饰的审美文化特征［J］．建筑遗产，2019（1）：69-74.

基于多源数据的古城空间活力及其影响因素研究——以南安市丰州古城为例

苏　玉[1]　张　杰[2]

摘　要： 本文选取福建省南安市丰州古城作为研究对象，旨在通过多源数据分析和现场调研，利用 ArcGIS 对古城空间活力及其影响因素进行量化；其次是利用 SPSS 平台将两者进行相关性分析，探究开发强度、交通可达性、功能多样性和历史资源聚集度 4 个指标对古城空间活力的影响，并提出古城活化策略。

关键词： 丰州古城；多源数据；活力提升

一、 引言

长久以来，城市规划学研究主题离不开“空间”。近年来，“空间活力”为与之关联密切的又一热点。前者往往被视为决定后者的基础，后者又常被看作是前者的目标，二者相互呼应、相辅相成。随着经济的快速发展和数字化时代的到来，人们的生活方式也随之改变，历史古城难以满足人们生产、生活需求。当前，许多历史古城凋敝，亟须复兴。传统城市分析中的数据主要来源于大数据，缺乏自下而上的小数据分析方法。随着数字化时代的到来，多源小数据，如百度热力图、开源地图（OSM）、兴趣点（POI）等，因其自下而上、覆盖范围广、更新速度快等特点，在城市规划领域已得到广泛运用[1]。这些新型数据手段不仅打破了传统数据的局限，还为探索和提升历史古城空间活力提供了全新的研究路径。此外，目前的已有研究多局限于工作日与休息日，本文添加节假日期间数据样本，增加了对不同时段古城空间活力情况的全面分析。

在历史上，丰州古城曾是闽南地区的政治、经济和文化中心[2]，其空间活化对于研究闽南文化、海上丝绸之路、泉南宗教文化、宗族文化、红色文化、闽南建筑营造、华侨文化等都具有重要的学术研究价值与现实意义，同时对于丰富地方文化资源，推动社会、经济、文化的发展都具有积极的意义。

二、 空间活力及其影响因素分析

1. 空间活力分布特征

百度热力图通过手机用户的实时位置信息，统计特定区域内的实时活动人口数量，通过密度分析处理后在百度地图上以可视化的方式呈现[3]。本文选取南安市丰州历史古城 2024 年 4 月 19 日至 5 月 3 日连续两周的热力图，并于整点每间隔 2 小时进行截取，共获取 112 张百度热力图。同时，将从百度地图获取的热力图导入 ArcGIS（世界领先的地理信息系统构建和应用平台）进行地理校准，并通过掩膜技术提取丰州古城范围内的热力图数据信息。分析工作日、周末及节假日丰州古城的相对热力值在时间和空间上

1　华东理工大学硕士研究生在读，200237，yusu1002@126.com。
2　华东理工大学教授、博士生导师，200237，zhanggjietianru@163.com。

的分布规律，结果显示，丰州古城空间活力在时间上呈现出“节假日 > 周末 > 工作日”、空间上呈现“南高北低、东高西低”的分布特点（图1）。

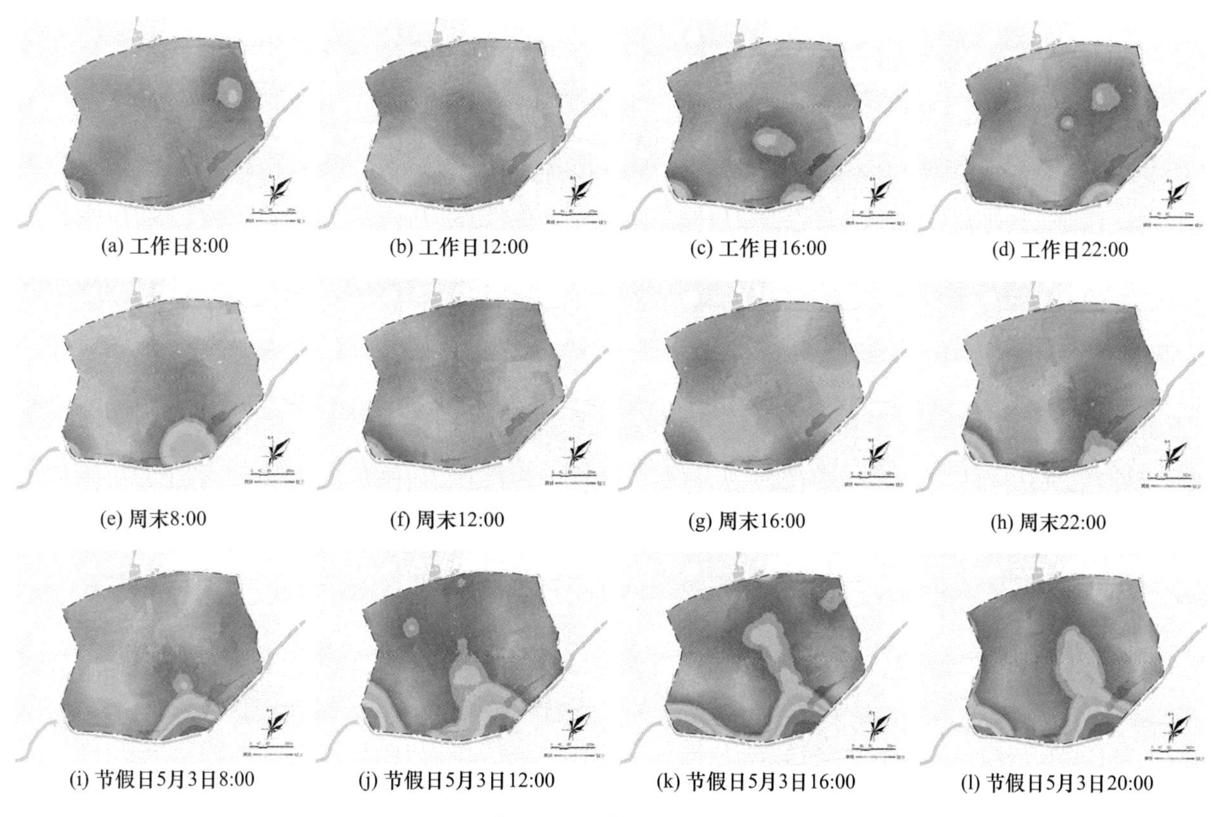

图1　工作日、周末、节假日相对热力值分布图

2. 影响因素空间分布特征

（1）开发强度

① 建筑高度

根据现场调研结果，丰州古城内多数建筑为一层和二层建筑，这些建筑物主要集中在城区的中心区域；三层建筑较为分散，主要分布在城区的较边缘区域；四层及以上建筑较为稀少，主要分布在古城区北部、南门街道路两侧和南部边缘（图2）。从面积及其占比来看，古城区内一层建筑占地面积占比最高，整体上超过总占比的1/3；二层建筑占地面积占比16.30%，建筑面积占比为7.91%，其总建筑面积与占地面积之比约为2∶1，这符合二层建筑的特点；三层及以上建筑则体现出更高的空间利用效率，尤其是四层及以上建筑，其建筑面积占比显著高于其他层数的建筑（表1）。

② 建筑类型

从建筑类型的分布来看，现代风格建筑在古城中占据了绝大部分，其占地面积和建筑面积分别为79.71%和76.64%。传统风貌建筑则主要集中在城区的中心区域，其占地面积和建筑面积分别为18.79%和21.01%（表2）。这些传统风貌建筑是古城历史文化的载体，其数量相对现代风格建筑而言仍显不足。此外，番仔楼和洋楼等具有特定历史和文化价值的建筑类型在古城中数量稀少，其占地面积和建筑面积占比均极小。从传统风貌建筑和现代风格建筑的分布来看，该城区在现代化发展的同时，仍保留了一部分传统建筑（图3）。

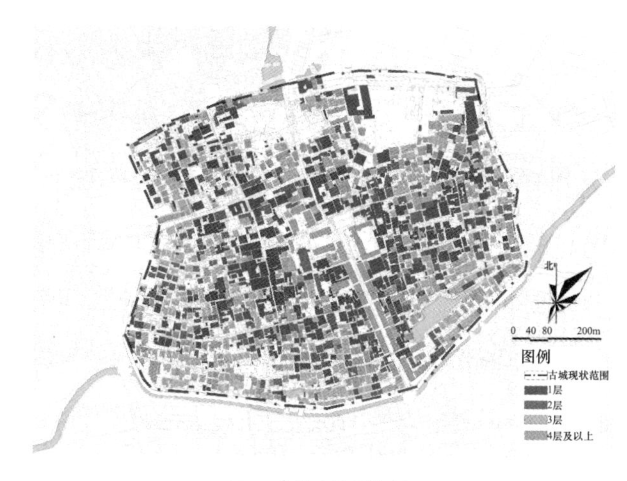

图2　古城建筑层数分析

表 1　古城现状建筑层数情况表

建筑层数	占地面积/m^2	建筑面积/m^2	占地面积占比/%	建筑面积占比/%
一层	76862	76862	36.39	8.83
二层	34433	68867	16.30	7.91
三层	58833	176498	27.85	20.27
四层及以上	41101	548305	19.46	62.99

表 2　古城现状建筑类型情况表

建筑类型	占地面积/m^2	建筑面积/m^2	占地面积占比/%	建筑面积占比/%
传统风貌建筑	39697	182934	18.79	21.01
番仔楼	3053	19554	1.45	2.25
洋楼	118	833	0.06	0.10
现代风格	168362	667211	79.71	76.64

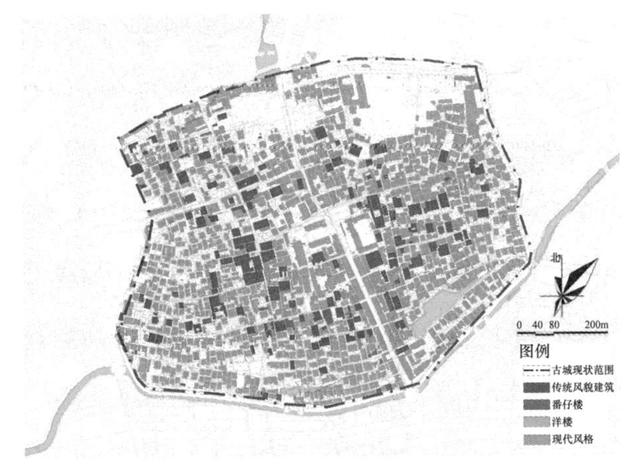

图 3　古城建筑类型分析

（2）交通可达性

① OSM 路网数据分析

本文通过将 OSM 平台获取的相关数据导入 ArcGIS 分析，得出古城内共有 76 个兴趣点。根据古城现状道路网结构分析得出：古城内的街巷结构与城门的设置之间存在联系（图 4）。由于丰州古城四门不相对，故而南街、东街、西街、顶街四条主街长短不一。四门丁字街由于战争原因进行了弯曲处理，使得城门不相对，形成丁字口路，城内其余街道均是长街短巷的“丁”字形。南街、东街与西街均始于县署，其余巷路较短，多数长街呈丁字交叉，街道等级清晰（图 5）。

② 道路宽度

古城主路南门街现宽度为 9～20m，燕山路现宽度6～20m，侨中路现宽度为 18m，武荣街现状宽度为 15m，古城现状以横向次路为主，宽度均不足 4m。纵向次路仅顶街、桃源街，宽度 4～6m 不等，且古城内无规范停车场。古城历史街巷中南门街、燕山路两侧建筑与街道尺度变化幅度极大，部分街巷空间极为压抑，部分路段则较为空旷，沿街存在较多多层建筑，影响了街巷整体视线感受与空间延续性。从街巷空间 *DH* 比值来看，*DH* 比值接近 2，空间上围合且街巷空间舒适[4]，古城中仅南门街和燕山路部分 *DH* 比值在该范围内；西门街、长源巷、东门街、御史巷街巷空间 *DH* 比值均较低，街巷空间较为压抑，街巷宽度狭窄，人行舒适度较差，但沿街整体风貌较为完整，视线感受与空间延续性较好（表 3）。

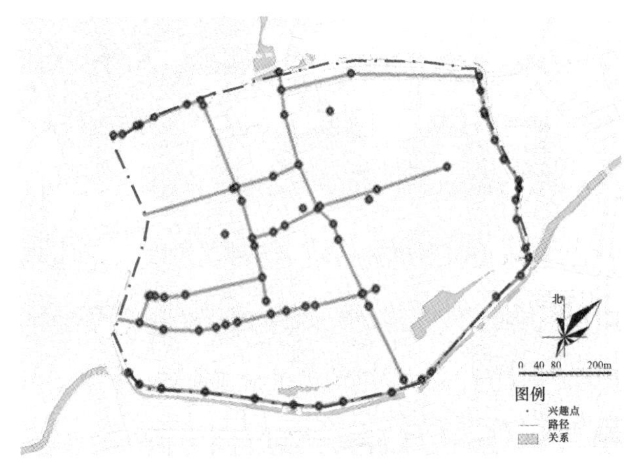

图 4　OSM 道路网数据分析

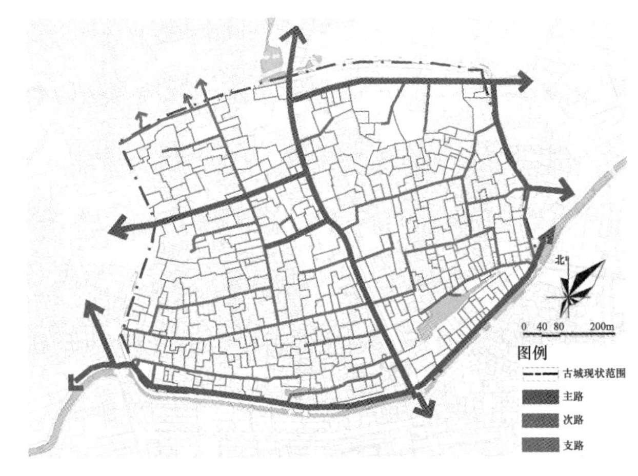

图 5　古城现状道路分析

表 3　古城历史街巷空间分析表

类别/m	街道长度/m	*D*（街道宽度）/m	*H*（建筑高度）/m	*D/H*
南门街	728	6～7	3.5～24.5	0.24～2
燕山路	543	5～12	3.5～21	0.23～3.43
西门街	587	1.7～4	3.5～28	0.1～1.14
顶街	519	2.5～6	3.5～10.5	0.24～1.71

续表

类别/m	街道长度/m	D（街道宽度）/m	H（建筑高度）/m	D/H
长源巷	201	1.5～2.6	3.5～10.5	0.14～0.74
东门街	205	2.5～4	3.5～14	0.18～0.14
御史巷	126	1.8～4	3.5～14	0.13～1.14
DH 比值分析：DH 比值<1，街巷空间压抑；DH 比值=2，空间上围合，街巷空间舒适；DH 比值>3，空间围合度低，街巷空旷。				

（3）功能多样性

本文结合现场调研和规划云 POI 数据分析，对丰州古城内建筑功能进行分析处理。通过处理后共分为四大类，包括居住类（70.28%）、公共类（9.29%）、商业类（13.36%）、商住公混合（7.06%）（表4）。古城内主要以居住功能为主，北部及东部功能密度低于西部及南部。古城南北向主要街道南门街为商业街，与古城北部居住区和南部商业区相连，故而南部热力值高于北部区域。西部燕山路和西门街道路两侧主要以商业功能为主，与西侧公共区域毗连，因此古城西部平均热力值高于东部（图6）。

表4 古城现状建筑功能情况表

建筑功能	占地面积/m^2	建筑面积/m^2	占地面积占比/%	建筑面积占比/%
居住	179594	55999	70.28	53.25
公共	23757	284154	9.29	27.02
商业	34149	136713	13.36	13.00
商住公混合	18028	70775	7.06	6.73

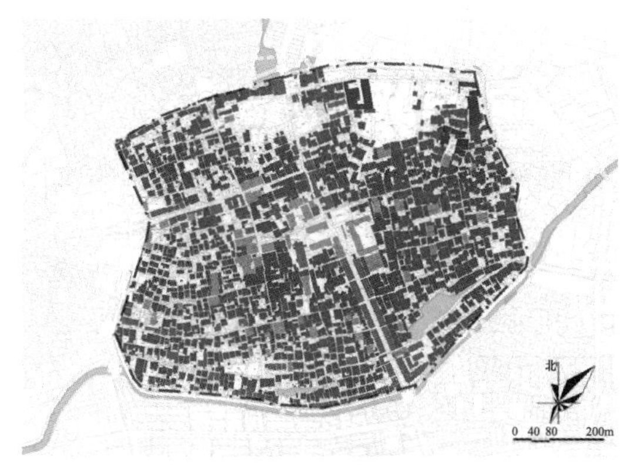

建筑物功能分类结果

居住类建筑空间分布

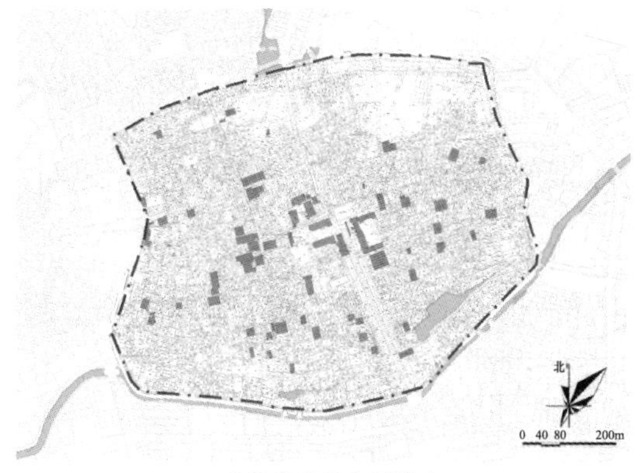

公共类建筑空间分布

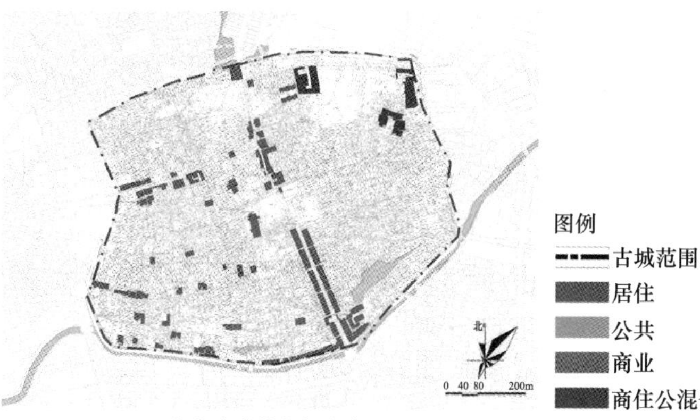

商业类建筑空间分布

图6 古城建筑功能分析图

（4）历史资源聚集度

丰州古城的历史要素包括各级文物保护单位18处、历史建筑5处、建议历史建筑25处和传统风貌建筑36处（图7、图8）。古城内历史环境要素共涉及古城墙遗址、古树名木、护城河/池浦/古井、古桥、古石碑5类，共87个点位（图9）。古城历史资源主要是围绕古城中心向四周散布式分布，其中在东、西、南三部分分布远高于北部区域，东北角几乎没有历史资源的分布。结合现场调研及历史街巷分类结果，将一类历史街巷和二类历史街巷确定为风貌保护街巷，共16条（图10）。

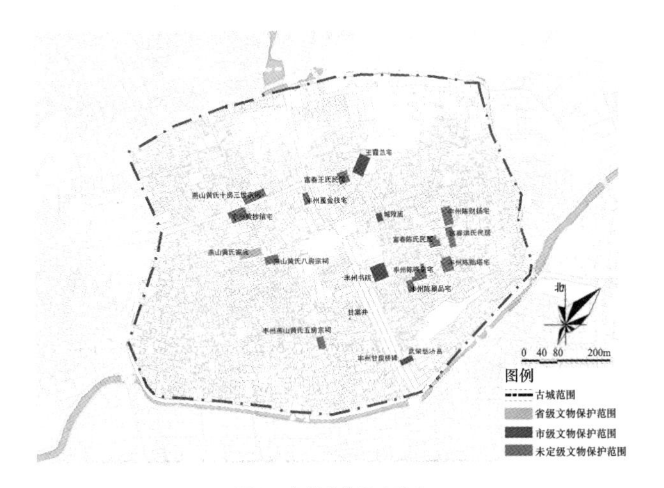

图 7　文保单位及文物点

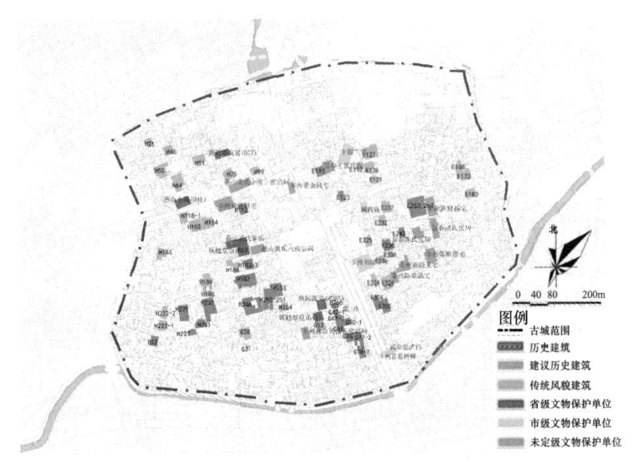

图 8　历史资源分布图

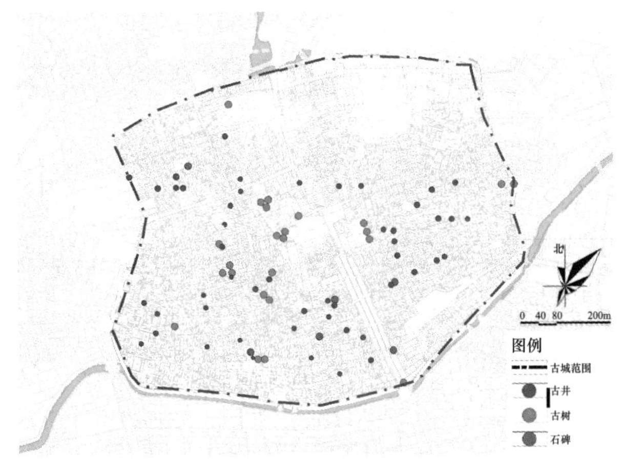

图 9　历史环境要素分布

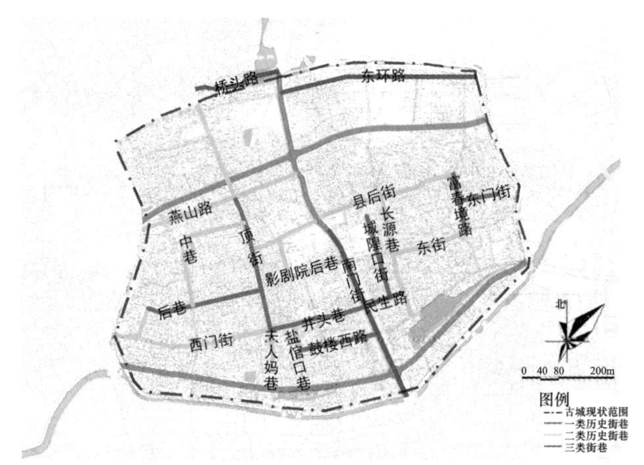

图 10　历史街巷分布图

三、　相关性分析及优化策略

1. 相关性分析

为使研究更具科学性，本文以丰州古城百度热力图为基础数据，利用 SPSS（社会科学统计软件包）相关性分析平台研究古城的空间活力与古城开发强度、交通可达性、功能多样性和历史资源聚集度 4 个指标对古城空间活力在工作日、周末和节假日的相互关系[5]。相关性分析用于测量和分析两个或多个变量之间的线性关系或关联程度。它可以帮助研究者理解和量化变量之间的相互关系，从而揭示它们是否以及如何相互影响。

从相关性分析结果来看，所有相关系数均为正值，即开发强度、交通可达性、功能多样性和历史资源聚集度与丰州空间活力均呈显著的正相关关系（表 5）。其中，功能多样性和开发强度是影响丰州古城空间活力的最显著因素。从交通可达性结果来看，路网密度相对于道路宽度而言，道路宽度与古城空间活力的相关性较弱，这是由于古城的部分历史街巷较窄且格局较为固定，改造空间有限。历史要素分布与古城空间活力也呈正相关，尤其在周末和节假日相关性更为显著。从工作日、周末和节假日的对比整体上来看，节假日活力 > 周末 > 工作日。在工作日，古城空间活力更多地受到开发强度和功能多样性的影响，而在节假日和周末，交通可达性和历史资源聚集度对古城空间活力的影响更为显著。

表 5　工作日—周末—节假日的空间活力及其影响因素相关性分析

指标	因子	工作日空间活力	周末空间活力	节假日空间活力
开发强度	建筑高度	0.423**	0.397**	0.402**
	建筑类型	0.113**	0.125**	0.108**
交通可达性	路网密度	0.341**	0.391**	0.404**
	道路宽度	0.141**	0.165**	0.209**
功能多样性	功能混合度	0.435**	0.415**	0.408**
历史资源聚集度	历史要素分布	0.256**	0.304**	0.357**

注：**表示在 0.01 级别（双尾），相关性显著。

2. 优化策略

（1）定位活化

根据《泉州名城规划》《泉州国土空间规划》《南安国土空间规划》对古城的发展目标和定位要求，梳理丰州古城的建筑风格、商业特色、闽南文化、海丝文化等独特元素，并结合古城的功能布局和活动类型，打造主题鲜明、价值突出的特色古城，提升丰州古城的历史文化品牌价值。充分发掘丰州“海丝源头”和“闽南文化发祥地”的文化内涵，着力将丰州古城打造成为闽南文化共同家园的“文化之根”，突出丰州“闽南文化”核心地位，强化闽南山水古城特色空间营造，建设古城遗产保护利用典范，构建整体性的历史城区保护体系。

（2）线路活化

线路活化是通过优化古城的线路规划和设计，提升其可达性和游览体验。结合古城内道路现状，构建“三纵四横”的主路网体系，梳理街巷体系形成“井”字形内部结构，串联古城内的主要景点、文化节点和历史遗迹，形成环形或串联型的游览路径，方便游客有条不紊地参观。此外，优化古城内外的公共交通网络，提升其便捷性和通达性，具体表现为：结合旅游集散中心布置公交场站，借助215省道上的2条公交干线，增加古城内公交线路。引入智慧旅游技术，提供实时导航、信息查询、在线预约等服务，增强互动性和便利性，让游客更深入地体验丰州古城的文化和历史[6]。

（3）空间活化

丰州古城内部现状为水系污染严重，未形成滨水空间，建设用地功能混乱、缺乏文化设施用地。针对古城绿地水系的活化，按照“公共绿地＋景观水系＋广场”分级分类提升其空间活力。如结合护城河、东浦、西浦等主要水体所配置的滨水景观绿带，增加滨水游园；结合城门入口、宗祠门前场地、城庙入口等设置主题广场。同时，结合重要街巷相交的十字路口空地改造而成的街头广场、口袋公园、家庙宗祠前规划社区广场，作为分散到各居住区域内部的社区活动空间，以此提升社区空间活力。

四、结论

丰州古城作为一座具有深厚历史文化底蕴的城市，有着其独特的地理优势。为了全面理解其空间活力的现状及其影响因素，本研究首先结合现场调研以及多源数据分析，利用ArcGIS对古城空间活力及其影响因素进行量化。接着，通过SPSS相关性分析平台将古城空间活力分别与丰州古城开发强度、交通可达性、功能多样性和历史资源聚集度4个指标进行分析，探究其对古城空间活力的影响。研究发现，丰州古城空间活力在时间上呈现出“节假日＞周末＞工作日”、空间上呈现出“南高北低、东高西低”的特点。在相关性方面，功能多样性和开发强度对空间活力的影响最为显著，其次是交通可达性和历史资源聚集度。最后，基于相关分析结果和古城特点，提出定位活化、线路活化、空间活化等古城活化策略，以期实现古城文化传承与现代需求之间的平衡，加强文化自信，提升丰州古城的生活和经济价值。

参考文献

［1］LOUAIL T，LENORMAND M，ROS O G C，et al. From mobile phone data to the spatial structure of cities［J］. Scientific Reports，2014，4：5276.

［2］林培元.《武荣纪事》：镜头里的“闽南文化”［J］. 新闻研究导刊，2015，6（11）：185＋200.

［3］王晓草，刘一光，禚保玲，等. 基于多源数据的历史文化街区空间活力及其影响因素研究——以青岛市历史文化街区为例［J］. 上海城市规划，2023（4）：147-153.

［4］杨浩然，王靖涵，肖志高. 长沙历史街巷空间结构分析［J］. 家具与室内装饰，2022，29（5）：96-99.

［5］张敏. 历史街区的旅游活力研究［D］. 南京：东南大学，2021.

［6］张佳佳，杨丽. 多感官体验下平遥古城旅游体验研究［J］. 漫旅，2023，10（3）：16-18.

乡村振兴背景下的广西村落传统建筑保护利用策略研究——以田阳区巴某村实践为例[1]

姜智军[2] 何 祥[3]

摘 要： 国家乡村振兴战略指导下的乡村建设在广西取得了较大的成效。在乡村振兴建设中需要面对如何判别村庄历史遗存的价值、传统建筑的保护与利用、乡村新风貌如何保持、历史特色风貌的协调与延续问题。本文以广西百色市田阳区巴某村实践为例，系统提出传统建筑的识别、传统建筑保护与利用的方式、传统建筑在改造建设方案中的传承方式等策略研究，以期为广西其他村落的改造实践提供借鉴和启示。

关键词： 乡村振兴；传统建筑；识别挖掘；保护与利用；传承与延续

近年来，党中央、国务院高度重视历史文化遗产的保护与发展工作。广西历史资源的保护利用正在体制化、系统化推进落实。但乡村地区中的传统建筑缺少保护利用实践经验，具有保护价值的传统建筑正在逐步消亡，造成不可逆的损失。因此，加快对乡村传统建筑保护利用策略的研究，推广成功的保护利用实践经验，具有重大的社会文化意义。

一、 传统建筑定义

目前，广义的传统建筑概念包括在我国不同历史阶段、不同地域，能体现中华民族传统文化特色的所有建筑物等。为区别于法律地位明确及历史价值更高的法定概念文物保护单位、保护建筑、历史建筑等，本文所指的传统建筑取狭义的传统风貌建筑概念，一般为未公布为文物、历史建筑，但具有一定保护价值和建成历史，能够反映历史文化内涵和地方特色，对整体风貌形成具有价值和意义的建筑物、构筑物等。传统风貌建筑在保护措施和等级上比文物、历史建筑相对低一些，其保护与利用方式更灵活，为方便针对性表述，本文所称“传统建筑”即指狭义的传统风貌建筑。

二、 传统建筑保护与利用存在的问题

1. 功能无法适应现代社会需要

随着社会生产生活方式的变化，原有传统建筑所应对的过去历史时代的功能标的已经改变，导致其无法适应当代居住等使用需求。例如，现代民居不需要架空层饲养牲畜，需要开口较大的铝合金推拉窗改善通风采光条件、较大的居住房间面积等，同时对使用空间、通风、采光、卫生、隔音也提出了更高的要求。而传统建筑缺乏楼栋内独立厨卫房间，功能上无法适应现代居住生活的要求，同时也因建成年限长，建筑材料老化存在一定安全隐患，正在逐步地退出现代居住生活。

1 基金项目：2023 年教育部人文社科青年基金项目“西南民族地区建筑文化遗产数字化‘活态保护’机理与实践路径研究”（项目编号：23YJCZH073）。

2 广西壮族自治区城乡规划设计院规划三院副院长，530012，229344385@qq.com。

3 南宁职业技术大学教师，530000，syjzhexiang@163.com。

2. 传统建筑的消失造成地域文化传承出现断层

传统建筑正在人们的生活中逐渐被边缘化，不断地被拆除、重建或遗弃。而同时，随着传统建筑的逐步消失，一起消失的还有村庄发展的历史印记，如具有强烈地域特征的建筑材料、建筑色彩、建筑构件与符号装饰等。新生代居民因缺失地域文化载体的熏陶与影响，很难对自己生活的村落有较强的区域认同、特色认同、民族认同，导致地域文化的传承与发展出现断层。

三、 传统建筑保护与利用指引

1. 文化地理格局分区研究

文化地理格局分区研究主要包括广西区域文化格局、民族聚落区域分析。本研究重点对广西区内的民族、地域文化区域特征进行分区，在各区域内重点挖掘和保护相关主要脉络的历史信息实物。在民族分布区域重点挖掘相关民族特色的历史遗存，以甄别保护利用对象是否符合区域的、民族的历史文化特征脉络主线。

2. 传统建筑普查认定标准

传统建筑的各类价值评价体系与历史建筑的相应评价体系类似，应具有以下价值之一且相对突出者，方可纳入传统建筑备选名单，这几项价值包括：一是具有突出的历史文化价值；二是具有较高的建筑艺术价值；三是体现一定的科学技术价值。

3. 保护利用策略

（1）保护利用原则

保护利用原则主要包括合法利用、适度利用、多元利用、开放利用、文化传承、多方参与。

（2）活化利用方式

① 功能活化引导

一方面应鼓励传统建筑功能的延续，保留与建筑特征相契合的使用方式；另一方面，鼓励向传统建筑植入对公众开放的功能，实现其社会效益。

② 功能活化内容

乡村地区传统建筑功能活化内容一般包括以下几类场所设施，文化博览场所：如将衙署官邸、宅邸民居、名人故居等传统建筑改造为博物馆、纪念馆、展览馆、文化馆等；旅游服务设施：如将宅邸民居、学堂书院、驿站会馆、传统民居等传统建筑改造为特色酒店、青年旅馆、游客信息中心等。

③ 创新产权模式

传统建筑产权情况复杂，保护与利用应首先进行产权整理，才能顺利实现投入收益等一系列相关工作。产权整理模式主要有两种，一为社区持有产权模式，由传统建筑所在社区或村集体成立公司，代表社区或集体持有传统建筑产权，改造后使用权属于所在社区成员，植入功能多为社区服务；二为对私人产权的探索，即不改变产权性质，仅将使用权转移为社区所有的模式。

四、 田阳区巴某村传统建筑保护与利用概况

1. 基本概况

基于上述传统建筑识别挖掘、广西文化地理格局分区研究、传统建筑保护与利用方式的研究总结，结合广西百色市田阳区巴某村乡村振兴建设项目进行了系统实践。

2. 田阳区巴某村所属文化地理格局分区研究

巴某村位于广西西部以壮族文化为主的骆越文化区（和交趾越南一起保留了民族文化），主要聚居民族为壮族，所处区域所体现的民族风俗（非物质文化遗产）、生活生产习惯、建筑风格（物质文化遗产）主要以壮民族特征为主。

3. 巴某村壮族聚集区的传统建筑风貌特点

根据上文分析内容，巴某村位于广西西部以壮族文化为主的骆越文化区，其传统典型建筑风格主要体现桂西及桂西南的壮族干栏民居风格，其形态原始、立面朴素。又由于该地区经济、技术相对落后，木构装饰技术几无发展，因此形成了绝少装饰，建材原始自然、不拘一格的立面特征，以土生壮族民居为主。

该地区民居多采用夯土、泥砖筑墙，墙体厚重，开窗受到生土结构性能的限制，通常都较小，显得比木构干栏建筑要封闭；从山墙面看，建筑各层开有规则小窗，立面的虚实关系非常强烈，整体体量显得比木构干栏建筑要高耸。

4. 巴某村建筑风貌现状

巴某村民居主要为近十年建设的砖混结构，留存有少量土质墙体房屋。大部分现存民居不具有地方民族特色，村貌缺少协调，整体风貌不佳（图1）。

图1　巴某村现状鸟瞰图

5. 巴某村现状建筑分析

现状建筑多为裸露围护结构，主要有混凝土空心砌块、烧结多孔砖、外墙贴瓷砖、生土四种，其中以烧结多孔砖为主，共有 73 户；生土建筑仅 3 处（2 户，其中 1 处为配套房）。其中生土建筑基本为 20 世纪建筑物，其他混凝土空心砌块及烧结多孔砖、瓷砖立面建筑多为 10～20 年内修建。

从立面上看，具有民族地域特色风貌的建筑不多——立面材质、建筑风貌均反映历史、民族、地域特色的建筑为生土建筑（图 2）。

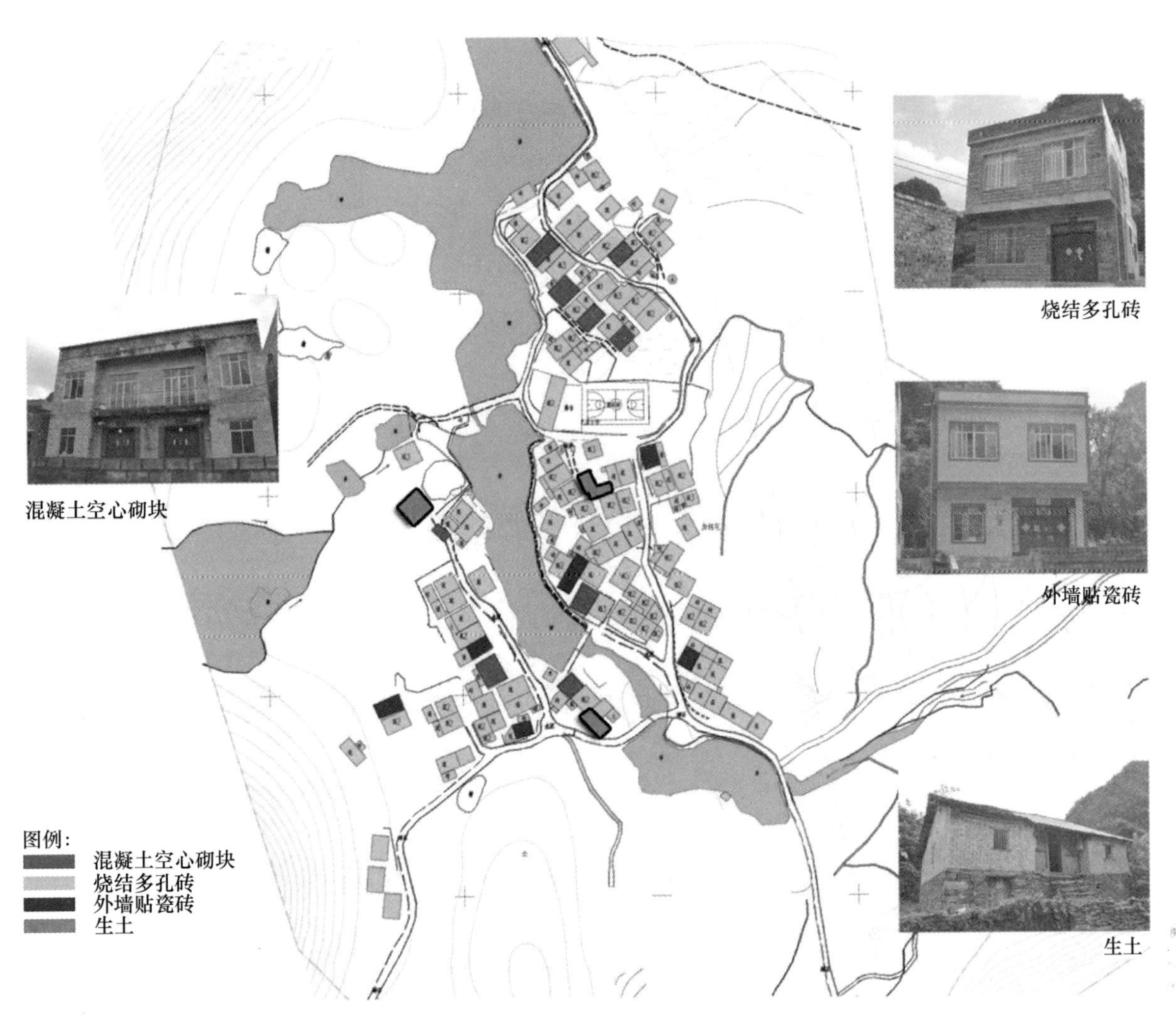

图 2　巴某村现状建筑分析图

6. 巴某村传统建筑识别挖掘

根据上文传统建筑认定标准，巴某村生土建筑符合传统建筑评价体系中的两种价值。一为具有较高的建筑艺术价值：反映 20 世纪相对较长时期内当地村落的建筑设计风格，具有典型性；建筑样式与细部具有一定的艺术特色和价值，反映了百色地区壮族建筑艺术特点，有一定代表性，具有群众心理认同感。二是体现了一定的科学技术价值，其生土砖、毛块石、毛片石均取自当地大量出产的天然材料，毛块石用于基座转角的加固，大量的毛片石用于垫高建筑底座，可以用于圈养牲畜；同时又防潮防水、隔绝雨水对生土砖的侵蚀，大大延长建筑的使用寿命。在生产力并不发达的时代，因地制宜的选材、因材施用的建设方案反映了当时较高的建筑工程技术水平。同时，其内部三角形稳定木质结构，有较强的稳定耐久性，体现了建筑结构在当时的先进性。

由此判断，该村的 3 处生土建筑，具备了判别传统建筑应具备三条主要价值的两条标准，达到最低满足一条标准的要求。

7. 保护利用的传统建筑选取

经过“三清三拆”环境整理后，本次巴某村共有 3 处生土传统建筑，1 号生土房位于邻水高台上，为邻水二层居住建筑。一层（架空层）为杂物层，其整体结构完整，细部构件及外立面破损较少，基本保持完整的历史风貌。该处建筑内部空间相对规整宽敞，具备改造成公共活动空间的潜力；该建筑位于村庄重要的滨水展示界面及潜在视觉节点。

经综合分析，从建筑的保持状态、建筑形式的典型性及风貌价值、建筑内部空间改造潜力（如空间大小、是否有窗），以及是否具有较强的风貌展示区位等几个方面出发，确定1号生土房为主要的修旧如旧保护利用对象，在保护原貌的前提下，进行建筑功能及空间转化利用。同时，2号、3号生土房的拆除也为1号生土房修葺提供了需要的同等材质的建筑材料，如生土砖、毛片石、灰瓦等，保障了1号生土房达到修旧如旧的效果（图3）。

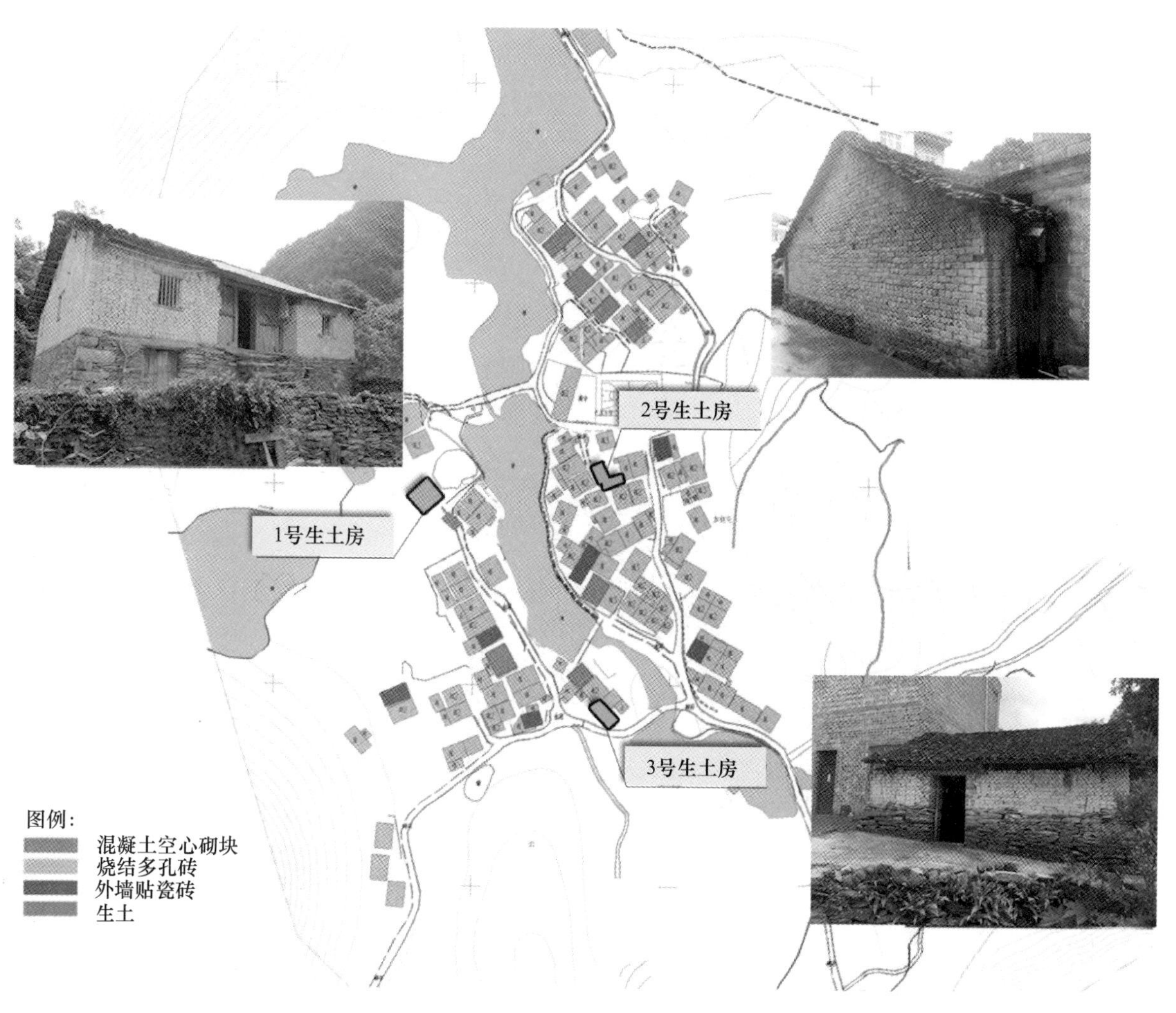

图3　生土房分布示意图

五、 巴某村传统建筑保护利用方案

1. 传统建筑保护及功能转换利用

（1）产权整理

本次案例1号生土房户主为本村居民，但属于一户二宅的情况，已有新建居所。为落实广西乡村建设“一户一宅”政策要求，同时也为实现传统建筑空间功能转换，协调村委，由村集体给予一定补贴以及相关补偿，将该传统建筑转为村集体所有，在产权共有的前提下，相关改造工作顺利启动。

（2）保护修缮方案

按修旧如旧的原则，采用周边村落及本村生土建筑拆卸下来的，属同历史年代的建筑材料进行替换和维修。并在传统建筑前院设置邻水退台式休闲广场，营造良好的绿化环境，提供村民聚集交流的休闲场地，同时也扩大传统建筑风貌展示界面（图4）。

（3）功能转换方案

鉴于本传统建筑内部空间相对较大，形状规整，为长方形平面，建筑空间应进行转换改造，应以支撑“文化+旅游”产业提升为目标，向村史馆功能转换。村史馆占地

图4　生土房修缮实景图

面积119m²，内部空间局部三层，使用面积约为166m²。村史馆是记录村史沿革、村落文化、民俗风情的重要载体。

村史馆主题以本村历史文化特色为背景，从前言、村居起源、领导关怀、民俗文化、实物展示、村貌变迁、产业发展、展望未来这八个方面，通过静态照片、视频影像及实物展示等形式进行展现。

村史馆的设计理念为既要保留传统的时光印记，更要有时代特色。尽量就地取材，利用当地乡土材料，如毛石、夯土、木材等；同时借助现代化的手段，如液晶屏、透光展板、铝材、钢材等；设计展示参观流线内容依次为：前言→村居起源→领导关怀→民俗文化→实物展示→村貌变迁→产业发展→展望未来（图5、图6）。

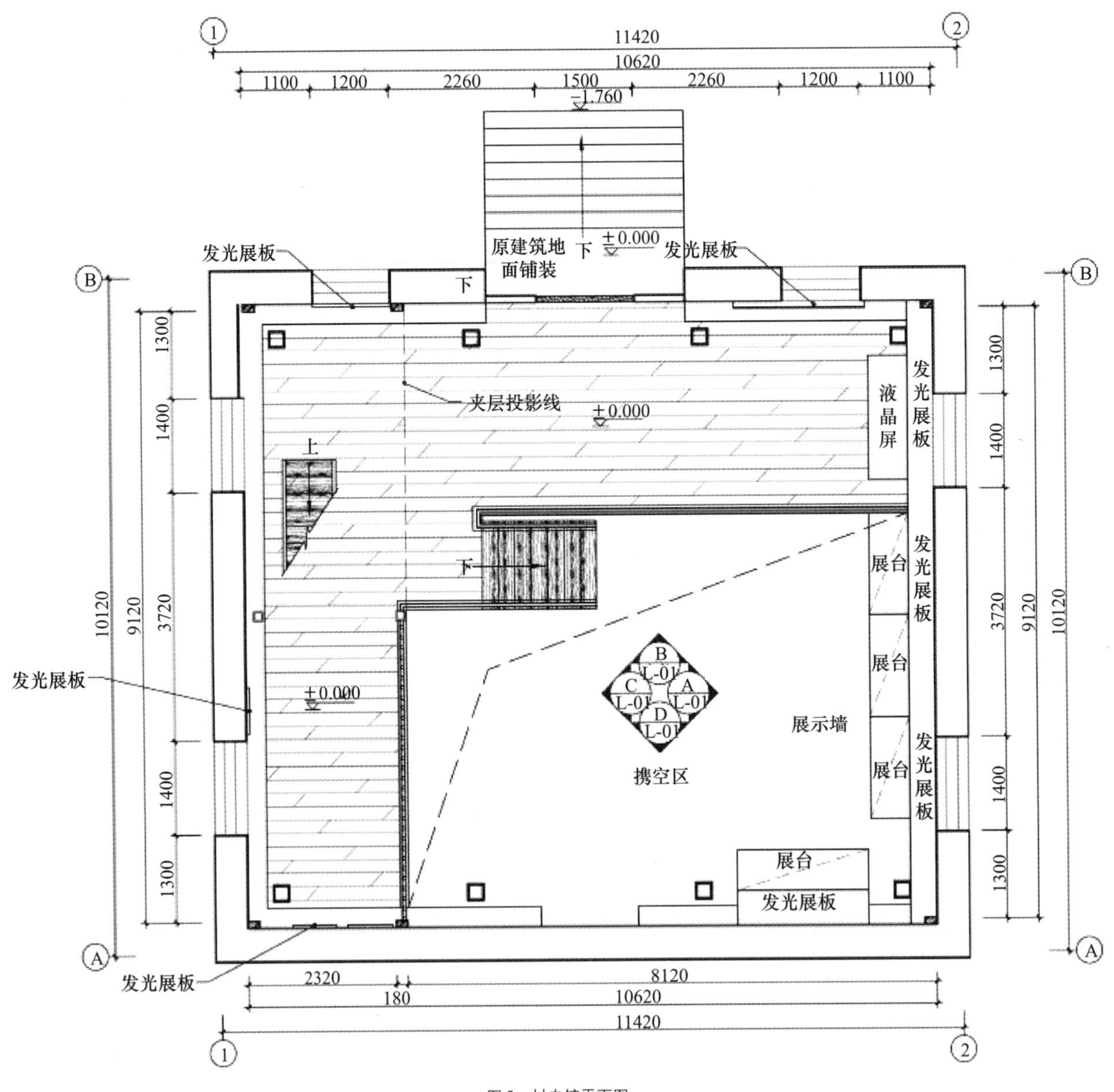

图5　村史馆平面图

图6　村史馆内部效果图

图8　传统建筑现状图（2）

2. 传统建筑风格在风貌改造建筑方案中的延续

（1）现状传统建筑设计元素分析

① 建筑形制

保护对象的传统建筑形制为壮族民居的干栏式建筑，用石材砌筑干栏底层，能够为牲畜提供更封闭安全的栖息环境，同时又有较好的防潮、防水性能。以生土为主要承重墙体材料和围护结构材料。生土就地取材，造价低廉，同时又可节省木材，而且建筑的热工性能好，冬暖夏凉（图7、图8）。

图7　传统建筑现状图（1）

② 建筑色彩

建筑立面及色彩：巴某村传统建筑以灰色、土黄色为主色调，朴素自然（图9）。

图9　传统建筑色彩分析图

③ 建筑材料

建筑材料主要包括：屋顶采用小青瓦；墙基用当地的毛块石、毛片石；墙体为泥土、砂、石灰、稻草、纤维混合而成的生土砖墙；门窗采用当地的杉木、松木制成（图10）。

④ 细部构件

该传统建筑整体朴素、简约，装饰极少。窗为直棂窗，门亦简单，无装饰（图11）。

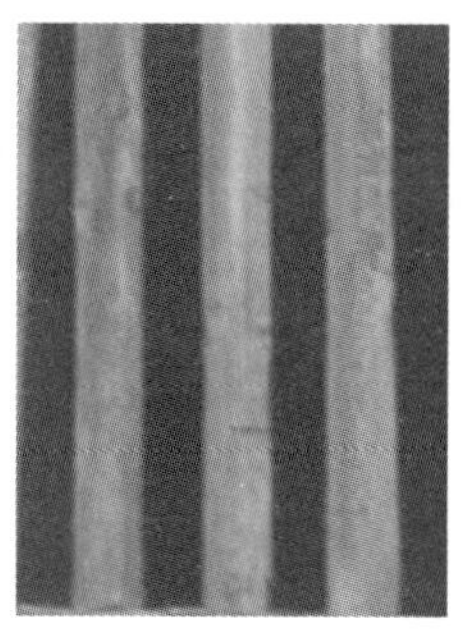

图10　传统建筑材料分析图

（2）传统建筑设计元素在建筑改造方案中的传承

① 建筑改造方案

风貌改造方案以当地传统建筑的灰色、土黄色为主色调，整体风格朴素自然。就地取材，以墙漆还原传统生土墙的质感，用当地杉木制成格栅，提取壮锦元素，营造亲切自然的乡土气息（图12、图13）。

图 11　传统建筑构件分析图

图 12　建筑改造方案图

图 13　建筑改造方案元素分析图

建筑周边环境改造也突出在质感及形式上对传统建筑的传承，以当地传统建筑的灰色、土黄色为主色调，以墙漆还原传统生土墙的质感，用当地杉木制成楼梯、格栅，用毛石粒、毛石块打造微景观，营造亲切自然的乡土气息（图 14）。

风貌改造设计方案从当地壮族历史建筑汲取灵感，在建筑形制、立面色彩、建筑材料、细部构件上提炼出建筑改造的设计元素。建筑单体改造体现壮族传统干栏式建筑结构特征，以“灰、白、褐”为主色调，运用白墙、青砖、灰瓦以及仿木栏杆等元素和构件，使村落建筑充分融入“田园诗画、山水村庄”的美丽画卷（图 15、图 16）。

② 建筑改造方案实际效果

建筑改造最终方案与当地传统建筑保持了“神似”，坡屋顶、两段式的建筑外墙等，体现了与村里原有历史风貌文脉的传承协调（图 17、图 18）。

杉木以竖向木格栅还原直窗棂

墙漆还原传统生土墙的质感

毛石粒

毛石块

图 14 建筑改造方案环境设计图

图 15 建筑改造方案效果图（1）

图 16 建筑改造方案效果图（2）

图 17 建筑改造实景图（1）

图 18 建筑改造实景图（2）

3. 传统建筑保护利用成效小结

改造建成后的村史馆，是记录村史沿革、村落文化、民俗风情的重要载体。对于传承乡村记忆、村民德育教育起到了非常重要的作用。也为村民提供了一个公共聚会的空间，从文化传承到日常使用都提供了非常重要的支撑。

在村庄整体风貌改造的建筑方案中，从传统建筑中多方面吸取设计元素，如深色架空层墙体贴面、下深上浅的两段式墙面、深灰色坡屋顶、简朴直棂窗竖向线条构件等形式融入改造建筑方案中，对传统建筑的风貌及特色进行了应用下的再创作，实现了村落建筑文化的传承，赢得了村民内心对改造建筑方案的认可。改造建筑方案也取得了与传统建筑在风貌上的协调，一老一新，使得改造后的村庄建筑风貌具有时间层次性与多样性，强调了新旧映衬，村庄风貌更富有生气，结合村落山水格局以及民宿改造、环境改造，吸引了众多游客游览，初步实现了“文化 + 旅游”产业的推动目的。

六、 结语

传统建筑的保护利用任重道远，广西还有很多地区没有开展识别甄选、保护、利用工作。如何尽快地在已有的实践案例中提炼精华，总结出可推广的经验，解决乡村传统建筑遇到的保护利用难题，让传统建筑走上可持续保护和利用的道路，是目前亟须解决的问题。

希望本案例的实践研究，为今后乡村振兴背景下的广西村落传统建筑的保护利用提供一些策略启发，逐步落实乡村地区传统建筑的保护利用，实现更广阔的乡村地区能够保得住文化特色，“留得住乡愁”，实现在逐步更新建设中保留村庄特色文化。

参考文献

[1] 赵冶．广西壮族传统聚落及民居研究［D］．广州：华南理工大学，2012.

[2] 谭炳坤，叶昌东．广州市传统风貌建筑保护与利用策略研究［J］．美与时代（城市版），2024（1）：5-7.

[3] 高秘莲．基于地域文化探讨传统建筑对现代建筑的影响［D］．景德镇：景德镇陶瓷大学，2023.

[4] 沈建钰．传统建筑的保护与改造设计探究［J］．美与时代（城市版），2023（12）：17-19.

[5] 文丰，陆晓宁，王达炜．地域文化特色对建筑发展的影响——以广西侗族为例［J］．居舍，2022（11）：163-166.

[6] 刘筱，董斌，卫泽柱，等．广西壮族自治区民族特色村寨空间分布特征及影响因素研究［N］．大连民族大学学报，2024-3-2（26）.

[7] 罗露．文化记忆理论视角下程阳八寨传统建筑文化旅游化保护研究［D］．桂林：桂林理工大学，2023.

[8] 毛家明．富阳龙门古镇空间形态及建筑特征研究［D］．杭州：浙江理工大学，2024.

[9] 罗玥，琪胡斌．传统风貌建筑地域特色保护与传承研究——以重棉四厂传统风貌建筑为例［J］．当代建筑，2023（4）：20-23.

[10] 唐静．传统民居建筑保护与更新向度研究［J］．中国建筑装饰装修，2021（10）：110-111.

[11] 宋俊新．广东珠海市鸡山村乡土聚落与建筑保护策略研究［J］．城市建筑空间，2023（11）：84-86.

[12] 钱海峰．枕河老民居，活化新生活——角直古镇三期下塘片区民居保护更新设计［J］．城市建筑，2023（10）：24-27.

基于数理关系的传统村落活态化保护利用评价研究[1]

林德清[2]　徐小东[3]

摘　要： 传统村落活态化保护利用评价可明确保护发展类型及先后次序，有助于解决其面临的可持续发展活力不足、空心化等问题与挑战。本研究提出一种基于数理关系的评价方法，由评价指标与案例选取、因子分析以及熵权模糊综合评价三个核心步骤构成，旨在解决评价体系构建、关键因子与指标识别，以及隶属度与加权得分计算三个技术问题，并以50个传统村落为例验证其可行性。相关研究结论为传统村落活态化保护利用提供理论基础和技术支持。

关键词： 传统村落；活态化保护；村落评价；因子分析；熵权模糊综合评价

一、引言

传统村落是在长期的文明传承中逐步形成的，具有一定科学、文化、社会及经济等价值，拥有丰富的自然与人文资源，蕴含着大量的物质与非物质文化遗产[1]。随着我国城镇化进程的快速推进，对传统村落资源的保护与重视明显不足，导致人口外流、活力缺失、空间失落等问题[2]。同时，传统村落分布范围广，类型繁多，普遍面临经济条件滞后、基础设施薄弱等挑战，进一步加剧了传统村落环境的衰败，持续发展动力匮乏，保护形势日益严峻[3]。

近年来，传统村落保护的相关研究逐渐从冻结式、片面化模式转向活态化保护利用策略。相关学者分别从价值认知[4]、活化路径[5]、活态性特征[6]、分类模型[7]等维度开展深入研究，探索提升传统村落持续发展动力的有效方法[8]。其中，对传统村落活态化保护利用的科学评价及内部特征分析，对保护利用类型评判及实施保护先后次序计算至关重要[9]。整体而言，上述研究逐渐从村落的整体评价转向更为多元的层面，探究不同维度的评价方法并制定针对性策略[10-14]。评价内容也日益精细化、准确化及客观化，研究方法从传统定性研究转向更为科学的定量研究。

虽然当前在保护利用评价研究上已取得显著进展，但评价体系构建、指标权重计算、保护类型判定等方面仍存在一定局限。首先，大部分评价体系构建和指标权重计算呈现主观倾向，其合理性与准确性仍需严谨论证。其次，现有评价体系及指标错综复杂，评价类型和标准各异，难以准确识别影响评价结果的关键因素，无法为确定传统村落保护利用类型提供有效的技术支持。

二、研究方法

针对上述问题，本研究提出一种基于数理关系的传统村落活态化保护利用评价的方法，综合运用数学理论、统计学原理、数据处理与分析技术等数理方法，分析指标之间的数理关系，从而对传统村落活态化保护利用进行客观、系统评价的方法。该方法包含评价指标与案例选取、因子分析、熵权模糊综合评价三个步骤，旨在解决活态化保护利用评价中的评价体系构建、关键因子与指标识别、隶属

1　基金项目：本文受“十三五”国家重点研发计划课题“传统村落活态化保护利用的关键技术与集成示范”（项目批准号：2019YFD1100904）资助。
2　东南大学建筑学院博士研究生，210096，220220201@ seu. edu. cn。
3　东南大学建筑学院教授、博士生导师，210096，xuxiaodong@ seu. edu. cn。

度与加权得分计算三个技术问题。

1. 评价指标与案例选取

鉴于我国传统村落类型多样，选取的指标应符合普适性、简明性以及客观性的原则。本研究基于国家住房和城乡建设部、文化部等颁布的《传统村落评价认定指标体系》，参考国内外相关指标体系，围绕“空间格局”“人文格局”及“传统建筑”三大核心维度，筛选出 70 个评价指标。空间格局维度表征传统村落的整体空间，是物质形态文化遗产的重要载体，涵盖村落选址和格局以及空间品质两大子类的 8 个指标。人文格局维度是传统村落非物质形态的重要特征，涵盖非物质文化遗产、人口结构、经济活力和基础设施四大子类的 30 个评价指标。传统建筑维度则聚焦于建筑单体，直接反映村民的居住环境质量，涵盖建筑整体评价、物理性能和保护机制三大子类的 32 评价指标。

为确保样本数据的代表性和分析结果的普适性，本研究在全国范围内选取了 50 个传统村落作为研究案例。所选取的案例遍布 21 个省份，覆盖我国六大地理分区，包含不同地域背景的传统村落差异信息（图 1）。四名专家基于既定的评价指标，根据调研信息进行评价。各评价指标采用 0～10 分的量化方式，以平均得分构建传统村落评价基础数据库。

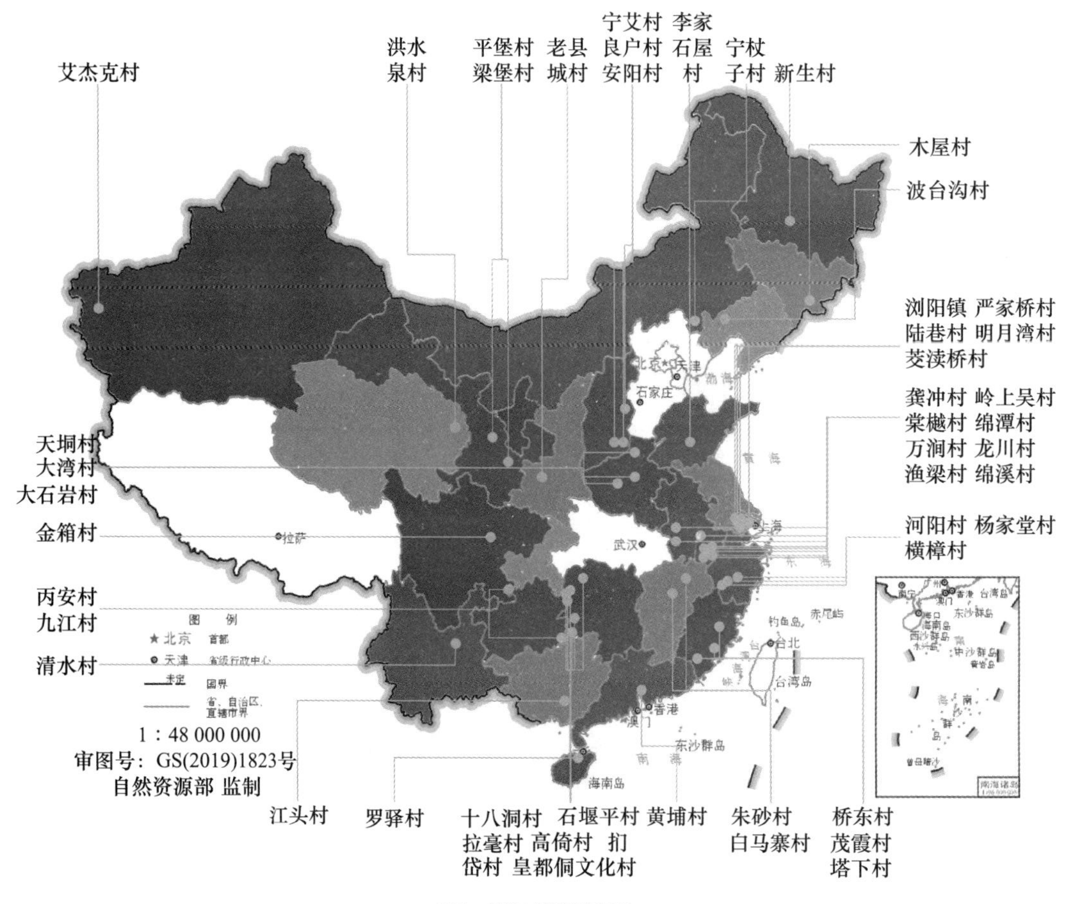

图 1　传统村落研究案例

2. 因子分析

因子分析通过识别公因子对原始变量群进行降维处理，揭示变量内部潜在的关联结构，并借助方差旋转使公因子在不同指标上具有更高的荷载。本研究运用因子分析计算评价指标之间的数理关系，降维计算所选取的 70 个评价指标，并根据相关性强弱对变量进行分组。

本方法首先对数据进行标准化处理，计算相关系数矩阵、特征根和特征向量。根据特征根值大于 1 且方差累计解释率超过 80% 的标准识别公因子。为提高公因子对传统村落信息的信息表达能力，本研究采用最大方差法进行因子旋转，旨在增强因子载荷系数的差异性。基于旋转后的因子荷载系数，本研究将公因子与具有强相关性的评价指标进行分组，并依据评价指标的具体内容对公因子进行定义。最后，以少数相互独立的公因子作为一级指标，其关联的评价指标作为二级指标，构建出一个结构清晰、层次分明的评价体系。相关计算公式如下：

$$z_{ij} = \frac{x_{ij} - x_{i\min}}{x_{i\max} - x_{i\min}} \tag{1}$$

$$\rho_{mn} = \frac{cov\ (X_m - X_n)}{\sqrt{DX_m}\ \sqrt{DX_n}} = \frac{E\ (X_m - E(X_m) * \ (X_n - E(X_n))}{\sqrt{DX_m}\ \sqrt{DX_n}} \tag{2}$$

$$R_{cor} = \begin{bmatrix} \rho_{11} & \cdots & \rho_{1q} \\ \vdots & \ddots & \vdots \\ \rho_{q1} & \cdots & \rho_{qq} \end{bmatrix} \tag{3}$$

$$|\lambda E - R_{cor}| = 0 \tag{4}$$

式中，z_{ij}是第 i 个指标的第 j 个村落的标准化得分；x_{ij}是第 i 个指标的第 j 个村落的初始得分；R 是初始的得分矩阵；$x_{i\max}$与 $x_{i\min}$ 分别是第 i 个指标得分的最大值与最小值；X_m，X_n分别是指标 m 和 n 的标准化得分集；ρ_{mn}是指标 m 和 n 之间的相关系数；R_{cor}是 q 个指标的相关系数矩阵；λ_1，λ_1，…，λ_p 为R_{cor}的 p 个特征根。

3. 熵权模糊综合评价

熵用于衡量体系的混乱程度，在信息论、热力学等领域有广泛的应用。香农将熵的概念引入信息论，用以描述信源的不确信度。具体而言，标熵值越小意味着该指标提供的信息量越大，在综合评价中所发挥的作用越为显著，因而权重越高。模糊综合评价是一种基于模糊数学的综合评估方法，其核心理念在于通过模糊数学的隶属度理论将定性评价转化为定量评价。该方法能够有效处理受到多种因素制约的复杂对象，特别适用于模糊、难以量化和非确定性的问题。本研究基于构建的传统村落活态化保护利用评价体系，通过熵权法计算指标权重，减少权重确定过程中的主观性，进而计算加权得分，提升结果的可信度。模糊综合评价则用于确定活态化保护利用的优劣等级。相关计算步骤如下。

（1）确定评价因素集及评价集

本研究将上文所选的 70 个评价指标作为评价因素集。并根据传统村落活态化保护实际需求，将评价集划分为五个等级，即优、良好、一般、较差和差。

$$X = \ (X_1,\ X_2,\ X_3,\ \cdots,\ X_q) \tag{5}$$

$$V = \ (V_1,\ V_2,\ V_3,\ V_4,\ V_5) \tag{6}$$

式中，X 是 q 个指标构成的评价因素集合；V 是传统村落评价集。

（2）计算指标权重

指标权重直接影响到最终评价结果，常见的权重确定方法包括层次分析法、专家咨询法等。为确保评价结果的客观性和可靠性，最大程度地减少人为主观因素的干扰，本研究采用熵权法计算指标权重。

$$P_{ij} = \frac{z_{ij}}{\sum_{i=1}^{m} z_{ij}} \tag{7}$$

$$e_j = -\frac{1}{\ln m} * \sum_{i=1}^{m} P_{ij} * nP_{ij}(e_j \geqslant 0) \tag{8}$$

$$a_i = \frac{1 - e_i}{\sum_{i=1}^{n}\ (1 - e_i)} \tag{9}$$

$$A = \ (a_1,\ a_2,\ a_3,\ \cdots,\ a_q) \tag{10}$$

式中，P_{ij}是第 i 个指标的第 j 个村落的比重，并且如果$P_{ij} = 0$，则定义 $\lim P_{ij} \to 0 \ln P_{ij} = 0$；$e_i$ 是第 i 个评价指标的熵值；a_{ji}是第 i 个评价指标的熵权。

（3）建立模糊关系评价矩阵

本研究将专家评分根据评价集进行分类，形成与之对应的模糊关系评价矩阵。

$$R_j = \ (r_{j1},\ r_{j2},\ r_{j3},\ r_{j4},\ r_{j5}) \tag{11}$$

$$R_m = \begin{pmatrix} r_{11} & \cdots & r_{15} \\ \vdots & \ddots & \vdots \\ r_{q1} & \cdots & r_{q5} \end{pmatrix} \tag{12}$$

式中，R_j 是第 j 个指标在评价集 V 上的模糊子集，R_m是 q 个指标组合成的模糊评价矩阵。

（4）计算隶属度及加权得分

本研究依据已确定的指标权重、标准化得分以及构建的模糊关系评价矩阵，精确计算出传统村落活态化保护利用隶属度 B 及加权得分 Q。根据隶属度得分划分各传统村落类型，并依据加权得分对传统村落保护利用的优先级进行排序。

$$B = A \cdot R \tag{13}$$

$$Q = A * R_m \tag{14}$$

三、分析结果

1. 传统村落活态化保护利用评价体系构建结果

本研究采用因子分析成功识别 17 个公因子，各因子的特征根均大于 1 且累计方差解释率达 85%，实现了对原 70 个评价指标的有效降维，并将公因子与原评价指标关联和分组。如图 2 所示，本研究依据关联的评价指标对公因子进行定义，将其设定为评价体系的一级指标。原评价指标则根据关联结果作为二级指标。最后，结合熵权法计算所得的权重，构建了传统村落活态化保护利用评价体系。

其中，熵权权重超过 0.05 的因子共计 4 个，涵盖了 39 个评价指标，并占据了总熵权权重的 73%。具体而言，因子 1 关联了 8 个评价指标评价，包括非遗传承人（X1）、非遗丰富度（X2）、非遗稀缺度（X3）、非遗依存性（X4）、非遗活态性（X5）、非遗规模（X6）、非遗连续性（X7）以及地形地貌适应性（X8）。这些指标主要与非物质文化遗产保护相关，因此将因子 1 定义为非遗传承因子（F1）。因子 2 则与 15 个评价指标相关联，涵盖保护机构及人员（X9）、保护维修资金占比（X10）、保护管理办法制定

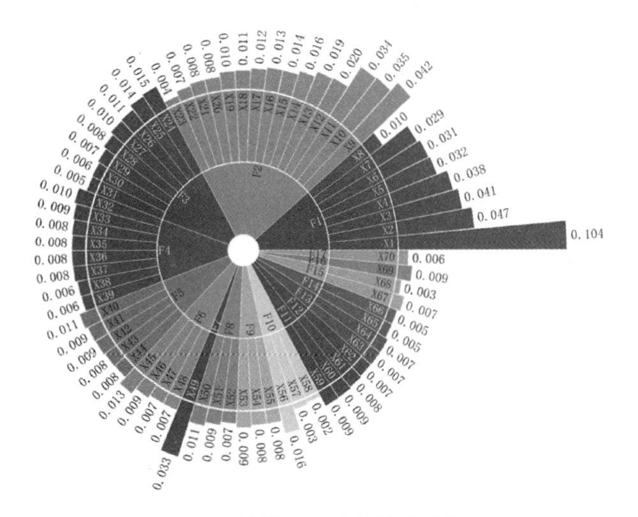

图 2　传统村落活态化保护利用评价体系

（X11）、村民保护工作参与度（X12）、历史建筑建档及挂牌比例（X13）、村民公共活动参与度（X14）、特色产业潜力（X15）、公共生活设施（X16）、村内交通体系（X17）、建筑功能种类（X18）、传统营造技艺（X19）、基础服务设施（X20）、环境卫生（X21）、起居行为满足度（X22）以及外来人口占比（X23）。这些指标主要与村民保护行动及村落保护现状相关，因此将因子 2 定义为村民村落保护因子（F2）。因子 3 关联了 8 个评价指标，包括人口老龄化程度（X24）、年平均收入同地区比值（X25）、基础服务设施（X26）、最近核心镇区驾车距离（X27）、最近核心镇区经济水平（X28）、区位条件（X29）、生活配套设施（X30）以及最近一级公路驾车距离（X31）。这些指标主要描述了传统村落的区位和经济情况，因此将因子 3 定义为区位经济因子（F3）。因子 4 与 8 个评价指标相关联，包括设备节能（X32）、室外无障碍设施（X33）、形体节能（X34）、平面功能分区及布置（X35）、房屋质量（X36）、住宅使用率（X37）、室内无障碍设施（X38）以及公共交通位置和面积（X39）。这些指标主要与室内外建筑使用性能相关，因此将因子 4 定义为房屋性能因子（F4）。

其余 13 个因子的熵权权重均低于 0.05，共关联 31 个评价指标，占据了总熵权权重的 27%。具体而言，因子 5 关联了 5 个评价指标，包括污染情况（X40）、历史影响（X41）、生产生活方式（X42）、房屋安全与卫生（X43）以及巷道空间（X44），因此将因子 5 定义为居住环境因子（F5）。因子 6 关联了 4 个评价指标，包括房屋通风状况（X45）、房屋采光状况（X46）、景观利用度（X47）以及市场条件（X48），因此将因子 6 定义为生活条件因子（F6）。因子 7 仅与文物保护单位等级（X49）这一评价指标关联，因此被定义为文物保护因子（F7）。因子 8 关联了 3 个评价指标，包括山水格局协调性（X50）、村落选址科学文化价值（X51）以及气候适应性（X52），因此定义为自然条件因子（F8）。因子 9 关联了 3 个评价指标，包括房屋的可利用度（X53）、历史建筑完好性（X54）以及人居环境现状（X55），因此定义为建筑可利用性因子（F9）。因子 10 关联了 3 个评价指标，包括传统建筑群集中修建年代（X56）、现存最早建筑修建年代（X57）以及村落久远度（X58），因此定义为建筑历史因子（F10）。

熵权权重低于 0.02 的共计 7 个，包括 12 个评价指标。因子 11 关联了工艺美学价值（X59）以及现存传统建筑保存状况（X60），因此被定义为建筑细部保存因子（F11）。因子 12 关联了格局丰富度（X61）以及院落空间（X62），因此被定义为院落格局因子（F12）。因子 13 关联了传统建筑占地面积（X63）以及传统建筑用地面积占比（X64），因此被定义为传统建筑规模因子（F13）。鉴于因子 14 所关联的常住人口占比（X65）以及隔声性能（X66）含义相差较多，因此被定义为其他影响因子（F14）。因子 15 关联了生态要素识别性（X67）以及格局完整性（X68），因此被定义为外部环境因子（F15）。因子 16 关联了特色产业经营状况（X69），因此被定义为特色产业因子（F16）。因子 17 关联了外来人口占比（X70），因此被定义为外来人口因子（F17）。

2. 关键因子和指标识别结果

本研究基于评价数据及其蕴含的数理关系，从信息熵的视角出发，运用熵权法客观计算各指标的熵权权重。通过因子分析和熵权法，本研究将 70 个指标降维至 17 个相互独立的公因子，并计算其熵权权重。如图 2 所示，有 12 个评价指标的熵权权重大于 0.02，依次为非遗传承人（X1）、非遗丰富度（X2）、保护机构及人员（X9）、非遗稀缺度（X3）、非遗依存性（X4）、保护维修资金占比（X10）、保护管理办法制定（X11）、文物保护单位等级（X49）、非遗活态性（X5）、非遗规模（X6）、非遗连续性（X7）以及村民保护工作参与度（X12）。熵权权重大于 0.05 的公因子共有 4 个，分别为非遗传承因子（F1）、村民村落保护因子（F2）、区位经济因子（F3）以及房屋性能因子（F4），其熵权权重总和为 0.73。其中，非遗传承因子（F1）与村民村落保护因子（F2）熵权权重均超过 0.2，显著高于其他 15 个公因子。熵权权重最低的 3 个指标分别为村落久远度（X58）、现存最早建筑修建年代（X56）以及格局完整性（X68）。

非物质文化遗产、文物保护单位以及村落保护制度与行动在评价中占据重要地位，而村落的久远度及完整性对评价结果的影响则相对较小。实际上，数据的离散程度与信息量呈正相关，即离散程度越大，信息量越大，熵权权重越大。研究发现案例在久远度及完整性数据上的差异并不显著，证明了熵权法能够有效计算权重，有效识别出区分评价对象差异的关键指标。考虑到我国传统村落数量众多、分布广泛且类型多样，这些重要因子及评价指标成为实现快速且精准评价的关键依据。

3. 隶属度与加权得分计算结果

本方法通过模糊综合评价法将定性评价转化为定量评价，以隶属度最高值为标准划分传统村落类别，根据大小确定同类型传统村落保护利用的先后次序。如图3、图4所示，50个样本村落的各个隶属度评价结果分别为26、13、1、1和9个。整体上，传统村落隶属度越高，其加权得分也相应较高。不过本方法能够避免传统村落因部分指标较差，导致加权得分较低，无法得到有效的保护的情况，如隶属度为优的龙川村、明月湾古村、金箱村等村落的加权得分低于隶属度为良好的拉毫村、扪岱村、朱砂村等村落。

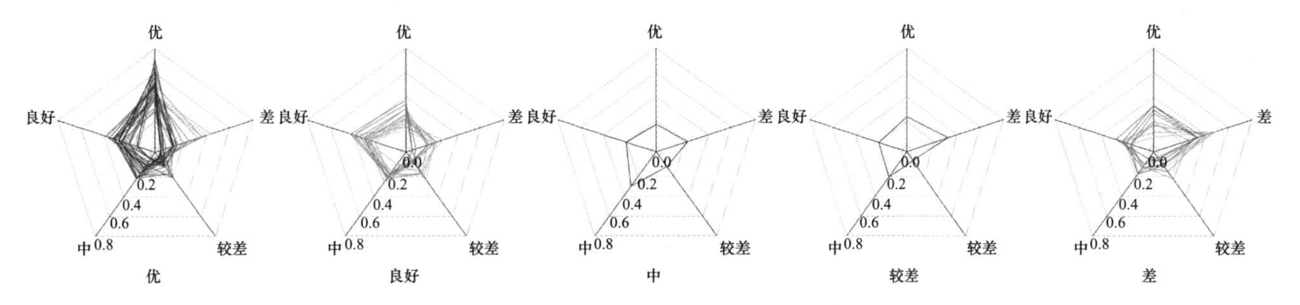

图3 各类型隶属度得分雷达图

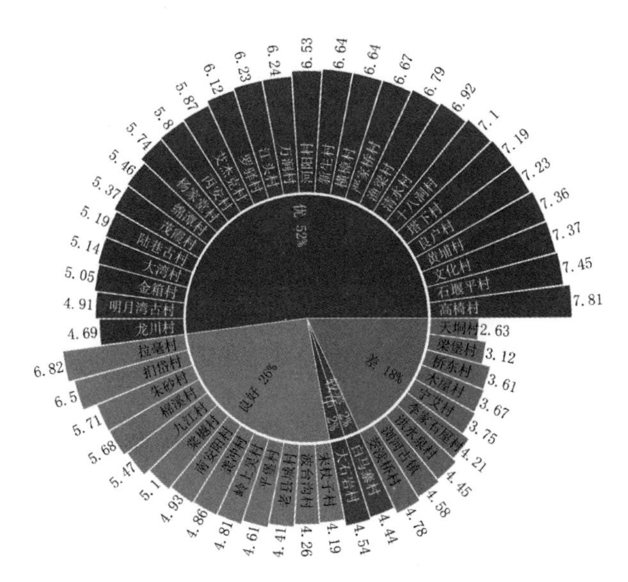

图4 传统村落活态化保护利用隶属度及加权得分

四、 结果与讨论

客观且合理的评价对于科学划分村落类型，制定传统村落保护政策及建立针对性的活态化保护机制具有重要意义。本研究运用因子分析法、熵权法及模糊综合评价法，提出了一种基于数理关系的传统村落活态化保护利用评价方法，识别关键因子与评价指标，计算研究案例的隶属度及加权得分。本方法能减少人为主观因素的干扰，具有较强的科学性和可操作性，为传统村落活态化保护提供了技术支持。然而，传统村落活态化保护利用评价受多重复杂因素影响。尽管本研究筛选了70个评价指标，但仍难以全面覆盖评价的所有信息。同时，传统村落也随时间不断演变，评价指标难以充分表征时间特征。此外，保护决策需综合考虑经济效益、社会效益等多重因素，因此本方法还有待进一步完善。

参考文献

[1] 孔令宇，徐小东，刘可，等．“三生”视角下风景区传统村落转型发展的系统特征及作用机制研究［J］．中国园林，2023，39（10）：111-116.

[2] 刘静萍，徐小东．苏南地区典型乡村空间结构演变过程中驱动因子及其影响量化分析［J］．西部人居环境学刊，2019，34（5）：40-48.

[3] 李琪，王伟，徐小东，等．“三生”视角下传统村落分级分类监测体系的构建［J］．南方建筑，2022（5）：45-53.

[4] 魏峰群，马文硕，杨蕾洁．传统村落活态化价值认知与多维弹性评估模型研究——基于陕北地区案例实证［J］．地理科学进展，2023，42（4）：701-715.

[5] 吴锦绣，徐小东，张玫英，等．传统村落活态化保护利用的多元路径建构——以环太湖地区周铁传统村为例［J］．南方建筑，2022（10）：89-98.

[6] 潘颖，邹君，刘雅倩，等．乡村振兴视角下传统村落活态性特征及作用机制研究［J］．人文地理，2022，37（2）：132-140 +192.

[7] 李琪，徐小东，王伟．基于三生融合度的传统村落分类研究——以环太湖流域传统村落样本为例［J］．西部人居环境学刊，2022，37（6）：93-100.

[8] 薛乾明，黄跃昊，邓清文，等．传统村落的活态评价与适应性保护发展研究——以陇中黄土丘陵沟壑区3个典型传统村落为例［J］．南方建筑，2024（4）：54-63.

[9] 何艳冰，张彤，熊冬梅．传统村落文化价值评价及差

异化振兴路径——以河南省焦作市为例［J］. 经济地理，2020，40（10）：230-239.

［10］Liu S，Ge J，Bai M，et al. Toward classification-based sustainable revitalization：Assessing the vitality of traditional villages［J］. Land Use Policy，2022（116）：106060.

［11］Kong L，Xu X，Wang W，et al. Comprehensive Evaluation and Quantitative Research on the Living Protection of Traditional Villages from the Perspective of "Production - Living - Ecology"［J］. Land，2021，10（6）：570.

［12］魏成，成昱晓，钟卓乾，等. 传统村落保护利用实施与管理评估体系研究——以岭南水乡中国传统村落为例［J］. 南方建筑，2022（4）：46-53.

［13］杨立国，龙花楼，刘沛林，等. 传统村落保护度评价体系及其实证研究——以湖南省首批中国传统村落为例［J］. 人文地理，2018，33（3）：121-128＋151.

［14］邹君，刘媛，谭芳慧，等. 传统村落景观脆弱性及其定量评价——以湖南省新田县为例［J］. 地理科学，2018，38（8）：1292-1300.

传统民居数据采集、处理及数字化表达——以老埠头古建筑为例[1]

唐 航[2] 谢 珉[3] 陈 翚[4]

摘 要： 在传统建筑保护工作中，传统的数据采集方式已不能满足当今传统建筑保护和数字化建设的需求。本文以老埠头古建筑群勘察修缮工程为例，梳理了传统建筑保护工作的工作流程、内容及要点，并从属性数据的采集、处理、表达和保存利用四个阶段论述了其所运用到的方法、手段以及新的保护技术，对未来传统建筑的数字化保护发展提出了可行思路。

关键词： 传统民居；文物建筑；数据采集；数字化保护；老埠头古建筑群；数字孪生平台

不可移动文物是我国历史文化的重要载体，承载着中华民族的基因和血脉，是不可再生、不可替代的中华优秀文明资源，一旦发生损毁，其损失不可估量[1]。文物建筑勘察作为文物保护工作的基础，其重要性不言而喻，而传统的文物建筑数据采集工作采取观测、量取的方法记录数据，存在着效率低下、精度不一、信息缺失等问题，早已随着数字化保护时代的到来而无法适应新时代文物建筑保护的需求。因此，急需新的保护方法、手段和技术去改进现有的做法，以解决上述问题[2]。

一、 研究背景与研究现状

1. 研究背景

2021 年，国务院办公厅《“十四五”文物保护和科技创新规划》，指出我国正进入高质量发展阶段，文物事业发展处于重要战略机遇期。《规划》将“坚持科技创新引领”纳入文物保护利用工作的基本原则，提出要建设国家文物资源大数据库，推进文物信息高清数据采集和展示利用，完善全国文物信息管理系统，建立文物数字化标准规范体系；推动关键共性技术攻关，优化系统解决方案，开展文物展示传播技术创新应用示范；加强标准化建设，推进文物保护工程、文物数字化等领域标准应用，建设文物保护全周期管理线上平台[5]。在现今高质量发展时期，文物建筑保护工作正朝着标准化、系统化和数字化的方向发展。

2. 研究现状

自 1930 年朱启钤先生创立中国营造学社以来，中国传统建筑保护事业发展至今已逾 90 年，经历了最初的奠基时期、建国之后的全面扩展时期，直至今日的快速发展期[3]。如今，传统建筑保护工作已经初具规范体系。在中国古迹遗址保护协会编写的《文物保护工程勘察设计通论》中，将文物保护工程勘察设计工作分为勘察阶段和设计阶段。

---

1 基金项目：湖南省重点领域研发计划-重点研发（2021WK2004）、湖南革命遗产数字化保护利用机制研究（XSP2023YSC065）。

2 湖南大学建筑与规划学院硕士研究生在读，410082，1010321366@ qq. com。
3 湖南大学建筑与规划学院博士研究生在读，410082，727868938@ qq. com。
4 湖南大学建筑与规划学院教授，410082，331802521@ qq. com。

5 参见《国务院办公厅关于印发“十四五”文物保护和科技创新规划的通知》（国办发〔2021〕43 号）。

在勘察阶段，主要包括对文物的形制与结构、文物价值、环境现状、保存状态以及具体的损伤、病害进行的测绘、探查、检测、调查研究，提出勘察结论，编写成文物保护工程勘察研究报告[4]（图 1），以指导后期保护设计工作开展。

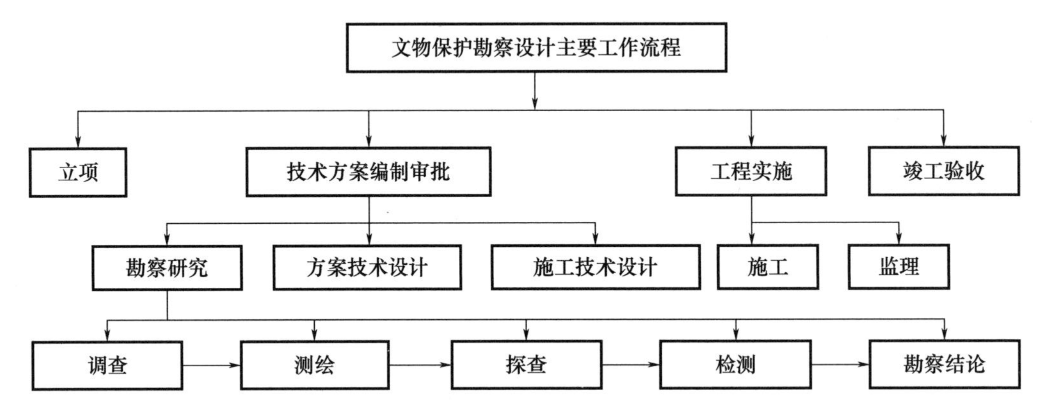

图 1　文物保护勘察设计工作流程图
（来源：作者自绘）

进入高质量发展阶段以来，传统建筑保护技术的变革与应用日新月异，传统建筑保护的标准化、系统化和数字化建设取得初步进展，但我国地域辽阔，建筑遗产数量庞大，文物保护工作繁重，文物保护工作效率有待提升，文物保护领域文物科技创新能力、应用集成水平亟待加强，文物保护利用不平衡不充分问题依然存在，文物资源管理、价值阐释等任务依然艰巨。本文拟以老埠头文物建筑保护工程为例，为现有传统建筑保护工作数据的采集和表达利用提供新思路。

二、　老埠头古建筑群勘察保护

老埠头古建筑群位于湖南省永州市冷水滩区老埠头村的湘江河畔，是潇湘古镇的核心区域（图 2）。老埠头起源于唐朝，兴盛于五代十国，延绵于明清，衰落于民国，拥有 1200 多年的岁月历程。其作为永州举办各种民俗活动的重要场所，非物质文化遗产丰厚。村中古街、码头、古驿道等文物本体集中分布，错落有致，有机统一，在同一空间将潇湘古镇不同历史时期的文化面貌生动展现出来，是研究湖南传统建筑及历史风俗珍贵的实物资料，具有重要的历史文化价值。

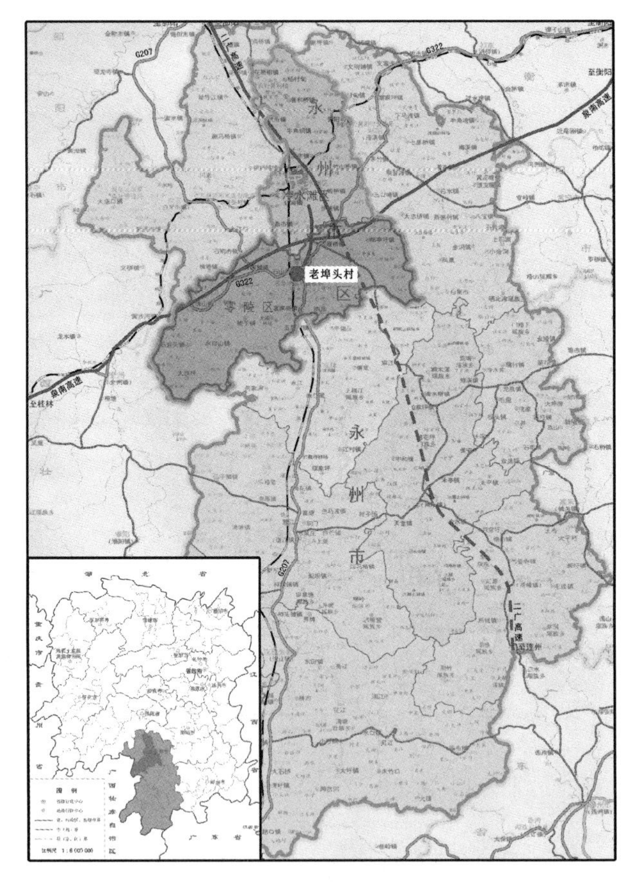

图 2　老埠头古建筑群区位图
（来源：作者自绘）

老埠头古建筑群共包括张氏裁缝铺、罗氏剃头铺、周氏客栈、刘铸龙伙铺和老埠头码头等 13 处建筑，占地面积约 $1560m^2$，建筑面积约 $2300m^2$（图 3、图 4）。建筑形制一般为两开三进，均采用前店后铺的使用方法，多为二层砖木结构硬山顶建筑。自被文物部门发现登记以来，文物部门屡次对老埠头古建筑群展开相关工作，将其列为省级文物保护单位。但由于长期处于空置状态，无人居住，建筑状况并不良好，加之当地村民的不当干预，导致建筑损毁愈加严重，历史信息快速湮灭，以至于相关部门于 2015 年对其中两栋损毁严重的建筑进行抢救性修复，可见对于老埠头村古建筑群的保护修缮工作刻不容缓。

此次工作从文物保护工程需要出发，在“建筑历史信息”“残损现状”以及“地方传统做法”三个层面开展数据采集工作，以期全面、完整、高效地完成对建筑信息的采集，为后续的修缮工作提供依据和指导。工作流程与内容遵循以下几点：①文物建筑初评，通过文献查阅、资料收集和走访调查的方式对老埠头古建筑群的基本要素进行调查，对其历史、文化、审美、科技、时代价值进行评估，制订现场勘察方案[5]；②现场勘察，测量各建筑单体，传统与现代勘察技术相结合，在数量与质量两个维度上采集建筑本体信息；③勘察数据处理，对现场勘察中获取的数据进行甄别和筛选，剔除无效信息，并对数据进行转化；④成果展示利用，对数据进行保存和展示利用，包括将文字、图片资料进行电子存档备份，将三维点云数据转化成为“数字孪生”模型，用于传统建筑展示和价值宣传。

三、 数据采集、 处理及数字化表达

1. 三维激光扫描

在老埠头现场勘察过程中主要使用了两种三维激光扫描设备，分别是固定式的 FARO Focus 三维扫描仪和 NAVVIS VLX 3 移动式三维扫描仪（表 1）。

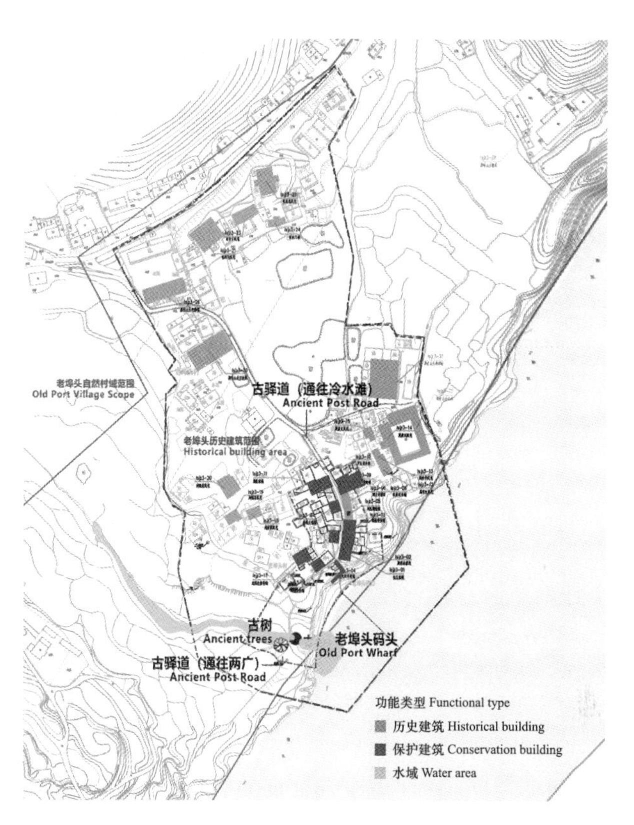

图 3　老埠头村总平面

（来源：团队绘制）

图 4　老埠头古建筑群分布图

（来源：团队绘制）

表 1　传统测绘与三维激光扫描测绘方法对比

	传统手工测绘	传统设站式三维扫描仪	移动式三维扫描仪
勘察表现	低	中	高
勘察精度	低	高	中
灵活性	中	低	高
勘察范围	小	中	大
勘察效率	低	中	高
勘察成本	低	中	高

（来源：作者自绘）

FARO Focus 作为传统设站式三维激光扫描设备，广泛应用于文物保护工作。使用前需考察采集对象及周边环境以制订方案；使用时在预设点架设设备，通过标靶球实现定位。设站式扫描设备具有效率高、精度高和数字化程度高的优势，但灵活性不足，难以应对复杂的采集对象和环境。

此次老埠头的采集对象多为二层砖木结构，内部空间狭小且遮挡物多，传统设站式扫描设备难以获取完整信息。而 NAVVIS VLX 3 移动式三维扫描仪则可在行走中完成扫描，极大提高了便携性和自动化程度，摆脱了环境限制和对定位系统的依赖，但对人无法到达的区域仍有局限。因此，我们结合两种设备进行数据采集。将 FARO Focus 用于建筑外部屋面信息的采集，NAVVIS VLX 3 则用于建筑外围环境和内部夹层的数据采集。使用前需清理建筑及周边环境，提前设计扫描路线以减少路径交叉和数据重复率，便于后期处理。两者结合使用，确保了老埠头勘察测绘数据的完整性和可靠性（图 5）。

图 5　三维激光扫描现场作业图
（来源：作者自摄）

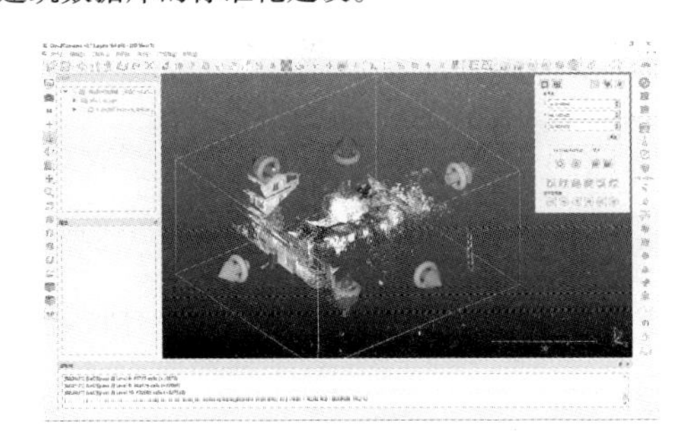

图 6　点云模型软件
（来源：作者自摄）

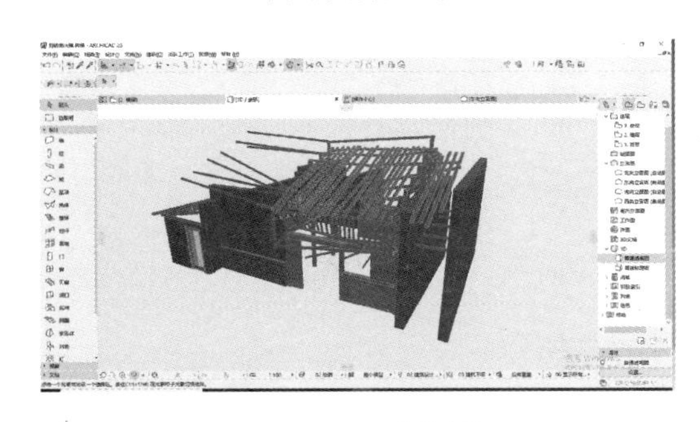

图 7　ArchiCAD 软件建模
（来源：内部资料）

编码示意：LBT001-Q001-M001

LBT	001	Q L Z W	001	M C Z J	001
代表地区的3个字母代码	建筑编号	结构构件编号(墙体、楼板、柱子/屋顶)	构件编号	装饰构件编号(门、窗、装饰、家具)	构件编号

图 8　模型构件编码
（来源：内部资料）

2. HBIM 建模

老埠头勘察保护中引入了 HBIM（历史建筑信息模型）的概念，基于逆向建模技术，对采集得到的三维点云数据进行处理，导入 ArchiCAD 建模软件中，根据处理后的点云数据对建筑本体的三维特征进行逆向重建。

建立历史建筑信息模型（HBIM）从点云模型开始。首先在 Cloud Compare 软件中优化点云文件，进行合并压缩，删减无关信息（如树叶、人物），进行轻量化处理；对于模型中的漏洞、破面、变形等问题进行人工修复[6]（图 6）。然后将处理过的文件导入 BIM（建筑信息模型）软件中，通过软件剖切功能获得建筑的平面、立面和剖面图切片，使用墙体、柱、梁、板和楼梯等相关命令对各构件建模（图 7）。为了保证建模的精确性，尽可能地保留建筑本体信息的全部细节，如柱子的倾斜角度、梁枋的歪闪情况等，以指导后期的修复设计工作。BIM 软件还能够让我们赋予每个部件以属性信息，通过统一编码的方式进行精细化管理，并自动生成表格获取构件信息，便于后期统计检查（图 8）。HBIM 模型的构建不仅方便后期工作，其丰富的外延属性还能与其他软件和平台联动，实现数据共享，推动文物建筑数据库的标准化建设。

3. 材料、病害图例表征

传统测绘是基于二维图纸表达来实现的，具有一定的弊端，老埠头勘察保护工作在传统二维图纸表达的基础上提出了更优化的表达方式。

在现场勘察结束后，对勘察过程中拍摄的照片进行了整理和分类。传统测绘虽然对现状照片进行分类整理和编号，但缺少拍摄的位置信息。在对老埠头的勘察中，照片的拍摄位置和角度也标记在平面图纸上，从二维上升到三维；对照片进行空间定位，有助于更清晰地把握建筑的历史信息（图9）。完成照片定位后，对老埠头古建筑群所使用的建筑材料进行研究，拍摄具有代表性的材料照片，并制成“材料卡片”，卡片上包含材料的编号、定义、工艺、特征、分布情况及照片拍摄方位图。同样对建筑的病害情况进行了研究，依据相关标准，根据材料特性判断病害机理，并编制“病害卡片”，内容包括病害编号、代表颜色、定义、现状照片、拍摄方位图、分布图、描述及成因（图10）。最终，对材料和病害的研究结果进行图例绘制，采用意大利建筑遗产保护工程中的表现手法，用不同色彩在平面、立面和剖面图纸上标识不同材料和病害的分布情况，以清晰简明的方式对建筑本体信息进行可视化表达[7]（图11）。简明、准确、规范地对建筑的材料和病害情况进行总结，有助于后期保护设计工作的有序开展。

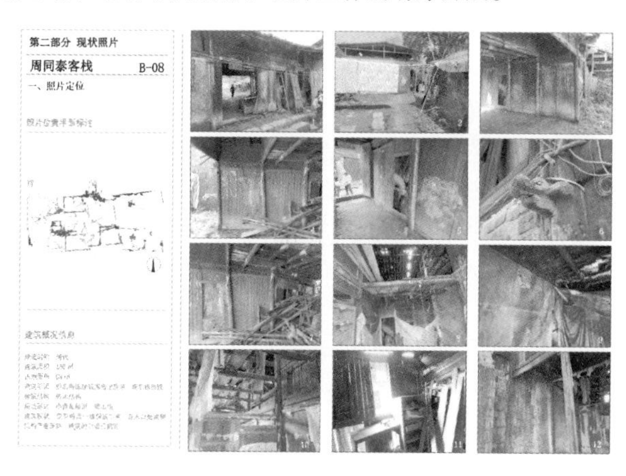

图9　照片定位

（来源：作者自绘）

4. 数字孪生

数据的保护利用作为数字化的最终目的，而文物资源管理、价值阐释宣传、辅助实体保护等则是作为实现数字化保护的方法手段。据此，我们利用采集到的数据建立了能够实现在线浏览、资源管理和分享展示等功能的老埠头IndoorViewer数字孪生平台（图12）。

平台采用HTML5技术开发，平台架构由数据采集层、数据存储层、逻辑层和前端功能层组成[8]。平台可在任意

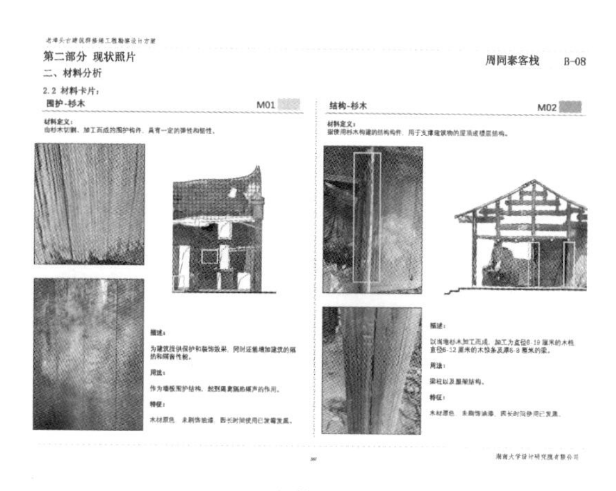

图10　材料、病害卡片

（来源：作者自绘）

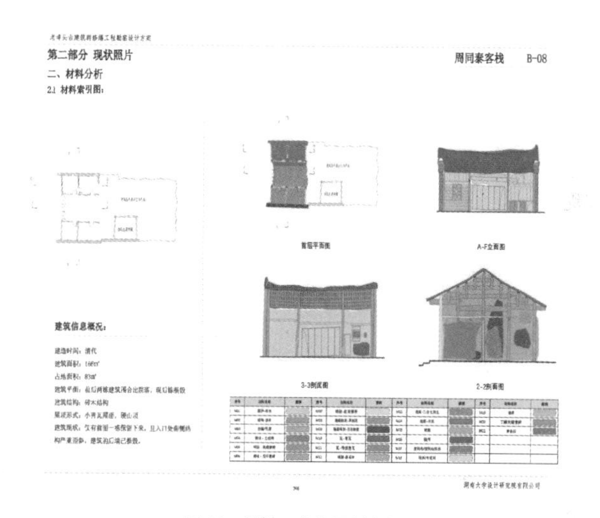

图11　材料、病害图例表征

（来源：作者自绘）

图12　老埠头数字孪生平台

（来源：作者自摄）

联网设备上浏览、分享和管理。数据采集层通过API接口实现实时数据采集，并允许将IndoorViewer集成到其他平台中，拓宽展示和应用的范围；数据储存层将建筑的文字信息、图纸档案和监测数据等数据标准化、结构化地储存起来，通过建立兴趣点，将其附着到点云模型的相应位置（图13）；逻辑层则可以对数据进行可视化分析和处理，如

测量、结构分析和路径规划等（图14）；针对功能层，根据用户需求，结合点云模型和全景图，建立全景漫游、搜索和宣传展示等前端页面。老埠头数字孪生平台的建立，为传统建筑标准化建档、系统化管理和数字化保护提供了切实可行的路径，对传统建筑保护具有重要意义。

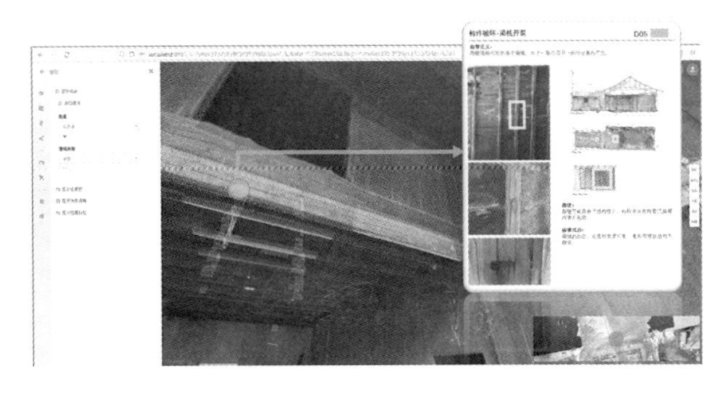

图13　建立兴趣点（来源：团队绘制）

图14　平台结构分析（来源：团队绘制）

四、结语

老埠头古建筑群的勘察与修缮工程展示了传统建筑保护在数字化时代的转型，为传统建筑的保护工作提供了新的思路和方法。引入先进技术，实现了对传统建筑的精准数据采集和数字化表达，拓展了建筑保护工作的技术边界。通过建立数字孪生平台，为文物资源的管理、保护与利用提供了有力支持，促进了传统建筑保护工作的标准化和系统化管理；增强了公众对传统建筑的理解和认知，促进了其价值传播与宣传，推动了传统建筑保护与利用的结合。为未来传统建筑数字化保护工作的可持续化发展提供了可行的参考和借鉴，对推动传统建筑保护事业的发展具有重要意义。

参考文献

[1] 李曼青. 让更多文物和文化遗产活起来 [N]. 学习时报，2022-07-13（001）.

[2] 王商富. 测绘新技术在古建保护中的融合应用 [J]. 城市勘测，2022（3）：104-108.

[3] 李婧. 中国建筑遗产测绘史研究 [D]. 天津：天津大学，2016.

[4] 中国古迹遗址保护协会. 文物保护工程专业人员学习资料：勘察设计通论 [M]. 北京：文物出版社，2024.

[5] 何东. 文物建筑修缮方案编制基本流程 [J]. 智库时代，2020（6）：282-283.

[6] 湖南文物局. 文物建筑属性数据采集技术规范：DB 43/T 2638—2023 [S]. 长沙：湖南省市场监督管理局，2023.

[7] 李汀珅，张明皓. 意大利米兰理工大学“建筑遗产保护工坊”教学模式及其启示 [J]. 新建筑，2021（5）：95-99.

[8] 任瑛楠，谷志旺，王伟茂，等. 优秀历史建筑数字孪生技术应用刍议 [C] //中国民族建筑研究会. 中国民族建筑学术论文特辑 2023. 北京：中国建材工业出版社，2023，376-381.

从“铺采摛文”之汉赋管窥两汉时期的中国传统建筑观及民族文化基因[1]

王泉更[2]　张　龙[3]

摘　要： 汉赋是继《诗经》《楚辞》之后承载中国传统建筑观、环境观、风景审美观的最具写作特色的文学形式，其对于生活图景、文化景观的描写手法堪称极致。作为两汉时期最高级别的文学艺术形式，汉赋不仅体现了该时期社会文化的基本样貌，字里行间也蕴含着传统文化思想和哲学思维方式。本文通过对百余篇汉赋进行梳理，筛选直接或间接表达两汉时期建筑观的作品进行建筑思想的挖掘解读，寻找和提炼其中蕴含的传统文化思想和中国传统建筑的民族文化基因。

关键词： 汉赋；传统文化；建筑观；民族文化基因

语言是承载民族文化的最深层次，同时也是最直观的思想表达体系，文学作品作为语言文字的载体，反映了历史环境下古代社会人民的基本心理结构、文化结构。中华文明在传承延续之中诞生了无数璀璨而辉煌的文学作品，它们不仅是供人消遣的艺术作品，诗、词、歌、赋也充当了文明传承的重要载体和诗文教化的历史角色。

语言作为一个民族看待世界的样式，其中深埋着民族文化的心理结构。现有的人类学成果证明，一个民族的文明水平高低，可以直观表现在其语言文字发展程度上。自古以来，中华文明便强调语言文字伴随整个文明发展的重要性。《文心雕龙》云：“言之文也，天地之心哉!”《通书·文辞》云：“文以载道。”这种“重文重教”的民族文化思维方式，在两汉时期的汉赋中达到了前所未有的高潮。

汉赋是继《诗经》《楚辞》之后承载中国传统建筑观、环境观、风景审美观念最具写作特色的文学形式，其文化景观描写手法的角度堪称极致。本文通过梳理汉赋当中的传统建筑观，分析、挖掘其中体现的传统文化思想和传统建筑相关的民族文化基因。

一、　汉赋中的建筑观梳理

汉赋在流传过程中多有流失，现存作品收录在《史记》《汉书》《后汉书》《昭明文选》等书中。结合费振刚所著之《全汉赋》一书，目前有90余家汉赋作品，共计319篇，包括存目和残篇。本文结合史料与赋文注解等著作，就现阶段搜集到的所有汉赋（包括残篇，不包括存目），进行内容梳理，现阶段共梳理100篇（篇幅所限，故不详列）。

从现阶段分析的100篇非存目汉赋来看，初步判断关于建筑的直接描写有18篇，间接描写有5篇。由以上梳理筛选可以看出，除咏物对象为建筑的重点挖掘赋文之外，仍有某些赋文中可能包含人物或事件所在地侧面描写的建筑环境信息。故本文把搜集到的“建筑观”汉赋分为两类：第一类属于直接描写，以建筑为主体描写对象，包含大量细节刻画的语句；第二类属于间接描写，通过描写其他事物间接反映出建筑信息的语句。此外，还有某些汉赋在内

1　基金项目：天津大学圆明园研究院“中华民族共同体视角下的圆明园研究”项目，项目编号为圆（服）字［2020］第156号。

2　天津大学建筑学院博士研究生，300072，archquangeng@ qq. com。
3　通讯作者，天津大学建筑学院教授，300072，arcdragon@ 163. com。

容、意境、主旨等方面完全不涉及建筑相关描写，则不在本文讨论范围之内。

二、汉赋“建筑观”与“民族文化基因”的挖掘分析

根据上文梳理的100篇汉赋信息，下文以直接描写建筑与营造环境为主，以间接描写为辅，筛选出能够反映中国古代传统建筑观各个层面的6篇汉赋，进行逐句分析解读，尝试从中提炼出古代中华民族对于建筑创作、建造、居住层面的审美感知传统、审美取向、创作手法、艺术风格、传统文化内涵、传统哲学观念等。

1.《长门赋》：“通感”的审美感知传统

司马相如在《长门赋》[1] 中，描写了失宠的宫廷女子寂寞哀伤地漫步在长门宫中的所见所感。其中有直接描写宫殿建筑的部分：“正殿块以造天兮，郁并起而穹崇。间徙倚于东厢兮，……致错石之瓴甓兮，象瑇瑁之文章。张罗绮之幔帷兮，垂楚组之连纲。抚柱楣以从容兮，览曲台之央央。”

“正殿块以造天兮，郁并起而穹崇。”描述雄伟的宫殿巧夺天工，高耸着直抵天空，其他宫殿都密集地并立高耸。“间徙倚于东厢兮，观夫靡靡而无穷。”描述宫殿的组群规模，依东厢，一眼望去，宫殿仿佛无穷无尽，尽显自我渺小的惆怅之感。“刻木兰以为榱兮，饰文杏以为梁。”“致错石之瓴甓兮，象瑇瑁之文章。”此两句从建筑构件材料角度刻画建筑的精巧和华丽，如雕刻木兰木作屋椽、装饰文杏木为大梁、砖石排列如玳瑁的花纹。

“挤玉户以撼金铺兮，声噌吰而似钟音。”此句以视觉并结合听觉角度，利用“通感”来讲述推开玉饰的大门而摇动铜门环的声音响亮如钟声。

在其他汉赋中，也多有“通感”描述的例子，例如《上林赋》中描写河流的视听结合，《西京赋》中用对雷声的描写衬托通天台的高远，《蜀都赋》中将嗅觉与视觉相结合描写春天百花盛开，《西都赋》中将嗅觉与视觉相结合突出草木的芳香、将触觉与视觉相结合凸显出上林苑在初冬时节的寒凉。这种“通感”式的审美体验描述使读者能全身心地投入于其所展现的环境氛围之中，达到身临其境的审美感受。

“罗丰茸之游树兮，离楼梧而相撑。施瑰木之欂栌兮，委参差以槺梁。”此句描写柱网的排列支撑，以及斗栱梁架的观感印象。屋梁上排列无数的浮柱，互相交错而支撑的斜柱。珍奇的木料制作的斗栱，参差错落而疏朗玲珑。

“张罗绮之幔帷兮，垂楚组之连纲。”此句描述床上悬挂的帷幔总是放不下有纹饰的绶带，除表示主人公的孤独自怜之外，还反映出了寝居室内装修的特点。

“抚柱楣以从容兮，览曲台之央央。”此句描写抚摸着玉柱来回徘徊，感到曲台宫是如此广阔。

视觉、触觉、听觉等综合感知的融入，加之“得意忘言”的意境体会，中国传统建筑观中的民族建筑审美感知维度得以拓宽，这也是中国古代建筑有别于其他建筑类型的重要特点，即“阴阳之枢纽，人伦之轨模”[2]。中国的建筑与中国人的内心意识在紧密的关系之中相互依存、相互影响。

2.《上林赋》：“灵台高楼”“仙山神水”的造园手法与风格

司马相如在《上林赋》[3] 中，极尽夸张地描述了上林苑园林的广大和天子游猎的盛况。

前四段分别描写了四方水系的八条河川、水中鱼类、水底晶石、水畔鸟类，以及苑内高山深林中的大树、地面丛生的各类花草，苑东苑西的池塘湖泊、苑南苑北的奇珍野兽等等。第五段重点描写了君王的行宫，对于建筑格局有着非常直观的描写：“于是乎离宫别馆，弥山跨谷，高廊四注，重坐曲阁，……赤瑕驳荦，杂臿其间，晁采琬琰，和氏出焉。”

首先，“弥山跨谷”整体性地描述了行宫的修建规模和环境特点，即行宫遍布山林、横越溪谷，体现了皇家苑囿行宫“顺应自然”“配合山川之盛势”[4] 的选址营建特点。

“高廊四注，重坐曲阁”和“辇道纚属，步櫚周流，长途中宿”两句都描写了行宫的复道四通八达、曲折相连，反映出行宫规模的宏大与地形的复杂；同时也通过行文的反复，强调了在西汉宫苑营建中，复道这一特殊形式的栈阁长廊“贯穿宫殿、各向连通”的重要特征。

“重坐曲阁”“夷嵕筑堂，累台增成，岩窔洞房”“頫杳眇而无见，仰攀橑而扪天”多次描述行宫建筑之高，层层楼阁，甚至在高山之顶再建厅堂和楼阁。塑造了下望看不清地面，攀爬屋椽仿佛可以摸到天空之感，都是在极力烘托行宫建筑的高低起伏之大，呈现出汉代园林中注重“灵台高楼”的造园风格。

同时还有对于深邃幽静之感的烘托，出现于段落中对三种对象的描写：建筑、流水、山石。有山顶内室的“岩窔”，神仙“燕”居的“东箱”“西清”“闲馆”“南荣”，

---

1 司马相如《长门赋》版本，以《文选》李善注本所录为底本，以五臣注本、六臣注本、《艺文类聚》卷二0所录为校本。

2 参见《黄帝宅经》：“夫宅者，乃是阴阳之枢纽，人伦之轨模。”

3 司马相如《上林赋》的版本：《子虚赋》为上篇，《上林赋》为下篇，以《汉书·司马相如传》所录为底本，以《史记·司马相如列传》、《文选》李善注本、五臣注本、六臣注本及《艺文类聚》卷六十六为校本。

4 参见清朝乾隆工科《史书》：“遵照典礼之规制，配合山川之胜势。”《史书》为皇帝红本的摘要，以备修史之用。

和涌出清净之室、通流中庭的“醴泉”，以及最后“盘石振崖，嵚岩倚倾。嵯峨磼嶫，刻削峥嵘”一般深曲的渠岸、奇特的山岩。加之“青龙”“象舆”“灵圄”“偓佺”这些流星、彩虹、青龙、象车和各色神仙的艺术形象都体现了汉代园林的“仙山神水”的造园体系与“深邃幽静”的造园意象追求。

无论是“灵台高楼”还是“仙山神水”，它们都呈现出同其他汉赋（如《西都赋》《西京赋》等）相同的求仙文化，对后世的园林文化影响深远。

3.《风赋》：“由下而上、由阔至幽”的组群布局与美学思维

宋玉在《风赋》[1] 中描写帝王之风时，取景兰台之宫[2]。

有：“顾其清凉雄风，则飘举升降，乘凌高城，入于深宫。”

此句从风的走势动向，可以体现出战国末期宫殿建筑与环境的基本位置关系：从自然环境到宫室是自下而上方向，深邃的王宫外有高耸的城墙环绕的空间关系。

又有：“邸华叶而振气，徘徊于桂椒之间，翱翔于激水之上，将击芙蓉之精。猎蕙草，离秦衡，概新夷，被荑杨。”

此两句描述了风在宫殿周围自然环境中各种植物之间的运动，具体指出了各种植物的名称，如桂树、椒树、荷花、蕙草、梣树、杜蘅（木兰）、嫩杨树等。从中可以表现出宫殿自然环境中植物点缀的视觉特点与环境中的气味特征，这也是视觉与嗅觉结合的“通感”审美描写方法（见《长门赋》分析）。

再有第三句：“然后徜徉中庭，北上玉堂，跻于罗维，经于洞房，乃得为大王之风也。”

此句描述了风在庭院中回旋，向北吹进殿堂，上升到丝织的帷幔之中，再进入幽深的房间，从而成为楚襄王的“大王之风”。虽然对于风的运动轨迹的描写出于作者宋玉的想象，但是这种位置关系也无形中从侧面反映出当时宫殿组群的基本布局关系，即由南向北，呈“庭院—殿堂—寝殿”的基本轴线布局。只有开阔明亮的室外庭院位于正殿南面，才能有“北上玉堂”，穿过大殿的排排帷幔的长空间，到达最后的幽深的“洞房”，即寝宫、寝殿的风的流动方向。而此处“罗维”也是战国末期宫殿室内运用帷幔装饰的证据，在班婕妤的《自悼赋》[3] 中也有语句“广室阴兮帏幄暗，房栊虚兮风泠泠。感帷裳兮发红罗，纷綷縩兮纨素声”与此相似，并非孤证。

《风赋》通过对宫殿建筑的空间描写，是“由下而上、由阔至幽”的民族建筑审美取向的体现，同“曲径通幽”“柳暗花明”“别有洞天”等传统语境下的文化意象一样，反映出古代传统建筑的布局形式和民族文化下的美学思维。

4.《梁王菟园赋》：“傍竹环水”的园林艺术形象

西汉枚乘的《梁王菟园赋》[4]，除通篇描写菟园山水景色、富家子弟游园与采桑妇女形象之外，还有反映出汉景帝时期梁王造园的建筑内容的，只有一句，即：

“修竹檀栾，夹池水，旋菟园，并驰道，临广衍，长冗坂。”

此句描述高高的竹林碧绿美丽，生长在池塘周围，环绕着整个菟园，还紧靠复道的两侧；竹林的下方是广阔的平地和长满杂草的山坡，反映出了菟园园林中复道傍竹环水的周围环境与水系布局。

“傍竹环水”同傍水而居、茂林修竹、流觞曲水、小桥流水等一样，都是中国传统园林中的经典形象，正是这些直观的感受，组成了文化范畴中的园林艺术形象，蕴含着对于理想生活方式、传统居住观层面的民族文化基因。

5.《蜀都赋》：地方民居的室内陈设、建筑装饰、色彩细节

杨雄在《蜀都赋》[5] 中描述了约二千年前成都的情况，包括版图位置、丰富物产、山陵地貌、丝绸手工业、名优产品、昌盛的贸易状况和特有的民风民俗。而在第十一段，描述民风民俗时，着重描述了春末夏初之际的隆盛聚会，描绘了大户人家在荥水畔的别墅内部的室内陈设等建筑元素：“若其吉日嘉会，期于倍春之阴，……昔天地降生，杜户密促之君，则荆上亡尸之相。”

其中，“延帷扬幕，接帐连冈”描述了并树起帷幕，帐幕一直延伸到山冈边的景象。

“众器雕琢，早刻将皇。朱缘之画，邠盼丽光”描述了宴席上所用的器物都是精雕细刻，大厅内刻饰着璀珠华美的藻形花纹，各种器物都是红色的边缘，显得色彩绚丽、光泽鲜艳。

“龙虵蚕蜷错其中，禽兽奇伟髦山林。昔天地降生，杜户密促之君，则荆上亡尸之相”描述了房间内壁上画着盘踞的龙蛇，奇禽怪兽隐伏在山林间，还画着各种传说及神话

1　宋玉《风赋》的版本：采《汉书·卷三十·艺文志第十》所录。

2　兰台之宫：战国时楚台名。在今湖北省钟祥市东部一带。

3　班婕妤《自悼赋》的版本：以《汉书·外戚传下》所录为底本，以《艺文类聚》卷三十、文选楼丛书《古列女传》卷八为校本。《艺文类聚》中此篇题作《自伤赋》。

4　枚乘《梁王菟园赋》的版本：采《古文苑》四部丛刊（韩元吉九卷本）为底本。

5　杨雄《蜀都赋》的版本：采《古文苑》四部丛刊（韩元吉九卷）第四卷为底本。

故事。这些细节描述，从地方民居的室内陈设、建筑装饰、色彩细节等方面，反映出了古代蜀地的传统民族建筑形象。

6.《洛都赋》：都城选址、市井划分、宫殿格局对应自然天象

在傅毅所写的《洛都赋》中，东汉初建都洛阳的形势、周围的地理环境、街道、集市、宫廷建筑与皇家的狩猎活动都得到了描写。

“寻历代之规兆，仍险塞之自然”一句，首先揭示了汉世祖在建都洛阳之时的两重考虑，即历史因素与地理因素，探究历代王朝建都洛阳的规模界域，其均沿袭了其险峻要塞的自然地势。

“被昆仑之洪流，据伊洛之双川”“挟成皋之岩阻，扶二崤之崇山。砥柱回波缀于后，三涂太室结于前。镇以嵩高乔岳，峻极于天。”对城市周围河流和山的围合位置进行了描写，反映出洛阳都城与宫殿选址的风水坐向良好，是规划城市、宫殿组群秩序的前提。

“分画经纬，开正涂轨，序立庙祧，面朝后市。”讲述了城市街道划分、宗庙次序与集市安置。“览正殿之体制，承日月之皓精。骋流星于突陋，追归雁于轩軨。”所讲为正殿的格局吸取阴阳相辅的精要，并利用流星与大雁进行比喻与夸张描写。

“顾濯龙之台观，望永安之园薮。”“近则明堂、辟雍、灵台之列，宗祀扬化，云物是察。”两句讲述了宫殿所处环境中楼台亭阁、园林池沼的建筑搭配与位置关系，同时也有一些祭祀、宣教、占卜功能的建筑，如明堂、辟雍、灵台作为补充。

“其后则有长冈芒阜，属以首山，通谷岌岢，石濑寒泉。”描述了宫殿后方的自然环境，有连绵广阔一直连接到首阳山的丘陵，还有山谷、峻岩、深潭、寒泉。

此段落对都城洛阳的描写，由外至内，蕴含了都城选址、城市宫殿布局的建筑观念与自然观念。与《西京赋》[1]、《东京赋》[2]、《西都赋》[3]、《东都赋》[4] 中的描写皆有相通之处，如班固之《西都赋》有：“其宫室也，体象乎天地，经纬乎阴阳，据坤灵之正位，仿太紫之圆方。”（长安城宫殿的布局模仿天象，无论东西南北都符合阴阳对应的原则）。还有《东都赋》中对明堂、辟雍与灵台与自然环境、天地之时的参照描写。

三、结语

以 2800 多年前《诗经·小雅·斯干》中赞美周宣王姬靖新宫的颂辞为始，古人对建筑的整体构成，已经有了意象深永的认识和追求。以之为彰示中国古代建筑观的经典，学术前辈已然总结出五条来自中国古代先秦时期的经典建筑观：一是人与自然的和谐与合同，良好的生态环境与优美的自然景观；二是坐向良好，伦理秩序和谐的建筑组群布局；三是坚固安全的建筑结构，完善的防卫功能；四是优美的建筑艺术形象；五是以建筑艺术作为审美对象，应有教化、陶冶心性及情操的功能。这些总结虽然一定程度上代表了我们对于中国传统建筑的基本印象，但在中国建筑观的背后，是蕴含在其中的传统文化，即中华民族的文化基因。

结合目前关于汉赋的已有理论，根据筛选挖掘结果，提炼汉赋中所蕴含的传统建筑观以及中华民族共同体意识，主要体现在如下五个方面。

① 从建筑外观上讲，所举实例的汉赋，皆有对于古代建筑内部雕刻装饰及构件玉石镶嵌、花纹加工、色彩点缀的丰富描写，但是建筑本身的整体形象描述则隐藏在对于建筑的周边环境描写之中，这便是我们可以看出传统建筑观最基本的一点，即在“优美的建筑艺术形象”之上的“自然和谐之美”。这种美表现在汉代人对人与自然关系的认知上，汉代建筑对自然进行效仿，将建筑与天地融合，以求达到“自然和谐之美”，也是中国传统文化中的“阴阳和合”思想，是中华民族共同体意识的思想内核之一。

② 从建筑选址布局上讲，汉赋强调对天之形和天之德的效仿，以及顺地势而为的建筑理念。这也是《诗经》中讲究建筑坐向良好、伦理秩序和谐的建筑组群布局的延续，是“天人合一”思想的汉代实践与更新总结，效法天地、尊卑秩序的布局思想也符合中华民族自古以来的选址布局传统，这种思想基因是一脉相承的。

③ 从文化思想上讲，汉赋中对客观事物尤其是对自然和人文环境的描述和意会，在承继传统思维内涵和思想观念的前提下，在具体的实现方式和描述以及审美旨趣上，又增添了更多的维度、视点和层次，深刻细微而极富创造力。许多汉赋作品中体现出了“物境一体”的统一观念，认为良好的生态环境才能为生长在其中的动植物提供好的生长条件，人与环境可以产生气质的共鸣，互相影响。这是中华民族传统文化当中“阴阳之枢纽，人伦之轨模”的居住观的体现，即中国人与其居住环境的互相影响、互相制约的共生关系。

④ 从审美思想上讲，西汉时期，特别是汉武帝的求仙思想，反映在别具一格的建筑风俗中，形成了汉代园林的

---

1 张衡《西京赋》的版本：采李善注《文选》为底本，以两五臣注本、六臣注本及《艺文类聚》卷六十一所录为校本。

2 张衡《东京赋》的版本：底本、校本同《西京赋》。

3 班固《西都赋》的版本：以《后汉书·班固传》所录为底本，以《文选》李善注本、五臣注本、六臣注本所录为校本。

4 班固《东都赋》的版本：底本、校本同《西都赋》。

求仙文化，因此也影响了汉赋写作的普遍内蕴。汉赋中体现出“灵台高楼”“仙山神水”的造园追求和格局，皆是受到了神话传说的启发，由求仙文化而形成的建筑与环境，成为了后世中国古典园林的基本要素，也在后世成为了各个民族所公认的造园思想传统。

⑤ 从园林艺术形象上讲，通过对汉赋的解析可以发现，汉代不但继承了先秦园林建筑的某些传统，而且在前代的基础上，出现了大量楼阁和高台，又开创了人工造湖、湖中堆山技术的先河。从此使得园中有水，使得水域成为园林景观中必不可少的组成部分。这一点也是中华民族古代神话体系当中“一池三山”“蓬岛瑶台”所谓“仙境”的景观象征意义，是民族传统园林审美初步成型的体现。

基于对以上汉赋的初步建筑观与环境观的挖掘，与汉赋前身《诗经》所代表的经典建筑观进行比照，可以发现汉赋中所表现的中国古代建筑观念与之基本符合，并在此基础上予以了发展、超越，即“物境一体”的统一审美观念、“天人合一”的最终追求、符合良好风水环境观的位置与朝向、伦理制度和谐的组群布局、求仙文化的园林意象等。可以看到，汉赋不仅以文学作品的形式完成了对中华文明的传承与延续，其中也蕴含着以“高台”“楼阁”“宫阙”“园林”为代表的民族建筑原型与民族审美的共识。

通过对以《汉赋》为代表的中国古代传统文学作品进行挖掘和解读，有助于我们从源头寻找和总结形塑中国传统建筑观念的民族文化基因，在古代历史文献当中寻找中华民族共同体意识的源头活水，为当代的文化传承与城市建设提供借鉴。

参考文献

[1] 费振刚，胡双宝．全汉赋［M］．宗明华，辑校．北京：北京大学出版社，1993.

[2] 孙炼．大者罩天地之表，细者入毫纤之内——汉代园林史研究［D］．天津：天津大学，2003.

[3] 吴静子．万物静观皆自得，四时佳兴与人同——中国风景概念史研究（先秦至魏晋南北朝）［D］．天津：天津大学，2017.

[4] 涂敏华．历代都邑赋研究［D］．福州：福建师范大学，2007.

[5] 杨建智．都城赋与汉代都城研究［D］．兰州：兰州大学，2007.

[6] 邱杨琰．从汉代京都赋看两汉都城建筑文化［D］．苏州：苏州大学，2009.

[7] 张甜甜．东汉园林史研究［D］．福州：福建农林大学，2015.

[8] 任梦池．汉赋园林中的求仙文化——以《西都赋》和《西京赋》为例［J］．商洛学院学报，2015，29（5）：49-52.

[9] 张高飞．汉赋中的生态观研究［D］．青岛：中国石油大学（华东），2016.

[10] 刘娟．京都洛阳与东汉文学关系研究［D］．无锡：江南大学，2019.

巴彦淖尔地区土圆仓功能初探

王任涅[1]　闫丽英[2]　李辉璟[3]

摘　要： 巴彦淖尔地区现存具有代表性土圆仓3处，共计19座，本文以土圆仓的建筑结构、通风设施、防潮设施为研究对象，并结合土圆仓的分布、规模以及建造环境分析，对其功能作初步探讨。

关键词： 巴彦淖尔；土圆仓；通风；防潮；储粮功能

河套地区，沃野膏壤，历来为兵家必争之地。战国时期，赵国拓边于此，秦始皇筑长城围戍，汉武帝置朔方郡统辖，北魏设沃野镇，唐设西受降城，自古为重要的粮食产地。现代以降，抗战时期，国民党军将领傅作义屯守于此，兴修水利。随着生产建设兵团的组建，粮食产量提升，遂建设了土圆仓储粮。巴彦淖尔地区现存具有代表性土圆仓3处，共计19座，包括内蒙古生产建设兵团一师建筑群（三团七连旧址）粮种仓、河套粮库旧址群（三道桥粮库旧址）、纳林套海农场，其中前两处现已被公布为第五批自治区级重点文物保护单位[4]。

一、 土圆仓建造背景

20世纪60年代末，粮食经营量和库存量持续上升，国家粮库代农村社队保管的储备粮也增加不少，仓库建设跟不上粮食储存需要。在这种情况下，在1969年6月召开全国粮食工作改革经验交流会上，推广了黑龙江明水县用一把草、一把泥建设土圆仓的经验[5]。

土圆仓可谓是中国粮食仓储历史中的一大创举。中华人民共和国成立初期的经济恢复时期，全国推行征收公粮、代购商品粮，导致粮食储量急剧增加，原有的粮仓不够使用。1950年，原政务院财政经济委员会要求“各地区必须在批准的粮务费用内，拨出一部分费用修建一些新粮库。”根据这一要求，各地掀起了建造粮仓的热潮[6]。

二、 地理位置与环境

（1）内蒙古生产建设兵团一师建筑群（三团七连旧址）粮种仓

该仓位于内蒙古自治区巴彦淖尔市磴口县隆盛合镇哈腾套海农场七连村南部，东经106°59′28.5″，北纬100°15′29″。

磴口县境内地形地貌复杂，大体可分为山地、沙漠、平原、河流四种类型。北部是高耸巍峨的狼山山脉，为土石山区，面积145.3万亩[7]，蕴藏着丰富的矿产资源；西部是广袤的乌兰布和大沙漠，地表为沙丘和沙生植物覆盖，

1　内蒙古盛邦文物保护工程监理有限公司，监理工程师，015000，2594550169@qq.com。
2　杭锦后旗文物考古研究中心，主任，015400，hhwwgls@163.com。
3　内蒙古易昌泰建筑有限公司，项目负责人，015300，185883373@qq.com。
4　《内蒙古自治区第五批自治区级重点文物保护单位名单》（2014年）。
5　参见王东方．土圆仓：新中国粮仓建设史上的一个重要印记［N］．武义报，2021-08-27。
6　参见王东方．土圆仓：新中国粮仓建设史上的一个重要印记［N］．武义报，2021-08-27。
7　1亩 =666.67m^2。

面积426.9万亩；东部为一望无垠的黄河冲积平原，平原区45.6万亩，地势平坦，土地肥沃，渠道纵横，灌溉便利；南面是奔腾咆哮的古老黄河，黄河水域7.3万亩。整个地形除山区外，其他均呈现东南高、西北低，东南逐步向西北倾斜的地貌，从东南总干渠引水到西北乌兰布和沙区，坡降23m。境内海拔最高2046m，最低1030m。全县大部分地区能引黄河水自流灌溉。有大小湖泊18个，水面2.25万亩。

（2）河套粮库旧址群（三道桥粮库旧址）

该粮库位于内蒙古自治区巴彦淖尔市杭锦后旗三道桥镇杨家河西200m路北，东经106°56′58.3″，北纬40°51′37.3″，海拔1033.7m。

三道桥镇地处阴山南麓至黄河北岸的河套平原腹地。地势平坦，地形分为冲积平原、洪积平原。一般海拔为1032～1050m。三道桥镇境内河道属黄河流域河套灌区，流域面积为18.28km^2，河流总长度为15.4km，河网密度为0.1km/km^2，年均流量为25m^3/s，主要干渠有杨家河干渠、乌拉河干渠。

（3）纳林套海农场土圆仓群

该农场位于巴彦淖尔市磴口县红旗镇纳林套海农场派出所院子的东西两侧，东经106°40′34.7″，北纬40°30′32.1″。

纳林套海农场位于乌兰布和沙漠东北边缘，属国家生态环境建设重点地区之一。场部所在地红旗镇距磴口县政府所在地巴彦高勒镇39km，磴（磴口）吉（吉兰泰）公路横穿而过。农场现有9个农业分场，总面积11万亩，已开发耕地1.9万多亩，林果地1.91万多亩，现有水面1.5万亩。现有耕地及宜农宜林荒地均可引黄河水自流灌溉（图1）。

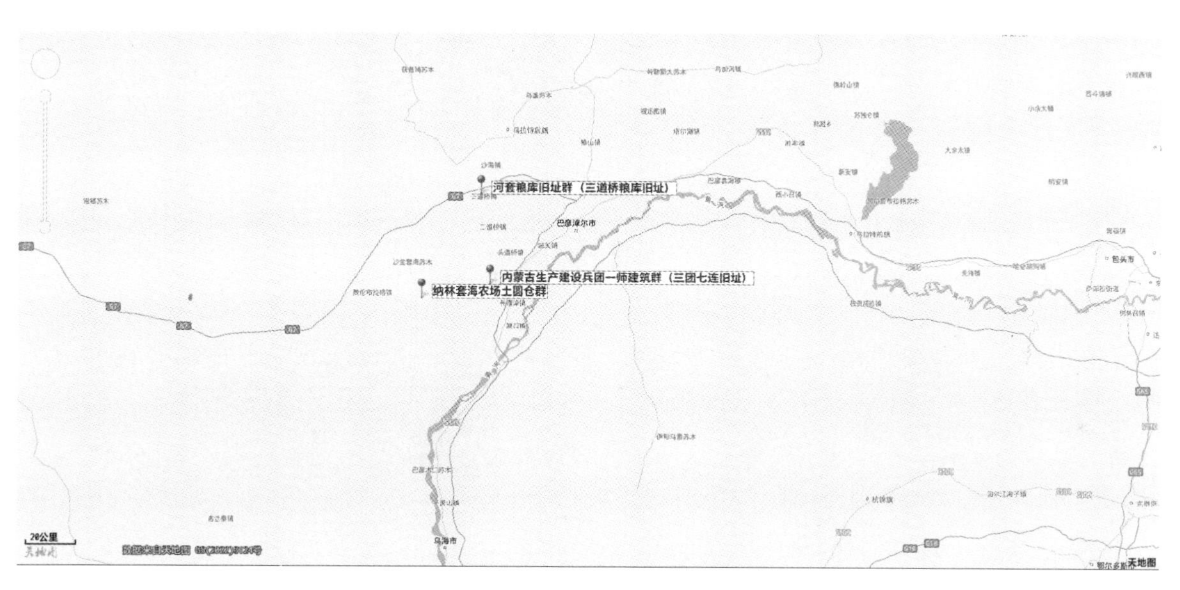

图1　巴彦淖尔地区现存土圆仓位置示意图

三、分布情况、建筑结构功能与布局

（1）内蒙古生产建设兵团一师建筑群（三团七连旧址）粮种仓

该建筑仅为独立的1座单体土圆仓，处于一处台地上。建筑整体呈圆柱形，内径6.14m、外径7m，建筑面积为59.42m^2，仓高4.228m。两边有环形上粮蹬道，宽0.75m，紧贴仓体环绕至仓体北侧。仓底为白灰焦渣地面。建筑墙体为外坯里砖、四丁砖下碱，内墙三合灰（混蛋灰）抹面，外墙滑秸泥抹面。仓身下部东南、西南各开有1木插板门，仓门宽1.1m、高2.1m。仓身上部东北、西北各开有1扇百叶窗，窗宽0.61m、高0.47m。檩、椽、柳笆作为屋面基层，屋面为滑秸泥背平顶屋面，双层直檐，顶部留有2处入粮口，顶部整体向后檐出水（图2）。

图2　（三团七连旧址）现状照片

该处土圆仓的防潮与通风措施如下。

① 防潮措施

由于该土圆仓建造于相对干燥的台地上，因此在建造时仓体基础只用白灰焦渣进行夯实，以达到防潮的作用。仓内墙面以三合灰（混蛋灰）抹面，也是为了起到防潮作用。

② 通风措施

该土圆仓仅为单一的建筑物，周边环境开阔、通风良好、无遮挡物，因此在建造时仓体基础未做过通风处理，只在仓身墙体处按对角开门和窗，使仓内通风达到极佳的效果（图 3、图 4、图 5）。

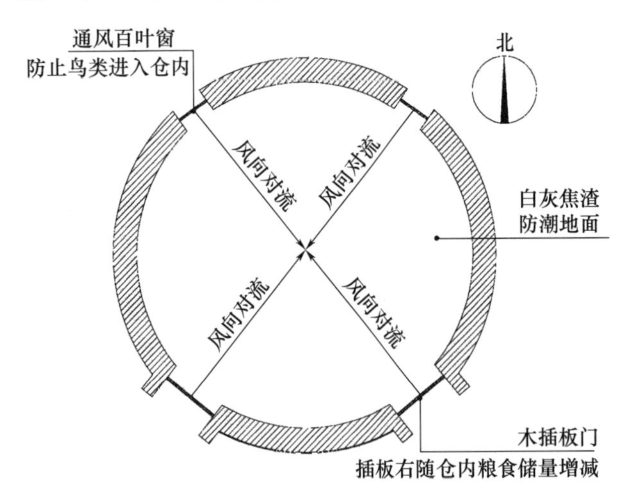

图 3　三团七连旧址土圆仓通风措施平面示意图

图 4　三团七连旧址土圆仓木插板门

图 5　三团七连旧址土圆仓通风百叶窗

（2）河套粮库旧址群（三道桥粮库旧址）

该粮库包括苏式仓 1 座，土圆仓 5 座。5 座整体坐东朝西，由南向北平均分布，间隔 1.6m，直径各不相同，高度相同（图 6）。

图 6　河套粮库旧址群（三道桥粮库旧址）土圆仓现状俯拍

该处土圆仓建筑整体呈圆柱形，以其中 1 号仓为例，平面内径 5.5m、外径 6.1m，建筑面积 29.2m^2；仓高 4.38m。基础地面为毛石基础，现存高度 0.26m，并留有通风通道，通道均宽 0.14m，仓内地面在毛石通风通道上皮铺设炕皮砖，砖厚 0.06m，再用滑秸泥抹制罩面层，厚 0.02m（图 7）。

图 7　土圆仓仓内地面清理后毛石通风通道（进深方向拍摄）

该类土圆仓墙体为剁泥法[1]砌筑，使用的土材料是随处可见的泥土，土中添加芨芨草作为植物纤维，由人工或动物踩踏完成剁泥的混合搅拌工作，再手工或用模板控制形态并成型，依次向建筑顶端堆砌，反复此项工作，形成剁泥建筑。外墙为草泥抹面，内墙为草泥抹面后再进行白灰罩面，达到修饰和补强的双重作用。

每座单体土圆仓仓身分别开有 1 扇门，仓门均朝西开放，造型为后期人为改制的五抹头单扇门，仓门宽 0.94m、

1　参考中国古遗迹保护协会内部资料《古文化遗址古墓葬》（2020 年）。

高 1.89m。仓身东北、东南各开有 1 扇窗，东北处为木插板窗，窗宽 0.91m、高 1.12m。东南处为简易对开小窗，窗宽 0.36m、高 0.47m，并钉有铁网。每座仓身下部分别开有一处出粮槽，出粮槽宽 0.22m、高 0.17m、长 0.4m，相邻两座仓身对应安放。每座仓身上不规则地留有 5 ~ 10 处数量不等的排气孔，内径 2cm、外径 6cm。

该类土圆仓仓顶均呈“雨伞状”，自下而上由椽、苇席、滑秸泥屋顶组成，檐口处并砌有两层四丁砖压檐砖，每座单体土圆仓檐口处平均分布 5 片排水瓦（图 8）。

图 8　三道桥粮库旧址土圆仓单体照片

该处土圆仓的防潮与通风措施如下。

① 防潮措施

5 座土圆仓由南向北直线分布，相邻距离较近，依农田就地建造。为了达到防潮和通风的最佳效果，该处土圆仓基础地面均为毛石基础，并留有通风地槽；仓内地面在通风地槽上皮铺设炕皮砖，再用滑秸泥抹制罩面层，使仓内地面与下部基础形成了两个看似分隔又互相依存的区域，该处土圆仓基础地面的做法不仅使整个仓体底部通风干燥又能保护仓内地面不会返潮（图 9）。

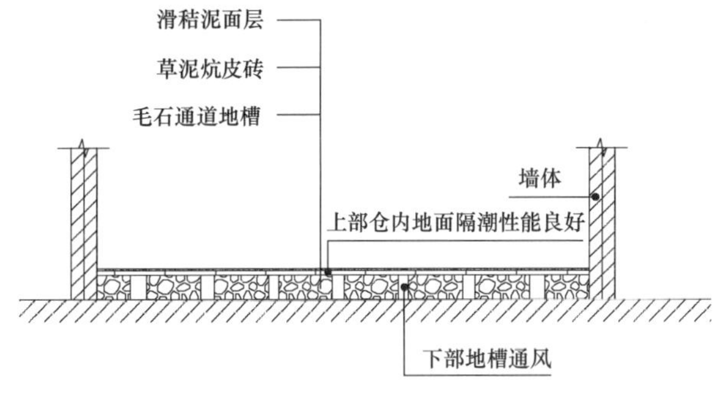

图 9　三道桥粮库旧址土圆仓防潮措施剖面示意图

土圆仓内墙为草泥抹面后再进行白灰罩面，首先达到修饰和补强的双重作用，更重要的是起到了防潮的作用。由于其材料本身具有一定的透气性和吸湿性，能够促进室内湿气的排放，达到减少潮气的效果。同时，相对于一些易吸水的材料，白灰墙本身较为耐潮，即使受到一定程度的潮气侵袭，也不容易出现明显的损坏和开裂。

② 通风措施

该处土圆仓的通风措施主要包括三个方面。

其一，该处土圆仓基础地面均为毛石基础，并留有通风地槽，由于该地区属中温带大陆性季风气候，西风、西北风居多，因此，在建造时通风地槽与仓门均与风向对应，使仓体得到最大限度的通风排湿。同时，通风地槽同样也作为循环猫道，可以有效地防止鼠害（图 10）。

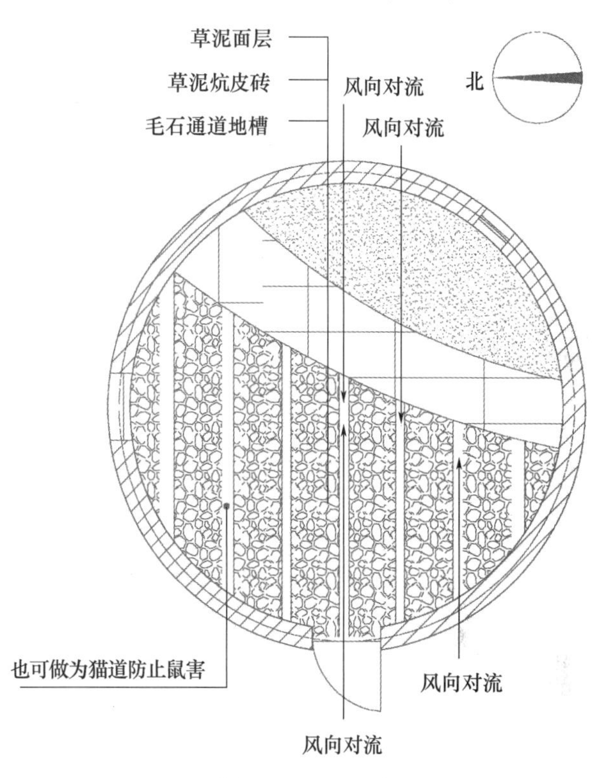

图 10　三道桥粮库旧址土圆仓通风措施平面示意图

其二，该处土圆仓每处单体建筑均在迎风面开有 1 处仓门，在对向位置东北、东南处各开有 1 处仓窗，使仓内气流更加畅通（图 11）。

图 11　仓体门窗布置（从门口向内拍摄）

其三，每座仓身上不规则地留有 5～10 处数量不等的排气孔，当仓内储粮时，如果有潮气，可以通过排气孔向外界排出（图 12）。

图 12　仓体排气孔

（3）纳林套海农场土圆仓群

该农场由 13 座土圆仓组成，以纳林套海派出所为中轴线，分为东西两路。

东路土圆仓群整体坐东朝西，由南向北分布组成，间隔 3～3.8m 不等，直径各不相同，高度相同。西路土圆仓群有 3 座土圆仓坐北朝南，由东向西平均分布，间隔 3m；其余 3 座土圆仓坐西朝东，由北向南平均分布，间隔 3m；西路土圆仓群直径各不相同，但高度相同（图 13）。

图 13　纳林套海农场土圆仓群全景（镜向东北）

该类土圆仓建筑整体呈圆柱形，其中以 1 号仓为例，仓体内径为 5.3m、外径为 5.7m，建筑面积 25.5m²；仓高 4.5 米。虎皮石台基，台基高 0.3m，台基自仓门中轴处，通进深方向留有通风地槽，地槽宽 0.17m、长与仓体进深尺寸相同。仓内为水泥砂浆地面，下部地槽对应处，均排布 2 个空心方石础，与下部基础通风地槽相通。

仓身墙体下肩为 5 层小红砖砌筑，墙身为土坯砌筑，墙身砖檐为小红砖砌筑菱角檐[1]。仓身内墙三合灰（混蛋灰）抹面，外墙滑秸泥抹面；仓身上部、下部各开有 1 扇门，均为木插板门，仓门宽 0.92m、高 1.9m；上部门为往仓内运料使用，下部门为从仓内向外取粮使用。各仓身均开有通风百叶窗 1 处，窗宽 0.22m、高 0.3m；单开小木门出粮口 1 处，宽 0.4m、高 0.4m；通风孔 3～6 处不等，宽 0.14m、高 0.14m。

该类土圆仓仓顶均呈“雨伞状”，自下而上由“人”字形木屋架、椽、柳笆、滑秸泥屋顶组成，檐口处铺砌旧红色瓦（图 14）。

图 14　纳林套海农场土圆仓单体照片（镜向南）

该处土圆仓的防潮与通风措施如下。

① 防潮措施

由于该处土圆仓群位于纳林套海农场，也是当时周边各分场的储粮集中点，所以该处土圆仓群在建造时的材料使用及建筑工艺就更为讲究一些。仓体的基础均采用虎皮石台基，不仅满足了承重及美观的要求，又有效地阻止地下水的毛细蒸发作用，达到了防水隔潮的目的（图 15）。

图 15　纳林套海农场土圆仓基础照片

1　参见刘大可．中国古建筑瓦石营造［M］．2 版．北京：中国建筑工业出版社，2014.

仓身内墙以三合灰（混蛋灰）抹面，仓内地面为水泥砂浆地面，墙面与地面所用的防潮防水材料，形成了当时仓内垂直与水平搭接的可靠防潮系统。

② 通风措施

该处土圆仓的通风措施大致包括三个方面。

其一，虎皮石台基自仓门中轴处，通往进深方向留有通风地槽，而且仓内地面上皮与下部地槽对应处均排布2个空心方石础，与下部基础通风地槽相通，形成了水平与垂直的通风气流网。空气水平方向的流通可以使仓体基础保持通风良好与干燥；空气垂直方向的运动可以使仓内的空气得到流通（图16、图17、图18）。

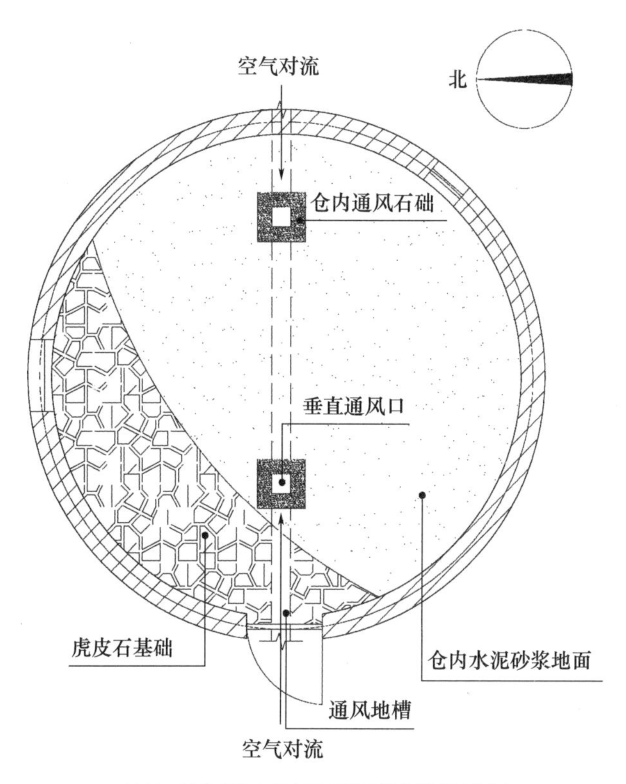

图16　纳林套海农场土圆仓通风措施平面示意图

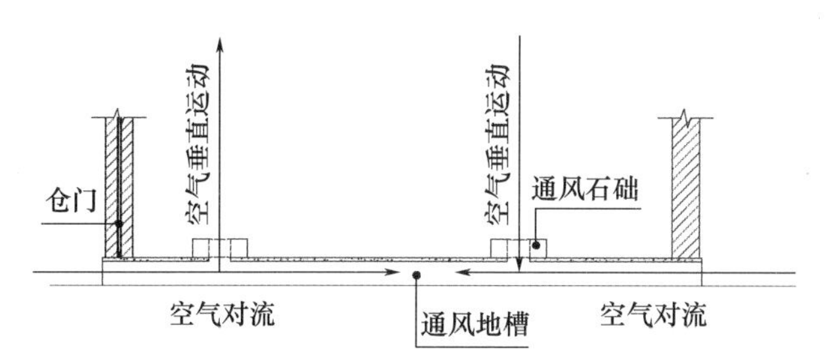

图17　纳林套海农场土圆仓通风措施剖面示意图

其二，仓身上部、下部各开有1扇门，均为木插板门，上部门为往仓内运料使用，下部门为从仓内向外取粮使用，木插板的增减依据仓内储粮多少而定，也能起到一定的通风作用；各仓身均开有通风百叶窗1处，不仅可以起到通风作用，而且可以防止鸟类进仓（图19）。

图18　土圆仓通风地槽与仓内通风石础

图19　木插板门

其三，每座仓身上不规则地留有3～6处数量不等的排气孔，当仓内储粮时，如果有潮气，可以通过排气孔向外界抽出潮气（图20）。

图20　排气孔照片

四、 结语

就巴彦淖尔地区现存的不同形制、不同地区、不同环境的土圆仓来看，大体可分为三类：第一类是居民个人所用的、单一的土圆仓，它的砌筑方式较为讲究一些，但是建造时防潮与通风措施比较简化一些。第二类是集体共用的、仓储需求量大且时间紧迫的、形成群体的，该类土圆仓建造时使用了较为省时的剁泥法进行构筑，防潮与通风措施则利用得丰富巧妙一些。第三类是当时农场场部所用的、仓储需求量大但时间较为宽松、形成群体的，该类土圆仓建造时，无论从砌筑材料、工艺，还是防潮与通风措施的利用，相比第一、第二类的土圆仓等级、规格要更为高一些。

就土圆仓因地制宜、就地取材的建造方式而言，真实地反映了建造粮仓的时代需要的紧迫感。

就巴彦淖尔地区现存土圆仓的防潮、通风措施而言，单独、通风良好、地势高且干燥的土圆仓与聚集的、周边环境通风不畅的土圆仓，以及储粮容量大、农场和分场聚集在一起的土圆仓，它们的防潮措施、通风措施、储粮功能各不相同，但整体而言其真实地反映了当时在“广积粮”[1] 那个特殊年代劳动人民的智慧。而且土圆仓作为备战备荒[2]年代的实物例证，在当地区的粮食仓储方面发挥了独特的作用，具有较高的历史价值，是研究备战备荒年代仓储建筑的博物馆。

1 中国军事百科全书编审室．中国大百科全书·军事［M］．北京：中国大百科出版社，2007.

2 中国中共党史学会．中国共产党历史系列辞典［M］．北京：中共党史出版社，党建读物出版社，2019.

传统八景空间意匠及其现代启示
——以重庆大足八景为例

程豫珏[1]　许芗斌[2]

摘　要： 八景作为我国传统的风景营造范式，用以反映地方自然与人文特色。本文总结八景文化内涵为：山水形胜的凝练、地方生活的表征、官方教化的产物、文人意趣的表达，并结合“大足八景”分析其在空间分布、景观特征、文化意蕴方面的特点，提出五点传统八景对现代城乡风景营造的启示，即“时空延续、文化传承”“巧于因借、山水共构”“地方人文、情景交融”“景面文心、诗意栖居”“民众参与、多元赋能”。

关键词： 传统八景；文化内涵；景观特征；保护传承；城乡风景营造

“八景”是我国传统风景营造中一类集称景观的统称，常见的“八景”“十景”“二十四景”都属于八景范畴[1]，其中有着深厚的文化底蕴。2021年9月，党中央在《关于在城乡建设中加强历史文化保护传承的意见》中提出“传承传统营建智慧”“发挥非物质文化遗产的社会功能和当代价值”，而八景正是体现传统营建智慧的重要文化遗产。本文将结合“大足八景”总结八景对现代城乡风景营造的启示，为打造具有文化内涵和地域特色的城市景观提供思路。

一、　八景的文化内涵

1. 山水形胜的凝练

我国国土幅员辽阔，从婉约的江南水乡到雄浑的大漠戈壁，多样的自然景观为八景的形成提供了环境基础。八景通过展示地形、水文、气候、植被等风景要素，描绘出地方山水图景——南有琼州八景“海门秋月”“雁塔熏风”，北有卜奎八景“古塔成阴”“孤亭野色”，东有盐城八景“范堤烟雨”“杨楼翠霭”，西有乌鲁木齐八景“抱冰挹雪”“长桥饮马”。这些不同氛围的八景反映了不同地域风情，歌颂了一方山水之胜，成为地方山水形胜的代表符号。

2. 地方生活的表征

八景体现当地风土人情和日常生活场景，是地方生活的符号化表征。如猗氏八景“峨眉晓耕”、五河八景“东沟渔唱”反映了人们从事农耕、渔猎、牧畜的生产活动场景。而沪上八景“野渡蒹葭”、靖江八景“孤山钓月”则体现了人们泛舟游湖、登高览胜的游赏活动场景。又如昆明八景“云津夜市”反映了当地夜市灯火辉煌，双溪八景“东埠樯林”描写了集镇码头商船成林并展现繁华的商贸活动场景；而大足八景“宝顶烟云”、汕尾八景“有凤来仪”、碣石八景“祈雨龙坛”等，则体现了地方百姓烧香祈愿等信俗活动场景。

八景中展现的这些图景，对外让人们了解自己家乡的风土人情和历史文化，对内使当地人实现乡土认同、寄托思乡情怀。同时，作为地方生活的表征，彰显一方文化。

1　重庆大学建筑城规学院风景园林硕士研究生在读，400045，813869861@qq.com。
2　通讯作者，重庆大学建筑城规学院副教授、硕士生导师，400045，61192881@qq.com。

3. 官方教化的产物

自宋以来，“潇湘八景”的影响使得八景文化迅速传播，在各地如春笋般涌现。明永乐时期，内阁词臣中纷纷诗咏“燕京八景”，八景被赋予政治意图，凸显皇权思想[2]。八景的修编也逐步形成以京师、省、府、州、县构成的体系[3]，被记录于各地方志之中。而在清代，康熙推行《河南通志》[4]，进一步体现了上位者对八景的肯定。八景在各地方志中的记述方式和收录内容各不相同，有的仅存其名[5]，有的以诗文形式记录，有的则图文并茂地刊印“八景图”；但无论何种形式都给八景打上了官方的印记，使八景文化在官方的推崇下，逐渐演化为平民百姓的集体意识和情感依托。

4. 文人意趣的表达

八景的形成离不开文人，历代文人以其独到的审美眼光将各地胜景提炼为八景，赋予八景精练的题名、诗性的描述、丰富的文化内涵，并为其创作诗画[6]。在这样的背景下诞生的八景，能体现文人的审美意趣，具有“诗画共融”的特征。在景观题名方面，八景的名称具有文学性和艺术性，如西湖十景“断桥残雪”“平湖秋月”“柳浪闻莺”等，题名本身就是韵律优美的词句，引人遐想。在景观意境方面，八景营造出情景交融、物我合一的境界，既描绘了客观的景物，又融入了主观情感，寄托了文人对自然的热爱，对理想生活的向往，对人生的思考。

文人的哲思和吟咏使八景成为了一种触及心灵的感情寄托。因此，不管是平民百姓还是达官贵人都能受到八景的感召，也让八景在历史长河中不断焕发新的生机，成为一种历时持久、影响广泛的文化现象。

二、 大足八景解析

1. 背景概况与空间分布

由清代大足城池图（图 1）可见，大足依山傍水，南山、北山一前一后将城池夹护其间，濑溪河从城南流过，城墙滨水而建。大足在这样的自然环境下历经 1200 余年的发展历史，形成了自己独有的石刻文化、海棠文化，构成了大足八景的文化背景。

清代大足知县李德纂修《大足县志》，提炼出大足“海棠香国、西池嘉莲、南山翠屏、宝顶烟云、滴水清波、石坛夜月、白塔悬岩、东郭虹桥”八景并赋诗题咏。此八景布局（图2）与城市山水骨架紧密相关，体现出明显的山城特征。其中，“南山翠屏、宝顶烟云、滴水清波、石坛夜月、白塔悬岩”皆位于山林之间，“东郭虹桥”则与大足的母亲河濑溪河密不可分。

图 1　依山傍水而建的清代大足城池

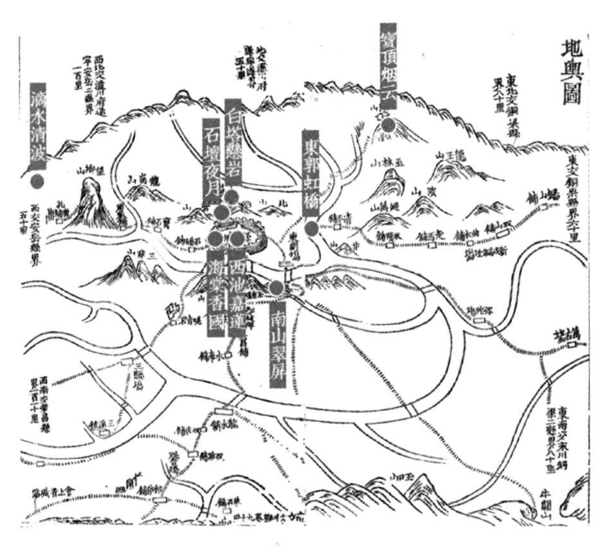

图 2　清代大足地舆图及八景分布

2. 景观特征与文化意蕴

大足八景的每一景风景要素各异，游赏方式、活动类型、文化内涵各有不同（表 1），有的是风景游赏的空间，有的是日常生产生活的载体，有的则是烧香祈愿等文化活动展开的场所。

（1）地方文化之名片——海棠香国、宝顶烟云

因城中遍植海棠，“海棠香国”成为大足的代称。《舆地纪胜》记载：“昌居万山间，地独宜海棠，邦人以其有香，颇敬重之，号海棠香国。”大足海棠自成一派，有着超越洛阳的美誉。“宝顶烟云”则反映了宝顶山作为宗教圣地，香火与自然云雾相互交融的景象，表现了石刻艺术与宗教文化在大足这一“石刻之乡”结合后展现出的独特魅力。此二景彰显了大足最具代表性的海棠文化和石刻文化，成为当地的文化名片，构成了地方文化认同的核心。

表1　大足八景景点概况

景目名称	景名释义	空间位置	风景要素	活动类型
海棠香国	海棠盛开花香弥漫，形成一个充满芬芳的国度	泛指全区（城内）	海棠	赏花品茗、观色闻香
西池嘉莲	县衙西侧海棠池荷叶田田，更有一枝“并 帮莲花”奇景	县衙西侧后院（城内）	荷花、莲叶、碧池	赏花休憩、消暑纳凉
南山翠屏	南山连绵，如翠绿屏风一样环抱城市	南山（城外）	山峰、茂林	山林漫步、登图远眺
宝顶烟云	香客往来朝拜，使得香火与自然玄雾相互交融，环绕山巅	宝顶山（城外）	石刻、古壁、茂林、香火	石刻观摩、登高远眺、烧香祈愿
滴水清波	涓涓细泉一滴一滴落入池中，激起层层清波	高升镇（城外）	岩石、泉水	山林/支步、亲水观鱼
石坛夜月	月光洒落在古老石坛上，辉映出淡淡银光	北山（城外）	石台、月光	夜游赏月、登高远眺
白塔悬岩	高塔耸立于险峻岩石之上，形成悬岩凌空之景	北山（城外）	山崖、宝塔	登高远眺、念佛祈福
东郭虹桥	东郭，赖溪河上的桥廊，如彩虹般连接河岸两边	濑溪河支流（城外）	桥、亭、黄葛	交通往来、闲坐休憩

（2）山水营城之画卷——南山翠屏、白塔悬岩

“南山翠屏”一景因南山峰峦耸翠、环列如屏而得名。从题名中便可窥见，南山连绵的山脉形成了大足天然的景观屏障。“白塔悬岩”一景所指为北山多宝塔（又名白塔、北塔），高塔立于峭壁之上，登塔而上可见群峦耸翠、悬岩凌空；于城中观望，又可见白塔赫然耸立，成为突出的地标和视线焦点。此二景体现了中国古代城市风景营造中“山水共构”的智慧，山水本底与城市形成和谐统一的整体，巧妙融合、互为借景。

（3）地方生活之复现——西池嘉莲、东郭虹桥

“西池嘉莲”位于清代县衙后院，院中建有西池（又名海棠池），是市民纳凉消暑之地。池中荷叶田田，更有一枝生双莲的“并蒂莲花”奇景。“东郭虹桥”最早建于明代，是百姓日常往来、商旅通行的重要交通节点。桥上有廊，桥头有亭，复有黄葛大树遮蔽河面。桥下濑溪河流水曲曲，桥上行人往来不断。此两景，一景位于内城，一景地处东郭，既是城市公共空间中重要的场所，也是居民日常生活的重要载体，成为民众共同记忆的一部分。

（4）风景游赏之意趣——滴水清波、石坛夜月

“滴水清波”位于大足城区外西北方的高升镇圣水寺，因寺庙后山岩缝中细泉不断，滴落池中激起层层清波而得名。“石坛夜月”据推测位于北山，描述了人们登山夜游之时，石坛与明月相映，月下生辉的美景。此二景都反映了百姓的风景游憩活动，无论是滴水岩中波纹漾漾的清新，还是月光下石坛的幽静，都是人们逃离日常喧嚣、寻找精神慰藉的理想之地（图3）。

宝顶山 (宝顶烟云所在地)

北山 (白塔悬岩所在地)

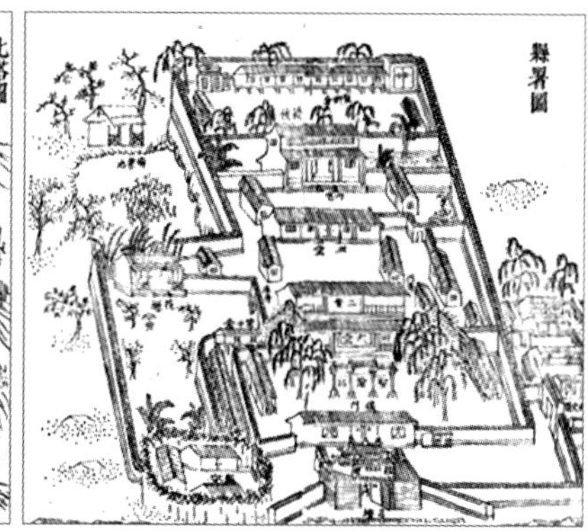

县署及西侧海棠池 (西池嘉莲所在地)

图3　清代大足县志中刊印的部分八景所在地图景

3. 大足八景嬗变与传承

清代中后期，受社会动荡和西方文化冲击，士大夫在“求真务实”学风变革的影响下对传统文化进行批判和反思，认为八景是“装点名胜”的陋习，从而导致其逐渐衰落[6]。加之后来城镇化进程对传统文化景观的冲击，各地八景都受到了较大冲击，大足也不例外。现在的“石坛夜月”和“西池嘉莲”的确切位置已无从考证；“东郭虹桥”景观风貌全然改变；“海棠香国”则作为一个抽象化的文化符号和地方名片被加以继承。仅有“宝顶烟云”“白塔悬岩”“南山翠屏”“滴水清波”延续了原本的景观风貌和文化氛围。但如今，在新时代文化自信建设和城乡高质量发展的背景下，八景的传承有望迎来新的转机。尽管历经变迁，大足八景中蕴藏的风景营造智慧仍对现代城市文化建设具有启发意义，应当保护和传承以八景为代表的地域文化，使其在现代城市发展的过程中焕发新的生机。

三、 传统八景对现代城乡风景营造的启示

1. 时空延续、文化传承

八景是体现地方历史文化记忆的重要载体。在现代城乡风景营造的过程中，应当注重以八景为代表的地域文化的时空延续和文化传承。首先，注重物质空间的在地性保护。如“宝顶烟云”所在的宝顶山，其文化要素大部分保留完好，需要加强保护措施和现场管理，防止过度游览或自然侵蚀。其次，注重文化传承与创新。在保护和传承传统文化的同时，进行适当创新，以适应新时代城市发展和人们在经济、文化、娱乐等方面的新需求。

2. 巧于因借、山水共构

传统八景与自然环境和谐共生，对现代城市规划如何合理利用风景要素、将城市融入山水环境具有启发意义。应通过“山水共构”的理念和“巧于因借”的手法丰富城市景观的层次和内涵，构建山水城市、园林城市。一方面要巧借自然之景，将山脉、河流、湖泊与城市有机融合，如“南山翠屏”就是城市借自然之景的典范；另一方面要巧借人工之景，标志性的长桥堤坝、城墙城门等地方文化遗产，都可以成为借景的对象，以此来丰富空间层次、烘托景观意境，如“白塔悬岩”便是风景营造中借人工之景的典范。

3. 地方人文、情景交融

八景能充分反映地方的文化基因，而在现代风景营造中，可以通过挖掘地方文化基因、提取文化符号和景观要素、重构景观场所来打造具有地方特色的文化景观。第一，挖掘地方文化基因。识别具有地方特色的物质、非物质文化遗产，把握当地文化底色。第二，提取文化符号和景观要素。如大足八景中的海棠文化，可以将其具象化为海棠花、海棠纹样、海棠色谱等文化符号。第三，充分运用这些文化符号，重构景观场所，打造满足大众精神文化需求的空间，从而提高景观场所的文化认同感和空间归属感。

4. 景面文心、诗意栖居

八景体现了中国园林“景面文心”的特点，即外在表现为“景”，直观体现在景观环境的营造、园林的布局和设计上；而核心是“文”，表达造园者的造园思想、人文情怀以及对于自然和生活的感悟。在风景营造的过程中，可以利用“景面文心”的思想，打造诗意栖居环境。首先，需要明确立意主旨，结合自然环境、历史文脉等因素明晰景观的设计主题；其次，融入诗意元素，充分利用山、岭、溪、渚、林等自然风景要素，桥、廊、亭、庙、宇等人工风景要素，塑造深远意境及丰富的景观体验。从而先立“文心”，后成“景面”，完成从立意到成象的过程。

5. 民众参与、多元赋能

传统八景中百姓游赏观光、生产劳作、宗教祭拜等多样的活动为景观空间持续注入了活力，使景观富有场所感和生活气息。在现代城乡风景营造中，可以通过文化活动、文创产业为景观赋能，以此来促进民众参与，激活公共空间。在文化活动赋能方面，与学校、企业等社会组织合作开办艺术展、音乐会等文化活动，使景观场所产生社会效益。在文创产业赋能方面，通过多产联动、多业融合，打造与文化景观联动的文创产品，通过产品讲述文化故事，助推城市文化传播。使文化景观的影响力不局限于一时一处，而是持续渗透到居民的日常生活中。

四、 结语

八景作为体现文化自信的地方文化名片，可展现山水营城画卷，复现地方生产生活，表达风景游赏意趣。八景的文化生命力顽强且历久弥新，其中的风景营造智慧对现代城市文化景观建设有深刻的启发意义。在新时代的背景下，八景文化是城市发展的文化宝库，如果能在保护和传承以其为代表的地方文化的同时，将其中的文化精髓与现代生活方式相结合，会创造出具有城市特色的独特景观和文化体验，使八景文化在新时代焕发新的光彩。

参考文献

[1] 杜春兰，王婧．文学意境与景观空间的耦合研究——以重庆古代“八景”为例［J］．西部人居环境学刊，2014，29（6）：101-106.

[2] 文天骄．从“居庸叠翠”到“琼岛春阴”——“燕京八景”景观序列背后的空间逻辑与政治意涵［J］．艺术设计研究，2020，（4）：104-110.

[3] 秦柯，孟祥彬．由虚入实：中国古代城市人居环境“八景”模式的嬗变［J］．中国园林，2021，37（12）：26-31.

[4] 吴志远，贺明锐．清代河南方志中的“八景”编修［J］．郑州航空工业管理学院学报（社会科学版），2022，41（5）：13-19.

[5] 舒启东．历代方志“八景”的记述及其价值与启示——以德阳地区历代方志为例［J］．巴蜀史志，2021（4）：106-111.

[6] 张廷银．地方志中“八景”的文化意义及史料价值［J］．文献，2003（4）：36-47.

沈阳传统村落公主陵村与叶茂台村民族性聚落空间比较研究[1]

郑美慧[2]　莫　娜[3]　李丹宁[4]

摘　要： 当前，我国少数民族聚居空间正面对着传统文化的“同化”“消解”等诸多问题，使得具有历史、文化、地域特色的乡村与民居形态受到空前的冲击。以辽西走廊傍海道这条民族融合线路为背景，通过对沈阳传统村落公主陵村、叶茂台村与辽西走廊傍海道上民族性的聚落空间现状调查比较，提取聚落中的重点构成要素特征，总结出蒙古族与锡伯族聚落的选址特征、空间结构特征、空间肌理特征、空间尺度特征、院落空间和公共空间特征等；归纳总结辽西走廊傍海道至沈阳地区的传统蒙古族村落与锡伯族村落空间展现出的民族性特征，对比分析不同民族传统聚落空间在文化与生态上呈现的差异性。

关键词： 沈阳传统村落；聚落空间；空间比较；民族地理学；民族性

在“十四五”期间，中国的城镇化率已经显著提高，城镇化发展开始进入到稳定和高质量发展的新阶段，面对城市更新和乡村振兴的新形势，少数民族传统村落的保护与可持续发展也面临着时代的新任务与新挑战。随着时间的推移，各民族村落的“融合”在持续进行，使得具有历史、文化和地域特色的村落构造形式遭到了冲击，导致村落的民族性逐步丧失，并面临着“汉化”的危险。基于此，本文将民族地理和空间句法等相关理论相结合，以聚落的总体形式和空间结构为研究对象，分析其内在动力，探讨其在乡村社会组织发展过程中的作用，进而指导民族传统村落的保护与发展。

一、 研究方法与数据来源

1. 民族地理学与传统村落空间研究的相关性

民族地理学的研究对象涵盖多个方面，包括地理环境、历史文化、民族文化以及社会结构等。地理环境是少数民族聚落空间形态的重要影响因素之一。少数民族聚落多分布在山区、河谷地带和湖泊周边等地理条件较为特殊的区域。正是这些地理环境的独特性才使少数民族聚落发展出独特的空间形态。历史文化对少数民族聚落空间形态的影响是多方面的。历史上的宗教信仰、宗族制度和战争冲突等都对少数民族聚落空间形态的形成起到了重要的作用。每个民族都有其独特的文化传统和价值观念，这些价值观念在聚落空间形态中得到了充分体现，使其呈现出丰富多样的空间形态和文化内涵[1]。

2. 建模与分析方法概述

为理解村庄的空间结构形式，就必须从村庄的空间视角来阐释它的社会文化逻辑。在对空间形式及其所蕴含的社会文化逻辑的研究中，空间句法具有定量上的优势，也有定性上的优势。以轴表征村庄街巷的网络结构，构建样

1　基金项目：辽宁省教育厅科学研究项目（课题编号：LNJC202024），沈阳市哲学社会科学年度立项课题（课题编号：SYSK2023-01-039）。

2　沈阳建筑大学硕士研究生在读，110168，2062089085@ qq. com。
3　沈阳建筑大学建筑系副主任、讲师，110168，290375325@ qq. com。
4　沈阳建筑大学硕士研究生在读，110168，1059418193@ qq. com。

本村庄的空间轴线模型，并用各种参量刻画其空间拓扑关系，并以直线形式对其进行转化，从而体现居民的行为习惯与趋向。在此基础上，利用图论、拓扑等理论，将村庄轴线模型输入 Depthmap 软件中，对各个参数变量进行计算，通过定量化研究，揭示不同村庄的结构形态特点。

3. 研究数据

根据本研究绘制的轴线模型分析可知，两个少数民族村庄的构造形态分布有团状、带状两种。比较两个村庄的匹配度、连通性、深度等参数，得到不同村庄的图像化结构（参数构成的层次关系，深色表示相应的数字越高，浅色表示相应的数字越少），以及村庄之间的差异性与相似性（表1）。

表1　聚落空间整合度、连接值、深度值

	整合度	连接值	深度值
公主陵村	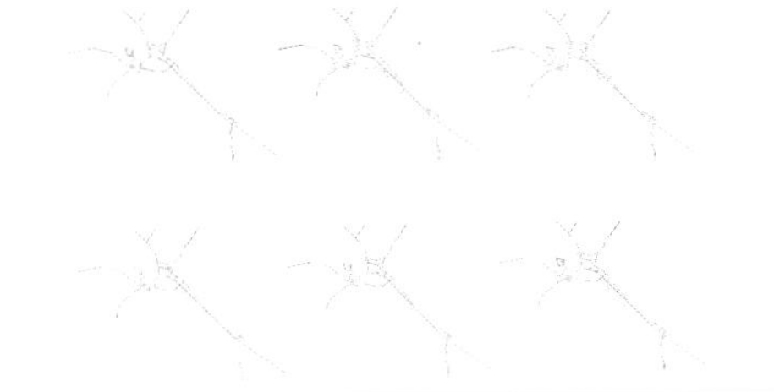	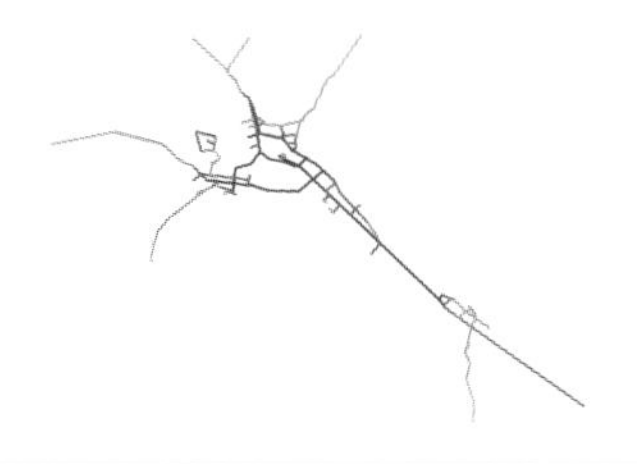	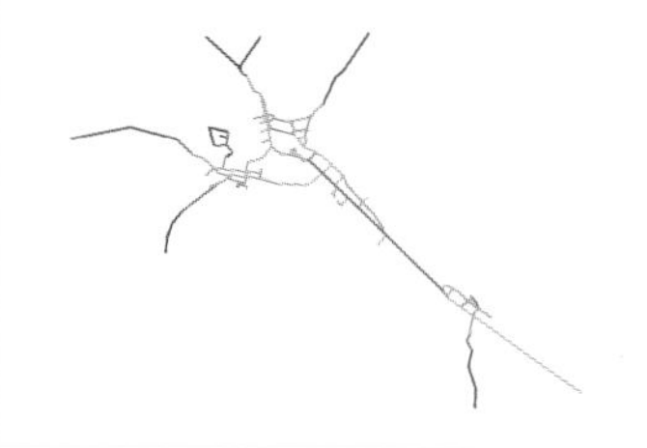
叶茂台村			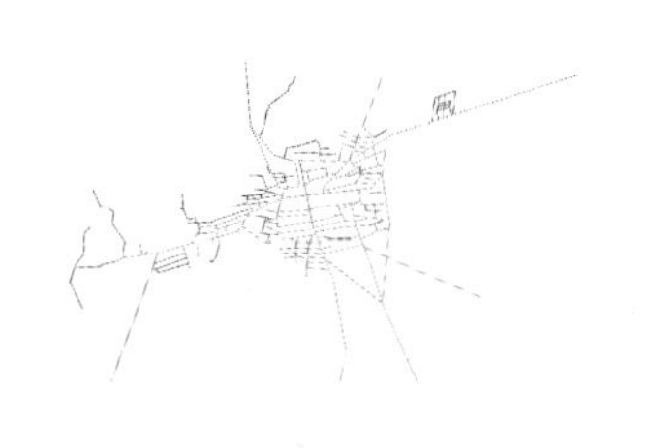

第一，整合度。整合度可以用来刻画村庄的分布状况，它包括整体与局部两个方面，反映了一个点与其他点之间的关系。整合度较大的点具有较高的空间可达性，反之则较差。

第二，连接值。连通性是指连接到第 i 个结点空间上的连通空间个数的总和，它反映了体系空间的渗入程度；平均连通率反映了村庄节点连通空间的平均数。其数值大小与渗透率成正比。

第三，深度值。深度值的值为空间节点与邻近空间节点之间的最小变换次数；平均深度是村庄中一个节点到其他节点的拓扑距离总和的平均值。深度的数值表示的是便捷性与可达性[2]。

二、　不同民族传统聚落空间的演变特征

1. 聚落功能要素演变

通过对各民族村庄的考察，我们可以看出，在历史进程中，乡村的形成和建构与社会、文化的变化有着密切的联系。

蒙古族聚落的形式元素，基本上都可以视为蒙古族文化的表征元素，其文化特征和文化风格的变迁也是如此。公主陵村聚落所在地较为开阔，土地因近科尔沁而偏沙化；聚落的空间形态比较分散，院落排布较为稀疏。具体而言，该片区域因较靠近内蒙沙漠地带，且辽河上游区域支流较少，对聚落影响较大的地形因素主要集中在山体上。该区域最主要的山体为巴尔虎山，巴尔虎山为医巫闾山余脉，这座山的南面坡度比较平缓，北面的坡度比较陡，山顶比较平缓。以此山为界，以南为地形复杂的与山水关系较近的聚落，聚落形态受地形影响而呈现条形或多个条形组合而成的形状，在封山之前，村民们便是围绕在山脚下而聚居，以山上丰富的植物资源为生[3]。蒙古族具有较强的民族文化认同意识，虽然由于蒙汉文化的紧密交流，蒙古人的生活、生产方式逐步汉化，一些人开始以农耕方式定居下来，但是他们的文化特质仍然以象征的方式存在于聚落之中，从而构成了具有浓厚蒙古族特色的农耕社区（表2）。

对锡伯族叶茂台村，从轴线模式中可以看到，宰相大街在村庄的几何中心，它是村庄的主要空间元素，它的位置也就成了村庄的居住中心。随着村庄的发展，原有的形式得到了进一步的充实，使得村庄的布局更加复杂化[4]。因此，作为重要的对外交通流线，村庄已成为区域发展的副中心[4]（表3）。

表 2　村落功能构成

	公主陵村	叶茂台村
聚落形象		
聚落影像图		
聚落平面图		
图式	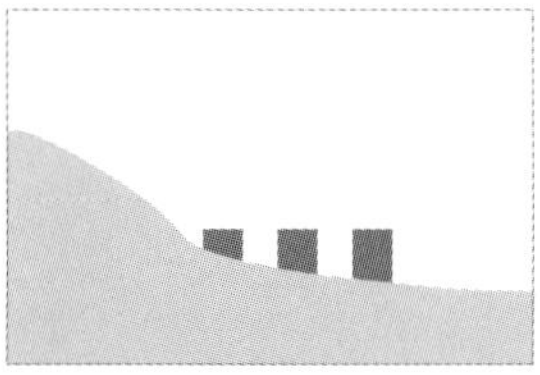	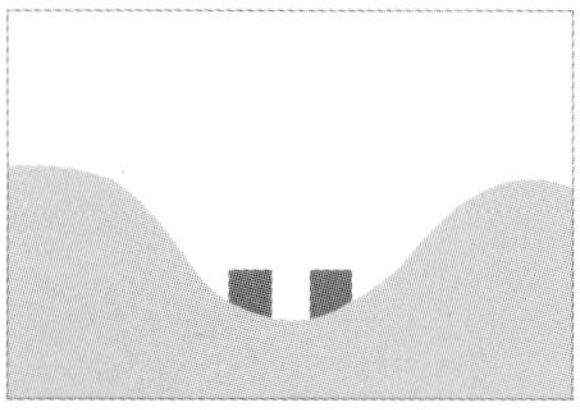

表 3　村落功能要素构成

村落	村落形态	功能要素	
公主陵村			僧格林沁陵墓 村委会广场 陵墓群 蒙古包
叶茂台村	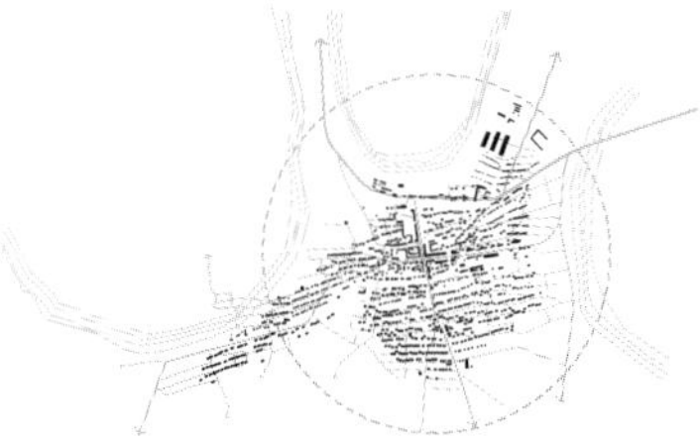		宰相大街乡政府 广场传统民居

2. 聚落空间层级演变

蒙古族在迁移的过程中，从畜牧业到农业的生产方式发生了变化，所以，他们在迁移的最后阶段，将对农业的需要放在了第一位[5]。蒙古族的村庄布局与其他地区有很大的区别，不同时期的族群文化对村庄的空间产生了明显的影响。近代以来，工业转型成为了乡村空间关系的中心要素，由此，乡村的新的空间等级也随之显现出来，在空间层面上，也体现出了生产空间的重要性。

公主陵村通过村庄主路将村庄空间分为东、西两个社团，带状的街巷肌理赋予了居民更多的活动空间。公主陵村委会是公主陵村的一个重要公共空间，它将村庄的总体构架连接起来，由它向南、向北延伸。由于农业生产的重要性，公主陵村的活动区域逐步扩展到了周围的田地。同时，政府和公共设施等公共空间群都被安置在村庄的中央，使得村庄的空间层次更加多样化。

叶茂台村是锡伯族文化保存比较完整的典型，它以叶茂台辽墓群和叶茂台学堂为中心，向外扩展出面状空间进行村庄开发。叶茂台村是一个大型锡伯族村寨，具有很大的单体庭院空间，村落原型地域“松散”[6]。公共空间是人们的主要活动场所，其向心力不强。虽然从总体上看，叶茂台村仍是原地域，但由于居民生活品质的不断提升和社会职能的复杂化，二者的层次逐步交错交叠，相互影响（表4）。

表4　聚落空间特征

村落	公共空间	连接空间	居住空间
公主陵村	耕种空间 公共空间 耕种空间 耕种空间		
叶茂台村	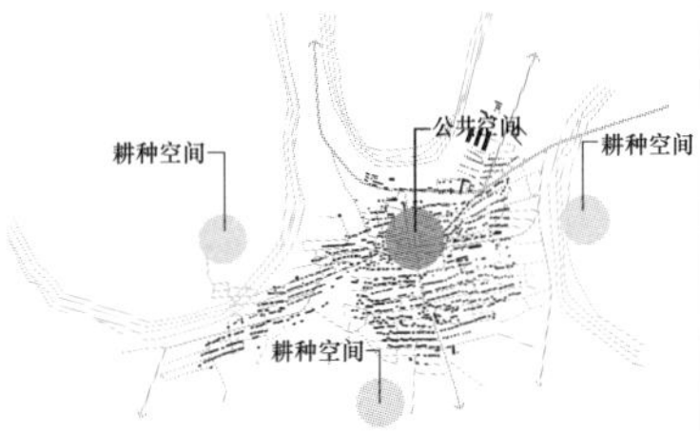 耕种空间 公共空间 耕种空间 耕种空间		

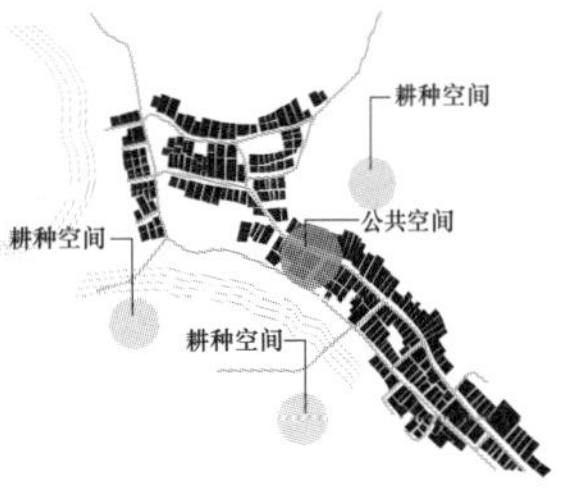

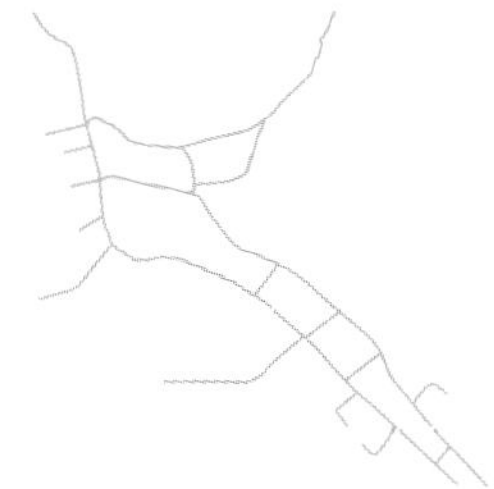

3. 民族性民居空间形式演变

满汉两个民族的生活习惯对东北蒙古族产生了很大的影响，但是在后来的多种文化交融和发展过程中，仍有一些地方保存着佛教的信仰。随着蒙古族由游牧转为农业定居，“毡房”逐渐不再适用于当地日常生活，也因不能适应东北的严寒气候，从实用的历史中退下——吸纳汉满民居的经验，发展成土屋，并演变出添加了自己民族特色的老燕出头房[7]。此外，这里的房子大部分都是坐北朝南，由于蒙古族“四六无木”的民间传说，也避开了偶数开间，如四等、六等；多为三、五开间[8]（表5）。

表5　民族性民居空间特征

村落	建筑立面	建筑内部	细部装饰
公主陵村			

续表

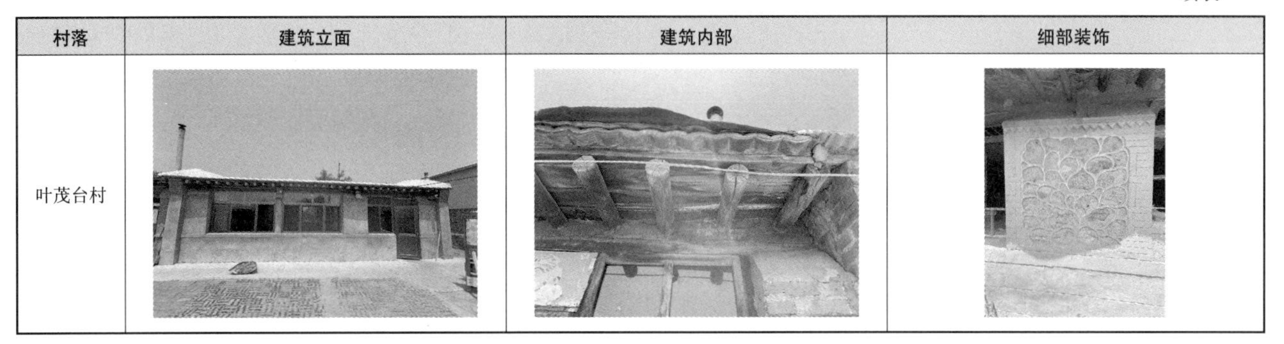

村落	建筑立面	建筑内部	细部装饰
叶茂台村			

三、 不同少数民族聚落空间的相似性与差异性影响因素

1. 区域特点与地域特征对聚落空间的不同影响

村庄的总体结构形式的不同，是由其所处的地理位置和地域特点所决定的。蒙古族的村庄遍布于我国东北地区，因为蒙古族的祖先以打猎为业，常选择一片山区作为自己的栖息地，所以大部分的山地村都仍保留在山地附近。甚至到了今天，蒙古族已经从森林走到了平原，但仍秉承最初“依山做寨，聚其所亲居之”的传统[9]。因此，地形和田地之间的关系对村庄空间聚落的影响和限制，是沿山谷线分布的原因。叶茂台锡伯族分布于山地之中，常进行商贾贸易。为了确保锡伯族村庄的存续和发展，仍然保持着传统的建筑格局，从空间网络上看，它呈现出了一种明显的结构层次和有序的格局，并延续了集贸大街，形成了现在大规模的牛马集市场。公主陵村的蒙古族聚落在形制上是比较随意的。村庄在建筑轴线上的发展随着时间的流逝而不断扩展，而在其内部的次级轴则显得比较分散（表6）。

表6　聚落空间特征

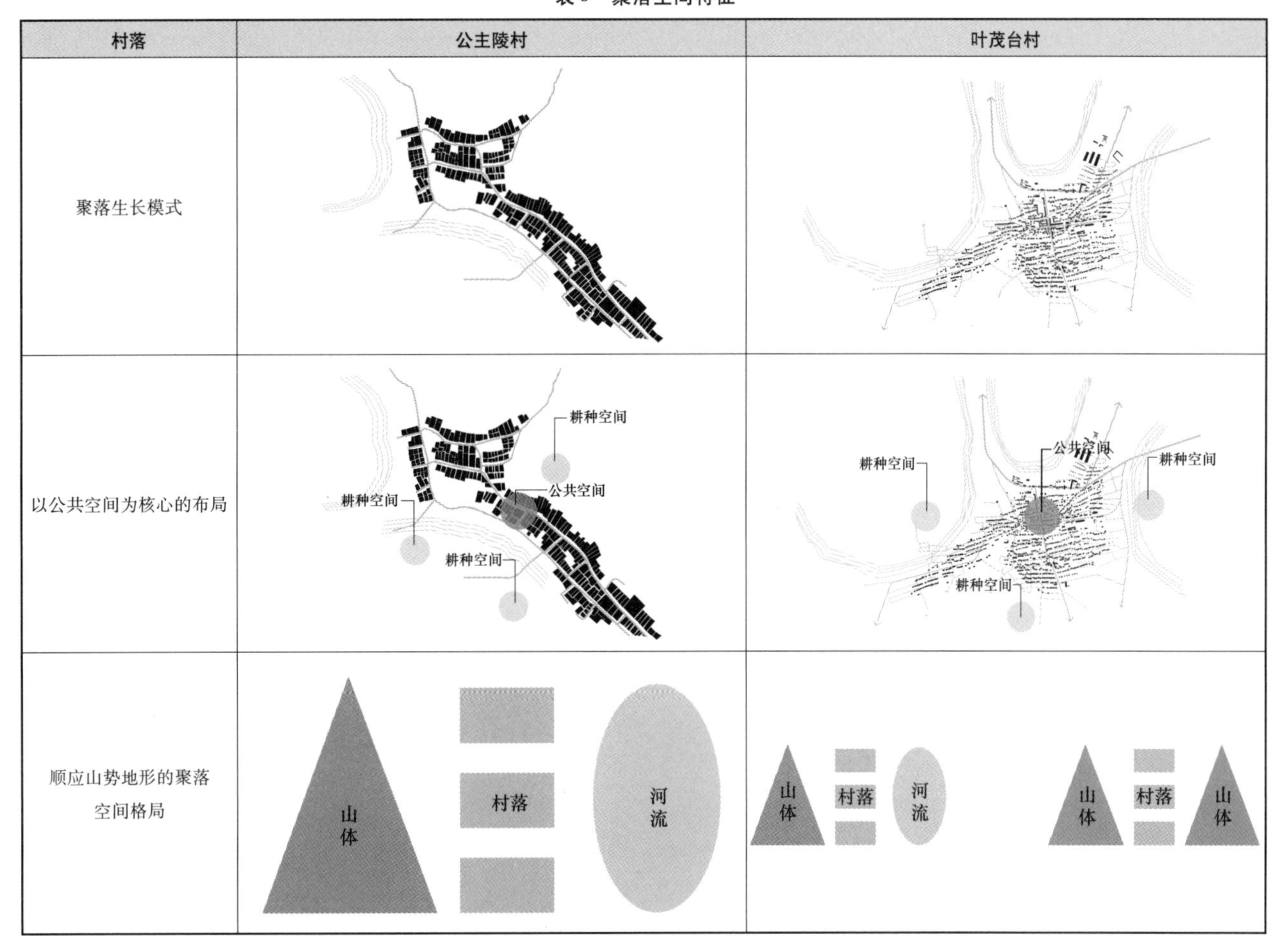

村落	公主陵村	叶茂台村
聚落生长模式		
以公共空间为核心的布局	耕种空间 耕种空间 公共空间 耕种空间	耕种空间 公共空间 耕种空间 耕种空间
顺应山势地形的聚落空间格局	山体 村落 河流	山体 村落 河流 山体 村落 山体

2. 遗址遗迹对村落结构形态的影响

沈阳市法库县公主陵村，因清朝雍正皇帝抚弟庄亲王允禄之女，即和硕端柔公主的陵墓而得名。公主陵村不仅承载着丰富的历史文化底蕴，其墓穴遗址更是对村落的结构形态产生了深远的影响。公主陵村所处地是巴尔虎山东麓的一部分[10]，这是一处美丽的自然景观，也是一个充满了人文气息的地方，埋葬着和硕端柔公主、清朝末年赫赫有名的僧格林沁亲王。这些墓穴遗址不仅是历史的见证，更是村落结构形态形成和发展的重要因素。

公主陵村的空间布局深受墓穴遗址的影响。村北山势高耸，南坡上建有包括公主陵在内的多座陵墓，这些陵墓的存在使得村落的空间布局呈现出以陵墓为中心的特点。同时，为了尊重和保护这些历史文化遗产，村落的建筑和道路规划也充分考虑了与陵墓的关系，形成了独特的空间布局。这些陵墓不仅是历史的见证，更是传承和弘扬历史文化的重要载体[11]。村民们在日常生活中，通过讲述陵墓背后的历史故事、传承陵墓相关的文化习俗等方式，不断强化着村落的文化特色。

叶茂台村位于辽宁省沈阳市法库县，是辽代遗迹较密集的地区。叶茂台辽墓群是辽代后族萧义的家族墓地，也是该地区的重要考古发现。这些墓葬的发掘不仅揭示了辽代社会的丧葬习俗和物质文化，也为我们了解叶茂台村的历史提供了重要线索。

叶茂台辽墓群分布在叶茂台村的周围，其分布范围与村落的空间布局密切相关。墓葬群的存在使得叶茂台村在选址和规划时充分考虑了与墓葬的关系，从而形成了独特的空间布局。墓群分布在村庄的周边或附近山冈上，而村庄则依山而建，形成了“三山环抱”的村落格局[12]。叶茂台辽墓遗址作为辽代历史文化的重要载体，为叶茂台村赋予了独特的文化特色。墓葬中出土的文物和墓志等，不仅为研究辽代历史提供了重要资料，也丰富了叶茂台村的文化内涵。

3. 民族文化变迁及汉化对传统村落的影响

在我国的东北部，各族杂居，星罗棋布。东北各民族在不同文化的相互冲击和融合中形成了具有多样性的民族特色，其在生产、生活、宗教等方面都深受汉族的深刻影响。再加上 1949 年以来一系列的政策推动，以家庭为中心的家庭关系结构，逐步向以夫妻关系为主的结构模式转变。随着人口的流动和意识形态的变化，国家的封闭状态逐步被打破，少数民族逐步从原来的工业限制中解脱出来，建立起第一、二、三、四产业的组合[13]。村庄内部的族群意识逐步提升的同时，少数民族传统文化也有了革新与发展的机会，成为村庄形态表现的中心。锡伯族与各民族历史、文化相融合，形成了一种新的发展格局。蒙古族则是一个变化最大，同时也是最具有民族特色的民族。在汉族文化的影响下，东北各个族群的文化都或多或少地受到汉族文化的制约和影响，自发的发展使得一些村庄能够将自己的特点和本民族的特点相结合，而有些村庄却没有能够很好地将传统文化进行有效的开发[14]。各民族“汉化”都有各自的优势和劣势，而民族融合则是国家强盛的必然趋势。

四、 结语

民族传统村落的形成与演化受到区域特色、习俗、社会结构、历史人文等诸多因素的共同作用，呈现出复杂多样的空间结构。在此基础上，以民族地理的相关理论为基础，借助空间句法构造图示语言和参数指标，横向对比各类型空间的形态特性与构成要素，探讨民族传统村落空间的差异性。经研究发现，有以下四点。第一，村落功能特征的差异化，蒙古族多退牧种田，锡伯族则是种田与商贾结合。第二，空间层级的差异化，以上两个民族如今的空间演变接近由周边向中心公共空间聚拢，但公主陵村更多为线性演变，叶茂台村更多为团状演变。第三，民族民居形式的差异化，蒙古族传统民居多为“老燕出头式”，锡伯族则为囤顶式。第四，遗址遗迹对村落结构形态影响的差异化，公主陵村的空间布局深受墓穴遗址的影响。村北山势高耸，南坡上建有包括公主陵在内的多座陵墓，这些陵墓的存在使得村落的空间布局呈现出以陵墓为中心的特点。叶茂台辽墓群分布在村庄的周边或附近山冈上，而村庄则依山而建，形成了“三山环抱”的村落格局。

公主陵村、叶茂台村是在民族特色和地域特色共同作用下形成的具有差异化的传统聚落空间，并以此为切入点，探索了民族聚居空间结构演化的内部次序与演化规律。

参考文献

[1] 丁传标，肖大威．基于文化地理学的少数民族传统村落及民居研究［J］．南方建筑，2022（2）：72-76.

[2] 戴晓玲，浦欣成，董奇．以空间句法方法探寻传统村落的深层空间结构［J］．中国园林，2020，36（8）：52-57.

[3] 李卓伦．辽西北游牧文化影响下传统聚落空间特征研究［D］．沈阳：沈阳建筑大学，2020.

[4] 姜海龙．查档探寻扶余锡伯族村——达户村民俗［J］．兰台内外，2023（33）：3-4 +7.

[5] 张宇，吴和平，董丽．东北少数民族传统村落结构形态比较研究［J］．西部人居环境学刊，2022，37（1）：125-131.

［6］肖惠琼，姜乃煊．锡伯族传统村落居住环境调查与保护更新策略研究——以辽宁省沈阳市沈北新区石佛寺村为例［J］．城市住宅，2020，27（7）：98-102.
［7］李菡．辽宁西部地区国家级蒙古族传统村落的空间肌理特征研究［D］．沈阳：沈阳农业大学，2022.
［8］吴和平．东北少数民族传统村落及民居形态演变的比较研究［D］．大连：大连理工大学，2022.
［9］高诗琦．辽宁辽河流域传统村落的空间特征及发展策略研究［D］．大连：大连理工大学，2022.
［10］胡学慧．东北地区传统村落空间形态研究［D］．哈尔滨：哈尔滨工业大学，2017.
［11］刘馨阳．辽宁阜新地区蒙古族传统村落遗产保护研究［D］．长春：吉林建筑大学，2018.
［12］庞一鹤．沈阳地区锡伯族特色村落建筑风貌控制研究［D］．沈阳：沈阳建筑大学，2019.
［13］宋文鹏．山东传统村落空间形态研究［D］．大连：大连理工大学，2021.
［14］金正镐．东北地区传统民居与居住文化研究［D］．北京：中央民族大学，2005.

宁夏镇北堡西部影城建筑活化模式评析

唐学超[1]

摘 要： 镇北堡西部影城是在保护古代屯军堡子的基础上巧妙发展旅游业的一个成功范例，其模式极具借鉴意义。本文主要以宁夏镇北堡西部影城建筑活化模式为研究对象，通过实地调研，结合镇北堡西部影城的发展历程，从“骨架”“填充层”“表皮”三个方面剖析活化模式的复合结构，在此基础上提出了现存问题及新的构想，以期推动镇北堡西部影城的进一步发展，并为宁夏地区其他乡土建筑的活化利用提供参考。

关键词： 屯军营堡；镇北堡西部影城；活化模式

宁夏地区自秦汉至明清以来，为历代边远州郡属地，亦为历代各民族角逐的征战场所，故自秦汉以来战争频繁，堡寨成为宁夏地区古代军事工程，用以争夺边境地区的人口和土地资源，满足军队后勤补给的需要，同时还有屯田、护耕、安民、交通等重要作用[1]。20 世纪 60 年代以后，堡子渐渐从人们的视线中消失。现在宁夏山川各地保留下来的“老堡子”不足百座，作为宁夏地区乡土建筑典型类型之一的堡子是珍贵的历史遗产，亟须予以保护并进行活化再利用，避免这一乡土建筑类型消失殆尽。镇北堡两处堡子通过系统地保护与活化之后，成为了国家 5A 级旅游景区，同时带动了周边地区文化经济的发展，其建设经验值得学习[2]。本文主要探讨镇北堡西部影城建筑活化模式的复合结构，助力宁夏地区乡土建筑的保护与活化再利用。

一、 宁夏镇北堡西部影城概况

镇北堡西部影城原址为明清时代的边防堡子（图 1），位于宁夏回族自治区银川市西夏区镇北堡 110 国道路东，是明清时期为防御贺兰山以西各族入侵而设置的驻军营堡。当地居民称之“老堡（北堡）”和“新堡（南堡）”，北堡现被称为“清城”，南堡被称为“明城”，经改造后面貌焕然一新（图 2）。据地方志记载，老堡始建于明弘治十三年（1500 年），新堡始建于清乾隆五年（1740 年）。其中，老堡曾在清乾隆三年（1738 年）震毁，清乾隆五年（1740 年）重修，同时新建了新堡[3]。北堡与南堡并没有经过战争洗礼，1911 年辛亥革命后，两处城堡失去了军事价值，被附近农牧民占用。其后在“大跃进”时期，人民群众在镇北堡土墙上垂直挖掘“土高炉”用以炼钢，又挖出窑洞作为宿舍，两处古堡受到毁灭性破坏，后来变成破烂的羊圈。

图 1 清城 1995 年航拍图
（来源：基于影城内拍摄改绘）

1980 年，宁夏著名作家张贤亮将其介绍给了影视界。影视剧组陆续来此取景拍摄，电影《牧马人》是其中之一，此片获得马尼拉国际电影节奖。镇北堡因张贤亮的介绍与电影结缘，已成废墟的镇北堡开始引人瞩目，在 1985 年被

1 宁夏大学美术学院在读硕士研究生，750021，2322296088@ qq. com。

列为银川市文物保护单位。1993 年 9 月 21 日，张贤亮创办宁夏华夏西部影城有限公司并任董事长，因公司以这两座古堡为基地，又称“镇北堡西部影城”。其采用“可逆式修复技术”[1]，根据“修旧如旧”[2] 的原则修缮废墟（图 3）。与此同时，张贤亮受到所谓“电脑制作”的美国影片的影响，避免投资巨大的“影视拍摄基地”成为一门夕阳产业，决定将“影视拍摄基地”向“中国古代北方小城镇”转型，因而开始在全国各地搜集古代家具和被抛弃的古代建筑构件，吸纳、招聘非物质文化遗产代表性项目传承人，并将镇北堡西部影城作为容纳和展示这些内容的平台。2012 年，仅用 97 天兴建了“老银川一条街”，该街以新中国成立前银川市最繁华的柳树巷为蓝本，再现了当年的老商铺、老街巷，立体地展示银川旧貌，街长 120m，街道两侧店铺林立。自此，明城、清城、老银川一条街成为了镇北堡西部影城三个集群景点，成为了国家 5A 级旅游景区、国家文化产业示范基地、中国品牌 100 强和亚洲品牌 500 强，极大地提高了宁夏及银川市的知名度。

在外科医生看来，我们的人体无非就是“骨”“肉”“皮”这三种要素构成的，是一种复合体系。镇北堡西部影城的活化模式亦是如此，可看作是由“骨架”“填充层”和“表皮”组合成的复合结构。

图 2 清城 2024 年航拍图
（来源：作者自摄）

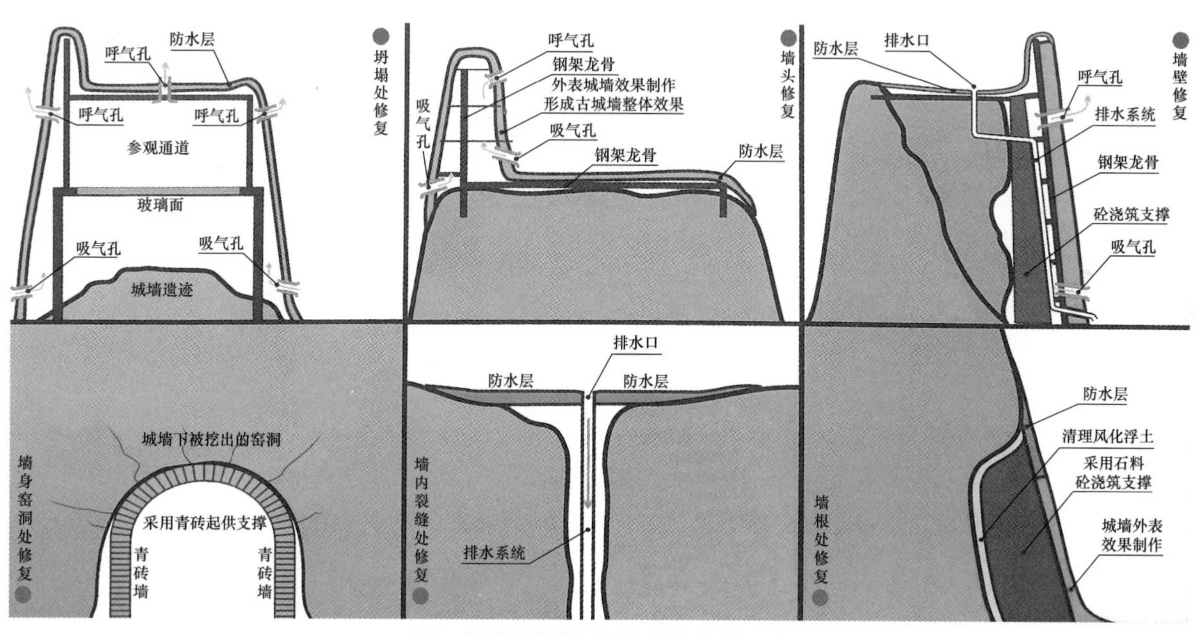

图 3 镇北堡西部影城“可逆式修复技术”图解
（来源：基于影城内拍摄改绘）

二、 镇北堡西部影城建筑活化模式复合结构

1. 搭建地景建筑骨架

“地景艺术”又称大地艺术，是指艺术家以广袤的大地为创作对象，以大自然的元素为创作素材，创造出的一种艺术与自然浑然一体的视觉化艺术形式[4]。镇北堡西部影城以古朴、荒凉、原始、粗犷的风貌为特色成为影视拍摄基地，电影拍摄所需要的场景为剧组根据剧情所自行搭建，电影拍摄与景区开发相辅相成，嵌设其中的标志性景点“铁匠营”“月亮门”“盘丝洞”“九儿居室”“招亲台”

1 可逆式修复技术：一种暂行办法，即在古代黄土建筑上加罩，避免它进一步风化侵蚀，以便将来随着科技进步发明了永久性保护技术后，外面的罩子可以完全拆除，再采用新的办法加以保护。

2 修旧如旧：以两处城堡保存较完好的区域为“旧”标准，将被自然、人为严重破坏的区域参照“旧”的标准进行修复，达到建筑外貌统一的效果。

“牛魔王宫”等都是经典影片中的真实镜头（图4）。这些场景从搭建时便成为了景区景观与旅游资源。

图4　影城内部分电影场景组图
（来源：作者自摄）

除了因电影拍摄而形成的建筑外，镇北堡西部影城内还存有整体搬迁而来的古代建筑构件，甚至是整座建筑。“影视一条街”是清城的主要景点，“街道”上每一店铺、门面、摊贩都在众多影视片的镜头中出现过，张贤亮用真正的明清建筑构件替换了场景的简陋材料，使影视场景转化为了具有质感的古建。而清城中的“观音阁”“私塾”“古戏台”，以及坐落在街道展厅的明清时期的门楼等建筑景点，是通过易地整体搬迁而来。镇北堡西部影城在未开发时的一片荒凉景观可视作非人工创作的地景，在此基础上，按照古朴、原始、粗犷、荒凉、民间化的氛围建造电影场景建筑，最终形成了基于自然地景结合人工建筑的骨架。

2. 填充民俗艺术资源

民俗艺术一般指民众出于自身或群体的物质与精神生产生活需要，在生产生活实践中创造、享用、传承具有典型区域民俗性及形象性的艺术形式，包括年画、剪纸、泥塑、刺绣、纸扎等[5]。为了实现向“中国古代北方小城镇”转型这一目的，镇北堡西部影城引入了丰富的民俗艺术资源，主要体现在“橱窗式非遗商品、体验性民俗活动和展示性农耕用品”三个方面，以此来填充“骨架”。

首先，镇北堡西部影城引入民间非遗项目落户。大批来自全国各地的民间艺人、民间非遗项目被聚拢到这里，主要集中在清城内，如木梳雕刻、吹糖人、拉洋片、皮影制作、民间剪纸制作、手工银器、内画鼻烟壶、米雕、贺兰石雕刻、漂漆团扇、藤编、民间铁艺、草编、绳结编织、手工布鞋、手工制陶等项目，大多为宁夏回族自治区级和市级非物质文化遗产代表性项目。这些项目基本以“橱窗式”的店铺进行现场制作、售卖（图5）。民间非遗项目的注入给众多手艺人提供了展示平台，促进了民俗文化的传承，同时丰富了镇北堡西部影城的景区资源，真正实现了资源的保护性开发与利用。也因此，镇北堡被国务院和文化部授予“国家非物质文化遗产代表作名录项目保护性开发综合实验基地”。

其次，明城和清城内设置了大量体验性民俗活动项目。如陶艺制作、大宋沙包、拉车体验、电动斗牛、骑马、黄包车、皇家靶场、射箭、小李飞刀等项目，其中陶艺制作基于手工制陶非遗项目展开；大宋沙包为南宋时期民间最为流传的游戏；拉车体验中，除了人力黄包车外，其他皆使用农耕中常用的家畜进行拉车，如牛、驴、羊；电动斗牛项目源于民间所盛行的斗春牛典故，在民间主要是通过这种方式表现人们对耕种时的信心与对丰收时的期盼。镇北堡西部影城还针对各种节日，策划了各类适合游客参加的体验性民俗活动，如元宵节的社火、猜灯谜、对对子，清明节的编柳条帽子、说书表演、放风筝，端午节的包粽子、佩香囊，中秋节的赏花灯、做月饼、皮影戏演出，春节期间更是有锣鼓、舞狮、划旱船表演。以上这些体验性项目在场景布置、道具选择、活动寓意上皆体现了强烈的民俗化气息。

图5　“橱窗式”非遗店铺
（来源：作者自摄）

地处黄河中上游的宁夏，依黄河而生，因黄河而兴。在千百年的农业劳动实践中，形成了悠久灿烂的农耕文化，而农耕工具是中国传统农耕文化的见证者之一，基于这一点，镇北堡西部影城以传统农耕工具为主题分别在室外、室内进行了陈设展示。室外有通过铁犁、木车、战车、马车、拴马槽、石磨等器具与人偶组合形成的景观小品

（图6），用以点缀清城、明城室外空间。在明城内还有以农民在生产生活中所用到的工具为主题的农具展厅（图7），陈列了大量工具，如风箱、炕桌、石磨和脱粒机等，对每样工具都配有基础性的文字介绍，实物搭配图文资料更有助于发挥科普教育的作用。

图6 农具景观小品
（来源：作者自摄）

图7 农具展厅
（来源：作者自摄）

3. 覆以视觉文化表皮

镇北堡西部影城的成功转型离不开建筑“骨架”与民俗艺术资源结合所形成的丰富内容，但更重要的是景区内的视觉文化所积淀的深厚文化底蕴，其主要体现在非物质文化遗产和物质文化遗产方面。

非物质文化遗产主要包括前文提到的“橱窗式非遗商品”内容，且主要集中在室外，物质文化遗产主要为古建筑构件和传统古典家具。古建筑构件在镇北堡西部影城内随处可见，主要为瓦当、滴水、木雕、砖雕、斗拱、门墩、宅门等构件（图8）。将收集来的明清建筑构件运用于新建的景区建筑中，不但是对中国古建筑的保护，还增添了景区建筑的年代感，有益于提升影城的吸引力；建筑构件还是清城“大美为善”内的主要陈设之一，各式各样的雀替、匾额、砖雕、木雕、斗拱等明清建筑构件以实物结合文字介绍的形式进行展示（图9）[6]。同时展厅内还陈设了大量明清家具（图10），如紫檀木家具、黄花梨家具、榆木家具、老红木家具，包含千工床、各式椅、凳、桌、几、柜等，家具上大多都雕有精美的图案。对建筑构件与传统家具的广泛收集、陈列展示，是对建筑类与中国古典家具类物质文化遗产的有力传承与保护，同时赋予了景区文化底蕴。

图8 室外瓦当、滴水
（来源：作者自摄）

图9 建筑结构展示
（来源：作者自摄）

图10 传统家具
（来源：作者自摄）

此外，除了明城的农具展厅、清城的“大美为善”展厅外，在“老银川一条街”中的“老银川发展回顾展”和“老街主题馆”则是侧重于地区发展历程、地区资源和地域文化的展示，图文并茂地将其融合在景区内，是珍贵的“家乡文化记忆”[7]。

三、 镇北堡西部影城建筑活化模式的不足与思考

镇北堡西部影城建筑的活化模式无疑具有典型的示范作用，但基于建筑现状与发展态势仍可发现一些不足之处。

第一，建筑的动态演变历程作为建筑的基础性资料是至关重要的，但目前镇北堡西部影城建筑的动态演变信息并不完善，主要集中在两处城堡建筑，其信息主要展示在清城“大美为善”展厅中，而没有关注到城堡内新建的大量建筑。唐、宋、元、明、清的建筑景观是遗产，祖父辈、父辈创造的空间也是一种广义遗产，一刀切地无视我们的近代文化资源是一种短视，会造成未来记忆与情感的缺失[8]。新建建筑是镇北堡西部影城地景建筑“骨架”的重要组成部分，所以应对新建建筑的建造时间、建筑结构、功能等信息有详细的记录，避免新建建筑遭到损坏以致倒塌或是拆迁而消失在我们的记忆中。第二，景区所引入的非物质文化遗产代表性项目侧重于商业售卖，对于各个非物质文化遗产代表性项目背后的传统技艺和深厚的文化内涵缺少展示与挖掘，这恰恰是所应关注的重点，应向更深层次的活态传承过渡，再次提升“非遗”对于游客的吸引力。第三，无论是建筑脉络的展示还是“非遗”代表性项目的展示，仅仅局限于平面和静态的方式，并且只能从现场获取展示内容，信息可视化科技手段运用较落后。

针对以上三个问题，笔者提出搭建“镇北堡西部影城物质文化遗产与非物质文化遗产信息平台”的构想（图 11），以推进镇北堡西部影城的进一步发展。

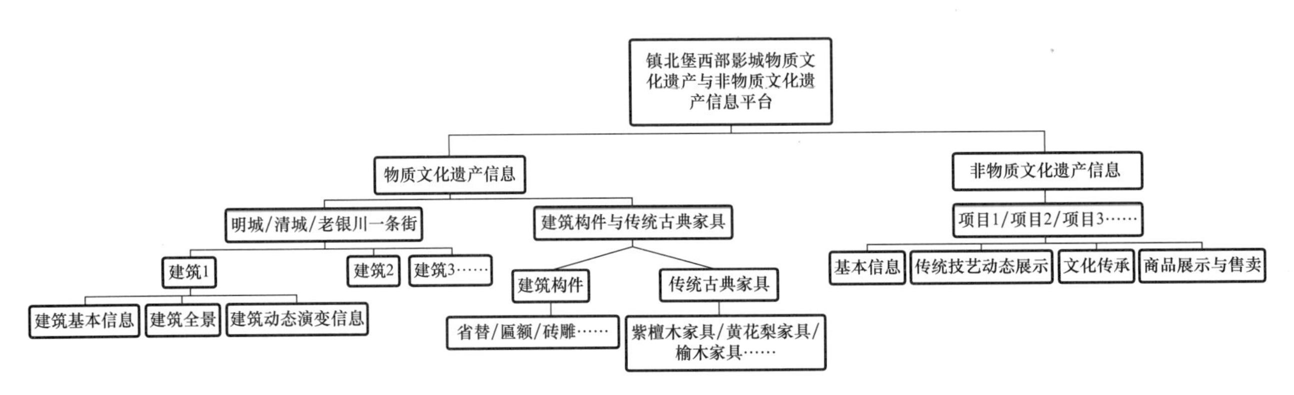

图 11　镇北堡西部影城物质文化遗产与非物质文化遗产信息平台架构
（来源：作者自绘）

镇北堡西部影城物质文化遗产与非物质文化遗产信息平台主要由两个板块内容构成，在物质文化遗产信息板块，以清城、明城、“老银川一条街”为建筑单位，由外到内通过三维激光扫描技术构建建筑全景画面，对不同时期的建筑面貌进行记录和展示，同时建立镇北堡西部影城建筑动态演变信息库，以满足线上游览景区和观看不同时期建筑景观的需求，并充实影城建筑历史记忆，同时建立“大美为善”线上展览，主要以建筑构件和传统古典家具为主。非物质文化遗产信息板块以景区内各个“非遗”代表性项目为单位，展示其基本信息，动态展示传承人运用传统技艺的制造过程以及历史文脉，对于民俗艺术的展示，应包括“作品、传承人、流程、技艺、民俗应用等环节，其认知的取向应涉及知人、知物、知事、知艺等几个基本方面”。[9]这一点也需要在景区空间内同步实施，同时将“非遗”产品在线上展示，开通网购渠道，在一定程度上提高传统手艺人的收益。镇北堡西部影城物质文化遗产与非物质文化遗产信息平台是在影城实体空间基础上侧重镇北堡影城文化展示与传承而进行的架构设计，二者相辅相成，共同推进镇北堡西部影城全方位的发展。

四、 结语

镇北堡西部影城所在的两座城堡是宁夏地区典型的乡土建筑类型之一，具有明显的地域特征和浓厚的历史文化氛围。在研究中，笔者发现镇北堡西部影城建筑的活化模式具有清晰的逻辑结构，整体可视作由“地景建筑骨架”“民俗艺术资源填充”“视觉文化表皮”所组成的复合结构，通过对这种结构的拆解可以更清晰地认识镇北堡西部影城的活化模式，认识到其存在的问题与不足，并提出解决策略，有助于推动镇北堡西部影城的进一步发展。同时，这种复合结构对于宁夏地区乡土建筑的活化利用具有一定的借鉴意义，可以为宁夏地区乡土建筑的活化利用起到参考作用。

参考文献

[1] 燕宁娜．宁夏西海固回族聚落营建及发展策略研究［D］．西安：西安建筑科技大学，2015.

[2] 许芬，王林伶．中国北方古镇的保护性开发——以宁夏镇北堡为例［J］．城市问题，2012（2）：37-41.

[3] 蔡国英．贺兰山志［M］．银川：宁夏人民出版社，2020.

[4] 张健．公共艺术设计［M］．上海：上海人民美术出版社，2020.

[5] 张兆林，董琦．区域民俗与地方艺术：造型类民俗艺术研究的几个问题［J］．聊城大学学报（社会科学版），2024（1）：37-43.

[6]《中国传统建筑解析与传承宁夏卷》编委会．中国传统建筑解析与传承：宁夏卷［M］．北京：中国建筑工业出版社，2020.

[7] 季涓，李鹏．凝视·符号·空间：镇北堡西部影城的文化再生产［J］．宁夏大学学报（人文社会科学版），2023，45（5）：145-150.

[8] 郑昌辉，谢梦云，胡晓青，等．多利益主体协同视角下非物质文化遗产在乡村空间建设中的应用研究——以河南乡建项目为例［J］．装饰，2024（1）：38-39.

[9] 聂楠．论民俗艺术的认知取向与符号系统［J］．民俗研究，2015（2）：129-132.

中国南方乡村字库塔建筑遗存及传统崇文信仰研究

舒　莺[1]

摘　要： 汉字作为中华民族的象征，也是华夏文化的符号承载，是无声的语言和历史的记忆。自宋代以后兴起的以民间字库塔（又称惜字塔、敬字塔等）及惜字崇文民俗为代表的文化遗产，是我国独一无二的"惜字崇文"、乡村"耕读传家"传统的具体物化，是我国独特的"精神民俗"文化现象，更是儒释道三教与民间基层文化治理融合的历史见证。本研究试从传统乡村文化遗存中抢救濒临消失的建筑遗存及精神民俗文化遗产，在当前城乡环境中留存的字库塔及民俗活动中挖掘传统文化 DNA，并将"精神民俗"中的精髓予以与时俱进地保护利用，融于当前的传统文化复兴潮流中，服务于当前社会发展。

关键词： 字库塔；崇文信仰；南方乡村

字库塔是一种和文字相关又蕴含信仰意味的小品建筑。这种寄托着浓浓文化味的建筑在北方鲜少有见踪影，却在旧时南方乡村极为常见。这种奇怪的分布现象尚未得解，马不停蹄的时代发展就已经在城镇化扩张的进程中逐渐湮灭掉了大部分的存在。根据全国文物资料统计和地方文物资料整理，于今现存的字库塔建筑已不到 300 座。这种寄托着古老文字信仰、仓颉崇拜的文化建筑正在岁月的侵蚀中迅速消失，曾经为前人所敬畏的下层社会"精神民俗"濒临消失，其无魂的载体——字库塔成为今人见而不识的陌生事物。

一、　字库塔缘起

字库塔缘起于文字崇拜。汉字，作为华夏数千年历史文化的符号承载，含义简洁、音节简短、书写方便、组合多元、衍变度小，是东亚乃至东南亚大中华文化圈存续和使用时间最长的文字，是无声的语言，亦是历史的记忆，其作为文字符号的功能和美学价值已为世所公认。传统时代教育文化资源的稀缺和不易得，使得中国古人对文字十分看重。《淮南子・本经训》记载，黄帝令史官仓颉造字作书，结果"天雨粟，鬼夜哭"，甚至"龙乃潜藏"。文字的发明可谓动静惊天地泣鬼神，所以，文字在早期大众眼中是具有神秘力量和崇高地位的，值得无上尊崇和敬畏。

正是这种文字崇拜心理，让人们将文字符号的物质载体也视作具有特别力量的东西，由此成为"敬惜字纸"的精神渊源所在，并逐渐渗透入人们的日常生活中。一些录有古圣先贤典籍的纸张、书籍尤其得到敬重，成为民间"敬惜字纸"的开端。故而早在南北朝时期，颜之推就已经将对写过文字的字纸特别对待的处理行为写入《颜氏家训》中："吾每读圣人之书，未尝不肃敬对之。其故纸有五经辞义及贤达姓名，不敢秽用也"。后世对于字纸神圣性的宣传变本加厉，如唐高僧道宣撰《教诫新学比丘行护律仪》教导小沙弥不得用字纸拭秽，五代敦煌变文《庐山远公话》则警告"字与藏经同，秽用在厕中。悟灭恒沙罪，多生忏不容。陷身五百劫，常作厕中虫"。对"惜字敬纸"行为不仅是普通的说教，还开始有污秽字纸会有因果报应的宣传思想了。

实际上，早期纸张资源缺乏，读书机会难得，珍惜书本纸张亦为时情所需。随着儒家文化在传统社会中教化地位的确立，科举和文官制度的推动，崇文教育也成为了社

1　四川美术学院副教授、硕士生导师，400053，618653@ qq. com。

会治理的重要手段。但由于南北方文化传播地区不均衡，传统社会上层出于稳定的统治之道，对文化昌明之地多晓之以义理，而蒙昧者托赖于神鬼说教。曲线开启民智、训示伦理、教谕人心，反而更加有效，所以对于社会文化道义宣教在南北地区也就出现了微妙的差异。故而自宋元以来，传统时期儒家文化“惜字崇文”现象在不甚发达的南方地区尤为多见，其民间原本笃信鬼神的地域又对这一信仰进行了更多加持，令其倍增神性，故而巴蜀、云贵、湖广、岭南愈发多见。

明清时代，“敬惜字纸”的思想日益成熟，“天子重英豪，文章教尔曹，万般皆下品，唯有读书高”，崇文惜字信仰成为倡启文运的寄托，在经济发达并渴望跻身仕途的南方地区，对民众和读书人而言具有更加特别的意义和价值。崇文信仰在此时段达到极致，对文字的崇拜甚至一度异化到封建迷信阶段，轻贱字纸、秽用字纸会生疮害病，而“惜衣得衣穿，惜字眼不瞎”的民间传说更是比比皆是。但有意思的是，这些近乎蒙昧的教化活动背后明显带着政府支持的背景，即便是以神灵名义颁布的清代《文昌帝君惜字律》开篇就是：“国家颁行惜字律。”[1] 可见推动崇文信仰背后真正起到决定性的力量还是国家文化治理现实所需。

“敬惜字纸”除了在生活中尊重文字、节约和慎用字纸外，对于废弃字纸的处理也成为一种考究行为。单纯的书籍、文字的神圣性虽然不能比肩道教符箓、佛家佛经的天然威慑力，但先贤思想本身的加持，也让普通人心中自有敬畏。所以，如何处理字纸也就慢慢演变成一种具有仪式感的活动，“焚化字纸”，令其羽化成蝶，无疑是最符合尊崇心理表达的行为方式。这种行为最早在南宋晚期有记载，只是焚化的场所没有固定，也还没有出现字库塔形态。较早的场所形态现今留存最早的实物遗迹是福州永泰县同安镇辅弼岭古道中段鳌头岩下的“惜字坛”。这座坛开有石门，就焚化字纸而言，建筑规制不算太小，门墙宽约5m，高约2m，门框刻有“字迹藏岩穴，文光射斗墟”的对联，横批“敬惜字纸”。这座内空洞穴面积约$20m^2$。平时石门关闭，到农历八月特定日子，中间石门才会开启，用于举行仪式，焚化有字废纸。虽然这和后世多见的字库塔相去甚远，但可以说福州永泰“惜字坛”在一定程度上奠定了字库塔的功能雏形。

字库塔产生并发展成型，为更多民众所知，主要是在明清时期。如巴蜀地区字库塔便多为明清时期大力推广而兴建。以字库塔存量较丰富的重庆地区为例，现存的70座字库塔年代跨度从明成化十年（1474年）到1939年，且有明确纪年可考，明3座，清65座，民国1座，另外1座年代不详[2]。民国之后随新学兴起，传统教育式微，建国后字库塔一度被大量毁损，崇文信仰亦彻底根除。曾经在古城重庆明清城图中占据城外一席之地的字库塔现在已无踪迹，与之相关的活动荡然无存，惜字文化自此渐行渐远。

当下，后人对于残留乡间的字库塔已大多见而不识，“礼失求诸野”，或许重新去捡拾这份近于消亡的精神民俗，可以让后来者重新触摸到过往的历史脉搏，唤起新的文化解读。

二、 何以为塔

塔并非中国本土产物，而是源自印度“窣堵波”，本义“坟冢”，因其用于供奉佛祖舍利而享有崇高地位。汉代印度佛教入东土，塔式建筑不断吸收华夏营建习俗，逐渐与古中国重台高阁的建筑形制相融合，从宗教信仰圣地建筑逐渐走入世俗红尘，甚至成为东方建筑最具代表性的文化形象之一，并以独特的装饰艺术记录古风教义、圣人之说，宣扬经世济民、修身齐家的传统道德，演绎教化传奇，展示山川造化和人力建筑的智慧之美。所以，“塔”这种建筑具有天然优势，可以实现精神信仰和实用功能的双重结合。崇文信仰本身具备儒释道三教合体的综合性特质，选取“塔”作为信仰活动载体也算是顺势而为了。

一方面，佛教传播、发展过程中逐渐呈现世俗化，儒释道三家哲学思想在长期的斗争中逐渐融合，佛教民间传播便早早形成了良好的信众基础。佛塔建筑代表的神圣、法力、功德、福报等精神意志也可以承载民众多样化的精神寄托。所以，惜字崇文活动对佛塔进行形态上的借用，对于延续“塔”这一建筑形态的精神力量无疑是最方便的选择。

另一方面，早在专门的字库塔产生前，佛塔周边焚香礼佛、道家燃烧符箓等行为都在潜移默化地影响塔式建筑的功能实用性发展，所以字库塔在塔式建筑构造中增加炉口、排烟口，内部结构改为空心，形成类似于民间的灶台和烟囱，解决焚烧和排烟的需求后字库塔便得以成型了。自此，字库塔以“塔”的形态出现，带着炉口、排烟口的设置也固化为字库塔最突出的特征，这种兼具文字崇拜和焚化功能的建筑也在民间落地生根。

字库塔区别于众多高峻出云的巨构，形制偏于小巧精致。具有文字图腾崇拜的神秘象征意义的民间字库塔，也被称为“惜字塔”“惜字宫”“敬字亭”等，在传统村落之中广为建构，成为文风教化的特别存在。并且南方各地在具体修建过程中往往因地制宜、灵活变通，突破了佛塔形制上的种种限制，在装饰表达上更加本土化、人性化，具有了更加丰富的地域性和多彩的文化性（图1、图2）。

1　辛德勇．惜字律二种［J］．中国典籍与文化，2000（4）：75-80.
2　重庆市文化遗产研究院．重庆古塔［M］．北京：科学出版社，2013.

图1　四川宜宾李庄字库塔
（来源：梁思成拍摄）

图2　四川崇州街子古镇字库塔历史旧影
（来源：街子小胡拍摄）

三、“过化存神”建筑艺术

惜字文化发端较早，但“荧台焚紫电，石室化丹书”，字纸羽化成蝶的宗教画面现实场景营造是由建筑来达成的。字库塔多为石材建构，保存时间较长，历经几百载风雨还能屹立不倒者众多。即便耕读文化式微，字库塔作为崇文信仰承载的使命及其伴生功能也大多消失于无形，但从现存的字库塔遗迹来看，这种典型文化小品建筑在基本使用功能之外承载的文化艺术信息量依然巨大。

就其选址而言，字库塔作为昔日乡村难得的公共风雅文化活动核心载体，一般有公用、家用之分。前者如寺庙宫观、祠堂学宫、场镇街口、村头溪边，后者如家学私塾。寺庙宫观由于民众求神拜佛、祭祀祷告、抄诵经文等宗教活动和宗教仪式频繁举行，本身有大量的字纸产生，需要进行焚化；祠堂学宫是用纸大户，加上利用字库塔焚烧字纸本身具备一定的仪式感，非常容易被接受作为教化的形式，所以在这些地方修建字库塔可谓两便；选择室外公共区域的字库塔还具有特别的含义，往往是充分利用字库塔图腾符号性质和建筑特性，发挥风水导向作用，一般会选择在乡村公共场地空间的关键处，如场院、路口、水口节点上修建字库塔，在一定程度上充风水坐镇之用。具有财力和文化修养的士绅大户或书香门第，出于追求家族成员自身的福报，同时也彰显家族身份和地位的目的，往往也会在自家宅院或宗族祠堂修建字库塔。

建筑形态上，南方乡村字库塔作为塔式建筑的特殊类型，主要用于焚烧字纸，其实不在于登临远眺，外形具有一般塔式建筑的共性，不求高峻。相对于一般高塔，字库塔尺度偏小，显得比较袖珍，以人体操作高度为参照，方便日常使用。所以字库塔多为 10m 以下多层，奇偶规制不算严谨，体现了民间建筑的随意性。建筑立面风格硬朗威严，造型稳重。主体由塔基、塔身、塔刹三部分构成；塔身作为建筑重要主体，造型丰富，多为六角柱体或八柱体，也有朴素的四柱造型，圆塔则极其少见（图3、图4）。

图3　位于重庆巴南濑溪河边的燕云字库塔
（来源：罗洋拍摄）

建筑材料是字纸焚烧功能的重要支撑，所以字库塔一般都是石材建构，如重庆地区的字库塔绝大部分就是石塔，此外仅有 2 座砖石塔和 1 座砖塔。其石材主要有红砂石、青砂石、麻石。材料选择除了功能需求外，与巴渝地区石材分布广泛也不无关系。另外，自唐宋以来巴蜀地区的石窟、

图4　位于四川成都市中心的太古里字库塔
（来源：宋伟拍摄）

石刻的繁荣也促进了石材开采、雕凿、砌筑技术的发展，并积累下了宝贵的制石、用石经验。所以，目前全国字库塔遗迹最多和最为集中的地区在巴蜀地区，而重庆则是重点区域之一，有文化教化之需，也和材料、技术的支撑不无关联。

装饰艺术最能体现字库塔文化个性。一般在塔顶、塔身都有不同平面和立体雕刻、神龛造像，并且但凡装饰必有寓意，所以图文、造像往往都十分考究（图5）。塔身平面是多用于书写题刻的区域，题刻内容通常是凸显建塔者信仰、身份、事迹、文化主张以表功记德，也有抒发读书人志向和鼓励勤奋读书，求取功名的励志诗篇字句。塔龛中常供奉仓颉、魁星及孔圣，这是字库塔“崇文”信仰的集中表达。

图5　重庆璧山竺云寺雷峰塔葫芦形塔刹和塔身盘龙、人物雕饰
（来源：罗洋拍摄）

肩负字库塔“身份证”说明的是塔身字纸焚化入口的装饰（图6）。字库塔内部为便于焚烧，所以都是中空，塔身通常前后有孔，孔洞造型多变，有方形、圆形、菱形、方胜（纹）、倒U形等，是投入字纸焚化的入口处，与之相对的洞孔则是出烟孔。这些孔洞也是字库塔最为明显的标识，所以字纸投放的入口处常常是装饰重点。作为字纸最终“过化存神”的主入口，一般用石刻楹联、图案、造像装饰，往往将“崇文惜字”的情感流露得淋漓尽致，同时还表达了地方民众对读书改变生活、改变命运的美好愿望（图7、图8）。如四川字库塔最为集中的盐亭字库塔有“残章无委地，零字悉焚炉”的使用说明；重庆巴南四桥字库塔宣传“文运启波澜，安流资砥柱”的神奇功能；万州关口字库塔则表示“石藏珍墨宝，笔立起文峰”的文化立场；云南昭通上里字库塔表达的是“字库配山长文风，石亭锁水保财源”的文财兼备的实用性。其他如湖南金称敬字阁“珍藏天地秘，收拾圣贤心”；四川江油文星阁文笔库“黄卷时过目，朱衣暗点头”……凡此种种，无不体现出文字魔力与地方民俗的自然融通，把信仰与烟火的结合雅化到了极致。

图6　重庆北碚东阳字库塔焚化口、通风口
（来源：罗洋拍摄）

图 7　巴南四桥字库塔塔身文字题刻
（来源：作者自摄）

图 8　重庆巴南安澜镇文星字库塔题刻
（来源：作者自摄）

四、 典仪活动

仓颉造字的神秘和敬字如天的传统造就了字库塔承载的汉文化中难得的崇文拜物信仰，让儒家文化的传播在南方乡野生活之中有了别样的演绎方式。

日常的敬惜字纸活动是老一辈乡民坚信不疑的真理，口口相传、层出不穷的果报故事使颇具迷信思想的民众深信不疑。所以民间流传甚广的敬惜字纸积阴德，使得对社会下层的教化效果明显。“不惜字纸，作践字书，生疮害病，祸及儿孙”，官方颁行护书惜文的《惜字律》中专门对“敬字纸功例”和“慢字纸功例”进行分类，采用“功过格”的形式来规定对各种敬惜或侮慢字纸行为各自可能会获得的奖惩措施[1]。甚至还明示，不仅要爱惜字纸，还要对文字内容的严谨、正能量加以规定，但凡“淫书艳曲唱本”都要加以焚毁，也不能书写毁谤侮辱他人的语句；等等。以此来提醒民众进行自我约束，采取实际行动来爱护字纸和尊重文化。

在日常约束之外，政府和社会公益机构也严格实施文字纸张保护方案，如在坊间成立“惜字会”组织，雇佣专门的工作人员（称为“拾遗人”），从事社会字纸归集收纳。在这种风气之下，开展宗教仪式性的活动。如今这种活动在大陆地区几乎已经见不到，但在客家人尤其台湾地区尚有可见，并有完整记载。如台湾噶玛兰厅（今宜兰）地区的“送圣迹”活动，就对全流程有清楚记载。

首先是作为“圣迹”字纸的归集。一般是“惜字会”的“拾遗人”走街串巷，四处收集破损的经史子集纸张，积累到一定量之后再进行批量化处理。

之后是对大量废弃字纸带仪式性质的程序化处理。回收的废纸会存放一处，用加入香末的水进行洗涤，并且洗涤纸的水也要用筛子过滤，以防漏掉剩字，确认无遗漏后再倒入特定水口而不能随意泼洒。经过洗涤的字纸经过晒干后，再放入字库塔供奉存放，到一定量后进行焚烧。“焚时烟上腾为魂，天神验之；灰下遂为魄，地祇察之；惟沉诸水及瘗于土，则灰灭而字无迹矣。”[2] 焚烧完毕，用木勺将灰送入陶瓮中，待盛灰之瓮到一定数目后，再存放到特定日期等待“送圣迹”。

最具有公众教化意义的典仪是“送圣迹”仪式，即，地方文人仕子穿戴整齐，护送“圣迹”到码头。此过程中彩旗飘飘，鼓乐齐奏，其中往往还有众多街头观礼队伍与文艺演出。如在晚清时期台湾府三年一次的“送圣迹”活动中，护送队伍中就有演绎吴宫教美人、马融设绛帐故事的表演，赞颂的是师者学识，培植文风[3]。最后无数瓮贮“圣迹”伴以香花、鼓乐，用船送入江心或海中，待水慢慢淹没，瓮自沉入水，众人庄重目送“圣迹”消失在视线中，方为完成“送圣迹”。

这项文化典仪工作除了作为公益机构的惜字会支持和提供经费外，善堂、佛寺、道观也拿出部分收入用于活动开展，成为乡村生活中具有特殊意味的公共活动，可谓是地方教育和文化事业兴盛一定程度的精神支撑，也是乡村文化事业中的一道风景。

随着近现代文化教育普及，文化教育不再具有难以逾越的阶级优越与神圣感，南方乡村承载文字魔力的字库塔也因之衰退，传统文化信仰也在城市向乡村扩张的进程中，伴随无数乡土文化缔造者老去而慢慢消弭。字库塔民俗现象作为众多乡村下层社会文化遗存中仅存一丝余热的微小存在，却在近些年高考竞争过程中获得一些关注。部分地方字库塔成为高考学子和家长们祈福叩拜的对象，这也唤起了一些难得的看重和保护。只是，现在的字库塔已经不再是焚化废纸的巨炉，而是成为庇佑文昌、考学顺利的吉祥物了。或许，这也算是为这种古老的小品建筑重新赋能和焕发生机获得的新机遇。

1　辛德勇．惜字律二种［M］．中国典籍与文化，2000（4）：75-80.
2　参见《来书照录》，载于《申报》（光绪八年七月廿二日第三版）。
3　参见《恭送圣迹》，载于《点石斋画报》（申十二）。

参考文献

[1] 周玲丽. 四川字库塔的文化遗产价值与保护修复研究 [D]. 成都：西南交通大学，2011.

[2] 李娜. 清代、民国民间惜字信仰研究 [D]. 武汉：华中师范大学，2011.

[3] 孙荣耒. 敬惜字纸的习俗及其文化意义 [J]. 民俗研究，2006 (2)：166-174.

[4] 杨宗红，蒲日材. 敬惜字纸信仰的嬗变及其现实意义 [J]. 重庆邮电大学学报（社会科学版），2009，21 (5)：129-134.

[5] 黄国群. 惜字文化的历史流变及内涵 [J]. 民艺，2021 (2)：123-125.

[6] 白化文. 中国纸文化中特有的“敬惜字纸”之现象 [J]. 中国典籍与文化，2011 (3)：108-117，30.

[7] 宋本蓉. 明清惜字塔：惜字文化的建筑遗存 [J]. 紫禁城，2008 (10)：176-181.

[8] 陈芳，刘晓冬. 字库塔小议：从成都武侯祠博物馆馆藏清代字库塔说起 [J]. 中华文化论坛，2014 (8)：51-57.

[9] 黄新宪. 清代台湾“敬惜字纸”习俗探讨 [J]. 东南学术，2009 (5)：143-151.

民族融合视角下赣东北畲族建筑研究——以江西省铅山县为例[1]

胡晨旭[2]　周春雷[3]　马　凯[4]

摘　要： 赣东北是江西省畲族的主要聚居地之一，当地畲族凭借赣东北繁盛的商贸与丰富的自然资源实现了长足的发展，并与汉族密切交流互动，从而影响了畲族建筑的形制。本文以铅山县为例，分析了畲汉聚落分布与形态特征，归纳总结了畲族建筑的特点，指出了畲汉融合的主要路径，并简要提出了畲族建筑保护发展建议。

关键词： 赣东北；铅山县；畲汉融合；畲族建筑

一、 引言

江西省畲族人口位列全国前三，是畲族的主要聚居地之一。目前，全省共有 7 个畲族乡，75 个畲族村，主要分布于上饶、抚州、九江、鹰潭、吉安和赣州。其中，赣东北地区畲族凭借武夷山这一天然屏障以及丰富的自然资源安身立命，并在发展过程中与汉族相融合。当地畲汉建筑文化因此不断交流互动，同时也是民族融合的重要见证。

在赣东北众多畲族聚落中，又以铅山县畲族聚落特色最为鲜明。据《铅山县志》记载，铅山县畲族大部分从汀州府（今福建省长汀县）迁来，少数从福建省建阳县、上杭县迁来。在迁入之后，当地畲族通过发展纸业、矿业等，摆脱了棚户身份，部分畲民更是通过科考进一步提升了社会地位[1]。得益于从商、入仕取得的成就，铅山县畲族与汉族交流密切，促使了畲汉建筑文化融合，推动了畲族建筑的发展。

二、 铅山县畲汉聚落分布与形态特征

铅山县位于江西省东北部，属上饶市辖县，下辖两个畲族乡和两个畲族村。由于地处武夷山脉北麓，铅山县地势南高北低。县域内的汉族聚落多位于地势相对平缓的平原地区，主要分布于铅山县北部。畲族聚落则受自然与社会条件的限制，一般位于山腰或者山坳；部分畲族也在山间盆地与汉族杂居，主要分布于铅山县南部（图 1）。在不同的地理条件下，畲族聚落表现出不同的形态特征，主要可分为山谷山地型、山谷平地型和山间盆地型。

1. 山谷山地型

由于山区中平坦土地较少，畲族村多依山势起伏建房造屋。以叠石畲族村为例，叠石畲族村位于丘陵地带，海拔约 453m。村口的森林里隐藏着七块巨石，从低到高，一块块往上叠，层次分明，畲民视叠石为“神仙石”，由此得名“叠石村”。

1　基金项目：国家社会科学基金社科学术社团学术研究项目（项目编号：24SGC090）；2024 年度中国民族建筑研究会科研课题（项目编号：NAIC202410）。
2　南昌大学建筑与设计学院硕士研究生，330031，2081058664@ qq. com。
3　南昌大学建筑与设计学院硕士研究生，330031，841052389@ qq. com。
4　通讯作者，南昌大学建筑与设计学院副教授，330031，276494960@ qq. com。

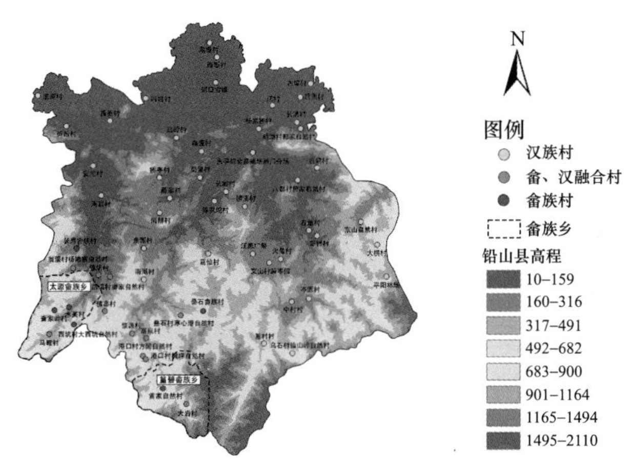

图1　铅山县村落高程分析

叠石畲族村地势起伏多变，沿等高线布置建筑，整体呈东西走向的带状布局（图2）。在局促的用地条件下，叠石畲族村的畲民开垦出梯田，畲寨点缀其中，但较为分散。村落主街为揭家村古道，村内房屋多分布于古道两侧。为保证通达，古道两侧连接有垂直等高线的纵向道路，纵向道路两侧又平行等高线发散出多条横向道路。

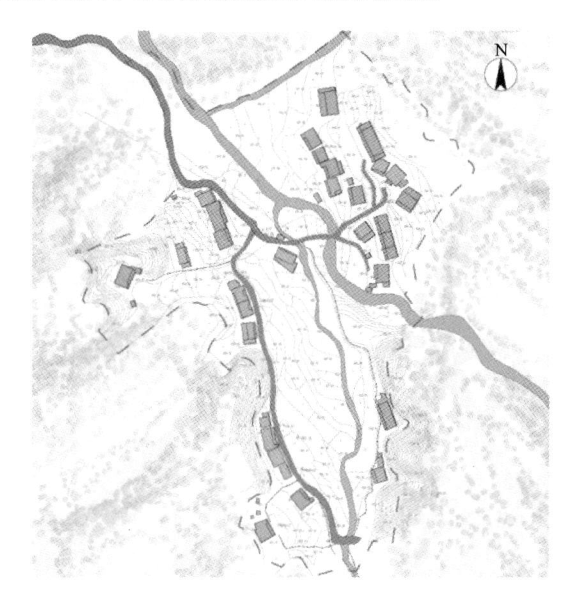

图2　叠石畲族村总平面图

2. 山谷平地型

许多畲族村也会选址于较平坦的山谷谷地，这里多有河流经过，村落沿水系发展，呈团状或线状布局[2]。以太源畲族乡水美村为例，水美村处于两山之间，傍水美河而建，水美河自南向北从村中穿流而去，故古称“水美洲”。

鸟瞰村落，水美河呈“S”形，将村落分成河西和河东聚居区，类似中心对称的太极形状（图3）。河西聚居区背靠西山，面向水美河；河东聚居区背靠东山，面向水美河，两个聚居区由水美桥相连。村民利用现有水系就近耕种，形成“山—水—田—居”的景观风貌。村中还有一条百年闽赣古驿道，古村河西和河东聚居区均沿古驿道两侧而建，形成了“人”字形街巷布局。

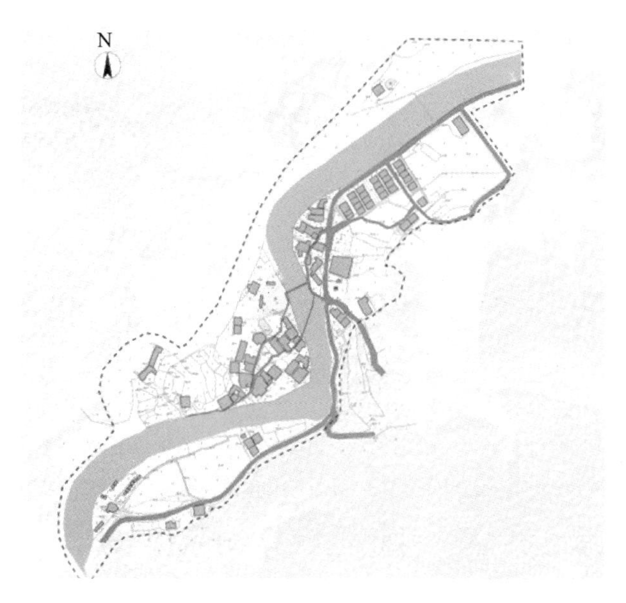

图3　水美村总平面图

3. 山间盆地型

除了在山谷中定居繁衍，还有部分畲族村位于山间盆地，以篁碧畲族乡雷家自然村为例。雷家自然村以篁碧河和西河为边界，村庄四周高山环绕，山上竹林成片，发源于武夷山脉的篁碧河从村东侧蜿蜒流过，享有“篁天赐柱五千丈，碧海竹涛浪万重”的美誉。

雷家自然村地势平坦，既有高山为屏障，庇护一方平安，又有一定规模的耕地与河流，为其耕作提供便利。其建筑布局较为自由，其中雷家大院为整个村落的中心，其余建筑围绕其呈放射状分布，沿团状布局，表现出较强的内聚性（图4）。主街从村落中间穿过，为雷家自然村与南部汉族聚居地贸易的主要通道，空间较大，两侧散发出多条巷道，走向自然、短小且曲折迂回，联结起各个点状空间。

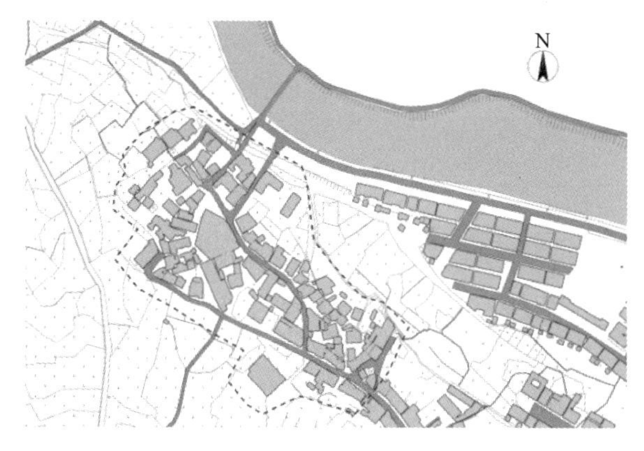

图4　雷家自然村总平面图

三、 铅山县畲族建筑特点

在早期迁入铅山县时，畲族多于山间沿山势构筑寮居，形式较为简朴。随着逐渐融入汉族社会，当地畲族广泛学习汉族建造技艺以改善自身居住条件，逐步形成了畲族寮居与汉族传统民居结合的建筑体系。

1. 平面形制

铅山县畲族传统建筑以“一字寮”为基本形制横向展开，中间为中堂，左右为居室。随着畲族经济实力与社会地位的提升，当地畲族在狭长的四榀三间或六榀五间的基础上进行拓展，以更好地满足生活需要。最常见的是在两侧或一侧添加一间单坡屋顶的附属用房；也有在正寮两侧再加建厢房，形成一正两厢的“U”字形平面布局（图 5）。在一些与汉族深度融合的畲族聚落中，畲族建筑的平面形制则发生了更大的变化。它们不再只是延伸横向空间，而是沿纵向拓展，进行空间组合，形成了天井式、院落式的平面布局。

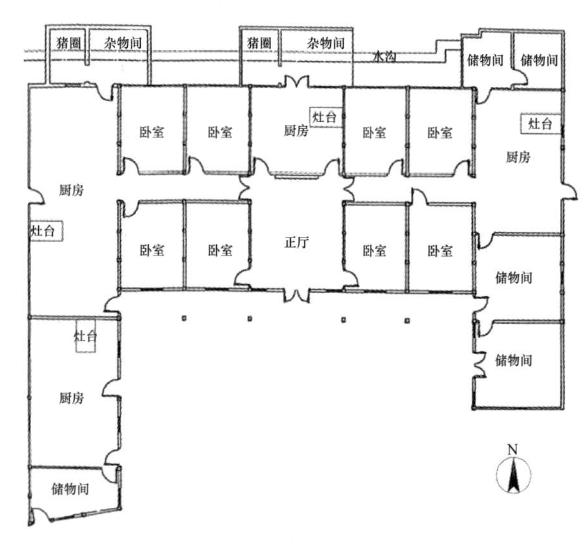

图 5　查家岭村雷金大宅

其中，以篁碧畲族乡雷家自然村雷家大院为主要代表。雷家大院始建于清道光二十八年（1848 年），为三品大员雷维翰的居所。大院以楼房围合，下层居住，上层阁楼储物。主建筑中间部分有上厅、下厅、左厢房、右厢房，是主人与家人住宿和活动的场所，东部有庙厅、庙门间、厨房、水塘、圈养家畜家禽场所等，西部有小花园、仓库、卫生间等，利用天井来排水、采光、通风（图 6）。雷家大院的主体部分保留了畲族传统建筑的平面形制，但从总体空间布局上看，又符合汉族的院落式布局。由此可以看出，畲族社会地位的提升进一步推动了畲汉建筑的融合。

2. 建筑结构

畲族传统建筑分为草寮、泥寮、瓦寮和砖寮，草寮和泥寮结构较为简单，但耐久性差且难以长期保存，清晚期后逐渐发展为瓦寮和砖寮[3]。相对而言，草寮和泥寮建筑结构更具畲族传统特色，常见有“介”字形、“人”字形寮，福建长溪流域还存在“孩儿撑伞”的结构[4]。瓦寮则是畲族借鉴当地汉族民居的结构形式发展起来的一种建筑形式，砖寮与汉族住宅基本无异。

铅山县现存的寮居以瓦寮为主，建筑结构与当地汉族建筑结构相仿，大木结构为穿斗式或抬梁穿斗混合式。从木构架形制看，铅山畲族建筑的前厅部分以五柱九檩为基本形制，后厅部分则在前厅屋架上进行延伸，增加二、三、四柱不等（图 7）。有些畲族建筑还会在前厅背面设置神堂，用以储存畲族祖图或家族珍藏（图 8）。在经济实力达到一定水平的情况下，部分畲族建筑进一步朝汉族建筑形式靠拢，木结构更为华丽。梁断面呈巨大的椭圆形，上下砍平少许，形成向上弯曲的月梁，梁端浅刻出卷曲线。挑檐、挑平坐下的撑拱尺度巨大，梁、檩端部皆以雕琢复杂的雀替承托[5]。

以雷家自然村的光应星文为例，光应星文得名于朝门上的“光应星文”匾额。此建筑始建于乾隆十三年（1748 年），由迁铅二世祖贵荣公、贵发公兄弟二人筹资建造。后被大火焚毁，又于光绪十三年（1887 年）重建。重建后的建筑为三进六间砖木结构，正厅、正堂、后堂均为三间五柱九檩，其结构形式基本效仿了汉族建筑形式（图 9）。

3. 建筑艺术文化

虽然在建筑结构上，铅山县畲族建筑基本借鉴了当地汉族建筑，但其建筑艺术文化在与汉族融合发展时，畲族的民族特色和审美趣味表现出鲜明的特点。

铅山县畲族聚落的形成，起源于最早定居的畲族先民建造的寮，即祖屋，畲族也称“太公寮”。后世子孙围绕太公寮建造新寮，逐渐形成了村落。由于以往畲族长期居住在地势起伏较大的山区，用地局促，并没有修建宗祠的习惯，祖屋即作为畲族聚落最重要的祭祖场所。畲民建成新寮或是要移居他处，就会带上太公寮的香火，并在家中清净和重要的位置设置香火榜，这样才能在家中祭祖，否则必须回太公寮祭祖。这一做法强化了畲民的民族认同感，表现了畲族强烈的宗族观念。虽然铅山畲族在与汉族融合的过程中，也逐渐开始修建宗祠，但祖屋和香火榜的重要地位依旧不可动摇。

在建筑装饰上，铅山县畲族传统建筑造型简洁大方，除门窗之外少有装饰，但前廊的撑拱及上架的枋一般制作得较为精美，其主题多与畲族民俗信仰相关，如表现凤凰、龙犬的图腾（图 10）。在畲汉融合过程中，装饰纹样更加多样化，也会使用蝙蝠、仙鹤、鹿、松树、竹等题材纹样（图 11、图 12）。

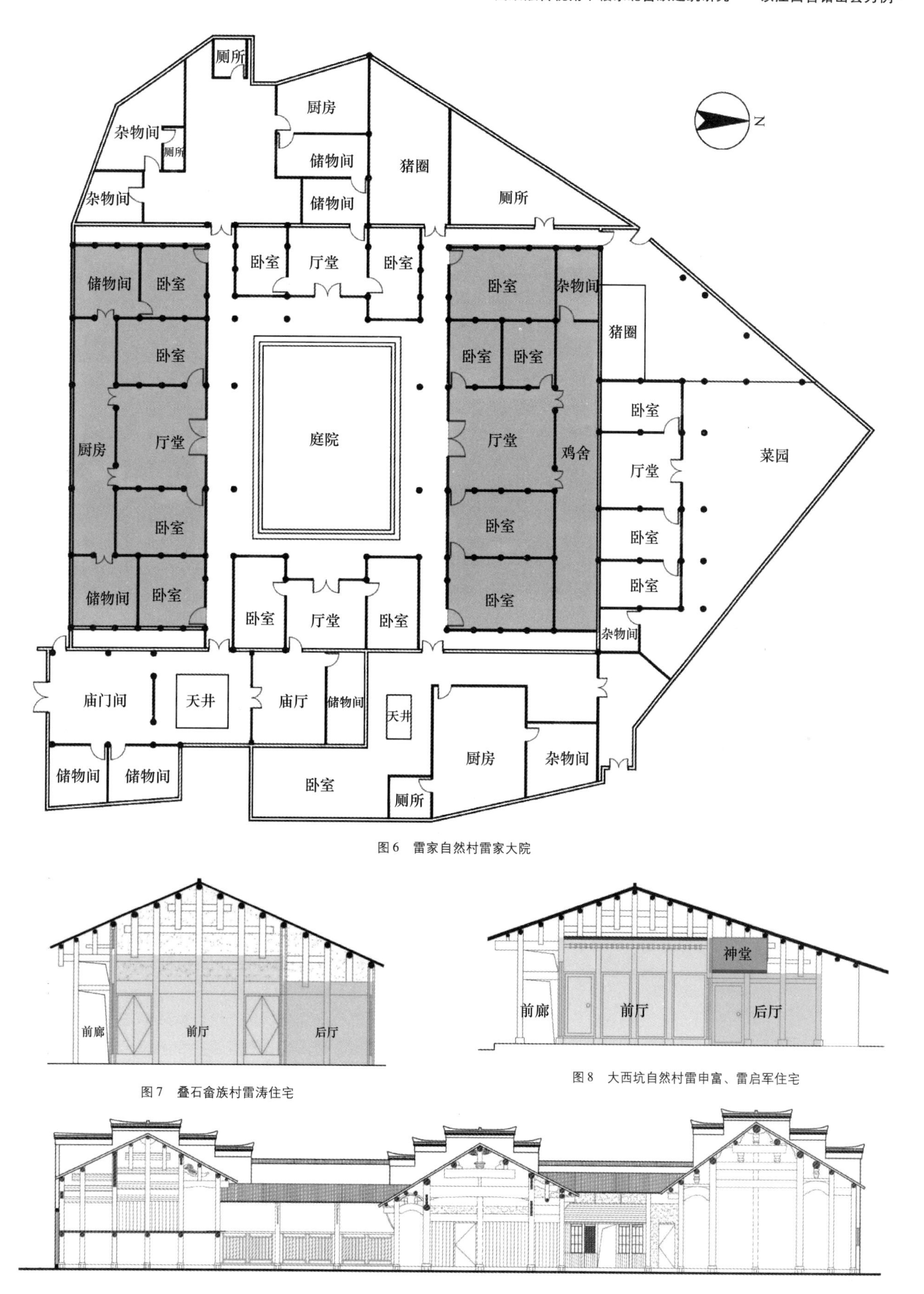

图6　雷家自然村雷家大院

图7　叠石畲族村雷涛住宅

图8　大西坑自然村雷申富、雷启军住宅

图9　雷家自然村光应星文

图 10　撑拱装饰纹样

图 11　福寿蝙蝠

图 12　古钱双环

四、 铅山县畲汉的交流互动

铅山县地理位置便利，水运发达，商贸往来频繁，以纸业、茶业、药业等为主。其中河口镇为江西“四大名镇”之一，有“货聚八闽川广，语杂两浙淮杨”之称。铅山县下辖的畲族乡与畲族村的建立与发展，也都与铅山的传统产业息息相关。因此，商贸是铅山县大多数畲族发家致富的重要途径，也是畲汉交流最主要的方式。在水美村和雷家自然村中，都存在古驿道，推动了整个畲族村的发展。特别是水美古驿道，它是闽赣商贸的纽带，从福建火烧关通往铅山河口古镇和陈坊古镇等地。古驿道两侧的民居是商住混合功能，供商旅使用。在商贸往来中，当地畲汉交流频繁。

教育是推动铅山畲汉交流的另一关键所在。畲族是一个勤奋好学的民族，他们不仅在建筑营造上虚心向本地汉族学习，还特别强调对子孙后代的教育。正是由于对教育的重视，使得畲族能更好地了解汉族文化，并在一定程度上又能反哺汉族。道光年间的三品大员雷维瀚正是如此，在功成名就之后返回家乡，又为家乡及周边地区的建设作出了巨大的贡献。

在近代，铅山县畲汉进一步融合，畲族活跃在社会的各个领域。特别是在革命战争期间，不少畲族人民主动加入到保家卫国的行列中去。铅山县的畲汉共融，为推动铸牢中华民族共同体意识，推进国家与社会的发展贡献了重要力量。

五、 畲族建筑保护与发展

铅山县畲族传统建筑由于其功能、结构等方面的缺陷，加之村落普遍存在人口流失、新旧矛盾的问题，出现了不同程度的破损。当地政府对村内的传统建筑进行了多次修复保护工作，也取得了一定的成效。但要实现长效保护，必须激发村落自身活力，借助村落外部动力。这就要求不仅要充分发挥畲族村的民族特色优势，还要统筹利用好铅山县乃至整个赣东北的“红古绿”三色资源。要在区域革命建筑、历史建筑统筹保护的背景下，对畲族村内的低等级革命建筑、历史建筑进行保护。实现以“红”感人、以“古”引人、以“绿”留人，最终以畲风、畲俗迷人。

因此，在未来的保护发展中，既要重点保护现存的畲族建筑风貌，也不能忽视居民对美好生活的需求，要充分发挥铅山县资源优势，为建筑谋保护的同时也为村落谋发展，引导村民自觉参与传统建筑的保护，使畲族丰富的文化特征在新的历史时期得以延续。

六、 结语

铅山县畲族在不断发展的过程中，基本融入了汉族的生活，并在畲族传统建筑的基础上，结合自身生活需求，对汉族的建造技艺进行学习与借鉴。赣东北其他畲族聚落也大多如此，如鹰潭贵溪市樟坪畲族乡、上饶市弋阳县葛溪乡雷兰畲族村等，这些畲族聚落的建筑都带有当地汉族建筑特色。赣东北畲族建筑的发展体现了畲汉的深度融合，也折射出了畲族的生存智慧以及坚韧的民族特点。

参考文献

［1］廖涵．清代江西棚民的社会上升流动——以铅山篁碧村为中心［J］．清史研究，2021（3）：78-89.

［2］王在书，李超楠．景宁地区畲族传统村落空间形态特征解析［J］．遗产与保护研究，2017，2（1）：45-50.

［3］蓝法勤．浙西南畲族传统民居研究［J］．南京艺术学院学报（美术与设计版），2011（2）：71-77.

［4］刘杰．东南小流域畲族聚落与住宅建筑研究——以福建长溪流域为例［J］．建筑史学刊，2023，4（2）：43-57.

［5］姚糖．百川并流：江西传统建筑的地域特征［J］．建筑遗产，2018（4）：62-68.

基于空间句法和 AHP-模糊综合法的历史文化名镇公共空间评价体系建构——以奉节竹园古镇为例[1]

王　刚[2]　刘梓星[3]　唐建国[4]

摘　要： 在城镇化高速发展中，尽管目前重庆地区已有许多场镇完成了改造实践，但对其使用后绩效评价的研究却相对匮乏，致使一大批拥有丰富传统文化的老场镇空间逐渐演变为失落空间。本研究以渝东北历史文化名镇竹园古镇为例，通过引入城市形态分析领域前沿的空间句法理论技术，结合 AHP-模糊综合法等分析方法，从定量的角度构建历史文化名镇公共空间评价体系。首先，本研究结合历史文化名镇的文化特色和历史底蕴，将公共空间划分为街巷空间和人文空间，以构建公共空间评价因子集，同时将评价体系划分为线性空间、节点空间、物质性空间、功能性空间及文化性空间五大指标。其次，确定各评价因子的评定标准，街巷空间评价因子主要基于空间句法运算结果，人文空间评价因子则通过构建判断矩阵确定各指标的权重系数。最后，根据各评价因子的评价指数结果，从优化古镇空间布局、提升使用者满意度以及积极开展文化活动三个方面，提出历史文化名镇公共空间的更新改造策略，以期为后续类似的历史文化名镇公共空间更新改造提供参考和借鉴。

关键词： 历史文化名镇；空间句法；AHP-模糊综合评价法；公共空间；评价体系

一、 研究背景

作为中华民族珍贵的文化财富，历史文化名镇是历史的结晶和文化的载体，反映了一定历史时期的传统风貌、民族风情和地方特色，承载着当地居民的生活记忆，因其独特的地域性、时间性以及所蕴含的丰富历史文化，成为一种不可再生资源[1]。空间作为古镇和建筑的灵魂，不同的历史文化名镇空间形态节奏变化自由丰富、空间特性也不尽相同，对它们的保护与研究也因此受到极高的关注。一方面，作为宝贵的非物质文化遗产，其深远内涵无疑值得我们深切关注与高度重视；另一方面，历史文化名镇因地理位置偏僻、生活设施及物质条件相对滞后，正逐渐面临被遗忘或转型为现代建筑用地的命运。空间，作为场镇与建筑的精髓所在，不同历史文化名镇的空间形态展现出自由丰富的节奏变化，且各自的空间特性也独树一帜，这使得对它们的保护与深入研究成为了备受瞩目的焦点。但随着时代变迁，新的建成区公共空间可能与原有空间功能不匹配，进而使部分历史文化名镇的空间逐渐失去原有的活力，且人口与功能集中、建设密度大、保护条件不足的历史文化名镇长期存在诸多问题，如环境品质较低、公共空间缺乏、品质低下、安全隐患大等，空间治理难度大[2]。

目前，在历史文化名镇的公共空间更新研究方面，人们对空间形态的判断多采用经验主义手法，从定性角度出发，缺乏与数据量化的结合，试图将复杂的公共空间阐释为空间几何属性的表征，且并没有提出完整的评价体系与

1　基金项目：重庆交通大学研究生科研创新项目（CYS240496）。

2　重庆交通大学建筑与城市规划学院硕士研究生，400074，3539495366@ qq. com。

3　四川科技职业学院助教，400074，liuzixing0929@ 126. com。

4　重庆交通大学建筑与城市规划学院硕士研究生 400074，18784825658@ 163. com。

框架，而学界常用于空间形态研究的空间句法，多运用于城市公共空间和历史街区空间研究。鉴于公共空间在名镇中不仅是物理构成的核心，更是日常社交、对外交流等公共性活动的重要载体，对其进行针对性的更新改造不仅能够显著提升居民生活质量，营造更多元、高品质的生活空间，还能有效激活其作为系统的整体效能[3]。

国外对于古镇的研究历史悠久，研究方法丰富多元，研究成果涵盖了古镇发展的历史脉络、空间布局变化，以及古镇对当地旅游经济、文化传承、社区活力、可持续发展等多方面的综合影响。相比之下，国内学者对古镇的研究更多停留在“封装式”的保护，即通过外迁原住民来使得古镇一直保持在最开始的样貌。这种保护方法虽然在很大程度上保存了古镇原有的道路、建筑等物质性组成，但对古镇的文化、经济以及后期的维护修缮等方面却没有任何的保护，甚至有破坏的反作用。

为此，本研究引入空间句法对历史文化名镇空间形态进行量化分析，希望运用经典的空间量化分析方法，提炼空间兼具可感知性和可测度性的空间指标，并在此基础上，借助空间句法常用的 Depthmap 软件等技术工具，引入渗透性、曲折度、可视性、可达性、差异度等空间指征[4]。空间句法理论由英国伦敦大学的比尔·希列尔（Bill Hillier）创立，它强调通过对空间形态的系统分析，揭示城市空间背后隐藏的功能逻辑与秩序规律。在希列尔看来，城市犹如一张由几何元素精妙编织的网络，只有深入洞悉其几何形态，方能全面把握其外在风貌与内在功能。

作为空间结构分析的有力工具，空间句法不仅实现了复杂空间形态的可视化呈现，还深刻探讨了空间变迁的内在机制以及空间与人类活动之间的微妙关联，在历史文化名镇的研究中已展现出巨大的潜力[5]。本研究以渝东北地区的代表性历史文化名镇——竹园古镇为例，结合空间句法理论与 AHP-模糊综合评价法，构建公共空间评价体系。在明确评价目标及构建合理的因子体系后，综合运用空间句法分析、AHP 层次分析法及模糊综合评价等多种方法，对竹园古镇的公共空间进行全面而深入的量化评估。通过实例研究，期望构建一个既科学又实用的历史文化名镇公共空间评价体系，不仅为竹园古镇的保护与更新工作提供有力支持，也为其他类似古镇的空间规划与管理提供有益的参考与借鉴。

二、历史文化名镇公共空间评价体系构建——基于空间句法和 AHP-模糊综合法

1. 评价因子集构建

通过归纳既有研究成果[6]，对于历史文化名镇公共空间的评价，应聚焦于其公共空间文化特色与历史底蕴的保护两大领域，即街巷空间和人文空间。鉴于此，我们将线性空间、节点空间、物质性空间、功能性空间及文化性空间作为评价的五大关键要素：①线性空间：衡量历史文化名镇公共空间在重构与调整空间布局后的实际成效；具体而言，公共空间中的线性空间与节点空间共同构成了评价的核心对象，评估内容广泛涵盖了可达性、利用率、通达性以及传统空间格局的延续性等方面；②节点空间：具有空间结构连接、转换意识的地点，是整个公共空间的活跃分子、承载着吸引人流和活跃商业气氛的作用；评价内容具体涵盖了竹园镇中具有突出特征或重要的建筑、景观节点空间；③物质性空间：公共空间的物质性主要体现在满足人们的居住条件、生活条件、经济条件等；评价内容可包括基础设施和服务设施的建设情况，是历史文化名镇发展的基础条件和内在动力；④功能性空间：以使用为目标的、空间体验更多地发生在功能之外的非功能空间；包括人们日常生产生活的空间，具有相对固定的尺寸或形态的要求；⑤文化性空间：应深入探索公共空间如何承载与展现历史文化名镇的文化底蕴，包括文化活动的丰富性、文化认同感的增强，以及文化遗产的深度挖掘与传承等方面。通过对上述五大评价因子的综合评价，可以全面衡量历史文化名镇公共空间的社会效益和空间布局保护工作的成效。

2. 确定评价因子的评定标准

如图 1 所示，历史文化名镇评价体系的 5 个评价因子是线性空间、节点空间、物质性空间、功能性空间、文化性空间。本文将采用空间句法分析方法来评估街巷空间的相关参数，同时运用 AHP-模糊综合法对人文空间所涵盖的物质性、功能性和文化性空间三大评价因子进行评价。

（1）基于空间句法的街巷空间评价

空间句法理论，作为一种基于空间结构视角的深入剖析工具，科学阐释了人类行为与社会活动之间的空间逻辑，其应用范围广泛，涵盖了空间规划分析、交通路线优化等多个关键领域[7]。在分析历史文化名镇独特的公共空间布局时，借助空间句法这一先进工具，深入挖掘其内在规律。具体而言，研究聚焦于整合度、连接度及选择度这三大核心维度，它们共同构成了评估古镇街巷空间结构的关键评价因子，并依据图 2 中设定的评价标准，利用 Depthmap 软件建立公共空间软件模型和数据模拟，并针对这些评价因子进行系统的定量评价。

（2）评价体系指标权重确定

本文深入剖析了物质性、功能性与文化性空间等核心因子指标层的重要性，通过构建严谨的判断矩阵，实现了各指标权重系数的科学量化[8]，采用专家打分法及相关文献研究相结合的方法以确保权重分配的合理性与准确性[9]，将定性分析转换为定量评价。具体而言，本研究邀请了 10 位相关领域的专家（8 名学者和 2 名政府机构人员）独立对

评价体系中的每个指标进行百分制打分，确保了评价结果的权威性与可信度，结合 AHP 层次分析法常用的 yaahp 软件，经多次修正确定权重（括号内为指标权重），最终得出比较满意的结果，为后续的研究与决策提供了坚实的支撑。

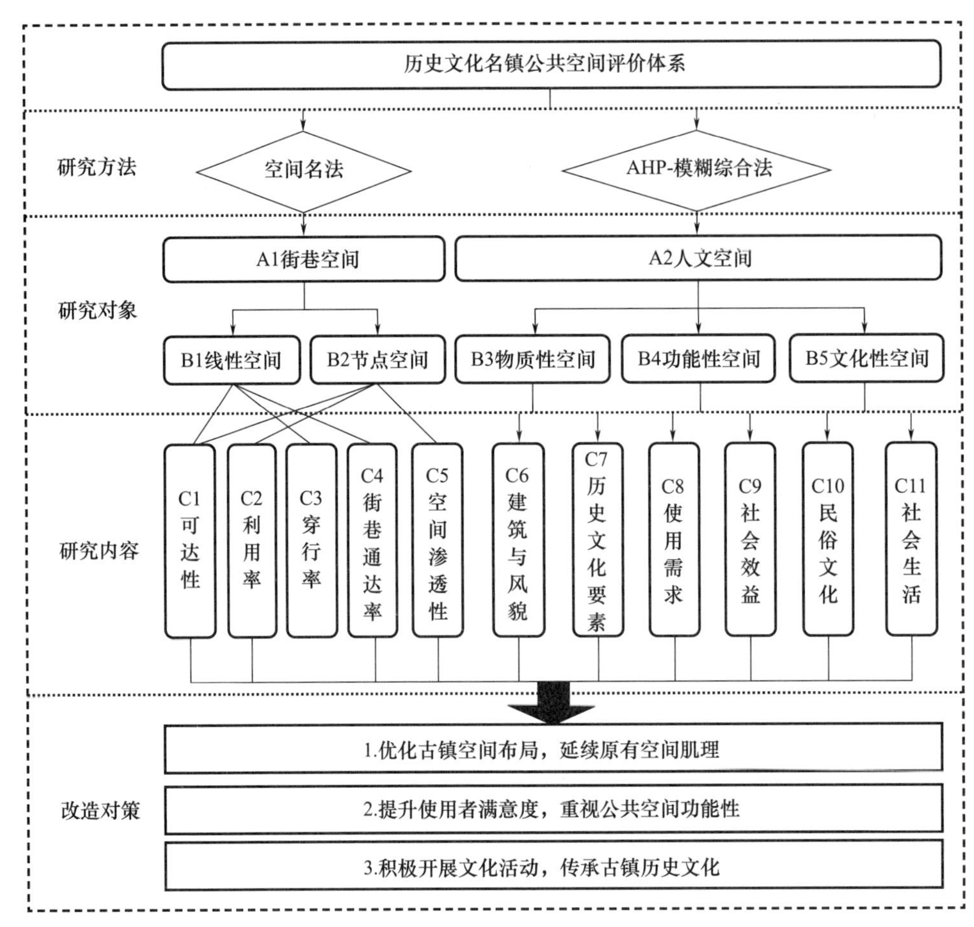

图1　历史文化名镇公共空间评价体系

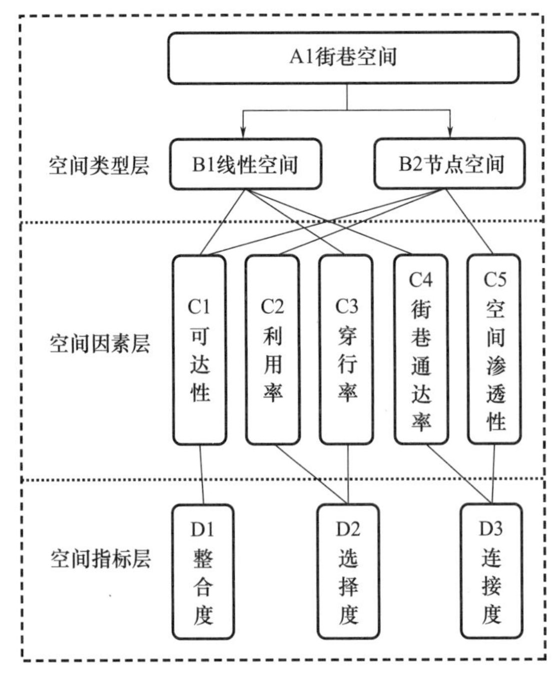

图2　以空间指证为核心的空间句法评价因子体系

表1 基于 AHP 的历史文化名镇公共空间评价因子体系

空间类型层	空间因素层	空间指标层	指标释义
B3 物质性空间（0.3119）	C6 建筑与风貌（0.2079）	D4 传统建筑留存（0.0594）	传统建筑的留存量与历史原状相比较的增减程度
		D5 传统风貌保护（0.0297）	传统建筑的风貌保护与原状的相符程度
		D6 沿街立面风貌（0.1188）	评价街道立面的风貌对公共空间的影响程度
	C7 历史文化要素（0.1040）	D7 景观环境特色（0.0303）	水系、牌坊、门楼、老水井等等历史文化要素的种类
		D8 文化遗产活态保护（0.0560）	老水井等历史文化遗产的活态保护利用情况
		D9 历史文化遗产原真性（0.0710）	牌坊等历史文化遗产保护利用后与原状的相符程度
B4 功能性空间（0.1976）	C8 使用需求（0.1317）	D10 基础设施建设（0.0988）	古镇居民生活所必需的基础设施建设覆盖率、齐全度等情况
		D11 服务设施配置（0.0392）	古镇居民生活服务设施的配置齐全度、利用率等情况
	C9 社会效益（0.0659）	D12 居民参与度（0.0255）	居民在公共空间的停留度、深度参与民俗活动等日常行为
		D13 居民满意度（0.0292）	居民在公共空间进行日常活动，对空间的满意程度
		D14 游客参与度（0.0112）	外来游客的停留，休憩等行为在公共空间的参与情况
B5 文化性空间（0.4905）	C10 民俗文化（0.3270）	D15 传统文化活动（0.0689）	传统民俗文化活动参与公共空间的举办次数、频率
		D16 民俗活动种类（0.0788）	古镇拥有的祭祀、坝坝舞等民俗文化活动种类
		D17 非遗文化活态保护（0.1793）	民俗音乐、民族服饰等非遗传统文化遗产的活态利用与保护
	C11 社会生活（0.1635）	D18 日常生活参与（0.1090）	居民进行日常生活、生产行为的公共空间的使用率、利用率
		D19 生活行为种类（0.5450）	居民进行日常生活、生产行为的种类数量

三、 奉节竹园古镇公共空间评价体系研究

1. 研究区概况

竹园古镇是重庆市第一批“历史文化名镇”，至今已有两百多年历史，位于重庆市奉节县长江北岸，四周环山，北有大巴山系的鞍子山，南有大顶山、九龙观、轿顶山，是夔北门户重镇，也是川鄂陕省际边贸要地。竹园古镇有一街（石龙街）四巷，主街石龙街分上、中、下三段，两侧是一楼一底的川东柜房式商铺和民居，采用木板门窗。街用石板铺路，地形起伏变换有致，尺度宜人。一条清溪自西向南环抱场镇蜿蜒潺潺而去，有三座石拱桥临溪跨越，另有四座碉楼在镇周边拱卫，形成了一个环境秀美、特色独具的川东明清传统山乡场镇。

作为重庆历史文化遗产的瑰宝，竹园古镇保存完好的场镇格局与典型川东民居建筑，不仅是历史文化的活化石，也是现代人追求精神文化回归的重要载体。在城镇居民生活水平迅速提升、对改善生活环境有迫切需求的背景下，竹园古镇的保护显得尤为关键。它不仅是满足人们对历史文化向往、促进文化旅游可持续发展的关键一环，更是平衡场镇保护与现代生活需求、避免历史文化资源流失的重要举措。近年来，竹园古镇积极响应时代号召，开展了一系列旨在提升公共空间品质的保护与更新行动。这些举措覆盖了街巷两侧的立面美化、古镇整体规划布局的优化调整等多个维度，力求在保留古镇原有韵味的同时，融入现代生活的便利与舒适。对竹园古镇公共空间进行系统性评价，旨在通过科学的方法，客观衡量其在促进社会互动、提升居民幸福感、增强文化认同感等方面的实际成效与深远影响，为古镇未来的可持续发展提供有力支撑与智慧启迪。

2. 公共空间评价对象

本文选取竹园古镇核心区域内的典型公共空间节点与线性空间，进行深入的评价研究。竹园古镇采用传统西南地区城镇建筑方式，古镇建筑沿河布置。竹园古镇有一街（石龙街）四巷，主街石龙街分上、中、下三段，两侧是一楼一底的川东柜房式商铺和民居，采用木板门窗。节点空间主要包括聚集空间、休憩空间等，比如兰家院子、碉楼、上、下辕门、打铁铺等 11 处有重要标志性建筑的周边空间。老街街巷仍然保留着传统的尺度空间，风貌尚可识别，竹园老街是竹园古镇唯一的传统街巷。线性空间主要以竹园老街为骨干采用树枝状格局，采用街心—檐廊—店宅的布局方式，街道也是街区社会、经济文化生活的中心，临街布置商业、饮食、文化等公共服务设施，形成公共的连接通道—半公共的商业活动空间—私有的店铺空间的基本模式。两者构成了竹园古镇核心区典型公共空间，代表了巴渝山地历史文化名镇的特点。

竹园古镇作为一个具有典型巴渝山地历史文化名镇，碉楼、民居和街巷空间是非常重要的标志性空间节点（图 3），如竹园老街下辕门、上辕门、上拱桥、兰家院子和关帝庙等，由于这些重要的公共空间节点往往与主街巷紧密相连，因此在运用空间句法进行评价时，选择了包含这些重要节点的主干道和巷弄作为线性空间的评估对象，如作为竹园古镇唯一传统街巷的竹园老街；连接着关帝庙、原供销社等核心建筑的小巷，竖向横穿古镇，连接着人民政府和水管站等重要公共设施之古镇核心道路的 010 县道；横穿古镇的崔家河岸线；连崔家河两岸的复兴路。古镇核心区也是沿竹园老街至复兴路展开的，本文所选取的每一条评价街巷都承载着其独特的价值，它们或作为主要的交通通道，承载着城市的脉动；或作为连接核心公共空间的桥梁，促进着城市各个部分的交流与融合。

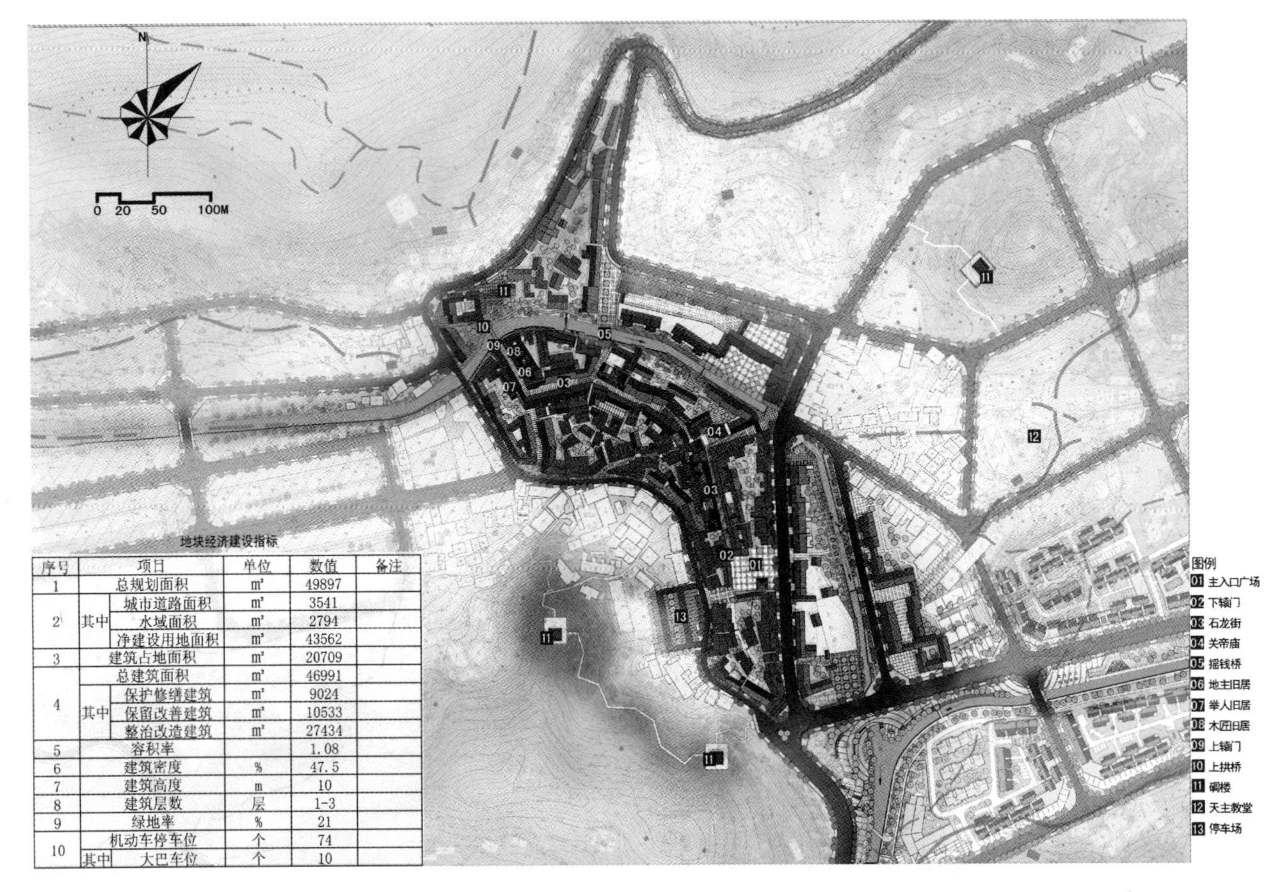

地块经济建设指标

序号	项目		单位	数值	备注
1	总规划面积		m²	49897	
2	其中	城市道路面积	m²	3541	
		水域面积	m²	2794	
		净建设用地面积	m²	43562	
3	建筑占地面积		m²	20709	
4	总建筑面积		m²	46991	
	其中	保护修缮建筑	m²	9024	
		保留改善建筑	m²	10533	
		整治改造建筑	m²	27434	
5	容积率			1.08	
6	建筑密度		%	47.5	
7	建筑高度		m	10	
8	建筑层数		层	1-3	
9	绿地率		%	21	
10	机动车停车位		个	74	
	其中	大巴车位	个	10	

图 3　竹园古镇核心区节点空间分布图

表 2　竹园古镇典型公共空间

	典型节点空间	典型线性空间
现状照片		
名称	下辕门	竹园老街

续表

	典型节点空间	典型线性空间
现状照片		
名称	上辕门	崔家河河岸
现状照片		
名称	兰家院子	张家巷

3. 竹园古镇空间指证分析

整合度，作为评估空间吸引人流与交通汇聚能力的关键指标，直接反映了空间的可达性水平，其值越高，反映该空间越具吸引力，交通通达性也越强[10]。由图 4 可知，竹园古镇整合度显著较高的区域聚焦于摇钱桥与复兴路的交会处，是人流大、商业活动频率高的表现。复兴路作为古镇核心北区的主要道路，承担着重要的经济、文化、政治职能，而核心区中部的竹园老街受街巷小宽度、高深度的空间形式限制，且主要为传统居民区，居民和游客可达性较低，整区整合度较小，呈现一个相对封闭的状态。

图 4　竹园古镇公共空间整合度

选择度指标是衡量空间交通负荷能力的重要指标，它深刻揭示了空间对于穿越行为的吸引力强度。简而言之，高选择度意味着该空间单元频繁被选为通行路径，体现了其强大的“交通吸引”潜力，从而反映了人群频繁穿梭其间的可能性[11]。从图 5 的直观展示中，我们可以清晰地看到竹园古镇中，选择度较高的轴线集中在核心区外围的 010 县道与复兴路上。这两条主干道如同古镇的血管，南北纵贯，东西横穿，不仅是物流与人流的主要通道，也是居民出行时的首选路径，承载着关键的交通运输功能；核心区内部的街巷空间，作为居民区日常通行的交通空间，主要由附近的居民进行选择，选择度指标较低。

连接度，作为衡量节点空间之间直接连通路径数量的指标，其数值的高低直接映射出空间的渗透性优劣——数值越高，则渗透性越强，意味着空间之间的联系更为紧密与顺畅[12]。深入剖析竹园古镇的道路连接度（图6、图7），其呈现出一个显著特点：高连接度的轴线分布并不集中，而是散落于古镇各处，尤以竹园老街与关帝庙周边区域为甚，形成了数个小规模的高连接度区块，这些区块的连接性和可达性较强，起着重要的交通疏散作用，也是人们日常活动的集中区域，彰显其在古镇的核心地位。

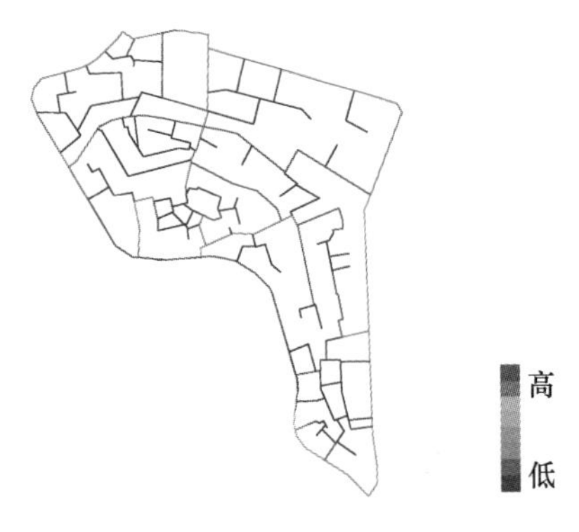

图 5　竹园古镇公共空间选择度

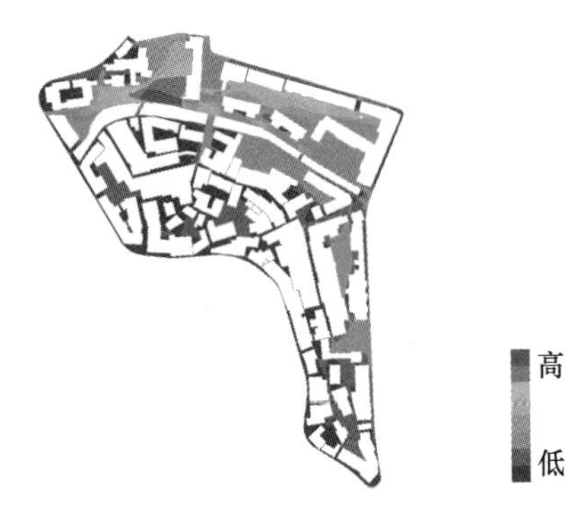

图 6　竹园古镇公共空间可视度

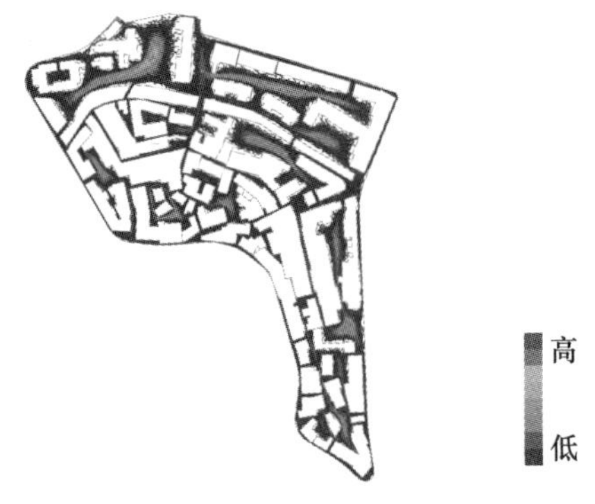

图 7　竹园古镇公共空间人流聚集度

4. 基于空间句法的公共空间评价

对竹园古镇公共空间节点进行空间组构评价，得出表 3 的结果，通过对比轴线图中节点和线性空间的 D1 整合度参数，评价其可达性。县道、复兴路和摇钱桥整合度较大，可达性强，竹园老街、张家巷等公共空间可达性需要进一步提高。古镇最核心的居住区空间，其可达性较小，可供提升的幅度最大，如靠近崔家河河岸两侧的居民建筑和竹园老街周边街巷空间，包括兰家院子等；在保护更新时，从规划角度促进其整合度数据提升，可以考虑增加人为改造形成的公共空间，加强引导以提升其可达性。以南广场为例，通过设计与规划来增强广场的连通性，进而提升古镇的整体整合度。

对比竹园古镇公共空间节点轴线图中节点与线性空间的 D2 选择度参数，选择度反映空间利用率与穿行率，主要用于评估节点空间利用率与线性空间穿行率。节点空间中，摇钱桥因其作为横跨崔家河、连接河岸两段的重要交通枢纽，是人流活动最频繁的区域，选择度较高；而上拱桥、兰家院子等节点因其地处居民区内部，可达性较差，进一步导致空间利用率较低，选择度较低，因此在进行空间更新时，考虑设置街巷空间，增加其与外部道路的交通联系，增加其选择度；在线性空间部分，县道与复兴路作为竹园古镇的主要道路，连接中心区与边缘区，是人流车流最密集的路径，张家巷作为连接两大主要道路的街巷空间，也是人员活动较为频繁的地方；现崔家河河岸可达性较差，穿行率不高，但崔家河作为横穿竹园古镇唯一的河流，亦或是重要的景观休憩公共空间节点，其利用率太差，后期保护更新过程中，应充分考虑崔家河河岸线性空间的合理利用，增加节点空间及穿行交通道路。

对比竹园古镇核心区公共空间轴线图中节点、线性空间的 D3 连接度参数，分析节点空间渗透性和线性空间街巷通达性，其连接度与整合度、选择度成正比关系，但渗透性、通达性一般。节点空间连接度的值总体较低，通透性一般，如核心空间竹园古镇、摇钱桥等连接度相差较小；线性空间如主要道路县道与复兴路等连接度为区域最大值，但其街巷通达性不高，这也与竹园古镇原有的场镇肌理有关。在未来公共空间保护更新时，应考虑居民与游客的体验性，形成流畅完善的出行与游览动线。

表 3　竹园古镇公共空间空间指证参数值

空间指证		D1 整合度	D2 选择度	D3 连接度
节点空间	摇钱桥	0.759	67.5	5
	下辕门	0.596	156.5	4
	上辕门	0.640	52.1	3
	关帝庙	0.583	76.1	2
	上拱桥	0.643	53.7	3
	兰家院子	0.465	58.1	2
指标层评价结果		可达性	利用率	空间渗透性
线性空间	010 县道	0.691	151.2	5
	复兴路	0.724	99.9	5
	竹园老街	0.728	76.1	4
	张家巷	0.639	16.8	2
	崔家河河岸	0.643	52.1	3
指标层评价结果		可达性	穿行率	街巷通达性

5. 基于模糊综合评价法的公共空间评价

模糊评价法，根植于模糊数学理论，由美国自动控制专家扎德于 1965 年创立，是一种将定性评价通过模糊数学的隶属度理论转化为定量评价的综合评估方法[13]。该方法通过构建隶属度矩阵，并据此划分评语等级，从而科学、系统地处理评价对象中的模糊性与不确定性因素，确保评价结果的客观性和准确性。模糊评价法以其独特的量化处理模糊性信息的能力，在多因素及复杂系统评价中展现出强大的应用潜力与科学性[14]。

为深入探索竹园古镇公共空间的综合状况，研究通过构建涵盖六大维度、细分为十六项具体指标的问卷体系，并引入五级李克特量表，对居民与游客的感知进行了精准量化，“5—1”分别对应“优秀”“良好”“中等”“较差”“很差”。在2023年9月至12月期间，发放问卷110份，共收集并分析了75份有效问卷，运用模糊综合评价法对各因子进行了系统评估。研究结果显示，竹园古镇公共空间的整体模糊综合评分为3.3520，处于“中等”与“良好”的交界区域，表明其在多方面已取得积极成效，但仍存在进一步提升的空间。研究结果显示，竹园古镇公共空间的整体模糊综合评分为3.3520，处于“中等”与“良好”的交界区域，表明其在多方面已取得积极成效，但仍存在进一步提升的空间。古镇的物质性空间（B3）表现良好，展示了深厚的文化底蕴；文化性空间（B4）中等，已初步显现成效，但策略需加强以促进全面发展；功能性空间（B3）稍显不足，设施与功能尚需改进。

表4　竹园古镇空间指标模糊综合评价得分 1

空间类型	空间指证	得分	空间指标	得分
模糊综合得分：3.3520	B3 物质性空间	3.8711	C3 建筑与风貌	4.1429
			C4 历史文化要素	3.3276
	B4 功能性空间	2.6291	C5 使用需求	2.7500
			C6 社会效益	2.3873
	B5 文化性空间	3.3131	C7 民宿文化	2.9697
			C8 社会生活	4.0000

四、空间改造策略与启示

结合以上的公共空间定量评价结果，本文提出从优化古镇空间布局、提升使用者满意度，以及积极开展文化活动三个维度出发，构建竹园古镇镇公共空间保护更新的策略体系，为历史文化名镇公共空间保护更新的传承与发展提供宝贵的参考与借鉴。

1. 优化古镇空间布局，延续古镇原有空间肌理

在历史文化名镇的空间更新与改造实践中，首要任务是要深入理解并尊重其旧有空间序列的秩序，旨在通过精妙的规划布局策略，促进历史文化名镇空间形态的和谐延续与创新发展。鉴于街道空间尺度对使用者行为模式与感知体验的深刻影响，我们需精心策划适宜的尺度设计，以延长访客逗留时间、调节游览节奏，并丰富其视觉与情感上的观景享受。同时，街道空间的设计应严格遵循延续古镇原有空间肌理的原则，通过把控材质上的相似性与建造技艺上的一致性，巧妙地对那些可能削弱界面连续性的区域进行修复与补齐，以确保水平界面与垂直界面在视觉上的无缝衔接，维护街道空间界面的整体性与连贯性，从而构建一个既承载历史记忆又焕发新生机的历史文化名镇环境。

2. 提升使用者满意度，重视公共空间功能性

深化社区治理、促进文化活动与民俗传承三者的并行发展，是确保场镇社会可持续性的关键路径，亦是通过经济振兴与文化复兴的多元策略，激活场镇的内在动力的重要措施。为此，强化村民的参与意识与知情权，构建共治共享的社区氛围显得尤为重要。在公共空间优化方面，鉴于公共空间作为社会交往的核心载体，应合理规划增设休憩设施如长椅、艺术小品等，以延长居民停留时间，促进人际互动，充分发挥其社交媒介功能。面向游客群体，保护更新工作则需聚焦于核心旅游区域，力求精准复原各历史时期的建筑风貌，营造一种文化原真性的古朴情境，让游客沉浸于深厚的历史文化底蕴之中，同时，通过精心策划多级旅游线路，不仅展现场镇的自然风光与人文景观，更深度揭示当地居民的真实生活状态，为游客提供一场融合知识与感官享受的文化之旅，丰富其观景体验，促进对历史文化名镇文化的全面理解与尊重。

3. 积极开展文化活动，传承古镇历史文化

历史文化名镇的公共空间，融合了祭祀、聚会、居住、交通等多重角色，与村民的日常及游客的探索深度融合，既是物质文化遗产的瑰宝，也是非物质文化精神的摇篮。在保护与复兴古镇的进程中，须以原真性为根基，秉承文化活态保护的理念，深刻洞察这些遗产跨越时空的独特价值。通过精准提炼古镇的文化精髓，深入挖掘其深层的文化脉络与结构，活化传统文化元素，举办丰富多彩的民俗活动，同时加大宣传力度，让更多人领略其独特魅力，为古镇的可持续发展注入强劲动力。展望未来，随着文化的不断传承与创新，历史文化名镇的公共空间将成为产业运作的新引擎，推动地方经济与文化的繁荣共生，实现历史与现代的和谐交融。

1　根据陈建华，孙穗萍，林可枫，等. 空间句法视角下传统村镇公共空间使用后评价［J］. 南方建筑，2022，(04)：99-106 整理改绘。

五、 结论与讨论

本文采用了 Depthmap 软件与空间句法理论，并结合了 AHP-模糊综合法，全面而系统地构建了竹园古镇公共空间的评价体系。该体系精心构建五大主要维度，即线性空间、节点空间、物质性空间、功能性空间和文化性空间，并科学地确定了每个维度的权重系数。团队通过深入细致的实证研究，验证了该评价体系的科学性和实用性。它不仅为竹园古镇的保护更新工作提供了有力的支持，同时也为其他历史文化名镇的科学评估工作提供了有益的参考框架。此体系的构建，旨在通过科学合理的评价手段，推动历史文化名镇保护更新工作的深入开展，保护并传承好这些宝贵的文化遗产。

研究结果表明，竹园古镇最核心的居住区空间由外向内扩展，其可达性越小，交通提升潜力越大，空间吸引力进一步提高，在空间更新时优先考虑。古镇的高选择度值区域位于国道、复兴路和摇钱桥，他们作为日常出行的重要交通枢纽，是人流活动最频繁的区域。整体选择度分布更加趋于均衡，反映了交通网络的优化。通过 AHP-模糊综合法评估，竹园古镇公共空间在物质性空间保护上表现良好，有效保留了文化的原始风貌；而在功能性与文化性空间方面则还有待加强，表明其在满足基础使用需求的同时，社会效益与民俗文化传承的发挥尚显不足。

本文构建的公共空间评价体系全面涵盖了线性空间、节点空间、物质性空间、功能性空间和文化性空间五大维度，并辅以详尽的保护与更新策略。然而，实施过程却是一项错综复杂的任务，其间交织着众多动态变量，诸如政策导向的变动、利益主体的博弈协商等，均对实施效果产生深远影响。同时，历史文化名镇公共空间保护更新的研究范畴之广，它跨越了规划学、建筑学、生态学、社会学等多个学科领域，呈现出高度的综合性和复杂性。为深化对此类课题的理解，未来研究应趋向多学科交叉融合，积极吸纳来自不同专业背景的专家智慧，通过集思广益的打分机制，对保护更新策略进行更为深入细致的剖析与评估。此举不仅有助于形成对传统村镇保护与更新更为全面、科学的认知，还能为实际操作提供更为坚实有力的理论支撑与策略指导。

参考文献

[1] 李畅，杜春兰．巴蜀传统场镇街道肌理的社会学建构［J］．城市规划，2018，42（8）：76-82.

[2] 黄勇，石亚灵．国内外历史街区保护更新规划与实践评述及启示［J］．规划师，2015，31（4）：98-104.

[3] 李朋瑶，徐峰．成都古镇文化空间量化分析［J］．现代城市研究，2018，(11)：58-64.

[4] 陈星汉，于瀚婷，熊若璟，等．基于空间句法与机器学习的中国古典园林空间指征分析框架建构［J］．风景园林，2024，31（3）：123-131.

[5] 段炳好，周铁军．基于空间句法与文化视角下的老场镇空间微更新策略研究——以邛崃市固驿镇老场镇为例［J］．华中建筑，2021，39（6）：37-40.

[6] 陈建华，孙穗萍，林可枫，等．空间句法视角下传统村镇公共空间使用后评价［J］．南方建筑，2022，(4)：99-106.

[7] 张愚，王建国．再论“空间句法”［J］．建筑师，2004，(03)：33-44.

[8] 金志农，李端妹，金莹，等．地方科研机构绩效考核指标及其权重计算——基于专家分析法和层次分析法的对比研究［J］．科技管理研究，2009，29（12）：103-106.

[9] 孙穗萍．空间句法下珠三角传统村镇活化利用使用后评价［D］．广州：华南理工大学，2021.

[10] 陶煜，刘宛．基于“评估—优化”的历史城区小微公共空间更新方法——以北京什刹海历史文化街区为例［J］．规划师，2024，40（1）：91-99.

[11] 张大玉，凡来，刘洋．基于空间句法的北京市展览路街道公共空间使用评价及提升对策研究［J］．城市发展研究，2021，28（11）：38-44 + 173.

[12] 陈雨薇，孙俊桥．基于空间句法的历史文化村镇街巷形态的量化分析研究——以重庆铜梁安居古镇为例［J］．西部人居环境学刊，2019，34（2）：106-112.

[13] 徐小洲，姚威．国际工程教育评估方法与排名分析［J］．高等工程教育研究，2016（3）：57-62.

[14] 谢雨宏，陈建华，孙穗萍．基于 AHP-模糊综合评价的重庆西站 POE［J］．南方建筑，2020（1）：94-100.

青藏极地建筑与人居环境研究概要

马扎·索南周扎（马永贵）[1]

摘　要： 青藏极地建筑与人居环境研究起步于青藏高原藏羌民族建筑研究，经历青藏高原地域民族建筑研究的丰富和完善，随着时代发展的需要，拓展成为青藏极地建筑与人居环境研究，逐步成为中国本土建筑研究中非常重要的分支和特色。在青藏极地建筑与人居环境研究中，历史维度的建筑历史文化与遗产保护问题，现当代维度的本土规划设计理论和城乡发展建设实践问题，以及面向未来维度的青藏高原极地环境下的人居生态问题、城乡社会可持续发展问题，逐步成为三个重要的研究方向。本文以青藏极地建筑与人居环境研究的概念探讨为基础，梳理青藏极地建筑与人居环境研究发展的历史进程，阐述其与建筑学、人居环境学、藏学和泛学科的青藏高原学的学科关系，总结青藏极地建筑与人居环境研究的学科价值和研究方向，意在探索以青藏高原地域民族建筑为典型对象、以青藏本土传统建筑理论体系现代化为目的、以理论研究和应用实践相结合的中国本土建筑研究的特色学科领域和典型研究范式。

关键词： 范式；藏羌建筑；地域民族建筑；青藏极地建筑与人居环境

青藏高原位于亚洲内陆的中国西部地区，平均海拔在4000m以上，是世界上平均海拔最高的高原，被称为“世界屋脊”和“地球第三极”[1]。这片高原既是东亚大陆与印度板块之间天然的地理气候屏障，也是深刻影响亚洲东部文明延续发展的资源生态重地。从人居建筑的视角，除去人类近五十年来逐步在地外创造的各类基地，以及爱斯基摩人[2]等在极圈内少量的人居实践，青藏高原也是目前我们所知孕育人类文明和具有显著人居环境分布、人居文化沉淀的极限地理单元。世居于青藏高原的藏、羌等民族创造了独具极地特色的人居文明和地域建筑形态。

一、　重要概念解析

1. 青藏高原地域民族建筑

青藏高原地域民族建筑是中国本土建筑的重要组成部分，是世代生存在青藏高原的藏、羌、蒙、纳西、夏尔巴[3]等各民族，在特色的文化背景和审美意识指导下，在局限的资源条件和环境空间中，经过长期的人居环境实践探索，创造的以藏羌建筑为典型特征，以青藏高原各类地域建筑、民族建筑和现当代本土建筑人居环境实践优秀成果为丰富内涵的青藏高原本土建筑体系。

青藏高原地域民族建筑具有较为完整的传统建筑文化体系、传统建筑理论体系、传统建筑营造技艺体系，以及存量丰厚的传统建筑文化遗产。同时，青藏高原地域民族建筑的现当代实践也是中国本土传统建筑现代实践中非常重要的案例，事关区域、国家的可持续发展战略。青藏高原地域民族建筑是中国本土建筑体系中，山地建筑的杰出代表、石构建筑的特色构成，更是长期以来，繁衍生息于青藏高原的藏、羌等民族生存智慧的结晶，营造技艺的创造，人居实践的成果。“世居于青藏高原的藏、羌等民族，以山地为蓝本，以石木为材料，运用中国传统文化朴素的生态智慧和深邃的天人思想，创造出具有纵向雕塑美感，彰显本土文化特色，富含本土生态智慧的青藏高原地域民

1　中国民族建筑研究会副秘书长、专家委员会副主任委员，810001，1666236776@ qq. com。

族建筑体系。与中国广袤平原之上、农耕文化背景下，具有张弛之美、讲究厚重伦理、富含审美意蕴的其他本土建筑形态相得益彰，共同构成了中华民族建筑文化体系同源性、一体性、丰富性、多样性的时空篇章。”[4]

2. 青藏极地建筑与人居环境研究

青藏极地[5]建筑与人居环境[6]研究是全球及亚洲视野下研究山地建筑、石构建筑、佛教建筑[7]、喜马拉雅区域建筑的典型领域，是中国本土建筑研究的重要内容和特色分支。青藏极地建筑与人居环境研究的产生与发展，经历了藏羌民族建筑研究、青藏高原地域民族建筑研究和青藏极地建筑与人居环境研究的三个重要阶段。主要聚焦三个研究方向，即青藏高原地域民族建筑的历史文化与遗产保护方向，青藏高原现当代城乡人居环境发展建设方向，以及旨在全人类、面向未来的青藏高原生态人居与可持续发展方向。青藏极地建筑与人居环境研究旨在以其特殊的极地人居价值和本土文化特色为底蕴，探索立足本土、回顾传统、面向人类、指向未来的中国本土建筑研究的极地模型、特色范式[1]。

二、 学科历史回顾

在全球及亚洲视野下，以青藏高原地域民族建筑为主体的环喜马拉雅地区山地建筑体系、石构建筑体系、佛教建筑体系在世界建筑历史理论及遗产保护研究中占有非常重要的地位。在国内视野下，青藏极地建筑与人居环境研究是中国本土建筑研究的重要组成部分，也是中国本土建筑研究的特色分支。自 20 世纪初以来，源于国际视野下泛喜马拉雅地区研究和中国对西南民族地区历史文化、区域治理研究的大环境。任乃强[2]、杜齐[3]等学者出于不同的研究目的，聚焦青藏高原地区的人居建筑和族群聚落，为之后建筑学视野的青藏高原地域民族建筑研究奠定了基础。

1. 萌芽阶段：萌芽于 20 世纪初的中国本土建筑研究

青藏高原地域民族建筑研究，就建筑学传统来讲，萌芽于 20 世纪初的中国本土建筑研究。抗战时期，由于营造学社西迁至四川宜宾的李庄，更多的本土建筑学者有机会在空间距离上拉近与青藏高原的距离，受当时民国政府西康建省而推动的康藏民族研究的影响，以及中央研究院在西南民族地区开展的相关研究，青藏高原地域民族建筑研究逐步纳入中国本土建筑研究的视野，开创了中国本土建筑学者研究青藏高原地域民族建筑的先河[8]。1939 年 8 月 26 日至 1940 年 2 月 16 日，中国营造学社完成了第三次西南大型田野调查——川康古迹调查。形成了《川、康建筑调查日记》[4]，其中涉及康藏地区传统民居的调查内容。就藏学传统来讲，受民国时期涉藏相关问题、西康建省等诸多因素的影响，关于青藏高原民族风土、族群聚落的考察研究逐步形成。以上构成了青藏高原地域民族建筑研究基于建筑学传统和藏学传统的根基。任乃强先生《西康图经》[9]第二篇民俗篇中第三章居住的相关内容，以民族学和地方志研究的方法，对康藏地区番民住宅的定式、营造方法、空间格局、人居风俗，乃至生活起居做了详细的记录。任乃强先生的研究开藏族民居研究之先河。20 世纪 30 年代，意大利藏学家朱塞佩・杜齐八次进入喜马拉雅地区进行考察，著有《西藏考古》[10]，该书从考古学的视角对西藏建筑多有记载和研究，其中涉及了部分西藏传统民居建筑。

2. 起步阶段：起步于中华人民共和国成立后逐步开展的遗产保护工作

中华人民共和国成立后，一批批具有世界级文化遗产价值的青藏高原地域民族传统建筑，逐步被纳入国家各级文物保护序列，甚至进入世界文化遗产保护名录。伴随青藏高原地区重要建筑文化遗产保护修缮的需要，以遗产保护实践为目的的藏羌民族建筑研究开始起步。在国家文物局等部门的领导下，布达拉宫[11]、大昭寺、小昭寺等世界级的建筑文化遗产，留下了专家学者、高校师生深入高原勘测考察、保护修缮的身影，同时也培养了第一批本土的建筑专业人才。原西藏自治区建筑设计院古建所所长木雅・曲吉建才[12]先生就是那批本土专家中的优秀代表，有《西藏民居》《神居之所》等著作。

3. 发展阶段：发展于改革开放后青藏高原地区城乡建设及遗产保护事业

改革开放之后，约世纪之交的前后十年，随着青藏高原地区社会经济的发展，大量建筑遗产亟待保护修复，城乡社会也进入高速发展建设的时期。遗产保护和城乡建设成为推动青藏高原地域民族建筑研究的重要动力。以布达拉宫两次修缮、西藏博物馆（老馆）建设、拉萨火车站建设、玉树灾后重建等为典型代表的遗产保护、城乡建设重大工程，推动了青藏高原地域民族建筑的理论研究和规划设计实践，逐步出现了一批关注青藏高原地域民族建筑研究的专家、高校、科研机构，也带动和培养了青藏本土学

1　（美）托马斯・库恩，《科学革命的结构》北京大学出版社，2022 年 7 月出版，第 44 页。
2　任乃强，《西康图经》第二篇《民俗》，西藏古籍出版社，2000 年出版，249-270 页 。
3　（意），杜齐《西藏考古》，第二章，西藏人民出版社，2004 年出版。
4　引自建筑史学刊公众号 . 2023 年 8 月 26 日发布的刘敦桢川、康古建筑调查日记。

者对于青藏高原地域民族建筑的研究。青藏高原地域民族建筑研究逐步形成藏学背景下民族学、人类学视角的学科关注，建筑学背景下遗产保护、规划设计需要的探索实践。这一时期，部分具有藏学传统知识背景的本土建筑学人，开始思考和探索以传统工巧明知识体系为代表的青藏传统建筑理论与现代建筑学科的比较研究和传承融合，探索本土建筑研究及本土建筑理论体系在青藏地域民族建筑方面的学科现代化实践。2006 年，青海省成立了首家专注于青藏高原本土建筑研究的民间科研机构——明轮藏建[1]。2015 年，以明轮藏建在青藏地区的科研工作为依托，中国民族建筑研究会成立了中国民族建筑研究会藏式建筑专业委员会，开始布局并推动青藏高原本土地域民族建筑的学科研究[4]。

4. 成熟阶段：成熟于新时代文化强国建设和生态文明建设的战略需要

新时期，随着国家文化强国建设、生态文明建设等国家战略在青藏高原的部署和实施，青藏高原的特色文化价值、生态文明环境价值、以水资源为首要的资源保障价值、以人地关系为首要的边疆国土安全价值凸显。伴随 2017 年第二次青藏高原综合科学考察[13]的推进和 2023 年《青藏高原生态保护法》的发布，放眼国家战略，立足环境资源、聚焦区域发展、着力国家安全的青藏高原相关研究，也在逐步形成泛学科的青藏高原学。青藏高原地域民族建筑研究也从族缘意义上的民族建筑历史文化、遗产保护问题，地缘意义上的青藏高原区域发展和城乡建设问题，逐步向具有国家战略价值、全球示范意义的极地环境青藏高原特殊生态单元内人居环境生态宜居问题、国土安全问题、绿色可持续问题拓展。在中国本土建筑研究中，青藏极地建筑与人居环境研究作为世界第三极人居环境实践的边界价值、极限价值得以彰显。其中，以青藏高原国家公园群内人居环境为典型案例，青藏高原特殊生态保护单元内、特色族群文化背景下，特殊国土安全格局中，人居生态问题、宜居幸福问题、可持续发展问题成为青藏极地建筑与人居环境研究的前沿问题、典型问题、核心问题。党的十八大召开以来，以西南交通大学、西安建筑科技大学、重庆大学、兰州理工大学、兰州交通大学为代表的工科类高校，以中央民族大学、西南民族大学、西北民族大学、西藏民族大学为代表的民族类高校，以住房城乡建设部设计院、中国建筑西南设计院、中国建筑西北设计院、西藏自治区设计院、拉萨设计院等单位为代表的规划设计研究机构，以及以中国民族建筑研究会藏式建筑专业委员会、明轮藏建研究会等为代表的社会组织、研究机构，立足不同的学科领域，聚焦不同的问题，对青藏本土建筑进行了持续、深入、广泛的理论研究和规划设计实践，形成了丰富的研究成果。

国际上，受欧洲早期东方研究传统及国际藏学研究发展影响，以及全球视域下地域建筑研究、遗产保护实践的需要，德国、意大利、奥地利等国建筑学者逐渐形成泛喜马拉雅地域建筑、族群聚落、建筑文化遗产研究的传统。亦有日本、美国等国家的遗产保护人士，致力于喜马拉雅地区的建筑文化遗产的保护实践，构成了国际建筑学科领域中，基于地域建筑理论研究和建筑文化遗产保护实践两种不同路径的泛喜马拉雅地域建筑研究的局面。同时，从藏学的视角，亦有学者涉及藏羌民族建筑、青藏族群聚落的研究。[2] 20 世纪 90 年代以来，在联合国教科文组织、世界银行等机构资助下，欧洲一些有着喜马拉雅地区东方研究传统的高校、研究机构非政府组织，开展了对喜马拉雅南北两麓拉达克、尼泊尔、不丹、锡金，以及我国西藏广大地区藏族传统建筑的调查、研究和遗产保护实践。2015 年，尼泊尔地震造成大量建筑文化遗产的破坏，更聚集了全球范围内的遗产保护专家关注这一地区。国际上聚焦喜马拉雅地区藏族传统建筑文化遗产保护工作基本上分为两种类型，一种是有着藏学或东方研究传统的高校、研究机构，致力于藏族传统建筑的研究；另一种是得到联合国教科文组织或银行等资助的非政府遗产保护组织，致力于藏族建筑文化遗产的保护实践。其中丹麦建筑学家纳德 · 拉森和阿穆德-希丁 · 拉森所著 *The Lhasa Atlas*：*Traditional Tibetan Architecture and Townscape* 通过对拉萨市的建筑、景观的勘测和研究，掌握了大量的一手资料，讲述了古老拉萨的地形、自然环境、历史发展、建筑物和城市景观。柏林工业建筑学院 Peter. Herrle 教授和 Anna. Woznoak 博士，所著 *Tibetan Houses*，基于康巴、安多、卫藏部分地区的调研成果，对藏族传统民居的主要类型，进行了分析和研究；奥地利科学院 Hubert Feiglstorger 博士对喜马拉雅地区以阿嘎土为典型代表的传统建筑营造技艺，进行了基于材料科学分析的深入研究。在喜马拉雅地区的遗产保护实践方面，最典型的代表就是对印控克什米尔拉达克列城王宫的保护修缮实践。

三、 学科关系阐述

青藏极地建筑与人居环境研究是建筑学背景下中国本土建筑研究的重要分支和特色方向，是青藏高原优秀传统文化传承发展背景下五明文化[14]工巧学问现代化的重要探

1 引自明轮藏建（2014）田野考察计划之环喜玛拉雅建筑历史文化遗迹遗址及非物质建筑工艺技术遗存田野考察计划书. 民族建筑（2014 年第 8 期 总第 150 期）第 18 页。

2 引自肖静芳和牛锐在 2018 年 6 月 26 日发表在《中国民族报》的《在古籍中找寻藏族建筑的文化之根》。

索，是现代藏学在人居建筑方面的延伸和拓展，更是正在逐步形成的青藏高原学在人居环境方面的重要研究领域。青藏极地建筑与人居环境研究也从最初的藏羌民族建筑研究，发展到青藏高原地域建筑研究，更进一步发展成为青藏高原极地建筑与人居环境研究，逐步形成建筑学、藏学、青藏高原学[15]的学科交叉，并在努力摸索其学科研究的领域，明晰学科发展的方向，推敲学科研究的核心，探索学科研究的范式。青藏高原极地建筑与人居环境研究正在成为青藏高原自然生态、地域文化、社会发展、战略安全等诸多问题在人居建筑和城乡建设的落脚点，以及青藏高原相关多学科研究的实践地和交汇点。

四、 学科价值与研究方向

1. 学科价值

立足本土，服务青藏高原地区经济社会可持续发展是做好青藏极地建筑与人居环境研究的核心使命和根本任务；面向未来，服务国家青藏高原相关战略，旨在人类命运共同体意义下，人类极地环境宜居福祉的科学探索，是做好青藏极地建筑与人居环境研究的创新动力和全球展望，更是青藏极地建筑与人居环境研究的着眼之处和入手之地。青藏高原极地建筑与人居环境研究的核心价值决定于主体层面在地与传统的价值和客体层面新时代、国家战略等环境要素的需要。主体层面在地与传统的价值主要体现在青藏本土性的特色文化价值、极地边界性的生态人居示范价值，以及青藏传统文化中富含的生态智慧、人与自然和谐共生的文明基因。国家和时代层面赋予青藏极地建筑与人居环境研究的现实价值主要体现在中华民族建筑文化体系完整建构的需要、中华民族特色文化中优秀传统传承的需要，青藏高原生态文明高地[1]建设的需要，以及在铸牢中华民族共同体意识指引下边疆民族地区城乡建设、遗产保护高质量发展实践的需要。

2. 研究方向

（1）建筑历史理论与遗产保护问题

中国本土建筑研究经历近百年的历程，在以汉式建筑为典型特征的主体部分得到充分深入研究的基础上，逐步拓展推进中国边疆民族地区地域建筑的研究，构建中国本土建筑体系的完整内容，丰富中华民族建筑文化的内涵，成为当代中国建筑学人的责任和使命。青藏极地建筑与人居环境研究是中国民族地区城乡社会高质量发展的内在需要，是民族地区以中国式现代化推进中华民族伟大复兴在城乡建设、遗产保护方面非常重要的实践领域。

挖掘青藏高原各民族之间以及与其他地区各民族之间交往交流交融的历史，探究中国本土传统建筑体系形成发展过程中，青藏高原地域民族建筑的起源发展、文化渊源、历史脉络，发现中华民族建筑文化体系多元一体的丰富内涵、和而不同的内在机制，是青藏极地建筑与人居环境研究的基础理论问题。以史为鉴，赓续文脉，传承优秀基因、优秀传统，与时代结合、与国情结合，研究并指导青藏高原地区城乡建设、遗产保护、乡村振兴领域的发展实践，是青藏极地建筑与人居环境研究的现实应用问题。

传统视野下，青藏极地与人居环境研究在中国传统建筑历史文化、地域特征的整体性建构和差异性比较中，结合建筑思想史、建筑技术史、建筑文化史等领域的研究视角，有可能成为继语言学[16]、中藏医药学之后，系统论述中国整体文化体系中汉藏同根同源的又一系统学科。时代语境下，青藏极地与人居环境研究在藏族传统五明文化之工巧明现代化、世俗化、教育化，最终融入中华民族共同文化体系、社会主义核心价值观现代实践体系的重大战略中肩负重要使命。

（2）规划设计理论与城乡建设问题

改革开放以来，伴随社会经济的高速发展，在城乡建设和遗产保护领域，以保护、利用、发展为目的的规划设计实践成为青藏高原本土建筑研究的内在推动力。一大批优秀的建筑师、规划师在青藏高原地区实施项目规划设计实践的同时，致力于青藏高原本土建筑规划设计理论的探索和研究，逐步形成中国本土建筑规划设计理论研究中的特色方向。一些涉藏地区重大工程、玉树地震灾后重建工程、汶川地震灾后重建工程等重大工程的规划设计，推动了建筑学人对青藏高原本土建筑规划设计的研究与实践。同时，促进了青藏高原本土规划设计人才，立足本土、扎根高原的建筑规划设计理论在地研究。在规划设计行业领域，本土人才和外地专家逐步成为了青藏高原本土规划设计实践、研究中两股互为依托、相互促进的重要力量。继而推动了各级建筑院校、民族院校、科研机构对青藏高原本土建筑规划设计理论的总结、研究与评价。青藏高原城乡建设领域历史文化传承问题、文化融合视角下的城市文化导向和城乡风貌问题、生态文明思维下的城市更新问题、宜居宜业和美乡村建设理论问题等成为青藏高原本土规划设计理论研究领域的重要问题。

（3）极地人居环境和绿色建筑问题

从传统的视野，青藏高原地域民族建筑富含人与自然和谐共生的传统生态文明思想、朴素适用的人居生态技术，凝聚青藏高原各族人民长期实践并积累的人居生态智慧。从当代的视野，青藏高原绿色建筑和极地人居环境的研究是青藏高原地域民族建筑研究中最具国家战略性和全球示

1　郝炜，《青海日报》“牢记嘱托 感恩奋进”系列述评之二，《牢记国之大者、打造生态文明高地》2023 年 3 月 8 日。

范价值的研究领域。如青藏高原国家公园群中人居环境的生态宜居研究，极寒极高边疆地区军民适居技术研究，青藏高原人居环境与青藏高原整体生态体系、资源体系的共生关系研究，双碳战略在青藏高原城乡建设领域的实践策略，青藏高原太阳能富集区绿色建筑技术体系研究等典型问题，成为青藏高原极地建筑与人居环境研究的前沿问题、核心问题。从联合国人居署[1]和环境规划署[2]的层面，青藏高原极地建筑和人居环境的发展实践是具有全球示范意义的，也凝聚着面向人类共同命运和探索全球人居福祉的中国智慧。

五、 学科发展展望

青藏极地建筑与人居环境研究是从历史文化维度出发，基于现当代新发展实践，展望未来生态文明维度的本土建筑学科研究实践。青藏极地建筑与人居环境的学科研究不仅是建筑学、人居环境学、藏学及青藏高原相关研究等学科领域的特色研究方向，更是这些学科在国家青藏高原相关发展政策指引下的科研聚焦和实践融合。青藏极地建筑与人居环境的学科研究不仅有人文社会科学的基础，更具自然科学的应用。不仅在铸牢中华民族共同体意识、国家"双碳"战略等方面，具有深远密切的关系和战略意义，更是聚焦和解决青藏高原地区乡村振兴、遗产保护、城市更新、生态文明建设的现实性的具体问题。青藏极地建筑与人居环境的学科研究旨在探索中国本土建筑学科研究的特色范式，是高质量发展时期立足青藏地域、关乎国家战略的重要学科，也是亟待重视和推动的新兴学科领域和学科方向。

回顾总结以往青藏高原地域民族建筑研究学科的历程，展望新时期全球视野和国家战略指引下的学科发展需要，着手编制《青藏极地建筑与人居环境学科研究高质量发展纲要 2025—2035》迫在眉睫。未来十到十五年，青藏极地建筑与人居环境研究应着重加强学科骨干问题研究和学科组织体系建设两方面的相关工作，为中国本土建筑研究中青藏极地建筑与人居环境学科研究体系的形成夯实基础。在学科骨干问题研究方面应以已经启动的骨干基础研究项目[3]的长期推进为基础，进一步根据学科建设、国家战略、区域发展的综合要求，稳步开展重大应用课题研究[4]。在学科组织体系建设方面，应以国家战略、区域战略在青藏高原城乡建设、遗产保护等领域的重大问题为聚焦，引导各地人才聚焦青藏，培养本土人才扎根青藏，充分依靠国家相关部委下属高校、研究机构、社会机构的组织优势、人才优势、协调优势，与青藏高原地区的高校、研究机构、社会组织合作推进重大课题的攻关、重要成果的转化应用、重点研究平台建设、核心人才队伍的培养。

参考文献

[1] 姚檀栋，王伟财，安宝晟，等．1949 - 2017 年青藏高原科学考察研究历程［J］．地理学报，2022，77（7）：1586-1602.

[2] 嵋琳．爱斯基摩人与鄂温克人比较［J］．中央民族学院学报，1991，(4)：56-57.

[3] 武保林，聂金甜．夏尔巴人研究综述［J］．西藏研究，2017，(5)：29-34.

[4] 马扎·索南周扎．青藏高原民族建筑研究 70 年回眸［J］．建筑，2021，(7)：54-57.

[5] 姚檀栋，陈发虎，崔鹏，等．从青藏高原到第三极和泛第三极［J］．中国科学院院刊，2017，32（9）：924-931.

[6] 吴良镛．吴良镛：应积极创建人居环境学科［J］．中国科学院院刊，2006，(6)：442-443.

[7] 高旭，李建荣，张建勋．基于文献计量分析的藏传佛教建筑研究综述［J］．当代建筑，2021，(11)：95-97.

[8] 冷婕，陈科，冯棣．1943-2018，再读《旋螺殿》与旋螺殿——一次对中国营造学社西南古建筑调查研究个案的回顾、续写与展望［C］// 中国建筑学会建筑史学分会，北京工业大学．2019 年中国建筑学会建筑史学分会年会暨学术研讨会论文集（上）．重庆大学建筑城规学院、山地城镇建设与新技术教育部重点实验室，2019：11.

[9] 任乃强．西康图经［M］．拉萨：西藏古籍出版社，2000.

[10] 杜齐．西藏考古［M］．向红笳，译．拉萨：西藏人民

1 联合国人居署又称联合国人类住区规划署，是联合国负责人类居住问题的机构。其成立宗旨为促进社会和环境方面可永续性人居发展，以达到所有人都有合适居所的目标。其于 2002 年 1 月 1 日正式成立，取代原来联合国人居委员会（UN Commission On Human Settlements）与其执行机构联合国人居中心（United Nations Centre for Human Settlements（habitat），UNCHS）的职能。

2 联合国环境规划署，简称"环境署"，是联合国系统内负责全球环境事务的牵头部门和权威机构，环境署激发、提倡、教育和促进全球资源的合理利用并推动全球环境的可持续发展。1972 年 12 月 15 日，联合国大会作出建立环境规划署的决议。1973 年 1 月，作为联合国统筹全世界环保工作的组织，联合国环境规划署（United Nations Environment Programme，简称 UNEP）正式成立。

3 2015 年开始启动的"环喜马拉雅地区建筑文化遗产田野调查报告"；2018 年开始启动的"藏族建筑古籍及历史图档整理项目．藏文版"；2023 年开始启动的《汉藏英建筑大辞典》；以及规划在 2026 年开始启动的"藏族建筑古籍及历史图档整理项目．中文版""藏族建筑古籍及历史图档整理项目．英文版"等重大基础研究项目。

4 2019 年启动的"青藏高原国家公园群人居环境调查与环境影响评价""青藏高原国家公园群人居环境可持续发展研究"；2020 年开始启动的"青藏高原城乡建设和遗产保护领域标准体系建设""藏族传统建筑营造技艺研究"等。

出版社，2004.
［11］查群．布达拉宫精细化测绘与预防性保护［J］．中国文化遗产，2020，（3）：49-53.
［12］白日・洛桑扎西，德吉．藏族传统建筑艺术——访著名藏族传统建筑艺术理论与设计家木雅・曲吉建才先生［J］．西藏大学学报（汉文版），2006，（1）：1-4.
［13］张冬梅，张莉．对话姚檀栋：走近第二次青藏高原综合科学考察［J］．科学通报，2019，64（27）：2765-2769.
［14］班班多杰．藏传佛教文化的意蕴与价值［J］．中国宗教，2016，（6）：62-63.
［15］索端智．加强青藏高原研究服务国家战略和区域经济社会发展［J］．青藏高原论坛，2013，1（1）：1-2.
［16］黄成龙．新中国汉藏语研究 70 年［J］．贵州民族研究，2020，41（6）：69-73.

叙事的流变：明清西安卧龙寺史源考辨[1]

王瑞坤[2]

摘　要： 本文聚焦西安古城中的卧龙寺，通过全面系统地梳理历朝碑碣故物和史志文献，对其历史源流进行考辨，尝试校准当地历史文化认知和近现代以来著述中的偏误。研究认为，明清时代对卧龙寺早期史源的叙事有三条变化的脉络，体现出以一定史实为基础，通过演绎、附会等方式来建构、塑造源远流长的法旨道统和与帝王、名家之间具有特殊关系并以此提升自身地位的倾向。卧龙寺史源叙事的流变和层累，是明清时代认知和阐释更早期历史的一则实例。

关键词： 西安；卧龙寺；历史叙事；演绎附会；法旨道统

卧龙寺是西安明清古城内的梵刹禅林，因其所藏碑刻和珍宝闻名于世。寺址位于东厅门街与柏树林街交会路口的东南隅，建筑群坐北朝南，正门面向西开通巷（图1~图6）。明清历代碑碣故物和史志文献[3]对卧龙寺的历史源流众说纷纭、未详稽考，近现代以来的城市历史文化相关著作仍不免陈陈相因、莫衷一是。本文将以卧龙寺为例，解读和分析明清时代对于更早期建筑和城市历史的阐释和建构过程。

一、扑朔迷离：从宋元“卧龙”到汉唐“福应”

目前已知最早且可信的关于卧龙寺的文字记录，出自元成宗元贞二年（1296）刻印的《类编长安志》，可知北宋草场街（其东段至明清称为东厅门街）有龙泉院，至元代已称卧龙寺。“前三门乃汾州刘所塑，善神严毅，号为奇绝。”[1]因此可以认为，卧龙寺在城中的位置至迟在北宋时期已经确定，或者说明清以来的卧龙寺与北宋龙泉院在城市区位层面存在确实的沿袭关系，此外宋元时期的寺名已经具有和龙有关的意象。

近一个世纪后，明太祖洪武十五年（1382）刻立的“西安府卧龙禅寺之记碑”（后文简称洪武碑，图7）首次将法脉追溯至唐朝，产生了“感应福报”的说法。“建于唐初，居左街韦曲里，始名感应福报，后易今名。”洪武碑还首次对其名称“卧龙”进行阐释，模糊地将缘起与唐朝的“卧龙和尚”联系起来，称其可能是乐普安禅师之嗣或广度禅师之嗣，但也承认“建寺之由莫得详考”。其后又载，“唐季罹兵燹，徙居内城东南隅，今为陆海里。”提出寺院现址系唐末五代时期迁入皇城故址之内。洪武碑又首次讲述了宋太祖寓宿寺中的故事，但是并没有提及与卧龙和尚的关系。“宋太祖微时尝寓宿焉，视其额曰卧龙，以为吉征。及践祚，乃辟地缮治之，寺盖以大。”至元朝“葺修完好，学徒日盛。”但是《类编长安志》所述有关龙泉院的信息却自此消失了。

1　基金项目：国家自然科学基金（52278021）。

2　清华大学建筑学院 博士后、助理研究员、水木学者，100084，wangruikun@ mail. tsinghua. edu. cn。

3　相关史志文献主要参见：骆天骧《类编长安志》卷5“寺观”。贾汉复等《康熙陕西通志》卷29“寺观”。黄家鼎等《康熙咸宁县志》卷7“寺观”。刘於义等《雍正陕西通志》卷28“寺观附”。舒其绅等《乾隆西安府志》卷61“古迹志下”、卷80“拾遗志 金石”。高廷法等《嘉庆咸宁县志》卷12“附寺观”、卷16“金石志”。宋伯鲁等《民国续修陕西通志稿》卷131“古迹1”。翁柽等《民国咸宁长安两县续志》卷7“祠祀考”。武善树《陕西金石志》卷18“金石18 唐”、卷19“金石19 唐”、卷20“金石20 宋”、卷22“金石22 宋”、卷29“金石29 明”。

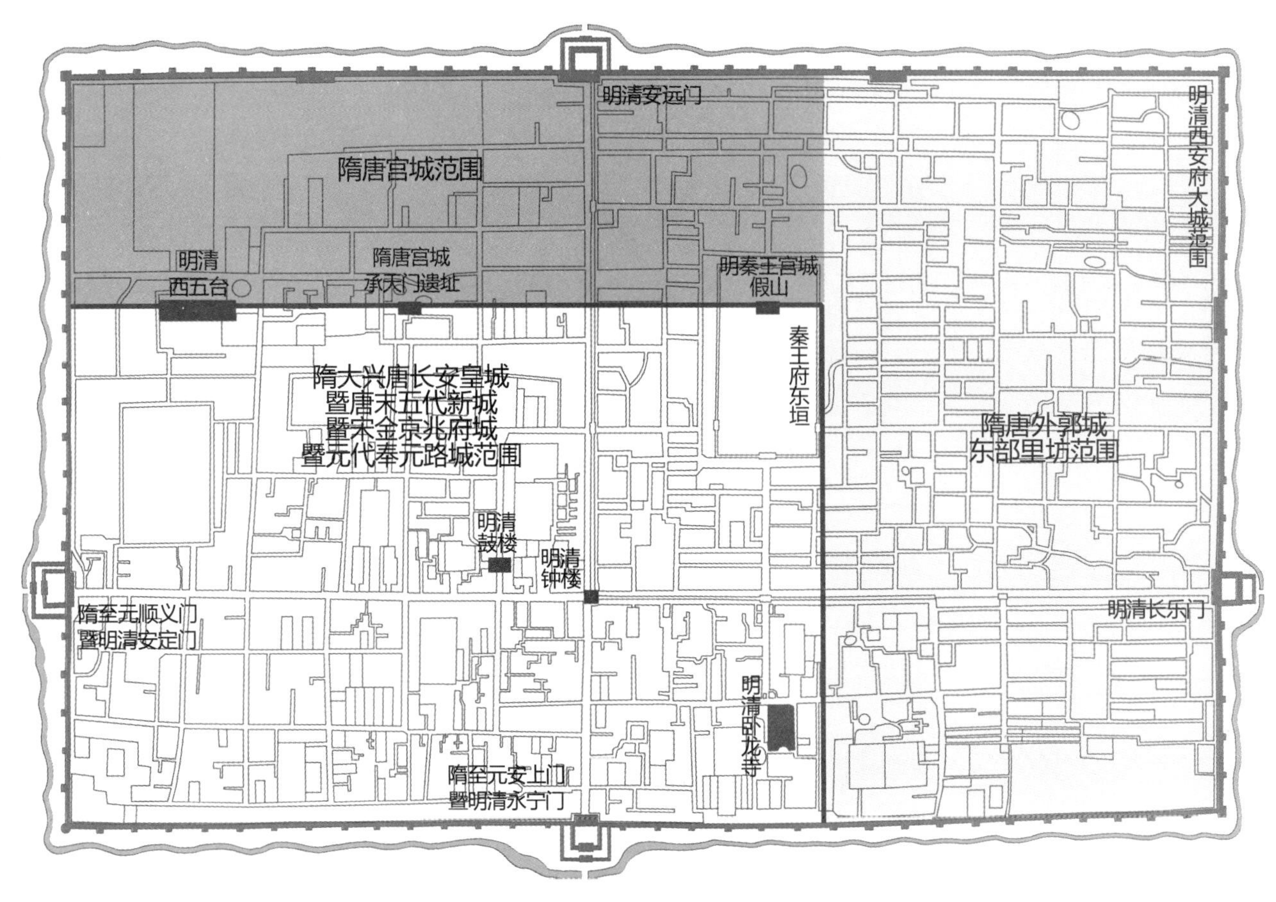

图 1　明清西安府城中的卧龙寺（来源：自绘，底图为清光绪十九年（1893）浣舆馆《陕西省城图》）

图 2　卧龙寺石牌楼民国旧影（今不存，图片来源为常盘大定、关野贞《中国文化史迹》第九辑，见参考文献［20］）

图 3　卧龙寺大雄宝殿民国旧影（今存，图片来源为常盘大定、关野贞《中国文化史迹》第九辑，见参考文献［20］）

图 4　卧龙寺天王殿庭院现状（来源：自摄）

图5　卧龙寺大悲殿庭院现状（来源：自摄）

图6　卧龙寺现状航拍（来源：李睿宁摄）

图7　卧龙寺旧藏明洪武十五年“西安府卧龙禅寺之记碑”和拓片（今已佚，图片来源为常盘大定、关野贞《中国文化史迹》第九辑，见参考文献［20］）

近一个半世纪后，明武宗正德十六年（1521）刻立的“秦藩碑记”（后文简称正德碑）不仅在洪武碑的基础上将法脉又向前追溯至隋代福应禅院，还首次提出唐代名为观音寺，又增加了宋太宗赐名的情节，但这本身就和洪武碑所述宋太祖寓宿寺中时已有卧龙之额存在矛盾。“寺在隋为福应禅院，唐名观音寺，宋太宗更名卧龙。”又近一个世纪后，明神宗万历三十九年（1611）再次由秦藩王府刻立的“重修卧龙禅寺碑记”（后文简称万历碑）仅载“建于隋唐之际”[2]，略去了隋代福应禅院、唐代观音寺的具体细节。

半个世纪后转至清朝，在康熙六年（1667）刊印的《陕西通志》（后文简称康熙省志）记载中，卧龙寺骤然出现了“唐代吴道子所画观音像”，正德碑所谓唐代名为观音寺的故事随之具体化为因观音像而得名观音寺。“初以像名观音寺。”康熙省志又载，“宋有僧惟果长卧其中，人以卧龙呼之，故名卧龙。”[3]在洪武碑的基础上，卧龙和尚不仅从唐人变成了宋人，并且落实在了惟果身上，但这本身又和前说存在矛盾。与之同期，康熙七年（1668）刊印的《咸宁县志》（后文简称康熙县志）兼采正德碑和康熙省志的说法。“隋为福应禅院，唐因吴道子观音像改名观音寺，宋僧惟果春秋长眠于此，人号卧龙，故名。”[4]

然而康熙二十三年（1684）刻立的“重修卧龙寺碑记”（后文简称康熙碑）或许在当时就注意到了前述问题，因而有意弱化和回避，仅称“卧龙寺远建自隋世，盛于唐代”[5]，采用了和万历碑相似的表述。

此后的一个半世纪里，雍正十三年（1735）刊印的《陕西通志》（后文简称雍正省志）和嘉庆二十四年（1819）刊印的《咸宁县志》（后文简称嘉庆县志）所记略同，正德碑所记宋太宗赐名的故事情节又再次出现。“寺在隋为福应禅院，唐名观音寺。宋太宗更名卧龙。”[6-7]

到乾隆四十四年（1779）刊印的《西安府志》（后文简称乾隆府志）出现了明显变化，正德碑以来关于宋太宗赐名和宋僧惟果长卧的两条平行脉络被糅合在一起。“宋帝僧惟果长卧其中，太宗更名卧龙寺。”[8]从康熙省志记载众人将惟果称为卧龙，寺院因之得名，到乾隆府志已经发展为宋太宗将惟果称为卧龙，并冠以“帝僧”称号。故事情节至此基本失去了合理性——宋太宗位居九五之尊，涉及皇位之争的“烛影斧声”之事至今仍是疑案，很难想象会把象征皇权的“龙”作为称号赐给他人，或是因平民的某一称呼而亲改寺名。

又半个世纪后，道光十年（1830）刻立的“重修卧龙寺记碑”（后文简称道光碑）将此前碑碣和地方志所载隋代福应禅院再度向前大幅追溯至东汉灵帝敕建的福应寺，将洪武碑所称“感应福报”之事落实在明帝和灵帝身上。“昔汉明帝梦佛入中国，悦之，因建祠南郊而致祭焉。灵帝时敕赐创修为寺，于其中讲《楞严经》，上为国家保平安之福，下为生民致安乐之庥，遂题其寺额曰福应寺，而神之禋祀至此隆，人之崇奉至此愈多矣。”道光碑还将唐代营建的时间落实在太宗贞观十一年（637），并且将“因吴道子所画观音像而得名”的表述悄然转化为“观音像刻石”。“厥后绵延至唐贞观十一年重修之，有吴道子绘画观世音神像一尊，镌之于石，供之于寺，改其名曰观音禅院。”道光碑似乎也注意到了前述宋太祖与太宗两事的矛盾，因此把洪武碑所载宋太祖寓宿，正德碑、雍正省志、乾隆府志、嘉庆县志所载宋太宗赐名，以及康熙省志、康熙县志、乾隆府志所载惟果长卧几件事全部糅合起来，扩展演变为宋太祖临寺，因僧赐名。“又后宋太祖临其寺，寺僧与谈甚相得，后遂数至。因其僧春秋长眠，太祖改之名卧龙寺。”“帝僧惟果”这一确凿的人物消失了，但是皇帝“以龙赐人”的问题仍然存在。这种说法在此后同治七年（1868）刻立的“卧龙寺重修碑记”（后文简称同治碑）中基本被继承。“宋初有禅师，法名卧龙，太祖曾幸此寺与谈佛法，机缘相契，以为先兆，遂改为卧龙寺。”

又近一个世纪后转至民国，民国二十三年（1934）刊印的《续修陕西通志稿》（后文简称民国省志）基本又回到了乾隆府志的说法。“至宋有僧维果长卧其中，人以卧龙呼之，宋太宗更名卧龙寺。”[9]民国二十五年（1936）刊印的《咸宁长安两县续志》（后文简称民国县志）仅述清末同光两朝卧龙寺损毁和营缮之事[10]，并未谈及法脉缘起，可能是有意采取了回避的态度。

二、 演绎附会：三条逐渐变化的叙事脉络

通过梳理寺中历代碑刻和地方志中的相关信息，可以发现关于卧龙寺历史源流的叙事有三条逐渐演绎变化的脉络，其中存在一些明显的转折点：

（1）元《类编长安志》仅记载了北宋龙泉院、元代卧龙寺；洪武碑将缘起推至唐初，称始名“感应福报”，唐末五代迁至现址；正德碑再前溯至隋代福应禅院；道光碑又将东汉灵帝敕建福应寺作为史迹起点。

（2）洪武碑首次对其名称“卧龙”进行阐释，提到唐朝卧龙和尚，以及宋太祖寓宿寺中的故事；正德碑又增加了宋太宗赐名卧龙的情节；康熙省志将卧龙称号落实在宋代僧人惟果身上，提出寺院因为众人的这一称呼得名；乾隆府志把此前两条平行的线索糅合在一起，发展为宋太宗将惟果称为卧龙，并以此为寺院赐名；道光碑试图将前朝记载矛盾之处弥合起来，演变为宋太祖临寺与谈，因僧赐名卧龙。

（3）正德碑首次提出唐代名为观音寺的说法；康熙省志骤然出现唐代因吴道子所画观音像得名观音寺的情节；道光碑又将唐代观音画像的表述转化为观音像刻石。

整体而言，越晚的史料反而将卧龙寺的创建时间追溯到越早的时代，故事中的人物和情节越发生动具体，故事本身也在逐渐向自洽的方向调整，和寺中故物旧藏产生更多连接。笔者注意到，虽然不能排除元代史料的记载过于疏阔，以及明清时代不断从早期遗迹遗物中获得更多历史信息的可能，譬如道光十年重修取土时就发现了“石像六尊，经藏九轴”（见道光碑），但是早期史料可能更接近事实真相仍应属普遍规律。因此可以认为这种不断变化的叙事脉络体现出了一种显著倾向，即通过演绎、附会等方式来有意建构、塑造源远流长的法旨道统和与帝王、名家之间的特殊关系。

这种努力事实上成功地提升了自身地位，譬如明英宗正统十年（1445）卧龙寺获赐由皇室刊印、全省唯一的《大藏经》（永乐北藏），该事迹镌刻在天顺四年（1460）树立的“圣旨碑”（后文简称天顺碑）。“刊印大藏经典，颁赐天下，用广流传。兹以一藏安置陕西在城大寺院，永充供养。”[11]民国县志将卧龙寺列为西安诸佛寺之首[10]，足见其地位甚至已经超越了拥有大雁塔的慈恩寺、拥有小雁

塔的荐福寺，以及位于“九五贵位”的大兴善寺等传承确凿的诸唐旧寺。

三、 有本之木： 遗宝旧藏与历史源流辨正

应当承认，历朝碑碣和方志中与卧龙寺相关的信息的确存在一些杜撰甚至臆想的成分。但倘若再进一步深究考校，则发现一些表述也属有本之木、空穴来风，并非无源之水、凌空蹈虚。

1. 以东汉作为建寺的起点恐难成立

虽然东汉桓灵之际的确是佛教典籍在中原大规模传译之始，但是直到相隔约17个世纪之后的道光碑方才骤然提起，恐实属附会之辞。

2. 隋福应禅院、唐观音寺之说恐无实据

（1）著录隋大兴唐长安城格局与建置的史志文献，主要包括唐玄宗开元十年（722）成书的《两京新记》、后晋出帝开运二年（945）成书的《旧唐书》、宋太祖建隆二年（961）成书的《唐会要》、宋仁宗嘉祐五年（1060）成书的《新唐书》、宋神宗熙宁九年（1076）成书的《长安志》、宋孝宗时期（1162—1189）成书的《雍录》、开篇提到的元《类编长安志》、元至正四年（1344）成书的《长安志图》和清嘉庆十五年（1810）成书的《唐两京城坊考》[1,12-18]。笔者遍寻其中，却并未见到与“感应寺”“福应寺”有关的任何记录。

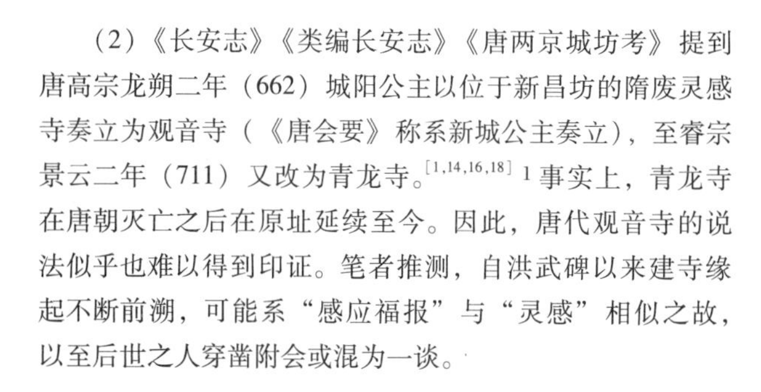

（2）《长安志》《类编长安志》《唐两京城坊考》提到唐高宗龙朔二年（662）城阳公主以位于新昌坊的隋废灵感寺奏立为观音寺（《唐会要》称系新城公主奏立），至睿宗景云二年（711）又改为青龙寺。[1,14,16,18] 1 事实上，青龙寺在唐朝灭亡之后在原址延续至今。因此，唐代观音寺的说法似乎也难以得到印证。笔者推测，自洪武碑以来建寺缘起不断前溯，可能系“感应福报”与“灵感”相似之故，以至后世之人穿凿附会或混为一谈。

3. 法脉溯源至唐代的依据可能来自寺中旧藏唐代遗宝

（1）乾隆府志记载，卧龙寺存有刻立于唐懿宗咸通二年（861）和僖宗乾符元年（874）的两尊陀罗尼经幢[8]。除此之外，嘉庆县志还记载了咸通十二年（871）和昭宗乾宁元年（894）刻立的另外两尊陀罗尼经幢[7]。民国县志、民国二十四年（1935）成书的《陕西金石志》，以及此后的金石学文献与前二者记载基本一致[10-11,19]。民国九年至十七年（1920—1928）日本建筑史学家常盘大定和关野贞到访西安，为彼时寺中的一尊经幢留下了珍贵影像[20]（图8）。虽经历史变迁，寺中部分遗宝已经佚失或难以得见，但如今在藏经阁前，仍树立着两尊字迹漫漶不清的经幢[2,5]。

（2）此外也需提及清朝末年出现的所谓“唐故卧龙寺黄叶和尚墓志铭碑”（图9）。“立于唐武德三年（620），守黄门侍郎许敬宗制，弘文馆学士欧阳询书”。该碑自清末以来已被认定属“凭空结撰者”之列[21]，但也是明清时代有意建构久远的法旨道统和与名家之间特殊渊源的一个证据。

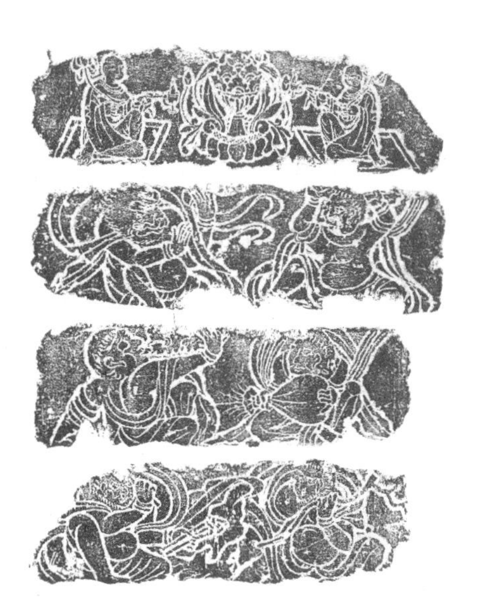

图8　卧龙寺旧藏（唐代）石经幢及纹样（原标题为“六朝刻石”，今已佚，图片来源为常盘大定、关野贞《中国文化史迹》第九辑，见参考文献［20］）

1　参见宋敏求《长安志》卷7“唐皇城”、卷9“唐京城3”，骆天骧《类编长安志》卷2“京城 隋唐”、卷5“寺观”，徐松《唐两京城坊考》卷3“西京”，王溥《唐会要》卷48“寺”。

图 9　卧龙寺旧藏（伪）“唐故卧龙寺黄叶和尚墓志铭碑”拓片（来源：常盘大定、关野贞《中国文化史迹》第九辑，见参考文献［20］）

4. 可以确定至迟在北宋时期已经位于现址

虽然卧龙寺的具体创建年代尚且无法确知，但至迟在北宋时期已经位于现址应当是可以确定的，早在唐末五代时期迁至现址也是很有可能的。换言之，洪武碑所述“*唐初居左街韦曲里。唐季罹兵燹，徙居内城东南隅*”可能是事实。

（1）据武伯伦先生考证，唐长安城东郊的洪固乡有韦曲里，属于万年县也即长安城“左街”[22-23]。若说卧龙寺最初营建于此，并无不妥。

（2）今日所见明清西安府城南墙系沿用自隋大兴唐长安皇城南墙，1984 年的考古调查发现隋唐皇城（暨宋金京兆府城、元代奉元路城）的东墙遗址位于卧龙寺东侧的开通巷一带[5]，因此卧龙寺所处位置的确就是隋唐皇城的东南隅（图 1）。

（3）《长安志》《类编长安志》《长安志图》等明确记载，隋唐皇城内尽为中央衙署和宗庙社稷。皇城东南隅自隋代至唐太宗贞观朝皆为太府寺所辖，玄宗先天年间（712—713）改置太庙，肃宗乾元元年（758）增设中宗庙与元献皇后庙。[1,16] 1 因此，卧龙寺在隋唐时期也不可能位于现址。

（4）唐末天祐元年（904）权臣朱温废毁长安城，强迫昭宗迁都洛阳。同年留守长安的京兆尹韩建以皇城为基础缩建改建为“新城”。原外郭城中的部分佛寺、道观、祠庙、古迹陆续迁建至“新城”内部，属于普遍现象，《旧唐书》《资治通鉴》《类编长安志》《长安志图》对此皆有所记载[1,13,16,24-25] 2，卧龙寺可能就属此列。换言之，卧龙寺在现址的最早兴建时间，也只能是唐末以后。

（5）或许由于迁建之故，卧龙寺中存有大量唐代遗物，因此也具有了法脉、道统的沿袭和继承意义。

5. 涉及宋太祖、太宗和卧龙和尚、惟果之事真伪参半

基本可以认定，自洪武碑以来不断演绎变化的宋太祖、太宗与卧龙和尚、惟果交往的故事，以及惟果性喜长卧或将其与卧龙和尚混为一谈之事，大概率只是使僧众确信卧龙寺法源高贵的游谈附会[5]。

（1）宋真宗景德元年（1004）成书的《景德传灯录》、

1　参见李好文《长安志图》卷上“唐城市制度”。

2　参见刘昫《旧唐书》卷 20 上“本纪第 20 上 昭宗”，司马光《资治通鉴》卷 264“唐纪 80”。

宋仁宗嘉祐六年（1061）成书的《传法正宗记》、宋理宗淳祐十二年（1252）成书的《五灯会元》等文献中明确记载了“京兆卧龙和尚”[1]，称其是禅宗南宗慧能第八代传人。卧龙寺旧藏梵文“唵字赞碑”，确系宋神宗熙宁十年（1077）由该寺“传戒沙门惟果”所立，其上有宋太宗的赞偈，见载于乾隆府志及《陕西金石志》等后世文献[8,11,19]。根据这些信息可以做出一些基本判断：①活动在京兆（五代至元初西安时称）的卧龙和尚与惟果应当确有其人。据常青先生考证卧龙和尚应生于晚唐，晚年可至五代[5]；惟果则活动于宋神宗朝；因此二者并不是同一个人。②宋太祖、太宗与惟果相隔真宗、仁宗、英宗三朝，有所交集的可能性微乎其微。③宋太宗可能确实写过赞偈，但不一定是特为卧龙寺所写。

（2）元《类编长安志》对于卧龙寺的记载是目前已知最早且可信的资料，仅述寺址和宋元两代名称及山门塑像而已。①结合前述卧龙和尚相关信息可以推测，卧龙寺之所以得名可能是与纪念晚唐至五代的卧龙和尚有关，该名称可能在宋初之前已经存在，至迟在元代已经成为正式名称。②《类编长安志》的作者骆天骧是世居京兆的耆旧故老。按其著述体例，城中建置凡涉王公宗室、达官显贵之事无不备载。倘若卧龙寺确有宋太祖、太宗临寺、寓宿、与谈、赐名、吉兆之事，必然大书特书，岂会不着一字。

（3）直到民国时期，卧龙寺仍保存有宋真宗咸平六年（1003）铸造的铁钟“幽冥钟”、从南宋理宗绍定四年（1231）到元英宗至治二年（1322）完成的平江府碛砂延圣院刻《碛砂藏》（今存陕西省图书馆），以及古印度贝叶经。不难想象在宋元时期必然拥有更多佛宝，这从侧面表明卧龙寺在这一时期确系资财雄厚的宝刹，因此也不难理解其塑造自身法旨道统的需要。

6. 观音碑应系清康熙朝所刻

今西安碑林博物院藏有“观世音菩萨像碑”（后文简称观音碑，图10），系卧龙寺旧藏，从碑面篆书题跋可知系康熙三年（1664）在西安知府叶承祧、咸宁知县黄家鼎、长安知县梁禹甸的主持下刻立[26]。此后刊印的康熙省志中出现前志未载的所谓“唐代吴道子所画观音像”、道光碑出现所谓“吴道子绘画观世音神像刻石”似乎也不难理解——可能是要为前述刻石寻找一个更早期的来源和法统。但事实上，所谓唐代吴道子所画观音像很可能并不存在，观音碑甚至不是后世摹刻而就是康熙三年新刻。清代中后期的一些碑刻、地方志和金石学著作很可能已经注意到并有意回避这一问题，仅模糊地称其为观音像，或略去不录。

图10　卧龙寺旧藏“观世音菩萨像碑”拓片

（来源：高峡，等《西安碑林全集》第103卷，见参考文献［26］）

四、余绪和结语：明清时代对更早期历史的建构

明代以来卧龙寺的历史沿革，逐一记录在前述康熙省志、康熙县志、雍正省志、乾隆府志、嘉庆县志、民国省志、民国县志，以及洪武碑、天顺碑、正德碑、万历碑、康熙碑、道光碑、同治碑之中。除此之外，卧龙寺旧藏历朝碑刻还有洪武二十年（1387）刻立的“释迦如来双迹灵相图碑”（图11）、咸丰二年（1852）刻立的“重兴十方规约碑”、同治十三年（1874）刻立的“卧龙寺清规碑”、光绪二十七年（1901）刻立的两通“圣旨碑”“卧龙禅寺重修碑记”、民国三十五年（1946）刻立的“传戒碑”等。历次树碑都是对同期大规模营缮活动的总结和纪念，一如洪武碑所载，“坏而成，成而坏，不知其几，幸而得之，其可不兴乎?”由于明代以来的历史脉络较为清晰明确，因此本文对这一阶段不再赘述。

作为对全文的总结，明清时代对于卧龙寺早期历史源流的叙事有三条逐渐变化的脉络，体现出了通过演绎、附

1　参见道原《景德传灯录》卷20，普济《五灯会元》卷6，契嵩《传法正宗记》卷7。

会等方式来建构、塑造源远流长的法旨道统和与帝王、名家之间具有特殊关系，并以此提升自身地位的显著倾向。虽然历朝碑碣和方志的表述的确存在一些杜撰甚至臆想的成分，但也有一定史料做支撑。这种建立在某些史实基础上，又持续不断地演绎、附会以至产生传奇色彩的故事本身也已经具备了一定历史价值，因为历史叙事的流变和层累反映了人们认知和阐释历史的过程。具体就西安古城而言，卧龙寺的故事正是当代的人们借以解读和分析明清时代对更早期建筑和城市历史建构和塑造过程的一则实例。对于卧龙寺历史源流的叙事进行考辨也并非为了批判，因为现代社会的真实性标准并不适用于衡量古人的价值判断。

图 11　卧龙寺旧藏明洪武二十年“释迦如来双迹灵相图碑”拓片（来源：常盘大定、关野贞《中国文化史迹》第九辑，见参考文献［20］）

参考文献

［1］骆天骧．类编长安志［M］．黄永年，点校．北京：中华书局，1990.

［2］王原茵．西安卧龙寺的建置沿革与文化遗存［J］．文博，2012，(5)：92-96.

［3］贾汉复，李楷．康熙陕西通志［M］．西安：1667.

［4］黄家鼎，陈大经，杨生芝．康熙咸宁县志［M］．西安：1668.

［5］常青．西安卧龙寺沿革考略［J］．文博，1996（2）：49-56.

［6］刘於义，沈青崖．雍正陕西通志［M］//中国地方志集成 省志辑 陕西．南京：凤凰出版社，2011.

［7］高廷法，沈琮，陆耀遹．嘉庆咸宁县志［M］．董健桥，校点．西安：三秦出版社，2014.

［8］舒其绅，严长明．乾隆西安府志［M］．何炳武，高叶青，党斌，校点．董健桥，审校．西安：三秦出版社，2011.

［9］宋伯鲁，吴廷锡，等．民国续修陕西通志稿［M］．西安：陕西省政府通志馆，1934.

［10］翁柽，宋联奎．民国咸宁长安两县续志［M］．董健桥，校点．西安：三秦出版社，2014.

［11］武善树．陕西金石志［M］．西安：三秦出版社，2006.

［12］韦述，杜宝．两京新记辑校 大业杂记辑校［M］．辛德勇，辑校．北京：中华书局，2020.

［13］刘昫．旧唐书［M］．北京：中华书局，1975.

［14］王溥．唐会要［M］．北京：中华书局，1960.

［15］欧阳修，宋祁．新唐书［M］．中华书局编辑部，点校．北京：中华书局，1975.

［16］宋敏求，李好文．长安志 长安志图［M］．辛德勇，郎洁，点校．西安：三秦出版社，2013.

［17］程大昌．雍录［M］．黄永年，点校．北京：中华书局，2002.

［18］徐松．唐两京城坊考［M］．张穆，校补．方严，点校．北京：中华书局，1985.

［19］李慧．陕西石刻文献目录集存［M］．西安：三秦出版社，1990：175-184.

［20］常盘大定，关野贞．中国文化史迹 第九辑［M］．东京：法藏馆，1940.

［21］景亚鹂．西安卧龙寺名称考析［J］．碑林集刊，2006（0）：131-138.

［22］武伯纶．唐万年、长安县乡里考［J］．考古学报，1963（2）：87-99.

［23］冉万里．西安卧龙寺碑志及相关问题考释［J］．陕西历史博物馆论丛，2018（0）：131-146.

［24］司马光．资治通鉴［M］．胡三省，音注．北京：中华书局，1956.

［25］王瑞坤．从长安到西安：唐代之后长安城垣格局的变迁［J］．建筑遗产，2021（2）：89-97.

［26］高峡，等．西安碑林全集 第 103 卷［M］．广州：广东经济出版社，1999：251.

洱海西岸白族传统村落边界形态研究[1]

付高杰[2]　陈慧君[3]　杨荣彬[4]　罗伟铭[5]

摘　要： 乡村振兴战略规划与"十四五"规划的实施为传统村落的保护与更新带来了难得的发展契机，传统村落作为人类适应环境的产物，因不同地域而具有丰富的边界形态与内部空间。本文以洱海西岸白族传统村落为研究对象，通过对8个典型传统村落的长宽比、形状指数进行比较研究，划分为团状、带状、指状三种类型并分析代表性传统村落，希望为白族传统村落的可持续发展与村落规划提供参考。

关键词： 乡村振兴；洱海西岸；白族传统村落；长宽比；形状指数

一、 引言

传统村落又称古村落，2012年9月，传统村落保护和发展专家委员会将"古村落"改名为"传统村落"。中国具有悠久的农耕文明历史，广袤的土地上遍布着众多形态各异、历史悠久的传统村落[1]。洱海是中国第七大淡水湖泊、云南省第二大湖泊，一直是白族居民的主要聚居地，孕育出众多具有地方特色的传统村落。截至2023年，洱海周边共有17个村落入选中国传统村落。乡村振兴战略规划与"十四五"规划的实施为传统村落的保护与更新带来了良好的契机，本研究尝试挖掘传统村落的形态肌理，分析其成因与规律，为延续传统村落脉络与发展提供参考借鉴。

二、 研究与分析

1. 研究对象

本研究选取大理地区洱海西岸8个典型中国传统村落为研究对象，按照大理市行政区划自北向南依次为上关镇青索村，喜洲镇上关村、城北村、庆洞村，湾桥镇古生村，银桥镇沙栗木村，大理镇龙下登村，下关镇凤阳邑村。通过实地调研、收集基础数据，深入分析其村落边界形态特征，尝试探讨白族传统村落与自然环境的适应性发展规律。

2. 研究内容

（1）确定边界尺度层级

传统村落边界分为实体边界和非实体边界，实体边界指具有明确实体形态或实际物理存在的边界线，如建筑物、墙壁、栅栏、河流、道路等，通过其可见的形态明确地将一个空间区域与另一个区域分隔开[2]。非实体边界相对于实体边界而言，指没有明确的物理形态或实体存在的边界线，是一种概念性的界限，通常根据一些特定的标志或特征来界定[3]。相关研究指出，7m被视为"相互认识域"内"近接相"和"远方相"的分界点；30m则是正常看见人的面部特征，是"识别域"内的"近接相"范围；100m则是

1　基金项目：云南省科技厅基金项目（202101BA070001-079，202301AU070162），云南省教育厅项目（230202016190），大理大学科研项目（KYBS2021009），大理大学教改项目（JG09315，JG09236）。

2　大理大学工程学院硕士研究生，671003，2392235237@qq.com。

3　大理州城乡规划信息中心高级工程师，671000，249615092@qq.com。

4　通讯作者，大理大学工程学院副教授，671003，yangronbin@126.com。

5　大理大学工程学院讲师，671003，lwmofficial@163.com。

社会性视域的最高限，超过这个范围便无法确定其行为活动。根据浦欣成等学者[4]的研究成果，结合大理市传统村落的边界形态特征，以7m、30m、100m作为虚边界的跨越尺度。虚边界由建筑物之间拐角处的直线连接所确定，并不代表实际的建筑结构，用于界定建筑物之间的空间边界[5]。虚边界的绘制需考虑建筑物之间布局和方向，以确保边界的连续性与合理性。

以庆洞村为例，创建100m、30m、7m三种边界尺度（图1）。当虚边界尺度为100m时，村落的边界细节被模糊化，无法准确反映其具体特征，更合整体地理分析或模糊的边界描述；当虚边界尺度为7m时，村落边界特征的过度细化，易混淆或干扰观察者对村落整体结构的理解；当虚边界尺度为30m时，村落边界能保持细节且不复杂，能较好地展示村落整体形态特征[6]。因此，本文选择30m作为界定尺度对洱海西岸白族传统村落展开相关研究。

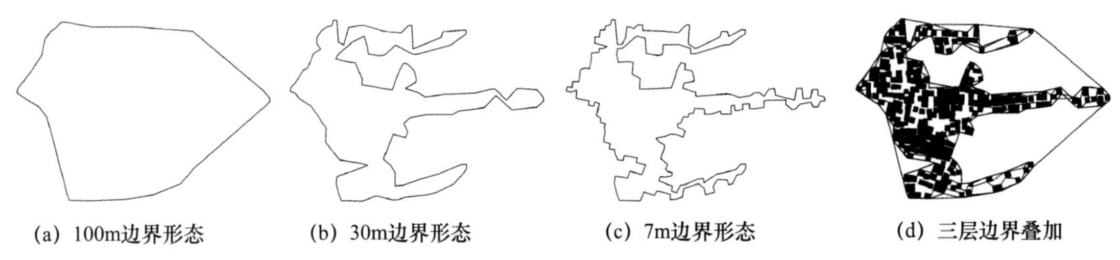

图1　庆洞村边界形态不同虚边界尺度示意图

（2）形态长宽比（λ）

传统村落的长宽比指村落整体形状或结构在平面上的长和宽的比例关系。计算公式为：

$$\lambda = \frac{l_a}{l_b} \tag{1}$$

式中，λ 为长宽比；l_a 为村落的外接矩形的长轴；l_b 为村落的外接矩形的短轴。根据传统村落的长宽比进行计算。不同的 λ 值范围对应不同的村落形态，$\lambda < 1.5$ 时为团状，λ 为 1.5～2 时为带形倾向的团状村落，$\lambda > 2$ 时为带状村落（表1）。

表1　λ 值与村落形态对应关系

λ 值范围	村落类型
λ < 1.5	团状村落
1.5≤λ≤2	带形倾向的团状村落
λ > 2	带状村落

计算8个白族传统村落的长宽比并进行划分，带状村落包括沙栗木村、凤阳邑村、上关村、龙下登村、青索村；带形倾向的团状村落为古生村；团状村落为庆洞村和城北村（表2）。

表2　洱海西岸白族传统村落边界类型划分表

边界类型	名称	l_a/m	l_b/m	λ
带状	沙栗木村	635	178	3.567
	凤阳邑村	794	224	3.545
	上关村	668	262	2.550
	龙下登村	770	360	2.139
	青索村	1340	648	2.068
带型倾向的团状	古生村	1030	645	1.597
团状	庆洞村	1260	846	1.489
	城北村	430	354	1.215

（3）形状指数（S）

形状指数用于传统村落中描述村落的整体形状特征，分析比较不同村落的布局和规划。形状指数用于评估村落的紧凑程度，即村落建筑群与边界之间的关系。形状指数较高的村落更趋向于圆形或正方形，具有较高的紧凑性，而形状指数较低的村落则更具有拉长形状或分散性。其计算公式为：

$$S = \frac{P}{(1.5\lambda - \sqrt{\lambda} + 1.5)}\sqrt{\frac{\lambda}{\pi A}} \tag{2}$$

式中，λ 为长宽比；P 为闭合边界周长；A 为闭合边界面积。通过对8个传统村落的数据收集，对闭合村落面积、周长、长宽比、形状指数进行计算（表3），庆洞村的形状指数值最高，凤阳邑村的形状指数值最低；沙栗木村的长宽比值最高，城北村的长宽比值最低。

表3　洱海西岸白族传统村落形状指数统计表

名称	A/m²	P/m	λ	S
古生村	281947	3652	1.597	1.863
青索村	217046	4573	2.068	2.517
庆洞村	301397	7257	1.489	3.621
沙栗木村	79561	1605	3.567	1.222
上关村	74052	2115	2.550	1.878

续表

名称	A/m²	P/m	λ	S
龙下登村	177760	2148	2.139	1.295
城北村	125132	1598	1.215	1.265
凤阳邑村	117095	2084	3.545	1.111

3. 分析

（1）长宽比受地形特征限制

由表2和图2、图3数据分析可知，传统村落长宽比λ为1.215～3.567，极差值为2.352，村落形状的差异较大。这表明洱海西岸白族传统村落的形状呈多样化。沙栗木村、凤阳邑村的长度与宽度值相差较大，长宽比λ值以沙栗木村（3.567）最高、凤阳邑村（3.545）次之，两个村落边界形态呈现较为狭长的形状。沙栗木村自西向东延伸，而凤阳邑村沿214国道南北方向发展。城北村的长度和宽度值较为接近，长宽比λ值（1.215）最低，边界形态接近正方形，表明村落的土地使用较均匀，无明显的方向性延伸。

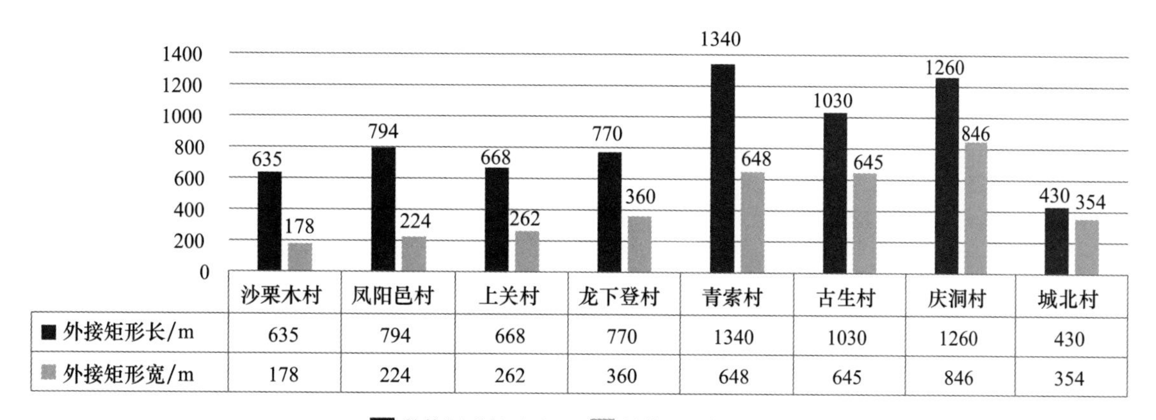

图2　洱海西岸传统村落外接矩形长度与宽度

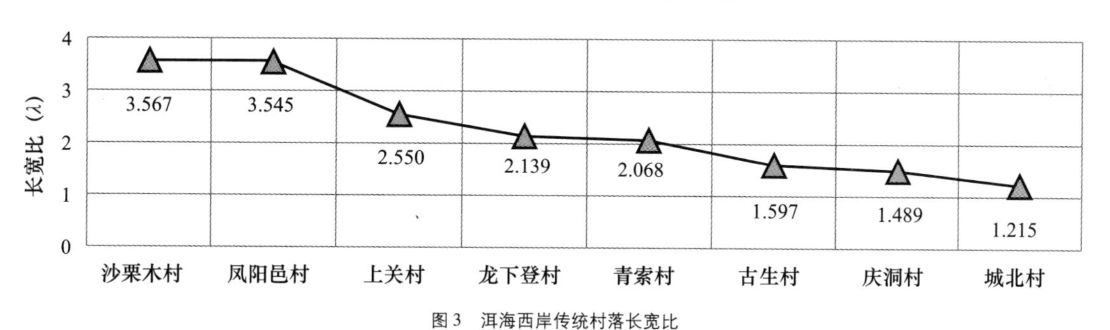

图3　洱海西岸传统村落长宽比

（2）形状指数受村落规模影响

外接矩形的长和宽反映出村落占地面积的大致范围。长度和宽度较大的村落占地面积较大，反之则较小；闭合边界长度反映了村落外围的周长，即村落的边界复杂程度。由表3和图4可知，庆洞村的面积最大，上关村的面积最小；闭合边界长度较为复杂的村落为青索村与庆洞村。

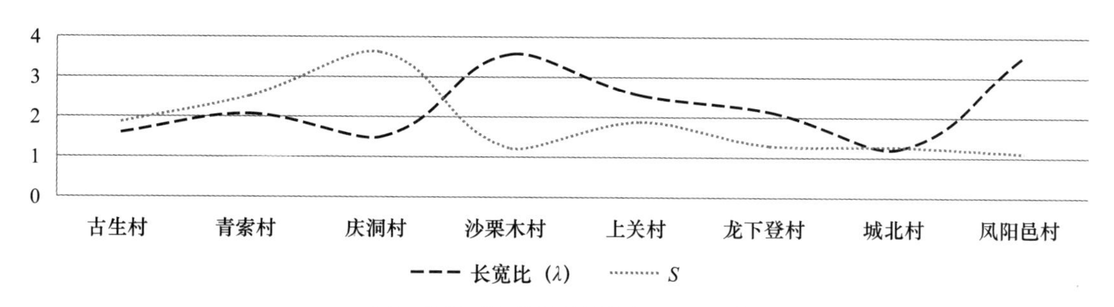

图4　洱海西岸白族传统村落长宽比与形状指数

洱海西岸白族传统村落的形状指数为1.111～3.621，极差值为2.510，显示白族传统村落的规模差异较大，受地域环境因素影响，呈现出明显的地域差异。如沙栗木村（$\lambda = 3.567$，$S = 1.222$）、凤阳邑村（$\lambda = 3.545$，$S = 1.111$），村落边界形态相对简单且狭长。庆洞村（$\lambda = 1.489$，$S = 3.621$），形状指数最高，其村落边界形态较复杂，包含较多的边界曲折或不规则性。城北村（$\lambda = 1.215$，$S = 1.265$），长宽比和形状指数值都较小，表明其边界形态接近正方形且边界较为规则。

三、研究结论

综上所述，本研究将洱海西岸白族传统村落进行类型划分，并尝试总结不同类型的特征。

1. 村落边界形态分类

综合对比传统村落的长宽比与形状指数，从传统村落边界形态进行划分，包括团状、带状与指状，洱海西岸白族传统村落边界形态分类如表4、图5所示。团状村落古生村、龙下登村位于洱海西岸，均东临洱海、西邻农田，南、北两侧紧邻村落；城北村周边均为农田；由于受自然环境限制，边界形态呈团状，村落规模由传统的中心向边缘发展。带状村落沙栗木村西靠苍山、东朝洱海，自西向东呈带状分布；凤阳邑村、上关村均自北向南，沿214国道呈带状发展；村落的边界形态受道路、溪流自然因素的影响，呈现出明显的轴向特征。指状村落庆洞村沿东西向三条平行的轴线发展；青索村沿南北向轴线发展；因地形条件和区域发展不同，呈现出各具特色的指状特征。

表4　洱海西岸白族传统村落形态分类表

S	λ	形态类型	代表性村落
$S<2$	$\lambda<2$	团状	古生村、城北村、龙下登村
	$\lambda\geq2$	带状	沙栗木村、上关村、凤阳邑村
$S\geq2$		指状	庆洞村、青索村

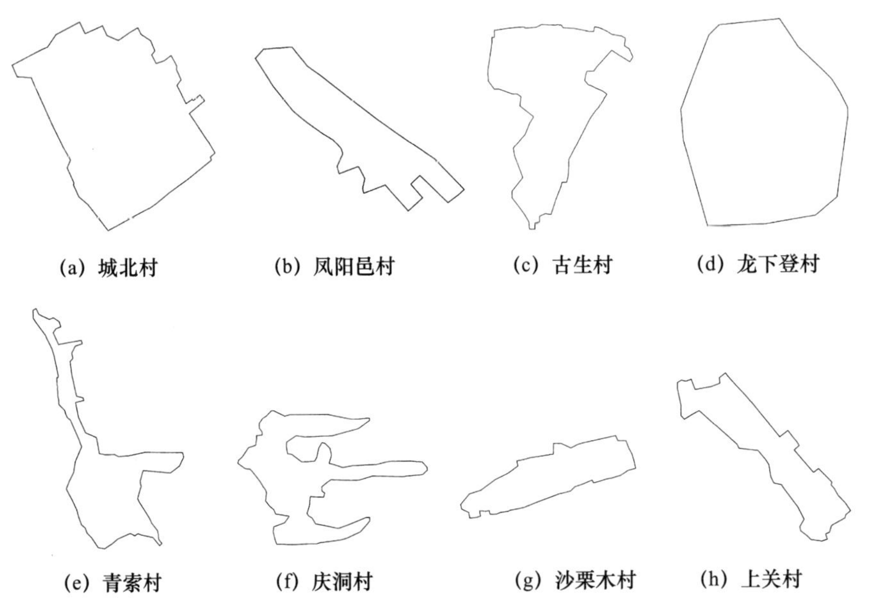

图5　洱海西岸白族传统村落边界形态示意图

2. 不同类型传统村落特征

（1）均衡发展的团状村落：洱海西岸典型的团状白族传统村落如古生村［图6（a）］，其位于洱海西岸，为典型的滨水型传统村落。村落西邻农田，东临洱海，以村委会、古戏台、中心广场等公共区域和建筑为中心，周边为民居建筑。村落以农业、渔业为主，呈现出由中心向边缘发展的趋势。由于地势相对平缓、坡度变化较小，呈现出较为均匀的发展趋势，布局较紧凑和规整。

（2）轴向明显的带状村落：上关村为洱海西岸典型的带状白族传统村落［图6（b）］，村落西邻农田，东临洱海，南、北两侧均紧邻村落。村落中心为南北向道路，东西向支路较多，与主街巷呈鱼骨状分布。村落内沿街多为底层商铺楼上居住的民居建筑，公共建筑位于村落中心沿道路和临海方向布局。村民以农业、商业、渔业为主，呈现出由沿南北道路轴线发展的趋势。

（3）多向发展的指状村落：庆洞村坐落在苍山脚下，西靠苍山，东朝214国道，南、北紧邻村落，属于典型的指状村落［图6（c）］。村落中心为白族传统“绕三灵”的主要活动场所，如神都、对歌台等，村内以白族民居合院式建筑居多。村落与214国道之间形成的三条道路轴线，按照道路等级与传统村落中心的位置关系，形成中心主轴、南北两侧次轴发展的形态，具有明显的多向发展特征。

(a) 古生村

(b) 上关村

(c) 庆洞村

图6 古生村、上关村、庆洞村边界形态示意图

参考文献

[1] 冯骥才. 请不要用“旧村改造”这个词［J］. 新湘评论，2010（24）：24-25.

[2] 贾永帅. 晋城市传统村落空间形态演化研究［D］. 西安：西安建筑科技大学，2022.

[3] 李旭，张友成，马一丹. 巴渝乡村聚落空间形态特征演变与机制研究［C］//中国城市规划学会，成都市人民政府. 面向高质量发展的空间治理——2021中国城市规划年会论文集（16乡村规划）. 重庆大学建筑城规学院山地城镇建设与新技术教育部重点实验室；重庆大学建筑城规学院，2021：17.

[4] 浦欣成，朱桢华，董一帆，等. 乡村聚落边界形态生成方法研究［J］. 建筑与文化，2024（4）：80-83.

[5] 陈治邦，陈宇莹. 建筑形态学［M］. 北京：中国建筑工业出版社，2006.

[6] 姚浪. 沿黄城镇带（陕北段）传统村落空间形态与优化策略研究［D］. 西安：长安大学，2021.

冼太夫人故里娘娘庙建筑文化价值研究[1]

刘明洋[2]　罗翔凌[3]　刘　楠[4]　陈兰娥[5]

摘　要： 茂名冼太夫人故里的娘娘庙是现存最早的冼太夫人祭祀和纪念建筑，被称为“冼太庙的祖庙”，是冼太夫人“唯用一好心”文化精神的重要载体和媒介，具有很高的文化价值。本文从民俗信仰、民族文化、艺术审美三个维度探讨娘娘庙建筑文化价值，解读“唯用一好心”精神的丰富内涵。

关键词： 娘娘庙；文化价值

冼太夫人身处中国历史上最动荡的南北朝，作为南越地区一位杰出的女性少数民族领袖，秉持着“唯用一好心”的精神，一生矢志不渝致力于促进民族和睦、维护国家统一，为保护岭南地区的社会安定、促进岭南地区的经济发展和东南亚地区的和平作出了卓越的贡献。冼太夫人生前被朝廷封为“谯国夫人”，逝后追封褒誉无数，被岭南民众奉为“圣母”。当地人亲切地将冼太夫人称为“圣母娘娘”，享“冼太庙”千余座，其中仅有一座被称为“娘娘庙”。

娘娘庙位于冼太夫人故里——广东茂名滨海新区电城镇山兜村。该庙初建于隋代，虽经多次重修，但仍保持其原貌，被视为各地“冼太庙”的祖庙。“建筑的问题必须从文化的角度去研究和探索，因为建筑正是在文化的土壤上培养出来；同时，作为文化发展的进程，并成为文化之有形的和具体的表现”。娘娘庙作为冼太夫人祭祀和纪念建筑，是冼太夫人文化留存的重要轨迹和固化符号；是冼太夫人“唯用一好心”文化精神的载体与媒介，具有深厚的民俗信仰价值、深远的民族文化价值、深邃的艺术审美价值。

一、 民俗信仰价值

1. 信仰教化属性

娘娘庙不仅为民众提供一个祈福许愿、精神寄托的场所，也一定程度上起到了规劝教化的作用。冼太夫人信仰绝非纯粹抽象的心灵概念感知，相反，其具象化于特定的直观可感物化形式当中，渗透于社区日常生活的肌理。当地广大民众视冼太夫人为“保护神”，凡事都要到庙里求拜冼太夫人。为娘娘庙严整端肃的围墙，让前来祈福的民众还未进入殿堂就被娘娘庙庄严肃穆的气氛所感染，给人一种扑朔迷离的神秘感，自觉静气凝神。进入后殿看到慈眉善目的冼太夫人塑像，双手合十，虔诚俯身，心中祷告。此刻的娘娘庙已不再是那个被测量工作和几何学思维支配下的冷漠无情的空间，而是闪烁着千年神圣光韵的万千子民之心灵归属的港湾。千百年来，民众怀着对冼太夫人的爱戴，对娘娘庙的依恋，对“唯用一好心”的认同，慕名来访，络绎不绝。冼太夫人像一位无私奉献的慈母皆有求必应。

1　基金项目：广东省普通高校青年创新人才类项目《粤西与琼地区冼太“初心”文化精神与建筑文化互动机制研究》（2019KQNCX210）。

2　广州城市理工学院副教授，510800，liumy@ gcu. edu. cn。
3　广州城市理工学院副教授，510800，371439@ qq. com。
4　广州城市理工学院副教授，510800，438588806@ qq. com。
5　广州城市理工学院副教授，510800，1293230701@ qq. com。

2. 民俗活动属性

岭南传统村落的民间艺术营造了审美教化空间，静态展示岭南建筑装饰艺术，动态容纳岭南民间文艺活动。作为国家非物质文化遗产，冼太夫人信俗源于人们对冼太夫人的敬仰而逐渐形成的民间信仰习俗，其以崇奉和颂扬冼太夫人的爱国、爱民、立德为核心。每年农历十一月二十四日是冼太夫人诞辰日，娘娘庙前广场都要举行祭祀冼太诞庆典，祭祀仪式上锣鼓喧天、笙笛吹奏、人山人海，热闹非凡。祭祀结束之后，还要在周边各村庄举行丰富的纪念活动，有抬冼太游行、龙狮贺诞、花灯巡游等活动。除此之外，娘娘庙广场还是年例、中秋等带有家国团圆、和平昌盛祈愿性质的民俗活动的举办场所。总体来说，各种民俗活动将城乡百姓与娘娘庙紧密联系在一起，家家户户参与其中，覆盖周边村寨，在表达美好愿景的同时一定程度上以动态的形式传播了冼太夫人“唯用一好心”的精神。

二、 民族文化价值

1. 民族融合层面

自高凉太守冯宝与南越俚人领袖冼氏喜结连理开始，岭南地区在夫妻二人的共同治理下，政令有序，民众安居乐业。二人大力推行中原文明，教导俚人“使从民礼”。自此，俚人这支自东汉就一直生活在南越历经一千多年的本土族系，逐渐与以汉族为主体的中华民族融为一体，推动了岭南文明乃至中华文明的发展进程。

今天中华大地的56个民族中，俚族的身影已无从找寻。纵观俚人的历史，就是一部民族融合史。俚族似盐，中华民族如水，盐溶于水，成就了中华民族的大海。泰戈尔在诗中写道：“天空中没有留下翅膀的痕迹，但鸟儿已经飞过。”俚人看似消失了，其基因却汇入在中华民族的基因里，流淌在华夏儿女的血液中。今天我们重新审视这座隋初建造的娘娘庙，无论是空间布局还是建筑风格，甚至是装饰符号，几乎看不到俚人的任何痕迹。但实际娘娘庙建筑现存的元素，又有哪一个没有融入俚人文化呢？娘娘庙见证了俚人名无实存的过程，是中华民族文化大融合的见证。冼太夫人“唯用一好心”，明识远图，带领俚人舍小成大的智慧值得后世子孙借鉴学习。

2. 文化传播层面

2013年，娘娘庙和隋谯国夫人冼氏墓被批准为全国重点文物保护单位。娘娘庙所在的冼太故里景区也被国家民族事务委员会批准为首批全国民族团结进步教育基地，对冼太夫人文化的传播起到了锦上添花的作用。茂名凭借“冼太夫人及其‘唯用一好心’精神”荣膺2017年央视第一季《魅力中国城》冠军，摘得“十佳魅力城市”。“好心茂名”大放异彩，成为茂名最响亮的一张名片，也成为了茂名城市文化的根和魂。冼太夫人“唯用一好心”的文化精神让茂名乃至整个岭南地区人民从文化自知上升到文化自信，随着认同和践行的人越来越多，冼太夫人“唯用一好心”精神文化内涵将得到更高层面的传颂，终将扩展至全省、全国乃至全世界。

三、 艺术审美价值

1. 造型审美

建筑审美活动及其规律表明，人们首先投注审美情思的就是建筑的造型。作为单体建筑，娘娘庙建筑形态中以平面构成更能直接反映出建筑的功能性要求。娘娘庙的规模不大，平面形制较为务实，坐西朝东，广三路、深三进，中间面阔三间，天井两侧廊庑布置各布置三开间厢房，总面宽为21.45m，总进深为29.20m，方形平面体现了中国古人追求方正、中和对称的思想（图1）。

一般认为，三进祠堂通常在总体布局和平面型制设计上，采用了中轴对称和遵规守正的手法，遵循“前门、中堂、后寝”的形制，娘娘庙没有设置中堂，取而代之的是拜亭。整个建筑以厅堂、天井院落为轴线组织空间序列，形成空间秩序，教化、提醒、规范人们的行为，突出对长辈的孝和尊，服务于社会秩序和权力秩序的建构。

中国传统建筑屋顶往往是人们进行建筑审美活动的视觉中心。娘娘庙的屋顶为硬山顶，正脊为龙船脊，建筑屋顶装饰相当质朴，仅在脊饰和人字山墙的垂带等位置有简单图案的纹饰和雕饰，给人稳定、均衡、统一的美感。侯幼彬教授曾在《中国建筑美学》中将这种屋顶的美感称为“质朴憨厚之美”。

娘娘庙造型上另一大特色表现在外墙上，外墙从地面先用不规则的石块垒砌到1m高处，再在石块上用青砖砌筑。由于砖大量用于房屋建造始于明代，因此娘娘庙墙体下方的石块应该是明代之前宋代重修，甚至是隋代初建时的建筑材料。娘娘庙这个由隋、唐、宋、明、清时代砖石组成的外墙，号称“一墙含五代”，与冼太夫人“我事三代主”经历相映成趣。（图2）

除此之外，娘娘庙建筑色彩以黑白青等偏冷的素色为主，没有为了装饰而装饰，避免堆砌，不做作，客观上节约了人力、物力、降低了经济成本，实现了装饰的适度性，给人以质朴的审美感受。

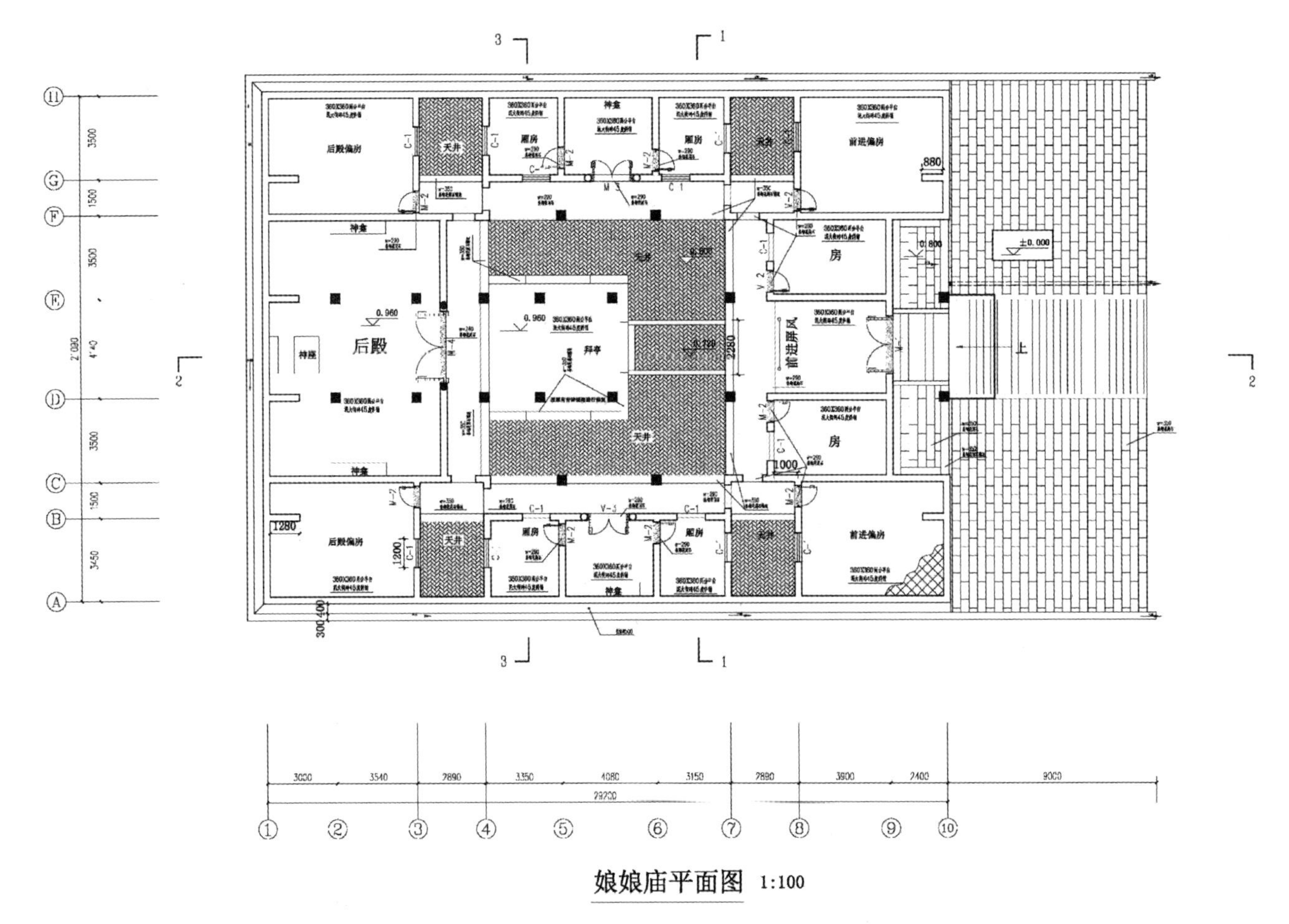

图 1　娘娘庙平面图

图 2　一墙含五代（来源：自摄）

2. 意境审美

建筑造型激活了人们的审美欲望和审美期待，而更深层次的审美演进和情感体验是对建筑意境的理解和解读中展开的。中国传统建筑常常运用赋诗题对、悬书挂画的手法来烘托建筑空间点化其审美意境。如娘娘庙一进庙门，便看到一块屏风，背面刻着苏轼的诗《和陶拟古・冼庙》，在已知歌咏冼太夫人的诗中，以这首为最早。又如娘娘庙内有一副对联："隋朝女将功无二，谯国夫人敕有三"。行走于娘娘庙中，诵读庙内题刻对联，使人对娘娘庙的建筑意境和文化内涵，对冼太夫人的"我事三代主，唯用一好心"一生功绩理解得更加深刻、更加宽广。

民间信仰祠庙常附有雨亭（又称拜亭），它由香炉的遮蔽物演进而得。大凡民间信仰祠庙中的烧香，已不限于尊神敬神，也希望从香火的燃灭中获得神的某种允诺暗示，当然马虎不得，于是，香炉有必要设雨亭以避风雨。娘娘庙里有一个三足石香炉，是庙里保存下来的两件隋代文物之一。这个香炉设置在拜亭之外，神奇之处在于：在淋漓的大雨下，庙外的几个大香炉的香都熄灭了，只有石香炉里的三炷香，一燃到底，袅袅青烟，弥散千年，令人叹为观止，这奇特景象拓展了娘娘庙建筑意境审美的情感想象空间，极大地丰富了娘娘庙的审美文化内涵。（图 3）

四、结语

人们总是在获得对建筑形象的感知之后，才感悟到蕴含其中的文化精神，进入审美体验和审美超越阶段。娘娘庙没有夸张的造型，没有华丽的装饰，却有着多元的民俗信仰，多重的民族文化价值，多彩的艺术审美价值，其本身也是中华民族团结文化融合的一个典范，作为民俗信仰

图3　娘娘庙拜亭和石香炉（来源：自摄）

场所，娘娘庙肩负着对民众教化规劝、祈愿消灾、精神寄托的作用；作为国保单位，娘娘庙无论是物质文化遗产还是非物质文化遗产都具有极高的研究价值和保护意义。

“文化本身是不断形成的，发展的，动态的，永远在延续、创新的过程之中。建筑文化亦复如此”。娘娘庙彰显了冼太夫人在人们心目中无以伦比的崇高地位，传播着冼太夫人文化精神的核心——“唯用一好心”，这不仅是冼太夫人对子孙的训导之语，更是冼太夫人人生智慧的结晶。“唯用一好心”内涵丰富，从广义上去理解，其包含广大心、平等心、正直心、清净心、慈悲心，结合当下也可作这样的理解，就是为党为国讲忠心，为民为家讲全心，扬善抑恶讲良心，始终如一“不忘初心”，实事求是“不违本心”，精诚所至“不负真心”。“唯用一好心”的精神，穿越历史，跨越地域，历经千年仍符合当代社会主义核心价值观，对今天的家庭和美、社会和谐、人类和合、世界和平具有重要的现实教育意义。

参考文献

［1］吴良镛．广义建筑学［M］．北京：清华大学出版社，2011.

［2］唐孝祥．建筑美学十五讲［M］．北京：中国建筑工业出版社，2017.

［3］侯幼彬．中国建筑美学［M］．北京：中国建筑工业出版社，2009：84.

［4］加斯东·巴什拉．空间的诗学［M］．张逸婧，译．上海：上海译文出版社，2009.

［5］唐孝祥．近代岭南建筑文化初探［J］．华南理工大学学报（社会科学版），2002（1）：60-64.

［6］唐孝祥．传统民居建筑审美的三个维度［J］．南方建筑，2009（6）：82-85.

［7］朱永春．民间信仰建筑及其构成元素分析——以福州近代民间信仰建筑为例［J］．新建筑，2011（5）：118-121.

［8］蔡达丽．冼夫人信仰的空间美学蕴涵［J］．文化遗产，2020（3）：128-135.

［9］郭焕宇．岭南传统村落教化空间的文化价值［J］．中国名城，2021，35（6）：80-84.

［10］陈雄，李海波，周仲伟．浅析茂名冼夫人庙的地域建筑特征——以电城“娘娘庙”为例［J］．建筑与文化，2015（9）：118-120.

安顺屯堡空间营造智慧研究[1]

袁朝素[2]

摘　要： 安顺屯堡历史悠久，文化内涵丰富。其空间营造方式受特定的历史条件、自然环境和文化传统的影响，当地人采用就地取材的方式，利用当地石头和木材在依山傍水的环境中形成了独具地域特色的建筑形式。本文以贵州安顺屯堡聚落空间为研究对象，在梳理相关资料和进行田野调查的基础上，重点从聚落布局、建筑形制和传统工艺技艺3个层面系统地分析了安顺屯堡独特的空间营造智慧，再现其地方空间营造的原真性和适应性。

关键词： 安顺屯堡；传统空间；聚落布局；建筑形式；传统工艺

一、 引言

屯堡是明朝“征南”而来的官兵和“填南”迁徙的汉人后裔集中居住的地方。安顺市位于贵州省中部，具有得天独厚的地理位置，是明朝平定云南的咽喉之地，众多“征南”大军及留下驻守的官兵都居住在以安顺为中心的传统村落。人们习惯把屯堡驻扎的传统聚落加上安顺地域名，叫安顺屯堡。安顺屯堡传统聚落蕴含着丰富的地域文化，凸显了浓郁的地域特色。屯堡不仅包括古民居建筑和原始风貌，还蕴含聚落布局、建筑形式和传统工艺等，在保护安顺屯堡传统聚落时更需要重视。

传统工匠是地方建筑营造技艺的守护者和传承者。然而，一方面，由于保护措施不到位，传统安顺屯堡建筑数量逐渐减少；另一方面，年轻一代工匠对传统技艺认知不足，且当地的空间营造技艺缺乏系统的文字记载，主要通过师徒口传心授的方式传承，导致安顺屯堡的传统空间营造技艺面临断层的风险。目前，相关文献资料也非常有限，为了保护和传承安顺屯堡的传统营造技艺，亟须系统地对其进行考察、记录和研究，以全面了解其特点、演变和价值，建立对安顺传统屯堡建造流程的系统认知，为后续的保护和传承提供理论和实践支持[1]。因此，本研究以安顺屯堡传统聚落为研究对象，重点探讨其独特的地域文化特色和营造智慧，为安顺屯堡的保护和传承提供参考。

二、 安顺屯堡空间营造概况

安顺屯堡的空间营造由宏观至微观来看，在整体格局上，屯堡人注重村落风水布局，同时强调防御性空间的营造，形成了清晰的空间序列：山-水-田-村-林[2]。村寨背山，面向田野和河流，视野开阔，与远山相对，呈现出多层次景观。在外观特征上，屯堡建筑屋顶的石板瓦反射光线能力强，被当地建筑师越剑称为“白房子”。这是由于安顺地区喀斯特石漠化严重，获取片状石材较严重，区域内传统民居主要使用石材作为主要建筑材料。在建造结构上，主要采用石木结构，运用当地的沙木和沉积岩等材料，展现出精湛的石砌墙和木雕技艺。每一座屯堡民居都像一座坚固的堡垒，彰显了安顺传统屯堡建筑的乡土特色和营造智慧。

1　基金项目：2023年湖南省研究生科研创新项目：贵州屯堡聚落空间基因图谱及其现代转译应用研究（编号：CX20230943）。

2　长沙理工大学建筑学院在读硕士研究生，410076，1070277440@ qq. com。

三、 安顺屯堡空间营造智慧

1. 聚落选址及整体布局

在安顺屯堡军民生活中，防御和农耕并重，这就决定了其聚落选址重在防御性的考量，每个聚落结合周边山水地貌，并与各个防御要素组合形成防御性的空间格局[3]。从自然因素看安顺屯堡传统聚落的选址特征，可将其分为山坡型、山脚型和依水型（图1～图3）。山坡型屯堡聚落整体多位于山坡较高处，民居或沿山腰横向集中分布，或处于较缓的山坡延伸分布到山脚。山脚型屯堡聚落则择平地而建，多后依青山，前临田坝，远眺群山。依水型屯堡聚落多分布于峰林洼地，前带流水，侧有护山，远有秀林。靠山依水是安顺屯堡传统聚落选址的基本原则，山水相生，水利万物，表明水既是聚落选址布局的重要考量，也是屯田安居的重要保障。

依水型屯堡聚落有三种类型：①农田灌溉型：这类村落利用当地的山水地势，修建适当的水利工程，形成灌溉耕作系统，以鲍家屯“鱼嘴分流”水利灌溉系统为代表。②坝渠防御型：以讲义寨为例，其河流水体背山环绕，村民修建水渠引水入村，不仅满足饮水、用水和灌溉需求，还增强了外围防御体系，如同“护村河”。③污水收集排放型：这类聚落利用山势高差，将村落排水与周边自然河流相连，形成了“用水-排水-净水-再用水”的稳定水循环。以秀水村为代表，该村民居沿山坡分布，山脚以自然河流分界，为水循环提供了良好条件[4]。

(a) 秀水村　　(b) 云山屯

图1　安顺屯堡山坡型选址代表聚落（来源：作者自绘）

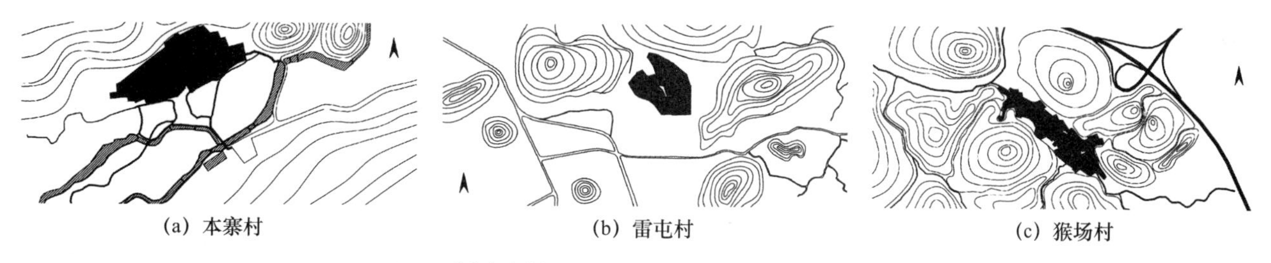

(a) 本寨村　　(b) 雷屯村　　(c) 猴场村

图2　传统安顺屯堡山脚型选址代表聚落（来源：作者自绘）

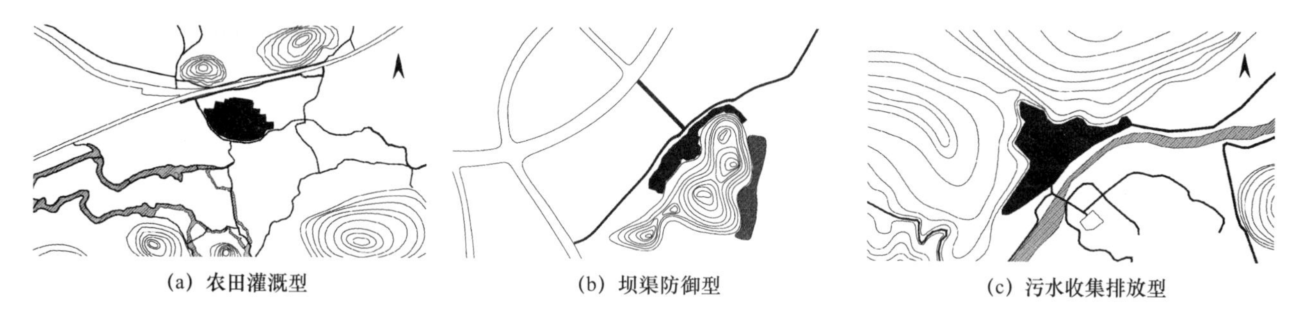

(a) 农田灌溉型　　(b) 坝渠防御型　　(c) 污水收集排放型

图3　传统安顺屯堡依水型选址代表聚落（来源：作者自绘）

2. 建筑结构与形制

安顺地区多山，石材资源丰富。当地的传统屯堡建筑主要采用石头、全木和石木三种结构形式，其中以石木结构为主[5]。从外观看，安顺屯堡传统民居都是用石头建造的，但实际多采用的是石木结构，即在木质框架外覆盖石头建造而成。安顺屯堡传统建筑的形制多样，有石构民居、碉楼、寺庙和戏台等。因安顺屯堡建筑最初由江淮地区移民修建，民居建筑多保留了江淮地区三合院、四合院的特征，布局方正，堂屋居中，两侧通常为卧房和厨房，庭院面积较小，户户相邻[6]。传统安顺屯堡中最高的建筑物为碉楼，其作为防御体系的重要组成部分，具有观察、瞭望和防御功能。碉楼通常与民居院落组合而建，四面石墙厚达 0.8 米，外墙高处设有十字形、I 字形、T 字形等样式的瞭望孔，形成坚固的堡垒。屯堡的公共建筑主要是寺庙和戏台。寺庙外部多用石块垒砌，内部木构件精雕细琢，如在山岩之上的天龙屯堡伍龙寺堪称安顺屯堡寺庙建筑的代表杰作。戏台有木结构和石木结构两种形式，木结构体量相对较小，多位于街巷端部或交叉口，如下坝村古戏台；石木结构如云山屯古戏台，下为高台石基，上为精美木雕顶部，体量约为下坝村古戏台的两倍，宽阔大气，常作为跳神（跳地戏）活动的场地。

3. 民居建筑传统技艺

（1）工匠组织与备料

安顺屯堡传统民居营造工程主要由石匠、木匠和泥匠三类工种共同完成。他们各司其职，紧密配合，在建造过程中发挥着重要作用。石匠负责建筑主体的施工，包括地基、外墙和屋顶的建造，精准切割、雕刻和安装石块，确保房屋的稳固与美观。木匠则主要负责木结构的搭建和安装，室内框架、楼板以及门窗木雕。泥匠主要负责墙面抹灰，协助石匠和木匠完成相关工作。屋主通常也会参与自家房屋的建造过程，从事一些简单的细节工作[7]。然而，调研发现安顺传统屯堡的熟练工匠数量较少，人力短缺、传统工具技法失传等问题日益突出，许多传统的营造方法已经发生改变。

在建房之初，备料尤为重要，材料的数量据房屋规模而定。安顺屯堡民居主要采用石木结构，材料源于周边山林。石材为天然沉积岩，经过粗凿处理，形成尺寸相近的石块后砌筑使用。木料则需精挑细选，屋主会亲自进山挑选木材，香椿树和沙树常用作房梁主材。砍伐后的木料会经过去皮、自然干燥、切割、刨槽等一系列准备工序，以满足搭建需求[8]。

（2）建筑营造工序

安顺屯堡传统民居的修建主要包括基础、墙身、楼板、屋面和结构装饰五个方面。从营造工序来看（表1），首先，在基础施工环节，根据房屋开间（通常三或五开间）、进深（通常 6m 或 8m）和高度（由中梁决定，偏低矮）等预先确定的尺寸，在地面划线，然后在柱子和墙体落点铺设石基础。屯堡民居多采用浆砌条石基础，高度一般为 20 ~ 30 厘米，可根据地势进行适当调整，通常高出地面 10 厘米，以起到防潮和防腐蚀的作用。

表 1　安顺传统屯堡建筑营造工序（作者绘制）

营造工序	主要内容
打地基	铺设石基础
绘制图	确定房屋开间、进深和高度，计算木构架尺寸
备用料	原石料粗打磨加工、木料粗加工（去树皮、分类处理）、木料精加工（弹绘墨线、开凿榫卯）
搭构架	穿架、立架、搭建楼枕、上梁、连墙，上檩条、钉椽
砌墙体	收分、错缝搭接、灵活砌筑
铺屋面	封檐口、钉椽板、铺砌片石、瓦片补铺屋脊、堆山花
装楼板	处理楼板、铺设楼板
按装饰	立面抹灰、铺设地面、安装结构装饰

在基础砌筑完成后，用事先加工的原石料和原木料进行砌筑。石料保留粗糙面，木料由掌墨师弹绘墨线后精细开凿榫卯。准备好构件之后便可立架和连墙，连墙为石墙包裹木构架的形式。墙体采用粗加工的石块，以灵活的方式砌筑，错缝搭接，略有收分。为保持稳固，在石块间还使用泥土与水混合物作为胶黏剂，并填充碎石。山墙挑檐突出部位以三块长条石堆砌成龙口，山墙面可根据主人家需求预留空洞以作小窗。

在屋面与楼板施工中，屋面采用上盖下的方式，逐层规律铺设近似正方形的毛石板，需留采光洞，可用玻璃替代，形成有序的第五立面。有句俗话道"安顺一大怪，石头当瓦盖"便是这石板屋面。当铺至屋脊无法凑齐时，则用瓦片补铺到屋脊。在屋脊上，屯堡人常用小青瓦或青进行装饰，图案主要有钱纹、宝顶和空花纹等。屋面铺设结束后，工匠师傅们就可以开始安装楼板，楼板两侧刨有单双槽，由两侧向中间铺装，最中间一块楼板一般比统一尺寸宽些，挤压置放可以使得楼板更加稳固。

装饰细部方面包括立面抹灰、地面处理和门窗安装等。立面抹灰材料有纸筋灰、麻刀灰和糯米灰（表 2）。工匠师傅通常在传统屯堡民居的外立面刷一层麻刀灰，内立面刷三层，分别为糯米浆 + 石灰 + 砂子、糯米灰 + 石灰和纯糯米浆。地面处理则在夯土层上铺设一层找平层，再填铺碎石和石板，石板约 50 厘米 × 50 厘米 × 3 厘米，一般无须粘结剂。最后安装门窗，大门是入户标志性的首道门，大户人家一般为垂花门，而一般人家仅有石板门框。垂花门分两部分，上为精美的木雕垂花门头，下有两块完整的石框呈八字形布置，左右对称。隔扇木门是屯堡民居的传统房门，既可以作门，又可以当窗，其上木雕花样式精致，图案多样，充分体现出当地匠人的高超技艺和地方文化的丰富内涵。

（3）营造习俗活动

安顺屯堡民居的修建过程十分注重仪式和吉兆（表3）。

表 2　当地石墙抹灰材料　(作者绘制)

抹灰材料	材料特征
纸筋灰	将植物纤维原料（如普通纸浆）按比例均匀地拌入砂浆内，植物纤维可以增加灰浆连接强度和稠度，防止墙体开裂，易变黄
麻刀灰	将剁碎后的麻绳（为了防止开裂）与熟石灰进行搅拌再加工，面层粗糙，用于外墙
糯米灰	最常用，不易变色，耐久性、韧性和防渗透性较好，粘结能力强，易上墙

表 3　安顺传统屯堡建筑营造仪式　(作者绘制)

仪式类型	仪式主要活动
下石仪式	动土、垫基、架马
上梁仪式	选日子、梁口钱、梁心钉红布、主梁刻日期、祭鲁班、接进财
开财门仪式	竣工、抛粑、撒钱币
乔迁仪式	择吉日、接菩萨、摆宴席

在开工之前，当地人会举行下石仪式。具体做法是首先在场地中心位置插香点烛，由房屋主人用锄头挖出约半米深的坑位，在挖掘过程中，他们会念诵吉祥话，如“一挖金，二挖银，三挖金银珠宝滚进来”等；接下来，他们会将一块提前备好的约 20 厘米 ×20 厘米方形石块放入坑中，即为“下石”，覆土盖之[9]。这一仪式须由当地有一定名望和地位的历算师或道士主持（当地称为“先生”），他们会根据历法等条文观察环境，并选择良辰吉日（当地称为“算日子”），意在讨个好时机动工，祈愿建造大吉，石基稳当，屋平家安。

在房屋建造的关键环节，安顺屯堡人还会举行隆重的上梁仪式。他们依照“好日子”之时，备好香烛火蜡，以示敬神。工匠师傅会用绳子将系有红绳的主梁拉到搭接处，工匠师傅边念吉祥话，边从高处向主人家撒“上梁粑”（上梁粑通常是高粱粑或米粑）和钱币，先由主人家围着围裙在地面上兜接着，有着“财百星到此来，有请主人来进财”之意，后可由随行的亲戚友人捡拾图个吉利。

房屋建造完成后，安顺屯堡人会举行开财门仪式，这相当于竣工仪式。后随仪式的逐渐简化，开财门和乔迁可一起进行，但其择吉日仍尤为重要。在竣工时，工匠师傅会在大门梁心处钉上一块红布（寓意喜庆吉利）、一面镜子（寓意干净清白）、一支笔（寓意考取功名）和一双筷子（寓意粮食丰足），有些屯堡主人家还会在红布里放有黄历和钱币。仪式由主人家带有似扁担水桶的物品（寓意顺风顺水）先进门，后再进行“接菩萨”仪式。

最后是乔迁仪式，主要是在新房中摆设宴席，邀请村里各家各户前来祝贺，热闹喜庆。

四、　安顺屯堡空间的保护现状与思考

安顺屯堡空间现面临以下几个严峻问题。

一是随着城市化进程的加快和现代化建设的推进，古建筑长久失修，平房建筑大量涌现，许多安顺屯堡传统村落原有的风貌遭到破坏，传统屯堡记忆淡化。

二是传统屯堡村寨遗产建筑被弃用。由于缺乏有效的保护和管理，它们正面临着逐渐荒废的命运。一方面，人口的流动和年轻一代的迁徙导致安顺屯堡传统聚落的凋零，村寨逐渐失去了生机；另一方面，缺乏资金和专业知识的投入，这些宝贵的屯堡建筑无法得到及时的修复和保养。为了解决这个问题，政府有必要加强领导和支持，制定具体的落地性保护措施。此外，培养当地居民的文化认同感和参与意识也至关重要，可通过触媒的方式建立屯堡遗产保护社会体系，让当地屯堡人与社会各类群体共同参与到屯堡村落保护中，既为当地村民带来新的生计模式，增强地域文化自豪感，又为安顺屯堡遗产保护价值传播提供了途径。

三是屯堡传统建筑技艺缺乏良性的传承机制。由于年龄和健康状况的影响，掌握屯堡传统技艺的工匠师傅们面临着后继无人的困境，他们大多使用地方方言，不熟悉普通话，导致语言沟通存在障碍。有时，文物管理部门要求修复文物建筑，古建筑公司的技术团队会与当地工匠师傅合作，但为了提高效率或满足一定需求，工匠师傅不得不放弃传统的营造手法。此外，随着工业化发展，安顺屯堡传统木石结构房屋的数量急剧减少，需求的减少导致工匠生计困难，工匠数量减少，传统民居的传承也面临危机，加速了屯堡传统民居和营造技艺的消失。

面对这些困境，首先，各主管部门应当发挥引导作用，制定具体可行的保护政策并落到实处，最大程度支持安顺屯堡的保护。其次，培养当地居民的文化认同感和参与意识也至关重要。可通过各种触媒手段，建立起屯堡遗产保护的社会体系，让当地居民与社会各界共同参与到屯堡村落的保护中来。这为当地村民带来新的生计模式，增强地域自豪感，也为安顺屯堡空间遗产的价值传播提供有效途径。

五、　结语

本研究通过对安顺屯堡传统聚落的田野资料采集和分析，深入了解了安顺屯堡传统聚落选址、建筑营造以及工匠技艺的智慧所在。首先，安顺传统屯堡聚落的选址充分考虑了当地的气候环境特点，聚落形态特征也与各屯堡村落的功能属性相适应。其次，屯堡建筑的布局和空间划分符合当地居民的生活习惯及社会需求，因地制宜、就地取

材，体现出屯堡人在防御和耕种方面的统筹智慧。此外，传统屯堡匠人高超的石雕和木雕技艺为古屯堡民居增添了独特的文化价值与艺术气息，表现出安顺屯堡建筑特有的细部装饰魅力。

研究梳理的安顺屯堡空间营造智慧，希望能为安顺屯堡空间的保护与传承工作提供有益的启示和借鉴。然而，本研究也存在一些不可避免的局限性，如资料部分来源为居民口述，可能存在记忆失真和信息不完整的问题。未来的研究可进一步关注安顺地域性文化与时代性发展的有机结合，着重探索并系统构建安顺屯堡的传统营造技艺，以期丰富地域传统建筑领域的知识体系，使其在现代社会中焕发新的生机。

参考文献

[1] 黄丹，戴颂华．黔中岩石民居地域性与建造技艺研究［J］．建筑学报，2013（5）：105-110.

[2] 周政旭，胡雅琪，郭灏．黔中安顺屯堡聚落防御体系研究［J］．西部人居环境学刊，2018，33（4）：91-99.

[3] 周超，王可欣，黄楚梨，等．明代贵州军事聚落的布局与选址研究［J］．中国园林，2022，38（12）：109-114.

[4] 周政旭，许佳琪．黔中安顺屯堡聚落水环境与水景观营建研究［J］．西部人居环境学刊，2018，33（1）：101-106.

[5] 袁瑞．黔中屯堡空间形态与传统营造技艺研究［D］．重庆：重庆大学，2019.

[6] 沈逸菲．黔中安顺屯堡民居研究［D］．重庆：重庆大学，2010.

[7] 葛璐．安顺屯堡典型传统石构民居适应性特征及改造策略研究［D］．贵阳：贵州大学，2021.

[8] 黎玉洁，赵军龙．多元文化对安顺屯堡民居的建构影响［J］．贵州民族研究，2020，41（7）：77-82.

[9] 王子鹏，马晶琼．安顺屯堡建筑营造技术与习俗［J］．华中建筑，2008（9）：185-188.

闽南传统建筑营造术语中的“仔”[1]

徐蓉晶[2]　成　丽[3]

摘　要：基于方言系统生成的闽南传统建筑营造术语与现行普通话存在一定差异，在转译时部分字词易产生歧义。本文从建筑学、语言学、术语学等学科的视角出发，通过梳理闽南方言“仔”的词义及其在该地传统建筑术语中的应用情况，辨析“仔”在闽南传统建筑营造术语体系中的涵义和读音，探讨与“仔”相关的术语应用存在的问题及成因，以期为闽南传统建筑的研究和文化传承作出贡献。

关键词：闽南传统建筑；闽南方言；仔；营造术语

一、引言

闽南方言被称为“古汉语的活化石”，保留了众多古汉语的特点，与现行普通话存在一定的差异。其中，闽南传统建筑营造术语以方言为基础、以工匠为传承主体、以口述为传承路径，具有较强的地域特点。近年来，部分学者基于学术研究和知识传播的需要，曾将闽南传统建筑术语转译为普通话，但由于学科背景和对方言理解的差异，在转译过程中采用了与原始含义不甚吻合的字词，影响了术语记录的准确性。

本文所关注的常见汉字——“仔”，大量出现在日常生活用语中，如“仔细”“鸡仔”“牛仔裤”等。同时，在闽南传统建筑术语中，也有诸多与“仔”相关的词组，如“斗仔”“栱仔”“弯枋仔”等。目前虽已有语言学领域的成果对闽南方言中的“仔”作出解读，但对于闽南传统建筑研究体系来说，对“仔”字的解读和应用仍存在一定的误区。本文基于建筑学、语言学、术语学等学科，结合对工匠传承术语体系和闽南传统建筑的理解，对“仔”字在本地营造术语中的应用和含义做出辨析，探讨当前存在的问题和成因，为准确记录和转译方言术语、完善地方传统建筑术语系统提供助力。

二、“仔”的通用词义

通过查阅古籍文献中的字书、韵书和近现代字典、词典，可知“仔”主要有三种释义及相关读音（表1）：责任（读 zī 或 zǐ）；幼、小、少、细（作形容词常读 zǐ；作名词常读 zǎi）；儿子（读 zǎi）；只，仅（读 zǐ）。其中，古代文献如《说文解字》《集韵》《康熙字典》等记载“仔”的读音多为 zǐ 或 zī，词义为“克也”（责任），未见有 zǎi 音的记录。近代以来，较早记录“仔”有 zǎi 音的文献为1915年出版的《辞源》：“广东人谓物之幼小者曰仔，读若宰”；1954年出版的《新华字典》也标记了 zǎi 音的对应义项为“小孩”“小动物”[1-4] [4]。

音［a^3］、［$kā^3$］及［kiā］是闽南方言中的常见发音，

1　基金项目：教育部人文社会科学规划基金资助项目“闽南传统建筑营造术语综合研究”（20YJAZH016）。

2　华侨大学建筑学院建筑学硕士，361000，251743243@qq.com。

3　通讯作者，华侨大学建筑学院副教授，361000，chengli_cc@163.com。

4　“仔”主要的三种释义及相关读音根据《新华字典》《辞源》《汉语大词典》《现代汉语词典》等工具书相关词目进行归纳，参见本文参考文献［1-4］。

已有研究成果多以“仔”字转译该音[5] 1。其中，音［kā³］、［kiā］可表后代（男）、年轻人或某一类人，如“囝儿（儿女）”“囝婿（女婿）”“乞食仔（乞丐）”；音［a³］则多表示幼、小、少等义，也可作为虚词与其他字词连用，从而衍生出大量地方义项，如“牛仔（幼牛）”“椅仔（小椅子）”“蜀点仔（一点儿）”，“仔”缀在闽南方言中还具有改变形容词、动词为名词的作用，多表示小，如“坏仔”（坏人）、“捋仔”（梳子）等[6]。

表1　“仔”的义项

“仔”各读音所对应义项				
读音文献		zī	zǐ	zǎi
《辞源》	1915 版	仔肩，责任也。	仔细，与子细同	广东人谓物之幼小者曰仔，读若宰
	2009 版		胜任	①儿子，我国西南地区方言。②动物的小称
《新华字典》	1953 版		〔子〕①任：仔肩（责任）。②仔细，细心，不轻率	〔宰〕①小孩。②小动物
	2022 版	［仔肩］所担负的职务，责任	①幼小的，多指家畜、家禽。②仔密。③仔细	①同“崽”。②男青年
2008 版《汉语大词典》		〔仔肩〕所担负的任务，责任	①幼小的，多指牲畜家禽等。②只，仅。③细小，细密。④怎。⑤见“仔望”。指望，希求。⑥见“仔琫”。清代西藏地方官名	同“崽”。①方言。幼小的儿子；小孩子。②幼小的动物
2010 版《汉语大字典》		〔仔肩〕担任	①幼小的（多指牲畜，家禽）。②用同“（zhǐ 只）”	方言。①小孩。②小子（鄙称）。③指有某些特征或从事某种职业的年轻人。④细小的物品；幼小的动物。⑤了
2017 版《现代汉语词典》		〔仔肩〕责任；负担	幼小的（牲畜、家禽等）	①〈方〉年轻的男子：“肥仔、打工仔”。②同“崽”

三、“仔”在闽南传统建筑术语中的应用

闽南传统建筑术语系统中有大量与“仔”组合形成的术语 2，如涉及平面格局的有“间仔、亭仔头、阁仔、寮仔”等，木构架有“筒仔、筒仔柱、吊仝仔、圆仔、元仔、楹仔、桷仔、鼓仔脚、斗仔、栱仔、束仔、弯枋仔、束仔尾”等，墙身有“屏仔壁、鸟仔翅、斗仔砌、鸟仔塌、番仔砌、圆仔头”等，屋顶有“养仔、燕仔尾、牌仔头”等（图1、图2）[7,8] 3。从术语构成的组合方式来看，主要有以下“名词性语素 + 仔”“名词性语素 + 仔 + 名词性语素”“动词性语素 + 仔”几种。

1. 名词性语素 + 仔

“名词 + 仔”是闽南传统建筑术语体系中常见的构成类型，如“寮仔”“桷仔”“斗仔”“弯枋仔”等。该类术语中的名词性语素本身可独立表意，加“仔”缀后具有了称小的含义，与闽南日常用语习惯一致，如“篮仔”（小篮子）、“石仔”（小石子）等。若以整体梁架为参照，“斗”“栱”“桷”“圆”等在大木体系中可视为小型构件（图3），故加“仔”缀以区别于“柱”“通”等大型受力构件。

2. 名词性语素 + 仔 + 名词性语素

“名词 + 仔 + 名词”这一组合方式，是从上述“名词 + 仔”类型叠加名词后二次生成的术语，如“燕仔尾”指形似“燕仔”尾部的屋脊尽端样式（图4），“筒仔”加“柱”则形成了指称更为明确的“筒仔柱”（图5）。该类术语与“名词 + 仔”类型一致，也具有称小涵义，且去除“仔”缀后不影响原有词义。

1　学界认为闽南语中的“仔”是“囝”的训读字，保留了“囝”的古义。“囝”本义为“儿子”，后随着词义的虚化，从表实际词义的“儿子”扩展为“后代、年轻人”，从而引申出“幼、小”等含义，甚至外延出一些带有感情色彩的用法，最终赋予了“仔”字以“小”的核心含义，参见本文参考文献［5］。

2　闽南传统建筑“仔”相关术语稽索于1950—2023 年发表的闽南传统建筑研究成果，主要成果参见本文参考文献［7］和［8］。

3　林文为口述，杨思局、曾经民整理的《闽南古建筑做法》中对此也有记录。

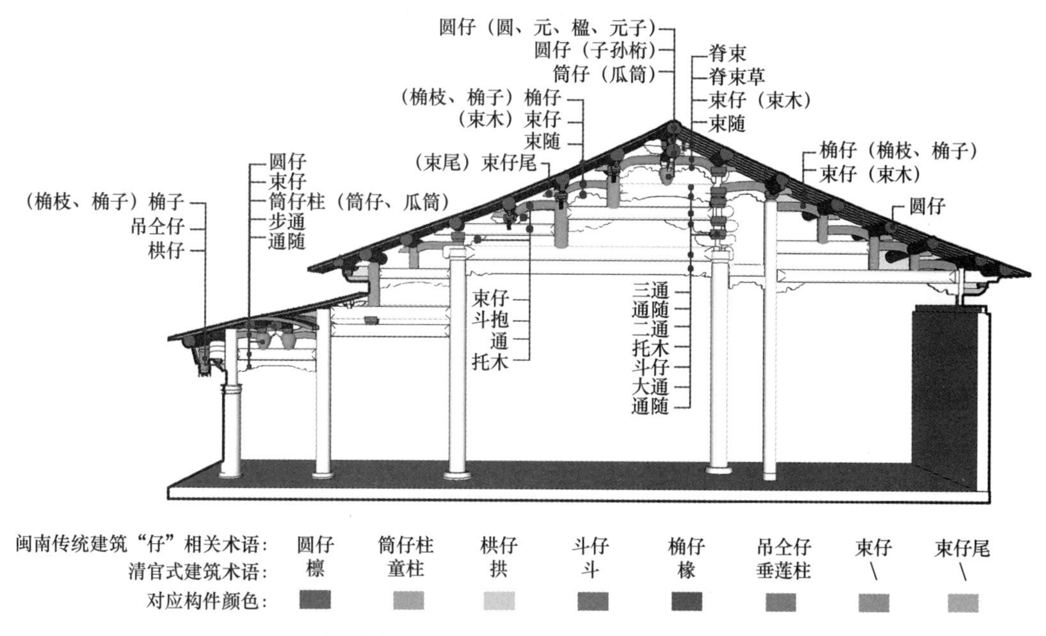

图1 闽南传统建筑“仔”相关术语指代位置示意图-1（来源：自绘）

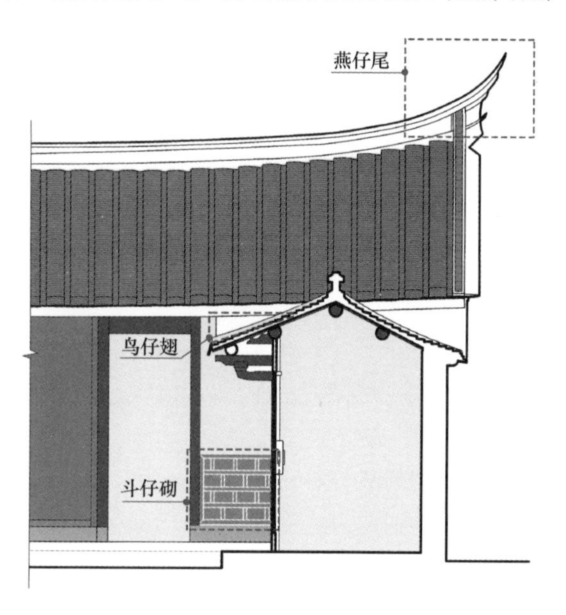

图2 闽南传统建筑“仔”相关术语指代位置示意图-2（来源：自绘）

图3 闽南传统建筑木构架实物照片（来源：自摄）

图 4　燕仔尾实物照片

图 5　筒仔柱实物照片

3. 动词性语素 + 仔

该类术语脱离“仔”缀后无法单独成词，与前述类型不同。如“束仔”指“梁架之上、两缝檩条之间起联系作用的弯月形弯枋构件”[7]。“束”为动词，具有约束、捆绑之意，加“仔”缀后，在具备了称小意义的同时，也形成了“具有约束作用的构件”这一专有名词。此外，在闽南称“桷仔”上铺设的“望砖”为“瓦养”“养仔”“养仔瓦”[1]。“养”有“抚育、生育”之意，加“仔”缀改变其词性的同时，或许附会了本地对人丁兴旺的祈望，形成“养仔、养仔瓦”等有象征寓意的术语。

四、“仔”相关术语的应用问题及成因

1. 转译后“仔”读音不明确

闽南传统建筑术语大多为工匠师徒的口口相传，少有成体系的文字记载。因此，在研究的初始阶段，首要任务是将方言术语转译为能够书面交流的汉字。闽南传统建筑术语中的［a^3］音通常转译为“仔”字，而“仔”有三个读音且分别对应不同义项，但已有成果大多没有明确闽南传统建筑术语中“仔”的相关读音，从一定程度上影响了记录的准确性。

有学者曾指出过去闽南人读转译后的书面用字“仔”为 zǐ[2]，如“片仔癀”“歌仔戏”等，后受粤语流行的影响也读 zǎi[9][10]，在闽南传统建筑术语中也存在该情况。但是，“仔”读 zǎi 音时，其词义更多指称“儿子、小孩、动物幼崽”，无法准确表达“仔”称“小”的涵义，如“斗仔”“栱仔”等词语。

2. “仔”相关术语的同实异名及其成因

“仔”相关术语在应用时易出现同实异名问题，即以多个术语指代同一概念。主要原因可能在于访谈工匠是学者获取闽南传统建筑术语的重要途径，而研究者的学科背景以及对匠师所发［a^3］音的不同看法，使同一概念常衍生出加“仔”缀、不加“仔”缀及添字造词而形成的多样化术语。

其中，语言学界对方言音［a^3］的记录及应用较早，转译时常将［a^3］音以“仔”字表达，如与建筑相关的术语“楹仔”（音［$\tilde{\imath}^2a^3$］）“桷仔”（音［kak^7a^3］）等[11]。20 世纪 90 年代中后期，建筑学界开始有意识地系统收集闽南传统建筑术语，也出现了“斗仔”“栱仔”等带“仔”缀的术语。此外，部分学者根据语义，也有将［a^3］音转译为“子”的方式，形成了“仔”和“子”互通的现象，如“斗仔砌”也称“斗子砌”，“桷仔”亦称“桷子”。

除上述附加“仔”缀的情况外，部分学者选择不转译［a^3］音。概因匠师在口述术语时较口语化，存在连接词、语气词等，若将［a^3］音归为一种无实际含义的口语风格，则可能选择不转译该音，如将“弯枋仔”记录为“弯枋”，“牌仔头”为“牌头”。还有一种情况是匠师书写在实物构

1　“瓦养”“养仔”“养仔瓦”术语来源参见本文参考文献［7］第 333 页；曹春平先生在文中提出了“养”疑为“仰”之讹称的观点。

2　有学者曾指出“许长安教授曾对‘歌仔戏’读音的来历追根溯源，过去，厦门人是把这个‘仔’读作（zǐ）的。除了‘歌仔戏’外，还有‘片仔癀、港仔后、顶澳仔’等，都读作（zǐ）。后来受到香港话‘打工仔（zǎi）’的影响，有人就跟着读作（zǎi），1997 年修订的《现代汉语词典》新收‘歌仔戏’词条，注音就是‘gēzǎixì’，结果许多人都读（zǎi）了”，参见本文参考文献［10］第 37 页。此外，还有研究也指出“zǎi 音传入闽南应在改革开放后，伴随闽粤商业与劳务交流而来。此前闽南并无此音，参见本文参考文献［11］。

件上的术语，是由构件所在位置加构件名称组成，以便于精确定位并组装，通常不加“仔”缀，推其原因大致为：其一，匠师认为［a^3］音是语气词，故主动省略；其二，构件名称与定位词组合后形成多音节词，无须加“仔”缀构成语音韵律或加强指称。若学者从该渠道获取术语，则会参照匠师书写的文字而不加“仔”缀。此外，还有部分学者在无“仔”缀的情况下增添其他文字，演绎出新的术语，如在“束”“楹”等构件名称后增加“木”形成了“束木”“楹木”等。

五、结语

综上，语言的复音化现象是形成“仔”缀术语的重要原因，其在闽南传统建筑术语中起到了补足音节、明确指称的作用，符合语音韵律，在具备了称“小”涵义的同时，也引申出人们对子孙昌盛的希冀，表达了鲜明的地域特色和口语色彩。因此在学术成果中应充分考虑闽南方言特点，转译时保留［a^3］音并以“仔”缀表达，同时结合建筑学及语言学的相关知识，辨其涵义、正其读音、准确用字，在跨学科视域下形成更为客观的记录成果，才能构建更加准确的闽南传统建筑术语体系。

参考文献

［1］新华辞书社．新华字典［M］．北京：人民教育出版社，1954.

［2］商务印书馆．辞源［M］．上海：商务印书馆，1915.

［3］汉语大词典编辑委员会，汉语大词典编纂处．汉语大词典［M］．上海：上海辞书出版社，2018.

［4］商务国际辞书编辑部．现代汉语词典［M］．北京：商务印书馆国际有限公司，2017.03.

［5］杨秀明．闽南方言“仔”缀的语法化［J］．中国方言学报，2015（5）：118-129.

［6］周长楫．闽南方言大词典［M］．福州：福建人民出版社，2006：65-66.

［7］曹春平．闽南传统建筑［M］．厦门：厦门大学出版社，2016.

［8］姚洪峰，黄珍明．泉州民居营建技术［M］．北京：中国建筑工业出版社，2016.

［9］刘丽．闽南歌仔戏的文化版图［M］．北京：中国戏剧出版社，2019：37.

［10］谢小博．歌仔戏名称考释［J］．海峡教育研究，2019（3）：58-65.

［11］林连通．泉州市方言志［M］．北京：社会科学文献出版社，1993.

场域理论视野下风土建筑小品空间营造策略研究

陈虹羽[1]　杨　毅[2]

摘　要： 本文旨在探寻建筑师下乡背景下的风土建筑小品空间设计策略，使风土建筑小品空间的营造更好地服务于地方人群。本文以“场域理论”为视角，通过人类学在地观察，以建筑学师生参与宁金方甸苴村“风土建造营”团队下乡建造的两个作品为例进行比较研究，通过对设计过程的回顾，从“飘浮”与“锚固”两种设计路径出发，对建造小品空间形态特征进行分析研究。提出场域性与风土建筑小品空间营造策略，包括以村民作为媒介的在地性策略，以情感唤起场域的写意性策略，以及以场域延伸价值导向的寄托性策略。研究进一步提出风土建筑小品空间营造策略、营造反思及未来的发展方向，以期助力风土建筑小品的可持续发展和创新设计。

关键词： 场域理论；风土建筑小品空间；营造策略；可持续发展

一、 引言

近年来，在乡村建设中，小规模、小体量的建筑不断涌现，特别是风土建筑小品的设计营造不断出现，在建筑学建造体系课程的改革中[1-3]，出现的诸多小规模建造实践。从建筑诞生时起，设计与建造就是密可分的[4]。实地建造建筑小品让建筑师可以获得将材料、构造、施工、结构与设计紧密结合并付诸实践建造的真实体验，充分体现了建构主义的理念。

然而，在如今的风土建筑小品营建中存在这样的一种现象：许多乡村建筑小品建造、改造或实地营建项目，往往专注于建筑师个体层面的美化构思，注重设计速度和美学体现，流于形式与功利主义，这种流于图纸层面的设计是否贴合乡村人居环境的发展需要，这种现象的发生引出了一个关于场域建造上的重要定律。风土建筑小品景观的营建受建造所发生的场域影响，这种场域并非单指物理环境，也包括与此相连的诸多人文因素。布迪厄指出的场域定义为：场域为各种位置之间的网络或构型关系，只对置身于该场域的行动者们有意义；这种关系网络有其自身的逻辑和运作规律，独立于行动者的意志，构成对行动者行动限制性的制约条件，与行动者的位置以及掌握的资本以及禀赋和策略有关[5]。目前，关于场域理论的讨论引起了建筑学界诸多学者广泛的关注。但是，对风土建筑小品营造策略方法与动态实操机制，以及是否可以从场域理论的空间关系出发进行讨论，目前尚未有深入的研究。

因此，亟须以较为在地的场域设计思维来探究风土建筑小品的营建问题，并切实指导乡村更新实践。在此背景下，本文基于场域理论，对建筑学师生参与的安宁金方甸苴村风土建造营的两个小品建造过程进行解析，对物质空间与社会文化空间的场域关联进行研判，进而提取更加适应的建造手法策略，找寻更加贴合乡村空间环境品质的有效途径。

1　昆明理工大学建筑与城市规划学院博士研究生，昆明学院建工学院讲师，650100，385603495@ qq. com。
2　昆明理工大学建筑与城市规划学院教授，650100，13312195@ kust. edu. cn。

二、 安宁金方甸苴村风土建造营的发生

1. 甸苴村村落改造初始

2018年末，为响应国家政策，通过政府招商引资，引入社会资本，安宁市金方街道实施了甸苴村乡村振兴规划和一系列具体的落地计划。这一措施提升了村落的基础设施水平，也为当地居民创造了更多的就业机会，推动了村落经济的多元化发展（图1）。

图1 安宁金方甸苴村村落风貌（来源：团队自摄）

2. 建造营的形成

本次甸苴村建设项目以团队合作方式，在11天的时间内完成了实地勘测、方案规划和选点，对甸苴村的四个公共空间同时进行了空间设计和现场搭建。希望通过这种建造，让村民享受舒适的生活环境，满足他们对美好生活的向往。本次建设项目邀请了多位国际一流的当代建筑师和国内著名的艺术家，打造结合室外景观的风土建筑小品，这些作品既可以作为村民活动的载体，也可以在项目完成后适度保留，作为场地中多种构筑功能的小品建筑。这种建造既能满足乡村居民精神需求的重要体现，也与人们对美好生活的向往紧密相关，同时还能赋予乡村本身一定的文化含义[6]，并为村民提供新的生活方式。

三、 漂浮与锚固——两种设计方法探索

1. 漂浮——樱花之语

（1）景观场域的启示

本次研究选取了其中的两组建造作品进行解析。其中，由泰国建筑师洪人杰先生领导的团队建造的一组作品——“樱庭”，选址在甸苴村内部的一片樱花林里。至于为何选址在此，团队成员通过访问道路来往人群，得知樱花给予人的景观感受非常独特。漫步在樱花林间，感觉自己仿佛置身于一片花海之中。

（2）构思过程

在建筑小品的构思过程中，建筑师洪人杰尝试让构筑的方式与场域发生较为亲密的衔接，提出不破坏樱花林间的景观特征，从而串联起一种轻盈的建构方式［图2（a）］。设计试图增加樱花林的体验感和艺术性，提升村落的空间体验，考虑设置休息地点，供行人休闲及创造精神性场所，增强空间仪式感［图2（b）］。因此，提取了“纱”作为意向，使其“飘浮”在林间，通过光影的渗透使樱花的形态与之互相呼应。洪人杰用意象中“纱”的轻盈来描绘空间，在樱花林中采取柔软的线材和灵活的编织，用树木的高度作为线索，编织出形态。用编织手法来控制织物的屈曲和张力，使其在空间中形成一种“飘浮”的状态，同时也能与樱花的形态形成呼应［图2（c）］。通过对樱花林的深入研究和理解，用“纱”的意象和编织的手法，营造了一个美丽而富有艺术性的空间，让人们可以在这里感受到樱花林的美丽和艺术的魅力。

(a)

(b)

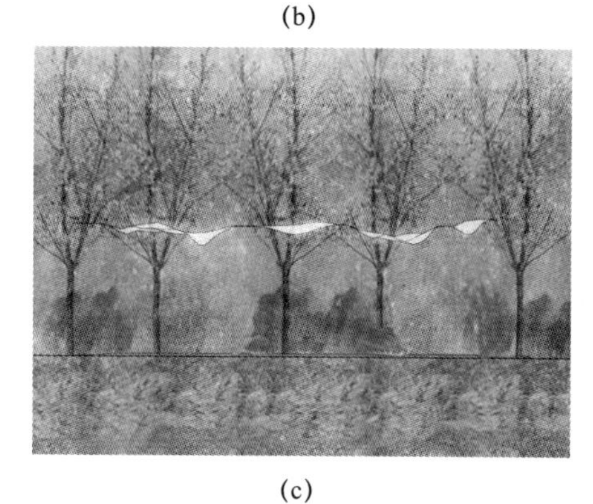

(c)

图2 樱花林间鸟瞰及构想系列图（来源：团队绘制）

（3）搭建过程与互动讨论

在搭建过程中打破了传统的设计构造，以白色纱布为顶，以树为柱为墙［图 3（a）］，以碎瓦片铺地的空间铺设，将纱挂在四周的树上［图 3（b）］。在方案成型过程中，团队采用了三角形的构图方式，将纱与地面的空间范围进行对位，突出空间的存在感，增强路边休息座椅与小品构筑物的联系，内部设置石头为凳，绿植恣意盎然，营造微型庭院的感觉［图 3（c）］。搭建完成后，团队邀请村民前来体验，部分村民表示特别喜欢光影散射到纱布上的感觉，像是樱花落下留下痕迹，给冬日带来一丝色彩。

(a)

(b)

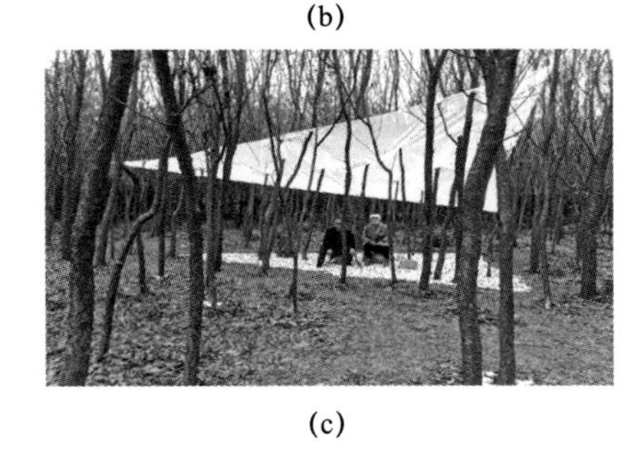

(c)

图 3　搭建过程及实景图（来源：团队自摄 + 制作）

2. 锚固—乡田之间

（1）田之间的观察

在农田与道路的衔接处有深长的排水沟，这给本次建造带来了设计的启发。团队通过前期观察发现，在这周边活动的村民分为两种类型：河边散步的村民和田地劳作的村民。而在这个场域间似乎缺乏一种可以连接田地与道路的构筑物，缺乏一处可供消停、休憩的空间。因此，是不是可以通过一种构筑物有效地将场域激活，塑造一个充满活力的空间场所？而随着观察的深入，远处的竹林引起了团队的注意。

（2）构思过程

在构思过程中，团队与当地村民展开讨论，深入了解村民真正的需求，设想利用河岸与菜地之间的土坡进行构筑，连接两者之间的场域，而如何利用土坡与路面形成的空间高差以及路面与顶之间形成的宽度是这个建构的难点。团队组长是来自 Urban Wave Studio 建筑设计事务所的武向阳先生。他提出了一个“椅靠”的概念，想象空间的高差刚好是两个人背靠背的形态场景，利用柱子的排列形成两排屋顶，衔接两排座椅。一方面可以消解土坡与路面形成的高度，达成河岸空间的延续性；另一方面在人行视角形成竹子与路面之间的空间，通过路面与顶之间形成的宽度作为屋顶，串联起一边河岸一边田地的场域空间（图 4）。

(a)

(b)

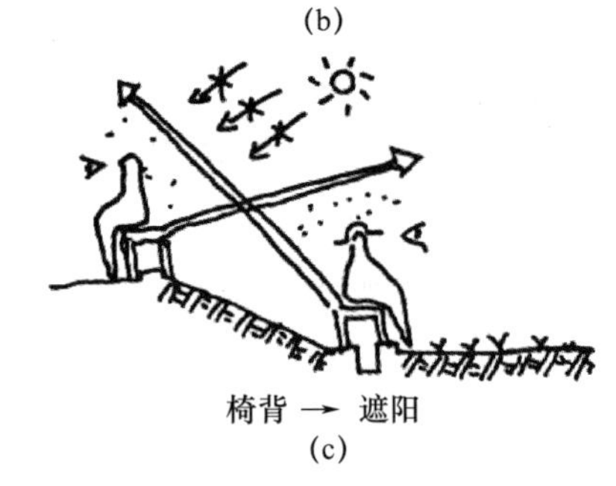

(c)

图 4　田间的过渡空间及其思考过程（来源：团队自摄 + 制作）

（3）搭建完成与互动讨论

搭建之初，我们先确定了钢架基座的位置。钢框架座位的结构具有轻巧、坚固、耐用的特点，能够适应各种不同的使用场景和条件，并能够满足村民对舒适度和空间的需求。在搭建过程中通过钢架节点之间的锚固和相互支撑固定，形成一个稳定的框架结构，坐在上面的人能够获得足够的支撑和稳定性。作为屋顶和座椅靠背的结构则由竹子衔接排列而成，按照一定的规律用麻绳绑扎起来，形成独特的功能及装饰效果（图 5）。

(a)

(b)

(c)

图 5　设计与现场营造过程（来源：团队自摄 + 制作）

四、 场域性与风土建筑小品空间营造策略

1. 在地性—村民作为媒介

通过本次空间营造两种手法的呈现，团队深刻认识到在场所空间建造过程中，以村民为主导的建造手法是一种有效途径。通过这种方式，不仅可以更加贴近村民的生活，还可以充分发挥他们的智慧和才能。从设计之初到设计完成，村民始终以主导者参与全过程，这也耦合了布迪厄提出的场域是力量的角逐场所，具有多重性质的概念。在这种情况下，建筑师不再是设计的主导者，而是将权力让渡给使用者。由于村民的参与，设计过程更加深入，更加具有创造性和真实性。因此，在设计中应该充分考虑到各种力量的存在，以及它们之间的相互作用和转化。通过这种方式，可以更好地实现设计的目的和功能。

场域的意义在于它是“力的较量”的场所，需要行动者掌握的力量，这种力量表现最终化身为权力本身。通过这种方式，可以更好地理解场域的本质和意义。需要注意的是，这种力量在斗争中相互较量，也会相互转化。因此，场域是一种力量的关系网络。在设计中，应该充分考虑各种力量的存在和转化，以更好地实现设计的目的和功能。因此，场域是一种非常重要的概念，应该在设计中充分考虑和利用。

2. 写意性—情感唤起场域

“飘浮”和“锚固”这两个主题既体现了建筑的形式与内容，又引发了人们对建筑的主题与意象、风格与技法的联想。这种互动的可能不仅提供了情感的交流，还传递出一种自然、轻松、柔和的艺术体验，这使人们在不断观察和感受中提高了对生活的理解和认识。无论是“飘浮”的轻盈，还是“锚固”的稳重和扎实，其建筑形式和内容都具有与在地的人居情感发生共鸣和联想的可能性。这种情感的可能不仅涉及建筑的形式和内容的交流，更涵盖建筑的主题与意象、风格与技法的交流，这使得建筑能够在人们的视觉感知和情感体验中呈现出更多的空间和情感价值。特别是在形式与内容之间存在丰富的联系，比如“纱”与天空的联想和象征功能，引发了观赏者对于自然、风光、静谧等情感的联想。

这种联想和象征的功能增强了建筑的情感价值，也使人们在对建筑的观察和体验中获得了更多的文化和艺术享受。情感的交流不仅涉及建筑的形式和内容的交流，更包括了建筑的主题与意象、风格与技法的交流，这使得建筑能够在人们的视觉感知和情感体验中呈现出更多的空间和情感价值。

3. 寄托性—场域延伸价值

建筑的落地赋予了地方场域特别的情境，或许成为了当地居民的“情感寄托”。这种情感的注入和体验的丰富性增加了人们对建筑的理解和认同，也为建筑的艺术和文化价值提供了基础。此外，由于小品空间的营造是设计团队与村民在需求与问题的协商和妥协，因此它包含了双方之间的一种需求与供给的满足，这种营造是充满情感交流的，体现了人与地方之间融洽的关联方式。这种融洽的关联方式是建筑艺术和文化价值的重要体现，也是人们在欣赏和感受建筑的过程中能够获得情感交流和体验的重要因素。这种地方感的融入和情感的寄托增强了建筑与人们之间的联系和互动，也为建筑的持久性和生存能力提供了基础。

地方性建筑能够唤起人们对地方的记忆和情感，从而增强人们对其认同感和归属感。同时，建筑也是地方经济和社会发展的重要支撑，它能够为地方带来经济效益和社会效益。因此，我们应该更加重视地方性的建筑，保护和传承地方文化和传统。

五、 结语

从场域维度看，风土建筑小品建造包含了存在的物质空间和体验空间，既能传达出美好的视觉感受，也被赋予了一种超越地景的独特概念，能让甸苴村的村民获得一种全新的观看、认识和理解村落环境的方式。这种方式不仅包括各种不同的视角和观念的变化，还为其注入了人与建造之间的情感依附和地方感，使其看到了一个有意义和情感体验的空间世界。本次营造通过现场交流、共同工作和建造，让建筑师的建造理念和当地村民的愿望、愿景彼此呼应。在营造的过程中，强调建筑的物质形态与景观的相互调和，促使乡村的环境更好地与周边景观相融合。通过这样的方式，希望能够在生态环境得到保护的同时，为当地村民创造更好的场所体验和生活环境。本次营造还促进了樱花地、田地、沟壑、流水等自然元素与休憩、休闲等场景之间的有机集合和场域镶嵌。这种营建策略尊重民意，通过小规模、小体量的营造，使得乡村的整体环境得到更好的更新和改善。

参考文献

［1］刘剀．建筑设计基础课程 1∶1 营建教学［J］．建筑学报，2013（2）：110-114.

［2］戴秋思，吴佳璇，叶自仙，等．国内高校建筑学专业建造实践的调研与探索［J］．高等建筑教育，2021，30（2）：120-126.

［3］滕夙宏，袁逸倩．空间初体验——天津大学建筑初步课程中的建造教学实践［J］．新建筑，2011（4）：35-37.

［4］张建龙．同济大学建造设计教学课程体系思考［J］．新建筑，2011（4）：22-26.

［5］格伦菲尔．布迪厄：关键概念．［M］．林云柯，译．重庆：重庆大学出版社．2018.

［6］贾莉莎．浅析城市滨水景观中的公共设施设计［J］．工业设计，2021（10）：79-80.

天津传统民居“四合套”中的中西融合——以宁家大院调查分析为例[1]

刘 征[2] 张 钰[3] 姚 钢[4]

摘 要：天津作为多元文化交融的历史文化名城，具有独特的民居建筑文化。本文以宁家大院研究为例，结合实践调查与建筑测绘，从院落布局、建筑单体、建筑装饰等层面探讨兼具中西文化风格的传统民居特色，并对其价值与特点展开分析，以期对日后保护与利用作出贡献。

关键词：天津传统民居特色；宁家大院；四合套；南北交融；中西融合

天津自明朝建卫筑城以来，已有六百余年的城市历史。其紧邻京城，河运发达、商业繁荣，兼容并济多元文化，对天津的传统民居建筑形制产生了深远的影响。因河运通达，自南方沿运河北上贸易的商人常定居于此，他们所建民居在平面形式上兼具南北方特色。家境殷实的富户在民居建筑上也多采用南方地区流行的砖雕、木雕、石雕等装饰，相比之下，北派风格则是以用油漆彩画做建筑装饰居多。至近代，伴随着殖民入侵，外来文化在天津与传统地域文化产生直接碰撞，相互交融，相互渗透，亦成为天津多元文化中的一部分，影响着清末民初时天津传统民居建筑的形式。

一、 中西融合的背景

“买办”，在清朝时是指专职为宫廷购物的官方代理人。至近代，鸦片战争之后，买办的身份发生了彻底的改变，充当起受雇于外商、协助其在中国进行贸易活动的中间人。自1860年天津开埠后大量洋商、洋行、洋货的涌入，买办的数量也随之激增，逐渐形成买办阶层。作为近代天津最富有的阶层之一，买办不仅拥有财富，更是了解西洋习俗，在物质与精神层面都属当时前卫，在饮食起居、置宅，甚至教育等方面都开始向西方的资产阶级学习，引领着近代天津社会的时尚。

宁星普，近代天津买办阶层中天津帮的代表人物之一，曾任新泰兴洋行买办、天津华商公会会长、天津总商会特别会董。其私人府邸——宁家大院即是融合了西式风格的天津传统民居的典型代表。宁家大院位于天津老城厢以南约2公里的炮台庄，建成于1912年，是天津市中心城区现存最大、保留较好的清末民初华人私家府邸，具有较高的历史、文化、艺术及社会价值，因其融合了部分西洋风格制式而具有较高研究价值。

二、 院落布局与建筑单体

宁家大院坐北朝南，布局考究，具有天津“四合套”的典型特征，部分单体建筑布局受西洋建筑影响。总体布

1 研究项目支持：天津城建大学教育教学改革与研究项目（JG-YB-22061）。

2 天津城建大学建筑学院讲师，300384，2424451598@qq.com。
3 天津城建大学建筑学院，300384，982921445@qq.com。
4 通讯作者，天津城建大学建筑学院讲师，300384，42355759@qq.com。

局外有高墙环绕，内有套院相连。高墙内建筑布局分为东、中、西三路，中路以三进四合院布局为主体后布置西洋绣楼；西路多组跨院；西路、中路之间设箭道相连。东路花园有假山、水池、亭榭，后因废弃被拆除，现为 1949 年以后建的厂房建筑（图 1 ~ 图 3）。

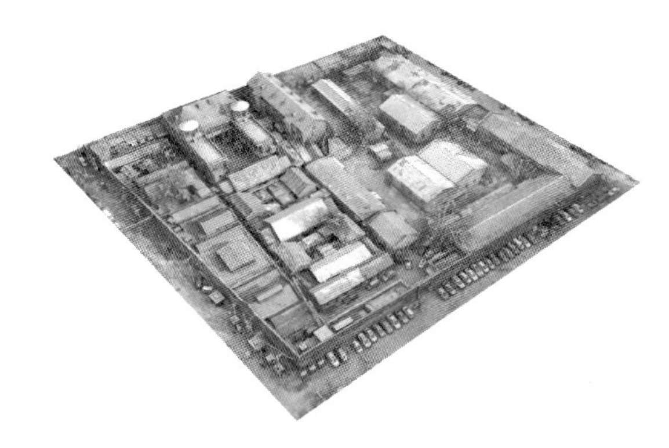
图 1　天津宁家大院航拍扫描图

1. 中路

中路由南至北由三进传统中式院落组成，是为主人提供居住、会客、休憩、读书等功能的核心区域。其轴线北端为西洋式建筑。

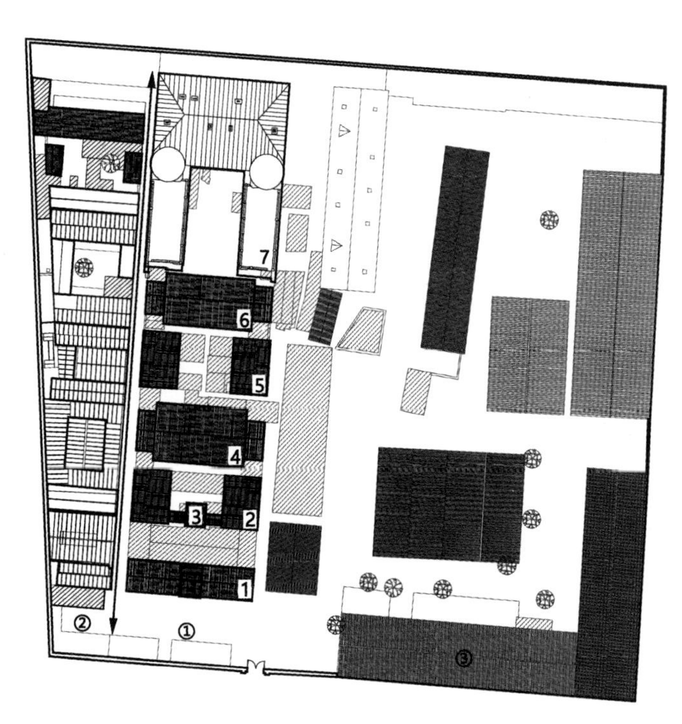

图 2　天津宁家大院总平面测绘图

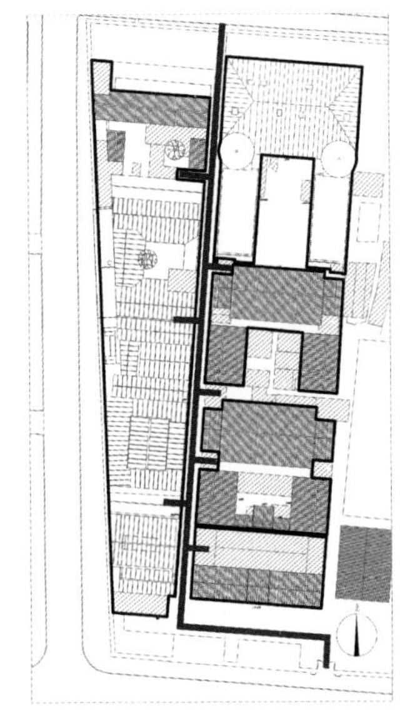
图 3　天津宁家大院交通组织

在进入高墙大院外门后，左转可由中路内院一道门进入第一进院落。一道门为面阔一间的硬山顶金柱大门，其屋脊高度突出两侧倒座屋面之上，檐下保留部分木雕，雕刻精美，现状为朱色漆油饰，未施彩绘。门两侧有倒座东西各三间，硬山顶。

通过垂花门进入第二进院落，其东侧配房为书房，西侧配房为客厅，北侧为过厅加耳房。垂花门采用一殿一卷式作法，两侧与抄手游廊相连（图 4）。东西两侧厢房面阔各三间，设有前廊且进深较宽，前廊部分与垂花门两侧抄手游廊紧邻，但并未连通为整体结构。过厅面阔五间、进深三间，梁架露明造；建筑前后墙体为后加，原过厅的建筑形制应为十一檩前后廊式。前厅尺度高敞，超出普通民居尺度，堂正中设有宽大匾额。据宁家后人回忆，此处曾供奉有清代慈禧太后赏赐物品：绿呢子轿子一顶，黄马褂一件，四品官的朝服一身，和慈禧太后亲自手书“自在香”三个大字的横幅一张。前厅两侧设有东西耳房各一间。

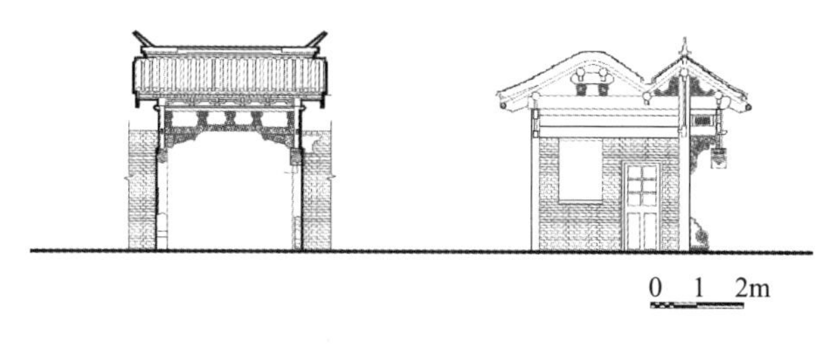

图4　宁家大院垂花门立面测绘图

穿过过厅进入第三进院落（图5），其形制与第二进相似，两侧亦设东西厢房。正房面阔五间、进深三间；正房前、后檐墙体为后加建，推测原形制为前、后廊；正房室内有吊顶，尺度较为高大，室内空间高敞；正房两侧与前厅相似，亦设有东西耳房各一间。

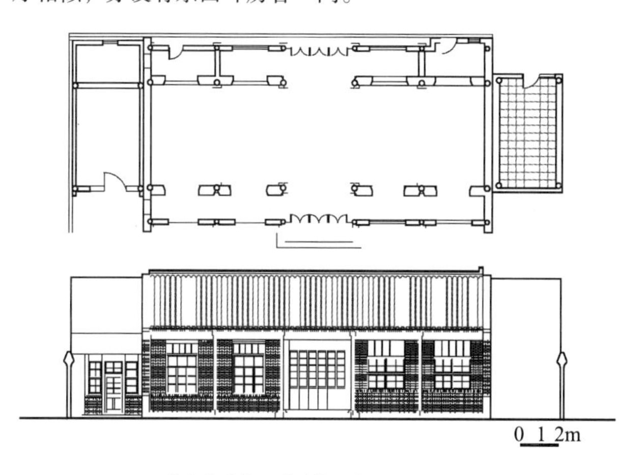

图5　宁家大院第三进院落正房平面、立面测绘图

通过正房直达北侧二层西式绣楼（图6，图7）。绣楼分为主体部分和东西配楼部分。据资料记载，其北侧应设有供下人使用的附属楼，以连廊与绣楼相连，但时至今日已坍塌无存。绣楼建筑形式为西洋式，地上两层、地下一层。东西配楼与主体结构直接相连，设有檐廊与主体部分联通成一体，共同构成“U”字形平面布局，与前中式院落相呼应，面向内院部分设置两层回廊，绣楼外侧设置拱圈窗；东西配楼的屋顶为平屋顶，楼顶设平台，并筑有瓶式栏杆围绕。主体部分在楼梯处设置中厅，以中厅为轴线，两侧布置房间，基本呈对称布置格局；主体部分的建筑结构为砖木混合结构；屋顶为四面坡屋顶，两端与东西配楼楼顶相通处设有可登高望远的中式圆形攒尖顶凉亭两座；主体部分建造考究，外檐的门窗及部分内檐门均采用拱券式，细节设计丰富，造型优美。

2. 西路

宁家大院的西路主要为杂役住房、马厩和仙姑楼，与中路以箭道相隔，向箭道依次开门。此外除外院主入口外，中路与西路之间的箭道最北侧端头亦设有一门，以供后勤杂役出入使用。

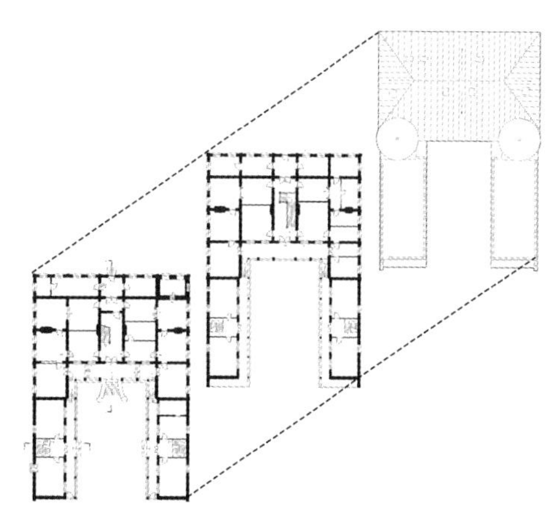

图6　西式绣楼首层、二层及屋顶平面测绘图

图7　西式绣楼立面及剖面测绘图

仙姑楼小院是三层砖楼，现外墙已坍塌，局部进行了改建，被大院居民称为供奉“仙姑”的场所，属承载民间信仰的功能用房。其余现存建筑有两组毗连的民居小院。两组民居小院建筑向南毗邻一幢二层小楼建筑；小楼向南毗连一幢平顶环抱四面天窗中厅的建筑物；天窗中厅建筑组向南毗连两栋分别为双坡与单坡屋顶建筑。

3. 东路

据资料考证及采访所知，东路部分为花园，原有假山、水池、亭榭，中有通道可直达中路的洋式绣楼。然而，因年代久远，现已全部遗失，现状为1949年以后所修建的工业厂房。

三、南北交融、中西融合的建筑特色

1. 院套院

天津老城厢地区虽然有“算盘城”的别称，但除几条主要干道规整明确之外，多数街道里巷均曲折有度，因此沿街道而建的住宅院落形制规模受限制较小，自由发挥空间相对较大。又因清代天津漕运、盐业、海运、商业等各方面发展空前繁荣，是北方商业中心，社会风气自由前卫，不似都城北京讲究等级制度。加之财富的快速积累，使得位于“士农工商”底层的商贵之家也纷纷追求宽宅阔院、富贵豪庭。因此，天津民居随受北京四合院影响，结合以南方民居的并联式结构，形成独特的“四合套”式民居形式。这种形式大多置地宽广，占地面积较大，居住人群多为官员富商等豪贵。四合套院以两组或多组并列的纵向院落，中间以箭道连接，使得在面积更为广阔的宅院内部的交通也更加灵活。

宁家大院的布局十分讲究实用，其内部交通体系兼具并联式和串联式，通过南方民居中常用的箭道来实现住宅院内主院与跨院、院落与宅院墙之间的快速通行。箭道在设置时充分考虑了人员动线和功能串并联，位于中路与西路之间，分别向两侧每一进院落设置出入口，方便西路的仆役更加快速便捷地直达位于中路的主人日常居住使用的空间；箭道北侧端头亦留有开口，方便杂役仓储等其他后勤人员使用和出入。

因地处天子脚下，城市道路肌理规整均匀，对比北京地区的民居分布整齐有序，横平竖直的街道走向和平均明确的道路间距都导致民居四合院的规模形制相对固定。除王公贵族及官员外，普通百姓的房子亦为四合院形制，只是规模相对较小。北京地区的四合院建筑在纵向布置院落上受城市规划的限制相对较大，纵向进深大的院落极为少见，极个别豪宅有两组或多组并列式院落的布局。

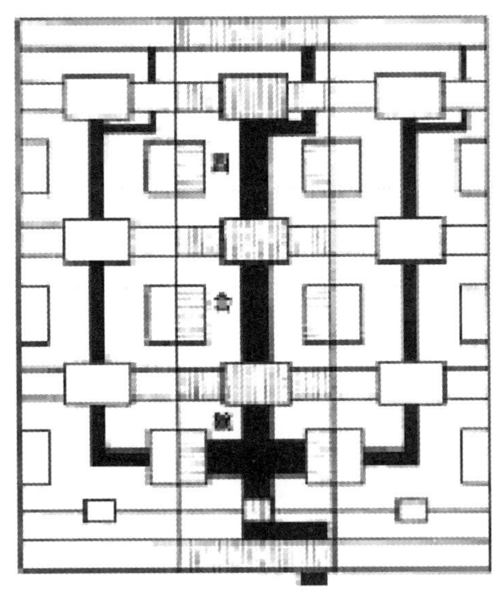

图 8　北京民居形式示意图

2. 外围设计

宁家大院的占地面积较大，外围院墙的墙体高近 5 米，高大厚实。从大院外看需仰视，气势威严，通过建筑的形式强调了主人的地位；整个院落较一般民居而言更为坚固、防御性更强，反映了主人作为手握重财、家底殷厚的买办阶层的防御心态。

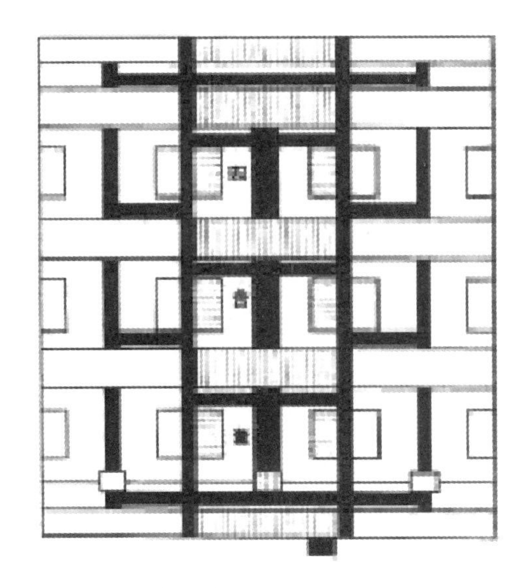

图 9　天津民居形式示意图

天津买办的主要工作可以概括为收购本地土货和推销洋货，同时宁家大院院落较多、占地较广，建造者将仓储空间放在了西路北侧，既临近整个大院的后门，方便后勤仆役出入及货物运输，又结合高大院墙与高窗，提高了院落的安全性。

3. 中西式审美

绣楼是宁家大院中最能体现西式审美的部分。绣楼的平面布局较为规整，以中厅为轴，东西两侧建筑形制及功能大致呈对称布局，主次有序、简单实用。院落形制由传统民居的单层院落演变为二层合院，利用檐廊将主体及东西配楼部分连通为一体。这样三面檐廊的布局形式，既起到了过渡室内外空间的作用，又通过檐廊形式使建筑物产生了虚实变化，进一步起到繁简对比、光影变化等形式美的效果。

绣楼建筑立面的西洋风格较为明显，例如偏西式的柱式、窗口、屋顶形制等要素的使用，使得建筑外貌明显与前两进中式传统院落不同。主体部分两端屋顶各设有凉亭，样式却为中式圆形攒尖顶，由八根水泥柱支撑，与檐廊和瓶式栏杆相连，搭配主体部分的西式拱券式外檐门窗。这种融合中西元素的设计，使绣楼的整体建筑风格更独具特色，虚实相间的设计使建筑造型完整而不显逼仄。

4. 建筑装饰

天津传统民居的细部装饰常大量运用彩画、匾额、木雕、砖雕、石雕等，从建筑现状调研结果来看，宁家大院的建筑装饰主要有木雕、砖雕、石雕等。其原因是天津商贸发达，社会资源丰厚，手工艺人技术高超，雕刻风格成熟且有天津特色；二是天津买办阶层多资产丰厚，建筑中精美雕刻装饰的运用，除了可以彰显雄厚的财力、体现商业文化及买办阶层的社会地位之外，亦可附庸风雅、展现自己时尚文雅的审美意趣。

以木雕为例，宁家大院现存木雕的题材丰富、工艺流畅、造型美观、寓意吉祥。在一道门前檐柱枋上雕有各种不同时代钱币纹样的浅浮雕，寓意招财进宝；穿枋下雀替上雕有卷云草等吉祥纹样，穿插以祥云小构件，寓意吉祥如意；横枋之上立五块透雕手法的精美花板，上雕有仙桃、葡萄、海棠、卷草等纹样，寓意多子多孙、福寿相拥。在垂花门上亦有多处木雕，如垂花柱所在之外檐，由上向下依次为檐枋下有一斗二升交麻叶斗拱五攒立于有横纹的枋子之上，下面有五块透雕花板，雕有梅花、葡萄、葫芦、花生等纹样；花板之下为一双面浮雕的凸字形穿枋，雕有梅兰竹菊四君子纹样，寓意文雅高洁的品位追求。

图10　绣楼山墙细部

图11　垂花门雀替

图12　一道门抱鼓石

图13　铸铁门细部

从建筑材料而言，北京与天津地区的民居所使用的材料十分相似，主要包括石材、木材、青砖、灰瓦等，在建造技艺上也多采用传统营造技艺中的小式作法。但因天津地区位于南北交会之地、中西之贯通的特殊地位，受外来影响较多，在“四合套”建筑中常出现西式风格的构件，因此也会涉及对混凝土、铁艺等材料的运用。北京地区四合院民居装饰等级分明、选材考究、做工精细，以彩画为主、雕刻为辅进行建筑装饰；天津地区“四合套”民居则以雕刻、彩画为主，包括用彩画、匾额、木雕、砖雕、石雕等方式进行建筑装饰，部分还会带有西式的装饰构件，还会合南方民居建筑特色，如在夏日于院落中搭罩棚以遮阴通风。天津“四合套”建筑融合中西、交会南北的特质在建筑材料与装饰等方面也得到了充分的体现。

宁家大院现为天津清末民初时期规模最大、保存较好的传统民居建筑，既体现“四合套”式建筑中南北建筑风的交融，又展现了在20世纪初特殊的时代背景下，中西方文化碰撞对民居产生的影响，体现了当时天津传统民居的独有韵味。希望对宁家大院展开的细致测绘与初期分析研究工作能为后续文化遗产保护与利用打下坚实的基础，为进一步提升天津传统民居内涵的历史意义、专业价值、更新潜力等方面起到积极作用。

参考文献

［1］黄士娟．建筑技术官僚与殖民地营 1895—1922［M］．台北：国立台北历史大学远流出版公司，2012.

［2］王建华．山西古建筑吉祥装饰寓意［M］．西安：陕西人民出版社，2014.

［3］天津市历史风貌建筑保护委员会办公室，天津市国土资源与房屋管理局．天津历史风貌建筑图志［M］．天津：天津大学出版社，2013.

［4］林会承．传统建筑手册形式与作法篇［M］．台北：艺术家出版社，2009.

［5］耿科研．空间、制度与社会：近代天津英租界研究（1860—1945）［D］．天津：南开大学，2014.

［6］王岩，张颀．天津老城厢地区历史文化及拆迁前保留建筑现状记述［J］．天津大学学报（社会科学版），2008（3）：247-253.

［7］解丹，舒平，孔江伟．京津冀地区传统民居调查与分析［J］．建筑与文化，2015（6）：121-122.

［8］白艳玲．天津近代传统合院式民居遗存现状调查及保护对策［J］．现代城市研究，2016（2）：120-125.

［9］张微．天津老城厢历史性居住建筑保护更新策略研究［D］．天津：天津大学，2007.

居住领域性视角下广西传统村落时空分布特征及影响因素[1]

冀晶娟[2]　李　霞[3]　甘慰敏[4]

摘　要： 居住领域性理论从建筑人类学视角阐释民居建筑本体及其所属传统村落的特征，聚焦于民居形式与民族文化的双向解译，对于系统诠释广西多元复杂的多民族传统村落与民居空间分布格局具有重要意义，同时为诠释其他多民族聚居的民居与传统村落研究提供新的理论框架与方法。研究以739个传统村落为研究对象，并探究影响其居住领域性的主要因素，研究表明：①自然地理环境奠定了广西传统村落居住领域性的基础框架；②居住领域性空间分布差异与地形地貌及民族属性二者具有重要关联；③历史上广西东西部的行政建制分化强化了居住领域性的地域分异程度；④经济技术发展对兼容性居住领域的产生与发展、同一民族居住领域呈现差异起到了驱动作用。

关键词： 居住领域性；传统村落及民居；空间分布；影响因素；广西

一、引言

广西地处我国西南与华南地区交汇区，自然地理环境复杂，汇集了汉、壮、瑶、侗、苗等多个民族，有着丰富多样的居住形式，以及多元复杂的传统村落与民居分布格局。相关研究从早期关注典型民族、典型民居类型的描述逐渐拓展到对广西全域的探讨，关于传统村落及民居的类型与特征研究形成了丰硕成果。李长杰[1]、单德启[2]先生在20世纪90年代对桂北（广西简称“桂”）地区传统民居进行了详细阐释；随着省区层面传统民居系列研究的推进，雷翔[3]、陆丽君[4]、熊伟[5]等学者逐渐关注广西全域以及部分流域传统村落与民居的形成背景与发展脉络；受广西多民族聚居特点的影响，覃彩銮[6]、梁志敏[7]、蔡凌[8]等学者则针对汉、壮、侗等民族居住形态与聚居特征进行了深入阐述。既有研究整体表现为对典型民族、典型案例的描述性探讨，结论丰富但也相对孤立，尤其对于不同民族之间传统村落与民居是否存在共性，同一民族因分布地域不同是否存在差异，以及采用何种理论分析框架能够打通壁垒、从宏观层面解读广西全域传统村落与民居地域文化属性与时空分布格局等问题，亟须改进。居住领域性是从建筑人类学视角阐述民居建筑本体及其所属传统村落的特征，聚焦于民居建筑形式的形成与民族文化的双向解译与关联，其客观呈现了不同民族在相同自然地理环境、同一民族在不同自然地理环境、不同民族在不同自然地理环境下民居建筑形式的共性与差异，也映射了民族文化与民居形式的具体关联，对于打通民族、地理等单一视角的壁垒，阐释广西多元复杂的传统村落与民居空间分布特点与规律具有一定意义。

1　国家自然科学基金项目（项目编号：52268003）。

2　桂林理工大学旅游与风景园林学院副教授，541004，jijingjuan@126.com。

3　桂林理工大学旅游与风景园林学院在读硕士研究生，541004，2508357617@qq.com。

4　广西民族大学相思湖学院，530000，1206484310@qq.com。

二、 理论基础与阐释

1. 理论基础

领域作为区分“我与非我”的空间概念，最早由英国鸟类学家 Henry Eliot Howard 于 1920 年提出并定义，他认为领域性的概念是某个生物群体为了满足自我生存的需要，拥有或占有一个空间领域并对其加以防卫的一种空间行为方式[9]。20 世纪下半叶，在西方学界纷纷批判追求普适性空间法则而忽视人文、社会性的空间分析背景下，领域性逐渐进入环境心理学与建筑学讨论范畴。环境心理学学者开始了以人为对象的领域性研究，关注人占据环境、建筑空间的生理、心理需求及领域性行为特点[10]；建筑人类学学者则更关注不同族群对居住环境、建筑空间占有的安全需求及居住领域性行为特点[9]（图 1）。

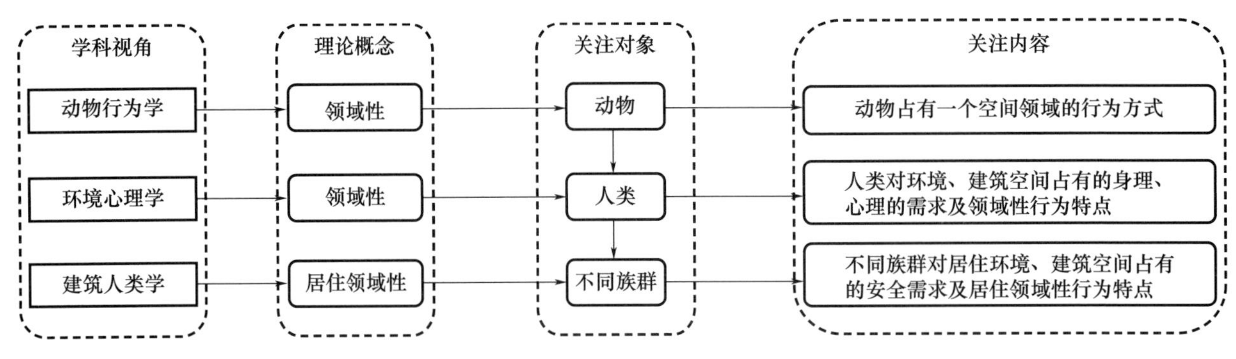

图 1 居住领域性理论基础

2. 理论阐释

20 世纪后半叶，领域性理论在西方建筑与规划领域得到应用与发展。Amos Rapoport（1969）基于建筑人类学视角，认为在“等级观念”较强烈的地区，合院住宅被普遍采用，而在等级观念较淡漠的文化中，常出现单幢式民居[11]。Erol Çil（2007）论述了外向型房屋多为向周围环境开敞的单幢式；内向型房屋多为封闭性较强的合院式[12]。Stephen Mileson（2012）认为可由民居形式来限定村落的“开放性”与“封闭性”[13]。20 世纪 90 年代后，我国传统村落及民居研究逐渐重视对民族性的探索。1992 年由张十庆、杨昌鸣著，于 2004 年再版为《东南亚与中国西南少数民族建筑文化探析》[14]一书中明确提出了“居住领域”是由住宅及周围环境的空间领域构成，并将居住领域分为“通过房屋或高墙围合形成的封闭性限定”及“由单幢式住宅与周围开阔环境形成的开放性限定”两种情况，前者以汉族为代表，后者则在少数民族地区常见。2007 年常青团队对阿摩斯·拉普卜特论著翻译，出版了《宅形与文化》[15]，其中尤其对人类居住领域性界定的本能需求进行了阐述，这对于理解民居建筑形成以及传统村落特征具有新的借鉴意义。近年来在乡村建设热潮掀起的时代背景下，杨舢再次翻译出版为《宅形与文化》[16]，进一步验证了从民居建筑、民族文化两者之间去解读传统村落与民居特征的重要性。

本文借鉴居住领域性理论，通过分析民居类型，将广西传统村落居住领域性划分为开放性、封闭性以及兼容性三种类型。其中，开放性村落以单幢式民居为主，封闭性村落则以堂厢、从厝、围屋式民居为主，兼容性村落则表现出多种民居形式共存（图 2）。由此以新的视角呈现了广西传统村落及民居的类型与特征。

三、 数据来源与研究方法

1. 研究对象与数据来源

本研究从广西全域选取了 739 个传统村落样本作为研究对象，数据主要来源于两个方面：一是选取中国历史文化名村、中国传统村落、广西区级历史文化名村、广西区级传统村落等已评级的、具有典型代表性的广西传统村落；二是运用文献资料、卫星影像，并结合实地调研方式，对未评级、地处偏远但风貌完整对于掌握广西全域文化网络具有重要意义的传统村落加以识别与确定，继而形成全域 739 个传统村落样本体系。

为了便于分析广西全域传统村落各自的居住领域性属性，呈现不同自然地理环境、不同民族传统村落之间的居住领域性异同，揭示居住领域性宏观上受哪些因素影响，故选取地理坐标、建村年代、民居类型、民族、地形地貌等因子，并确定它们的具体属性，构建广西传统村落居住领域性及相关因子属性数据库。其中，通过百度 API 拾取器标记地理坐标，构建矢量数据库；通过地理空间数据云，提取广西 30m 分辨率 DEM 数据，据此提取高程、地形地貌类型等；通过 Bigmape 高分辨率卫星影像识别民居类型，确定传统村落的居住领域属性；以文献采集与实地调研相结合的方式，提取村落建村年代、民族等信息，最终建立广西全域传统村落居住领域性及其相关辅助因子的信息属性数据库。此外，行政边界、水系矢量数据来源于中国科学院资源环境科学数据中心（https：//www. resdc. cn）。

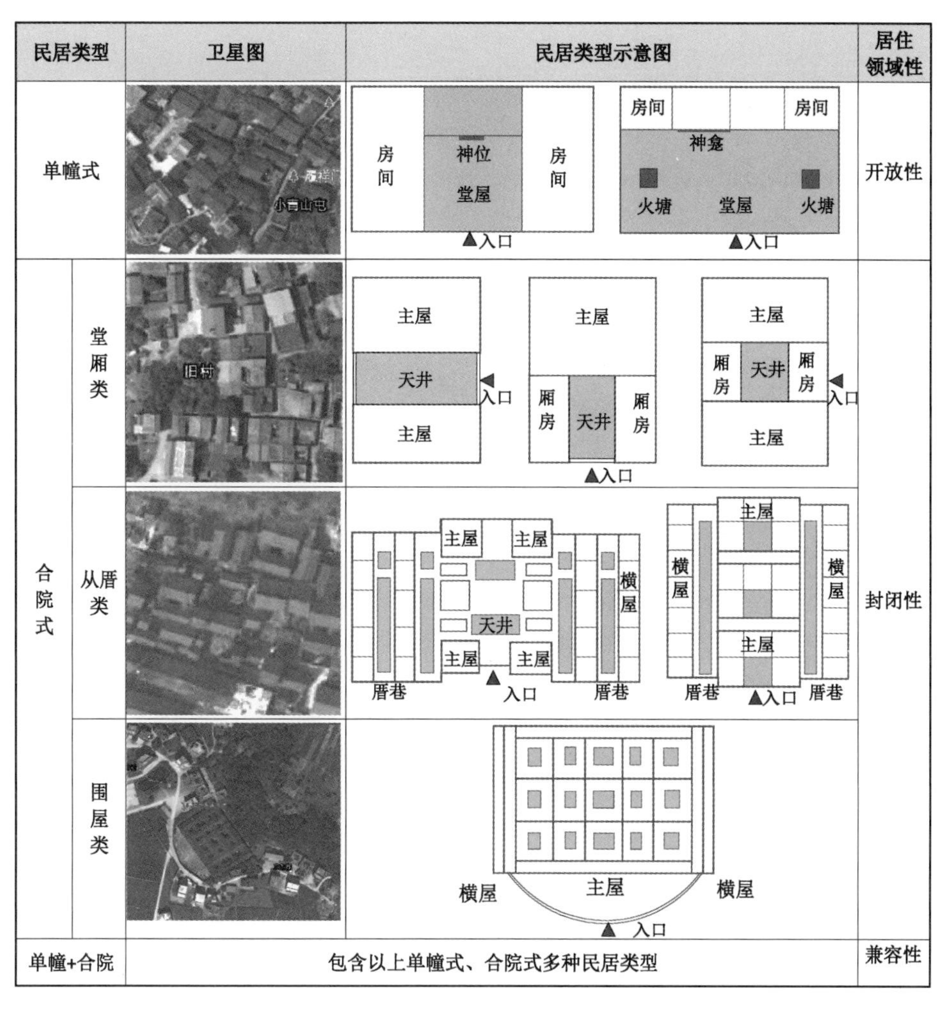

图2　广西民居类型及其所属传统村落居住领域性属性分类

2. 研究方法与技术手段

（1）主导因子法

生物学范畴的主导因子是指生物体赖以生存的诸种生态因子中，一或两个对生物体的生长发育起关键性作用的因子。以民居形式作为主导因子，结合建村年代、民族、自然地理信息等因子构建广西传统村落居住领域性数据库。

（2）数理统计法

数理统计法可直观呈现空间点要素分布的特征，对于研究传统村落共性特征的面状区域形成具有引导作用。运用 ArcGIS 软件，结合数理统计法，可以对广西传统村落居住领域性的空间分布进行分析，从而呈现居住领域性的时空分布规律与地域分异特征。

（3）多因子叠置分析法

多因子叠置分析是将两组或两组以上的要素进行叠置，以此产生新特征的分析方法[17]。采用多因子叠置方法，将广西传统村落居住领域性与自然地理、民族要素等空间数据进行叠置分析，分析三者之间的空间关系及分布特征，为揭示广西传统村落居住领域性地域分布差异形成原因打下基础。

四、 广西传统村落居住领域性时空分布格局与关联特征

1. 居住领域性时空分布格局

（1）共时性特征

广西传统村落居住领域性总体形成了东南部封闭性、西北部开放性的空间分布格局。在 ArcGIS 软件中导入广西全域 739 个传统村落样本，同时对传统村落居住领域性的

统计与分布情况进行梳理，呈现地理分布格局（表1）。

表1　不同居住领域性的传统村落数量及分布

居住领域性	村落数量/个	比例/%	分布地区
开放性	292	39.50%	百色、河池
封闭性	304	41.10%	南宁、钦州、玉林、贵港、来宾
兼容性	143	19.40%	崇左、柳州、桂林、贺州、北海、防城港

结果显示：①开放性、封闭性传统村落比例最高且数量相当，兼容性村落最少，由此反映出广西传统村落居住领域性呈现整体差异化特点；②从空间分布上看，广西东北部的桂林市和西南部的崇左市两者之间的连线基本形成开放性和封闭性居住领域的界线。界线以东大部分传统村落为封闭性；界线以西多数传统村落为开放性；兼容性村落则呈斑块状分布，多位于界线沿线地区，或者零星分布于广西边界区域。

（2）历时性特征

运用数理统计方法，生成元及元以前、明、清至民国三个时期传统村落的居住领域性空间分布数据，呈现出传统村落居住领域性的历时分布格局，整体表现为“由东部封闭性为主逐渐向东西部开放与封闭参半”的递变规律，同时也基本维系了以东北部至西南部所形成的对角线边界。其中，元及元以前时期传统村落数量较少，整体封闭性特征显著；明时期传统村落数量骤增，三类特征比例都呈增长态势；清至民国时期传统村落呈现广泛分布的格局，整体开放性特征显著（表2）。

表2　不同时期居住领域性的传统村落数量及分布

时期	传统村落数量（个）	居住领域性属性占比及空间分布		
		封闭性	开放性	兼容性
元及元前	88	占比一半以上分布于桂东、桂北山地、平原、丘陵处	占比最少，零星分布于桂北的三江、融水、龙胜以及桂西北的西林等山地地区	占比 34.1%，以桂林与贺州交接地带为主，少部分分布于百色、柳州
明	272	占比 45.6%，分布于桂东、桂东南的丘陵、平原地区	占比 33.5%，空间范围扩展至桂西北百色、河池、柳州以及桂东的来宾、梧州、桂林等喀斯特、山地地区	占比 21.0%，空间分布范围增加了崇左、梧州地区
清至民国	379	占比 35.6%，分布于南宁、防城港、来宾及桂林连线以东地区	占比 49.6%，分布于界线以西的百色、河池、柳州等地	占比 14.8%，零星分布于崇左、防城港、北海、桂林、贺州等地

2. 居住领域性关联特征

（1）居住领域性与地形地貌关联特征

将广西全域传统村落地貌分布空间信息与村落居住领域属性图层叠置，并对相关数据信息进行梳理（表3），结果显示：①开放性村落主要分布在广西西部、西北部、北部地区，主要处于山地、喀斯特地貌地区；封闭性村落则主要分布在广西东部、东南部以及南部地区，主要处于丘陵、平原地区。②具体而言，开放性村落地貌类型：山地 > 喀斯特地貌 > 丘陵 > 平原 > 台地。封闭性村落地貌类型：山地 > 平原 > 丘陵 > 喀斯特地貌 > 台地。兼容性居住领域属于多种地貌类型。③总体上呈现出西北部、西部、西南部与东部、东南部的分异现象。

表3　居住领域性与地貌属性分析

地貌		居住领域性		
		开放性	封闭性	兼容性
平原	计数	16	61	47
	占比	12.9%	49.2%	37.9%
丘陵	计数	10	91	20
	占比	8.3%	75.2%	16.5%
山地	计数	177	101	45
	占比	54.8%	31.3%	13.9%
喀斯特丘陵	计数	11	7	13
	占比	35.5%	22.6%	41.9%
喀斯特山地	计数	77	28	12
	占比	65.8%	23.9%	10.3%
平原台地	计数	1	16	6
	占比	4.3%	69.6%	26.1%

（2）居住领域性与民族属性关联特征

将广西全域传统村落样本的居住领域性与民族属性图层两者叠置，并对相关数据信息进行梳理（表4），结果显示：①汉族与少数民族居住领域性呈显著地域分异。封闭性居住领域传统村落以汉族为主，开放性居住领域以少数民族为主。②少数民族居住领域性总体呈现趋同的开放性。其中，壮族传统村落开放性村落超过半数；瑶族开放性村落占比69.4%；苗族开放性村落占比97.8%；侗族、毛南族传统村落均呈现开放性特征；仅有位于罗城县的仫佬族呈现出兼容性特征。③同一民族居住领域性部分呈现差异性。汉族部分传统村落居住领域性呈现开放性特征、少数民族部分传统村落呈现封闭性特征。

表4 居住领域性与民族属性分析

民族	居住领域		
	开放性	封闭性	兼容性
汉	7.6%	70.3%	22.2%
壮	54.5%	29.2%	16.2%
侗	100.0%	0.0%	0.0%
苗	97.8%	0.0%	2.2%
瑶	69.4%	8.2%	22.4%
毛南	100.0%	0.0%	0.0%
仫佬	0.0%	40.0%	60.0%
汉、壮	16.7%	70.8%	12.5%
汉、瑶	18.5%	18.5%	63.0%
壮、瑶	66.7%	11.1%	22.2%
苗、侗	100.0%	0.0%	0.0%
其他	69.2%	30.8%	0.0%

五、 影响因素

广西传统村落居住领域性空间分布格局在多种因素共同作用下形成。自然地理环境奠定了广西传统村落居住领域性空间分布地域分异的基础构架；各民族因其不同的历史发展条件对自然地理环境的选择权存在差异，导致了居住领域性的差异；中央对广西东、西部长期分化的行政建制推行，强化了居住领域性地域分异；社会经济与技术的发展，对于传统村落居住领域性的发展变化起到了外在驱动作用（图3）。

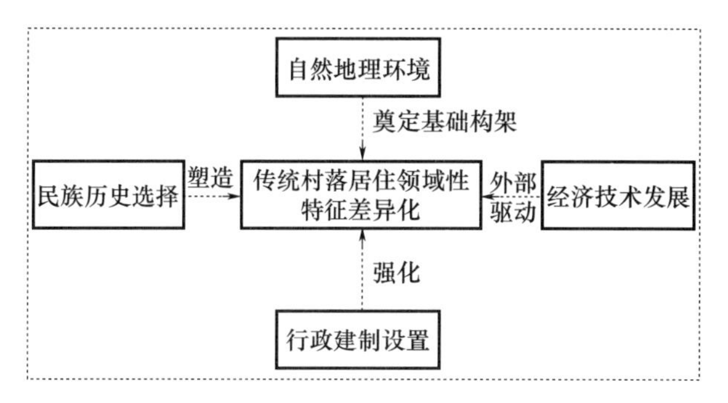

图3 传统村落居住领域性差异化机制图

1. 自然地理环境奠定基础构架

自然地理环境对于民族居住文化的建构具有主导性作用。广西西部、西北部地区以山地和喀斯特地貌为主，当地居民为适应山区的环境，绝大部分修筑了集多种功能于一体的单幢式民居，呈现开放性居住领域特征。“高山汉”集中聚居在桂西北乐业、凌云、隆林等“土瑶散居”之地，作为外来迁入民族，他们选择迁至高寒山区、大石山区，为适应当地的地理环境，传统民居以单幢式干栏式建筑为主，民居扩张方式多为在竖直方向上增加楼层数，由此形成了开放性居住领域特征。广西东部、东南部地区属于两广丘陵平原地区，有着开阔平旷的地理环境与生产条件，成为中央管理的重要区域，汉文化进入比较频繁，塑造了堂厢、从厝、围屋等多种民居类型，呈现封闭性居住领域特征。

2. 民族历史背景塑造分化格局

广西各民族因其不同的历史发展条件对自然地理环境的选择权存在差异，各民族民居形式以及村落营建方式有所差异，由此呈现出了汉族与少数民族居住领域性分化、少数民居居住领域具有趋同性的地域分布格局。汉族借助强大的军事背景，占据东部丘陵、平原地区；受儒家思想与宗族意识影响，尊崇重礼尚仪的营造观念，以院落为单位进行民居营建，由此形成了与汉族的宗法礼仪、生活习惯、安全考虑等因素互相吻合的封闭性居住领域。而广西少数民族在历史发展背景、自然环境选择等方面具有相似性，进而孕育了相似的生产与生活环境，导致民居形式具有趋同性特征。这些少数民族在长期的汉族封建王朝统治下，大部分迁移至桂西北偏僻的山麓边缘或高山上聚族而居，继而形成了以单幢式民居为主的开放性居住领域。

3. 行政建制设置强化地域分异

基于差异性的资源禀赋条件，中央对广西东、西部政策管理方式总体呈现出“东部设置郡县治所，西部采取和辑百越、地方自治”的特点与规律，长期差异化的行政建制强化了东、西部的居住领域性地域分异。东部、东南部地区，具有耕作条件较好的丘陵或平原，成为中央管理的重要区域，汉文化的长期浸入使得东部地区成为汉族集聚区，反映在传统村落与民居方面，以堂厢、从厝等民居类型为主，呈现封闭性居住领域性。而西部、西北部地区为土山、石山地貌区域，不利于人们从事大规模农业生产活动，历代中央王朝通过实行和辑百越、羁縻制度、土司制度等管理政策，实现对地区领土疆域的行政控制。西北地区土著族群文化根深蒂固，反映在传统村落与民居方面，以单幢类民居构成的村落为主，表现出开放性特征，再加上自然条件和交通不便，减少了汉族文化的侵入，少数民族文化得以留存与发展，居住领域性开放性特征进一步得到了固化。

4. 经济技术发展驱动差异化

社会经济与技术的发展，推进了广西多元民族文化的冲突与融合，对于传统村落居住领域性的发展变化起到了外在驱动作用。位于桂东北地区的“平地瑶”从湘桂走廊迁入，定居于桂林富川、恭城等县区，最初居住在山上，为了适应不断迁徙的山地游耕农业生计方式，人们多以草、木搭建茅棚、茅屋居住，呈现开放性居住领域特征。随着经济技术的发展以及受到招抚，各民族之间不断进行互动和交流，传统村落民居表现为单幢式、合院式类型共存，多呈现兼容性居住领域特征，体现了经济技术发展与民族文化交融对居住文化建构的重要影响。此外，位于开放性、封闭性居住领域性界限沿线的其他民族传统村落，例如河池罗城县、南宁市西北部的仫佬族、汉族、壮族的传统村落，受到多元文化的碰撞，由此呈现兼容性居住领域特征。

六、 结论与讨论

居住领域性聚焦于民族文化与居住形态形成的关联性，对传统村落居住领域性空间分布特征研究本质上是对各民族村落居住文化建构问题的探讨。本研究从宏观层面上对整个广西区域内传统村落居住领域性特征的区域异同作出了系统阐明，并对不同民族居住领域性的趋同性以及同一民族下的差异性问题加以诠释，提供了解读传统村落及民居特征研究新的理论框架与方法，为传统村落的差异化保护与开发提供理论依据与重要支撑。研究表明：广西区域内传统村落居住领域性以东北－西南对角线为界，界线以西以开放性特征为主，界线以东以封闭性特征为主；与此同时，地形地貌与民族属性也与居住领域性密切相关，汉族多为封闭性，少数民族多为开放性，且同一民族间亦存在差异，此种分布格局受自然地理环境、民族文化、行政建制、经济技术等多因素共同影响。本文主要针对宏观层面，而对于微观层面的村落内部结构、形态特征、文化内涵等未进行探讨，不同影响因素之间的复合影响方面还有待研究。

参考文献

［1］李长杰．桂北民间建筑［M］．北京：中国建筑工业出版社，1990.

［2］单德启．中国传统民居图说——桂北篇［M］．北京：清华大学出版社，1998

［3］雷翔．广西民居［M］．北京：中国建筑工业出版社，2009.

［4］陆丽君．左江壮族传统文化景观研究初探［D］．北京林业大学，2007.

［5］熊伟．广西传统乡土建筑文化研究［M］．北京：中国建筑工业出版社，2013.

［6］覃彩銮，黄恩厚，韦熙强，等．壮侗民族建筑文化［M］．南宁：广西民族出版社，2006.

［7］梁志敏．广西客家民居研究［M］．南宁：广西人民出版社，2017.

［8］蔡凌．侗族聚居区的传统村落与建筑［M］．北京：中国建筑工业出版社，2007.

［9］Howard H E. Territory in bird life［M］. J. Murray，1920.

［10］石毛直道．住居空间の人类学［M］．鹿岛出版会，1971.

［11］Amos Rapoport. House Form and Culture［M］. Upper Saddle River：Prentice Hall，1969.

［12］Ela Çil. Space，practice，memory：the transformations of the houses in kula，a town in Anatolia［C］//6th international space syntax symposium，Istambul. 2007：60. 1-60. 15.

［13］Stephen M . Openness and Closure in the Later Medieval Village［J］. Past & Present，2017（1）：3-37.

［14］杨昌鸣．东南亚与中国西南少数民族建筑文化探析［M］．天津：天津大学出版社，2004.

［15］拉普卜特，常青，徐菁，等．宅形与文化［M］．北京：中国建筑工业出版社，2007.

［16］阿摩斯·拉普卜特（著），杨舢等（译）．宅形与文化［M］．天津：天津大学出版社，2020.

［17］佟玉权．基于 GIS 的中国传统村落空间分异研究［J］．人文地理，2014，29（4）：44-51.

基于乡愁文化的大理白族传统村落农文旅融合发展——以古生文化遗产公园设计研究为例[1]

吴晓敏[2]　马　源[3]　曾好阳[4]　李鲁艳[5]　段彩艳[6]

摘　要： 大理古生村为白族传统村落，在对村民进行入户调查后，笔者发现存在空心化、土地闲置、产业发展困境问题。通过挖掘白族传统村落文化价值，本文提出"科教＋农文旅"融合的产业转型路径，为探索乡村建设项目激活村庄活力，以乡愁文化为切入点，开展了文化遗产公园设计的实证研究，从而活化利用村庄闲置土地以及民居建筑富余空间，促进白族传统建筑和非物质文化资源保护与利用，以农文旅融合产业发展为产业振兴赋能。

关键词： 农文旅融合；乡愁文化；白族传统民居；保护与传承

一、引言

不同的学科对"乡愁"有不同的解读。东南大学王建国院士在一次会议报告中提出，"乡愁关乎特定地域、特定文化圈人们的集体记忆，关乎原真性，是各个时代的典型居住建筑为代表的精华与与时俱进的一种呈现"。从文旅的角度来看，"乡愁"表面上看是远去的历史文化，是一种"他者"的存在，历史文化又是当下的根与魂，是精神家园的起点。体验乡愁是在追寻历史文化的过程中，将"他者"与"自我"融汇在对精神家园的寻求的过程中，从而获得自我的实现，找到情感的归属。因此，乡愁文化旅游是游客在久违的历史记忆里，进行宁静致远的省思，从而收获淡淡的喜悦与温暖。从建筑学的角度来看，乡土建筑记录了悠久的农耕历史发展变迁中的人—地关系，既是农村物质文化遗产的历史见证，凝聚家文化，也蕴含了丰富的非物质文化遗产信息。笔者认为乡愁是农耕文明时期形成的对"天-地-人"的敬畏，呈现在农耕生产和生活的场景中，乡愁不仅是对乡土地理环境的眷恋，也包含了对乡土人文历史、文化传统和社会关系的怀念。它是一种情感化的思念和追忆，是对童年时光、家庭温暖、亲人和朋友的记忆，也是对乡村风景、乡土建筑、乡间田园的情感向往，并由此触发现代人对过去生活的记忆和情感的共鸣，从而唤醒对"美好生活"的向往。

中共中央 国务院《关于做好2023年全面推进乡村振兴重点工作的意见》，强调要立足乡土特征、地域特点和民族特色提升村庄风貌，重新挖掘具有"传统文化基因"的乡村民居的价值，促进农、文、旅融合。云南省人民政府办公厅发布的《云南省农村人居环境整治提升五年行动实施方案（2021—2025年）》，提出了一系列措施来推进乡村绿

1　基金项目：洱海流域农业绿色发展研究院项目《洱海流域农业绿色发展战略规划》课题《洱海流域文化资源保护政策研究》（H20230001）。云南农业大学《城乡规划设计Ⅰ》校级一流本科课程建设（2020YLKC086）。

2　云南农业大学建筑工程学院教授，650201，xmwu01@163.com。
3　云南农业大学园林园艺学院，650201，774134711@qq.com。
4　云南农业大学建筑工程学院，650201，79603629@qq.com。
5　云南农业大学建筑工程学院，650201，2043717715@qq.com。
6　云南农业大学建筑工程学院，650201，1506497367@qq.com。

化美化行动，打造美丽宜居的乡村生活环境。中国传统村落保护强调“完整性、真实性和延续性”，在合理利用文化遗产方面，我们需要挖掘其社会、情感价值，延续和拓展其使用功能，要发展传统特色产业和旅游。

二、 大理古生村乡愁文化发展问题提出

在唐宋时期，大理是国都城所在地，既是边疆政治、经济和文化的中心，也是中印文化、汉藏文化和东南亚文化交流的枢纽，中原地区汉民族文化和边疆少数民族文化的重要交汇点。现在的大理是全国人民心中的“诗与远方”，以风花雪月美景著称。苍山拥有壮丽的地貌和多样的植被，洱海是一座高原湖泊，湿地生态系统丰富多样。2015 年习近平总书记在大理考察时强调“民族地区的重点是发展”，要留住“苍山不墨千秋画，洱海无弦万古琴”美景[1]（图 1）。

图 1　大理苍山洱海山环水抱的人居环境

古生村隶属于大理市湾桥镇中庄村委会，位于洱海之滨鸳鸯洲之上，东临洱海西至大丽路，北靠苍山十八溪之一的阳溪，与新溪邑村接壤。古生村历史悠久，据考证，早在 2000 多年前，白族先民就居住在这里，到南诏、大理国时期这里已是附属于喜洲的一个自然村落。村中民风淳朴，古风长存，文物古迹众多，民俗文化、民间艺术多姿多彩。目前白族人口占 98%，全村辖 5 个社，总户数 439 户，总人口 1864 人，白族占 98% 以上，是洱海边典型的传统白族聚居村落。古生村背倚苍山面朝洱海，位于环洱海生态廊道旅游发展轴线上，苍山、洱海、田园和村舍四素同构创造了中国人向往的“天人合一”精神家园和田园牧歌般的农耕生活方式（图 2）。

图 2　古生村苍山—洱海—田园—村舍—四素同构美丽家园

1. 乡愁文化渊源

习近平总书记曾在 2015 年视察古生村，提出“一定要把洱海保护好”的殷殷嘱托，也提出了“白族庭院式小院比洋楼好，能够记得住乡愁”，因此古生村成为了“乡愁理论”的衍生地。目前大理州各级政府围绕把古生村建设成让人“记得住乡愁”的中国最美乡村的目标，在保护和发展中牢记总书记嘱托，谱写乡愁古生新篇章。

2015 年，古生村被列为国家级传统村落保护示范村，2017 年被评为中国美丽乡村百佳范例，2018 年被列为大理州乡村振兴州级重点示范村，2019 年被评为全国民族团结进步模范集体。特别是随着洱海流域绿色农业发展研究院和 15 个科技小院群的进驻（图 3），古生村被誉为“村子里的大学”，常年有约 100 人、高峰约 300 人的高校师生为古生村带来知识、人才和创新活力，被誉为“院士村”“中国平均学历最高的村子”“村子里办大学”，现已形成“科技、教育、人才”培育基地，随着师生和村民产生深入交流，村民人口素质正在发生重要改变。

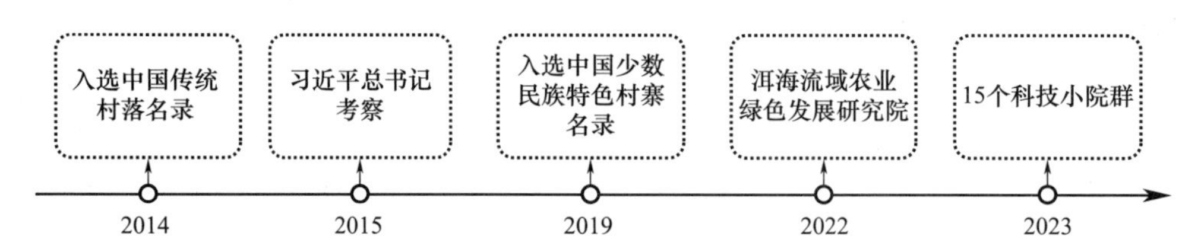

图 3　近年影响古生村发展的重要事件

1　图 1 来源：大理市国土空间总体规划规划（2021—2035 年）。

2. 建筑作为乡愁文化的重要载体

大理古生村具有典型白族村落格局和建筑形态。街巷格局形态清晰，“十”字形主路将村庄分为四个片区，古道为南北向连接凤鸣桥，东西连接大丽路和洱海，小巷将村分为“八甲”，分别叫作一甲巷、二甲巷……八甲巷，“甲”是“保甲制度”遗存。“十”字道路交叉处为四方街中心广场，与周围大青树、古戏台、福海寺、本主庙等共同组成村落中心。广场是人们聚会休息的空间，公共活动内容丰富，具有重要的文化、娱乐、礼仪等功能。大青树（黄葛树），也称“风水树”，在白族人民心中是村寨之神，一般大理各村都有一两株被称为“神树”的大青树，它们的兴旺与繁荣象征着村民的幸福和吉祥。白族村民每逢年节时就会聚集在树下举行祭树仪式，祈求神保佑全村人畜兴旺，五谷丰登。

古生村建筑主体为青瓦白墙彩画，建筑文化遗产系统保存基本完整，已列为文物保护单位的公共建筑有古戏台、本主庙、福海寺、龙王庙、凤鸣桥等（见图4）。古戏台可以追溯到唐宋时期大理宗教祭祀的场域，是村寨重要的娱乐场所，坐落在东西中轴线上，农闲时会在这里上演“白族调子”“大本曲”等。古戏台与本主庙同期修建，为一组布局严整的建筑群，建于清同治六年（1867 年），左画青龙，右饰白虎。本主是大理地区白族特有的文化信仰，本主意即“本境福主”，是一村或几村的保护神。古生村本主庙，内供本主北方多闻天王，俗称托塔天王，名李靖。其来源与大理自古信奉佛教有关，相传原本是佛祖座下的“四大金刚”之一，也是传说中哪吒三太子的父亲，村中百姓每有婚、丧、嫁、娶、建房、做寿、生子、升学、经商、疾病等事，都要到本主庙进行参拜，烧香磕头，祈求平安顺利，每年农历七月二十三为本主节，各家请客如同春节一样隆重。据有关碑刻记载，福海寺在南诏、大理国时期就已存在，是大理地区保存较为完整的三教合一的古寺之一，清康熙年间旧址在此地，供奉佛祖、孔子、老子，目前是全村重要的活动场所。龙王庙相传与唐僧西天取经有关，是远近有名的在洱海边本主节放生的场所。

民居建筑作为村落的基本构成单位，延续和保存了白族传统合院式建筑形式，白墙饰彩画、木雕、砖雕等。传统白族典型的样式为“三坊一照壁”和“四合五天井”，白族合院式民居是中原汉族院落在边疆少数民族地区的丰富和发展，体现了白族崇尚自然、追求艺术、诗书画耕读传家、勤劳修身的优秀文化精神（图5）。目前，传统民居逐渐向现代民居形式变化，结构形式发展为现代钢筋混凝土结构或砖混结构房屋。现代民居虽然基本保留院落形式，受宅基地大小和家庭人口影响，建筑组合出现减少的趋势，形成了“一坊”“两坊”加上围墙、照壁等形成院落。

(a) 大榕树

(b) 凤鸣桥

(c) 广场

(d) 本主庙

(e) 儒释道三圣

(f) 福海寺

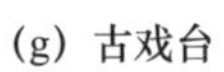

(g) 古戏台

(h) 龙王庙

图 4　古生村公共空间物质文化遗产

(a) 何浚宅

(b) 李德昌宅

(c) 杨宅前照壁

(d) 何宅大门

(e) 杨宅大门

(f) 李宅照壁

图 5　白族民居、照壁和大门

大门和照壁是白族建筑的重要特征。传统大门作为院落的门面，飞檐起翘，气宇轩昂，雕刻、图案和文字装饰精美，现代民居同样注重大门装饰。照壁又称“影壁”，是由“隐避”变化而来，在门内为“隐”，在门外为“避”，后人统称为“影壁”或“萧墙”。西周建筑遗址中就有照壁形象，汉代画像中也有发现，说明照壁历史久远，经久不衰。随着时代变迁，照壁逐渐成为一种建筑空间分隔的普遍做法，居住环境讲求“导气”而不“气冲”，就是门口的“气”不能直冲厅堂卧室，因此正对大堂设照壁，同时也在大门入口或主要道路入口设置照壁，一般不能封闭，从而保持气畅。如故宫的九龙壁、孔庙的“万仞宫墙”等皆为照壁形式。白族民居建筑的照壁通常设置在正房对面，大门主入口面对道路时，也往往设置照壁，或在村口空间中设置照壁避免“气冲”。而白族照壁同时也是家族姓氏文化的物质化传承重要载体，比如照壁中心的文字各姓氏皆有不同，如杨性“清白传家”、张姓“百忍家声”、李姓“青莲家风”、何姓“水部家声”、杜姓“工部家声”，如此不一而足。白族受汉族文化影响深远，保存完整并继续传承，仍然是家文化的重要形式，反映了他们追求美德的家风、家训。照壁的广泛使用说明边疆地区民居对中原汉文化的认同、遵从并不断地继承和发展，是中华民族共同体意识的重要实证。

目前古生村保留的“三坊一照壁、四合五天井”式土木结构老院子尚存有49院，其中挂有古院落保护的有7院，新老混合院落共有74户，闲置危房18处。古院落和古建筑见证了古生村悠久的历史，是农耕文明时期重要的聚落文化遗产（图6），但同时也面临着衰败的风险。

3. 非物质文化遗产是乡愁传承的文脉

大理白族自治州下辖1个县级市和11个县，洱海流域包含大理市和洱源县，白族非物质文化资源非常丰富（表1）。古生村如今仍然活跃着不同节气的文化习俗活动，如兴儒会、莲池会等民间组织经久不衰；龙狮灯、田家乐等民间艺术异彩纷呈；火把节、本主节、接金太娘娘、放生会等民族节日，古老纯朴，独具特色。

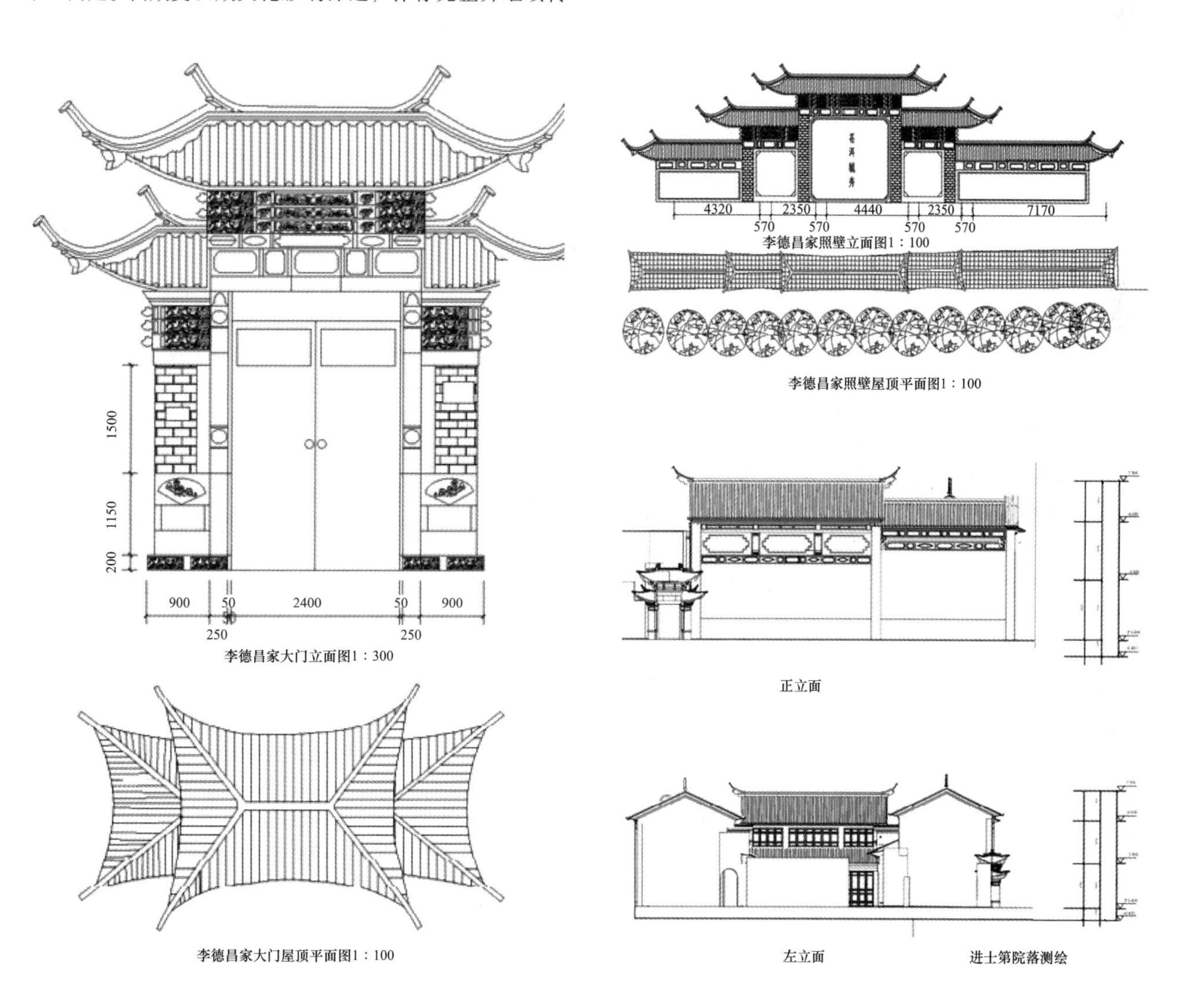

李德昌家大门立面图1：300

李德昌家大门屋顶平面图1：100

李德昌家照壁立面图1：100

李德昌家照壁屋顶平面图1：100

正立面

左立面

进士第院落测绘

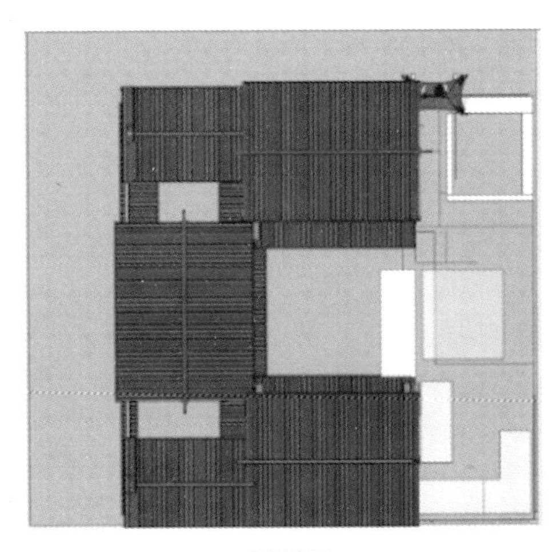
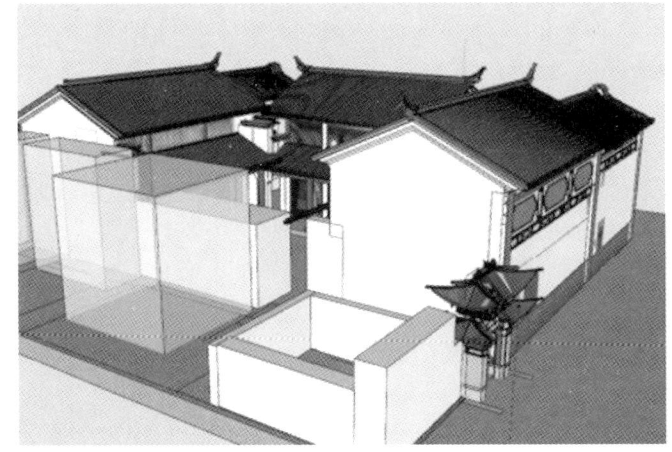

院落俯视图

图 6　白族民居建筑测绘和数字化保护

表 1　洱海流域非遗项目数量及非遗传承人数统计

区域	非遗项目总数/项	国家级非遗项目数/项	省级非遗项目数/项	州级非遗项目数/项	非遗传承人数量/人	国家级非遗传承人/人	省级非遗传承人/人	州级非遗传承人/人
大理州	719	16	59	197	2348	12	134	248
大理市	75	7	15	29	252	4	29	42
洱源县	36	0	2	15	103	0	6	23
洱海流域	111	7	17	44	355	4	35	65

三、 影响乡村产业转型发展的现实困境

在我国城镇化进程中，在人口快速城镇化和洱海保护的双重压力下，产业发展体现了乡村现代化内生发展面临的现实困境。

1. 洱海保护压力下，村民面临生计转型

为了保护洱海，大理市实行“三禁四推”行动，实施农业面源污染控制和农业绿色发展转型，1220 亩（约 81.33 公顷）耕地已经被流转给了大规模农业企业。《洱海流域“十四五”种植结构调整方案》规定：禁止在洱海流域种植大蒜。大蒜是当地农民广泛种植的经济作物之一，具有相当大的产值和稳定的市场，禁种大蒜对农民的经济收入造成直接影响。当地村民为保护洱海，作出了巨大牺牲，古生村人均纯收入低于 2022 年全国农村居民人均可支配收入，为 20133 元。调查中发现，中老年人的困难是他们失去了赖以生存的耕地，无法有效地利用自己的务农经验和技能来维持生活。古生村 70% 的年轻人外出打工，留在村内的也逐渐向非农业产业发展，主要向民宿、餐饮服务转型。

2. 村民将自建房作为未来生计发展的基础

随着科技小院群进驻古生村，村民们看到了发展的希望，自发将自家院落改造成民宿，接待老师和学生入住，以增加收入。村民参与旅游产业的愿望强烈，普遍希望加大自建房面积，并通过出租房屋获取收益。由于洱海生态廊道旅游开发，土地资源和生态资源价值提升，环洱海村民将自建房作为家庭生计的最重要发展路径。

调查发现，建房受到政策刚性制约。由于古生村大半范围位于洱海一级保护区内，《云南省大理白族自治州洱海保护管理条例》规定：“在洱海一级保护区内禁止新建、改建、扩建与洱海生态保护无关的建筑物和构筑物”。自建房具有巨大的市场需求，但同时面临着强拆危险，“拆了建、建了又强拆”是造成村民之间、村民和基层干部之间矛盾的重要原因。由于宅基地的代际继承，村内老院子往往有 3 至 5 户户主，产权关系不清，建筑破损不能得到及时修复，得不到户主后代的保护。挂牌老院子村民不能拆旧建新，也没有新的宅基地，“部分村民甚至故意毁坏挂牌古建筑，以期拆旧建新”，实际上也得不到政府的相关支持。

3. 村庄空心化问题

尽管地处大理市郊，但是古生村的空心化问题也不例外，包含五个维度：①人口空心化，年轻人外出打工，老人、妇女、孩子留守在家中，导致农村人口绝对值减少；②房屋空心化，调查中发现“一户多宅”“宅基地面积过大”等情况突出，有的宅基地面积可达 600 ~ 1000m^2，户均建筑面积 500 ~ 600m^2 常常住 2 至 3 人，闲置土地和房屋资

源无法得到有效利用；③治理空心化，村两委干部由一些老年人承担，老龄化现象使得农村发展缺乏创新、缺乏活力、缺乏动力；房屋建设管理技术力量不足，违建时常发生，村内公共空间利用混乱，如停车占用情况严重；④文化空心化，年轻人成为我国的城镇化进程的主导力量，向城市集中趋势明显，而农村社区活动的青年人参与度低，直接导致丰富的农耕文化和人地和谐的价值观逐渐弥失；⑤产业空心化，村内劳动人口减少直接导致经济活动减少，土地流转造成农民不能参与农业生产，制约了农村经济发展。

综合上述原因，乡村产业不兴旺是导致村庄空心化的根本原因。

四、 农文旅融合发展路径下的古生村文化遗产公园设计案例研究

乡村振兴的关键是产业振兴，本文探讨通过乡村建设项目激活农文旅融合的产业发展路径，主要方法有：①充分利用闲置土地和民居富余空间，深入研究挖掘建筑文化资源和非物质文化资源的价值，通过植入新业态达到活化利用目的；②深入研究苍山、洱海、田园风光等生态资源价值，并将其价值转化为旅游资源；③在洱海保护的前提下，进行资源利用，产业业态以“科教＋农＋文＋旅”配置，以科技小院的高科技人才入驻为引擎，助力乡村振兴、乡愁文化发展和农民增收。

1. 场地现状

李德昌家是习近平总书记到访过的院落，北面与洱海流域农业绿色发展研究院相邻。李家宅院旁的空地（自称是自家宅基地），东面临洱海，但内部杂草丛生，保留着石景、小桥等（图7），总用地面积1.14公顷。该场地2018年前后曾打造为文化公园，但因设计建造及业主自主维护等原因而荒废。在洱海农业绿色发展研究院的支持下，希望通过乡建激活乡愁文化活力。

图7　场地现状

2. 项目策划研究

（1）利益相关分析

在村庄国土空间和洱海保护专项规划政策和法规等约束下，农文旅新型产业空间限制在现状建设用地范围内。项目相关利益主体为高校师生、村民、政府和游客，共同目标在于充分利用古生村的生产空间、生活空间和生态空间，激发空间再生产和空间活力。其中，政府更加强调公益性，通过非物质文化遗产项目，激发了乡村活力，带动了乡村的旅游品牌建设，学术团体增加学术会议和交流活动；驻村师生参与运营，通过科普展览、乡村振兴培训，展示农业科技成果，促进农业绿色发展转型、洱海保护；

游客希望在有故事的地方体验农耕文化、乡愁文化；村民和户主出租房屋可以增加收入，通过保护和修缮，提升传统民居建筑的文化价值，增加房屋资产价值，户主既有经济回报和精神上的自豪感，同时荒废的土地和闲置的房产也将得以重新利用（图8）。

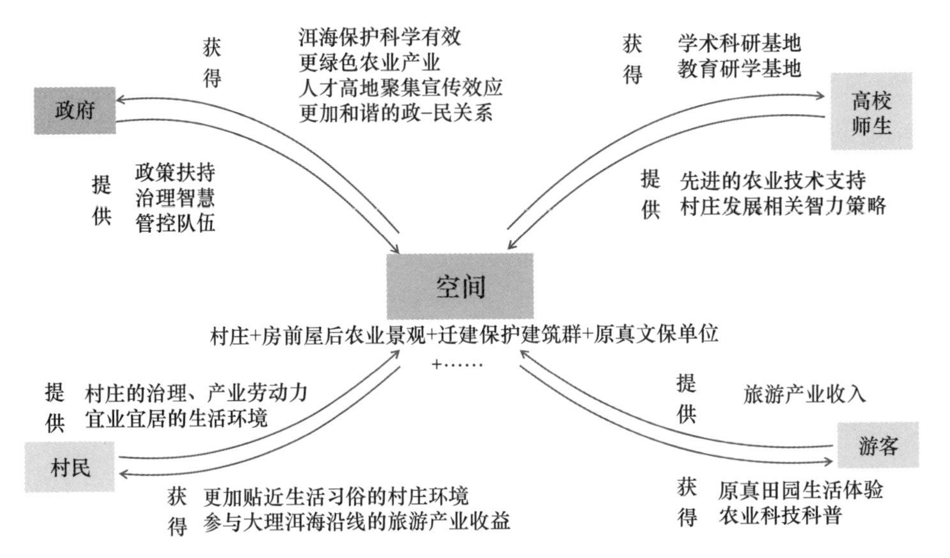

图8　农文旅空间利用与利益相关主体分析

（2）乡愁文化主题和设计理念

本次设计主题定为乡愁 + 非物质文化遗产公园，旨在活化大理州丰富的非物质文化遗产传承活动，通过多个时空、多个场景和多维度的显性化展示，使游客感知传统文化的魅力。风格定位为新乡土主义，考虑大理洱海当地的地域性气候条件，延续白族乡村聚落的历史文脉；采用乡土材料、传统工艺，通过对场地与建筑空间功能、活动事件、尺度、界面研究，从而达到唤醒“场所精神”和建设乡愁景观的目的。

（3）空间场所设计策略

民居建筑文化遗产保护。原李德昌家的白族民居小院，现已命名为“乡愁小院”。改造原则是保护原貌，主体建筑及环境保持不变，同时提升空间功能，将研究院和乡愁小院整体连接使用。

非遗场所空间营造。大理州非物质文化遗产丰富，但是分散在各县各村，本项目试图让游客能够集中领略白族悠久的历史文化，以全年 12 个月时间轴为主线，每月一次活动，集中展示大理州 12 个县市独特的非遗传承活动。具体如下：一月为漾濞县“卢鹿者”；二月为弥渡县“花灯戏”；三月为剑川县“白曲”；四月为大理市“绕三灵”；六月举办祥云县“火把节”；而七月展示鹤庆县“白剧”；八月展示云龙县“耳子歌”；九月展示洱源县“霸王鞭”；十月展示巍山县“彝族打歌”；十一月展示南涧县“彝族跳菜”；十二月展示宾川县“平川狮灯”（图9）。

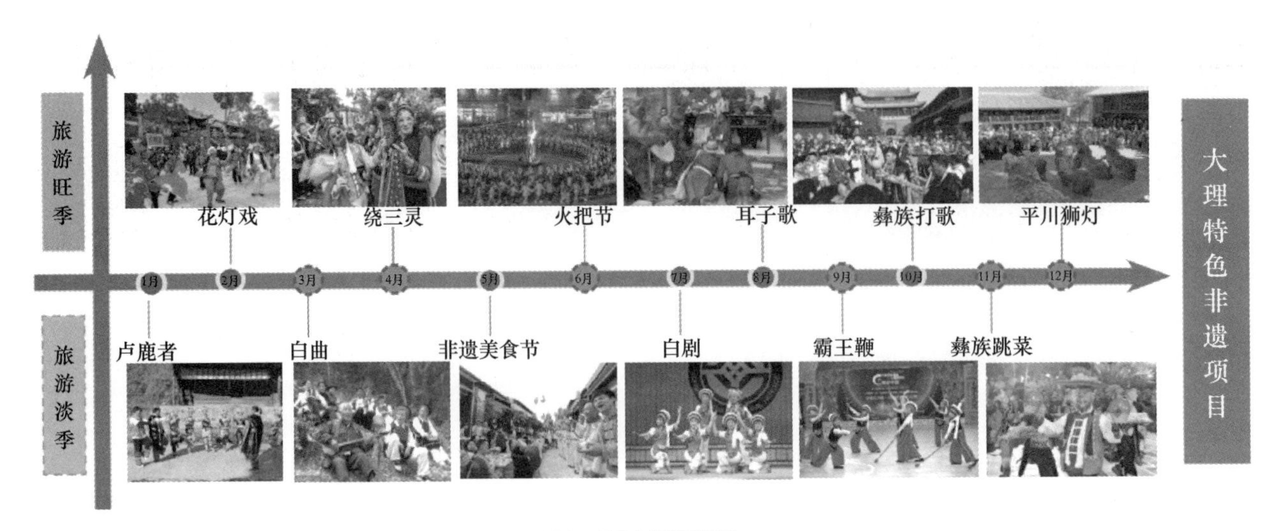

图9　非遗广场活动策划

3. 设计方案

文化遗产公园设置了五个功能区：①绿色农业科研成果展示区；②民居建筑文化遗产体验区；③白族文化体验区，夜晚露天剧场可“仰望星空”观星和星轨拍摄，白天展示白族扎染、剪纸、白剧、彝族打歌等；④白族美食体验区，游客可以品尝到地道的下关沱茶和白族三道茶、乳扇、喜洲粑粑，体验南涧彝族跳菜礼仪；⑤苍洱风光体验区，欣赏苍山和洱海自然生态美景，进行花境打卡等（图 10～图 12）。

经济技术指标表		
项目指标	数值	单位
规划用地面积	11422	平方米
建筑占地面积	2719	平方米
总建筑面积	4215	平方米
容积率	0.369	
建筑密度	23.8	%
绿地面积	3811	平方米
绿地率	33.4	%
机动车停车	5	辆

图 10　古生村文化遗产公园规划总平面图

图 11　古生村文化遗产公园整体鸟瞰图

图 12　“仰望星空”活动场景效果图

五、 小结

乡村振兴中，对产业结构的调整成为关键因素，应深入挖掘传统文化集中连片地区中的文化资源价值，合理利用政府、科技小院、村民、游客等四方力量，以科技小院集群为契机，以乡愁文化为切入点，营造以“科教＋农＋文＋旅”融合产业发展模式，推动农、文、旅、科教融合促进乡村产业升级转型的路径。

本项目研究是在充分调查的基础上，盘活村内闲置土地和民居富余空间，在山水生态环境方面，以苍山、洱海、蓝天白云和星空的在地生态环境价值为基础，在建筑文化和非物质文化方面，挖掘白族民居建筑文化价值，还原非物质文化遗产传承的场所空间，最终达到在保护洱海前提下，使村民过上“甘其食、美其服、乐其俗”的美好生活，也使外地慕名而来的访客、研习者和考察者体验乡愁文化及美好的生活。

参考文献

[1] 刘清．文化旅游如何记住“乡愁”？——历史文化品质打造的必要性问题［C］//中国旅游研究院．2021 中国旅游科学年会论文集：新发展格局中的旅游和旅游业新发展格局，2021：7.

[2] 云南省农村人居环境整治提升五年行动实施方案（2021—2025 年）［J］．云南农业，2022（7）：10-13.

[3] 王以志，范建华，邓启耀，等．中国白族村落影响文化志——古生村［M］．北京：光明日报出版社，2012.

[4] 李向北，王尽遥，范鹏．云南大理喜洲镇白族传统民居建筑色彩研究——以严家大院为例［J］．民族艺术研究，2013，26（6）：133-137.

[5] 张海超．建筑、空间与神圣领域的营建——大理白族住屋的人类学考察［J］．云南社会科学，2009（03）：84-88 +94.

[6] 杨荣彬，车震宇，李汝恒．基于乡村旅游发展的白族民居空间演变研究——以大理市喜洲、双廊为例［J］．华中建筑，2016，34（3）：162-165.

[7] 周华溢．大理喜洲白族建筑照壁装饰及文化内涵［J］．装饰，2016（2）：140-141.

[8] 云南省大理白族自治州洱海保护管理条例［N］．大理日报（汉），2019-11-15（002）．

[9] 段家芬．劳动力转移，人口“空心化”与农村土地规模化经营研究［D］．成都：西南财经大学，2013.

[10] 王莉琴，胡永飞．乡村振兴战略下休闲农业与乡村旅游高质量发展研究［J］．农业经济，2020（4）：57-58.

[11] 赵玉中．民俗类“非物质文化遗产”的保护与传承——以大理白族“绕三灵”为例［J］．昆明理工大学学报（社会科学版），2013，13（3）：92-97.

历史建筑保护利用的产权认知

徐进亮[1]

摘　要：产权作为历史建筑保护利用核心环节，是资产管理的核心，也是处理利益冲突、合理利用的基础。明确界定、约束与规范行为规则，引导人们的权衡选择，推动资源的优化配置，鼓励创新尝试，深化文物保护利用体制机制改革，是推动历史建筑保护利用可持续发展的途径。

关键词：历史建筑保护利用；产权

一、 引言

历史建筑作为历史长河保留下来的物质遗存，体现了一种延续历史文化、艺术价值的特殊意义。历史建筑毕竟经历了长年的风吹雨打，年久失修、破损不堪的情况较为普遍，在现代社会城市建设更新中成为另类存在，其保护利用的冲突现象随处可见，主要表现为规模拆除或是过度利用。正如2018年中共中央办公厅、国务院办公厅印发的《关于加强文物保护利用改革的若干意见》中指出的："当前，面对新时代新任务提出的新要求，文物保护利用不平衡不充分的矛盾依然存在，文物资源促进经济社会发展作用仍需加强。"

二、 产权的经济规则

解决问题的前提是要找到产生问题冲突的根源。历史建筑承载蕴含着特殊的历史文化信息和价值，但历史建筑占据的地段往往优越稀缺，带来建筑空间有限、配套堪忧、实用性不够的问题。因此，除了一些必须保护的重点文物建筑以外，城市管理者需要面临权衡——"是保全这些特殊历史文化信息与价值、放弃稀缺地段，还是旧城改造推平重建、放弃历史建筑或街区"。由于土地财政的快速发展，城市管理者通常选择"能拆就拆"。如果"不能拆"，要么选择"不理"，等待破败不堪的老建筑自然淘汰；要么选择"用足"，尽力挖掘历史建筑特殊价值与社会影响，用于商业运营。带来的结果是老街人满为患，古城严重商业化，文化遗产成为当代人敛财的工具，严重影响历史建筑本体及环境的保护管理。

如何做到合理平衡？我们需要认识到历史建筑被拆除破坏或过度利用的根源，是其蕴含的特殊信息价值与其所处的地段空间稀缺性所产生的选择性冲突。这种冲突源于资源稀缺，各方利益人基于期望的额外收益和成本做出自身认为的最优抉择。保罗·海恩[1]阐述了经济学思维原理是所有社会现象均源于个体的行为与互动，在这些活动中人们基于期望的额外收益和成本进行选择。人们按照自己独特的资源和能力，追逐特定目标，对别人的利益与影响不管不顾。但是个体层面上的利益最大化，由于缺乏专业化的协调，到群体层面上就会互不兼容。事实上，人们在经济社会中要实现自己的目标，一定要引入相互协调、退让与合作的优化思维。优化是稀缺性约束下的选择行为，实现优化需要参与协调来应对，通过调整方案实现合作共

1　教授级高级工程师，东南大学建筑遗产保护教育部重点实验室特聘研究员，苏州大学文化遗产"一带一路"联合实验室特聘研究员，210018，ijl@tyb-dc.cn。

赢。因而大部分社会互动需要参与者解决利益冲突所依赖的合理方式最终是由一套清晰的、被参与者普遍接受并遵守的“规则”塑造的。现代经济社会中最重要的规则就是“产权”。基于经济学思维，清晰界定产权，合理配置资源，协调交易费用，能够促进现存稀缺资源的有效利用（使用效益）。产权明确界定谁在法律上拥有什么、交换什么、限制什么，帮助人们澄清不同的选择和机会。

三、 产权的界定与约束

产权是由多项权利构成的权利束，产权界定将物品产权的各项权能界定给不同的法人、自然人或团体等主体，主要包括两部分：第一是产权的归属关系（界定归属），对目标对象现行法定产权性质、内涵等进行进一步明确；第二是在明确产权归属的基础上，对物品产权实现过程的各权益主体之间的责、权、利关系进行界定[2]（界定约束），对现行法定产权造成的外部性进行制度设置，规范交易费用，以实现外部效应的内在化。通过设置约束条件，提供合理的经济秩序，产生稳定预期，减少不确定因素。

建立产权制度是为了在使用与配置稀缺资源的过程中，规范人与人之间责、权、利关系。历史建筑产权是以不动产作为承载体实现的物权，是财产权在历史建筑不动产的具体化，具有一系列排他性的绝对权；权利人对其所有的不动产具有完全支配权[3]。

（1）按产权主体划分，历史建筑产权可以分为私有产权与公有产权。

（2）按物理状况划分，历史建筑产权可以分为房产权和地产权，二者既可统一又可分离；类似于不动产产权，又有其特殊性。

（3）按权能性质划分，历史建筑产权还可以分为所有权、用益权、租赁权、抵押权、发展权以及相关联的一系列权能。

其中最基本的是所有权，最常见的是用益权。“所有权”是整个产权制度的核心，一般具有绝对性、排他性、永续性三个特征。从产权性质来看，历史建筑所有权主要分为私有产权、公有产权和混合产权。“用益权”是指非所有人对他人之物所享有的占有、使用、收益的排他性权利，常见有使用权、经营权、用益权、租赁权等。从经济学角度看，用益权的出现是社会进步的表现，能降低成本或增加效益，有助于稀缺资源充分利用。法理上，所有权、使用权和收益权可以分离，但在保护学界却有一定争论。有些学者反对分离、有些学者支持分离。从实践操作来看，产权分离总体上有利于历史建筑的保护利用，出现弊端的原因主要是由于各方权责不够细致清晰。拆分其所有权、使用权和监督权时，必须明确界定各方利益人的权益与责任，建立有效的归属机制。

出于保护历史建筑的目的，几乎世界上任何一个国家和地区都对历史建筑的保护利用有严格的限制规定，在法理上属于产权约束或产权限制。具体措施主要是：合理确定保护等级；制定保护规划；严格控制建筑结构、布局、功能、高度、体量、色彩、立面外形以及周边环境要素等；对遗产功能、使用、修缮和改建的限制，例如产权人不得擅自迁移或拆除，所有权人具有管理保护历史建筑责任等。这些保护限制对于使用者行为是一种约束，也是一种保护。只有让使用者充分清晰了解到具体遗产项目关于使用、处置、收益等的权利责任、限制条件、使用年期、鼓励手段与处罚措施，才能一方面使其对损毁破坏的后果产生畏惧，另一方面也会放心使用，大胆投入资金，不至于束手束脚。这样的举措有助于引入更多市场化管理手段，鼓励社会参与，引入社会资金。设置这些保护限制条件，提供合理的经济秩序，能够产生稳定预期，减少不确定因素，减少交易费用。但设置是否合理，这就与政治制度结合在一起。科斯认为“在交易成本大于零的情况下，由政府选择某个最优的初始产权安排，就可能使福利在原有的基础上得以改善；并且这种改善可能优于其他初始权利安排下通过交易所实现的福利改善。”这说明产权制度本身的选择、设计、实施和变革需要由政府来引导，也决定了成本的高低[4]。1952 年以后，许多城市历史建筑被收归国有，然后在不同团体之间根据政治资源进行分配，有些具有历史艺术价值的建筑作为营房仓库，有些历史名人故居却充斥着“七十二家房客”和无序的乱搭乱建；对历史建筑有需求的人无法利用，而普通人却将其作为一般建筑使用，且不能进行自我调整，因为制度限制交易。因此，公共与私有界定得不清晰导致严重的资源配置损失，甚至产生“租值消散”[1]。在交易费用大于零的条件下，不同的产权界定会带来不同效率的资源配置结果[4]。人类社会改善资源配置效率的进步历程是一个交易费用不断下降、资产租值不断上升的过程。因此，历史建筑产权界定与约束机制设置、变革和创新都会有一个不断调整的过程，以适应社会经济发展中历史建筑保护与再利用的需要。

四、 产权的资产化理解

历史建筑在经济市场上不仅是物质状态（Building）下的反映，更是产权权能（Property rights）的经济表现。Property 指具有竞争性的经济物品，称为“资产”。人们在

---

1 租值消散：产权界定不清，公共部分没有排他性，就会成为大家争抢的对象，并带来社会利益的损失。经济学称之为“租值消散”。例如，公共部分自行搭建占用导致物业的整体贬值，就是这“消散”的结果。而要避免“消散”，唯一的办法是将私有房屋的产权界定清楚。

利用资产时，必定要遵循一定的约束性规则。经济学认为资源、资产与资本之间是有联系、并且相互区分的。资源强调的是物质对象的数量、质量与使用价值，包括潜在的与已知的，反映了物质对象的自然性、效用性和稀缺性。资产强调的是资源的权属以及未来的收益形式，反映了资源的排他性、约束性和价值性。资本强调的是有效经营、优化配置，提高盈利能力，以实现增值最大化，反映了资产的增值性、流动性和扩张性。三者存在着继承性递进关系，需要一定条件才能推动实现。资源关注“稀缺”、资产关注“产权”、资本关注“效益”。以资源为物质基础，在明晰产权后，对资源进行量化评估，实现资源向资产的转化，通过市场投资活动实现资产保值增值，如图1所示。

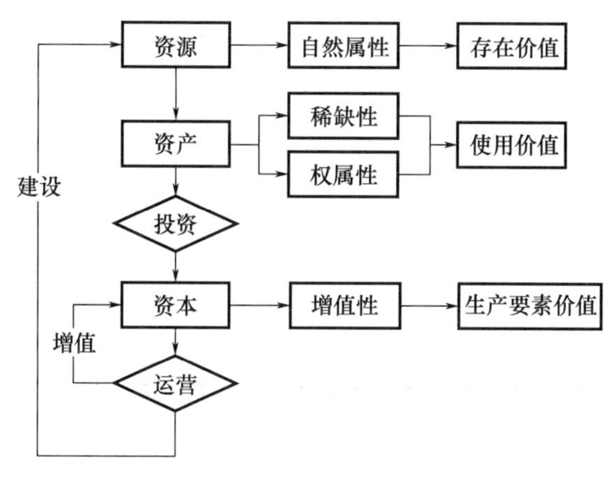

图1　资源—资产—资本的演化逻辑

当前保护学界对历史建筑的“资产”与“资本”的理解经常混淆，特别在文物系统。2018年颁布的《关于加强文物保护利用改革的若干意见》提出了“建立文物资源资产管理机制”，就是准确把握“资产”的科学概念。

历史建筑是前人遗留下来的珍贵财富，稀缺、有用且不可再生，属于广义的资源。文物资源反映的是物质存在，体现其稀缺性和效用性。文物资产反映其权益，体现了排他性和约束性。利用就是在权益约束的前提下，实现效用的手段与方法。资产管理的核心内容是建立完善的产权机制，解决的是产权是否清晰，是否可以转移，如何引导文物保护利用方向和使用功能延续或调整。所以，历史建筑保护利用应遵循保护文物资源、完善产权机制、推动资产管理，需谨慎对待，甚至避免“资本化”。

五、 历史建筑产权管理

市场经济条件下，市场决定历史建筑的最高和最佳利用，也会根据需要进行一定程度的调整，以满足历史建筑社会效益和经济价值的充分体现。但是市场有时也会出现失灵的情况，因此需要政府采用制度或政策手段进行调控管理。

1. 管理越线

法律赋予了政府管理部门作为文化遗产“看守人”的角色，这是为了保护文化遗产这一社会的共同财产，体现社会利益取向。法律同时也赋予了法人和公民对其所有的不动产或用益物权[1]的相关权利，体现保护一切合法财产的宪法精神。如果两者的界线未能明确，公共利益与合法产权利益、文化遗产的保护权利与公民和法人的财产权利的矛盾就会产生，甚至面临相互对立的处境。产权人想对历史建筑进行维修改造，通常会受到保护团体或政府部门的干涉。例如，湖南岳阳张谷英村被公布为重点文物保护单位后，其遗产价值也就被界定为公共利益，政府部门行使保护权力，以致发生了村民张再发因擅自修缮自己的危房而被拘留的事件[5]。

历史建筑有“公共性”特性。无论出于何种原因，关注历史建筑的个人和群体很多，很难做到私有物品的排他性。所谓非排他性是指对物品的自由消费或限制其他消费者对物品的消费是困难的，或是不可能的[6]。如何避免这种对立，科斯认为解决这种情况的根源还是要明晰产权界定，确定相关责任，实现政府、产权人和利益相关之间利益和成本的相互协调补充。

目前，中国历史建筑产权限制（保护限制）的规定仍然不够细致，模糊地带与交叉地带比较多。管理部门公权的自由裁量权过大，甚至有管理部门根本不了解自身的职责范围。比如，某一地区对历史建筑是否能够转让给私有产权人产生争议，原因是会给管理部门介入遗产建筑的保护带来困难。因为产权转让后，管理部门只能从历史文化保护角度提出指导性意见，但不能强制产权所有者接受，甚至提出“当产权所有者与政府在遗产建筑再利用方式上出现意见分歧时，允许政府通过市场寻找更有效率的使用者[7]”。从法律角度来看，历史建筑发生产权转移后，管理部门是否能对历史建筑的使用、经营、处置权等进行干涉，是在转让行为发生时按照契约方式相互规范权利义务而确定的。类似于政府出让国有土地使用权时，列明详细的规划技术经济指标，明确要求开发商不得突破或违反用地规划指标。不接受则契约不成立，与是否可以转让无关。一旦出现分歧，应根据契约约定的处理争议途径解决。如果政府可以责令合法的产权强制转移或分离，那就是走入涉及公权侵犯私权的另一个极端。一个成熟的法律社会，政府部门要严格按照法律规定的范围执行职责，法无授权不可为。

1　用益物权，是指用益物权人对他人所有的不动产或者动产，依法享有占有、使用和收益的权利。《物权法》第117条“用益物权人对他人所有的不动产或者动产，依法享有占有、使用和收益的权利”。

2. 管理缺位

我国历史建筑管理组织模型是一种层级形态的组织结构，即历史建筑管理权是通过行政授权层层传达至下级。但是，这种权力代理容易致使权力的流失与目标的嬗变，最直接的表现案例就是天津市五大道历史街区拆迁事件。尽管有历史建筑保护志愿团队严格保护，也有全国历史建筑保护专家的强烈呼吁，但这一系列行为都无法阻止历史建筑被毁灭。其主要原因就是管理方不作为导致管理的失灵，追责时却找不到明确的管理责任方[8]。比如，上海某一历史街区建筑群为住宅用途的公房产权，一些租户私自改变用途，将其出租给商家进行商业经营，游客与噪声影响到相邻住户，引起纠纷。这个实例就是用益权的滥用，真正受益者是公房原租户与承租人商家，而受损者是相邻关系人与所有权人。公房原租户改变用途实际背离了与所有权人的契约，却未受到限制或惩罚；同时影响了相邻关系人利益，也未给予合适补偿。在这个实例中，所有权人缺位，没有维护自身的合法权益，变相纵容了使用者改变用途或增加租金收益。同时管理者缺位，没有维护合法的产权关系管理，没有对私自改变用途的使用者进行追究，也没有维护社会公正，为相邻关系人争取合法利益。

还有一种现象也要注意。在实际使用中，使用者在名义上未改变用途，而是在中小类[1]用途上进行调整。例如同样属于商业用途，由“心灵书屋”转为“咖啡语茶”，咖啡店有时会提供一些热食，需要火源或强电，对于没有进行专门防火处理的老建筑可能造成极大风险，一旦引起火灾，损失是无法估量的，例如 2014 年云南独克宗古城大火。这种违规现象更加隐蔽，对历史建筑本体及其环境的破坏与完全改变用途是一样的。因此在产权界定时，必须要明确同一用途的中小类别，同时限制不得改变。管理者一旦发现要及时制止，不能由于大类未改变则认为合法。

目前，产权管埋通常针对于历史建筑所有者和相关利益人。然而在实践保护中，实施管理的监督方的越线或缺位引发的矛盾绝对不比产权纠纷少。因此，对管理者的权力与职责的界定与限制管理也是历史建筑产权机制的一部分。

六、 结论

历史建筑的特性决定了其保护利用的复杂性。使用者的积极性与使用效率需要一个完善及有效的产权机制来保证，这是实现历史建筑有效保护和合理利用的基础。历史建筑产权关系如图 2 所示。

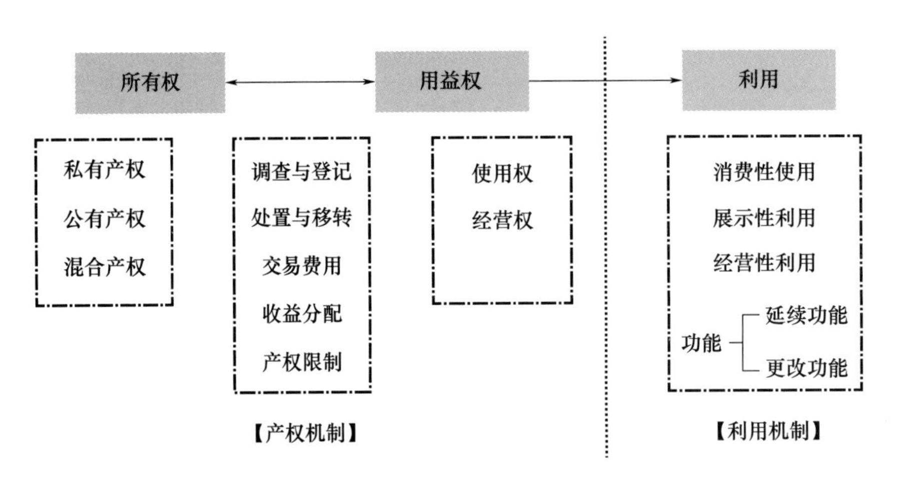

图 2　历史建筑产权关系图

总之，经济学要求人类建立与遵守规则的普遍思维。产权作为经济规则中最重要的部分，也是资源资产管理的核心。明确界定谁在法律上拥有什么，能够帮助我们澄清不同的选择和机会。在自愿的前提下，产权以及衍生权益可以进行交易与分离，获取更大效益。

历史建筑保护利用的最终目标正是要充分发挥其最大效益，包括生态环境效益、社会效益和经济效益。产权越是复杂，越要谨慎，越是要明确留给产权人多少属于自己空间，且不能随意变动。正如苏州古建专家郑志然先生所言：“古建筑中很多也不能动或者不属于我的，都不要紧；但也要明确告诉什么是属于我的，哪怕只有一个小房间；报修时需要提供哪些材料可以通过审批，讲清楚就行”。本文认为，这就是产权存在的意义，也是历史建筑保护与利用的实践工作中利用者与投资者最大的顾虑之一。因此，

1　根据《城市用地分类与规划建设用地标准》（GB 50137—2011），用地分类采用大类、中类和小类 3 级分类体系，城乡用地共分为 2 大类、9 中类、14 小类。

明确的产权界定、约束限制以及管理机制既是推动历史建筑市场转移行为（社会参与）的前提，也是国家文物资源资产管理的核心，还是实现历史建筑合理利用与可持续发展的基础。

参考文献

［1］海恩，勃特克，普雷契特科．经济学的思维方式（英文版 第13版）［M］．北京：机械工业出版社，2016.

［2］魏杰．现代产权制度辨析［M］．北京：首都经济贸易大学出版社，1999.

［3］张杰，庞骏，董卫．悖论中的产权、制度与历史建筑保护［J］．现代城市研究，2006（10）：10-15.

［4］范里安．微观经济学：现代观点［M］．费方域，朱保华，译．北京：格致出版社，2015.

［5］顿明明，赵民．论城乡文化遗产保护的权利关系及制度建设［J］．城市规划学刊，2012（6）：14-22.

［6］梁薇．物质文化遗产的性质及其管理模式研究［J］．生产力研究，2007（7）：63-64.

［7］肖蓉，阳建强，李哲．基于产权激励的城市工业遗产再利用制度设计——以南京为例［J］．天津大学学报（社会科学版），2016（11）：558-563.

［8］张杰．论产权失灵下的城市建筑遗产保护困境——兼论建筑遗产保护的产权制度创新［J］．建筑学报，2012（6）：23-27.

中国传统建筑节能与创新应用

张　勇[1]　徐庆迎[2]

摘　要： 具有中国传统建筑特点的大屋顶有效地起到了隔热保温的功能，隔墙与门窗的设计也起到通风与屏蔽的功能，但是与现代节能保温材料和设备比较起来，仍然落后了很多。本文就如何在传统建筑中应用现代节能技术进行了思考，随着仿传统建筑形制建筑的大量兴起，节能技术也更多地植入进来。

关键词： 传统建筑结构；采光；保温；太阳能；空气能

中国传统木架构建筑是中国历史文化民族智慧和自然情感的传承，是适合当地气候和生活方式的节能建筑。新型节能系统的使用，更增强了传统建筑的生命力。

一、　中国传统建筑的节能要点

中国传统木结构建筑是历经几千年逐步发展完善起来的，从最初的半地穴式建筑，发展到高台建筑，继而形成了完整的建筑体系。根据地域不同，形成了各种风格，台基基础承托木构架结构与非承重墙体，形成了优美的外形轮廓线。尤其是对环境的融合与依赖，造就了中国传统建筑天人合一的艺术境界，同时也充分利用了环境与温度的条件，对传统生活方式起到了积极的作用。

1. 屋面构造

中国传统建筑采用大屋顶形式，尤其是官式建筑，屋顶高高耸起，室内空间开敞。承重与围护结构分工明确，屋顶重量由木构架来承担，外墙起遮挡阳光、隔热防寒的作用。（图 1）

在江西省，很多传统民居采用二层的厅楼住宅，楼上通常用作储藏，存放粮油器物等，一般较为低矮阴暗，不

图 1　河南民权县白云寺建筑

作居室，民间向有“寒热不登楼”之说，这也从一个侧面说明传统建筑对环境温度的适应和利用。

2. 墙体构造

中国传统建筑墙体不承重，这种结构赋予建筑物极大的灵活性，而且有利于防震、抗震。木构架结构比较类似今天的框架结构，由于木材本身具有的特性，而构架的结构所用斗拱和榫卯又都有若干伸缩余地，因此在一定限度

1　山东麓泽装饰工程有限公司总工程师，250100，474271674@ qq. com。
2　中建八局第二建设有限公司装饰公司副总经理，250000，WD98777@ 163. com。

内可减少由地震所引起的危害，“墙倒屋不塌”形象地表达了这种结构的特点。墙体由土砖或青砖砌筑，厚度可达60厘米，保温效果显著。室内的隔扇门属于“门墙”，即用门做墙，有多种形式，如可拆卸的墙、可开启的墙、活动的墙，在中国南方炎热地区使用较多（图2），在炎热的夏天可以增加通风。

图2　江西景德镇民居栈板墙

3. 采光

门窗也作为墙体的一部分，既有通风透光的作用，又起到建筑围护的用途。例如故宫的支摘窗，夏季将外窗支起、内窗打开，既可采光，又可透气。冬季将内窗关闭，外窗放下来进行外围护，起到保暖隔寒的作用（图3），而苏州园林更多采用了与北方支摘窗相仿的合和窗（图4）。

中国南方园林中漏窗的应用是对采光最美的解释，充分利用光影的特点，通过回环曲折的廊庑，营造出移步易景的视觉享受。

图3　北京颐和园乐寿堂支摘窗

图4　苏州留园涵碧山房和合窗

二、　现代建筑的节能要素

1. 保温系统

现代建筑普遍采用物理保温系统，分为内保温和外保温两种，都是将保温材料附着在建筑墙体上，起到隔断内外空气流通从而保温的目的。同时，结合屋面保温层和保护层，以及门窗隔热与密封材料的使用，充分达到保温节能的目的。

2. 采光系统

现代建筑的采光有更多的优势，利用断桥隔热型材，配合LOW-E玻璃或者太阳能系统材料，在阻隔温度传递的同时，还能防紫外线。随着技术的进步，采光系统从最初的木框玻璃门窗发展到金属框架玻璃门窗，又发展到双层玻璃门窗、附加各种功能贴膜的门窗、断桥型材三玻两腔玻璃门窗（图5），发展到现在出现了更加先进的光导管采光材料。技术越来越先进，越来越脱离最原始的隔温采光的单一需求，越来越服务于生活质量。

图5　新建郑州亳都项目大面积采光门窗

3. 太阳能

太阳能是新兴的能源与节能系统，它包含了太阳能发电系统、太阳能热水系统、屋顶太阳能系统、太阳能采暖系统。我们的生活中已经大量的应用太阳能带给我们的生活便利，洗漱的热水、家庭用电，甚至出行的交通工具很多都利用了太阳能的动力。

4. 空气能

空气能是更先进的能源技术，它包含了空气能空调、空气能热泵、空气能采暖、空气能热水、空气能地暖等。虽然技术还没有达到普及应用的阶段，但在未来的发展应该是充满期待的。

三、 如何在传统建筑植入节能技术

“十一五”以来，我国在经济发展的同时，在能源紧缺和环境污染的双重压力之下，节能减排工作得到了政府越来越多的重视。政府在“十一五”期间出台了一系列的节能减排政策，社会各界也对节能减排广泛关注，当前，对节能减排的政策执行情况进行研究变成了学术界的热点问题。

节能减排作为发达国家保障国家能源安全，降低环境污染，减少温室气体排放，确保社会、经济可持续发展的重要措施，得到越来越高的重视。借鉴国外古建筑保护利用的范例，如何在国内传统建筑中植入节能技术也是一个重要课题。

1. 保温系统应用

在北方传统四合院的建设中，为保持传统外观的观感，已经大量应用内保温材料（图 6）。在屋面施工中也植入了保温与防水层，然后再铺装传统瓦件，实现效果与功能双丰收。

图 6　现代合院保温系统应用

2. 采光系统应用

现代建筑门窗生产企业，为适应其在传统民居的使用，开发了很多传统风格的节能门窗材料。在节能技术的支持下，仿古铝合金断桥门窗、木包铝仿古门窗（图 7）、复合材料仿古门窗等大量涌现。

图 7　郑州亳都项目木包铝断桥隔热门窗系统应用

3. 传统材料的改进

传统建筑所采用的材料，在过去几百年都因循古制，劳动密集度高，有些材料的生产对环境污染较大。现在国家支持新技术、新材料的开发应用，传统建筑材料也在变革。例如，传统的火窑黏土瓦已经被建筑灰渣压制、废陶瓷粉等材料代替，目前作为技术含量较高的一类绿色环保建材，其不但可以实现废物利用，同时还可起到改善环境的作用，故相比传统建材更具显著的经济和社会效益。

金属瓦的应用也是一大改进，金属瓦包括锌铝合金瓦、铜合金瓦（图 8）等。金属瓦的最大特点是采用物理安装，能够大量减少水泥砂浆的使用量，可以加装保温层，既环保又节能。

图 8　郑州亳都项目金属瓦与瓦当

四、结语

传统建筑是中华五千年文明留给我们的宝贵遗产，是我国劳动人民在长期的生产生活实践中不断改进发展的技术成果。对其中所蕴含的节能技术进行研究整理，不仅将使我们更全面地了解传统建筑，也必将为现代建筑节能设计提供新思路。我们研究开发传统建筑的节能材料与措施，最终目的是达到古人在营造中“天人合一”的生活理念，这是建筑行业的发展方向之一。

参考文献

[1] 蔡晴，姚糖，黄继东．章贡聚居［M］．北京：中国建材工业出版社，2020.

[2] 李劲松．园院宅释［M］．天津：百花文艺出版社，2005.

[3] 李乾郎．穿堂透壁：剖视中国经典古建筑［M］．南宁：广西师范大学出版社，2009.

[4] 过汉泉，陈家俊．古建筑装折［M］．北京：中国建筑工业出版社，2006.

闽南传统村落空间形态类型学研究
——以漳州市漳浦县为例

杨乐妍[1]　陈　驰[2]　王量量[3]

摘　要： 本文以闽南村落在漳浦地区的空间形态为研究对象，以广泛的实地调研和记录为基础，结合卫星图像和GIS，通过各空间形态特征因素的叠合与归类分析，归纳漳浦闽南传统村落的3种空间形态类型，并对各类型特征进行区分和差异化比较，最后总结出影响空间形态及类型差异的影响因素。

关键词： 漳浦县；闽南村落；空间形态；建筑类型；影响因素

漳浦县，隶属于福建省漳州市，位于漳州市东南沿海，下设17个镇、4个乡，另有少数盐场、林场等。唐垂拱二年（686年）时设立漳州，漳浦始附州为县。漳浦县负山面水，自然地理环境优越，素有“金漳浦”美称，自然用地为“六山二水二分田”，独具山海田优势。漳浦县优越的地理条件、悠久的历史文脉、闽南族群的宗族社会特性、农耕与海洋文化等因素，使得漳浦闽南传统村落形成了独特的空间形态特征及类型。本文由宏观的村落实地调查记录出发，分析漳浦县闽南传统村落的空间形态及空间形态类型特征，并总结其内在的自然、文化、社会等多重影响因素。一方面是对漳浦县域内传统村落形成较为系统全面的形态解读梳理；另一方面，借此对漳浦县地域环境、闽南宗族文化、区域文化融合等方面形成由浅入深的整体认知，丰富闽南传统村落形态研究的多样性。

一、　漳浦闽南村落空间形态及分布调查

秉持调查与研究相结合的科学方法，认识和了解漳浦的闽南传统村落，在对其空间形态的实地踏勘和资料收集的基础上，有针对性地选取漳浦县域范围内村落风貌保存相对完整的253个村落，根据传统村落空间形态的一般性特征，并结合实地调研对漳浦村落的认知，重点对漳浦闽南传统村落的自然环境、形态格局及建筑类型3个方面的多项特征进行调查记录和资料搜集，结合定性和定量的方法统计出漳浦县具有典型特征的村落样本（表1），并得出初步结论：

（1）平地而建，滨水而居。漳浦县多丘陵地带，海拔不高，地势较为平坦，村落选址和建造受地形限制较小，因此村落的分布范围较广且数量众多；同时考虑到减灾和生产生活需求，村落整体沿河流和沿海分布，通过核密度分析发现靠近旧镇港、佛昙港和赤湖溪下游平原的村落聚集密度最高，大多数村落一侧临近河流或海湾填海造田，发展渔业，建造盐场，形成了“厝—田—水”的空间序列。

（2）点状分布，面状展开。以行政村为单位，从村落整体的形态格局来看，许多村落包含多个散点分布的自然村，以一条或多条道路串联，呈现网络状或树枝状分布的形式；内部街巷交错，建筑的体量不大，规则有序排列，建筑布局可以分为面状、带型、组团散点型3种类型，占

1　西南交通大学建筑学院本科生，361001，2273761859@ qq. com。
2　厦门大学建筑与土木工程学院研究生，361001，3324677898@ qq. com。
3　厦门大学建筑与土木工程学院副教授，361005，leonwang@ xmu. edu. cn。

比最大的村落类型是面状，建筑在平地上较为整齐地排列。

（3）民居建筑类型以三合院形式为主。整体平面形制可概括为“三间两伸手”，即中间正屋为祭祀先祖的厅堂和用于居住的正房，两侧厢房通常作为厨房、杂物等功能性用房，与大门共同围合形成内部的天井院落环境。许多村落以家庙宗祠为中心，建筑通常为四合院的形式。此外明清时期许多村落常受倭寇海盗侵扰，因此少数村落建有防御性的土楼或者城墙，在外敌入侵时作为防御和临时聚居的场所。

表1 漳浦闽南村落空间形态特征调查

序号	特征类型	特征因素	具体特征表现
1	自然环境	地形地貌	山谷盆地、丘陵盆地、河谷盆地、丘陵平原
2		河道宽度	一级：>100m；二级：>50、<100m；三级：>10、<50m；四级：<10m
3		河流流经形式	无、一侧相邻、穿村而过、绕村环转
4	形态格局	村落规模	大型：≥10公顷；中型：>5、<10公顷；小型：≤5公顷
5		街巷形式	无、≤3条、多条交错
6		建筑布局形式	带型、散点、组团、面状
7	建筑类型	主要建筑形式	土楼、城堡、横堂屋、官厅大厝、洋楼、围屋

二、漳浦闽南村落空间形态类型及特征分析

1. 空间形态类型

漳浦县具有丰富的闽南地域文化，其独特的村落空间形态反映出了历史、地理、人文等多方面的影响。在前文调查研究的基础上，对漳浦县村落空间形态各项特征进行叠合与归纳，初步总结出以下3种村落类型：

（1）面状村落：面状村落多位于地势低平的滨海平原和盆地，内部空间紧凑、街巷交错，耕地资源丰富，家庙祠堂是村落的核心空间，位于村落的中轴线上，这些村落通常呈现出“街—巷”的空间结构，街道为主要交通道路，巷道则为居民生活和生产的辅助空间。

（2）团块散点状村落：组团散点状村落多位于小盆地及较缓的坡地等，靠近河流和道路。村落的空间形态较为自由分散，各个的自然村之间彼此由多条通车路相互联系，各自的房屋建筑又呈组团的形式排列，呈现出“大分散、小聚居”的空间形态，形成一种自然和谐的乡村景观和风貌，例如赤湖镇后湖村等。

（3）条带状村落：漳浦县临海，因此有些村落临近海岸线及海湾或坐落半岛。这些滨海村落通常以渔业为主，兼顾农业和手工业。由于地理环境独特，它们的空间形态也具有明显的海洋文化特征，街道沿海岸线延伸，建筑布局也呈现带状延伸的特征形式。

总的来说，漳浦县闽南村落的空间形态多种多样，反映出该地区的独特地理环境和丰富历史文脉。这些不同的空间形态也体现了人们在适应和改造自然环境的过程中所展现的智慧和创造力。

2. 与地形关系

漳浦地形地貌特征丰富，地势西北高、东南低，呈阶状延展，依次呈现为山地—丘陵—河谷盆地—滨海平原—滩涂—岛礁的特征，不同的地形对于村落用地存在不同程度的影响。村落的空间形态出现了三种形式：面状、团块散点状和条带状。面状村落用地开阔，地势起伏平缓，与河流的关系为一侧相邻；团块散点状村落多分布于丘陵地形，用地面积减小，坡度变化较大，常分散于河流、道路两侧；条带状村落或依山脚等高线排布，或依河流走势延伸，用地条件不尽相同。

3. 街巷空间形态

街巷作为村落形态内部的支撑和骨架，漳浦村落的街巷空间形态主要受到自然环境、民系属性、地形地貌、历史文化和传统建筑等因素影响。由于漳浦地区历史上受到不同民系的影响，村落的街巷空间形态也表现出不同的特点：

（1）轴线式街巷：在一些地处山地、较偏僻或是有溪流穿过的村落中，街巷空间往往会呈现出轴线式布局的特点。以一条主干道贯穿整个村落，轴线单侧或两侧分布着建筑、节点和公共空间，这类街巷往往会出现在带状的村落之中。

（2）网络式街巷：在大部分形态为面状的村落中，街巷空间往往会呈现出网络式布局的特点。以多条小巷、支路和通车路组成一个网络，将村落的居住建筑、公共空间和节点的各个部分联结在一起，往往形成较窄的街巷，路面材质也多为土路，只能容纳1～2人并排通过，建筑的前后方作为主要交通街巷则更加宽敞。主要的街巷空间结构为“建筑—路—建筑”的形式。

（3）混合式街巷：在一些村落中，也可能会同时存在以上两种布局方式，形成混合式的街巷空间形态，空间结构较为错综复杂。混合式街巷常见于团块散点状的村落中，这些村落各组团之间由几条通车路相互串联，有的组团顺应山势和溪流，形成轴线式的街巷，有的面状建筑群则形成网络式的街巷。

同时，漳浦典型的街巷交错式村落的空间肌理，总体表现出内向型的空间形态特点，建筑群组合呈现出向心的形式，建筑之间紧密排列，街巷被建筑左右围合，呈现出

一定的封闭性和边界性，与传统的街巷式的空间肌理相吻合。

4. 建筑类型

漳浦地区的基本民居类型为合院式与从厝式，合院式具体有“爬狮”和“四点金”的形式，爬狮也被称为“抛狮”“下山虎”“三间二伸手”，是由三开间或五开间的正房和两侧单间的榉头组成的三合院，因其形状如虎如狮而得名，与泉州和厦门地区的三间张和五间张榉头止民居基本类似，同时也和潮汕沿海地区的民居形式相类似（图1）。

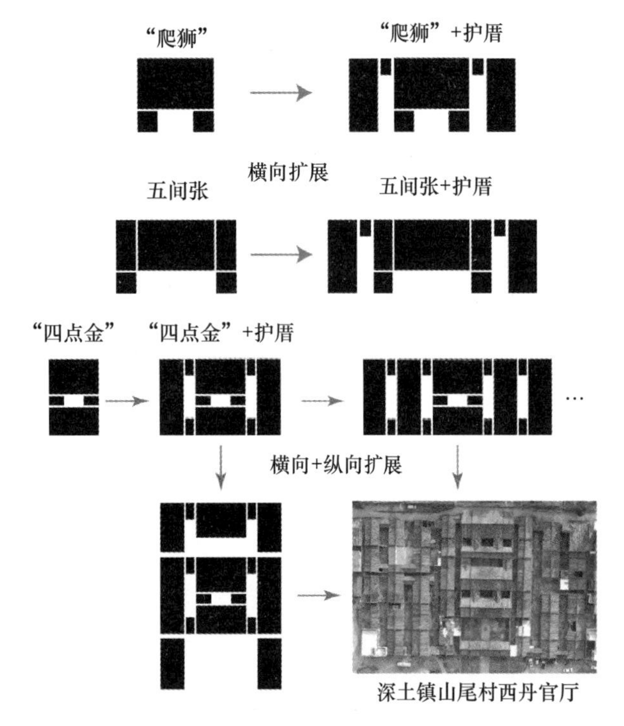

图1　民居建筑扩展形式

“四点金”，是在“爬狮”的基础加上前厅前房而组成的四合院，“四点金”的正房有五开间和七开间，作为村落核心的宗庙类建筑多采用这种平面形制。“四点金”沿横向和纵向发展就形成多座落与多列护厝的形式，沿轴线上依次是前厅、中厅、后厅等。基于以上两种基本类型，通过横向和纵向扩展的方式形成多重院落，满足家族人口增加的需求，例如深土镇山尾村的西丹官厅，主体格局为九落五进的布局，从厝与府第之间相互连通，便于家族内部的人际往来，整个建筑是典型的闽南古民居式风格，又有独特的营造工艺（图2）。

此外，漳浦也有许多独特的生土建筑。据《漳浦文化志》记载，该县现存62幢土楼和土楼遗址，其中可查到的明清时期建造的土楼有33幢，它们形状各异，造型独特，是独具地域特色的文化结晶，蕴含了当地的自然环境、风俗习惯和人文特色。

漳浦土楼的夯土墙与永定、南靖等地的不同，是用三

图2　深土镇山尾村西丹官厅

合土掺糯米和红糖水进行夯筑，坚固无比，墙头呈现女儿墙或城垛的形式，没有巨大的屋顶遮盖，墙脚用花岗岩条石砌筑，高度不一，犹如坚固的城墙和碉堡，如深土镇瑞安楼的墙脚条石高两层楼，适应漳浦沿海多台风的气候环境，历经百年的风雨侵蚀仍保留完好；前亭镇的大安楼是唯一全部采用条石建成的圆楼，墙体平整坚固，严丝合缝，是漳浦土楼中的精品和特例（图3）。

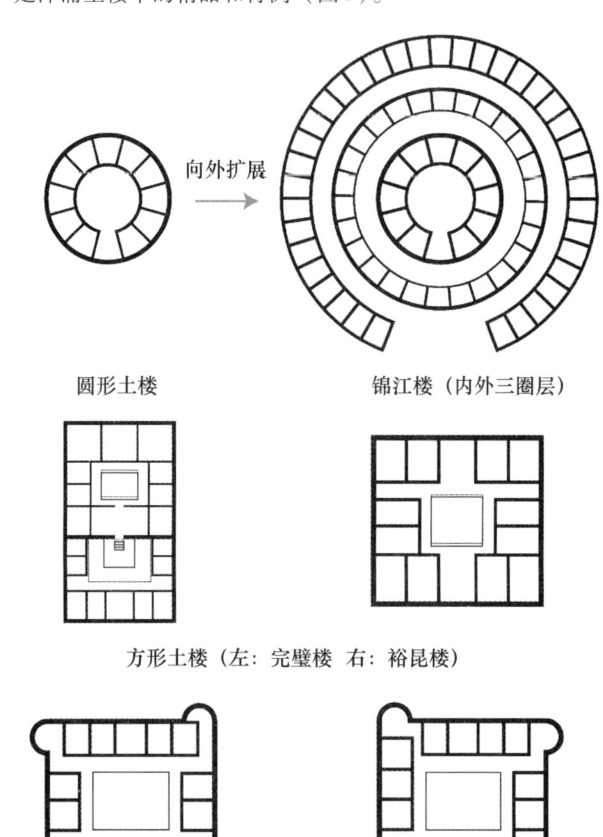

图3　土楼建筑类型

基于以上不同的建筑类型，整体来看漳浦县村落的建筑类型以合院结合护厝的形式为主，村落规模大小由单体

建筑数量决定，建筑组合依据自然条件和社会文化等因素自由组合；土楼建筑多分布于村落规模较大，人口数量较多的面状和团块散点状村落，也有少数建于山地之上，与村落空间形态联系不强。

三、 漳浦村落空间形态及类型影响因素分析

通过实地调研和查阅资料，挖掘影响漳浦的村落和建筑空间形态呈现出以上特征和类型的深层因素，发现这些村落因其所处的地域环境、闽南文化、海洋文化、宗族社会等的影响，形成了不同的文化属性和多样的空间形态格局。比如土楼、城寨、府第、民居等类型各异的传统建筑，体现着地方传统文化、建筑艺术和古厝空间的历史格局，传承着以古老建筑群落为主体而形成的一种人与自然和谐相处的文化精神和空间记忆。

1. 源起：中原文化和海洋文化影响

闽南自古以来就处于封建王朝权力控制的边缘地带，海洋文化得到长远的发展，从秦汉时期开始，中原汉民向南迁居避难，由此，中原文化在此生根发芽，与本土文化相互交流融合，形成了特色的闽南文化。一方面，漳浦的村落以宗祠家庙公共空间为核心，民居建筑遵循中国传统建筑中轴对称的布局特征；另一方面，与北方传统的合院民居相类似，漳浦大厝的天井同住宅面积相比，所占比例较小，且民居群紧密排列呈面状的组合方式，这与当地沿海气候和民风民俗相关。

2. 基础：自然环境和生产影响

漳浦县负山面海，山脉分为梁山山脉和石屏山山脉，各分出支脉，延伸到海滨。溪涧水源丰富，县境海岸线曲折绵长，凸出部分形成古雷、六鳌、整美 3 个半岛，凹岸形成古雷湾、将军澳、佛昙湾等垵澳，渔产丰富；有下寨、旧镇、佛昙等港口，通航海内外。境内各山脉之间为大小不同的平原、盆地，其间夹有许多丘陵。

同时，漳浦人民根据所处居住环境和生产生活需求，因地制宜地建造与地理环境相适应且符合当地审美观的民居建筑。例如漳浦盛产石材，由于降水量大，为防止雨水浸泡，基础多采用石材，土楼也多按照洪水位采用高大的花岗岩作为墙脚，坚固美观。

3. 融合：多元文化渗透影响

行政隶属、地理位置邻接而导致的不同区域族群文化渗透，也是漳浦闽南村落空间形态及类型的重要影响因素。漳浦向内陆封闭和向海洋开敞的地形，沿海优越的地理环境，使漳浦人通过海运同南洋海外文化得以接触，并通过华侨返乡建设的方式将海外文化融合当地文化折射在建筑形态上，如佛昙镇的芙蓉楼结合了中式的合院和洋楼的形式，开创了漳浦中西合璧民居的典范。

4. 内涵：宗族社会形态影响

古代家族一直保留着“同炊共财”的传统和风气，家族组织包括“同炊共财”的家庭和“分居异财”的宗族的形式。宗族制度构成了闽南传统社会秩序和文化认同的根基，因此，漳浦的传统村落构成了凝聚力强的血缘社会。漳浦传统村落形成了统一的信仰、民俗、村规民约、思维逻辑等社会秩序，与独特的自然地理条件，长期以来形成的政治、经济、文化环境和内部的社会秩序共同作用于漳浦传统村落的文化属性和空间形态。

四、 结语

传统村落的空间形态特征强调地域性，无论是地域的自然地理环境还是地域的内在文化脉络，都是空间形成和发展的关键因素。漳浦作为闽南文化的千年古县，除了闽越先民自身所携带的文化基因和中原汉民南下所形成的文化性格外，漳浦的地域性要素是其所包含的闽南传统村落空间形态形成并区别于闽北、闽中及其他闽海民系传统村落的内在深层原因。漳浦县域范围内的区域地理文化经济差异，使村落空间形态间进一步产生了划分，形成了多种形态类型和特征。

参考文献

[1] 方荣和．漳浦县志［M］．北京：方志出版社，1998.
[2] 黄汉民．福建土楼：中国传统民居的瑰宝［M］．北京：生活·读书·新知三联书店，2017.
[3] 张杰，庞骏．移民文化视野下闽南民居建筑空间解析［M］．南京：东南大学出版社，2019.

基于《诗格》“三境”视角的园林假山分析[1]

徐永利[2]

摘　要： 唐代王昌龄《诗格》提出山水诗创作的“三境”，与传统园林假山的营造意匠有相通之处。本文借助身体与行为视角，对园林假山之物境、情境、意境进行了分析与综合，并认为这种创作模式普遍存在于诸多典型江南园林假山案例之中。从而在画论之外，基于传统诗词创作模式建构出园林假山意匠的其他解读视角。

关键词： 物境；情境；意境；园林假山

“意境”一词是讨论江南园林空间的常用语，在古代较早见于唐代王昌龄《诗格》的“三境”：

“物境一。欲为山水诗，则张泉石云峰之境，极丽绝秀者，神之于心。处身于境，视境于心，莹然掌中，然后用思，了然境象，故得形似。情境二。娱乐愁怨，皆张于意而处于身，然后驰思，深得其情。意境三。亦张之于意，而思之于心，则得其真矣。”

山水诗是高度抽象的语言艺术，相比之下，虽然假山属于具象的存在，但其营造又本于自然，与诗一样都是涵化山水的体味，假山“意境”的生成同样是一个抽象升华的过程。《诗格》“三境”之说或可对理解传统假山意境之营造有所启示。

一、物境：视境于心，了然境象

1. 境与象

作诗前提是“神之于心”“视境于心”，方可展开“了然境象”的“用思”，因此起始于具象思维；假山对于真山意象的建构同样如此，略不同的是假山乃感官的真实代入，起始于具象感知。山水诗在“物境”层面的目的在于完成“形”的内心建构，即语言带来的画面感，而园林假山的意象则通于视觉。江南本有“泉石云峰之境，极丽绝秀者”，假山之“象”来源于可静观的风物。

2. 境与心

“了然境象”，是指“心”之了然。园林假山之“假”，除了它是人工堆叠作品这一本质属性之外，也反映在山体尺度与肌理构造特征上。束缚于庭院，山体尺度可谓“一卷代山”，实反映人间山水之全貌，颇有宋画之气势，假山营法也因此与画论相通，山石的肌理构造也堪与各种皴法相对比。陈从周先生《说园》认为“石无定形，山有定法。所谓法者，脉络气势之谓，与画理一也”。计成“不佞少以绘名”，又如张南垣也懂画理。假山营造，发展到明代，早已不是对自然的模拟，其技巧则多取自画意。可见假山“物境”之“了然”，得之于画论、画意之“画”，结果是“得形似”。

二、情境：张于意，处于身

“情境”一词，与心理建构有关，假山的氛围营造基础则是身心的感知能力，虽然呈现出与山水诗不同的技法，

1　基金项目：江苏高校哲学社会科学研究重大项目（2023SJZD119）华严思想对汉传佛教建筑形制影响研究。

2　苏州科技大学教授，215011，gmc2015@126. com。

但同样关乎情感。“张于意而处于身”，由具体的“物境”到身心交融的“情境”，于假山之游人来说，后者起到的是一个感知强化过程。此“情境”于园林而言，非特指“娱乐愁怨”一面，而是指氛围的晕染。

1. 场所之“意”

《说园》认为“园林建筑的顶，假山的脚，水口，树梢，都不能草率从事，要着意安排”，这一要求可从画论角度理解，但如果考虑到游客行为相关性，则“假山的脚，水口”等处的“着意安排”可视为一种场所上的强化。传统山水景观中，往往以牌坊、亭、塔、石刻等人工手段来强化路径节点，尤其要在入山之处形成对景区边界的强调，不但增强其人文内涵，而且赋予游览行为以仪式感。假山的游观行为同样如此。

（1）山体边界

园林号称“移天缩地[1]”。相对于城市环境，园林空间体现出明显的封闭性，庭院内的假山是否同样需要界定一个相对封闭的范围来完成情境营造？假山又是如何标示自己边界的？《园冶·掇山篇》提出“未山先麓，自然地势之嶙嶒”，似乎假山主体和外围庭院空间之间是存在过渡区的。此过渡区可称为山脚，是直接处理假山与外围（水面或庭院铺地）关系的。“嶙嶒”乃山石突兀之意，《徐霞客游记·游恒山日记》云“望峪之东，山愈嶙嶒斗峭，问知为龙山”，可见“嶙嶒”之麓已截然不同。虽则未必每个假山案例都显见这一手法，但足具代表性的扬州园林假山（图1）、北京恭王府、故宫乾隆花园假山都是有清晰实体边界的，苏州沧浪亭假山也较为明显。

（2）路径边界

一般来说，上山路径与庭园道路（铺地）是一脉相通的，山径作为假山边界的打破者，很可能会削弱而非加强假山的独立性。如果叠山匠不想强调假山边界，当本身山体不大，只是石峰的连绵，亦即不是“大假山”的情况，那么此时或可看作是山麓的过渡。如欲通过路径赋予登山行为一定的仪式感，“大假山”则往往借助入口处理强化假山的领域，形成场所“结界”的仪式意象。路径因此成全了假山，使之不拘泥于依托视觉的造型艺术，从而与文人画相脱离，使之成为三维的“真山”。典型的设置方式有两种：

①以小桥界定起点

假山与庭院以水相隔时，山径的起点多为石桥。环秀山庄山径的起点位于山脚，滨水且连接石桥（图2），登山的暗示由桥、水带来。在苏州张氏义庄当代园林中，也可见此手法。传统文化中，桥的寓意可做多种解读，但无疑都会在游客心中产生既通且隔的空间转换效应。

图1　扬州个园假山边界

图2　环秀山庄假山入口石桥

②以门洞界定起点

这一手法未必会用于山径的所有出入口，但属实常见，且仪式感更强，最典型的如苏州西园寺假山，四个入口全部掇成门洞状（图3），界限分明。类似的还有故宫乾隆花

1　清代王闿运《圆明园词》“谁道江南风景佳，移天缩地在君怀”，虽针对清代皇家，但于江南园林也是相通的。

园、上海豫园（图4）。拙政园部分假山入口也有此现象，不但路径起点遮蔽为门洞，而且铺地也有显著变化。

图3　西园寺假山入口之一

图4　豫园某假山入口

此处所论假山主要指体量比较集中者，不过在布局相对分散的案例中，却有一个极端显著的门洞处理，见于网师园殿春簃庭院紧邻东门的假山入口（图5）。此庭院内山体空间的边界是靠院墙来定义的，类似于壁山性质，却特意树立一处门洞穿入假山区域，毫无实用性，但符号象征作用显著。此处路径入口无非是为假山刷存在感，虽说似是而非，但起到刻意强调场所内外边界的效果。类似做法还见于网师园东北侧梯云室前庭院。

山径的起点区分了外围，划定了边界，虽不一定形成明确山脚，但在空间和心理上均起到屏蔽与隔绝作用。当然并非所有的假山都会如此强调路径入口，如沧浪亭假山便有很多入口，未必全用上述手法勾勒，多半会加以变通。但这种情况中，山体的边界常常较为清晰，只要是体量较大、山体脉络清晰的假山，其集中性已然可以赋予登山仪式感。

2. 身体之“处”

此“处”取“设身处地”之意。身体的感知是假山

图5　网师园殿春簃南假山入口

“情境”生成的前提。假山体验中，登山路径是直接的空间载体。对于身体而言，山径是第一规训者。

（1）路径的尺度与向度

①尺度

尺度是山体与身体的量化关系。尺度变自然山水为“假山”语境，而山径则建立起假山与人体之间的连接。为了完成真实的三维体验，山径首先要满足真实的人体尺度。但这一类型空间最极致处，非但仅容一人通过，甚至宽度远小于正常行走的身体摆幅而使人必须侧行，将山体对人体的压迫放到最大。环秀山庄大假山路径甚至一侧临水，更增强了这种险境体验（图6）。

无论山径疏朗或逼仄，挤压或开阔的空间尺度所带来的节奏变化，都与营造者期待的人体行为息息相关。开敞的小块铺地等观憩驻留节点，由于与窄小山径尺度的对比而有了一种“广场”感，可远观、可俯瞰，身心得以释放，进而从反向强化了前一刻规训行为带来的身体记忆。

②向度

路径向度的丰富性决定了登山行为的丰富性。山径通过台阶实现上下的引导，给身体带来疲劳或放松感，通过尺度的挤压和方向的转折促使游客侧身或转身，将身体的前后左右姿态全部导入登山体验。

路径的向度非只一维，天地四方都囊括在内，巧妙者还会采用螺旋形（如环秀山庄大假山、如皋水绘园现代复建的黄石假山）（图7）路径结构，以强化穿山越水之体验，延宕登顶时间，都可视作是对身体感知的关照。

图6　环秀山庄假山临水路径

图7　水绘园假山螺旋路径

（2）感官的抑制与调动

①视野的抑制

尺度和向度的多维变化带来视线的遮挡与引导，结果是某一时刻某一方向视线的强化，以及其他视角的压抑。在路径主体部分，主导视线的警示与身体空间感知相配合，加强的是险峻的心理感受。

②触觉的调动

山径之上，得到积极调动的是触觉（如手感、脚感），以及身体平衡感。山石之“皴”，本有触感粗糙之意。脚下无论是湿滑的台阶，还是粗粝的花街铺地，都给予登山多样化的体验。手、脚、身体的调动，说明登山是“真实”的。

与“物境”类似，以上讨论均是关于感官的，因身体行为的介入，而超越单一的视觉。无论是边界的仪式感，还是尺度的收放，目的均在于感知的综合与强化，以充分感受丰富的信息暗示，“张于意而处于身”。由物及心，得之于“体”。此“体”，乃主体之“体”，体味之“体”，给出的是“不识庐山真面目，只缘身在此山中”的“情境”。虽非“娱乐愁怨”，但也惊险刺激、舒缓愉悦、情绪起伏，失之不远，结果是“得其情”。

三、　意境：张之于意，思之于心

假山作为三维实体，游人身体可直接介入，继而是身心感受的升华。对于游人来说，画意只是个起始，在画论之外，假山“意境”一定存在着不同于二维造型艺术的三维生成逻辑。

1.“思”的发动

《诗格》之“情境”“意境”都强调“张于意”，前者身体为本，强调空间体验，后者则在此基础上形成对意匠的超越。在此仅举两类典型经营手法。

（1）基于“平行”空间的“思”

前文讨论路径向度时，提到路径的盘旋缠绕，这种设计除了增加体验的丰富性外，常会产生一种两路并行的现象，如沧浪亭（图8）、艺圃、狮子林、个园等多处名园，两路间隔仅一石宽度，不过二十厘米。在这里，空间似乎是平行叠压在一起的，实质是因为时间差，而形成空间与空间的迂回相遇。虽然空间上能够相互看透，甚至游客交错之间可能肢体相碰，实质则为时间所分隔，是咫尺天涯；与游客个人而言，则会惊讶于刚刚走过的山径，与过往擦肩而过。这种平行空间意味着流线的紧密压缩，撩拨着身体与时间的关系。对此的关注，本属于一种当代的哲思范畴，但因其对“身—心”二元框架的解构，而与本土传统美学有所沟通。

（2）基于“透明”空间的“思”

柯林罗在《透明性》一书中提出，当两套体系在同一个节点叠加、彼此渗透，在此节点上，两套体系之间就是透明的。一个十分特殊的案例出现于沧浪亭大假山。山顶、山内并行着两条路径，并均在山体西端形成驻留节点。山顶节点以一口井为路径收头（图9），可透过井口俯瞰山体内部，却正对下部山洞中的另一口水井，似一首回文诗，

图 8　沧浪亭假山平行路径

图 10　沧浪亭假山上下对应井口

形成上下的通透与观照。此处不仅使人想问：是否真正抵达路径的终点？延伸的又是什么？过往花费在路径上的时间意义何在？茫然于山顶环顾四周，又可发现另有岔路可轻松下山，刚才的戏剧性无非是一种“心动”罢了。若从山洞仰望天空（图 10），发现有人正在俯瞰，也必有一番惊讶与意趣。

图 9　沧浪亭山顶通达井口路径

上文所论“平行”与“透明”基本上是与空间相关的一对概念，空间主体仍旧是路径。但从游人行为出发，则可以获得时间层面的视角。虽然两类手法是通过一些具有现代背景的关键词来切入的，但讨论的缘起仍旧在于其对“思”的调动。因好奇而生疑，因“疑”而反思，超越物境与情境的局限。本质上，平行也是为了透明，但又无可奈何。在这里，你似乎要看透些什么。

2. “真”的回归

《诗格》认为，“张之于意而思之于心”，结果是“得其真”。那么，于假山而言，何来其“真”？前述意匠手法或者是仪式象征的延续，或者是符号暗示的满足，但若想触及传统审美意境，仍需从传统审美特征入手来做解释。

（1）整体性思维

新儒家徐复观先生认为“我国的诗歌，则常常是把主观的情绪，通过客观事物的形相以表达出来。由‘情象’与‘描写’的合一，以构成主客两忘，浑茫绵邈的境界……在我国的诗中，并没有主客对立的问题”，这里涉及中国传统思维方式，即整体性特征。于假山审美过程来说，这种整体性表现于以下两个方面。

①“三境”的整体性

《诗格》“三境”是既合且分的套叠关系，顺序可勉强分为：物境在于山前（空间之前），情境在于山中（时空之中），意境在于山后（时间之后）。“物境”本是视觉上的整体把握，边界的仪式化则在身体的行动中强化了“情境”的整体性。情境与物境甚至可以交叠，尤其在入口门洞处、小桥处（尺度与仪式）。从整体性来看，“物境”“情境”分明都是“意境”的前期铺垫，“意境”叠加到前两者的铺垫之上。

②游人视角的整体性

“心之官则思”，“思”是心体感知后的回应，是对具象世界的抽象、超越过程。“三境”之中，《诗格》再三强调用“思”“驰思”“思之于心”。此“心”，乃心性之“心”，平常之“心”，一直是传统哲学的主体范畴。只要存一个“境”字，无一不是与“心”有关，即便画意之“物境”，就创作者而言也是“心物一体”，不过游人之主体性稍弱罢了。

意境来源于“思”，是行动之后的回味。一种特殊的仪式感是通过对山顶中心区域的强调获得的，亦即不强调边界体验，而靠中心来强化场域整体的感知。游人登临山顶休憩之处，或有亭、桌、石凳，同时铺地有变化，晏坐之时获得的是鸟瞰视角、远眺视角。通过瞰、眺与反思，可实现对假山实体的超越，以及“移天缩地到君怀”的整体把握。如果说路径之中给人以“不识庐山真面目”之感，登顶之后山顶的开阔视界，山径封闭、隔绝之后的外放，其意境亦则堪与“一览众山小”的山水诗相比了。

（2）由幻到真

传统的整体视角是一种超越视角。此超越是对物与情的超越，突出的是人的主体性。基于传统文化的人本特征，虽说超越，但不是经由冥想抵达宗教“神”的彼岸世界，而是返归“平常心是道”的生活本身。

①世界的把握

路径的“情境”，无暇顾及假山之外的世界，无形中存在一种区隔。于山顶观望来路与庭院、城市与天宇，俯瞰或远眺，仍旧可感知距离的存在。凭借着这种距离，仅仅晏坐山顶亭中，假山之“假”带来的空间之幻与真的纠结，稍可得到调和。“动亦定，静亦定”，心物一体方有传统意境可言，从而抵达亦幻亦真的审美境界。明代周瑛《壶中丘壑记》以小见大，提出“以天下之理应天下之事”。山顶视野中，假山实体的遗忘，物的消失，体味的是得意忘象的大道。“得其真”，是整体把握之后的安心！

②日常的回归

“路径”是展开“三境”探讨的切入点，但前文关于“透明”的谈论中提到，路径终点是存在消解或者超越的可能的。所以游憩之后，若再做去向的选择，又常常会有直接联通假山之外另一亭台区域的简短路径，以真实的建筑空间来接续（图11），终点于此消失。原路返回是不可取的，不若直接解构。典籍有云“百姓日用即道”，由感官（外界刺激），到仪式（符号暗示），到意犹未尽的审美日常化，全依托于传统文化的身心主动建构。

四、《诗格》“三境”的借鉴价值

1.“画论”之外：创作视角的补充

本质上园林是用来“游观”的，本非限于画论的东西。但画论或画理之说影响广泛，《说园》谓“远山无脚，远树无根，远舟无身，这是画理，亦造园之理”，故此“画论”

图11 环秀山庄临山顶的房山亭

之说尽可不必否认，但画论之外，“诗论”的角度，则因其对具象的超越，更多抽象之谈而值得关注。《说园》“黄石山起脚易，收顶难；湖石山起脚难，收顶易……叠石重拙难，树古朴之峰尤难，森严石壁更非易致”，说的都是山之实体堆叠，本文更多关注路径空间的贡献，兼顾山体与身体，重视行为与复合感受的关系，包括身心的综合感知和意境建构过程，而不仅限于视觉与山体自身法则。

2. 画意之外：“士人”审美的丰富性

就创作者而言，画意本身也会带动一个“物境、情境、意境”的生成过程，但此解读系统中，游人的主体性是被削弱的，处于文本状态的假山，如有意境之美的发现，必是通过游人的感受实现的，自有其“动”的逻辑。因此，营造之外，这种山水意境的解读同样重要。游人的游观过程，是针对假山“文本”信息的反向读取过程，或曰再创作。要求游人像创作者一样通画理，就有些强人所难了。文人的审美倾向主导着江南园林的意趣经营。相关研究中，假山之画意多与文人画的发展相关联，但善画的文人（尤其是退休的士大夫）并不算多，反而作诗是其必备功夫。唐宋以来诗的创作始终是文人审美的一部分，且更具抽象性。文人未必亲自叠山，但其借诗表达山水意境，吟诗唱和之意匠是熟稔于心的，无形中会影响假山的营造与品味。这是园林假山与诗意山水通感的基础。

3. 人工之外：园林假山的自然基础

本文以“画意”对应“物境”，但也承认江南风物的直接贡献。太湖石是得天独厚的造园素材，但单一石料的

“瘦、透、漏、皱”不能带来空间体验，孤峰可能有雕塑感或者画意，却不能产生系统的空间体验。假山的幻真与怪石孤峰的鉴赏是两回事。

身体的规训本不需要画意的培养，儿童面对山石自然具有攀爬的冲动。丘陵山野对身体的规训，是更原始、更有力量的存在基础。江南除了丰富的湖石资源，还存在着与园林假山类似的自然片段，如文人青睐的杭州吴山十二峰（生肖石）、凤凰山月岩（图 12）。天然石峰之间形成对话之势，为身体的介入提供了可能，如此则月岩这一类“真假山[1]”与园林假山的关系便建立起来。看看那些攀爬十二峰的孩子就可知（图 13），那些“真假山”确实是一些先天的基础，是给江南人的厚爱，文化是后来的事。

图 12 杭州凤凰山月岩

图 13 杭州吴山十二峰

1 香港中文大学冯仕达先生观点。

参考文献

［1］张伯伟．全唐五代诗格汇考［M］．南京：江苏古籍出版社，2002.

［2］李渔．闲情偶寄［M］．北京：万卷出版公司，2008.

［3］陈从周．说园［M］．上海：同济大学出版社，1984.

［4］计成．园冶注释［M］．陈植，注释．北京：中国建筑工业出版社，1988.

［5］曹汛．造园大师张南垣（二）——纪念张南垣诞生四百周年［J］．中国园林，1988（3）：2-9.

［6］徐弘祖．徐霞客游记（附索引）［M］．上海：上海古籍出版社，2011.

［7］罗，斯拉茨基．透明性［M］．金秋野，王又佳，译．北京：中国建筑工业出版社，2008.

［8］中村元氏，萩原朔太郎．中国人之思维方法·诗的原理［M］．徐复观，译．北京：九州出版社，2014.

［9］王守仁．阳明传习录［M］．上海：上海古籍出版社，2000.

［10］傅小凡．明代理学家周瑛哲学思想初探［J］．中国哲学史，2008（3）：104.

［11］王艮．王心斋家训译注［M］．杨鑫，译注．上海：上海古籍出版社，2020.

城市更新背景下历史风貌建筑的三维空间重组案例分析

丁 超[1] 彭 涛[2] 邹 会[3]

摘 要： 在城市更新进程中，历史风貌建筑的保护利用结合国际保护理念与经济发展逐渐形成了一条具有中国特色式的保护利用发展道路。研究过程中发现历史风貌建筑所处地理位置十分优越，大多处于闹市核心区，但其土地资源利用集约化程度往往较低。本文通过国内文物和历史风貌建筑的保护利用特色工程案例，在符合国家政策的前提下，提出历史风貌建筑三维空间的重组技术路径，探讨其现实意义，为焕发城市新质生产力提供一条新思路。

关键词： 历史风貌建筑；三维重组；向下要空间；城市更新

《世界城市地区人口统计研究报告》（第 19 版）指出，全球 50 万人口以上城市共计 986 个，总人口 23.63 亿，人口平均密度为 4231 人/km^2，亚洲占比最多，人口平均密度高达 6154 人/km^2。纵观全球，高度城市化及城市平面化规模发展带来各种城市病，如交通拥堵、建筑拥挤、绿化面积少、城市污染严重、土地资源紧缺等（张庆贺，2005），如何平衡城市发展与资源高效利用成为城市建设亟待解决的主要矛盾。对土地资源的集约化利用，提高建筑空间的使用率，着眼于长远的可持续土地利用开发，是长久以来各国解决土地资源短缺问题的有效手段。

一、 中国城市更新进程

1978 年，十一届三中全会制定了城市建设的相关方针政策，拉开了城镇化发展的帷幕（叶明勇，2017）。过去我国大力推动城镇化建设，四十多年间走过了发达国家的百年城市化历程。2022 年城镇化率达 65.22%，步入城镇化发展中后期。

1994 年发布的《国务院关于深化城镇住房制度改革的决定》（目前已失效），代表着我国正式进入城市更新阶段。三十多年来，我国城市更新经历了棚户拆改期、工业厂区改造期、老旧小区改造期及城市双修更新期，城市更新理念从无差别拆除到保留有价值的老建筑再到以活化利用及加固改造为主的城市双修（生态修复、城市修补），保障了城市的可持续及生态性发展，解决了人民的生活品质需求问题，但在保留历史风貌建筑的条件下，如何增加土地利用效率，解决交通拥挤等城市病，盘活现有存量，焕发老城生机成为新的课题（图 1）。

二、 历史风貌建筑的保护利用

16 世纪至 19 世纪，欧洲经历了宗教改革和民族主义运动，英、法、德、沙俄等国家期望通过文物古迹的保护提高文化自信，传承和彰显民族文化，巩固国家统治，巴黎圣母院、国会大厦及大本钟、科隆大教堂等中世纪哥特式建筑大规模修建，主张“风格式修复”的法国建筑师维奥莱·勒·杜克（Viollet le Duc）和主张“原状保存”的英国艺术史评论家约翰·拉斯金（John Ruskin）引领和主导

1 江苏鸿基节能新技术股份有限公司文保部部长，210000，dingdinggo@163.com。
2 江苏鸿基节能新技术股份有限公司特种研究所所长，210000，pengt@hongjichina.cn。
3 江苏鸿基节能新技术股份有限公司技术部部长，210000，zouh@hongjichina.cn。

了最初的西方国家文物保护理念（陈曦，2019）。

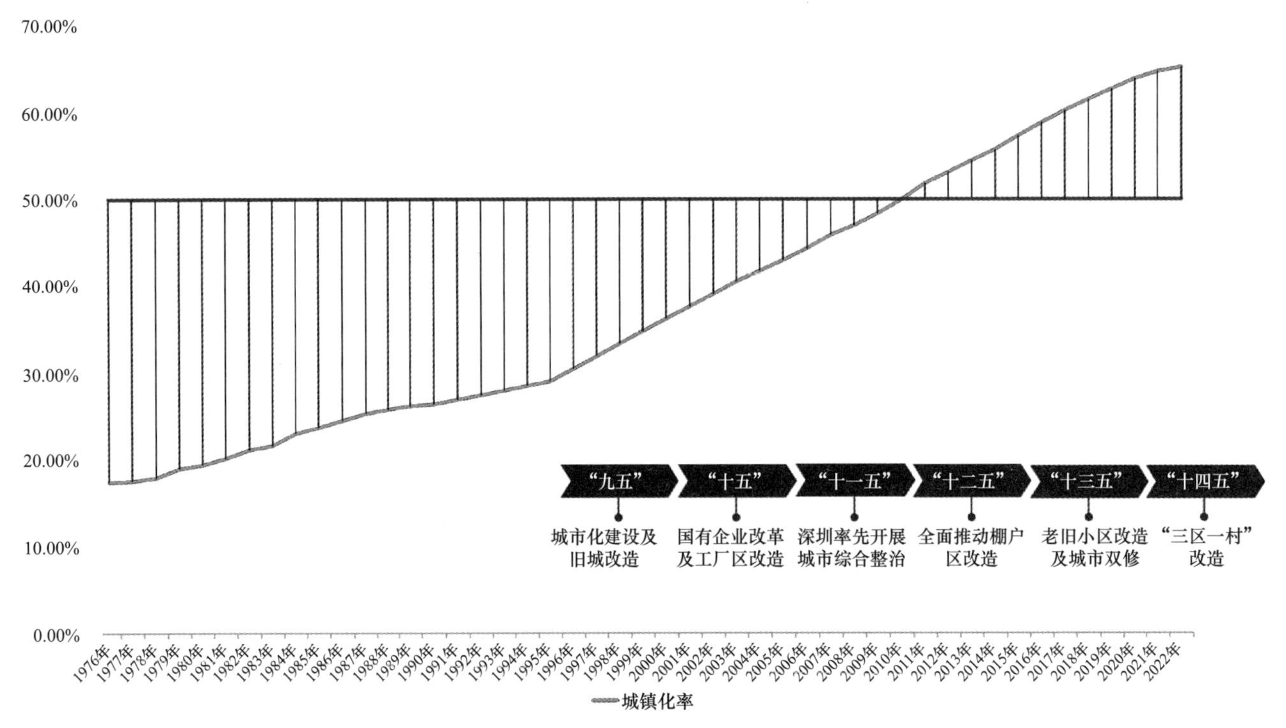

图 1　中国城镇化率与城市更新理念变化趋势

（来源：作者自绘）

第一份国际文物古迹保护文献《有关历史性纪念物修复的雅典宪章》确定了尊重历史原状的保护原则，后通过《雅典宪章》（1931）、《威尼斯宪章》（1933）等纲领性文件奠定了文物古迹保护的两个重要概念——真实性概念和文化差异性概念。《保护世界文化和自然遗产公约》（1972）定义了文化遗产中的建筑群："在建筑式样、分布均匀或与环境景色结合方面，具有突出的普遍价值的单立或连接的建筑群。"《内罗毕建议》（1976）、《保护历史城镇与城区宪章》（1987）、《巴黎宣言》（2011）、《德里宣言》（2017）等体现国际上整体的文物古迹保护理念发生了转变，逐渐与城市可持续发展协同，融入城市规划及更新活化中。

中国对于不可移动文物的保护始于近代。1840 年鸦片战争后，国人开始关注文物保护问题，由此萌发了我国现代意义上的文物保护立法行为。梁思成首次提出"北京城全部"作为保护范围的文物古迹整体保护理念。1982 年，中华人民共和国成立后第一部文化遗产保护法律《中华人民共和国文物保护法》颁布。2007 年，第十届全国人民代表大会常务委员会通过《中华人民共和国城乡规划法》，首次针对旧城区中的历史文化遗产的改建做法，明确应保护历史文化遗产和传统风貌，有计划地改建。

在很长的一段时间内，城乡建设整体思路是通过避让的方式进行保护，相对较为被动，造成整个城市规划的割裂，不利于基础设施的建设，阻碍了城市整体发展和建设。直到 2017 年发布的《住房城乡建设部关于加强生态修复城市修补工作的指导意见》提到小规模、渐进式更新改造老旧城区，老建筑改造再利用是对优秀传统建筑文化的传承，将老建筑、历史风貌建筑等未核定的不可移动文物纳入城市更新改造中，协调规划，活化利用，作为城市双修的工作之一，开启了我国文物领域的改革。城市更新中历史风貌建筑的保护利用，可以使文物真正地融入人民生活中，增强民族自信，有利于激活城市生机，在精神与城市建设上达成统一，推动中华民族的伟大复兴。

我国不可移动文物划分为 3 个不同保护级别，分别为全国重点文物保护单位、省级文物保护单位和县（市）级文物保护单位。《中华人民共和国文物保护法》（2024）第二十三条提到尚未核定公布为文物保护单位的不可移动文物，由县级人民政府文物行政部门予以登记并公布。《历史文化名城名镇名村保护条例》（2008）确定"历史建筑是指经城市、县人民政府确定公布的具有一定保护价值，能够反映历史风貌和地方特色，未公布为文物保护单位，也未登记为不可移动文物的建筑物、构筑物"。整体来说，它分为文物和历史建筑，为便于后文研究，统称为历史风貌建筑。

随着平移、顶升、托换、迫降等特种技术的发展和成熟，它们越来越多地被应用在城市更新的不同场景中，成为解决城市更新难题的重要助力和有效手段，为历史风貌建筑的三维空间重组提供了解决路径。应用特种技术最终实现历史风貌建筑向上要空间、向下要空间和平面化重组，利用其浅层地下空间培育新质生产力，激活老城区生命力。

三、 历史风貌建筑三维空间重组

1. 向下要空间

江苏省财政厅地下停车库工程是采用平移技术在两栋历史建筑下拓建8层地下停车库，增加了252个车位。该工程北邻在建地铁4号线，西邻天目大厦（21层建筑），周边环境复杂，基坑占地面积仅为1000m²，地上为两栋民国时期历史保护建筑。本工程拟建地下8层的机械车库，采用框架结构、桩筏基础。

本工程的技术难题为：①拟建机械车库位于多栋建筑之间，区域空间狭小，常规支护无空间实施；②拟建地下室地面上有两栋民国时期建筑，并在施工过程中需要保护。为解决该难题，工程采用盖挖逆作法施工，支护墙采用地下连续墙，并与地下室外墙两墙合一，8层楼板代替水平支撑，主体结构柱代替临时立柱；对两栋民国时期建筑采用加固、平移、顶升、旋转的方法和措施，为基坑开挖提供空间，并在顶板完工后平移复位。

先对两栋历史建筑进行临时保护及加固，将南楼旋转并西移，北楼南移；施工北区工程桩、钢立柱、地下连续墙和北区盖板；达到强度后两栋历史建筑北移至临停位置；施工南区工程桩、钢立柱、地下连续墙和南区盖板；达到强度后两栋历史建筑复位，盖挖逆作地下结构，完成既有建筑地下空间拓建停车库（图2）。该工程有效解决了市中心空间狭小、停车难等问题，在城市双修的更新理念下提供了增加土地利用效率、盘活现有存量、打造韧性地下空间的有效途径，具有重要的里程碑式意义。

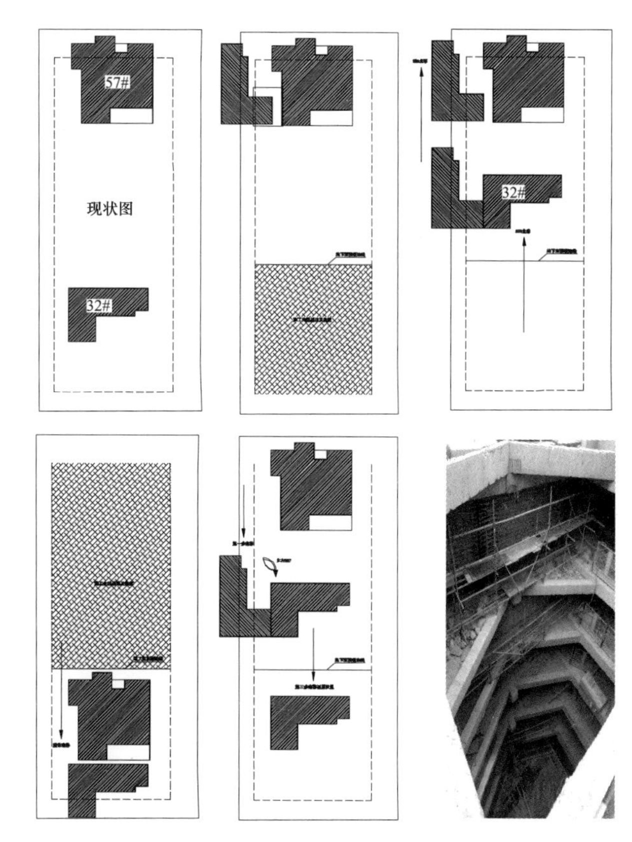

图2 施工全过程示意图及施工过程图

2. 向上要空间

南京博物院老大殿整体顶升与隔振加固工程位于江苏省南京市。南京博物院人文馆前身是蔡元培先生等于1933年倡议建立的“国立中央博物院”筹备处，迄今已有七十多年的历史。其老大殿为仿辽代风格，钢筋混凝土框架结构。建筑之初的功能区划为两部分，其中底层为文物库房，二层用作“历史陈列”。整体布局分为三个部分：中间为九开间五进深局部三层庑殿建筑，东西两侧为二层厢房。三部分之间未设结构缝构造，浇筑成整体，占地面积约2500m²，建筑面积4700m²。

为解决陈列馆面积不足的问题，南京博物院欲对老馆进行改造。老大殿原平面非对称，改造后对称，突出民族建筑文化特色。同时，中山东路路面标高高于博物院地坪标高，老大殿屋顶高度低于周边住宅的高度，没有突出博物院的历史文化传播中心地位，为了整体布局的需要，拟将老大殿整体抬升3m。

本工程技术难点主要包括：①为省级文物保护单位，设计和施工方案受限制；②平面、立面不规则，顶升点多，同步顶升难度大；③顶升高度3m，需设置可靠的防失稳措施；④地基承载力低，原基础情况不明；⑤原西侧局部拆除斗拱屋檐需切割保存回嵌，该技术未有先例；⑥结构侧向刚度不均匀，隔振设计难度大。为解决其工程难题，采用了无振动局部拆除技术、结构加固技术、PLC（可编程逻辑控制器）同步顶升技术、双型钢悬吊提升支架系统、隔振技术、静动态监测技术等，最终实现老大殿整体顶升3m的创举，荣获国家示范性项目称号。该工程形成了系统的顶升、隔振与文物建筑保护一体化综合改造技术，既满足了文化功能提升和低碳减排双重要求，又开展了建筑遗产保护的新模式（图3）。

3. 平面化重组

金陵大报恩寺遗址公园及配套建设项目是为保护和展示中国明代皇家寺庙大报恩寺遗址而建设的重大文化设施。金陵兵工厂旧址宿舍楼由三栋民国时期建筑组成，紧邻明报恩寺遗址，位于原明报恩寺形制中的观音殿、法堂和南画廊所在位置。该遗址上的三栋民国时期建筑影响了报恩寺格局的完整性，根据国家文物局批复意见〔2012〕1861号文“因大报恩寺遗址保护需要，确需对建筑进行搬迁的，

图 3　施工现场照片

应优先采用整体平移搬迁的方式，在原址周边就近安置”，经多方沟通及协商，对其进行迁移。该旧址分为 A 楼（子母楼）、B 楼（后大院）和 C 楼（行保楼），总建筑面积 6447m^2，该建筑建于 1937 年，为 2～3 层砖木混合结构。

根据新的选址及平移路线场地条件，三栋建筑采用分段平移。平移前，三栋建筑加固和切割并采取临时保护措施；拆除礼堂北侧附属建筑；为减少平移过程对周围绿化和树木的破坏，采用并轨曲线平移；为解决新旧址间 3m 的高差，采用自平衡双转向平移小车（Dynamic - stabilization Roller Car）结合自身 50cm 行程调整高差，实现高差跃迁（图 4）。

图 4　金陵兵工厂项目施工现场照片

四、 分析与结论

对三个案例进行横纵向分析比较（表 1）可知，历史风貌建筑可通过特种技术实现三维空间重组，不受建筑保护等级的限制，但均为近现代重要史迹及代表性建筑。这些建筑上部结构形式为砖混或砖木结构，在实施三维空间重组前，地下部分采用混凝土结构加强，地上部分则采用钢结构作为临时加强及保护措施，提高结构整体性。历史风貌建筑的三维空间重组政策文件各地多有不同，总体来说鼓励历史建筑地下空间利用，对列入文物的建筑则需做到应保尽保。

表 1　案例对比分析表

案例名称	涉及的保护主体	保护等级	类别	空间重组形式
江苏省财政厅地下停车库工程	天目路 32 号和 57 号	历史建筑及市级文物保护单位	近现代重要史迹及代表性建筑	应用平移、盖挖逆作、两墙合一等技术，实现地下拓建 8 层停车库，为竖向空间的变化
南京博物院老大殿整体顶升与隔振加固工程	南京博物院老大殿	省级文物保护单位	近现代重要史迹及代表性建筑	应用顶升、隔振、悬吊等技术，实现地上空间抬升 3m，形成地下室
金陵大报恩寺遗址公园及配套建设项目	金陵兵工厂宿舍楼	全国重点文物保护单位	近现代重要史迹及代表性建筑	应用平移、并轨等技术，实现平面空间重组，恢复历史原貌

采用平移、顶升、托换、迫降等特种技术完成历史风貌建筑的三维空间重组将是城市更新大背景下的发展趋势，向下要空间培育城市新质生产力，向上要空间延续既有建筑生命力，平面重组激活规划空间创造力，让建筑的流动助力城市韧性生长。

参考文献

［1］THE WORLD BANK. World Bank Open Data［EB/OL］.［2024-02-29］. https：//data. worldbank. org/.

［2］DEMOGRAPHIA. Demographia World Urban Area 19th Annual Edition［EB/OL］.（2023-08）［2024-02-29］. http：//www. demographia. com/.

［3］叶明勇．改革开放以来我国城镇化进程及思考［C］//当代中国研究所．第十六届国史学术年会论文集．2017（9）.

［4］张庆贺．地下工程［M］. 上海：同济大学出版社，2005.

［5］陈曦．建筑遗产“修复”理论的演变及本土化研究［J］. 中国文化遗产，2019（1）：17-23.

［6］住房城乡建设部．住房城乡建设部关于进一步做好城市既有建筑保留利用和更新改造工作的通知：建城〔2018〕96 号［EB/OL］.（2018-09-28）. https：//www. gov. cn/zhengce/zhengceku/2018-12/31/content_ 5433820. htm.

［7］关于保护景观和遗址的风貌与特性的建议［C］//《中国长城博物馆》2013 年第 2 期．联合国教育、科学及文化组织，2013：3.

［8］国际古迹遗址理事会第 19 届大会．关于遗产与民主的德里宣言［EB/OL］.（2017-12）. http：//icomoschina. org. cn/content/details48_ 1385. html.

［9］国家文物局．关于加强尚未核定公布为文物保护单位的不可移动文物保护工作的通知：文物保发〔2017〕75 号［EB/OL］.（2017-02-07）. http：//www. ncha. gov. cn/art/2017/2/7/art_ 2237_ 25232. html.

济南明德王府历史研究

徐慧敏[1]

摘　要： 济南素有“泉城”之称，泉水作为一种历史传承的载体成为这座城市不可分割的一部分，造就了城市缘泉而居的特殊城市聚落形态，深刻影响着城市建设的方方面面。在中国的城市架构体系中，每一个城市都有一个属于自己的核心，明德王府作为济南历代政治中心，在城市中具有重要地位。以往对于济南城的研究主要侧重于对济南建制、经济、文化、名胜古迹、社会生活等方面的研究，在城市史方面则侧重于近现代济南开埠以来的发展规划研究，从城市角度对明德王府的研究则鲜有提及。本文以明德王府为研究对象，结合文献、地理资料研究等对明德王府的历史沿革进行梳理。

关键词： 地理形制；明德王府；城市建设

济南古城早在龙山文化时期就有人类活动[2]，自汉代设为历城县后，经历了由县城、郡城、州府乃至省级行政中心城市的发展，独特的自然地理条件与历史机遇使其行政级别在两千多年的历史中不断提升。明德王府经历了山东巡抚部院属、明德藩王府、中华民国山东省政府至现在的山东省人大，始终是山东省级行政机关所在地。明德王府的选址、布局与济南城市布局的关系是本文研究的重点。

一、 明德王府的营建背景

1. 济南以泉为眼的地理概况

中国古代哲学观念中认为在事物阴阳、正反、虚实之间，在心与物之间，有相互沟通、互为感应的“气”的存在。在城市选址及营造中，“水”则是重要的“气”，“吉地不可无水”。《管子·水池》有云：“水者，地之血气，如筋脉之通流者也。”宋明理学的发展，使“相天法地”进一步发展，“法地”的地理环境主要由山、水构成，尤以“水”为生气之源。

济南自古以来历史文化底蕴深厚，风俗醇厚，“贵礼尚仪，长老有勤俭之范，子弟多弦颂之风”[3]。受儒家文化影响，济南自古就是礼仪之都。这里地势沃衍，山川迤逦，宋代诗人黄庭坚曾赞美“济南潇洒似江南”，济南“群峰横翠于南，明湖汇之于中”[4]。东、南、西三面环山，北面是黄河，地形复杂，具备山、林、河、湖、泉等各种天然景观要素，其城池“形如盆盎，稚堞巍峨，鲸波环绕”，可称天险之地。“地介青兖二州之冲，东有琅琊，西有清河，南有泰山，北有渤海，舟车远近，往来相续”，“据三齐之上游，南薄泰岱，北枕燕云”，城市整体为山环水抱之形式，具体来说则为“函、历诸山导其前，鹊华群峰抱其后，明湖荡漾，洛水莹环……南山储材用之资，泺口通舟楫之利，真古齐之名”[5]。清代康熙帝亦有诗句描述济南城之山水形势，其句云：“百雉城临济水隈，云山环绕接青莱。”[6] 济

1　中国建筑设计研究院建筑历史研究所工程师，100120，millet-huimin@ foxmail. com。
2　程汉杰《济南城市史研究概述》（济南职业学院学报，2007 年 12 月）。
3　清乾隆三十八年（1773）《历城县志·卷五·地域考三·风俗》。
4　明刘敕《历乘》卷十五《景物考》。
5　清道光二十年（1840）《济南府志·序》。
6　清爱新觉罗·弘历：《登济南城望华不住山》，《御制诗初集·卷三十九》。

南城南对历山（千佛山），北靠黄河，大明湖据城内北区，可见济南所处的整体山水格局。清人对于济南城的特点，有“四面荷花三面柳，一城山色半城湖”[1] 之妙称，可见其人居环境之优美。

济南府城正位于黄河—玉函山、黄河—茂岭山的十字交叉点上，符合中国传统建筑观念中所说“十字天心”的观念[2]。南为山区，北为黄河平原。古城以千佛山为坐山，中心及周边地区密布泉群，外围有被称为齐烟九点的小山成围合之势，其中黄河两岸的鹊山、华山与千佛山呈犄角之势（图 1）。在大的自然环境中求得山川要素形成的“中”，并以山川要素为依据，确定主要建筑的方位、道路和围合边界等重要因素的走向和最后选址等。明德王府正位于古城中心，位于“十字天心”的正中。

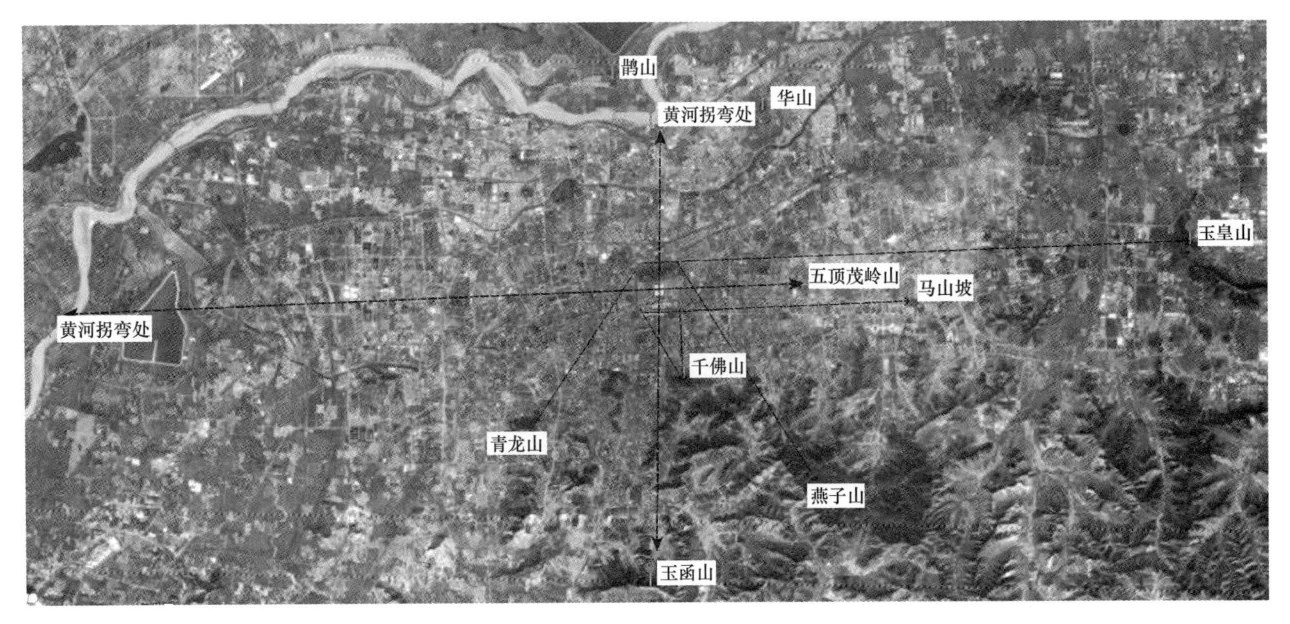

图 1　济南古城周边山脉、泉群与城市的对位关系（来源：自绘）

济南古城成型于公元 14 世纪（明洪武年间），营造中充分利用自然条件，结合中国古代哲学观念中的“气”，基于泉水形成的独立水系统条件，泉水成为城市选址的首要因素。在济南的众多泉水中，古城集中区范围内大量出露并形成四处泉群。四处泉群中，趵突泉泉群、黑虎泉泉群和五龙潭泉群流量较大，珍珠泉群流量较小。根据泉水集中于四处分布及水量大小不同的特征，济南古城将相对稳定的水源围合在聚落内部，通过护城河与城墙的建设，将流量大、不稳定的水源阻隔在城外，直接影响了古城位置。趵突泉、黑虎泉及五龙潭被置于城外，分列于古城西南角、东南角及西护城河处，珍珠泉被围入城内，居于古城中心。泉水与城市的关系，既降低大流量泉无序排泄水对于古城的威胁，又保证了城内居民用水供给。

2. 明清济南府的城市格局

计成在《园冶》中有专门讨论相地、立基的章节。“立基先究其源头，疏源之去由，察水之来历”是说弄清水的来龙去脉对建筑基址选址的重要性。“选向非拘宅相”则说明对景等要素对主要建筑轴线的影响重于住宅占地轮廓等因素对建筑轴线的影响。

明代济南府城“旧有四门，门皆有楼，南曰‘舜田’，北曰‘汇波’，榱桷尚完，西曰‘泺源’，东曰‘齐川’”。明初，内外“甃以砖石，周围十二里四十八丈，高三丈二尺，池阔五丈，深三丈，四门：东曰‘齐川’，西曰‘泺源’，南曰‘舜田’，今改为‘历山’，北曰‘会波’。成化四年，分巡济南道佥事张珩重修；十九年，巡按御使宋经重修楼橹……万历二十年，巡抚宋应昌重修；天启五年，巡抚吕纯如重修；崇祯七年，巡抚朱大典重修”。其城垣具体形态则是“东、西、南各有重关，而北为水门，每岁启以季春，闭以孟冬，其门南居中偏北，西偏南，北偏东、西去南近，东去北近，故谚相传为四门不对云。东南二瓮城各设子门二，名放军门。众流环会，崇墉深堑，居然金汤之胜……城北又建利田等四闸，以时蓄泄”[3]。

关于其城垣的具体形态，旧志中有详细描述：“城楼，南城前后各一，巍峨轩敞，屹然大观。东西城亦如之，北

1　清刘凤诰《咏大明湖》。
2　张杰《中国古代空间文化溯源》。
3　清乾隆三十八年（1773）《历城县志·卷十·建置考》。

城惟一，四隅各一，而东南城势逼狭，乃委折以因其势，上有九峰，俗名三角楼，又名九女楼，结构天然，制自名手。南城迤西为观凤楼，西迤北、东迤南、东迤北各一，凡一十四座，东、西、南敌楼各一，其南诸楼，远眺名山，广睨万亩，独踞一方之胜。其东诸楼俯瞰三齐，遥观出日，颜其额一曰‘永安’，一曰‘镇海’。其西诸楼，傍挹趵水，直瞭黄冈，民廛错列，群波环萦，昔年楼中贮炮自鸣，因额曰‘先声如雷’，又后额曰‘拱宸’。至于北楼，下踞大明湖，俯临会波桥，南瞻函历之云岚，北醉鹊华之烟雨。外则秧针刺水，万亩云屯，内则桂棹溯波，千倾绣列，颜曰‘河山一览’，洵胜地也。旗台共五十五座，旗因方色，竿皆长脆，敌台共一十三座。万历中，宋中丞应昌创；崇祯庚辰，又于西北增置四座垛口，共三千三百五十个。马道凡五处，崇祯己卯，创设一处，在抚院前。砖陂城，以石为趾，砖为肤，土为骨，阔凡五丈，近内者多陂，上覆以甓，各三尺许，所以防水潦之浸灌也。桥东、西、南三门皆列排栅，非独美观，亦以防行人冗塞，恐致覆溺也。”城市的市政建设首要保护人与城安全。“列障以下，皆有护隍，东方高耸，北方宽衍，广至数丈，近遂环水建演武场，东西各一、东南二。瓮城各设子门二，名放军门。”[1] 由上述记述可以看出，明清时期的济南城防设施完备，历任官员均重视城垣之完善修建，且城垣之经营与水系及周围山脉密切相关，形成了水旱两门交会、人文景观营造与防御修建相结合的特点。

从清道光时所修《济南府志》的济南府城并各衙门总图（图2）可以看出：明清时期济南的城市格局，北城内面积宏阔的大明湖横贯东西，城北汇波门为水门，大明湖水由此门与护城河相通。抚院及府、县衙门等官署建筑位于城市正中央，由官署机构和城南的舜庙、历山门形成了该城的中轴线。大明湖北岸又建有北极阁，此阁居于城的最北端，当为城市中辨别方位的标志性建筑。城内有府、县城隍庙各一座，府文庙、学院以及六座纪念性质的祠堂均环湖而设。南城墙以外又有诸多名胜如趵突泉、马跑泉、正觉寺、岳庙、黑虎泉、珍珠泉、三皇庙等沿护城河而设。整个城市建筑布局张弛有度，人文胜迹多依水而建，这在北方城市中是较为少见的。

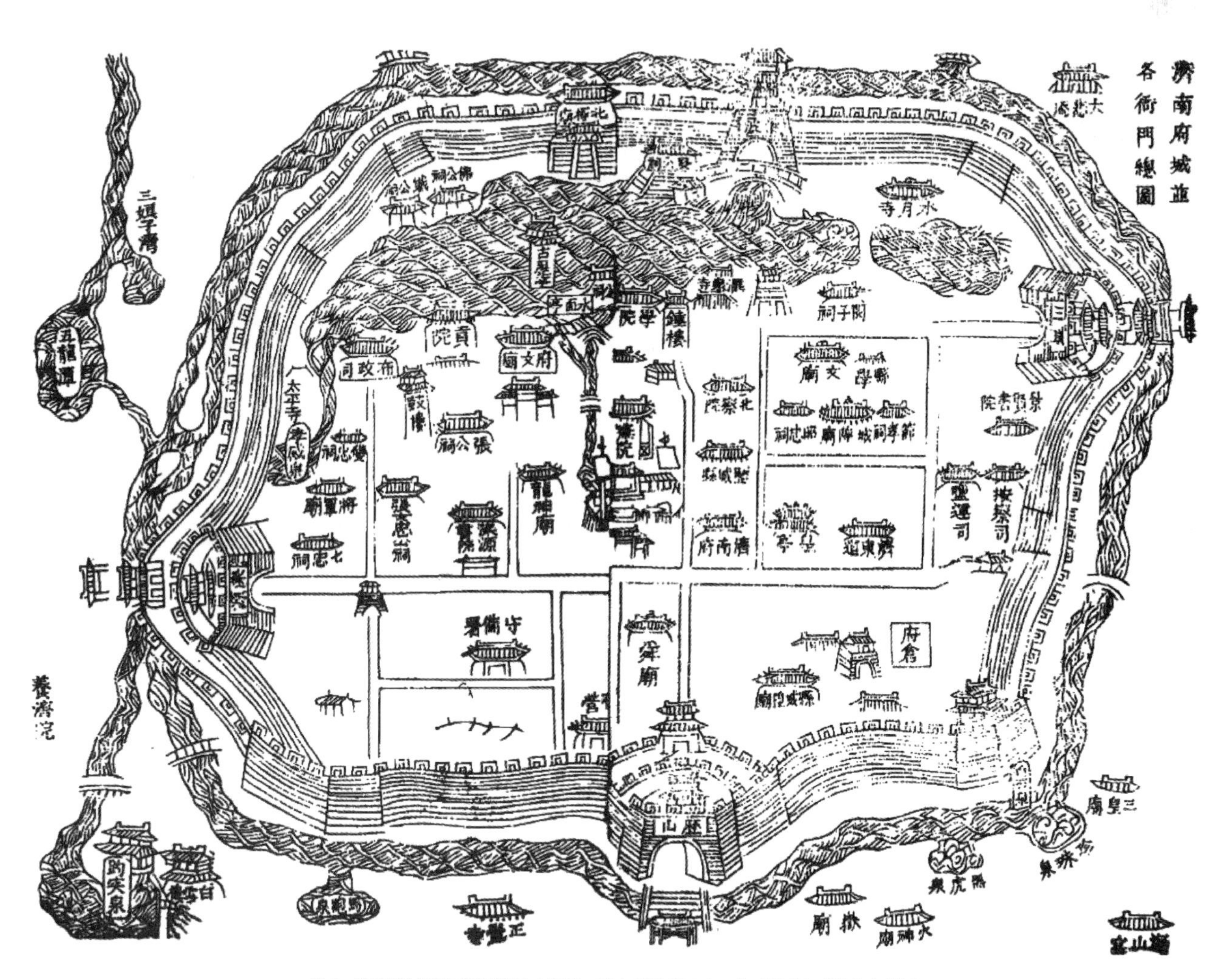

图2　济南府城并各衙门总图［来源：引自清道光二十一年（1841）《济南府志》］

济南城内及周围多山，而其地又多水，湖水、泉水交相连接，《老残游记》中描绘其地为“家家泉水，户户垂柳”[1]，足见其城市风景秀丽，更有泉城之称。山水相间的格局造就了济南优美绝佳的人居环境。此外，对比《济南市市区五千分之一图》（1933）及现代地图，可知济南老城的基本格局没有发生改变，其中重点街巷如天地坛街、县西巷、卫巷等街道名称没有发生改变。

二、 明德王府的建置

1. 明代德王的受封

德王朱见潾是明朝第六、第八任皇帝朱祁镇的二子。

《明史·卷一百十九·列传第七》载：“德庄王见潾，英宗第二子。初名见清。景泰三年封荣王。天顺元年三月复东宫，同日封德、秀、崇、吉四王，岁禄各万石。初国德州，改济南。成化三年就籓。请得齐、汉二庶人所遗东昌、充州闲田及白云、景阳、广平三湖地。宪宗悉予之。复请业南旺湖，以漕渠故不许。又请汉庶人旧牧马地，知府赵璜言地归民间，供税赋已久，不宜夺。帝从之。正德初，诏王府庄田亩徵银三分，岁为常。见潾奏：‘初年，兖州庄田岁亩二十升，独清河一县，成化中用少卿宋旻议，岁亩五升。若如新诏，臣将无以自给。’户部执山东水旱相仍，百姓凋敝，宜如诏。帝曰：‘王何患贫！其勿许。’十二年薨。子懿王祐榕嗣。”

2. 明代德王府的选址及范围

王府范围东至县西巷，西至芙蓉街，南至今泉城路，北至后宰门街（原作“厚载门”，旧时王府后门的通称），清乾隆《历城县志·故藩》记载：“德府，济南府治西，居会城中，占城三之一。”[2]

明德王府为明代济南城中最大的建筑群，王府内设有两座大殿，分别称为承运殿和存心殿，并建有正宫、东宫、西宫。明德王府下设长史司、审理所、仪卫司、群牧所、纪善所、典宝所、典膳所、典仪所、奉祀所、工正所、良医所等机构，均驻王府内。

按明朝封藩制度，除太子作为储君外，诸皇子均封为亲王，各就封地，称“亲藩”。亲王的嫡长子封世子，世袭亲王；诸子则封为郡王，并在亲王所在地分建郡王府。郡王亦应由其嫡子世袭，诸子则为镇国将军。镇国将军以下，诸子则以世次递封为辅国将军、奉国将军、镇国中尉、辅国中尉，直至皆奉国中尉。

明崇祯十二年（1639）正月，清兵攻入济南，末代德王朱由枢被俘，诸郡王被杀或被虏，明德王府及诸郡王府被烧成一片废墟。至此，延续 180 余年的德王世系告结。

3. 后世王府的发展

1644 年，清朝定鼎中原后，将山东政治中心由青州迁至济南，在济南设立山东巡抚部院署。最初，院署设在济南府城西南隅。清康熙初年（1662 年），院署被大火烧毁。

清康熙五年（1666），山东巡抚周有德招募饥民数千人，用以工代赈的方式，在明德王府旧址重建巡抚部院署。他令人前往青州，将明衡王府拆除，把所能用的木石材料连同“名花异石”搬移到济南，建起了新院署。[3]

此时巡抚部院署占地面积达一百一十亩（73334m^2），大门前的院前大街上，有一木制高大牌坊，上有济南秀才王琦所书“齐鲁总制”四个楷书大字。牌坊后有一高大影壁墙，墙东西两侧各有一门，名“东辕门”和“西辕门”。影壁墙北便是院署大门，三开间，琉璃瓦顶，飞檐斗拱，气势非凡。巡抚院署建成后，康熙帝、乾隆帝几次南巡经过济南，都以巡抚院署为行宫。

清道光年间，王培荀在其《乡园忆旧录》中对院署有所介绍：“署内西偏，巨竹挺生；再西，广厦五楹。向南，前有池，方广亩余，水深而清莹彻底，气自下腾，结成圆泡，如万斛明珠，随流涌出，累累不绝，谓之珍珠泉。水内有台，可演优，两廊宴客。池水北流，绕官宅后，停蓄汪洋，谓之海子，深莫测。”

巡抚院署建成直到 1937 年 12 月，历经清朝的巡抚衙门，中华民国时，初为山东民政长署，继为山东都督府、巡按使署、督办公署，到国民党的山东省政府，巡抚署内房舍虽有增减，但总体规模和主要建筑没有什么变化。从 1928 年济南惨案时日军航拍的照片中，我们可以看到当年督办公署的全貌：整个大院按中轴线从南向北有七进院落，其中，巡抚大堂最为高大，大堂西侧隔着一处院落便是珍珠泉，大院北面乃濯缨湖，湖中有戏台。

1930 年 9 月，韩复榘任国民党山东省政府主席时，嫌影壁墙及牌坊妨碍通行，并为推行其“新生活”运动，以拓宽马路为由，下令将影壁和牌楼全部拆除。自此以后，院前大街就成为一个小广场。

大院里目前仅存的老建筑为原巡抚大堂。中华民国二十六年（1937）12 月，日军侵至黄河边，韩复榘弃守济南，临走时下令烧毁省政府等重要建筑。大火过后，省政府大院仅剩下大门、原巡抚大堂等少数建筑。日军占领济南期间，省政府大院被废弃。1948 年 9 月济南战役时，此地成

---

1 刘鹗《老残游记》。

2 清乾隆三十八年（1773）《历城县志·卷十·故藩》。

3 吴越．珍珠泉里的政治与清流［J］．齐鲁周刊，2014（17）：12-13.

了国民党的炮兵阵地。

济南解放后，珍珠泉大院被改建为省级机关第一招待所。市政府对大院进行了大规模整修，除了修饰遗留的几座明清建筑外，又添了人民会堂等新建筑。经年修复，珍珠泉大院又恢复了城市园林的风貌。1979 年 12 月，这里成为山东省人大常委会驻地。

几经劫波，如今，珍珠泉大院内能够看到的老建筑，仅剩下由青州明衡王府运来的建材改建的原巡抚大堂。大堂五开间，一殿一卷悬山结构，进深 16 米，歇山九脊，翘角飞檐，前为卷棚式，六根大红柱支撑着错落的云头斗拱。红柱之间，为落地隔扇，檐角脊端，皆饰吻兽。1979 年 9 月，珍珠泉大院（巡抚大堂）被列为济南市第一批重点文物保护单位。

图 3 所示的航拍照，核心是珍珠泉大院。这张珍珠泉督军公署航拍照为世人留下了俯瞰珍珠泉大院的绝版照。这张照片的涵盖面积超过济南老城的四分之一，珍珠泉大院东面、东南面的城内建筑清晰可见。

图 3　济南城府督军公署航拍照

三、 近代济南城市形态演变的重要推手

自明德王府建成以来，济南城的中心位置始终为藩王府、衙署等重要功能占据，反映了古代城市发展过程中街道格局及大型公共建筑的范围均具有很强的延续性。明代济南城内王府的建设，影响了此后几百年济南城市格局的发展历程，诸多行政机构、军事机关、王府在城内的入驻，占用了济南城作为一般意义上城市的功能，使城市工商业活动被迫向城市边缘及城关地带转移，尤其是向东门、西门、南门外转移，并最终影响了清末济南圩墙的形态格局。

此外，背水、面山、多泉的地理条件也深刻地影响了济南城市的选址与布局，从最初聚居于水源到发展为城邑，再到城市向东、西、南各方向的扩展，自然条件一方面提供了济南城赖以生存的资源，另一方面也早就为城市的格局演变指明了方向。

近代济南城市形态的演变是“自然力与人文力”综合作用的结果。一方面，济南自开商埠，城市形态大规模扩展并取得成功，这既有清末新政的政策鼓励、地方改革及政治上打破德国势力在山东的垄断这种“自上而下”的政治力量的推动，也有铁路建设及济南自身社会经济发展需要等“自下而上”力量的推动。另一方面，商埠区脱开古城，城市形态呈跳跃式发展，并不是因为古城四周没有可供蔓延式发展的用地。其深层原因如下：首先是“济南城外为胶济、津浦两铁路交接之区，地势既为扼要，商货转动自属便利”之故；其次有封建保守思想的主导，有意把不开放的古城与新开放的商埠区加以区别，正如官员们所强调的“其商埠定界以外，所有城厢内外以及附近各处，仍照内地章程，洋商不得租赁房屋，开设行栈”；最后自然条件的限制是一个重要因素，老城南依山，北邻河，城东又有山水冲沟的影响，城西自然是最佳的地理条件选择。

本文对济南山水格局、城市选址及明德王府的选址、布局、历史沿革进行了一定的梳理与研究。自然地理的延续性：济南城市选址是基于自然地理与泉水格局基础上建立的，背山、面水、多泉的自然条件一方面提供了济南城赖以生存的资源，另一方面也为城市格局演变奠定了方向。城市格局的延续性：济南城市中心位置始终为衙署、王府等重要功能的建筑，反映了古代城市发展过程中街道格局及大型公共建筑的范围均具有很强的延续性。政治格局的延续性：自明德王府建立以来，影响了此后几百年济南城市格局的发展历程，王府位置一直是城市的政治中心，并延续至今。

明清至民国辽阳城市空间形态及演变研究[1]

李墨笛[2]　李　冰[3]

摘　要：拥有2000多年历史的辽阳是东北地区最古老的城市之一，是明代“九边重镇”辽东镇的重要军事要塞，清末中东铁路的修建又使这里成为近代工业和交通重镇。辽阳老城与近代新城互相影响，共同形成了特殊的历史城市格局。深厚的历史使辽阳于2020年成为国家级历史文化名城。但是，快速的城镇化使这里的历史城区肌理趋于消失，城镇形态的历史遗存也即将随之湮没，历史文化名城的历史演变历程亟待深入挖掘整理，为当今的城市更新和遗产保护提供科学依据。本文以辽阳历史城区作为研究对象，对其明清至民国时期的空间形态及演变历程进行研究，以期为辽阳城市更新和遗产保护提供基础。

关键词：辽阳、传统城镇、城市空间、形态演变

一、引言

2021年中共中央办公厅、国务院办公厅印发《关于在城乡建设中加强历史文化保护传承的意见》，指出：“建立城乡历史文化保护传承体系的目的是在城乡建设中全面保护好中国古代、近现代历史文化遗产和当代重要建设成果。”这提示我们，在重视文化遗产保护传承的当下，溯源城市空间生成与形态演变过程，深入挖掘各时期城市形态演变特征，有助于在城乡建设中更好地塑造城市风貌、强化历史文化保护与传承的关系。

2020年辽阳被评为国家级历史文化名城。作为辽中南地区早期出现的城市，辽阳在明清时期形成了具有一定规模且相对成熟的城市空间，同时，辽阳亦是近代东北地区早期开埠的城市之一。其城市建设反映了明清至民国时期以来，东北传统城镇相对完整的发展与转型过程，展现了东北传统城镇向近代城市化过渡过程中产生的一系列变化。本文以辽阳为研究对象，通过研究明清至民国辽阳城市空间形态演变过程，一方面总结引起辽阳城市形态产生变化的因素，另一方面为辽阳的现代化城市建设保护更新提供参考。

二、辽阳的形成与城市发展沿革

辽阳位于辽宁省中部，地处辽东低山丘陵与辽河平原的过渡地带，是辽中南中心城市之一。古时辽阳山水并存，东邻太子河，西靠首山，南依千山，为“被山带河沃野之地”[4]。山水共存的自然环境为辽阳提供了天然的防御屏障和方便的水陆交通，亦为历代王朝于此建城奠定了基础。

战国时期燕国最先于此建城，后来秦汉亦相继于此设郡建城。公元404年高句丽占据辽阳，开始了长达240余年的统治，并将其改名为辽东城。唐灭高句丽后，顺势占领辽东，此后辽阳分别被辽、金、元政权先后占据。明初，朱元璋在辽东设立辽东镇防御蒙古、女真各部落，辽阳作

1　基金项目：大连理工大学基本科研业务费重点项目（项目号：DUT24RW208）“东北传统城镇的形态演变、文化传承和现代转型研究”；辽宁省社会科学基金一般项目（项目号：L19BZS002）“基于历史地图转译的辽宁濒危历史城镇遗产的类型形态学研究”。

2　大连理工大学硕士研究生，116000，1156383758@qq.com。

3　大连理工大学副教授，116000，3088421947@qq.com。

4　《盛京通志》清康熙二十三年（1684），董秉忠等修纂。

为辽东镇镇城，成为明朝辽东地区的重要军事、政治中心。后金天命六年（1621），后金攻占辽阳，后因战略需要迁都沈阳，辽阳城市地位逐步衰落[1]。清光绪二十四年（1898）沙俄获得中东铁路（又称东清铁路）修建权后，于辽阳修建火车站，并在老城西侧和铁路线之间修建满铁附属地，辽阳的城市空间向西拓展。

三、 明清至民国时期辽阳的城市形态演变

1. 明代辽阳的城市形态特征

明朝初年，朱元璋以金元旧城为基础修筑辽阳城，城市轮廓为方形。明洪武十二年（1379），因军事防御及安置外部难民的需要，辽阳城北扩建土城，“周围二十二里二百九十五步，高三丈三尺”1，辽阳逐渐形成“日”字形平面布局（图1）。在地形上，辽阳城东侧与太子河相邻，方便修建护城河，《辽东志》载：“辽阳城池深一丈五尺，周围二十四里二百八十五步。”可见，辽阳在建城初就考虑到利用山水环境进行城市防御。其次，护城河兼具防洪排涝功能，有效防止洪水泛滥[2]。

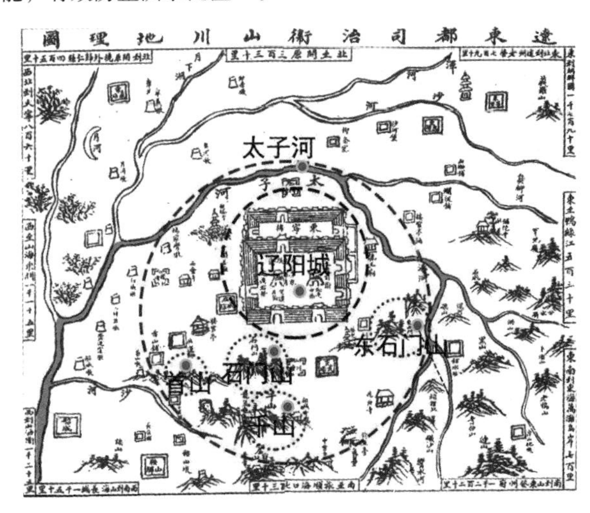

图1 明代辽阳城地图（来源：《辽东志》）

明朝时辽阳城内的空间布局呈现出军事防御、政治管理、人民生计三种特征。出于军事需要，辽阳南城设定辽中、左、右、前、后五卫，北城设东宁卫、自在州2，这使辽阳成为辽东最大的屯兵城[3]。从《辽东志》所绘舆图来看，辽阳城内“六卫”大多分布在城门附近，以便快速集结军队。辽阳南城中心对称设置钟楼、鼓楼，一方面可以通过撞钟击鼓快速集结军士，加强城市的军事防御，另一方面钟楼、鼓楼的高大雄伟，亦能够展示国家威仪。辽阳城外由长胜堡、长勇堡一线形成南侧的堡城防线，虎皮驿堡、散羊谷堡一线形成北侧的堡城防线，并共同组成了以辽阳城为中心的防御体系（图2）。辽阳作为明代辽东镇的政治中心，城内设有辽东都司。由历史地图可以推断辽东都司位于鼓楼南侧、辽阳城中心偏东位置。辽东都司的选址体现出古代城市布局中“以东为尊”的等级秩序。此外，辽阳城内设有副总兵府、察院、都察院等行政机构负责城内的政治管理。城东设有东岳庙、上帝庙、儒学、文庙等祭祀、文教场所。

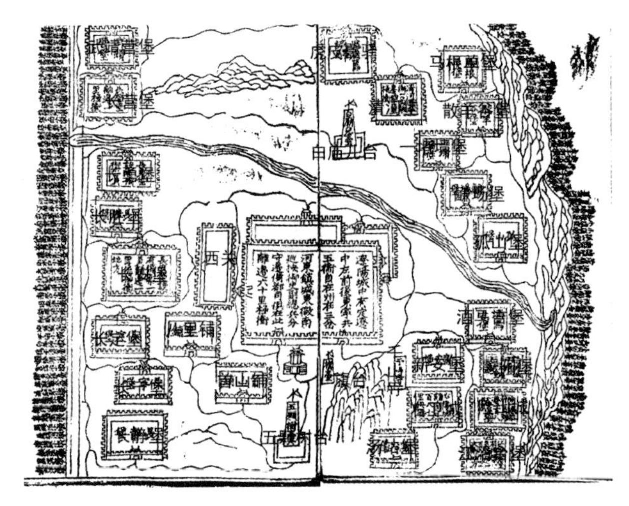

图2 明朝辽阳城周边道路及堡城、铺城（来源：《九边图说》）

明朝采用“棋盘对称式”的道路结构，以贯通安定、镇远二门，平夷、肃清二门，连通泰和门和广顺门的四条通衢大道为主干道，直接连通城门的道路布局能够在战时更好地调度城内士兵集结[4]。其余道路平行或垂直于主干道，道路交接处形成十字形城市肌理，城内被划分为若干矩形街廓（图3）。作为镇城，辽阳也注重和周边城池的交通联系。解读《九边图说》中所绘的辽阳城舆图可以发现：城内道路经瓮城，通过护城河上所架设的升平、镇远、升仙、安定四桥向外延伸，与城外西关及各寺观、驿站、铺堡、防御工事相连，体现着辽阳作为军事重镇对交通联系及城防安全方面的重视。

2. 清代辽阳的城市形态特征

明朝的城市建设奠定了辽阳历史城区的形态基础，明末清初由于战乱辽阳城损毁严重，后期清朝统治者虽多次修缮辽阳城，但因为辽阳城损毁过于严重，乾隆年间仅修葺南城3，北城被废弃。清代辽阳的城市规模相较于明代来讲有所收缩，反映出辽阳已经不再是边境防御的重点城镇。

1 《辽东志》明嘉靖十六年（1537），任洛修纂。
2 《辽东志》明嘉靖十六年（1537），任洛修纂。
3 《辽阳乡土志》清光绪三十四年（1908），白永贞辑。

清朝时辽阳的行政地位虽然下降，但在东北地区仍然规模宏大。辽阳城内设察院行台、知州公署、吏目公署，城东设城首尉署、儒学公署及文庙。此外，城内还设有城隍庙、关帝庙、清真寺、长安寺、白衣庵等宗教场所（图4）。

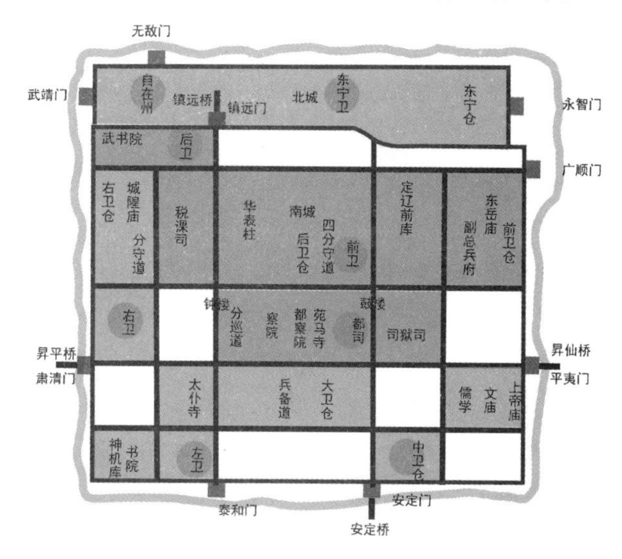

图3　明朝辽阳城道路及公共场所分布平面图
（来源：根据《辽阳县志》改绘）

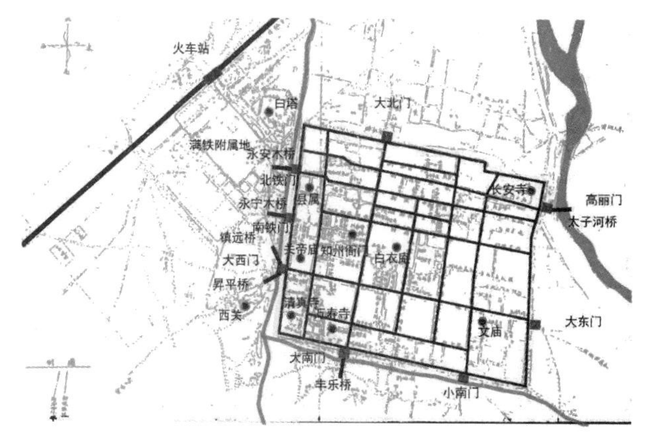

图4　清朝辽阳城内机构位置（来源：作者自绘）

清朝时，辽阳城内的主干道在保留明代辽阳城轴线的基础上进一步发展。连接城门棋盘式相交的四条道路成为城市的主干道（图5）；其他道路互相平行或垂直，城市内部出现多处相交的十字街，这个时期的横向道路数量明显增加。辽阳城外道路分别抵达承德县界、本溪界、海城县（今海城市）界、台安县道及辽中县（今辽中区）界[1]，部分道路延续至今，成为近代城市的交通要道（图6）。

3. 民国时期辽阳的城市形态特征

19世纪末沙俄于中国东北地区修建中东铁路。火车站选址在辽阳老城西侧偏北，上通首山站，下达张台子站。铁轨铺设不通过老城而是邻近老城西北，与老城西侧城墙呈现出约45°的平面夹角。这个时期出于城市战备及交通出行方面的需求，沙俄在城西修建铁路附属地，强占西关1000多户房屋，并在此设置俄国军营、住宅[5]，新建区域在大西门外布置。这个时期辽阳老城西侧没有进行大规模的城市规划，仅在大西门、小南门及火车站附近有零星的建筑分布。辽阳城内的道路结构基于清朝的城市路网继续发展，保留了明朝泰和门至镇远门、肃清门至平夷门的主要道路，城内新建道路大多平行或垂直于城市的主要干道，街廓被划分得更加细密，乾隆年间废弃的北城内依然有街区存在（图7）。

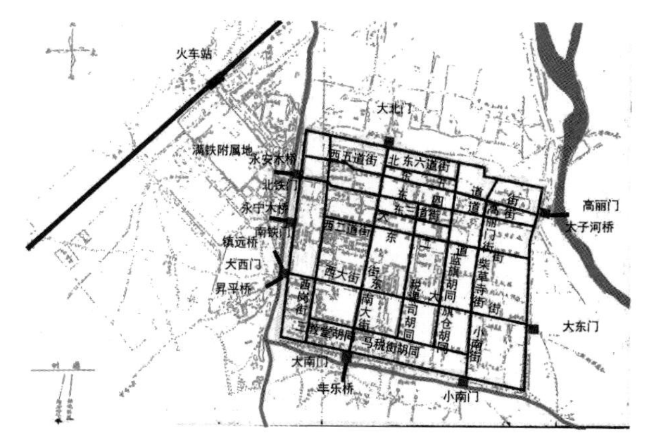

图5　清朝辽阳城内道路（来源：作者自绘）

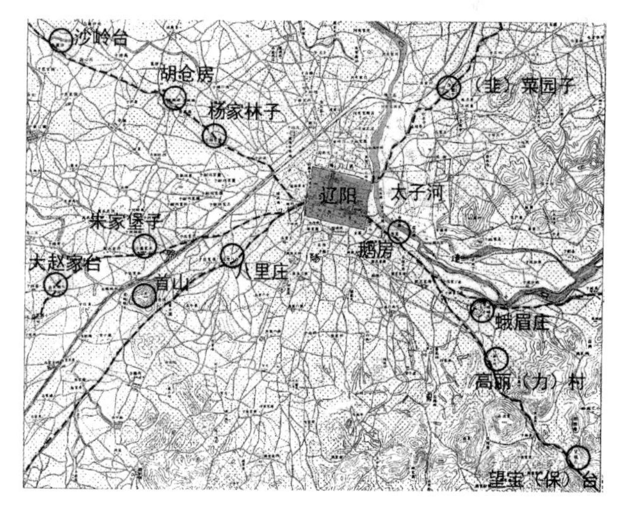

图6　清朝辽阳城外道路（来源：作者自绘）

1904年日俄战争爆发，沙俄士兵为方便炮车出入而折毁城墙，事后修补短垣，保留城墙西面偏北的空缺[2]，设置北铁门及轻便铁路，轻便铁路穿过附属地直达火车站（图8）。

1　《辽阳县志》中华民国十七年（1928），裴焕星修，白永贞纂。
2　《辽阳县志》，中华民国十七年（1928），裴焕星修，白永贞纂。

战争结束后，日本将老城以西到火车站一带设为满铁附属地[1]。1907 年清政府在古城外西南角修建商埠区（图 9）[2]。商埠作为商业贸易的区域，以满足使用功能为主[6]。在火车站及商埠的共同促进下，辽阳得到了快速发展，附属地内出现统一的城市规划与布局。形成了以火车站为中心，铁轨及老城西侧城墙为边界的特定区域，范围扩展到现在白塔区护城河以西辖区的大体位置。附属地内的建筑平行铁轨整齐布置，紧邻火车站的建筑多为满足满铁单身员工居住的集合式住宅，与中国传统住宅的合院式布局迥然不同[7]。

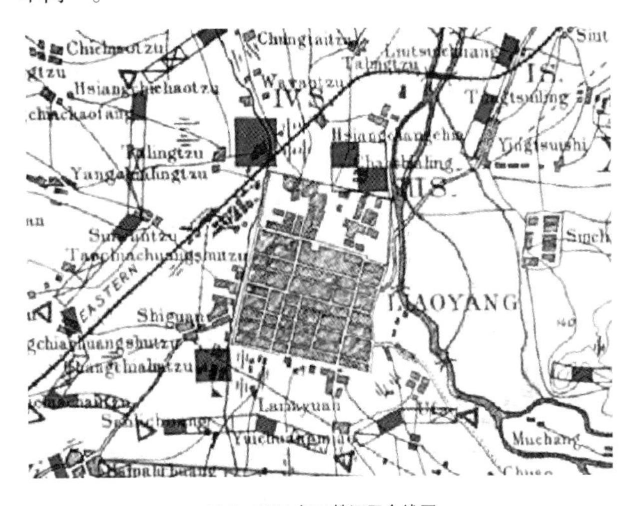

图 7　1904 年日俄辽阳会战图

（来源：https：//mhdb. mh. sinica. edu. tw/MHGIS/manzhou/）

图 8　西侧残缺城墙及北铁门轻便铁路图

（来源：辽阳民俗博物馆）

附属地被鞍马町及两个圆形广场划分为南北两个部分。北侧主要道路大多平行或垂直于铁路，包括东西向的明町、泉町（今胜利路）、梅园町、芳野町等，南北向的青叶町、昭和通、樱木町等。南侧主要道路平行或垂直于老城西侧城墙。其余道路大多平行或垂直于主干道，附属地被方格道路系统划分为矩形街廓。此外，辽阳“满铁”附属地内还修建了白塔公园及道路、桥梁等市政工程。这种以火车站广场为中心，采取放射形道路结构，交通枢纽设圆形广场，是“满铁”附属地规划的常见模式（图 10）[8]。这样的结构有利于城市的功能布局、交通组织和方向上的可识别性[9]。

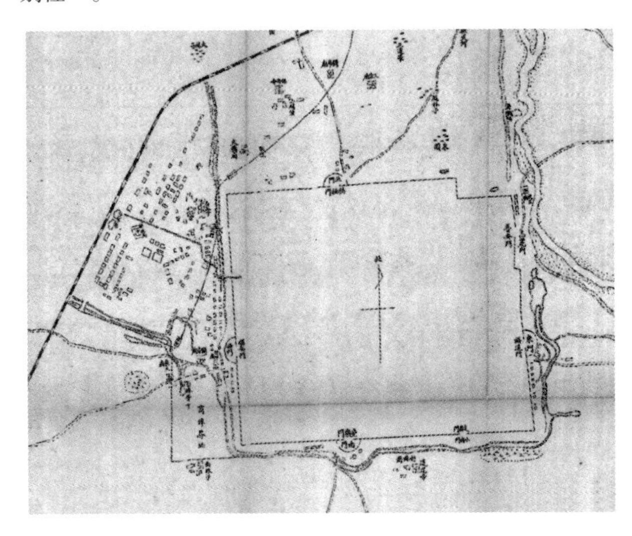

图 9　辽阳商埠界址图

（来源：https：//mhdb. mh. sinica. edu. tw/MHGIS/manzhou/）

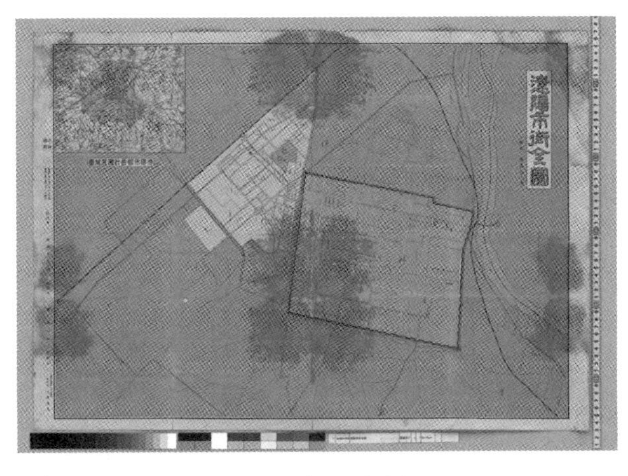

图 10　1939 年辽阳市街全图

（来源：https：//lapis. nichibun. ac. jp）

“满铁”附属地的建设对辽阳的城市空间格局有着极为深刻的影响。附属地修建以前，辽阳老城采用方格网的道路体系，内部容纳正南正北的院落，符合中国传统住宅的理念。随着“满铁”附属地的建立，辽阳开始进行统一的城市规划与市政设施建设，城市建设以满足功能需求为主，

1　“满铁”附属地：概念定义最早来源于 1906 年日本发布的《三大臣秘铁第十四号命令书》。

2　商埠：清末外国列强为了掠夺资源、倾销商品，强行设置的通商口岸。1905 年 12 月 22 日，日本与清政府签订《中日会议东三省事宜正约》，在附约中规定开放辽阳等 16 处为商埠。

城市形态随即产生变化（图 11）。

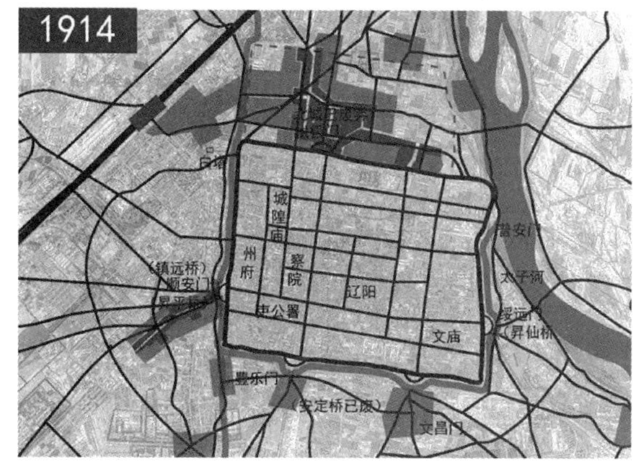

图 11　辽阳明清至中华民国时期城市形态演变图（来源：作者自绘）

四、 明清至民国时期辽阳城市形态演变作用机制

1. 中国传统营城理念作用于城市演变

中国传统营城理念是古代劳动人民在长期探索实践中形成的城市规划思想，蕴含着千百年来最广大劳动人民的智慧[10]。中国古代传统城镇遵循“象天法地，师法自然”的原则，在城市选址中强调与山水自然结合；城内布局满足“治”与“礼”等要求[11-13]。作为辽东镇的镇城和辽东都司治所，辽阳城的城市空间布局体现了中国古代传统营城理念。

古代辽阳城的选址位于浑河、太子河形成的冲积平原上。太子河为辽阳城提供了充沛的水源和水运交通，同时为辽阳城提供了护城河水以加强军事防御。作为明朝的北方边境重镇，辽阳城的城市布局还反映出明朝对边境防御的重视。北部加筑附属土城能够有效增强城市北部的防御性。城内的钟楼、鼓楼及四个角楼便于观察城外敌情，城门外的瓮城便于城市防守，北部附城的形态并没有完全与南城的北墙完全吻合，东端略短，以躲避城墙东面河水的泛滥。

明初，朱元璋在城市建设方面强调传统的复归、礼制和秩序[14]。相较于同时期辽东镇其他卫城，辽阳城的城市规模已相当恢宏壮阔。辽阳城作为明朝北疆辽东镇的镇城，城市布局呈现出高度的规整性与对称性，也是城墙作为帝制时期城邑政治表征的体现。辽阳城采用方形城池、棋盘式路网、城墙外环绕护城河的布局模式，基本平坦的地形使辽阳的传统城市形态更多地遵循了《考工记》中对城市建设“空间形态方正对称”的要求，但是，东面的城墙受到河道的影响，形态略微曲折，如图 12 所示。

2. 近代城市规划建设作用于城市演变

近代城市规划理念诞生于 18 世纪下半叶，是应对工业革命引起的城市人口急剧增长、交通设施短缺、环境污染严重等社会问题和环境问题提出的新理念。随着铁路的建设和近代城市规划理念的到来，辽阳传统城镇的西北面形成了路网平行于铁路的附属地。

辽阳近代的城市发展与中东铁路修建有直接的关联。辽阳的城市活力区域在火车通车后开始向铁路周边转移。

日俄战争结束后，日本以铁路为边界将城外西侧区域划为“满铁”附属地，附属地内的城市规划更多体现了土地功能分区、交通规划、绿化建设等近代城市规划理念。

在城市功能的理念下，冷兵器时代的城墙防御作用逐渐降低，却极大地限制了城内外的交通联系。日俄占据时期的辽阳城墙因战争损毁或因阻碍城市交通逐步被拆毁。“满铁”附属地内的道路结构平行铁路线的矩形街廓，通过圆形广场连接城内道路，城市建设以满足功能需求为主（图 13）。

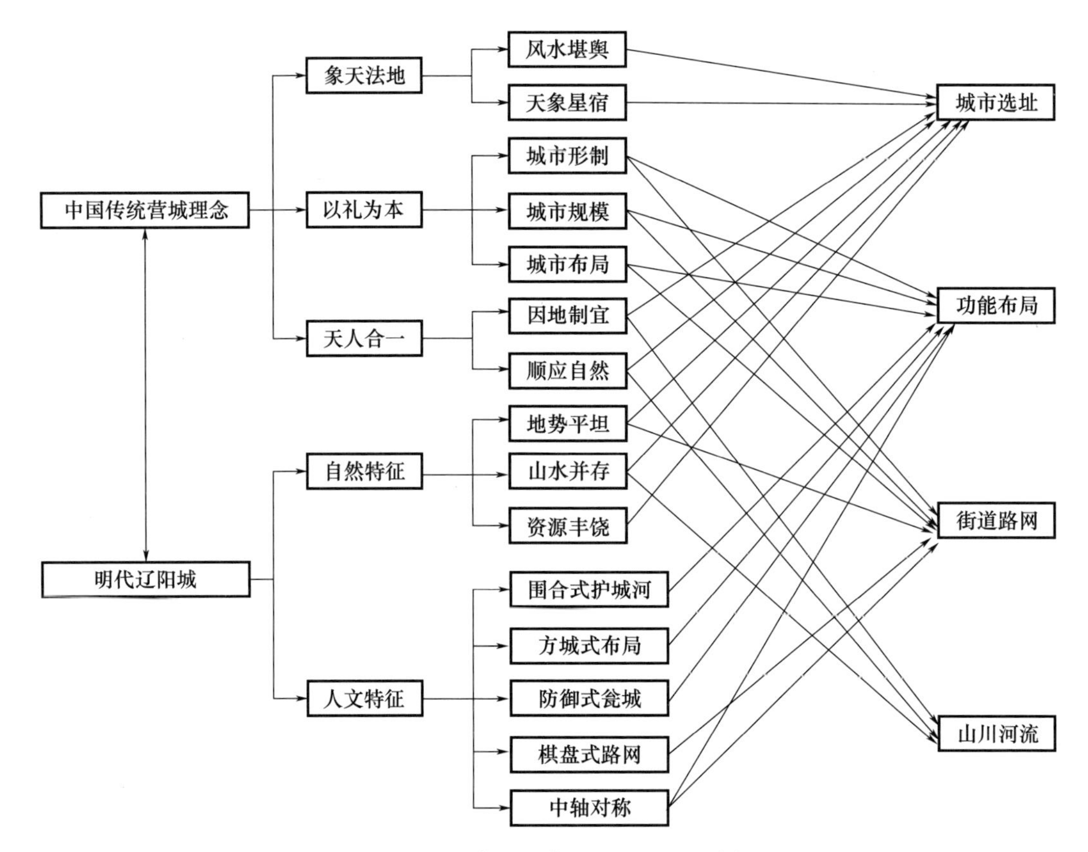

图 12　中国传统营城理念作用于辽阳城市形态演变

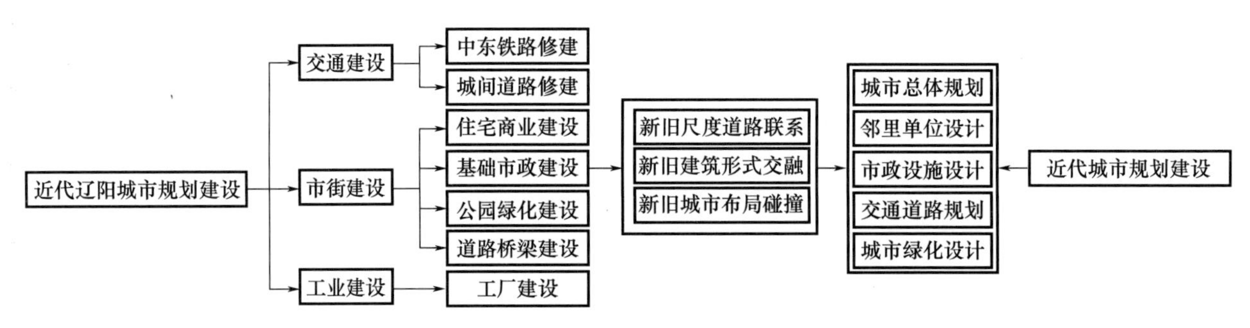

图 13　近代城市规划建设作用于辽阳城市形态演变

五、 结论

辽阳早期的选址实际上是中国传统营城理念在顺应自然、因地制宜方面最直观的体现。从明朝选址建城来看，最初南北双城的城市格局是为了加强北方的军事防御，这个时期修筑的城墙、城门、护城河及部分城内道路奠定了后续辽阳城市发展的基础。整体的方城形态是“礼制”与“秩序”等传统营城理念的体现。而受到河流的影响，南城东侧城墙呈现出轻微的弯曲，北城与南城在东段发生形态错位，再次体现了顺应自然的传统营城理念。清朝以后，辽阳本身军事防御功能降低，北城必然面临萎缩和消失。因清代早期东北经济发展滞缓，故辽阳能够保留明朝时期的城墙、城门、护城河及部分道路。从辽阳近代城市整体的发展来看，“满铁”附属地的修建使辽阳开始向西面和北面扩张。新区的城市规划带动了城市发展，在近代呈现出辽阳老城与“满铁”附属地共存的城市形态。

辽阳的城市发展在很大程度上展现了由传统向近代过渡过程的空间形态变化。研究辽阳的城市空间形态演变过程，可以看到随着不同时代功能需求的变化，辽阳由明朝传统军事重镇经清朝城市衰退后向近代铁路沿线城镇发展的城市空间转型过程，也体现了不同时期社会需求变化导致的城市功能转变，城市形态特征随之产生重要的变化。

参考文献

[1] 王禹浪，王建国．古代辽阳城建制沿革初探［J］．大连大学学报，2005（5）：91-95.

[2] 吴庆洲，李炎，吴运江，等．城水相依显特色，排蓄并举防雨潦——古城水系防洪排涝历史经验的借鉴与当代城市防涝的对策［J］．城市规划，2014，38（8）：71-77.

[3] 姜维公，张奚铭．试论明代辽东防御体系的演变及特征［J］．史学集刊，2023（3）：39-49.

[4] 潘莹，金一鸣，施瑛．从海防所城到贸易重镇：明清时期平海所城空间形态演变研究［J］．南方建筑，2023（11）：32-40.

[5] 辽阳市志编纂委员会办公室．辽阳市志［M］．沈阳：辽宁人民出版社，1993.

[6] 高幸．新生与转型：中国近代早期城市规划知识的形成（1840—1911年）［J］．城市规划，2021，45（1）：46-53.

[7] 陈莉，徐苏宁，谢略．近代东北城市居住模式对城市形态的影响［J］．华中建筑，2011，29（2）：134-137.

[8] 刘亦师．近代长春城市面貌的形成与特征（1900—1957）［J］．南方建筑，2012（5）：66-73.

[9] 梁江，李蕾萌．丹东近代城市规划与形态解析［J］．华中建筑，2010，28（3）：95-98.

[10] 段进，李伊格，兰文龙，等．空间基因：传承中华营城理念的城市设计路径：从苏州古城到雄安新区［J］．中国科学：技术科学，2023，53（5）：693-703.

[11] 田永英．从词源透视中国古代城市空间特征［J］．建筑师，2011（5）：85-88.

[12] 吴庆洲．象天·法地·法人·法自然：中国传统建筑意匠发微［J］．华中建筑，1993（4）：71-75，12.

[13] 孙施文．《周礼》中的中国古代城市规划制度［J］．城市规划，2012，36（8）：9-13，31.

[14] 谭刚毅，张凤婕，王振．明清至民国汉阳城市空间演化及其城市意志探究［J］．建筑学报，2020（1）：94-101.

时间中的建筑与空间生产——昆明翠湖宾馆

汪洁泉 [1]

摘　要： 城市的魅力之一是包容了不同时代文化的叠加，作为人类社会发展进程中历史文化信息的携带者，建筑的出现与使用功能深受社会背景影响，它与不同时代参与者的联系，让其具有了空间生产的可能。《时间中的建筑与空间生产》系列采用历史叙事与建筑形态结合的方式，记录建筑的空间与形态的变迁，让过去的历史不再抽象，通过对近百年来的昆明城市、社会发展信息，管理者、建设者、使用者的观察，分析参与者们在建筑空间中的作用，透过建筑触媒看城市空间的生产。

关键词： 翠湖宾馆；集体记忆；历史社会学；空间生产

建筑如同城市文化的细胞，若干的城市细胞构成了一座城市文化的意向，从而构成时空中的城市空间。翠湖片区如同昆明的眼睛，承载了重要历史城镇空间信息，在翠湖公园的北面，有一座典型的携带了近代城市文化与社会变迁信息的翠湖宾馆（图 1）。它位于五华区翠湖南路 6 号，在昆明清末街道图 [2] 与法国国家图书馆收藏的云南府地图 [3] 上显示其位置曾是法国领事馆；20 世纪 50 年代末成为昆明市政府官方接待酒店，首个涉外接待酒店，80 年代末成为五星级酒店；当代，部分空间成为市民组织文化活动的场所，其建筑形式、功能与意义随着时代的变化而变化。它经历从自然景观、法国领事馆、政府招待所、五星级酒店、当代年轻人展览与艺术集市的场所，具备了传递历史信息的条件，在其场所中新的记忆与空间不断生成（图 2）。

一、　翠湖宾馆建设的社会背景

中法战争之后，法国于 1887 年派驻云南省蒙自的首任领事弥乐石到蒙自筹划建设领事馆，1895 年 6 月，《中法续议商务专条附章》签订，开云南思茅、河口为对外商埠。1899 年 12 月，方苏雅升任法国驻滇总领事，兼任法国驻云南铁路委员会代表，办理一切外交事务。清宣统二年（1910），法国在昆明正式设立“法国外交部驻云南府交涉员公署”，法国驻滇总领事改为交涉公署，当时昆明人称其为法国领事馆。图 3 为 20 世纪 20 年代法国领事馆示意图。1932 年，法国驻蒙自领事馆迁往昆明，1935 年《中越边省关系专约》签订后，其全称为大法国驻滇总领事署。

中华人民共和国成立以后，昆明完成了土改与合作化，翠湖宾馆作为五六十年代昆明的十大建筑之一，于 1954 年动工，在 1956 年开业。70 年代末的翠湖宾馆四楼如图 4 所示。1959 年至 1978 年，它是云南省政府下属的烟草公司管辖单位，主要履行政府接待功能，由国家出资建设，云南省办公厅管理。改革开放后，翠湖宾馆开始接待旅游外宾。

1　建筑学与城市研究博士，法国注册建筑师，云南大学副教授，法国国家科学院人居环境研究中心（CRH LAVUE CNRS）客座研究员，650091，wangjiequan@vip.163.com。

2　昆明市编纂委员会《昆明历史资料汇集》。

3　云南府地图，云南陆军测地局测绘，1927 年，法国国家图书馆收藏。

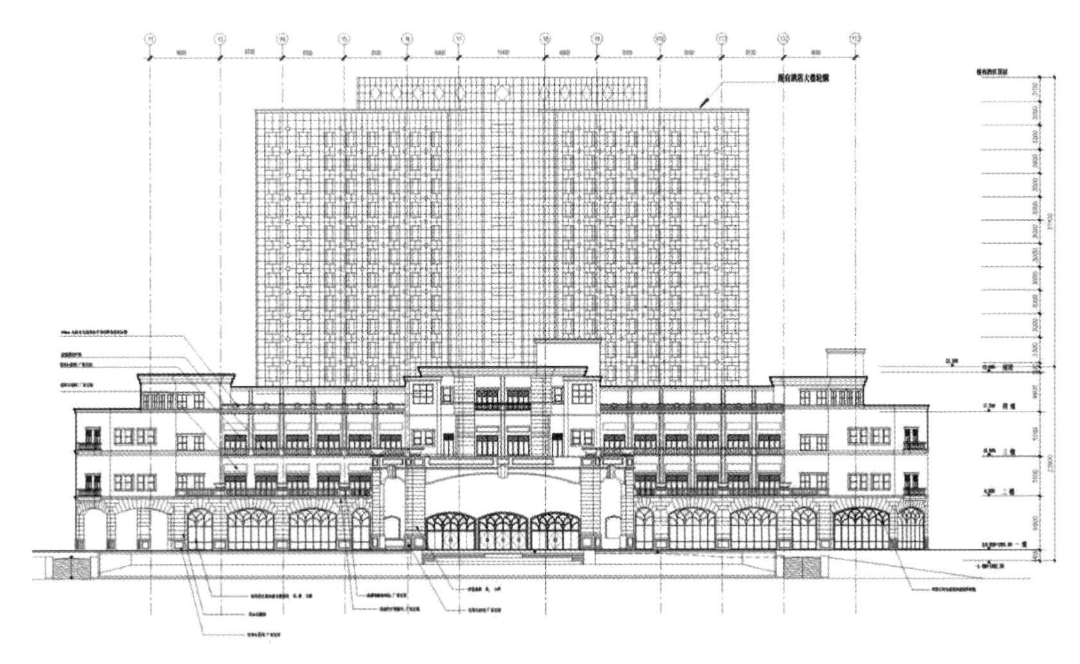

图 1　翠湖宾馆扩建立面图（来源：作者绘制）

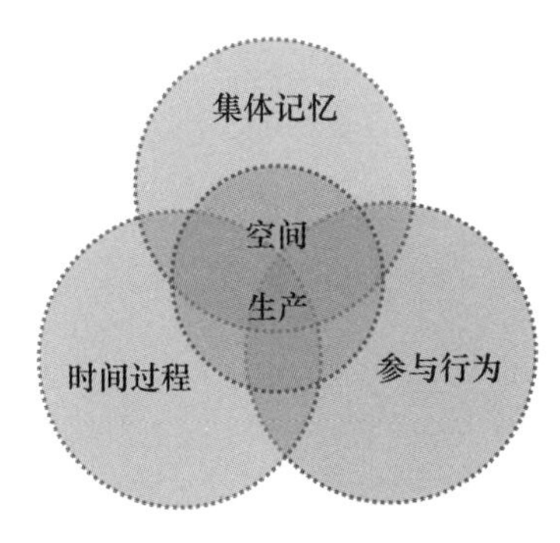

图 2　空间生产与时间、集体记忆、参考者行为的联系

(a) 法国驻滇领事方苏雅（Auguste Francois）（1900年拍摄）

(b) 方苏雅与云南都督苏元春的合影（1902年拍摄）

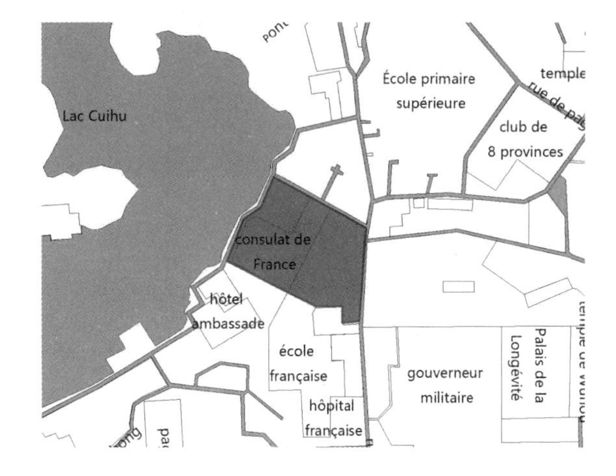

(c) 20世纪20年代法国领事馆位置图（作者依据法国国家图书馆收藏昆明1927年地图绘制）

图 3　20 世纪初法国驻滇领事照片及法国领事馆位置图

随着昆明被评为全国历史文化名城，市中心的历史建筑保护更新工程得到推动，于 1993 年扩建翠湖宾馆，工字老楼保留，并在其后建设了 300 多床位的宾馆，由新加坡 P&T 投资。随着云南烟草公司、香港店龙公司、昆明翠湖酒店和中国银行昆明信托公司的成立，对翠湖宾馆所有权进行了重组，翠湖宾馆国有企业员工从最初的 400 名员工减少到 200 人，使翠湖宾馆的管理与运作适应经济发展模式与社会需求。1999 年世博会的召开推动了昆明旅游经济发展。翠湖宾馆的接待大厅、辅助用房远远满足不了舒适型宾馆的标准，由于 20 世纪 90 年代末的房改政策，翠湖周边新建房、改建房密布，此时的翠湖宾馆周围已无空地，只有拆除工字楼，增建大堂、餐厅、游泳馆等辅助设施才可提升下榻舒适度，让宾馆在新时代中持续运营。

二、在时间长河中多人共同创作时代文化容器

翠湖宾馆是当时云南省最重要的酒店之一。20 世纪 50

图 4　20 世纪 70 年代末的翠湖宾馆旧楼
（来源：云南省设计院翠湖宾馆扩建资料）

年代其外观由云南省设计院建筑师设计，呈现“飞机”形状，该酒店直到 1979 年后才对外开放。20 世纪 80 年代末，云南省设计院对翠湖宾馆进行了改造，邀请贝律铭先生作为设计顾问，他到昆明后住在翠湖宾馆。云南省设计院总建筑师、总工程师、总经理及工程人员等与贝聿铭先生讨论翠湖宾馆扩建方案。贝先生对房间的具体布局和装修、吊柜的大小、浴室的大小、套房的布局、中式花窗等都做了细致的调整[1]。由云南省设计院院长陪同贝聿铭先生到云南石林挑选石材。2003 年，云南省烟草集团下属酒店管理单位对旧翠湖宾馆大楼进行扩建。云南省设计院建筑师彭明生作为副总设计师和建筑专业负责人，云南省设计院集合各专业骨干力量共同完成了施工图的设计。2012 年，HBA 与贝尔高林景观设计事务所共同设计了翠湖酒店的外部环境。2017 年，翠湖酒店管理集团中维集团邀请威尔森公司（Wilson Associates）的创意设计师和室内设计师对翠湖中餐厅进行现代化改造。图 5 为 2000 年年初翠湖宾馆鸟瞰，图 6 为 2023 年翠湖宾馆外观。

三、 使用者从精英到大众的转变推动了空间生产

翠湖大酒店既是政府的接待酒店也受到众多客人的喜爱。20 世纪 50 年代的重要使用者与当时翠湖宾馆为云南省政府办公厅管理分不开，国家领导人、苏联领导人的入住是当时城市发展政策空间的记忆。20 世纪 80 年代接待国家领导人、国外领导人及外交大使、宗教领导人等是经济改革开放初期的活动记忆。2000 年以后著名人物、演员、歌手、运动员等入住，以及多个会议体现出国家经济开放搞活年代的繁荣。当代翠湖宾馆成为本地人举行婚庆与举办展览等场所，融入人们的日常生活之中（表 1）。

图 5　2000 年年初的翠湖宾馆鸟瞰
（来源：作者摄制）

图 6　翠湖宾馆外观（来源：作者 2023 年拍摄）

1　《云南省设计院院志 1952—1993》。

表1 时间中的翠湖宾馆的记忆、参与者活动和空间变化

时间	重要事件、集体记忆	参与者				空间变化
		使用者	管理者	运营者	设计者	
清末	科举考试结束 1910年，法国在昆明正式设立“法国外交部驻云南府交涉员公署”，法国驻滇总领事改为交涉公署，当时昆明人称其为法国领事馆；1911年，重九起义。 集体记忆：九龙池、菜海子、莲华禅院、水心亭，贡院坡、十三坡、社会精英居住地	官府、民间				自然景观、民居
1912至1949年	1919年五四运动 1935年，《中越边省关系专约》签订，更名大法国驻滇总领事署。 集体记忆：滇越铁路修建、西南联大、五四运动、法国医院、文武翠湖、政府部门办公场所汇集地	法国外交部			民间	法国领事馆办公、居住场所
1949至1978年	20世纪50年代初，土地改革，法国领事馆收归国有 1956翠湖宾馆开始建设。 1959至1978年，它是云南省政府下属的烟草公司管辖单位，主要履行政府接待功能，由国家出资建设，云南省办公厅管理。 集体记忆：土地改革、与苏联的合作	政府部门人员，重要国内外公务人员	省政府办公厅		云南省设计院	酒店建筑，建筑面积6000m²
改革开放至2000年	20世纪80年代初，经济文化对外开放。 1993年由YDI、Nikken Sekkei Ltd联合设计，20世纪90年代末，翠湖周围单位住房改革与地产项目发展迅速。 集体记忆：香港、台湾影视文化输入、卡拉OK，1999年世博会	政府部门人员，重要国内外公务人员，明星、社会精英阶层	云南省烟草集团酒店管理公司	翠湖酒店公司	云南省设计院，特邀国外设计单位	翠湖宾馆扩建至310床，23000m²
2001后	2002，酒店服务设施改造。 2012年，前广场由贝尔高林设计，改造前后入口广场。 2022年，文林创意集市开始使用。 集体记忆：滇池治理、房地产业发展，COVID，经济搞活、生物多样性、创意集市、私家车的普及	国内外公务人员，企事业单位人员，明星、社会中高收入阶层，普通购物者	云南省烟草集团酒店管理公司	中维集团	云南省设计院，特邀国外设计单位，国内外设计单位	翠湖宾馆总建筑面积增加到43390m²，308个房间，宾馆前广场空间为创意集市所用

作为云南酒店业的有历史文化背景的酒店，翠湖宾馆以其优越的城市地理位置、多位建筑师的精心设计、不断完善更新的管理运营，始终吸引着众多宾客。住宾馆的客人从精英阶层扩大到社会各阶层，注重客人的多样性需求，提供不同价格范围的客房和套房。酒店内的餐厅一直注重服务质量与餐饮味道，不仅旅客在此用餐，昆明本地居民也选择前往会友或家人聚会。翠湖宾馆因接纳更多的使用者、更多类型的活动而逐渐留在了人们的记忆之中。

四、宾馆前广场：从封闭走向半开放的交往空间

翠湖宾馆前的广场面积约4000m²，环境优美，向翠湖路开敞，通过踏步区分公共空间与宾馆广场。虽然翠湖周边公共空间为大家锻炼身体、散步的好去处，但是人们很少使用宾馆前广场锻炼身体或跳广场舞等集体活动。大众心理上认为它属于五星级酒店的前广场，无论是物理方面还是精

神方面，与晨练者有一道有形或无形的墙。尽管在场地设计中建筑师仅采用了一种非常简单、常见的分隔手法，在酒店大堂和道路之间设计了几级台阶，使人们在大堂能够更好地看到湖景，人们踏上踏步就可以进入这一小广场，但多年来居民一般不在宾馆前广场停留，住翠湖宾馆的旅客大多在大堂外乘车离开，很少在小广场停留（图7）。

图7　翠湖宾馆前小广场（来源：2022 年作者摄制）

随着酒店客房运营模式面向大众化，经营者在一楼开设了中餐厅，并在主广场设置了适合大众消费的咖啡厅和水果茶店，这一小广场如同宾馆的水边花园，逐渐允许人们进入这一空间。

2023 年，发展文旅产业成为昆明市的发展方向之一。翠湖创意集市[1]进入翠湖宾馆前的广场，零售商业成为带着百姓进入翠湖宾馆广场的力量。文创零售商在这里卖文创产品如小雕塑、项链、果汁、明信片等，偶尔还会有音乐表演，那堵精英与百姓之间的墙仿佛被冲破。这个小的空间成为政府组织下，吸引年轻人去体验当代经济与文化生活的场所。经营性的空间让公众进入，使得小广场成为私有空间与公共空间的过渡地带，小广场从鲜有人进入成为了有组织的不定期的热闹零售或展示场所（图8）。此处小广场不仅成为文化活动的半开敞交往空间，也展示了一栋建筑空间与城市空间对话的转变。

图8　翠湖宾馆前小广场的创意集市（来源：2022 年作者摄制）

五、 结语

建筑空间生产一定是在时间中进行的，由所有参与者推动并反作用于参与者，承载特定时代的文化、经济、社会等信息并在参与者的作用下产生新的影响。在近百年的时间中，翠湖宾馆融合了众多建筑师、管理者、使用者的智慧，是一群人共同创造的结果（图9）。翠湖宾馆地块功能发生了多次转变，最早是民宅；后来成为法国领事馆；然后作为昆明市政府的官方接待地点；经济改革开放后的五星级宾馆；随着中产阶级的崛起成为接待大众的宾馆，翠湖宾馆成为市民聚会、交友、举办婚庆、展览的场所；当代宾馆前广场成为零售摊创意集市的销售点。我们的生活随着社会发展而变化，建筑空间的使用也随着生活需求的转变而产生变化，这让建筑与场所携带了多种历史信息，建筑从而具有了社会性，建筑中产生文化、经济、政治、技术等直接或间接的活动，建筑成为承载人们的集体记忆容器和发生器。建筑空间组成的城市在不断地进行着空间生产，形成一个城市的特征。

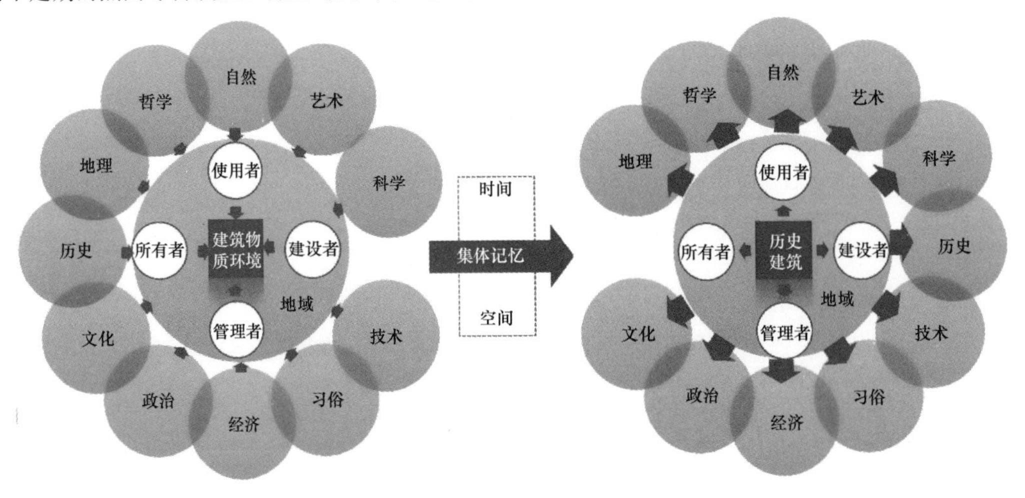

图9　建筑触媒对社会产生的影响后成为集体记忆的载体

1　创意集市一般由政府组织，为年轻艺术家、创意者在公共场所售卖产品提供免费或租金低廉的摊位，或艺术表演场所，成为各城市培育文旅消费的策略。近年来，创意集市彰显先锋创意产业的作用，带动社区活力。

参考文献

[1] FIJALKOW YANKEL. Sociologie des Villes [M]. Paris: Éditions La Découverte, 2014.

[2] LEFEBVRE HENRI. Le Droit à la ville [M]. Paris: Anthropos, 1967.

[3] LYNCH KEVIN. What Time is this Place [M]. Cambrige: MIT Press, 1976.

[4] MAURICE HALBWACHS. La mémoire collective [M]. Paris: Presses universitaires de France, 1950.

[5] RONCAYOLO MARCEL. Lecture de villes, Formes et Temps [M]. Paris: Parenthèses, 2002.

[6] 昆明市编纂委员会. 昆明历史资料汇集 [I].

[7] 彭明生,汪洁泉. 翠湖宾馆扩建建筑设计图 [Z].

[8] 汪洁泉. 集体记忆与建筑空间研究:以云南大学会泽院为例 [J]. 云南建筑,2024 (1): 36-39.

[9] 云南陆军测地局测绘,云南府地图 [Z].

[10] 云南省设计院. 云南省设计院院志 1952—1993 [Z].

潮州民居花窗装饰纹样探究[1]

张紫淇[2]　李绪洪[3]

摘　要： 潮州民居花窗的装饰题材、纹样种类丰富，体现了潮州人民对生活的美好愿望与憧憬，是潮州地区民间民俗的反射写照。潮州人民有信奉祖宗的习俗，每个装饰纹样的背后都有其文化内涵，深受潮州人民的喜爱。本文是从装饰纹样的研究角度对潮州民居花窗构件进行研究并绘图，目的是更深入地研究潮州民居花窗装饰纹样艺术。

关键词： 潮州民居；花窗；装饰纹样

一、 潮州民居花窗历史起源和发展历程

中国传统建筑文化历史深厚，涵含着大量中华文化与元素。以潮州民居花窗装饰纹样为例，在潮州民居中，花窗是重要组成部分，涵含着丰富的潮州历史、文化、艺术、审美和人文内涵，使潮州民居形成了独特气质与价值审美[1]。

花窗是指镂空的窗、有装饰雕刻的窗，在当地又叫“漏窗”“花窗洞”[2]。从中国传统建筑的发展来看，花窗具有深厚的历史渊源。远古时期巢氏先民是巢居社会的创造者和先驱者，当时房屋建筑多为干栏式结构，桩木是建筑构造的基础，建筑高于地面，属于半楼式建筑类型。巢居的窗户就是花窗雏形，造型简洁、干练，是中国传统建筑文化的重要组成部分，具有丰富的历史内涵和学术价值。我国考古发掘研究中，出土于西安秦始皇兵马俑坑的青铜马车，其建筑主体上出现以“斜格子”装饰的几何形花窗装饰纹样。从出土的汉代陶屋花窗构件中可以看出，中国的花窗装饰纹样在汉代已经成为一种流行的装饰纹样。唐宋时期，潮州先民首次大规模迁移，文化间相互融合，带来精巧、细腻的制作工艺，丰富了潮州民居花窗装饰纹样的图案内容和装饰题材。

潮州民居蕴含丰富的历史文化与传统建筑艺术，花窗的装饰艺术是潮州民居的一大特点，具有鲜明的地域性，侧面反映了潮州建筑艺术的多样性特点。在花窗的用材选择、工艺制作、题材选取上都特别讲究。其优点是结实耐用、透气性好、采光效果强，具有良好的实用性，体现了潮州民居的科学性与合理性，满足潮州人民的生活需求[4]。

二、 潮州民居花窗文献综述

花窗作为建筑构件，涵含丰富的华夏文明与哲理思维，反映了古人的精妙思想。花窗装饰受中式美学影响，其发展历史可考究。最早在《营造法式》中《小木作》一篇提出窗户的黄金比例、位置、形态。明代的《鲁班经》对华夏传统建筑形制、技艺做了进一步的完善汇总。《长物志》对华夏传统建筑与园林构建详细描述，进一步深化花窗装饰纹样的研究。计成编著的《园冶》是中国历史上关于园

1　基金项目：乡村印记——基于农林高校环境设计研究生教学模式研究（项目编号：YJSJY2024009）。
2　仲恺农业工程学院硕士研究生，510230，773560114@qq.com。
3　仲恺农业工程学院教授，510230，Lxh87351310@126.com。

林理论的书籍，详细记载了方法论和实践原理，是中华造园的精华之书（表1）。黄汉民归纳前人宝贵经验，详细研究国内不同建筑类型的门窗构件，挖掘其地域文化特点与人文价值。

表1　花窗装饰相关的国内专著

时间	研究人	主要著作	主要研究内容
1103年	李诫	《营造法式》	《小木作》中对建筑构件窗户的比例、定位、联系等做了详细研究
明代万历年间	午荣	《鲁班经》	对传统建筑的形式、工艺、技法作了深入研究
1621年	文震亨	《长物志》	对中国传统建筑、园林建造作了阐述，重点研究室内外装饰特点，包括花窗装饰构件及纹样
1634年	计成	《园冶》	中国历史上第一本关于传统园林的理论专著，阐述了营造方法与理论知识，涵盖了造林精华，是中国古代园林的范本
1734年	清工部	《工程做法》	对建筑标准作规范，并作为准则
2010年	黄汉民	《中国传统建筑装饰艺术·门窗艺术》	对中国中具有代表性的建筑类型门窗作艺术鉴赏，具体分析其地域特点、人文精神，深入挖掘其内在价值
2011年	楼庆西	《户牖之艺》	对建筑中的门和窗户的装饰构件作详细分析，并展开阐述其演变历史，分析了不同功能建筑中门窗的功能作用与样貌

来源：作者自绘。

国内关于花窗艺术的研究，在中国知网中检索得出1982年到2006年间，以“花窗”作为检索主题词的论文发表量呈平缓上升趋势，2006年后呈加速上升趋势，在2021年达到峰值，总体研究动向呈上升趋势。

2001年汤国华发表的《岭南传统建筑的“天人合一”》（表2）具体分析华夏传统理念在建筑中的体现，研究载体为岭南建筑。卢醒秋将花窗作为研究对象，解析其形成、发展、演变的历史构架，挖掘花窗艺术的空间价值与人文精神。孟丽丽将花窗装饰纹样与家具设计相融，解构其装饰纹样，将花窗艺术蕴含的文化精神体现在家具上。2018年蓝达文发表《闽南传统建筑门窗艺术研究》，文中对闽南的花窗构件进行艺术赏析，分析其地域特点和文化内核。

表2　花窗装饰相关的国内期刊文献

续表

时间	研究人	主要著作	主要研究内容
2001年	汤国华	《岭南传统建筑的“天人合一”》	具体分析了“天人合一”在岭南建筑中设计、装饰的具体表现形式
2004年	卢醒秋	《透过门窗看传统居住建筑的精神世界》	将建筑中的门窗作为研究对象，深入阐述其形成、发展、演变的历史构架，从中折射出空间价值与人文精神，其中蕴含了地区人民的美好愿景
2011年	孟丽丽	《中式家具雕刻装饰图案的传承与发展》	将中国建筑中的中华元素融入家具设计中，解构其装饰纹样，内含对于花窗装饰构件的分析、文化精华分析
2016年	毕小芳	《粤北明清木构建筑营造技艺研究》	通过实地调研的途径，对粤北地区建筑进行深入研究，主要内容为建筑形制、建筑工艺、材料选择、构件分析，包含花窗装饰构件
2018年	蓝达文	《闽南传统建筑门窗艺术研究》	对闽南地区的花窗构件进行艺术赏析，分析其地域特点和其中蕴含的传统文化
2020年	冯舒	《古代建筑窗景在当代公共空间设计中的再应用研究》	以传统建筑中的花窗艺术构件作为研究对象，具体分析其种类、风格、人文精神以及表现形式，研究视角为图像学，探讨其性能、形态、人文精神与元素之间的关系，并提出解决方案
2021年	张小青、陈沛捷	《守护乡愁——潮汕传统乡村建筑元素在现代家居设计中的应用研究》	对潮汕建筑中的多种建筑构件，包括花窗构件作为研究对象，应用在现代的家具设计中，使之体现潮汕风味，是一种新的尝试风格
2022年	林琳	《潮州木雕装饰纹样研究》	潮汕地区宗祠建筑、民居建筑、花窗构件等中都会涉及木雕，其中所蕴含的潮汕文化更是潮汕人民美好祈愿的现实映照
2022年	何柳	《明清木雕花窗的纹饰特色研究》	对中国拥有漫长历史痕迹的花窗构件进行深入研究，从古至今的花窗历史发展作了详细解析，致力于挖掘其独具的传统元素与艺术特点，对现在花窗构件的传承与修缮起到重要的资料研究作用
2023年	陈炜林	《粤东乡村建筑装饰纹样研究》	对粤东地区的乡村建筑作研究，具体分析其装饰纹样、演变历史、题材选择、内涵精神等

来源：作者自绘。

华夏文化不仅影响中国，还辐射周边国家乃至蔓延世界，1891年弗格森出版《印度与东方建筑史》，将印度建筑与东方建筑对比，分析其建筑构件的异同。闵斯特伯格拍摄大量中国建筑、中国雕塑等中式美学研究方向的图片，汇集成书册。常盘大定、关野贞在1939年《支那文化史迹》一书中详细介绍了中国境内的宗教建筑，并解析了花窗构件及纹样，挖掘其内涵。近年，后藤朝太郎从外国视角介入华夏文明，对中国建筑进行了一系列系统研究，研究成果中囊括了对花窗装饰纹样的研究理解。

表3　花窗装饰相关的国外专著

时间	研究人	主要著作	主要研究内容
1891年	弗格森	《印度与东方建筑史》	将印度地区建筑与东方建筑加以比较分析，略谈花窗构件
1905年	卜士礼	《中国艺术》	书中涵盖大量中国的建筑雕塑、陶瓷、青铜器皿、玉器等，略谈花窗构件
1912年	闵斯特伯格	《中国美术史》第二卷	书中收录大量中国建筑、绘画、器皿等图片，约1200张，内有花窗艺术
1925年	伊东忠太	《中国建筑史》	作者先后对中国进行过六次实地调研，是建筑学科历史上第一部相对系统全面解析中国地区建筑的历史书籍
	鲍希曼	《中国建筑》	作者对当时的中国建筑展开系统的研究，跨越了十四个省市，拍摄大量照片，内含花窗构件
1939年	常盘大定、关野贞	《支那文化史迹》	用图片的形式详细介绍中国古建筑、宗教建筑等艺术价值极高的文化书籍，内配有文字介绍，书中拍摄有花窗纹样图片
2020年	后藤朝太郎	《蟋蟀葫芦和夜明珠：中国人的风雅之心》	从外国人的视角对中华文化、中国风土人情、中国建筑等一系列作研究解读，书中略谈中国建筑与花窗装饰纹样

来源：作者自绘。

三、　潮州民居花窗装饰纹样和题材种类

不同地域、经济发展和思维文化等多方面的原因，导致各地花窗的装饰纹样存在着一定的差别，潮州民居花窗装饰纹样也不例外。潮州民居花窗装饰纹样反映了潮州的地域特色，装饰图案的内容宽泛，反映了潮州人民的生活习俗，其纹饰纹样大多来源于民间传说、潮州戏曲和神话传说。潮州人民喜欢表达他们对更好生活的向往，将愿望与憧憬寄托于物之上，侧面反映出潮州人民单纯美好的愿望，以及子子孙孙绵延的期望[5]。潮州民居花窗装饰纹样的题材类型大致可划分为几何形纹样、动植物纹样、人物故事纹样、组合形纹样，可谓是丰富多样，五花八门。

1. 几何形纹样题材

以几何形纹样为主题的花窗（图1）以比较简单的线条为主，如正方形、三角形、菱形、梯形、五角形等。常用的几何形纹样有回纹、万字纹、斜纹、菱花格、方豆腐块等，还有不规则的几何形状的花窗，由直线和曲线组成。菱花格窗以菱花的形态特征为主，有三交六椀、双交四椀两种，就像一朵绽放的菱花，工艺精致，窗格密集排列，富丽高雅，寓意着祥和，优点是采光良好、保温性好。

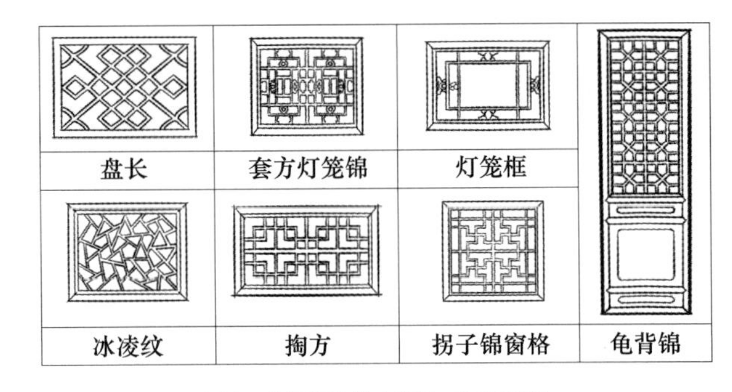

图1　几何形纹样（来源：作者自绘）

铜钱纹（图2）花窗是有钱币图案的窗户，由一枚外圆内方的钱币组成。这与中国古钱币的形状相吻合，有单独、并列、交叠等组合方式，因为"钱"为"前"谐音，钱孔为"眼"，有"财在眼前"的意思，寓意财源广进，深受潮州人民的欢迎。还有与"蝙蝠""喜鹊"和"卍"等字相组合，寓意"福在眼前""喜在眼前"，让钱纹窗更显吉祥喜庆。钱的象征是财富，寓意着"财源广进"，"天圆地方"，以及儒家所推崇的"外圆内方"的形神养神之境。佛教认为，"钱纹"是指"七轮"（顶轮、眉轮、喉轮、心轮、脐轮、海底轮和梵穴轮）的符号。因此，钱纹有时候也是一种对佛的崇拜。钱纹也是读书人的"八宝"之一。同样，常见的几何形纹样主题也有"卍"字，不少潮州民居中也可见到类似的花窗图案。佛教里"卍"字是一个吉祥的象征，象征着生生不息，也可用于房屋的祈祷、辟邪。回纹纹样的花窗寓意连绵不断、富贵长久。

几何形纹样花窗更加简洁、明亮，让人在视觉上更加直观、大气，相比于其他主题的花窗，几何形纹样花窗要简单得多，雕刻也比较简练。所以，在潮州民居中，几何形的花窗占了相当大的比例。由此可见，潮州民居花窗的装饰纹样受传统艺术的影响颇深。

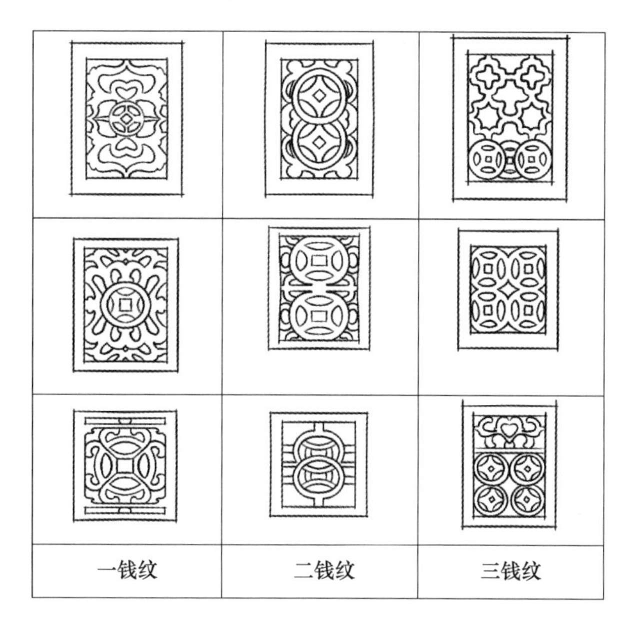

图2　铜钱纹（来源：作者自绘）

2. 动植物纹样题材

植物纹样（图3）有菊花、梅花、竹、莲花、荷花、桃花、牡丹等的花卉图案，寓意喜庆吉祥。这种装饰性图案给人宁静、安宁的感觉，同时也反映了潮州人民淳朴而美丽的愿望，体现潮州地区的民族文化与美学偏好。卷草纹样在潮州地区花窗装饰纹样中也比较常见，其优美灵动，寓意绵延不断、延年益寿，受到潮州人的追捧。在其他植物和人物故事图案中，经常用卷草纹作为衬托。卷草纹的出现增加了整个画面的视觉美感。五瓣梅花象征五福临门、五子登科，潮州地区喜用梅花和喜鹊相配，以喜鹊爬上梅枝的场景呈现，因“梅”和“眉”谐音，取“喜上眉梢”之意，造型逼真，寓意喜庆美好，同时是潮州人民对更好生活的期许[6]。

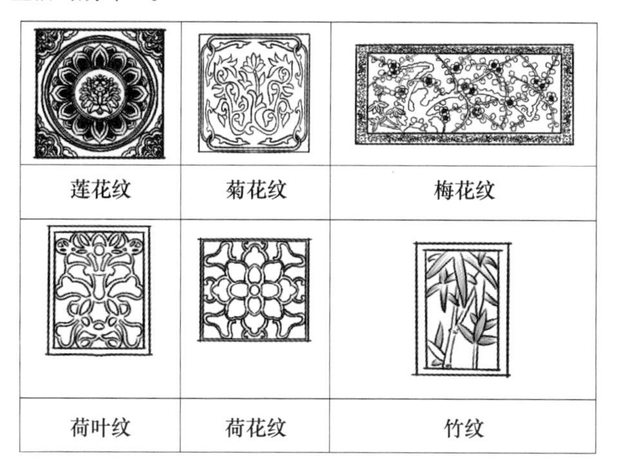

图3　植物纹样（来源：作者自绘）

在花窗的装饰图案中，以鹿、喜鹊、飞龙、麒麟、龟、凤凰、猴、白鹭、蝙蝠、鹤、狮子等为最常用的图案。潮州人民对于珍奇动物有着特殊的爱好，尤以龙凤、麒麟、喜鹊、骏马为尊。珍禽异兽在中国传统文化中有祈福辟邪的作用，将其作为创作灵感融入花窗装饰纹样中，可使民居中人们的心理得到安慰。动物题材纹样中乌龟、仙鹤寓意长寿，潮州民居中设这两种装饰纹样的花窗有贺寿的象征意义。

3. 人物故事纹样题材

人物故事纹样题材主要从民间典故、潮州戏曲、神话传说、神佛仙道故事等中获取灵感，在其原型基础上进行二次创作，被广泛运用于潮州民居花窗装饰纹样中。除了设计之美，更多显现出潮州文化民风民俗的多样性。花窗纹样中的人物动态形象曼妙、栩栩如生，动作和神情都非常自然。历史典故纹样也受到潮州人民的喜爱，每个花窗装饰纹样都讲述了一个历史典故。可以从潮州民居花窗装饰纹样中看到潮州人民的喜悦氛围、对仕途的渴望、为求公明的故事。

潮剧是潮州民居花窗装饰纹样的重要灵感来源，是潮州地区的一种民间艺术，有着家喻户晓的人物事迹，给后世的人们留下了众多的潮剧角色，人物动态灵巧变换，栩栩如生。潮剧中以梁山伯和祝英台、穆桂英、薛仁贵征东、李旦登基、王茂生进酒、郭子仪拜寿、孟母三迁等戏剧故事作为题材。这些人物故事装饰纹样主要宣扬诚信、仁义、孝道等核心思想，象征着潮州人民的美好愿望，引发世人思考。

4. 组合形纹样题材

潮州民居花窗装饰擅长在一幅作品中使用多种主题的装饰图案（图4），这让花窗造型变得更复杂、精巧，同时包含各种潮州文化，这使花窗的艺术效果更加丰富，其中组合方式在植物、动物和人物故事纹样中更多地出现，作用是给画面衬托、点缀。工匠们将花虫鸟兽的原型进行艺术加工，在花窗构件上体现，装饰性强，表现出热闹氛围，展现了潮州人对幸福生活的向往、潮州花窗丰富的文化内涵和艺术效果。组合形纹样题材丰富，造型多样，有仙桃、喜鹊、蝙蝠、梅花鹿、花团等图案，体现了中国传统文化“福禄寿喜”的内涵。

图4　组合形纹样（来源：作者自绘）

动植物题材装饰纹样喜结合汉字，取吉祥、喜庆等相关含义的同音、相似音。例如：年年有余中“年”和“余”的谐音“莲”和“鱼”，寓意丰衣足食，年年都有富裕钱财粮食；以“瓶”代“平”，有平和之意；“鹌鹑”替代“安”意为平和美好；“蝠”为“蝙蝠”，为求幸福；“鹿鹤”是“六合”的谐音，寓意为东南西北天地，是吉祥的象征，象征国泰民安，“六合同春”；以“鹭鸶”“莲花”代“路”“连”，以求仕途顺遂；“喜鹊”“梅”象征喜庆；“雀”“鹿”“蜂”“猴”代表爵位封侯。潮州民居花窗的装饰图案形式多样，既能寄托物情，又增加情趣和艺术美感。

潮州民居花窗装饰纹样是潮州传统文化的一部分，在潮州人民的日常生活中根深蒂固，所以，和潮州地区民风民俗有关的主题，都受到了潮州人民的欢迎。这些具有潮州地区特点的故事主题，也是潮州文化发展的根源。潮州人民崇佛敬祖的风俗，对潮州民居花窗装饰纹样的发展起到了很大的推动作用，而潮州地区特有的民间风俗又成为潮州花窗图案设计的灵感来源。在装饰纹样的创作上，参考了中国传统纹样、潮州民间艺术等，吸取了潮州地区本土文化，与多种宗教信仰相互融合，在潮州民居花窗装饰纹样中体现，侧面反映了潮州地区丰富的文化、鲜明的地方特色，以及潮州人民对富贵吉祥、功成名就等的美好愿望。

四、结语

潮州民居花窗装饰纹样是潮州文化的体现，其发展受社会、经济、文化等多方面因素影响，是潮州地区人文精神的物化表现，具有潮州地域性特点。花窗装饰题材蕴含潮州人民的核心思想与民风民俗，反映出潮州人民单纯美好的心愿。潮州民居花窗装饰纹样是潮州人民精神文化的物质载体，潮州人民将美好愿景寄托于实体上，并主动与之发生情感共鸣。花窗装饰纹样不仅丰富了潮州人民的生活环境，也是潮州人民表达自己情感的一种表现形式，将自我的憧憬与追求完整地呈现出来。

潮州民居花窗装饰纹样的发展与时代的发展有很大的关系，反映了潮州地区在各个历史阶段的发展与变迁，以及人文观念的变化。在快速发展的社会背景下，潮州人民由最基础的物质生活向精神生活转变，花窗装饰纹样所蕴含的社会价值观与人文理念，因时代的变迁而呈现出差异化的价值需求。从花窗装饰题材中发掘民俗文化和人文思想，体现了潮州民居花窗装饰纹样的美学价值和实用价值，增强了潮州人民的文化自信与文化认同。

参考文献

[1] 何柳．明清木雕花窗的纹饰特色研究［J］．文物鉴定与鉴赏，2022（22）：118－121.

[2] 王先昌，梁洁雯，彭雅莉．基于中国传统建筑元素的文创产品设计研究：以花窗为例［J］．设计，2020，33（13）：23－25.

[3] 王思琦．中式花窗艺术在首饰设计中的应用［J］．中国宝玉石，2020（6）：40－47.

[4] 王先昌．传统花窗的人文内涵及在设计中的“活态化”方法研究［J］．美术大观，2020（3）：110－111.

[5] 冯舒．古代建筑窗景在当代公共空间设计中的再应用研究［D］．北京：北方工业大学，2020.

[6] 蓝达文．闽南传统建筑门窗艺术研究［J］．美术观察，2018（9）：126－127.

试论“米家书画船”文化符号在舫类建筑发展中的影响[1]

郑 蒨[2] 胡 石[3]

摘 要：聚焦于“米家书画船”文化符号在舫类建筑发展中的影响，本文通过对宋、元、明、清时期文人园林中“米家书画船”实践的分析，深入探讨了该文化符号如何以其独特的文化象征意义，成为文人园林中舫类建筑发展的推动力。

关键词：米家书画船；文化符号；舫类建筑；原型；影响

一、 引子

北宋庆历二年（1042），欧阳修于滑州通判任内，在官署东侧创建“画舫斋”，并撰《画舫斋记》，将其塑造为“出世/入世”矛盾思考的象征。[1]明代《永乐大典》收录有诸多与船有关的“斋名”，包括“画舫斋” “舫斋”等。[2]到了清代，江南园林中的舫类建筑已成为一种成熟的园林建筑范式，即所谓的“石舫”“旱船”等。它们也被统一称为“舫类建筑”。[3]

舫类建筑因其独特的设计和深厚的文化内涵，吸引了众多学者的关注。学界已积累了大量研究成果，包括园林通史、通论和舫类建筑的专论等。[3-13]在探讨舫类建筑的起源和发展时，欧阳修的“画舫斋”被视为园林中舫类建筑的早期实例，比如何建中将其作为“石舫”的最早实例[11]，谢宏权、刘彤彤等学者亦持此观点。[3,13]

然而，尽管有学者提出应关注米芾“米家书画船”作为舫类建筑另一原型的可能[3]，但并未有研究展开深入讨论。故本文旨在深入剖析“米家书画船”作为文化符号对舫类建筑发展的影响。通过追溯这一符号的起源、传播与发展，本文阐明其如何从具体舟船的代称演变为园林设计中舫类建筑的创意源泉，并揭示其在舟船与书斋空间概念融合中与“画舫斋”相提并论的原型地位和深远的文化影响力，从而进一步丰富舫类建筑的内涵，彰显其独特的文化价值。

二、 “米家书画船”：舫类建筑的另一原型

1. 米芾与收藏书画的“宝晋斋”

米芾是宋代著名的书画家，一生收藏颇丰。其最钟爱的当属数件晚年所得晋代名家字帖和绘画。在润州（今镇江）定居期间，他将其在北固山下海岳庵中的书房命名为“宝晋斋”，以此纪念其珍贵的晋代藏品。[4]

1100 年，北固山起了一场大火，宝晋斋与其中所藏书

1 江苏省科学技术厅、江苏省财政厅，2024 年度省基础研究专项资金（自然科学基金）项目—青年科学基金项目（BK20241350），空间生产视野下历史建筑形象建构的研究——以“宋代/宋式”为例。

2 东南大学助理研究员，210096，15651695207@163. com。

3 东南大学讲师，210096，hshleo@163. com。

4 《京口耆旧传》，卷 2，3a：“芾喜登览山川，择其胜处，过润，爱其江山，遂定居焉，作宝晋斋，藏书法名画其中。”引自文献［14］。

画却幸免于难。[1] 但也许是出于再次失火的顾虑，米芾随后将住处迁至城东靠近漕河的千秋桥处。[2]

1101 年，米芾就任江淮发运使属官。江淮发运司自 995 年起设于紧邻润州的真州（今扬州仪征），而其下属官员也沿运河有各自的治所。[17] 尽管米芾的治所可能位于润州，或至少与他在润州的住宅相近，但由于发运使的工作繁重，其可能无法经常回家。苏轼曾在北宋元祐七年（1092）上书建议发运使应推荐官员在真州到汴京之间往来点检，甚至“以船为廨宇，常在道路，专切点检诸色人作弊”[3]。故米芾也可能不得不长居船中。

或许是为了进一步规避火灾，又或者是他对这些晋代收藏太过热爱，他难以忍受不能回到书房观赏书画之苦，总之他将喜爱的书画收藏一并带入了自己的船上，方便自己随时欣赏。

2. “米家书画船”

米芾携带书画上船的行为，曾被其好友黄庭坚以诗戏谑：“万里风帆水著天，麝煤鼠尾过年年。沧江静夜虹贯月，定是米家书画船。”任渊（1090—1164）对此诗注释：“崇宁间，元章为江淮发运，揭牌于行舸之上，曰‘米家书画船’云。”[4]

任渊所谓该船挂着“米家书画船”牌匾一事，大概率只是附会。事实上，考虑到米芾之前的书斋命名方式，这艘船很可能因藏有晋代书画而被称为“宝晋斋”。这个名称指代的是收藏有晋代书画的空间，因此跟随米芾所携带的晋代收藏而移动。润州、无为和丹徒均有“宝晋斋”的存在。因此，在米芾将藏品带上船之后，这条船自然也可称“宝晋斋”。[5]

《米海岳年谱》中的记录为这一猜想提供了证据：“崇宁元年壬午（1102）：六月九日，大江济川亭舣宝晋斋艎……重装褚临兰亭。”[6]

然而，米芾收藏书画之船的确也可被称为“米家书画船”。黄庭坚的诗作让船上收藏书画一事显得既实用又风雅，因此米芾自己对好友的调侃欣然接受。毕竟，拥有一艘书画船意味着他的藏书、字画和文玩能够长久陪伴他左右。

数年后，米芾沿运河乘船前往汴京就任书画学博士之时（1106），虽未必乘坐“宝晋斋”，但也随身带了书画。在途经虹县时，他在船上创作了《虹县诗》两首，并以行书写成了著名的《虹县诗》卷（图 1），其中“满船书画同明月”一句，便生动描绘了他在船上与书画相伴的情景。

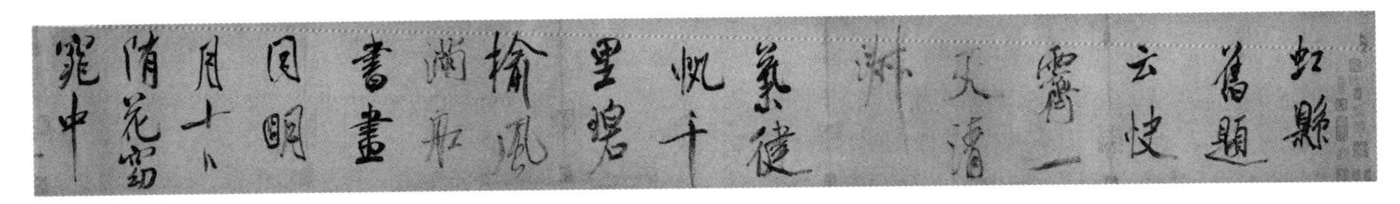

图 1 《虹县诗》卷（来源：日本东京国立博物馆）

3. 作为文化符号的“米家（书画）船”/“书画船”

米芾并非唯一爱书画成痴的人，将书画带入船中的行为也并非由他首创。该做法最早见于东晋时期的桓玄。桓玄是东晋的一位权臣，他性格贪鄙且喜爱珍奇宝物，对书画等艺术品有着极高的兴趣，常欲以各种手段夺取他人藏品。[7] 据《晋书·列传第六十九》记载，桓玄曾命人制作轻便的船只，用以装载他的书画和珍宝，以便战乱时能够迅速转移。[8]

宋代文人对桓玄用船收藏书画的行为有所了解，但评价很低。苏轼曾在北宋熙宁十年（1077）为王诜的“宝绘堂”撰写记文时，引用桓玄的事例，以警示王诜对书画的热爱应适度，不可沉溺。他写道：“桓玄之走舸，王涯之复壁，皆以儿戏害其国，凶其身。”[9] 这反映了宋代文人对此类行为的批判态度。

与其好友苏轼的审慎态度相对照，米芾则是“部分

1 杨万里《诚斋诗话》记载：“润州大火，惟存李卫公塔、米元章庵。元章喜，题云：‘色改重重构，春归户户岚。槎浮龙委骨，画失兽遗耽。神护卫公塔，天留米老庵。柏梁终厌胜，会副越人谈。’”见杨万里《诚斋集》卷 115，14b，引自文献［15］。

2 《至顺镇江志》载：“礼部郎中米芾宅，在千秋桥西，有轩曰‘致爽’，斋曰‘宝晋’。”见文献［16］卷 12：3b。

3 苏轼《乞岁运额斛以到京定殿最状》，见《东坡全集》卷 62，18a-6，引自文献［15］。

4 黄庭坚《戏赠米元章》及其相关注释，见任渊注《山谷内集诗注》卷 15，18b-19a，引自文献［14］。

5 对于这个推测，唐兰在其文章《宝晋斋法帖读后记》一文中也曾表达了相同的观点。见文献［18］：1300。

6 翁方纲《米海岳年谱》，12a，引自文献［19］卷 20：657。

7 房玄龄《晋书》卷 99，13a：“性贪鄙，好奇异，尤爱宝物，珠玉不离手。人士有法书好画及佳园宅者，悉欲归己，犹难逼夺之，皆蒱博而取”引自文献［15］。

8 房玄龄《晋书》卷 99，11a：“……先使作轻舸，载服玩书画等物。或谏之，玄曰：‘书画服玩既宜恒在左右，且兵凶战危，脱有不意，当使轻而易运。’众咸笑之。”引自文献［15］。

9 苏轼《宝绘堂记》，见苏轼《东坡全集》卷 36，10a-b，引自文献［15］。

集成了前辈欧阳修在私人收藏、艺术品鉴赏方面的范式，并成为一个将艺术激情推至极端的典型”[20]。米芾也曾为了满足私欲而骗取他人收藏。葛立方（？—1164）曾记载：“米元章书画奇绝，从人借古本自临搨，临竟，并与真本还其家，令自择其一，而其家不能辨也。因此得古人书画甚多。东坡屡有诗讥之。”1 尽管如此，米芾因其卓越的艺术修养和天真烂漫的性格，赢得了时人的友好和亲近。

米芾的个人魅力和黄庭坚的风趣诗句共同塑造了“米家书画船”的独特形象，使其与桓玄的“走舸”区别开来。它成为风雅生活的象征，而非玩物丧志的标志，在宋及以后被其他文人普遍效仿，留下大量诗文吟咏的案例。[21-23]而“米家书画船”也成为文人收藏书画之空间的雅称。

随着时间推移，该符号的影响力也扩散到东亚其他国家。在日本明和三年（1766）金沢兼光编的《和漢船用集》中就记录有“书画船”和“书画舸”的条目。2 前者记录的是米芾的故事，内容极类任渊注释所云，后者所提则是东晋桓玄故事，与《晋书》记载相似。

三、“米家书画船”符号在舫类建筑发展中的影响

由于米芾是将藏书画之“舟船”冠以“建筑”的名称（宝晋斋），并显然在其内部环境模拟了可观赏藏品、装裱或创作书画的书斋空间，因此与欧阳修所建的模拟舟船的岸上书斋——作为舫类建筑原型的“画舫斋”——构成了某种镜像的关系。它们分别从相对的方向模糊了舟船与建筑的界限，创造出了一种概念上的流动性。

“米家书画船”因其独特的个性，并未简单地融入“画舫斋”这一符号中，而是以一种平等的地位与之产生了合流，进一步推动了“船”与“斋”在建筑表达上的融合。作为一个广泛流传并具有深远影响的文化符号，“米家书画船”理应被视作舫类建筑的另一原型。它对舫类建筑发展的贡献，不仅显著而且意义重大，值得我们进行更深层次的探究和分析。

1. 收藏空间：沟通舟船与建筑的桥梁

随着该文化符号的传播与发展，“米家书画船”进而通过与“书画收藏”的关联被广泛用于诸如艺术鉴赏类文集、书画家的印章等的命名。3 在此基础上，不难想象，一些建于陆地上的书斋也因其中收藏有名家作品而被称为“书画舫”或与之相关的名称。

唐志大，元末明初的书法家，以行草见长，家中珍藏众多古代书画名作。4 其所建书房“贯月轩”显然就得名于黄庭坚“沧江静夜虹贯月”之句，不仅夸耀了主人的收藏品位，也隐喻了建筑设计理念与米芾书画船的联系。其好友郏经在《题唐伯刚贯月轩》诗中以“新构凤麟洲上屋，恰如书画米家船”5 明确指出了其与“米家书画船”的关联。尽管诗中未具体描述建筑外观是否模仿船只，但其环水的环境无疑营造了一种水上行舟的意境。

同类做法还可以在大量清代文献中得到进一步的印证。比如李斗（1749—1817）在《扬州画舫录》中提到，石庄和尚因收藏名家作品，其居所被称为“书画舫”。6 石韫玉（1756—1837）同样曾记潘世恩（1770—1854）在苏州临顿里的新居“枕水作屋，中贮书法名画，曰：‘烟波画船’”7。施士洁（1856—1922）也有诗云：“小屋三椽书万轴，此中合署米家船。”8

这些文献记录显示出陆地上的书房——无论其是否模仿船只——只要其藏书丰富就可以与“米家书画船”的文化符号建立起联系。故园林书斋的设计者用建筑去模仿舟船的理由便被进一步扩充，而这一联系则或许是“米家书画船”这一文化符号从船向建筑流动的最为直接的桥梁。

2. 舟居之乐：“书画船”的建筑想象

另一类将这一文化符号从船引向建筑的做法来源于那些拥有书画船、喜爱并习惯于舟居的文人。他们试图在城市之中建造园林模仿山林，又试图在园林之中建造模拟船上空间的建筑来想象泛舟江湖的趣味。

顾瑛（1310—1369）是元代的昆山巨富，他本身家境显赫，加上才干过人，不但经营田产、商业，还从事海上

---

1 葛立方《韵语秋阳》卷14，11a，引自文献［14］。

2 见文献［24］卷3：24a。

3 艺术鉴赏类文集包括《清河书画舫》《青莲舫琴雅》《扬州画舫录》等。由史料可知，张丑曾于明万历四十三（1615）得米芾《宝章待访录》墨迹，名其书室曰宝米轩。第二年四十四（1616），《清河书画舫》书成。其以“书画舫”为名，也是取黄庭坚诗中“米家书画船”句之意。见，文献［25］：334。明代林有麟（1578—1647）的《青莲舫琴雅》，则是采录古琴之制度、名称、典故、赋咏。据林有麟自序，乃明万历四十年（1612）游西湖时所作，青莲舫正是其所乘舟名。序言中说，这本书的内容就是林有麟在旅行途中对行笥中书籍进行采录而成。见，文献［26］：2946。书画印章包括米万钟“书画船”三字私印，雍正“朗吟阁书画船”印，等等，见，文献［23］：62。

4 陶宗仪，《书史会要》卷7，16b－17a：“唐志大，字伯刚，如皋人，多蓄古法术名画，行草落笔峻激，略无滞思。”引自文献［14］。

5 《题唐伯刚贯月轩》见沐昂《沧海遗珠》卷1，3a，引自文献［14］。

6 《扬州画舫录》载：“石庄（和尚）画以查二瞻为师，所与交皆名家，惟不善作书，故凡题识皆所交书家代作，于是僧窝而为书画舫矣。”见文献［27］：44-45。

7 石韫玉《临顿新居图记》，见文献［28］：97。

8 施士洁《旗山听涛楼和主人林悝园韵》，见文献［29］：52。

贸易。对乘船并不陌生的他也拥有一条“书画船”。他曾在船中作诗写道：“自爱玉山书画船，西风百丈大江牵。出门已是三十日，到家恰过重九天。”[1] 40 岁之后，顾瑛在江苏昆山西郊娄江边营建“玉山草堂”，其中“书画舫”建筑的设计构思就来源于“米家书画船”的概念以及他在自己的“玉山书画船”中的体验。

该建筑也是顾瑛与朋友集会宴饮的场所。在其建成之后，他托好友杨维桢（1296—1370）写了一篇《书画舫记》，其中说道：“隐君顾仲瑛氏居娄江之上，引娄之水入其居之西小墅，为桃花溪。厕水之亭四楹，高不踰墙仞，上篷下板，旁棂翼然似舰窗，客坐卧其中，梦与波动荡，若有缆而走者。予尝醉吹铁笛，其所客和小海之歌，不异扣舷者之为。中无他长物，唯琴瑟笔砚，多者书与画耳。遂以米芾氏所名书画舫命之，而请志于余。”[2]

《玉山名胜集》中还录有许多当时文人吟咏“书画舫”的诗文，大多同样明确表达了这一建筑与米芾“书画船”的关联以及对船内空间的模仿。[3]

与顾瑛一样，杨维桢自己也于元至正八年（1348）建/租有一个类似的建筑，并命名为“书画船亭”。[4] 众多友人为其新居赋诗，其中同为玉山雅集常客的郑元祐（1292—1364）写到这一建筑类似舣岸轻舟。[5] 可见，这一建筑类似停泊在岸边的轻舟，显然带有模仿舟船的意图。

总体来说，最迟在元代，“书画船”的概念就已经超越了水上的船只，发展为水边的休闲建筑，并且因“玉山雅集”这样的著名文人集会而广为人知。

3.“出世/入世”：与“画舫斋”的合流

在元末明初的政治环境中，文人对于个人前途和仕途的不确定性引发了深刻的思考，这种思想环境为“书画船”与“画舫斋”两个文化符号的在“出世/入世”象征意义层面的融合提供了土壤。

贝琼（1312—1379）曾于杨维桢处学诗，和其老师一样，他也建有一座舫斋。但与其老师的“书画船亭”不同，他将其命名为“安航斋”。许有壬（1286—1364）为其写有一诗，不仅提到贝琼效仿张志和“浮家泛宅”的退隐，也写到其子孙若有能力，仍可中流击楫，创一番作为。因此这一“安航斋”明显表达了出世和入世的意味。[6] 可见，随着“书画船”概念在文人圈中的建筑实践，它与“画舫斋”的结合变得自然而然，体现了文人对于理想生活状态的追求和对动荡时代的文化回应。

明朝肇建，玉山草堂的主人顾瑛父子被勒令迁徙，明洪武二年（1369），顾瑛客死于安徽凤阳。同年，杨维桢的另一个学生宋僖（1350 举人）应召入京修《元史》，后又参编《永乐大典》。他在其中记录了好友陈元昭的舫斋——“雪蓬斋”。根据《永乐大典》的记录，其“室之上覆与其四旁皆施素焉，启牖以观，皦然若雪，而虚然若舟……室中无他物，几榻琴砚书册山水图在焉。”由于元昭“性澹泊，好画山水”，作为一名山水画家，他的雪蓬斋当然也是一座表现为建筑形式的“书画船”。[2]1004

随着朝代更替，虽然“玉山雅集”风流云散，但书画船这个文化符号继续通过文人书画与收藏的联系在文人群体中流传了下来，成为园林中舫类建筑除了欧阳修“画舫斋”的另一个艺术原型。

四、结语

“米家书画船”来源于米芾收藏书画的书斋空间“宝晋斋”，并逐渐成为一个特殊的象征符号被文人继承与发展。最迟从元代开始，该文化符号与欧阳修的“画舫斋”原型合流，通过“舟船”与“建筑”空间概念之间的流动，在文人园林中形成了舫类建筑这种特殊的建筑范式。

此后，船文化和水文化的深远影响，使舫类建筑自然融入了丰富的舟船文化内涵，赋予其庞杂的象征意义。经过漫长而深厚的民族心理积淀，舫类建筑演变为承载深层文化意象的原型。随着文化象征性的扩展，其网络状的复杂性使线性和历史性讨论变得不切实际。正如黑格尔所言，其已“不是以它们的零散的直接存在的面貌而为人所认识，而是上升为观念”。[31] 我们所能深入分析和掌握的，是关键性节点及其展现的结构。

舫类建筑的原型“画舫斋”是一个关键节点，其传播和发展展示了舫类建筑文化象征“出世/入世”的构建过程。同时我们也不应忽视“米家书画船”作为另一个关键节点，与“画舫斋”形成了互补的二元结构，促进了舟船与建筑概念的交流。

理应相信，在本文讨论的案例之外，还有许多历史细

1 顾瑛《舟中作》，见《玉山纪游》，31a-b，引自文献［14］。

2 杨维桢《书画舫记》，见《玉山名胜集》卷 7，1a-2b，引自文献［14］。

3 详见《玉山名胜集》卷 7，2b-14a，引自文献［14］。

4 从时间上看，顾瑛与杨维桢曾在元至正八年三月三日饮于玉山草堂的“书画舫”，而杨维桢迁入“书画船亭”新居则是当年秋，故后者很可能受到顾瑛“书画舫”的影响。见文献［30］：144-145。

5 郑元祐《杨铁崖新居书画船亭》：“草玄心苦思如何？舣岸舟轻不动波。听雨夜篷烧烛短，截云湘竹喷愁多。赋成犹梦横江鹤，书罢应笼泛渚鹅。想见后堂凉月白，彭宣肠断雪儿歌。”见《侨吴集》卷 5，14a，引自文献［14］。

6 许有壬《安航斋》：“清江老人心休休，宴息作屋才如舟。人间论险莫逾水，刳剡有藉安浮游。等閒覆溺政不少，有家幸免斯何求。乃知平地足波浪，大厦汎汎犹轻沤。争如容膝一斋小，泰宇凝寂天光收。百年居险能脱险，人海一叶随沉浮。弦歌宛在水中沚，竹树不减沧江秋。舟居无水陆无屋，一笑千载同悠悠。若孙肯构恢万斛，欲事康济攻藏脩。健帆风顺更勉力，直须击楫穷瀛洲。”见《至正集》卷 7，12a-b，引自文献［14］。

节等待学者的深入挖掘。只有通过对文献信息的系统梳理和分析，充分理解舫类建筑的关键节点、结构和发展历程，我们才能更全面地探讨其文化象征意义，以及这些象征如何通过建筑这一媒介，成为文人自我定位以及相互心领神会的中介。

参考文献

[1] 欧阳修．欧阳修全集［M］．北京：中国书店，1986.

[2] 解缙，等．永乐大典（全新校勘珍藏版）第3卷［M］．北京：大众文艺出版社，2009.

[3] 谢鸿权．古代园林中的“舫类建筑”［J］．建筑学报，2016（7）：93-96.

[4] 周维权．中国古典园林史［M］．北京：中国建筑工业出版社，1990.

[5] 张家骥．中国造园史［M］．台北：明文书局，1991.

[6] 杨鸿勋．江南园林论［M］．上海：上海人民出版社，1994.

[7] 潘谷西．江南理景艺术［M］．南京：东南大学出版社，2001.

[8] 曹林娣．中国园林舫舟的美学意义［J］．艺苑，2005（4）：45-50.

[9] 汪菊渊．中国古代造园史［M］．北京：中国建筑工业出版社，2006.

[10] 贾珺．圆明园中的仿舟建筑［J］．古建园林技术，2006（4）：30-32.

[11] 何建中．不系之舟：园林石舫漫谈［J］．古建园林技术，2011（2）：55-57，32，68.

[12] 吴庆洲．船文化与中国传统建筑［J］．中国建筑史论汇刊，2011（0）：126-149.

[13] 刘彤彤，刘程明．中国古典园林中舟船主题及其文化意象探析［J］．景观设计，2019（4）：52-61.

[14] 纪昀．文渊阁钦定四库全书［M］．台北：商务印书馆，1986.

[15] 于敏中．摛藻堂四库全书荟要［M］．台北：世界书局，1985.

[16] 俞希鲁．至顺镇江志［I］．

[17] 黄纯艳．宋代财政史［M］．昆明：云南大学出版社，2013.

[18] 唐兰．唐兰全集［M］．上海：上海古籍出版社，2015.

[19] 北京图书馆．北京图书馆藏珍本年谱丛刊［M］．北京：北京图书馆出版社，1998.

[20] 艾朗诺．美的焦虑：北宋士大夫的审美思想与追求［M］．上海：上海古籍出版社，2013.

[21] 傅申．书画船：古代书画家水上行旅与创作鉴赏关系［J］．中国书法，2015（11）：96-103.

[22] 傅申．书画船：中国文人的流动画室［J］．美术大观，2020（3）：48-56.

[23] 陆蓓容．书画船［M］//空间与陈设编辑室．宫·展记：从王希孟到赵孟頫．北京：故宫出版社，2017.

[24] 金沢兼光．和漢船用集［M］．大阪：藤屋徳兵衛，1827.

[25] 本书编委会．中国学术名著提要明代编［M］．上海：复旦大学出版社，2019.

[26] 纪昀．四库全书总目提要［M］．石家庄：河北人民出版社，2000.

[27] 李斗．扬州画舫录［M］．周春东，注．济南：山东友谊出版社，2001.

[28] 衣学领．苏州园林历代文钞［M］．王稼句，注．上海：上海三联书店，2008.

[29] 陈庆元．台湾古籍丛编 第10辑 后苏龛合集、台湾杂记、守砚庵诗文集［M］．福州：福建教育出版社，2017.

[30] 弘虫．杨维桢与水浒［M］．北京：团结出版社，2018.

[31] 黑格尔．美学［M］．北京：商务印书馆，1976.

碉楼建筑文化遗产的数字化保护策略研究
——以中山碉楼为例[1]

谭　灿[2]　李绪洪[3]

摘　要：碉楼作为一个地区特定时期的历史和文化的载体，是重要的建筑文化遗产。中山的碉楼体量偏小，外观质朴，偏向实用，其规模不如开平地区的碉楼宏大，也不如后者的复杂多样，因此长期以来未得以重视，存在保护措施不到位的问题。本文拟通过数字化的途径整理与保存中山碉楼的资源，结合文献研究与实践考察，为中山碉楼的保护以及修缮、开发再利用等研究工作提供参考资料和思路。

关键词：中山碉楼；建筑文化遗产；数字化保护

从建筑特色来看，中山碉楼偏向实用，体量不大、外形质朴，不如开平等地的碉楼华丽和宏大，其价值也因此长期未得到重视。中山碉楼是独特而重要的文化遗产，这些建筑的保存是一项具有挑战性的任务，通过数字化的方式测量、保存、共享与运用数字化技术，监控实时的状态，能够更好地保护碉楼这一建筑文化遗产。

一、　研究背景

中山古称香山，地处珠江出海口，东濒伶仃洋海域，山海交错，岛屿众多，从明代中叶直到民国时期，海盗的活动都非常频繁。民国以前，香山地区乡村的主要防御设施是于村落前沿或周围挖护村河并修筑围墙。到了民国初年，碉楼开始大量出现。这些独特的建筑多建于 20 世纪 20 年代和 30 年代，是当地居民的住所与堡垒，体现了居民对于当时政治和社会动荡的回应。虽然碉楼造价不菲，但防御性能好。当地居民为了保护村落和自身的生命财产安全，还是愿意出资兴建，加之中山有大量华侨在海外积累了家业，成为出资兴建碉楼最主要的群体。民国时期，中山地区碉楼遍布各处。经过历史变迁，如今中山留存碉楼 500 多座，主要分布在火炬开发区、南朗、沙溪、南区、东区、大涌、三乡等侨乡。

目前，中山碉楼留存数量最多的为火炬开发区。据村志记载，大环村曾有 100 多座中西合璧的碉楼，现存 34 座。沙边村在 1949 年前共有碉楼 99 座，其中公众碉楼炮楼 6 座，现存 68 座。三乡镇白石村现存 23 座碉楼。位于东区的库充村，村内 4 个角落分布着村民们集资修筑的 5 座坚固的大碉楼，包括镇东楼、镇南楼、镇北楼、镇西楼和太平楼，村民还自己兴建了 31 座小碉楼。南区现存 32 座，大多集中在福涌、寮后和金溪一带。

碉楼的主人及其后代多旅居海外，由于风吹日晒和缺乏日常维护，大多碉楼存在年久失修的问题，更有破坏严重的碉楼有过被人为拆解、损毁的经历。此外，中山地区的快速城市化和发展也威胁着这些建筑文化遗产的生存。

1　基金项目：广东省教育科研“十三五”规划项目“基于从业方向分类下的艺术设计研究生培养模式研究”（批号：2018GXJK069）；广东省学位与研究生教育项目“新创意设计校科研机构联合培养研究生示范基地研究”（批号：KA23YY100）的阶段性成果。

2　仲恺农业工程学院硕士研究生，中山市技师学院副教授，528400，63849797@ qq. com。

3　仲恺农业工程学院何香凝艺术设计学院教授，510220，Lxh87351310@ 126. com。

目前大部分碉楼处于凋零破败之中，有个别甚至因蚁患而成了危房，并未得到良好的保护和规划。

二、 相关研究综述

1. 国外历史文化建筑数字化研究现状

1992 年联合国教科文组织发起世界记忆工程，1995 年在英国巴斯举行的虚拟遗产会议被认为是建筑数字化研究的起点，2023 年 1 月 12—13 日，第二届中英创意产业工作坊“虚拟遗产未来”峰会通过线上举行。活动围绕中英两国在数字文物技术应用领域的合作与交流，对数字技术在博物馆和文化遗产领域的应用进行深入研讨与交流。

2. 国内历史文化建筑数字化研究现状

五邑大学华侨研究所张国雄的《中国碉楼的起源、分布与类型》从语意学考究了中国碉楼作为一种以防御性为主的多层乡土建筑的较规范定义，从世界范围和中国范围碉楼的分布、种类、功能、形制等方面做了比较研究。国内历史建筑保护与信息技术结合开始数字化遗产保护最早开始于 1994 年的国际敦煌项目，2000 年开展了故宫数字化保护项目。2017 年我国启动了中国传统村落数字博物馆项目[1]。仲恺农业工程学院的李绪洪强调了历史文化建筑建立数字化保护数据库的重要性[2-3]。

三、 数字化技术分类研究

1. 三维激光扫描技术

在物体表面设置若干测量点，利用激光对物体表面设置的点的反射得到多个空间点位信息，获取被测对象表面的高精度三维坐标数据，从而得到被测物体真实数字化三维模型以及数字地形模型，同时能获取高精度的表面贴图。

2. 三维建模与渲染技术

用于建模和渲染的软件众多，如 3dMax、SU、C4D、VR、CR、Lumion 等，能够基于二维正投影图搭建非常真实的空间和场景，可以赋予真实的材质和贴图，通过渲染最终生成逼真的空间形态，还可以生成漫游动画。

3. 建筑信息模型（BIM）和地理信息系统（GIS）

BIM 就是指在建设工程及设施的规划、设计、施工以及运营维护阶段全寿命周期创建和管理建筑信息的过程，涵盖几何信息？厲空间信息？厲地理信息？厲各种建筑组件的性质信息及工料信息。地理信息系统（GIS）是多种学科交叉的产物，它以地理空间为基础，采用地理模型分析方法，实时提供多种空间和动态的地理信息。这两个系统能够建立信息间的逻辑结构，把握全流程的动态变化，为后续的发展及应对措施提供更明晰的决策和更精准的预判。

4. 虚拟现实技术

虚拟现实技术又称虚拟实境或灵境技术，以计算机技术为主，利用并综合三维图形技术、多媒体技术、仿真技术、显示技术、伺服技术等多种技术，通过各种穿戴感应设备，调动人的视觉、听觉、嗅觉、触觉等多种感官体验，从而使人产生一种身临其境的感觉[4]。

5. 三维游戏引擎系统

三维游戏引擎系统能为游戏的开发提供完整的游戏开发环境，强大的编辑功能、动画功能、实时渲染功能，能够将游戏中的场景、动效、音效、交互等游戏内容有机结合，并形成严密的逻辑结构。

四、 数字化策略

数字化典型的特征是在线化、实时化、可视化，通过数字化可以对碉楼建筑的信息进行保存、保护、展示、修复等一系列工作。

1. 数字化测绘工作

数字化设备结合传统方式现场测绘、无人机多角度多机位拍摄、数码相机拍摄、三维激光扫描技术，可捕捉高分辨率图像和结构测量，其他技术作为信息核对或者补充的方式。数字化可以将图片、文字、视频储存归档，将资料和文献永久保存，使得碉楼以另一种形式得以传承下来。使用面三维激光扫描仪，可以快速重构整个建筑的结构立体空间信息，是获取整体架构的重要科技手段。根据测量目标建筑的尺寸选择合适的激光扫描仪，若尺寸较大，需要将建筑划分为若干区域，分区域扫描记录数据，进行降噪处理后将各区域数据拼接起来，而手持激光扫描仪则可以对一些建筑细节进行数字化记录，创建碉楼的详细 3D（三维）模型[5]。

2. 数字化还原工作

目前数字化模型场景搭建的方式大致有三种：第一种方式利用三维软件建模；第二种方式通过三维激光扫描仪等设备测量建模；第三种方式利用摄影测量（图像或者视频）建模[6]。

三维软件建模：整理测量结果，分析建筑物整体特征和局部结构细节，对不同部分进行不同精度三维模型的匹配。根据数据 CAD（计算机辅助设计）绘制二维正投影图，整理后导入到 3dMax、su 等软件，实现三维模型的呈现。

为达到模型的精确度，采用捕捉工具来配合建模，碉楼上一些破损的结构和造型尽量真实还原，而贴图通过数码相机记录现场建筑物的肌理，通过材质和贴图的一系列编辑模拟真实的效果。将建模细节与贴图烘焙技术结合起来实现细节的还原和数据量的平衡。

三维激光扫描仪测量建模：通过三维激光扫描仪得到的点云数据被专门的软件输出为标准网格格式的 obj 文件组，里面有 obj 格式模型、有 jpg 格式材质，还有 png 格式的材质通道，在 3dMax 里进行处理，导出成可在 Revit 里使用的 dwg 格式。随后对这些模型进行虚拟修复，其中包括使用计算机辅助设计（CAD）软件修复和保存数字模型。基于三维激光点云的数字化采集主要是通过三维激光扫描仪对碉楼内外各预设点进行三维扫描，获取各点的点云数据，同时进行高清摄像采集，从而得到原建筑物的三维数据与纹理信息；再对点云数据进行点云去噪、拼接、统一坐标系统、三维建模、纹理映射等优化，生成完整的碉楼点云数据文件。数据可通过插件直接导入 AutoCAD/Revit/3dMax 等软件。

摄影测量建模软件：Agisoft PhotoScan Pro 是一款将图片重组为三维空间模型的软件。将前面用数码相机或无人机记录的各个角度的平面二维图片导入软件，需要至少两张图片（角度不限），软件便可以自动生成真实的三维坐标模型，实现二维转三维的模型生成。另外它还有精确的纹理网格模型重建功能，可以轻松生成高分辨率的地理正射影像。首先在被测形体的适当位置放置控制点，一般是在要拍摄形体的四个角的位置；其次采用平行摄影方式，连续拍摄尽可能多的地方，一些被树木、杂物等遮挡的地方处理后进行拼合，导出碉楼的平面图及所需二维正投影图。对于 HDR 和多文件，也可以进行可视化的呈现。

3. 数字化信息整合与管理

BIM 技术：结合基于点云生成的平面、立面、剖面图纸，用 Revit 建模软件生成建筑信息模型。碉楼的特点、受损情况、修复方案都可以可视化表达，对于整个碉楼的各种构件进行族的分类管理，做法以动画方式呈现，更重要的是 BIM 技术利用数字建模软件，生成的建筑物本身真实的参数化信息，可以为保护的相关方提供一个保护信息交换和共享的平台。

4. 数字化监测

外部自然条件的变化和地基自身的类型和结构对建筑本身有一些影响，通过电子水准仪监控碉楼并生成沉降数据，在碉楼底部周边设定一些观测点，定期测量各观测点的高程，根据观测点间高程数据变化来生成沉降数据，通过三维激光扫描仪精确测量建筑物的坐标值，以此判断沉降和倾斜水平。地理信息系统（GIS）的空间分析功能，可以进行聚集度分析、缓冲区分析、最佳路径分析、选址分析等。这些通过分析的地理数据可被用于寻找模式和趋势，从而实现数据化实时、动态的监控，为后续的发展提供更精准的预判和应对。

5. 数字化辅助修复

提供修复方案，模拟修复后的结果，实时地监控建筑内部信息与参数的变化。使用收集的数据创建的 3D 模型非常详细和准确，提供了结构的准确表示。虚拟修复过程还可以在不对碉楼物理结构造成任何破坏的情况下进行修复和保护。创建详细的 3D 模型并进行虚拟修复，可以推演施工方案，可以监测碉楼随着时间推移的状况，并采取主动措施保护它们。这有助于防止遗产建筑的状况进一步恶化。

6. 数字化展示与交互

媒体平台：采用各种手段进行线上线下的宣传，尤其是各种新媒体宣传与传播手段。不只是文字的单一传播途径，通过图片、影像等多种方式的拍摄记录碉楼的现状，通过微信、微博、直播平台、各种短视频平台等进行传播。

展览：采用各种手段进行线上线下的数字化碉楼展览，通过数字化测绘阶段获取的数据，数字化还原阶段实现的三维场景和模型可以动画漫游的形式动态展现，可以通过增强现实等全息影像技术在空间场景里真实再现碉楼的三维影像。多元化的展示手段能吸引民众参观互动，达到传播的目的。

虚拟现实：VR 技术可以和 App（应用）实现导览，用户进入碉楼数字化虚拟系统，根据系统的指引，使用各种硬件和输入设备，模拟推门的动作进入室内。做出推门动作，门会被打开。进入建筑内部参观，鼠标停留或点击的部分会产生文字、语音、音乐、视频等一系列的信息反馈，增强体验感。以第一人称的视角虚拟用户，在场景中还能遇到社区里的其他用户，能用文字或其他方式交流，系统会设置一些问题与用户互动，反馈以后得以继续，也可以在碉楼内外设置一些热点，观众只需点击热点图标，便可以了解到对应的历史、文化信息。还可以将碉楼各部分按建筑结构设置成虚拟拆解，直接选择场景内图标，即可体验拆解动画。这一交互过程能够让参与者对碉楼内部的结构有清晰的理解，同时对于碉楼的材料运用、建造过程有一定的理解，不同风格的碉楼建筑的结构和装饰元素都不一样[7]。这些交互的动作能确保虚拟现实的沉浸式的真实体验，达到“身临其境”的真切感受，从而促进用户积极参与，并跟场景产生情感上的联系。

游戏：采用游戏的形式增强受众的参与度和主动性，避免单方面的信息输入，如将数字化生成的场景设定成不同的空间主题，参与玩家可以从挑选材料开始到搭建碉楼、装饰碉楼。也可以按时间轴设定不同的时间段主题，模拟土匪、海盗进攻的场景，或者模拟抗日战争时的场景，玩家可以组织民众疏散到碉楼、进行必需的物资调度筹备，可以以第一人称的角度在碉楼的内部从枪孔里向外射击，通过制定攻防策略及多人的配合打退敌人的进攻，完整保护己方人员。用户在沉浸式的体验中理解碉楼的空间结构和功能，随着故事的展开也能更好地理解碉楼的历史和文化价值[8]。

数字化保护也可以对文化遗产旅游产生积极影响。目前大多数碉楼的状况不适合公众进入内部参观，通过创建虚拟碉楼之旅，让公众更容易进入碉楼，数字保护可以增加参观者对这些文化遗产的兴趣。这不仅可以为当地社区带来经济利益，也有助于提高人们对保护文化遗产重要性的认识。此外，数字化保存亦可提供虚拟教育的机会，促进青少年对文化遗产的了解和欣赏。

五、 结论

数字化资源的存在打破了时间、空间的局限，在数字经济的推动下，增强了公众参观数字遗产的灵活性，也反映了社会整体逐渐重视文化遗产带给公众的社会美育意义，从而推动了社会对于建筑文化遗产保护的关注，更重要的是数字遗产能够轻松获取，有助于依托文化遗产的数字经济产业的快速发展，反哺数字建筑文化遗产保护[9]。近年来，在乡村振兴的大背景下，人们开展了大量传统村落活化，对包括碉楼在内的一些古村落乡村历史文化遗产进行整体规划和活化，对比传统的保护修复方式重修缮轻利用，数字化保护的方式具有挖掘文化内涵，更便于推广和复制等不少优势，已经成为保护这些文化遗产的有力工具之一。传统方式与数字化方式的结合必将对建筑文化遗产的保护修复工作注入强大的动力。

参考文献

[1] 杨钰琪．潮州乡村建筑遗产保护数字化技术路径研究［D］．广州：广东工业大学，2022.

[2] 李绪洪，吴俊鹏，李名璨．三山国王祖庙建筑艺术与文化赏析［M］．广州：广东人民出版社，2023.

[3] 李绪洪．新说潮汕建筑石雕艺术［M］．广州：广东人民出版社，2016.

[4] 胡小强．虚拟现实技术与应用实践［M］．北京：北京邮电大学出版社，2020.

[5] 朱磊．广府民系祠堂的数字化建档与虚拟体验方法研究［D］．哈尔滨：哈尔滨工业大学，2019.

[6] 李春燕，刘少华．浅析几种三维模型格式导入 Unity3D 的途径［J］．中国新技术新产品，2016（5）：23-24.

[7] 张应韬，单琳琳．建筑文化遗产数字化体验设计策略研究［J］．自然与文化遗产研究，2022，7（6），97-111.

[8] 董飞飞．基于互动叙事的 VR 游戏设计研究：以民间传说“白蛇传”为例［D］．镇江：江苏大学，2022.

[9] 张应韬，单琳琳．建筑文化遗产数字化体验设计策略研究［J］．自然与文化遗产研究，2022，7（6），97-111.

基于共轭理念下的城郊融合类村庄空间规划设计研究[1]

胡　强[2]　李绪洪[3]

摘　要： 我国乡村振兴政策的实施和国土空间规划体系的重构，为城郊融合类村庄的更新与发展带来了生机。本文分析了城郊融合类村庄的环境特征，总结出大多数城郊村庄面临的核心挑战，即难以正确调控村与人、村与城市的多层矛盾关系，引起了村庄内更新机制的异质化；梳理了共轭理论与城郊融合类村庄环境更新的耦合关系，提出四种共轭发展模式，即传统历史与现代文化的碰撞关系、生产生活与生态环境的相互影响、新增设施与旧有空间的融合共生、外来人群与原住居民的和谐发展；在此基础上对上海市桥弄里进行规划设计实践，重新建立文化、生态、空间和人群的共轭平衡关系；探索我国城郊融合类村庄人居环境建设的共生模式，促进乡村振兴可持续发展。

关键词： 共轭理论；城郊融合类村庄；村庄环境；上海市桥弄里

中国快速城镇化的进程中，城市人口增长、用地扩张、经济结构转型等要素激发，建设区主要表现为由城中向城郊外向转移，形成了城乡融合发展的缓冲带。由于紧邻城市边缘的关系，其具备了城市和乡村的两种资源要素，利用好两者之间的优势而避免进一步的矛盾冲突，是本文的研究重点。2018 年中共中央、国务院印发的《乡村振兴战略规划（2018—2022 年）》明确提出城乡融合类村庄的概念；2019 年《中共中央　国务院关于建立国土空间规划体系并监督实施的若干意见》印发，文中明确了“五级三类”的国土空间规划体系（图 1）；《2023 年中央一号文件》指出全面建设社会主义现代化国家，党中央要加强“三农”工作的鲜明态度和坚定决心等。

在乡村振兴战略规划的新发展阶段，新农村的社会环境和经济结构得到升级，基础设施逐步完善，人居环境质量得到提升。同时其空间的无秩序化和产业的配置失衡等深层问题突出，尤其是城郊融合类村庄。因此本文首先梳理了城郊融合类村庄的环境特征，并以共轭理论为切入点，研究了两者之间的耦合机制与关系；其次根据城郊融合类村庄的文化、生态、空间、人群四个不同主体，提出了此类村庄的更新发展模式；最后以上海市近郊环东村桥弄里实践改造项目为契机，从村庄产业空间和文化空间角度实现了与城市的融合发展。同时对城郊融合类村庄的架构调控作出进一步思考，为推进特色乡村发展提供新的思路与方法。

一、　城郊融合类村庄的概念提出

1. 研究基础

自党的十八大以来，已有多个指导“三农”工作的中央一号文件提出，在 2024 年一文中以《中共中央　国务院关于学习运用“千村示范、万村整治”工程经验有力有效推进乡村全面振兴的意见》为主题（简称“千万工程”），

1　基金项目：教育部规划基金项目“岭南历史桥梁数字化保护实践与研究”（批号：20YJA760041）；广东省教育科研“十三五”规划项目“基于从业方向分类下的艺术设计研究生培养模式研究”（批号：2018GXJK069）；广东省学位与研究生教育项目“新创意设计校科研机构联合培养研究生示范基地研究”（批号：KA23YY100）的阶段性成果。

2　仲恺农业工程学院何香凝艺术设计学院硕士研究生，510220，1335291112@ qq. com。

3　仲恺农业工程学院何香凝艺术设计学院教授，510220，Lxh87351310@ 126. com。

指出了要推进中国式现代化，就必须坚持不懈夯实农业基础，推进乡村全面振兴；2017年12月，国务院批复《上海市城市总体规划（2017—2035年）》（简称“上海2035”），上海市全面构建“五级三类”国土空间规划体系，划定并启用“三区三线”，切实发挥国土空间规划对城市和区域发展的引领和约束作用[1]；上海市浦东新区总体规划《浦东新区乡村振兴“十四五”规划》指出重点打造区中部乡村振兴示范带，树立生产、生活、生态协调共生的城乡融合发展新典范，努力打造农民生活的幸福带、近郊田园休闲的幸福乐园，同时为设计实践项目提供了政策基础。

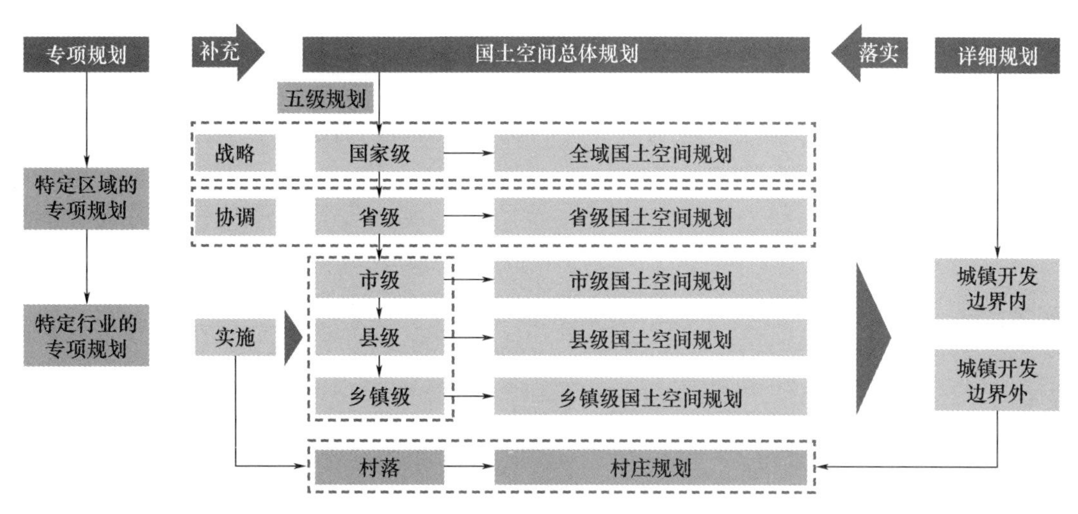

图1　村庄规划与“五级三类”规划体系关系示意图
（来源：笔者根据资料整理）

国土空间规划体系的重构，也激发了学界对“五级三类”规划问题进行集中探讨，但大多乡村规划理念未得到实践，都是以策略、模式等概念方案进行研究。如学者赵丹等以超大型城市北京为研究对象，提出了高密度城镇化地区共轭生态修复的新模式；学者姚博等从乡村发展问题出发，以村民为主体，联动城市发展、提升土地质量及设施配置，在实践中使村庄环境得到改善；学者朱俊帅等从空间关系出发，提出了不同属性的规划编制要求。基于此，本文针对城郊融合类村庄的文化、生态、空间、人群等多方面呈现的不协调、不均衡发展的一系列问题，基于共轭理论提出一套城乡融合发展的新模式，并在环东村桥弄里项目中得到实践验证。

2. 相关概念阐述

（1）共轭理论的定义

共轭理论（Conjugate theory）是一种数学概念，通常用于描述方程、几何图形或者代数结构中的共轭关系。其中“轭”通常指马拉车用的人字形木具，用来调控车马的稳定行驶，也喻指保持事物之间的平衡与均衡关系[2]。共轭理论是应用在不同情景下，存在关联的对象之间的一种关系，其往往有着一定的对称性和互补性。

（2）城郊融合类村庄的内涵

城郊融合型乡村是一种新型的乡村发展模式，强调城市与乡村的融合，是解决当前城乡发展不平衡问题的重要途径之一[3]。国务院印发的《乡村振兴战略规划（2018—2022年）》中将国内村庄明确分为四类，分别是集聚提升类村庄、城郊融合类村庄、特色保护类村庄、搬迁撤并类村庄[4]。本文的研究对象是城郊融合类村庄，指的是在城市和乡村之间发展出的一种特殊类型的社区建设。其主要分为城边村、城郊村和近郊村等，而最具城郊融合特征的是城郊村，因此实践项目选址在上海市浦东新区城郊的环东村桥弄里进行实践，村庄融合了城市和乡村的特点和资源，改造是为提供居民宜居的环境，并实现城乡一体化发展的目标（图2）。

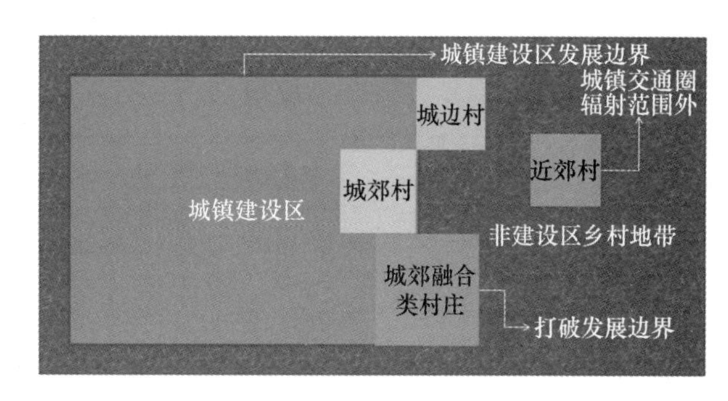

图2　城镇建设区与村庄类型的关系图
（来源：笔者自绘）

3. 城郊融合类村庄的环境特征

（1）村庄区位特征

城郊融合类村庄通常位于城市建设区边缘，多为城市道路、城市对外交通或者轨道交通的覆盖区域，交通便利且与城市连接良好；同时拥有城市化的设施，提高了村民的生活质量，也有城市部分产业的辐射，为乡村的发展带来更多机遇。这类村庄虽能享受到城市带来的部分公共服务资源，但对原本的乡村肌理还没有一定的规划编制，难以最大限度地发挥区位优势。

（2）村庄空间特征

城郊融合类村庄空间布局仍然为乡村空间，村庄为传统的乡村聚落[5]。相对于传统村庄来说，城郊融合类村庄的产业空间和生态空间建设更加完善，但趋于经济效益的提升，居民的生活空间容易被影响，形成复杂的城镇兼具乡村的二元空间形态，因此居民的生活环境与生活方式被改变，失去了原本的活力。

（3）村庄人口特征

城郊居民呈现农业人口与非农业人口、本地户籍人口与外来人口、固定人口与流动人口混居的特征[6]。城郊融合类村庄是城市与乡村融合的中间地带，承担着城市人口、产业和功能向乡村转移的重要作用，是城乡互动的桥梁和纽带。随着城郊融合类村庄周边产业和建设经济的带动，原本村内人口开始向城里内迁，而城内地区的人口大量移动到城市边缘，导致其人口的流动性较大。因此，这类村庄内的人口主要分为原住居民、外来租客和游客三类群体，他们之间的共生关系对于村庄社区的稳定发展至关重要。

（4）村庄经济特征

城郊融合类村庄的经济结构分为已有产业和外来产业。由于承接了中心城区外溢产业，城郊融合类村庄的产业业态多元化，经济活力相对较强。基于村庄的区位优势，村内基本已有产业包括农作物种植、农家餐厅、民宿及乡村旅游业等，外来产业则是城市的发展与扩建带来的利益辐射，如工业园区、外来租客、研学基地等。因此，城郊融合类村庄在现有的不完善产业设施和引入外来产业方面，需要进行环境和功能的改善，以促进产业的多样化发展和经济的持续增长。

4. 城郊融合类村庄的核心挑战

城郊融合类村庄所在的空间是城市与乡村之间的弹性地带，往往会由城市和乡村两种规划编制方法进行结合，因此合理使用城郊融合类村庄的土地，在城乡融合空间中使之均衡发展成为难题[7]。城市和乡村之间的二元对立关系导致各类资源主要向中心城区聚集，从而使乡村发展滞缓，产业活力逐渐下降，文化传承中断，景观混乱无序，进而增加了城郊乡村建设的困难[8]。在产业方面，受城镇建设区影响，城市边缘的乡村产业结构有别于传统乡村，传统农业占比下降，许多乡村产业失去了活力和动力。在乡村社会文化上，城郊乡村的居民更深受城市文化和生活模式的影响，地域文脉出现严重断层，传统文化逐渐衰落，乡村人口结构复杂，存在文化资源挖掘不足、异质化现象严重、乡村辨识度不高等问题。在空间环境方面，城郊乡村的乡土景观现状混杂，日趋城市化，类似“别墅下乡”，大量的拆迁和改建导致现有乡村风貌与传统乡村肌理格格不入，乡村景观同质化与单一化的问题严重，使当地传统民俗和乡土景观逐渐消失于城市化进程中。

二、 城郊融合类村庄的理论研究与发展模式

1. 共轭理论与城郊融合类村庄环境更新的耦合关系

共轭理论指的是系统内在能量与自由能之间的平衡关系，而城郊融合类村庄环境更新与共轭理论之间存在耦合机制。在城郊融合类村庄的环境更新过程中，需要平衡与协调各种要素，包括区位条件、社会空间、人群结构与产业发展等方面。共轭理论可帮助评估不同因素之间的矛盾性与协调性，同时指明城郊融合类村庄环境更新的方向，在乡村规划布局中处理好人为阻力与自然阻力、内源动力和外源动力的矛盾关系。系统运用共轭理论，可以更有效地理解城郊融合类村庄环境更新的复杂性，促进可持续发展并实现综合利益最大化（图3）。

2. 城郊融合类村庄的共轭发展模式

（1）传统历史与现代文化的碰撞关系

历史文化是乡村的重要灵魂所在，挖掘、研究、重现和传承乡村文脉是乡村发展的重要路径。乡村与城市的文化共轭发展意味着村庄在传统历史文化的基础上，融合和发展现代文化元素，使传统与现代在这一空间中互相碰撞、相互影响。而乡村中的乡风民俗、历史事件以及文化内涵等都深刻影响着村庄的形态、肌理和自然生长，传统历史文化赋予村庄独特的文化底蕴和传统特色，而现代文化则带来新的思想、技术和理念，推动村庄现代化发展。因此对传统价值的尊重和传承，也表现了对现代化的追求和创新。通过共轭发展，村庄在保持传统历史风貌的同时，逐步迎接新技术、新产业和新文化，实现传统与现代的有机融合。乡土历史文化不仅能够影响乡村的整体风貌特征，也提供了独特的吸引力，成为城市游客感受乡村魅力的重要元素，促使村庄的发展在传统与现代之间取得平衡，实现文化的多元共生和可持续发展。

（2）生产生活与生态环境的相互影响

共轭生态调控是指协调人与自然、资源与环境、生产与生活以及城市与乡村、外拓与内生之间共轭关系的复合生态系统规划方法[9]。村庄衰退与异化的困境正是由于在保护与发展中未能正确识别和解决村庄生态与生产职能之间的矛盾所造成的。在进行城郊类村庄的规划过程中，不仅要注重对城郊类村庄原生生态系统的维护，还要对城郊类村庄内已受损的自然环境进行生态修复，使其生态系统

恢复原状，达到人与自然的和谐相处。因此，生产生活是村庄发展的动力，是其他要素存在的前提和依托基础，往往会对周围的生态环境产生直接影响。例如土地利用、资源消耗、废弃物排放等诸多方面；生态环境则是村庄物质环境的真实性、多样性的映射，也孕育各种社群关系、场所氛围、文化情趣，其稳定性会影响到居民的生产生活品质，如气候、水源等生态条件的改变都直接影响到村庄的生产生活。城郊村庄的生态共轭发展需要在这两个方面保持平衡，以促进村庄的可持续发展。

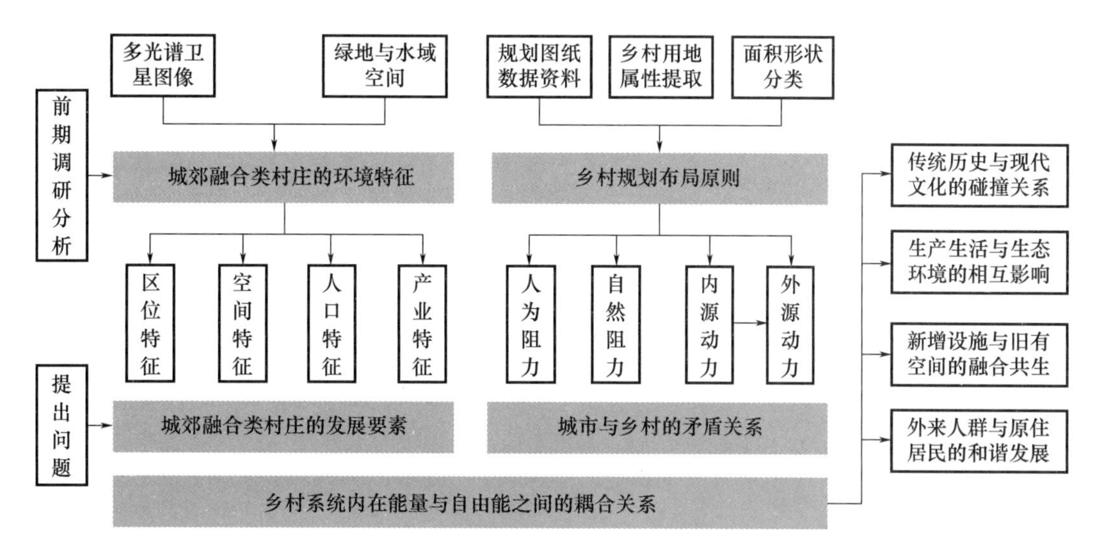

图3　城郊融合类村庄空间规划研究框架
（来源：笔者自绘）

（3）新增设施与旧有空间的融合共生

在城郊融合类村庄中，新增设施与旧有空间在建设环境中存在着矛盾关系。以往的处理方法通常采取了极端方式，包括被动地遮掩“穿衣”或批量仿古重建，但这种做法未能有效展现村庄演进历程中的真实情况，“标本”和“赝品”无法完全表现村庄历史的真实性与新旧之间的张力。实现村庄物质环境保护的关键在于空间共轭。旧有村庄空间记录着丰富的历史文化信息，其组织结构、形式范式、空间规模、装饰细节乃至表面印记都承载了村庄的记忆，是村庄历史的活化石；与之相对，新增设施应当紧跟时代发展，结合现代材料、空间布局和装饰内容，更好地适应当代生活需要，反映时代特征，提升居民生活品质。若仅注重历史保护而忽视更新，将导致目标狭隘且脱离人性；同时村庄将失去对自身演进历程的活性，背离保护初衷。另外，如果村庄内部的翻新和重构超出范围，过度提升空间品质的建设也会削弱人们对空间的记忆，导致新旧环境在尺度、形式和视觉感官上发生大规模冲突，破坏街区历史结构中主次空间的原生逻辑。因此，在村庄环境持续代谢织补的过程中，要不断适应时代的发展，通过时间的推移来消解新增设施与旧有空间之间的异质性冲突。

（4）外来人群与原住居民的和谐发展

城郊融合类村庄的人群矛盾在于外来人群和原住居民之间的矛盾关系。产业与人口是传统村庄的核心内生动力，与传统村庄的布局、规模互相作用和影响，推动传统村庄诞生、发展和演化[10]。原住居民长期生活于村庄，对其保有深厚情感，既是环境维护者，也是文化传承者。外来人群与村庄的生产、周边空间和经济资源息息相关，他们的不同属性共同促进了村庄社区的多元化和活力，打破了地缘社会中的壁垒，使村庄空间免于封闭和僵化。若因维护地缘纯净而拒绝外来人群，村庄将失去发展的机会；若短期内大量外来人口涌入也会对村庄的公共资源进行侵占，提高了生活成本，不利于维护村庄原有的社会肌理。因此促使两者在村庄中交融共生，原住居民和外来人群应该相互尊重、理解和包容。要加强社区交流与合作，提倡多元文化的互动与融合，促进原住民和外来人群的共同发展，共同建设和谐稳定的村庄社区。

三、 城郊融合类村庄的设计实践与探索

1. 项目概况

环东村位于张江镇东部，是张江镇唯一的规划保护村，毗邻张江科学城和上海自贸区张江片区，地处浦东新区东西城镇发展轴和南北创新发展廊道的交会节点，紧邻张江高科技园区和孙桥现代农业园区，在张江单元规划中属于社区中心体系。村域面积4.06平方千米，其中1.9平方千米为张江总部经济园，1000亩（1亩≈666.67平方米）为

环东现代农业基地，1167 亩（1 亩≈666.67 平方米）为林地，绿化覆盖率 35% 以上，周边产业丰富。环东村人口资源复杂，下辖 22 个村民小组，户籍人口 4770 人、外来人口 8900 人。环东村是上海首个编制村庄规划的乡村。环东村明确以总部产业区、智慧生活区、生态风貌区为三区划分，形成了城乡融合中要素资源向乡村集聚的创新张力。本项目基地属于上海唯一一个规划保护村，2021 年被纳入上海市第三批乡村振兴示范村（图 4）。

图 4　上海市环东村桥弄里现状鸟瞰图
（来源：笔者自摄）

2. 问题探究

桥弄里紧邻张江科学城和大量老旧住宅区，随着环东村人才公寓等项目的落地，出现了人口租住多、流动性大的现象，呈现出本地人口少于外地人口的倒挂趋势。村庄周围已有生态园和中心公园等公共空间，但由于缺乏基础设施，日常人流量很小。村内道路系统也存在较多问题，自建房围墙占用道路，导致道路多为断头路和狭窄乡道，停车区域不足，违规停车现象严重。此外，村内建筑物新旧交错，大多数老旧建筑以黑瓦白墙为主，但破损严重。这类村庄作为城市与乡村之间的缓冲带，主要问题在于缺乏对人居环境的考虑，失去了原本的乡村特性（图 5）。

3. 项目实践

本规划位于上海市城郊环东村桥弄里，以人与自然、生产与生态相统一的共轭关系为核心理念。规划上以桥弄里园沟的沿岸景观为一轴，三个入口处桥梁为村落文化空间设计的核心。以乡村会客厅为整个村庄的活力芯，同时，在村庄的三个荒废角落打造绿野景观的口袋公园，满足更多的公共活动空间要求，形成了一轴三核心的规划结构（图 6）。

图 5　上海市环东村桥弄里现状问题
（来源：笔者自摄）

图 6　上海市环东村桥弄里规划设计图
（来源：笔者自绘）

（1）激活街巷空间的文化共轭

本方案的大部分房屋横向分布，沿水系线性分布，形成了较多街巷空间。宅基地之间狭缝空间较多，大部分空地荒废。为提升村庄居民的居住环境，对街巷空间进行优化提升。首先打通街巷的断头路、拆除违规占用道路的围墙，并对车行道进行拓宽，增设消防通道和进行路面硬化，有效改善了村内的交通流畅度和安全性。原本村内的停车区域较为稀少且存在乱停乱放的现象。针对这一问题，项目将南入口右侧的闲置空地进行改造，新建停车区，有效激活了村内各街巷的空间利用，提升了整体停车秩序和村庄的居住便利性。这些改造措施不仅优化了村庄的基础设施，还为居民生活质量带来了实质性的提升（图7）。

图7　上海市环东村桥弄里街巷改造示意图
（来源：笔者自绘）

图8　上海市环东村桥弄里河岸景观改造示意图
（来源：笔者自绘）

（2）提升景观功能的生态共轭

在桥弄里河道周边可以见到一些规模较小、位于宅旁或路边的场地，这些场地由于缺乏公共设施配置，其利用率往往较低。可以在这些场地上设置简易的公共设施，如长椅、花坛、小型运动器材等，根据本地文化特色进行主题化的景观设计。利用乡村传统材料在河道转弯、视觉通廊交会处设置滨水开放空间，形成小型的生态景观。营造多维、立体的室外景观节点，不仅能够吸引村民聚集，增加社交互动，还能成为游客的参观点，推动乡村旅游的发展。这样的改造不仅可以美化乡村环境，还能为社区居民提供更多的休闲和活动空间，增强居民的幸福感和归属感（图8）。

（3）重塑建筑肌理的空间共轭

乡村建筑作为地区特殊的文化载体，记录着一个民族和地区的历史文化和风土人情[11]。桥弄里的村庄建筑均为新中式自建楼房，风格较为单一，也有部分残破建筑。因此在设计上提出了乡村公共建筑空间，把原始建筑改造成公共阅读空间以及部分空地新建乡村会客厅等，将乡村特色和人文历史融入建筑空间，既可以改善村容村貌，推进美丽乡村建设，增加村民生活幸福感，也可以让村民和外来游客对乡村公共建筑空间产生更为深刻的审美感受，增强对乡村文化的认同感（图9）。

图9　上海市环东村桥弄里建筑改造示意图
（来源：笔者自绘）

（4）织补社会关系的人群共轭

在桥弄里周边科创园产业的带动下，本地村民将大部分民宅用于租赁，仅有少部分用于自住。大量外来者和少量本地居民会产生一定的公私权域结构。改造规划中，在村口设置公共交流中心，在村庄三个角落的空地设置口袋公园，便于促进邻里交往关系，对外来者提供了公共活动空间，避免了对本地居民私密生活的干扰。结合导视系统的专项设计，对外来者形成了有效引导（图 10）。

图 10　上海市环东村桥弄里公共空间改造示意图

（来源：笔者自绘）

四、结论

本文探讨了共轭思维如何在城市与乡村融合中促进动态平衡，并建立了一种以内在矛盾的竞争制衡为基础的乡村持续有机发展的保护方法框架。本文采用系统分析的研究方法，在理论支撑的机理与逻辑层面上，分析了具体矛盾关系的平衡把控。特别是本文以乡村文化因素为内在动力，建立了各组关键矛盾议题，聚焦于空间文化、生态景观、建筑价值、社会关系的改造，并探索了不同矛盾要素之间的跨界关联结构关系。这些成果形成了乡村与城市共轭机制的内在表达，桥弄里的设计实践验证了矛盾关系的临界平衡点，为乡村环境保护管理提供了精确的操作指南。

参考文献

［1］上海市规划和自然资源局．上海市“三大工程”的探索与实践：基于“多规合一”改革的深化与创新［J］．城乡规划，2023，（S1）：22-29.

［2］杨天翔．共轭理念在近郊型乡村空间规划中的应用［C］//中国城市规划学会，重庆市人民政府，中国城市规划学会．活力城乡 美好人居——2019 中国城市规划年会论文集．北京：中国建筑工业出版社，2019.

［3］周丽霞，孙鸿野．乡村振兴背景下的城郊融合型乡村规划创新实践：以成都市双流区彭镇常存村为例［J］．城市建设理论研究（电子版），2018（30）：12-13.

［4］于文静，高敬，侯雪静．推动全面推进乡村振兴取得新进展：中央农办主任，农业农村部部长唐仁健解读 2022 年中央一号文件［J］．农村财务会计，2022（3）：5-8.

［5］朱俊帅，陈俊磊，王康，等．村庄分类与布局中城郊融合类村庄规划探索［C］//中国城市规划学会，中国城市规划学会．人民城市 规划赋能：2022 中国城市规划年会论文集．北京：中国建筑工业出版社，2023.

［6］辛本成．城市边缘区分区规划编制实践［D］．大连：大连理工大学，2017.

［7］张远德，李和平，郭剑锋．基于共轭理念的城郊融合类村庄空间规划研究［C］//中国城市规划学会，中国城市规划学会．人民城市 规划赋能——2023 中国城市规划年会论文集（16 乡村规划）．北京：中国建筑工业出版社，2023.

［8］欧阳伊静，浦靖璐，方智果．“产、文、景”融合的上海城郊乡村景观更新策略研究［J］．美与时代（城市版），2024（1）：68-70.

［9］金家胜，王如松，黄锦楼．城市生态的共轭调控方法：以门头沟共轭生态修复为例［C］//科技部，山东省人民政府，中国可持续发展研究会．2010 中国可持续发展论坛 2010 年专刊（一）．中国科学院生态环境研究中心城市与区域国家重点实验室，2010：5.

［10］吴邦銮，刘萍萍，李井楠．传统村落集中连片保护利用的内涵及实践探索：以福建省龙岩市连城县和永定区为例［J］．城乡规划，2024（2）：21-27，36.

［11］赵丽娜．乡村振兴背景下的乡村公共艺术建筑空间探索［J］．建筑结构，2023，53（18）：157.

岭南建筑的哲学思想渊源

黄燕鹏[1]

摘　要： 岭南建筑的文化背景源自中国南方五岭以南的广大地区，主要涵盖广东、广西、海南三省和香港、澳门两个特别行政区。岭南地区得益于其独特的地理和气候条件，以及长期受海洋文化影响，形成了开放革新、兼容并蓄、务实求变的心理特征，这些特点在建筑上有明显体现。岭南建筑的文化渊源可以追溯到多个方面。百越文化是岭南文化的底本，与荆楚文化、吴越文化及中原文化的交流融合，为岭南建筑提供了丰富的文化养分。岭南地区在历史上与东南亚等地的通商，以及外来宗教的传播，如佛教、伊斯兰教和天主教等，进一步丰富了岭南建筑的文化内涵。岭南建筑的哲学思想渊源主要体现在其务实善变、开放兼容的作风上。岭南建筑注重功能性和适应性，善于利用新技术、新材料和新颖的形式，以体现时代气息。这种作风反映了岭南人对自然环境的深刻理解和尊重，以及与自然和谐共生的生活哲学。岭南建筑在设计上体现了平面灵活、形式多样、尊重民俗、讲求实效、顺应自然等特点。岭南民居的整体布局形式丰富多样，注重防雨、防水、防潮和防晒等措施，同时结合园林景观，形成和谐的整体效果。岭南建筑还善于利用钢筋混凝土等现代建筑材料，塑造清新明快的建筑形象，同时借鉴古代亭台楼阁等原型，使新建筑千姿百态。岭南建筑的文化背景和哲学思想渊源丰富多彩，既有深厚的历史文化底蕴，又受到外来文化的影响和启迪。岭南建筑以其独特的风格和精妙绝伦的工艺，成为中国传统建筑文化的重要组成部分，也是岭南文化传承与表达的载体。

关键词： 岭南建筑；文化背景；哲学思想渊源；建筑特色；未来岭南建筑

一、 岭南建筑概述

1. 岭南建筑的历史起源

岭南，泛指中国南方的广东、广西、海南以及福建南部地区，其建筑风格独特，历史悠久。岭南建筑的历史可以追溯到新石器时代的贝丘遗址，这些早期的建筑遗迹展示了岭南人民对自然环境的适应和利用。随着秦汉时期中原文化的南下传播，岭南地区的建筑开始受到汉族建筑风格的影响，但依然保留了自身的地域特色。

在唐宋时期，岭南作为海上丝绸之路的重要节点，外来文化和商品交流频繁，使得岭南建筑在吸收外来元素的同时，也发展出独特的装饰艺术和建筑形式。明清两代，岭南建筑达到了鼎盛，尤其是广州、潮州等地的府邸、祠堂和园林，以其精美的雕刻、彩绘和独特的布局闻名于世（图1）。

图1　岭南民居锅耳墙

1　广东省建筑设计研究院集团股份有限公司院副总建筑师、岭南建筑设计研究所所长，510160，163hyp@163. com。

到了近现代，岭南建筑在中西交融的大背景下进一步融合了西方建筑的元素，如骑楼、洋楼等，形成了既有传统韵味又具现代气息的独特风格。这种历史演变过程，使岭南建筑成为中国建筑文化中的一颗璀璨明珠，承载着丰富的历史信息和文化内涵。

2. 岭南建筑的地理环境影响

岭南地区建筑深受独特的地理环境影响。这里地处亚热带，气候湿热，雨量充沛，四季常绿，这种自然条件塑造了岭南建筑的独特风貌。首先，为了适应炎热、湿润的气候，岭南建筑往往注重通风散热，如采用开放式布局、宽大的出挑屋檐以及多开窗的设计，以便引入自然风，减少室内热量积聚。其次，地理上多山临海，使得岭南建筑善于利用地形，如山坡上的骑楼、沿海的吊脚楼，都是对地貌的巧妙应对。此外，丰富的水资源也影响了建筑的形态，如水榭、廊桥等水上建筑在岭南地区颇为常见。地理环境还决定了建筑材料的选择，竹、木、石材等当地丰富的自然资源被广泛应用于建筑中，形成了岭南建筑的地域特色。总体来说，岭南建筑与自然环境和谐共生，体现了人与自然的深度交融（图2）。

图2　广东和平县阳明古镇设计图

二、　文化背景

1. 岭南文化的独特性及与建筑的关系

岭南独特的地理位置孕育了丰富多样的文化。这种文化特性深深地烙印在岭南建筑之中，形成了一种既富有地域特色又饱含深厚历史底蕴的建筑风格。岭南文化以其开放包容、务实创新的特点，对建筑艺术产生了深远影响。

首先，岭南文化强调人与自然的和谐共生，这在岭南建筑中得到了充分体现。例如，岭南民居往往采用开敞式的布局，以适应湿热的气候，同时注重庭院的设置，既有利于通风散热，又营造出与自然亲近的生活环境。建筑的屋顶坡度较大，便于雨水快速排降，体现了对雨水充沛地区的适应性。

其次，岭南文化中的商业精神也体现在建筑上。由于历史上岭南地区商贸繁荣，商业建筑如骑楼、商行等大量涌现，它们不仅具有实用功能，还展现出独特的装饰艺术，如精美的木雕、石刻和灰塑，体现了岭南人民对生活品质的追求和对美的向往。

最后，岭南文化中的宗族观念在建筑中也有鲜明的体现。岭南的祠堂和书院建筑往往是宗族活动的重要场所，其规模宏大、装饰华丽，反映了岭南人对家族和教育的重视。这些建筑不仅是物质空间，更是精神家园，承载着岭南人的历史记忆和文化传承。

综上所述，岭南文化的独特性在建筑艺术中得到了生动的诠释，无论是民居、祠堂还是商业建筑，都反映出岭南人民的生活哲学、审美观念和价值取向。这种紧密的关联使岭南建筑成为解读岭南文化的一把钥匙，是研究岭南历史文化的重要载体（图3）。

图3　岭南民居门楼上的装饰艺术

2. 岭南民俗与建筑艺术的融合

岭南地区的民俗文化深深烙印在其独特的建筑艺术之中，这种融合体现在建筑的细节设计、装饰风格以及功能布局等多个层面。岭南民俗的丰富多样，如舞狮、粤剧、广彩等，都在建筑中得到了生动的表达。

首先，岭南建筑中的装饰艺术充满了浓厚的民俗色彩。例如，门楼上的彩绘常描绘吉祥物，如龙、凤、麒麟等，寓意吉祥如意，这源自民间对美好生活的向往和祈福。同时，窗花雕刻则常常融入戏曲故事，反映了人们对历史和文化的热爱。这些元素不仅增添了建筑的艺术魅力，也成为岭南民俗传承的重要载体。

其次，岭南建筑的功能布局深受民俗影响。岭南地区盛行的围屋，以其独特的环形或半环形结构，体现了宗族聚居的传统。这种布局旨在强化家族凝聚力，同时也为公共活动提供了空间，如节日庆典、宗族会议等。此外，岭南民居的天井设计，既满足了通风采光的需求，又符合了民间“四水归堂”的理念，寓意财源广进（图4）。

最后，岭南建筑还体现与自然和谐共生的民俗观念。

图4 民居改建四水归堂设计图

如屋顶的翘角，既美观又实用，能有效防止雨水倒灌，体现了岭南人民对雨水的敬畏；而庭院中的池塘和绿化，既满足了休闲娱乐，也体现了人与自然的和谐相处。

综上所述，岭南民俗与建筑艺术的融合，是岭南建筑独特魅力的重要来源。它不仅是物质文化的体现，更是精神文化的承载，彰显了岭南人民的生活智慧和审美追求。

三、 哲学思想渊源

1. 道家思想对岭南建筑的影响

道家思想，以自然和谐、无为而治为核心理念，深深影响了岭南地区的建筑艺术。在岭南，建筑不仅是遮风挡雨的空间，更是人与自然和谐共生的载体。道家主张“天人合一”，这一观念在岭南建筑中得到了生动的诠释。

首先，岭南建筑强调与自然环境的融合。受道家“顺应自然”思想的影响，岭南民居往往依山傍水，充分利用地形地貌，使建筑与周围环境相得益彰。例如，广东的开平碉楼，巧妙地利用丘陵地形，既保证了居住的安全，又与自然环境和谐共存（图5）。

图5 广东和平县阳明古镇外观设计图

其次，岭南建筑在空间布局上体现了道家的无为思想。内部空间布局灵活，没有严格的轴线对称，而是根据功能需求和自然光线进行设计，营造出一种自由、舒适的生活氛围。这种随和而不拘泥于形式的设计理念，正是道家“无为而治”哲学思想的体现。

最后，岭南建筑的装饰艺术深受道家影响。常可见到以自然元素为主题的雕刻和壁画，如云彩、山水、花鸟等，寓意着道家对自然的敬畏和追求。同时，这些装饰往往简洁而不失精致，反映出道家追求内在精神世界的审美倾向。

总体来说，道家思想在岭南建筑中扮演了重要角色，它不仅塑造了岭南建筑与自然和谐共生的特性，也在空间布局和装饰艺术上留下了深刻的烙印，使岭南建筑成为一种独特的文化符号，展现了人与自然、精神与物质的深度对话。

2. 儒家思想在岭南建筑中的体现

儒家思想，以其强调的和谐、秩序与礼仪，对中国传统建筑有着深远影响，岭南建筑也不例外。在岭南地区，儒家的“中庸之道”和“仁爱”理念被巧妙地融入建筑的设计与布局之中，形成了一种独特的建筑风格。

首先，儒家重视家庭与社会的和谐，这种观念在岭南民居的设计中得以体现。岭南民居通常以宗族为核心，采用围合式布局，形成四合院或半围龙屋等形式，象征着家族的团结与和睦。同时，建筑内部的空间划分严格遵循长幼有序、男女有别的原则，体现了儒家的礼制思想（图6）。

图6 广东和平县阳明古镇设计图

其次，儒家倡导的“尊师重教”思想在岭南的祠堂与书院建筑中体现得尤为明显。祠堂作为祭祀祖先、传承家族精神的场所，其规模宏大、装饰讲究，体现出对先人的尊重和对历史的敬畏，这是儒家孝道的体现。而书院作为教育之地，往往选址幽静，环境优雅，建筑设计注重学习氛围的营造，体现出儒家对知识和教育的重视。

最后，儒家的“天人合一”理念在岭南建筑中有所反映。岭南地区的建筑往往顺应自然，利用地形地貌，与周围环境和谐共生，体现了儒家“和而不同”的哲学思想。例如，建筑的朝向、通风、采光设计都充分考虑了地理环境和气候条件，力求达到人与自然的和谐统一。

总体来说，儒家观念在岭南建筑中的体现是多方面的，它不仅塑造了岭南建筑的外在形式，更深层次地影响了建筑的功能布局和精神内涵，使岭南建筑在实用性和审美性之外，更富含深厚的文化底蕴和人文精神。

3. 佛禅文化与岭南建筑的结合

佛禅文化在岭南地区的深远影响不仅体现在精神层面，也渗透到了建筑艺术之中。岭南地处中国南方，历史上与海外交流频繁，佛教文化在此地得以丰富和发展，形成了独特的岭南佛禅文化。这种文化背景下的建筑，往往展现出一种宁静、和谐、与自然相融的特质。

在岭南，佛禅建筑常常选址于山水之间，与自然和谐共存，体现了“天人合一”的理念。例如，广州的光孝寺布局巧妙，建筑错落有致，与周围的竹林、溪流形成了生动的禅意画卷。寺庙内的建筑如大雄宝殿结构简洁，线条流畅，装饰上则倾向于素雅，反映出禅宗追求的“空灵”和“无为”。

岭南的佛塔是佛禅文化与建筑结合的典范。例如，韶关南华寺的六祖慧能塔，塔身挺拔，线条优美，塔内供奉着禅宗六祖慧能的舍利，体现了对先贤的崇敬和对禅宗精神的传承。这种塔形设计，既满足了宗教功能，又展示了岭南人民对和谐、平衡的审美追求（图 7）。

图 7　韶关南华寺鸟瞰图

此外，岭南的禅院往往设有园林，如广州的六榕寺，其内的榕树与池塘、石桥等元素共同构建了一种静谧而深邃的氛围，让人在游览中体验到禅的意境。这些园林设计，不仅体现了佛教“空”与“静”的哲学思想，也反映了岭南人对生活艺术化的追求。

总体来说，佛禅文化在岭南建筑中的体现，是通过建筑形式、空间布局以及环境营造等多种方式，将禅宗的精神内核融入建筑艺术中，形成了独具特色的岭南佛教建筑风格。这种风格不仅展现了岭南人民对和谐、自然的向往，也成为岭南文化的重要载体，对后世产生了深远影响。

四、 建筑特色与实例分析

1. 岭南民居的特点

岭南民居，以其独特的风格和鲜明的地方特色，展现了岭南地区深厚的文化底蕴。首先，岭南民居的布局强调通风与采光，这是对岭南湿热气候的适应。房屋通常坐北朝南，以获取最佳的日照和通风条件，减少湿气积聚，保证居住的舒适性。比如，广东的骑楼建筑，底层开放，形成半室外空间，既有利于防潮，又便于行人避雨，体现了人与自然和谐共处的设计理念。

其次，岭南民居的装饰艺术丰富多样，深受岭南画派影响，充满了浓厚的艺术气息。窗花、壁画、木雕等元素广泛应用，图案生动活泼，既有吉祥寓意，又展示了匠人的精湛技艺（图 8）。例如，佛山的剪纸窗花，线条流畅，色彩鲜艳，是民居装饰的一大亮点。

图 8　岭南民居的装饰艺术

再次，岭南民居注重实用性和功能性。内部空间划分明确，既有公共活动区域，也有私密的居住空间。如“天井”设计，不仅增加了室内光线，还起到排水和调节室温的作用，体现了岭南人民的智慧。

最后，岭南民居还体现了家族观念的传承。许多民居设有祠堂或中堂，用于祭祀祖先，显示了对家族历史和传统的尊重。这种布局方式强化了家庭的凝聚力，也反映了儒家孝道思想在民居设计中的渗透。

综上所述，岭南民居的特点体现了其适应环境的实用性、艺术性的装饰手法、功能性的空间布局以及深厚的家族观念，这些特点共同构成了岭南民居的独特魅力。

2. 岭南祠堂与书院的建筑风格

岭南地区的祠堂和书院建筑，是其独特文化与历史传统的生动体现。祠堂作为家族祭祀和集会的场所，承载着岭南人对祖先的敬仰和家族荣誉的传承。其建筑风格通常以庄重、严谨为主，体现了儒家孝道思想对建筑的深刻影响（图9）。例如，广州陈家祠以其精美的石雕、木雕、砖雕和陶塑装饰闻名，展现了岭南工匠的高超技艺，同时也反映了家族的荣耀和地位。

图9 岭南地区祠堂

书院则是古代教育的重要场所。岭南的书院建筑更多地融入了道家自然和谐的理念。比如肇庆的星岩书院，选址于山水之间，布局巧妙，既注重学术氛围的营造，又强调与自然的和谐共生。其建筑格局往往以中轴线对称，周围环以园林，体现出儒家“天人合一”的哲学思想。内部空间设计则注重采光通风，体现人与自然的互动，如东莞的可园就是岭南园林式书院的典型代表。

岭南祠堂与书院的建筑风格，不仅在形式上独具特色，更在功能和意义上反映了岭南地区深厚的文化底蕴和独特的哲学观念。它们不仅是建筑艺术的瑰宝，也是研究岭南社会历史、文化和哲学思想的重要实物资料。

3. 现代岭南建筑的发展与变迁

随着时代的进步和城市化进程的加速，现代岭南建筑在保留传统特色的同时，也展现出鲜明的现代性和创新性。进入21世纪以来，岭南地区的建筑设计开始融入更多的国际化元素，同时注重环保和可持续发展，这既是对历史的尊重，也是对未来的探索。

一方面，现代岭南建筑在形式上进行了大胆的尝试和突破。例如，广州塔以其独特的“扭腰”造型，成为岭南新地标，体现了岭南人民敢于创新的精神（图10）。另一方面，许多现代建筑如深圳图书馆、珠海大剧院等，虽然设计新颖，但仍然可以看到对传统岭南建筑元素的借鉴，如曲线的运用、开敞的空间布局以及对自然光线的巧妙利用。

在功能上，现代岭南建筑更加注重人性化和实用性。例如，岭南地区的住宅设计强调通风和采光，以适应湿热的气候条件；商业建筑则注重公共空间的设置，促进社区

图10 珠江新城花城广场

交流。此外，绿色建筑理念在岭南地区得到广泛应用，如屋顶绿化、雨水收集系统等，旨在实现建筑与环境的和谐共生。

在技术层面，现代岭南建筑大量采用先进的建筑材料和技术，如轻质混凝土、钢结构和智能控制系统，提高了建筑的安全性和舒适性。同时，数字化设计和3D（三维）打印等新兴技术也在岭南建筑中得到应用，推动了建筑行业的科技进步。

总体来说，现代岭南建筑在继承传统的基础上，不断吸收新的设计理念，采用技术手段，实现了从传统到现代的华丽转身，成为展现岭南地区文化底蕴和时代风貌的重要载体。这种发展与变迁不仅丰富了中国建筑的多样性，也为全球建筑界提供了独特的视角和启示。

五、 结论与展望

1. 岭南建筑的现代价值

岭南建筑，作为中华文化的重要组成部分，其现代价值不仅体现在历史和艺术层面，更在于其对当代社会的启示和影响。首先，岭南建筑的环保理念与可持续性设计在当前绿色建筑潮流中显得尤为珍贵。传统的岭南民居，如骑楼和围龙屋，巧妙利用自然通风和采光，减小了对人工能源的依赖，这为现代建筑设计提供了灵感，推动了绿色建筑技术的发展（图11）。

图11 岭南传统商业街设计图

其次，岭南建筑的社区性和公共性在现代城市规划中具有借鉴意义。例如，岭南的祠堂和书院不仅是家族祭祀和教育的场所，也是社区活动的中心。这种开放性和共享性的空间设计，有助于增强社区凝聚力，促进邻里关系的和谐，为现代城市社区建设提供了思路。

再次，岭南建筑独特的装饰艺术和工艺，如木雕、砖雕、灰塑等，是岭南文化的活化石，对于保护和传承非物质文化遗产具有重要作用。这些传统工艺在现代建筑中的创新应用，既保留了文化特色，又赋予了建筑新的生命力，提升了城市的文化品位。

最后，岭南建筑的包容性和多元性，反映了广东地区的开放精神和海纳百川的文化特质。在当今全球化背景下，这种精神对促进文化交流、构建多元共生的城市环境具有深远影响。

总体来说，岭南建筑的现代价值在于它所蕴含的生态智慧、社区理念以及开放精神，这些都为我们的社会提供了丰富的资源，值得我们深入研究。

2. 对未来岭南建筑发展的思考

随着全球化的推进和城市化进程的加速，岭南建筑面临着新的挑战与机遇。一方面，如何在现代化的浪潮中保持岭南建筑的特色和文化内涵，是亟待解决的问题。这需要我们在建筑设计中深入挖掘和传承岭南建筑的精神实质，如其独特的空间布局、精致的装饰艺术以及与自然和谐共生的理念（图 12）。

图 12　广东佛山三水第四代住宅设计

另一方面，现代科技的发展为岭南建筑的创新提供了无限可能。例如，绿色建筑理念的兴起，使岭南建筑可以更好地利用地域气候特点，实现节能与环保。同时，数字化技术的应用，如 3D 打印和智能建造，可以为岭南建筑的保护与修复提供更高效、精准的手段。

此外，未来的岭南建筑应当更加注重公众参与和社区认同。建筑不仅是物质空间，更是人们生活、交流和记忆的载体。因此，建筑师应倾听社区的声音，让岭南建筑成为连接历史与现代、本土与全球的桥梁，既满足功能需求，又能激发地方活力。

总体来说，未来岭南建筑的发展应兼顾传统与创新，坚守文化身份的同时，积极拥抱变革，只有这样，岭南建筑才能在世界建筑舞台上焕发出独特的魅力，持续为人类的居住环境贡献智慧。

长征线路上四川藏区“宗教类红色建筑”遗产类型图谱构建研究——以阿坝藏族羌族自治州为例

阙俊龙[1]　黄　鹭[2]

摘　要： 四川省阿坝藏族羌族自治州（以下简称“阿坝州”）作为红军长征的重要途经地，拥有丰富的红色建筑遗产，见证了红军长征过阿坝的艰难历程。本研究以阿坝州“宗教类红色建筑”遗产为切入点，结合史料分析、实地考察、口述收集等手段，调查、统计并分析了阿坝州红色建筑概况，并运用建筑类型学分析方法，分类解析阿坝州“宗教类红色建筑”遗产的空间布局、营建技艺、装饰艺术等典型特征，尝试构建其建筑类型图谱，以期为阿坝州乃至四川藏区红色建筑遗产的保护与利用提供一定的理论依据和实践指导。

关键词： 红色建筑；宗教建筑；长征线路；图谱构建；四川藏区

一、 引言

阿坝地区是中国工农红军一、二、四方面军在长征途中相继经过，且留驻转战时间最长的少数民族区域，红军在这里经历了长征途中最艰苦、最激烈、最危险、最悲壮、最复杂而又最辉煌的一段岁月[1]。从 1935 年 6 月中旬，党中央率领红一方面军翻越夹金山进入懋功（现小金县），至 1936 年 8 月底红四方面军与红二方面军一起走出草地北上抗日，三大主力红军先后转战、留驻阿坝地区长达 1 年多[2]，并留下了丰富的红色建筑遗产。

目前国内关于红色建筑遗产的研究侧重于当地红色建筑遗产的规划保护、红色建筑文化概念与意义、红色建筑的思政育人作用三大方面，针对红色建筑遗产类型及特征的探讨相对较少，针对川藏地区红色建筑遗产的研究则更为欠缺[3]。本研究以长征线路上阿坝地区“宗教类红色建筑”遗产作为川藏地区的典型样本，从空间布局、营建技术、装饰艺术等方面构建川藏地区“宗教类红色建筑”遗产的类型图谱，以促进红色文化遗产的相关认识、有效保护和合理利用。

二、 研究背景

1. 红色建筑遗产定义

我国建筑学界根据《中华人民共和国文物保护法》第一章第二条，将革命旧址划归为“与重大历史事件、革命运动或者著名人物有关的以及具有重要纪念意义、教育意义或者史料价值的近代现代重要史迹、实物、代表性建筑”[4]。本文研究对象是长征中的中国工农红军自 1935 年 4 月至翌年 8 月，在今阿坝州地区往返、停留、斗争的 16 个月内遗留下来的珍贵“宗教类红色建筑”遗址。

2. 长征线路阿坝地区红色遗产概况

长征线路上阿坝地区红色建筑遗产具有范围广、数量多、类型全等特点，又与周围的自然、人文景观浑然一体，

1　西南交通大学建筑学院硕士研究生，611756，3294540852@ qq. com。
2　西南交通大学建筑学院副教授，611756，1047299202@ qq. com。

相映成趣，形成了融民族文化、历史文化、红军长征路线文化、宗教文化、民俗文化与自然风景名胜于一体的独特魅力，在阿坝经济、社会发展中具有独特的价值。本研究查阅了大量党史资料、相关研究和当地县志对长征线路上阿坝地区13个县市的红色建筑相关概况进行了较为全面的统计（表1）。

表1 阿坝州红色建筑遗产统计

阿坝州红色建筑信息							
	名称	建筑类型	曾经用途	红军用途	建筑现状	详细地址	相关事件信息
小金县	达维喇嘛寺	宗教建筑	宗教活动	红军驻地	曾被毁，1938年重建	小金县城东面三十五公里的达维乡达维村内	1935年红军长征经过达维，中央领导人在寺院内住宿数日，在寺前举行了一、四方面军会师大会
	美兴镇天主堂	宗教建筑	宗教活动	红军驻地、会议旧址	较好	小金县河东街与政府街交叉路口往北约50米	1935年6月21日，红军总政治部在天主教堂内举行了两军驻懋功团以上干部联欢会（史称“同乐会”）
	抚边乡红军驻地	村落民居	居住	红军驻地	较好	位于小金县与两河口间的抚边河左岸	1935年6月，中国工农红军来到懋功县抚边乡，积极向广大劳苦大众宣传党的政策和红军的纲领
	八角乡苏维埃政府遗址	村落民居	居住	政府驻地	较好	小金县八角乡	
	烈士陵园红军墓群	陵墓	无	烈士陵园	较好	小金县两河口镇S210	
	两河口关帝庙	宗教建筑	宗教活动	会议旧址	差	小金县营盘路	1935年6月26、27日，中共中央在此召开了政治局会议。
马尔康市	卓克基土司官寨	政权建筑	官邸	红军驻地、会议旧址	较好	马尔康镇西索村	1935年7月3日，中央红军在此召开了中共中央政治局常委会，并在此休整一周
	白莎喇嘛庙	宗教建筑	宗教活动	红军驻地	一般	马尔康寺脚木足乡	张国焘违抗中央北上决议，坚持南下错误，于1935年10月5日在此成立第二“中央”
	白莎村中共大金省委驻地	村落民居	居住	政府驻地	一般	马尔康市脚木足乡白莎村	1935年10月初，南下红军在卓木（脚木足）建立了中共大金（金川）省委
	松岗直波碉群	村落民居	居住	政府驻地	一般	马尔康市松岗镇G317（成那线）	1935年6月底，红四方面军在马尔康先后成立了松岗乡十三个乡一级苏维埃政权
	卓木碉会议旧址	不详	不详	会议旧址	一般	马尔康市脚木足乡白莎村	张国焘于1935年10月5日在此召开高级干部会议。会上，张国焘公开打出反党旗帜
黑水县	木瓜寨遗址	不详	不详	筹粮、熬盐	一般	黑水县木瓜寨	红四方面军在黑水县筹粮、熬制土岩盐的木瓜寨遗址
	维古村的驻地旧址	村落民居	居住	红军驻地	一般	黑水县维古村	红军政治部驻扎地
松潘县	沙窝会议旧址	村落民居	居住	会议旧址	一般	松潘县毛尔盖区下八寨乡的沙窝寨子（今血洛）	针对张国焘的猖狂进攻，中共中央于1935年8月6日在沙窝召开政治局扩大会议
	索花寺毛儿盖会议会址	宗教建筑	宗教活动	会议旧址	较好	松潘县索花村	中央于1935年8月20日在毛儿盖举行扩大会议，着重讨论红军主力的行动方向问题

续表

	名称	建筑类型	曾经用途	红军用途	建筑现状	详细地址	相关事件信息
松潘县	甲竹寺水塘指挥部旧址	宗教建筑	宗教活动	前敌指挥部	较好	松潘县	1935年5月中旬，到达松潘县白羊乡的红军从长五间翻越桦子岭到甲竹寺
	白羊乡溜索头苏维埃政府所在地遗址	村落民居	居住	政府驻地	一般	松潘县白羊乡	1935年5月，红四方面军第三十军八十九师先头部队和第四军一部由北川进入松潘县白羊乡
若尔盖县	若尔盖县班佑村	村落民居	居住	红军经过	较好	若尔盖县二一三国道	班佑村是红军过草地时经过的第一个有人烟的村庄
	达戒寺战斗遗址	宗教建筑	宗教活动	战斗遗址	较好	若尔盖县包座乡达清村	著名的“包座战役”旧址
	甲吉村毛泽东住地旧址	村落民居	居住	红军驻地	一般	若尔盖县九若路	毛泽东住地旧址
	求吉潘州前敌总指挥部遗址	村落民居	居住	前敌指挥部	一般	若尔盖县九若路	求吉潘州前敌总指挥部遗址就在现任村长家后院的一片小菜园子里
	班佑寺（周恩来旧居及巴西会议会址）	宗教建筑	宗教活动	红军驻地、会议旧址	一般	若尔盖县九若路与557乡道交叉口北20米	1935年9月9日，中共中央政治局针对张国焘的错误在班佑寺大雄宝殿内召开了著名的“巴西会议”
	求吉寺中共西北局会议会址	宗教建筑	宗教活动	会议旧址	差	若尔盖县九若路求吉农村客运站东北侧约210米	求吉寺会议，朱德力促红二、四方面军北进甘肃
	牙弄寨百年水磨遗址	手工业建筑	手工业生产	手工业生产	一般	若尔盖县九若路	若尔盖县阿西茸乡牙弄寨红一方面军磨面的百年水磨遗址
壤塘县	上杜柯乡西穷寺	宗教建筑	宗教活动	红军经过	较好	壤塘县西穷村	红二方面军经过
	鱼托寺	宗教建筑	宗教活动	红军经过	较好	壤塘县鱼托乡	红二方面军经过
阿坝县	各莫寺	宗教建筑	宗教活动	红军经过	较好	阿坝县各莫镇唐麦村	红二方面军经过
	垮沙寺旧址	宗教建筑	宗教活动	红军驻地	较好	阿坝县阿两路垮山村	红二方面军休整地
	茸安坝红二方面军总指挥部驻地旧址	不详	不详	前敌指挥部	一般	阿坝县茸安乡	茸安坝红二方面军总指挥部驻地旧址
	查理寺	宗教建筑	宗教活动	红军驻地	较好	阿坝县查理乡	红军总部、川康省委、省苏维埃到达阿坝后驻查理寺
	格尔登寺	宗教建筑	宗教活动	红军驻地	较好	阿坝县 城西北角	阿坝县红军总司令部驻地及阿坝会议会址、阿坝特区革命政府、西北局成立地格尔登寺旧址
	赛格寺	宗教建筑	宗教活动	红军大学	较好	阿坝县阿坝镇城东侧	
	茸贡寺	宗教建筑	宗教活动	红军经过	较好	阿坝县	红四方面军第二次经过
	郎依寺	宗教建筑	宗教活动	红军经过	较好	阿坝县	红四方面军第二次经过
茂县	四坪村赤土坡红军指挥部旧址	村落民居	居住	前敌指挥部	一般	茂县四坪村赤土坡	
	土门乡老街活动遗址	商业建筑	商业活动	建立政权	较好	茂县土门乡	是红军在土门活动的主要地区之一。红军在那里搞宣传、建政权，在大街小巷都留下了足迹
	红四方面军兵工厂遗址	工业建筑	无	武器生产	较好	光明镇马蹄溪村下场口的河边	与一铁匠铺紧邻，在地方群众的支援下夜以继日维修枪支、赶造子弹等战争用品

续表

	名称	建筑类型	曾经用途	红军用途	建筑现状	详细地址	相关事件信息
茂县	明足底白岩子红军防御工事遗址	军事建筑	无	军事防御	一般	光明镇明足底白岩子地方	1935年，红军到达明足底村时曾与敌军发生过激战，在明足底有多处战壕和防御工事遗址
	红军碉堡遗迹	军事建筑	宗教活动	军事防御	差	三龙乡纳呼村合心坝组后上一个居高之地	原为一座小庙，国民党将小庙改建为碉堡，红军占领了这个碉堡继续修筑碉堡、战壕
	大瓜子熬盐遗址	工业建筑	无	工业生产	一般	雅都镇赤不寨村大瓜子组	为当年当地百姓为红军解决吃盐困难在此设18口大锅而熬盐的场所
	大坟山苏维埃政府遗址	不详	不详	政府驻地	一般	土门乡马家村大坟山	是当时的区苏维埃所在地，也是全区苏维埃政权的中心和总部
	明足底苏维埃政府驻地	宗教建筑	宗教活动	政府驻地	较好	茂县光明乡302省道	位于光明镇明足底清真寺，今仍为清真寺
	神溪村苏维埃政府驻地	村落民居	居住	政府驻地	不详	富顺镇神溪村李平林家	
	宝顶村苏维埃政府驻地	村落民居	居住	政府驻地	不详	富顺镇宝顶村吴耀先家	
	甘沟村苏维埃政府驻地	村落民居	居住	政府驻地	不详	富顺镇甘沟村孙家	
	蒋家坪村苏维埃政府驻地	村落民居	居住	政府驻地	不详	东兴镇蒋家坪村蒋福祥家	
	黑布寨区番（羌）民人民革命政府遗迹	村落民居	居住	政府驻地	差	曲谷乡河西村3组拉洼寨张朝清家	当时属于较大的民房，地理位置居中，当时西路军司令部也设在黑布寨（河西），便于各级之间联系
	小瓜子乡（番）民人民革命政府遗迹	村落民居	居住	政府驻地	差	雅都镇赤不寨村赤不苏组海拔1900米的山脊处	设在杨茂德家。此处居高临下，背面靠山，易守难攻，现仍可见残垣断壁的民房和碉楼遗迹
	黑虎寨红四方面军后勤直属队驻地旧址	村落民居	居住	红军驻地	较好	茂县黑虎寨	
理县	杂谷脑喇嘛庙	宗教建筑	宗教活动	平叛	较好	理县蓉昌高速	1935年6月，杂谷脑喇嘛寺、四门关、危关等地的反动武装发动暴乱
	米亚罗胆杆红军医院旧址	医院建筑	不详	医疗	一般	理县胆杆村	
	红四方面军总指挥徐向前住地旧址	村落民居	居住	红军驻地	一般	理县桃坪乡佳山村	红四方面军总指挥部
	薛家寨一号红军寨	村落民居	居住	红军驻地	较好	理县薛城镇	为陕甘边游击队一、三队驻地
	薛家寨二号红军寨	村落民居	居住	红军医院和被服厂	较好	理县薛城镇	1933年3月，中共陕甘边区总指挥部领导机关迁驻薛家寨，相继建起了红军医院、被服厂、修械所
	薛家寨三号红军寨	村落民居	居住	兵工厂	较好	理县薛城镇	1933年4月，中共陕甘边区总指挥部领导机关迁驻薛家寨，相继建起了红军医院、被服厂、修械所
	薛家寨四号红军寨	村落民居	居住	陕甘特委驻地和供需仓库	较好	理县薛城镇	是照金革命根据地的政治中心和指挥中心，为红区的心脏
	桃坪羌寨	村落民居	居住	政府驻地	较好	理县桃坪镇G317	1935年6月3日，红四方面军成立了理县苏维埃政府，设立造币厂、红军医院、儿童院和各行政部门

续表

	名称	建筑类型	曾经用途	红军用途	建筑现状	详细地址	相关事件信息
金川县	中共大金（金川）省委驻地旧址	不详	不详	政府驻地	较好	金川县城关老街	1935 年 10 月，红四方面军南下到达松岗地区后，建立了中共大金（金川）省委，省委机关驻绥靖正街
	格勒得沙共和国中央政府驻地旧址	宗教建筑	宗教活动	政府驻地	较好	金川县城隍庙	1935 年 11 月 18 日，大金省委宣布成立中华苏维埃共和国西北联邦政府和格勒得沙共和国
	勒乌镇格勒得沙国家商店旧址	不详	不详	商店	较好	金川县城勒乌镇	
	沙尔乡红军大学旧址	不详	不详	红军大学	较好	金川县沙尔乡	
	红军被服厂旧址	宗教建筑	宗教活动	被服厂	较好	金川县城勒乌镇	
	红军炸弹炸药厂旧址	宗教建筑	宗教活动	兵工厂	较好	金川县城勒乌镇	
	红四方面军总医院旧址	宗教建筑	宗教活动	红军医院	一般	金川县城勒乌镇	
	西北联邦政府驻地旧址	不详	不详	政府驻地	一般	金川县城勒乌镇	
	中共绥靖县委旧址	不详	不详	政府驻地	一般	金川县城勒乌镇	
	回民苏维埃政府和回民独立连连部驻地旧址	宗教建筑	宗教活动	红军驻地	较好	金川县城勒乌镇	
汶川县	索桥村雁门关战斗指挥部遗址	宗教建筑	宗教活动	前敌指挥部	一般	汶川县二一三国道	徐向前指挥战斗的遗址，原雁门乡索桥村川主寺
	马岭山战场红军营指挥部住地	村落民居	居住	前敌指挥部	一般	汶川县两叉河桥头——沙排	
	耿达幸福村喇嘛寺	宗教建筑	宗教活动	前敌指挥部	不详	汶川县耿达镇幸福村	1935 年，红四方面军 33 军经过耿达喇嘛寺，在此与军阀刘文辉部队交战，以此寺院作为临时指挥所
红原县	暂无具体建筑遗址信息						
九寨沟县	暂无具体建筑遗址信息						

来源：自绘。

由统计结果可知，阿坝州红色建筑分布广泛，且呈现东南多，西北少的特点，从高原到山谷，从城镇到乡村，几乎遍布在各个县市（图 1）。

按照红军用途可分为红军驻地类（13 个，占总数的 18.6%）、政府驻地类（17 个，占总数的 24.3%）、会议旧址类（8 个，占总数的 11.4%）、工业手工业生产类（7 个，占总数的 10.0%）、红军经过地类（6 个，占总数的 8.6%）、军事类（含指挥部、战斗遗迹等）（11 个，占总数的 15.7%）、其他（含医院、商店、陵墓、大学等）（8 个，占总数的 11.4%）。按照建筑类型大体可分为四类，即宗教类（27 个，占总数 38.6%）、民居类（25 个，35.7%）、自建类（6 个，8.6%）、其他类（12 个，17.1%）。由此可见，长征线路上的阿坝州红色建筑种类丰富，其中“宗教类红色建筑”遗产占有重要地位，是长征精神的重要载体，见证了那段艰苦卓绝的革命历程。基于此，本研究将采用多种研究方法，包括历史文献研究、实地考察、口述历史收集等，着重对“宗教类红色建筑”遗产特征与图谱开展专项研究。

三、“宗教类红色建筑”遗产类型特征解析

四川阿坝地区宗教氛围十分浓厚，宗教活动也频繁，目前登记在册的寺庙宗教活动场所有 250 多处，其中 60% 以上属于文物保护场所[5]，且由于多民族的人口构成，该地区藏传佛教、天主教、伊斯兰教和基督教四种宗教并存，由此形成了建造历史久、数量类型多、保存现状较好的宗教类建筑。当红军长征过阿坝时，这类建筑成为红军将士的休整地、庇护所（如小金县达维喇嘛寺、阿坝县查理寺等），或作为党中央做出重要决策的会议地（如小金县美兴天主堂、若尔盖县班佑寺等），或战役发生时的战斗旧址

（理县杂谷脑喇嘛庙、若尔盖县达戒寺等），或是作为红军弹药补给的生产地（如金川县老街报恩寺、金川县老街城隍庙等）。它们均见证了那段艰苦卓绝的革命岁月，也成为研究四川藏区红色建筑的重要范本。阿坝州“宗教类红色建筑”遗产由于受地理环境、教义教派与地域民居布局的多重影响，其空间布局、营建技艺、装饰艺术亦存在不同。本研究着重对藏传佛教寺庙、汉庙（含文庙、城隍庙、关帝庙等）、教堂三类进行探讨。

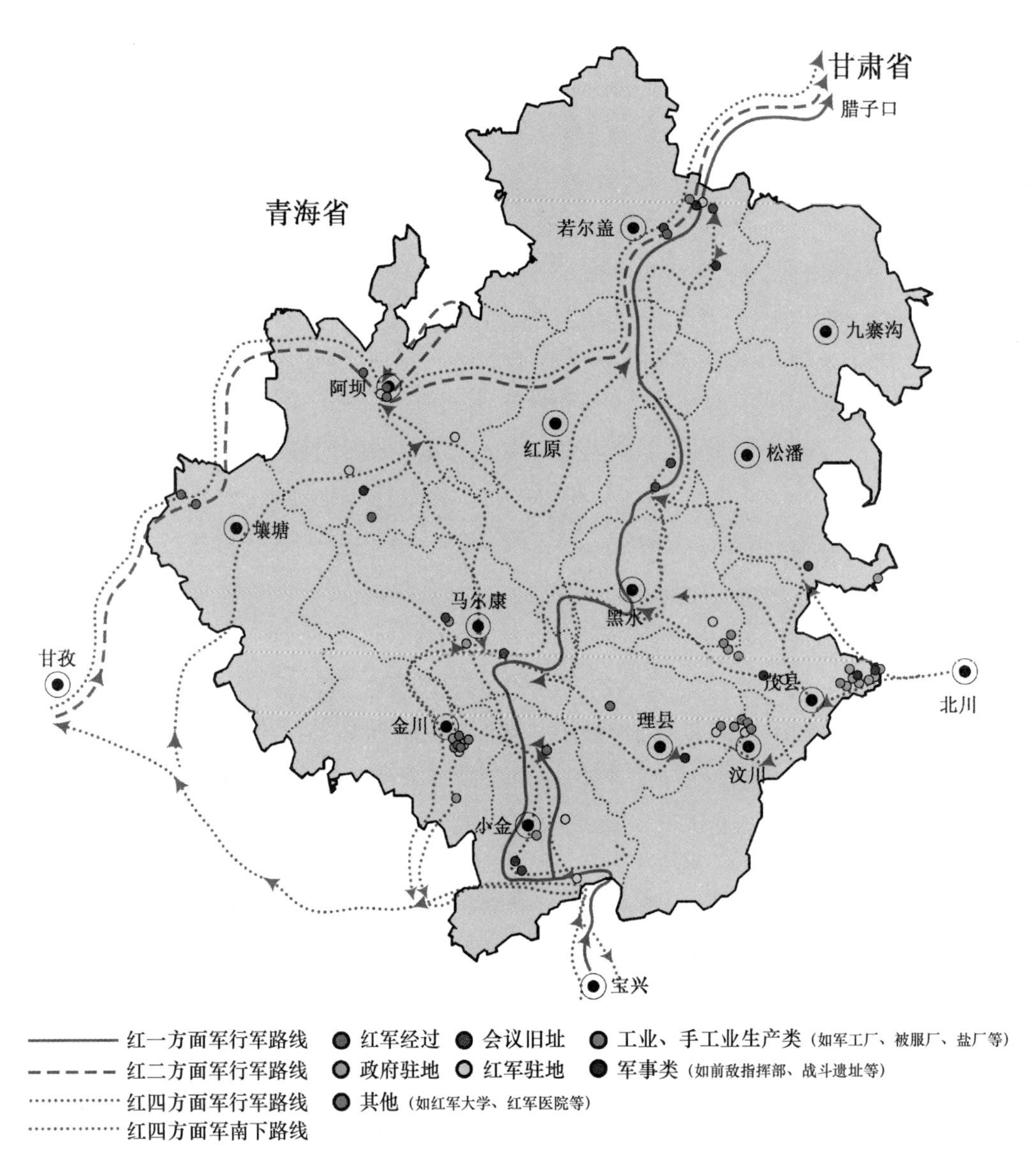

图 1　阿坝州长征线路上红色建筑分布图（来源：自绘）

1. 空间布局

（1）藏传佛教寺庙

藏传佛教是当地信仰人群最多的宗教，可以分为六大派别，即格鲁派、宁玛派、萨迦派、噶举派、觉囊派、苯教[6]。阿坝州藏传佛教寺庙种类齐全，在红军使用过的红色建筑遗产中占最多数量。藏传佛教在藏区拥有行政权力与文化教育之职能，故寺庙主要功能包括：佛之处所（佛殿、佛塔等信仰中心）、僧之处所（含活佛公署、辩经场、僧舍、库房、厨房、管理用房等）、宗教教育建筑等。藏庙规模普遍较大，有的寺院内拥有数个学院及佛殿，其建筑群落的密集度与高度往往较高。受到藏传佛教宇宙观中“曼陀罗”精神的指引和客观自然地理条件的限制，传统“藏庙”多为自由开放式布局，寺院建筑群没有明显中轴线，更没有层层重叠之四合院[7]。寺院大多建在山顶或依山而建，台阶从山脚随山坡绵延而上，又长又陡。整个寺院外围形态颇为不规则，通常是由一大片高低不一、大小各异的建筑物群集而成。从宏观上看，整个布局似乎显得杂乱无序，然而细看之下，每个建筑单元都是完整而紧密联系的。

由于四川藏区汉藏交流融合较为频繁，“藏庙”又出现了汉藏结合式，如达维喇嘛寺（红一、红四方面军会师中央纵队驻地旧址），又名“甘丹强巴林”。该寺初为雍忠苯教寺庙，清乾隆年间改为格鲁派寺庙，属沃日土司管辖。与典型“藏庙”不同，达维喇嘛寺由经堂正殿、山门、两侧联排厢房合并而成，形成了“合院”形的布局，占地面积20余亩（图2）。经堂正殿前矗立着十六根大柱，而原本的转经巷则转变为护法神殿，面阔三间。1935年红一方面军到达达维，在寺前与红四方面军进行了会师，后寺庙被国民党反动派烧毁，1938年由格鲁格西阿旺夏嘎化缘、沃日一带老百姓集资重建，1941年修复正殿和护法圣殿。

图2　达维喇嘛寺合院式空间（来源：自摄）

（2）汉庙（含文庙、城隍庙、关帝庙等）

四川阿坝地区的汉庙包括文庙、城隍庙、关帝庙等，是汉族传统文化的重要组成部分，具有深厚的历史文化底蕴，也为红军在阿坝进行的革命斗争起到了积极作用。根据相关资料和实地调研，阿坝地区的汉庙往往规模不大，功能简单，多为一进院落的二重殿建筑或单体建筑，呈中轴对称布局。以金川老街红军革命纪念建筑群（阿坝州境内红军遗址、遗迹最为集中、种类最多、规模最大的地方）为例，红军军械修理厂旧址（原为城隍庙）为二重殿布局。建筑面阔进深均不大，其中院落也较小，空间紧凑，可见这类建筑等级规格也较低。

（3）教堂

阿坝州小金县天主教堂，1919年由法国传教士佘廉霭主持兴建，它是阿坝州唯一一座长征线路上的“红色教堂”。小金县天主堂（也称红军懋功同乐会会址）位于小金县美兴镇政府街东部的天主教堂院落内，坐西向东，四合院落布局，由经堂、东厢房、北厢房三部分组成。经堂是教堂的主体部分，占地面积约973平方米。经堂设有三道拱门，北侧过道尾部设有一小门，而南侧过道尾部则设有一假门。经堂内部空间简单明了，中轴对称，由矩形中殿（设置信徒座位）和半圆形讲经台组成。中殿内有两列对称共十根大木柱将矩形空间分为三开间。经堂的尽头设有讲经台，是传教士布道讲经的地方（图3）。

图3　美兴天主堂半圆形讲经台（来源：自摄）

2. 营建技艺

（1）藏传佛教寺庙

藏传佛教寺庙建筑厚重扎实，单体建筑都比较高大。寺院内单体建筑如经堂、佛殿、僧舍等，为木柱支撑、砖石墙壁、密檐平顶的碉房式建筑。其墙壁厚实、收分大，剖面为梯形，墙面上修有许多暗窗（假窗），并有许多横向装饰。以达维喇嘛寺为例，其山门建筑为汉藏结合的两层平顶建筑，当心间部分上加施歇山顶。正殿地坪逐渐抬升，落于两层台基之上，为两层石木结构、悬山顶抬梁式梁架，殿前有7米宽走廊，并立有16根大柱。两侧厢房为3层平顶石木结构，空间低矮，设有茶房、保管室、会议室、印经房、僧舍等。

（2）汉庙（含文庙、城隍庙、关帝庙等）

阿坝州汉庙类型的红色建筑多为硬山顶或悬山顶石木结构，采用抬梁式或穿斗式梁架。如金川县老街红军军械修理厂旧址（原为城隍庙）正殿为石木结构硬山式顶施筒瓦，砖砌屋脊。明间抬梁式梁架施斗拱4朵，前后乳栿用6柱。次间穿斗式架梁三穿用7柱。面阔七间25.30米，进深五间11.50米，通高9米。后殿石木结构硬山式顶施小青瓦，穿斗式梁架四穿用 5 柱，面阔三间 13.50 米，进四间 7.10 米。又如红军被服厂旧址（原为湖广馆，现为报恩寺），其前殿为木结构单檐悬山式顶施小青瓦，穿斗式梁架四穿用 7 柱。面阔三间 12.45 米，进深七间 10.77 米，通高 9.50 米。

（3）教堂

小金县天主教堂的结构特征和营建技艺体现了中西合璧的建筑风格，主要使用了砖、石、木作为建筑材料。其主体结构采用三柱穿斗式梁架，内部空间宽阔，拥有穹隆式望板和平面望板，由木柱支撑。经堂面阔三间 17.5 米，进深两间 8.75 米，通高 4.2 米，石墙厚度达到 0.5 米。其东厢房、北厢房则采用了传统硬山顶穿斗式中式民居的结构形式，屋顶的前后两坡不延伸出山墙之外，山墙直接承载屋顶的重力。

3. 装饰艺术

（1）藏传佛教寺庙

藏传佛教寺庙的装饰艺术具有鲜明的民族特色和深厚的宗教内涵。传统藏庙主殿外部装饰华丽，屋顶更是金碧辉煌。殿内（特别是主殿之内）装饰着大量的壁画与佛幡，佛幡一排排悬挂着，长长地从屋顶一直下垂到底，颜色鲜艳。门窗多为长方形，同时门窗靠外墙处涂成黑色梯形框，并用黑烟、清油和酥油磨光增加光泽。柱头和柱身常装饰有各种花饰雕镂或彩画，如覆莲、仰莲、卷草、云纹、火焰及宝轮等图案，富有宗教色彩。同时藏传佛教寺庙的装饰纹样丰富多样，常见的有西番莲、梵文、宝相花、石榴花和八吉祥等（图 4）。寺庙整体色彩鲜明，喜欢使用暖色调，如朱红、深红、金黄、橘黄等为底色，衬托以冷色调的纹样，形成强烈的对比和视觉冲击力。

图 4　小金县达维喇嘛寺装饰纹样（来源：自摄）

（2）汉庙（含文庙、城隍庙、关帝庙等）

阿坝州的汉庙规格等级普遍比藏传佛教寺庙低，其建筑装饰、立面造型大多简单古朴。这类建筑采用简单的屋顶形式，均为悬山或硬山屋顶，上施小青瓦或筒瓦，屋脊和飞檐或有简单雕刻。建筑整体色彩以朱红、黑色为底色，较为古朴，檐枋阑额常有简单纹样的彩画加以点缀。汉庙的门窗多为格子门、格子窗，有些板壁、门枋有精美花鸟雕刻（图 5）。柱子为简单直柱无雕刻，亦无斗拱、藻井。总体而言，其装饰细节更加注重经济性、实用性，不会过于繁复，体现出一种朴素的美感。

图 5　原格勒得沙共和国中央革命政府旧址门窗雕刻（原为城隍庙）（来源：自摄）

（3）教堂

小金县天主堂主体建筑立面装饰上呈现西式特色。经堂正面以青砖砌筑，呈现出金字塔造型，建筑具有向上的动感。教堂正面有 6 根砖砌凸柱，正面通道的高度达到 12.58 米，两侧的高度为 7.58 米。墙壁上装饰有基督十字架和等腰三角形线脚，左右两侧各有一列柱廊，墙壁各有 5 扇西洋式卷拱窗。建筑屋顶并非西方教堂常用的尖顶或穹顶，而是在中殿采用坡度更为缓和的硬山屋顶，并结合讲经台部分的歇山顶组合而成，上覆传统青瓦。

四、“宗教类红色建筑”遗产图谱构建

综合上述空间布局、营建技艺、装饰艺术三方面的特征解析，建立了长征线路上四川藏区“宗教类红色建筑”遗产类型图谱（表 2）。

表2　长征线路上四川藏区“宗教类红色建筑”遗产类型图谱

项目		藏传佛教寺庙	汉庙（含文庙、城隍庙、关帝庙等）	教堂
空间布局		开放型：阿坝县各莫寺	后殿 厢房 正殿 二重殿：红军被服厂旧址	经堂 东厢房 北厢房 美兴天主教堂
空间布局		转经处 正殿 厢房 山门 合院型：达维喇嘛寺	正殿 单体型：原格勒得沙共和国中央革命政府旧址	
营建技艺		达维喇嘛寺（山门和厢房）	硬山式：红军军械修理厂旧址	美兴天主教堂（经堂）
营建技艺		达维喇嘛寺（正殿）	悬山式：红军被服厂旧址	美兴天主教堂（厢房）
装饰艺术	屋顶装饰	达维喇嘛寺 1	红军被服厂旧址 1	美兴天主教堂 1
装饰艺术	门窗装饰	达维喇嘛寺 2	红军被服厂旧址 2	美兴天主教堂 2
装饰艺术	其他装饰	达维喇嘛寺 3	红军被服厂旧址 3	美兴天主教堂 3

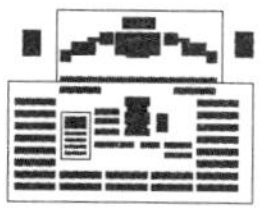

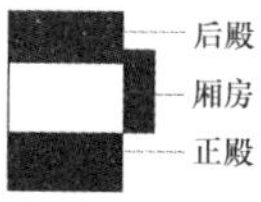

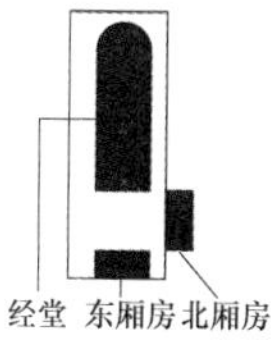

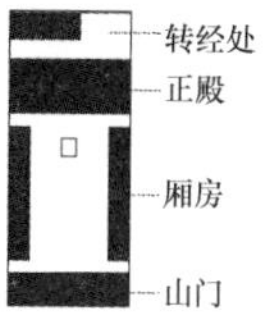

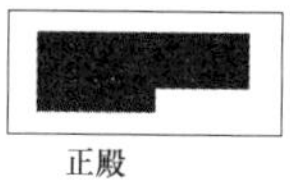

来源：自绘、自摄。

五、 结语

开展红色建筑遗产类型与特征研究是进行红色文化遗产探索的基础工作，对探究红色建筑遗产的保护利用体系具有重要的理论与现实意义[8]。研究发现，阿坝州“宗教类红色建筑”遗产无论是在数量还是质量上，都较其他类型的红色建筑有绝对优势。以宗教类建筑为代表的四川藏区红色建筑遗产彰显了民族文化、红军长征路线文化、宗教文化、民俗文化的多重特质，它们不仅是长征精神的物质载体，也是四川藏区多元文化和宗教艺术的宝贵财富[9]。构建阿坝州“宗教类红色建筑”遗产的类型图谱，有利于为宝贵的红色遗产保护和利用提供理论支撑。它们的保护和合理利用，对于传承历史记忆、促进文化多样性、推动地区经济和社会发展具有重要意义。

参考文献

[1] 杨先农，向自强．长征路线 四川段 文化资源研究·阿坝卷［M］．成都：四川人民出版社，2016.

[2] 董常保．阿坝州旧志集成（松潘卷）［M］．成都：四川大学出版社，2018.

[3] 冯静，任君，张蓓蓓，等．基于红色文化传承的红色建筑遗产记忆库分析［J］．安徽建筑，2024，31（4）：11-12，56.

[4] 王晓冬，张森．河北南部山区红色建筑遗存价值初探［J］．安徽建筑，2019，26（9）：22-23，98.

[5] 刘锋，李晋业．阿坝州寺庙消防“四送”活动探析［J］．中国西部科技，2013，12（8）：81-82.

[6] 毛爽，薛广召，杨悦．阿坝州藏传佛教寺庙空间分布及影响因素研究［J］．商丘师范学院学报，2020，36（3）：60-63.

[7] 赵晓峰，毛立新．“须弥世界”空间模式对藏传佛寺空间格局的影响［J］．现代园艺，2017，40（12）：116-117.

[8] 况源，李世芬，王晓冬．河北南部山区红色建筑遗产类型图谱构建研究［J］．华中建筑，2023，41（12）：105-108.

[9] 吴俊，喇明英，徐学书．四川民族地区长征文物遗存的特点及价值［J］．西南民族大学学报（人文社会科学版），2021，42（7）：66-71.

新媒体视阈下佛山祖庙赋能文旅发展策略研究[1]

曾敬宗[2]　张柏莹[3]

摘　要： 在新媒体迅速发展的时代背景下，传统文化旅游模式面临前所未有的挑战与机遇。佛山祖庙作为岭南文化的重要载体，其独特的文化资源与新媒体技术的深度融合，为文旅产业注入了新的活力。如何在新媒体环境下有效挖掘和利用这些资源，成为推动佛山文旅产业高质量发展的重要课题，在对其文化资源进行 SWOT 分析的基础上，提出文化资源赋能旅游发展的实践路径方案，找到彼此的共振点，激活两者间的实践路径，为佛山祖庙赋能文旅增添助力。

关键词： 新媒体；文旅；佛山祖庙 ；赋能

一、　新媒体对文旅产业的影响

随着互联网的普及和新媒体技术的迅猛发展，文旅产业正经历着从传统向数字化、智能化转型的关键时期。佛山祖庙作为国家级重点文物保护单位，不仅承载着丰富的历史文化内涵，还具备独特的旅游资源。

1. 信息传播方式的变革

新媒体以其即时性、互动性、个性化等特点，极大地改变了信息传播的方式。游客可以通过多维度的内容呈现形式，例如社交媒体、短视频平台等新媒体渠道，随时随地获取旅游信息，分享旅游体验，极大地丰富了旅游信息的层次与深度，利用好可形成强大的口碑效应。

这种变革使旅游信息的获取不再局限于传统的旅行社介绍或旅游手册发放，而是转变为更加生动、直观且高度个性化的信息流。游客可以根据自身兴趣和需求，在社交媒体上搜索并筛选定制化的旅游攻略，甚至参与到旅游内容的共创中，如参与旅游目的地的话题讨论、投票选择最佳旅游路线等，这种双向互动的信息传播模式极大地提升了信息的有效性和用户的参与感。

2. 旅游体验的创新

新媒体技术，特别是 AR（增强现实）、VR（虚拟现实）及 MR（混合现实）等前沿技术的应用，不仅让游客能够“穿越时空”体验历史场景，还能在现实世界中叠加虚拟元素，创造出前所未有的沉浸式体验。例如，通过 AR 技术，游客可以在博物馆中“复活”古文物，与之互动；VR 技术则能让游客足不出户就能游览世界各地的名胜古迹，体验极限运动的刺激。此外，智能穿戴设备、物联网技术等的应用，进一步提升了旅游过程中的便捷性和个性化服务，如根据游客偏好推荐餐饮、住宿及娱乐活动，实现全程智能化的旅游体验。游客可以在虚拟环境中感受历史文化的魅力，增强参与感和沉浸感。

3. 营销方式的多样化

新媒体平台凭借其庞大的用户基数和强大的数据分析能力，为文旅产业的精准营销提供了可能。通过分析用户

1　基金项目：东莞理工学院 2024 年大创项目“佛山祖庙旅游资源创新发展策略研究”（立项号：202411819255）；广东省科技创新战略 2022 年项目“新媒体视阈下岭南文化资源创新发展策略研究——以广州、佛山、肇庆、贺州、桂林五地为主要考察对象”（立项号：pdjh2022b0565）。

2　东莞理工学院文学与传媒学院副教授，523808，2371248774@ qq. com。
3　东莞理工学院文学与传媒学院本科生，523808，1525834275@ qq. com。

行为数据、兴趣爱好及消费习惯，文旅企业可以制定更加精准的营销策略，实现广告的个性化推送。同时，内容营销成为主流，通过高质量、有吸引力的内容吸引并留住用户，建立品牌忠诚度。KOL（关键意见领袖）合作则利用其在特定领域的影响力，通过口碑传播快速提升品牌知名度和美誉度。此外，社交媒体上的用户生成内容（UGC）也成为重要的营销资源，真实、生动的用户分享能够激发更多潜在游客的兴趣和出行意愿。

新媒体对文旅产业的影响是全面而深远的，它不仅改变了信息传播的方式和速度，更在旅游体验的创新和营销方式的多样化上发挥了不可替代的作用，推动了文旅产业的转型升级和高质量发展。

二、 佛山祖庙现状

佛山祖庙，又名“北帝庙”和“灵应祠”，位于广东省佛山市，是岭南地区最具代表性的古建筑群之一，拥有深厚的文化底蕴及丰富的旅游资源。其历史可追溯至北宋元丰年间，现已逐渐成为一座体系完整、结构严谨、极具浓厚岭南地方特色的庙宇建筑。1996 年 11 月 20 日，佛山祖庙被中华人民共和国国务院公布为第四批全国重点文物保护单位。2003 年，佛山祖庙被评为佛山新八景之一。

佛山祖庙独特的建筑风格，精美的木雕、石雕、砖雕等艺术珍品，以及丰富的民俗活动，吸引了大量游客前来参观。除了建筑本身所具有的文物价值，还有大量的建筑装饰和庙内庙外琳琅满目的各类陈设品，如装饰在建筑物屋顶正脊上和陈列在院内的 10 多条陶塑瓦脊，此外还有大量的石柱对联、木刻对联、匾额等。所供奉的“北帝”神像，是金属铸件类的杰作，高 3 米多，重 2.5 吨。这些既是劳动人民智慧和血汗的结晶，也是人们研究地方历史最宝贵的实物资料。

祖庙的古建筑及文物遗存承载着民众的信仰传统和礼乐文化，展示了典型的地域文化特色，折射出佛山城市的发展和变迁，正如著名史学家罗一星所说：“在中国城市发展史上，如果说有一座庙宇与一座城市的命运休戚相关，那就是祖庙。”因此，保护好佛山祖庙的文物遗存，对传承、展示祖庙的历史文化以及研究佛山自古至今的政治、经济、历史、文化、艺术、教育、社会乃至岭南古建筑史等都具有极其重要的价值。[1]

三、 佛山祖庙 SWOT 分析

1. 优势（Strengths）

佛山祖庙作为佛山的核心地标性建筑，承载了佛山厚重的历史与独特文化。其优势不仅体现在地理位置、人文内涵上，更是给佛山人带来了深远的精神价值，同时也对相关产业发展产生了积极的推动力。

（1）地理位置

佛山祖庙位于佛山市中心，交通便捷，四通八达。其优越的地理位置使祖庙成为佛山人民及游客前来参观和朝拜的重要场所，也因此成为佛山的一张名片。佛山祖庙作为国家 4A 级旅游景区，是佛山文化旅游的必到“打卡点”，坊间一直都有“没到祖庙，就等于没来佛山”的说法。祖庙国宝范围的古建筑群面积为 3600 平方米，每年的游客量近 200 万，而相邻的佛山历史文化街区——岭南天地面积约 7 万平方米，每年更是有近千万的游客量。

（2）人文内涵

佛山祖庙的人文内涵丰富深厚。作为岭南文化的代表之一，祖庙集中体现了佛山地区的传统建筑风格、雕刻艺术、宗教信仰和民俗文化。这里保存了大量的历史遗迹和文化瑰宝，如黄飞鸿纪念馆、叶问堂等，同时也保存了佛山名纱——香云纱等非物质文化遗产，为人们提供了了解佛山历史和文化的重要窗口，推动了佛山文创产业的兴起和发展。例如对黄飞鸿、叶问等名人的事迹进行二次创作，为文化产业提供新鲜素材，推动电视产业、电影产业等文娱产业发展。除此之外，祖庙还设立了章刻、刺绣、舞狮、香云纱等文创商品售出点，进一步推动了祖庙文化的对外传播。

（3）精神价值

佛山祖庙对佛山人来说具有特殊的精神价值。它是佛山人民的骄傲，是他们的精神寄托。每逢春节、元宵节等重要节日，祖庙都会举行盛大的庆典活动，佛山人民会聚集在这里，共同祈福、庆祝。例如广东非物质文化遗产周暨佛山秋色巡游活动的起点就选定在祖庙，不仅是因为祖庙是佛山核心建筑，更是因为祖庙伴随着代代佛山人成长，出生、上学、成家立业到最后的百年归老。在这里，他们找到了对家乡的认同感和归属感。

（4）产业发展

佛山祖庙对产业发展也产生了积极的推动力。作为著名的旅游景点，祖庙每年吸引大量游客参观，为佛山的旅游业及相关产业带来了巨大的经济效益。同时，祖庙作为文化产业的重要载体，也推动了佛山乃至整个岭南地区文化产业的发展。以佛山祖庙为辐射点向外扩散 3000 米，是以岭南天地为核心的商业圈，包含岭南站、铂顿城、东方广场三大商城及衍生的现代集市，带动文化产业、文旅产业发展，在一定程度上达到了经济增收的目的。

综上所述，佛山祖庙不仅是佛山的地理标志，更是这

1 莫彦．让“岭南圣域”永放异彩：佛山祖庙文物遗存保存现状及保护对策［J］．中国民族博览，2020（6）：211-213。

个城市的灵魂和历史的见证。它集地理位置优势、深厚的人文内涵、佛山人民的精神价值以及对产业发展的推动力于一身，充分展现了这座城市的历史底蕴和文化魅力。

2. 劣势（Weaknesses）

（1）维护成本高

作为一座历史悠久的建筑，佛山祖庙需要定期进行维护和修缮，这些维护成本较高，对祖庙的运营和管理带来一定的压力。可以在日常参观的过程中提醒游客不要对建筑有破坏行为，设置温馨提示，或将其列入游玩规范。

（2）旅游管理挑战

作为著名的旅游景点，佛山祖庙吸引了大量的游客，高峰期可能出现人流拥堵和旅游安全管理的问题。如何确保游客的安全和秩序，提供良好的旅游体验，是祖庙面临的一项挑战。可以设置闸口，在高峰期限制人流，同进同出。可以设置游玩时间，时间结束后须清场以便下一批游客进入。

（3）文化传承的挑战

随着时代的变迁和现代化进程的推进，如何将佛山祖庙的传统文化和历史价值与现代社会相结合，保持其持续的吸引力和影响力，是一项重要的挑战。可以以祖庙精神、祖庙文化为切入口，在祖庙内举办文化传承活动，如介绍祖庙内的名人事迹，或者介绍祖庙内的文创文化。同时建议政府介入，设置保护项目，将祖庙文化更广泛地传播出去。

（4）商业化问题

由于佛山祖庙的知名度和品牌价值较高，可能导致过度的商业开发和商业氛围过浓，这可能对祖庙的历史和文化价值产生负面影响。因此建议在祖庙内不要设置过多的文创售卖窗口，一方面防止过度商业化，另一方面也避免高峰时段的购买行为导致祖庙人流过载。

（5）地理位置限制

佛山祖庙位于市中心，交通便利，可能受到周边环境的影响，如交通拥堵、噪声污染等问题。因此可以设置开放时间，设置车辆通过时间，到一定程度可以实施封路管制。

尽管存在这些劣势，但佛山祖庙仍然具有重要的历史和文化价值，需要我们共同努力保护和传承。同时，合理的规划和管理，可以克服这些劣势，实现佛山祖庙的可持续发展。

3. 机会（Opportunities）

（1）丰富的文化旅游资源

佛山祖庙是一座历史悠久的文化景点，具有丰富的文化遗产和特色建筑，这为发展文化旅游提供了良好的资源。通过吸引更多的游客，可以促进当地经济的发展，提高知名度。可以借其周边丰富的文化旅游资源发展相关的产业链。例如，可以开发具有特色的文化创意产品、餐饮、住宿等，形成完整的文化旅游产业链，进一步促进经济的发展。

与此同时，可以借助此资源创造更多的就业机会，包括导游、餐饮、住宿、创意设计等，这不仅可以提高当地居民的就业率，也能够吸引更多的投资和人才，促进区域经济的发展。

（2）深厚的传统历史文化底蕴

在现代社会中，人们对于传统文化和现代元素的结合越来越重视。因佛山祖庙自身具有悠久的历史，自然富含深厚的传统文化底蕴，也能使之与现代元素融合。佛山祖庙可以借助这一趋势和优势，将传统文化与现代元素相结合，打造独特的文化品牌，吸引更多的消费者。因对其文化的认同感和自豪感，借助文化自信激发当地居民的积极性和创造性，使更多居民投入到促进经济发展的行列中。

佛山祖庙的历史文化底蕴可以为文化创意产业提供丰富的素材和灵感。例如，可以开发特色的文化创意产品、影视作品等，进一步促进文化创意产业的发展，为佛山的经济发展带来更多的收益。文化通过载体而呈现，又借此传播，有利于提升佛山的品牌形象，通过文化的传播带来经济收益，使佛山成为具有历史和文化价值的地区。

（3）城市更新和改造

随着城市更新和改造的推进，佛山祖庙周边的环境得到了改善，这为祖庙经济的发展提供了新的机会。在更新改造过程中，往往会涉及历史文化遗产的保护和传承，借此也维护了城市的历史文脉和文化传承。当环境得到了改善，文化旅游的价值也随之提高。通过改善文化景观、开发文化旅游产品、提高旅游服务品质等手段，城市更新改造可以吸引更多的游客前来游览，促进旅游业的发展，同时也可以增加地方的经济收入。

不可忽视的是，城市更新改造可以促进文化产业的发展。当地通过改造，可以吸引更多的文化创意企业和人才入驻，形成文化产业集聚效应，推动文化产业的发展，并借此塑造城市的形象，以及其风貌和文化氛围，增强佛山的吸引力和竞争力，以此推动经济向前发展。

4. 威胁（Threats）

（1）保护与开发的平衡

佛山祖庙因其历史悠久，难免会面临一个问题——修补。随着城市化进程的加速推进，佛山祖庙周边的环境和建筑风格面临着被破坏或改变的风险。这可能影响佛山祖庙历史和文化价值的传承和保护，对其独特的文化魅力造成影响。

特别是在旅游旺季，加之佛山祖庙是文化旅游的重要景点，游客数量的增多可能对祖庙本身和周边环境造成过大的压力，对佛山祖庙的文化生态环境造成威胁。

（2）市场竞争压力增大

随着文化旅游市场的不断发展，竞争越来越激烈。佛山祖庙在文化旅游市场上面临着来自其他同类文化景点的竞争。以广东省为例，广东省内有许多文化景点，如广州的陈家祠、潮州的古城等，这些景点也在积极推广自身的文化特色，争夺市场份额。除此之外，还有许多带有历史文化底蕴的建筑都以其独特的文化内涵、丰富的故事背景，甚至是富有创新的周边来吸引旅客，想要发挥文化对经济的推动作用，必须挖掘出佛山祖庙特别的文化内涵，通过故事等载体向外传播，让更多人了解、认识和知道佛山祖庙中的文化内涵。

随着旅游市场的变化，游客的需求和偏好在不断变化。特别是在如今的大环境下，人们更加注重在游玩中的体验感和获得感。如果佛山祖庙不能及时适应市场的变化，满足游客的需求，可能会失去市场份额。如何提高自身的竞争力是一个不小的挑战，需要不断地去摸索和尝试。

（3）文化传承的挑战

佛山祖庙文化传承面临着一些困难。如何在经济发展的同时保证文化的传承和发展，是一个需要面对的挑战。随着社会的发展和文化的多元化，年轻一代对传统文化的认知和兴趣有所减弱。现在人们更多地选择足不出户去了解文化信息，更别说静下心更加深入地学习和传承历史文化。目前佛山祖庙也缺乏足够的文化传承人才，这可能影响到传统文化的传承和发展。

同时，在经济发展的过程中，我们可能会做出不恰当的改变：因为想贴近游客心理而更改佛山祖庙建筑的结构或外观，进行过度开发或商业化。这些都会对传统文化造成破坏，影响其传承和发展。发展策略分析见图 1。

SWOT 分析模型下的四象限发展策略如图 1 所示。

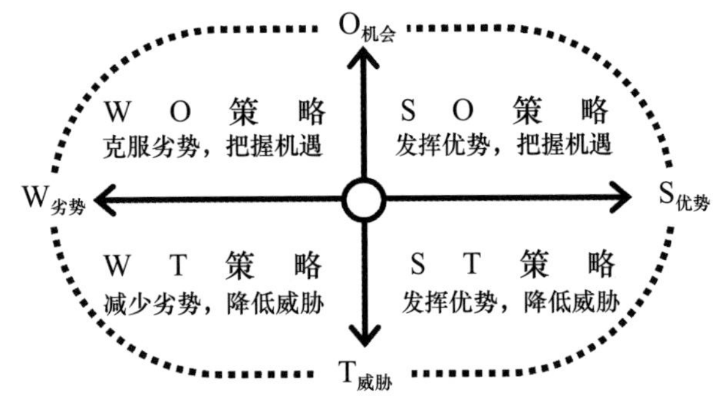

图 1　SWOT 分析模型下的四象限发展策略

四、 文旅发展展现祖庙内涵的发展策略

1. 数字化展示与互动体验

利用新媒体技术，对佛山祖庙的文化资源进行数字化展示。采用 AR、VR 等技术手段，让游客在虚拟环境中感受古建筑的魅力，同时设置互动环节，增加游客的参与感和沉浸感。例如，在祖庙内设置 AR 导览系统，让游客通过手机扫描二维码即可获取详细的解说和互动体验。在数字化管理方面，可以寻求与互联网公司的合作，在“百度匠心中国行”中，百度曾利用信息流和 AR 技术为非遗做推广；腾讯曾利用“数字文博开放计划”为非遗提供数字地图。[1]

景观的设计是文旅项目的软实力，也正是景观设计的辅助功能，体现出了文旅项目的“气质”，祖庙的特性加之文旅项目的文化属性，如果恰如其分地结合起来，更是让文旅项目凸显其特色，让景观的格调与文旅景区的统计主题相契合，让身处其中的游客第一时间有沉浸式的体验。例如，庄严肃穆的神像，使人们存有敬畏之心，实现游客一进入景观环境，就从心底感受到主题场景并与之产生共鸣，最终通过“触景生情”的景观设计，打造别具一格的沉浸式文化氛围。

设备设施应该融入祖庙主题文化元素，让设备设施在文旅景区中兼备观赏性和娱乐性，包括的内容是服务设施、娱乐设施、休闲设备等，甚至是景区内的基础设施建设也要费尽心思做到细致入微。例如东京迪士尼中“会说话的井盖”，巧妙地将景区的元素与形象融入井盖的设计，现已成为众多游客争相体验的项目。此外要强调的是，创新的另一层概念是用新方法干老事情，文化的注入既要尊重文化的本真性和历史性，也要求对现代的生活习惯和规律进行功能创意，各设施只有充分考虑现代生活与旅游功能的完美结合，才能充分发挥文化载体的价值和优势。

2. 内容营销与品牌建设

依托新媒体平台，开展内容营销，打造佛山祖庙的文旅品牌形象。可以发布高质量的图文、短视频等内容，展示祖庙的文化内涵和旅游特色，引发游客的关注和兴趣。同时，与 KOL 合作，借助其影响力推广佛山祖庙的文旅产品，提升品牌知名度。

文旅项目开发主题文化活动，还有很多方式方法，如利用泛博物馆、文化旅游演艺、非物质文化展演传承、民

1　徐柏英．浅谈佛山祖庙北帝诞民俗活动的传播方式创新［J］．文化产业，2020（20）：100-101。

俗活动、文化节庆、巡游等方法，对祖庙文化进行全方位的演绎和释放，只有将项目注入文化活力，让文化旅游产生黏度，才能使项目释放出持久的文化张力。佛山祖庙在文化推广的过程中，可以让文化与科技融合。例如借助直播平台等方式开设“云参观”数字展览，运用VR等智能虚拟体验项目创新文物展出手段，为文物IP（知识产权）赋能、动画动漫影视化等多种方式和手段，使传统文化在现代社会中焕发生机，增添吸引力、趣味性。数字符串联古今对话，让传统文化“活起来”。阅览者可以足不出户在家感受跨越时空中的文化魅力，进一步实现文化传播，释放祖庙文化力量，激活发展效能。

3. 借文化创意促产业发展

文化是土壤，创意是种子，产业是果实，文化旅游的创意开发最终是将文化转化为旅游产品，任何文旅项目，如果不能将最终的结果转化成收益，都不能算是成功的文旅项目。所以说，文化创意的意义就在于利用新的表现手法、新技术、新消费概念对文化进行二次的升华，创造和设计出新的文创产品，线上线下相结合。除了景区内部销售，还可以与新媒体相结合，通过直播带货、视频号、电商平台等当下热门的销售方式来促成交易，增加收益。佛山祖庙可以设计文创周边产品，如祖庙冰箱贴、纪念币、明信片等，这也是用另一种方式给文旅景区创口碑、做广告，形成新的利润增长点。

文创产品是景区文化的微载体，契合景区特征的文创产品有利于景区文化价值的传播。在当下，景区文创产品同质化竞争严重，其根本原因是景区在开发文创产品的过程中缺少市场调研。新媒体技术具有用户多、传播广的特点，新媒体的发展壮大正是新兴文化产业和文化消费的技术载体，以人工智能（AI）、增强现实（AR）、虚拟现实（VR）、大数据、5G为代表的先进技术，推进文化及相关产业全面激活，消费者足不出户可获得生动、逼真的文化体验，实现精准的文化推广。借助推广渠道，利用新媒体平台进行文创产品的意向调查更有利于景区打造符合市场需求的文创产品。同时景区也可以开启线上文创产品的宣传和售卖，以挖掘市场客户并创造经济价值。

利用新媒体技术可以对文化资源进行整合。例如在深挖祖庙文化内涵基础上，打造贴近实际潮流的文创产品及服务，形成创意产业，在旅游过程中融入民俗文化特色，塑造文化旅游品牌，提升文化旅游形象。同时，科技助力文旅融合有更合理有效的规划，在旅游的发展过程中推动祖庙文化的传播，真正实现文旅互促，做到良性发展。吸引游客最重要的是让游客对佛山祖庙有所了解。此外，祖庙位于佛山古镇内，主要在岭南文化区中。佛山古镇与美陶湾形成岭南文化区的两个核心景点，可以将两个核心景点相结合，打造旅游圈。美陶湾主要以陶瓷著名，佛山古镇则以千年历史文化著名，将两者相互结合，各自发挥地区优势，补足两地弱势，这样就可以共同发展，同时也带动祖庙文化发展繁荣。

4. 跨界融合与创新发展

推动佛山祖庙与新媒体、文化创意、科技等领域的跨界融合，实现创新发展。创造性转换是把一些中国文化传统中的符号与价值系统变成有利于变迁的、同时在变迁的过程中继续保持文化认同的做法。[1] 例如，举办国潮庙会、沉浸式演出等活动，将传统文化与现代元素相结合，为游客带来全新的文旅体验。同时，与文创企业合作，开发具有佛山祖庙特色的文创产品，满足游客的购物需求。

5. 智慧旅游与精准服务

运用大数据、人工智能等技术手段，推动佛山祖庙智慧旅游建设。通过收集游客的行为数据，分析游客的需求和偏好，为游客提供个性化的旅游服务和产品推荐。同时，建立智慧旅游服务平台，实现旅游信息的实时更新和共享，提高旅游服务的效率和质量。

6. 应用保护性开发模式

当下，利用新媒体技术结合大数据与人工智能等为代表的先进科技，为文化保护予以技术赋能，重构了文化生态发展模式，也为传承发展拓展了更多空间。依托现代科技保护修缮文化资源是可持续发展方式，在文化资源整理保管与进行修缮时注重借助科技手段，组成技术攻关团队，以高标准、严要求和重规范进行妥善保护，持续推进修缮工程，从而消除古建筑安全隐患、不改变文物原状、不降低文物价值，让中华文化不断绵延传续。新媒体技术具有永恒性，能够有效延长时间刻度，结合此优势将破损的古建筑利用扫描技术网络化，构建网络虚拟图像，建构数字化景区博物馆，延伸景物历史价值。

五、 结论

佛山祖庙是岭南文化的重要代表，祖庙以其丰富的文物价值、深厚的人文底蕴、独特的建筑风格和多彩的民俗活动吸引了众多游客，对佛山及岭南地区也产生了显著影响。在新时代文旅融合蓬勃发展的背景下，岭南文化不仅要抓住机遇，还必须迎接各种挑战和风险。如何有效利用新媒体技术来提升文旅产品的质量和水平是当前需解决的问题。借助先进的科学技术手段，对佛山祖庙进行优化，

1　李婉霞．文物的戏曲资源及其现代利用转向：基于佛山祖庙文物的视角［J］．佛山科学技术学院学报（社会科学版），2024，42（01）：93-98。

实现文化表现形式的转变，推动文旅协调发展，并通过新媒体技术赋能文化保护传承，为文化传承提供强有力的支持。在新媒体视阈下，佛山祖庙通过数字化展示、内容营销和跨界融合等策略，有效赋能文旅发展。这些策略不仅提升了佛山祖庙的知名度和影响力，还丰富了游客的旅游体验，促进了文化传承与经济效益的双赢。

推动佛山祖庙赋能文旅发展，是一个集文化传承、商业化运营、旅游创新于一体的综合策略，其未来发展方向可分为以下四部分。首先，以祖庙为核心，深度挖掘其历史文化内涵，打造独特的文化旅游品牌。将祖庙的文化底蕴与现代旅游需求相结合，形成具有吸引力的文化旅游产品。其次，在商业化运营方面，注重与文化的深度融合，避免过度商业化对文化内涵的侵蚀。开发系列独具特色的文创产品，并在微信小程序等线上平台销售，既丰富了旅游购物的选择，又提升了祖庙品牌的知名度和影响力。同时，引入智慧旅游系统，提升游客的旅游体验，如智能导览、在线预订等功能，使游客在享受文化的同时，也能感受到现代科技的便利。再次，在旅游创新方面，推动祖庙与周边区域的协同发展，形成综合性的旅游生态圈。与周边景区、酒店、餐饮等建立合作关系，共同推出旅游套餐、优惠活动以及规划多种旅游路线等，吸引更多游客前来游览。最后，加强政府引导和政策支持，推动祖庙文旅产业的持续健康发展。政府可以出台相关政策，如税收减免、资金扶持等，鼓励企业和社会资本投入祖庙文旅产业。推动佛山祖庙赋能文旅发展，需要深入挖掘文化内涵，注重商业化与文化的深度融合，推动旅游创新，加强政府引导和政策支持。未来，随着新媒体技术的不断发展和应用，佛山祖庙的文旅产业将迎来更加广阔的发展前景。

参考文献

[1] 周巍．乡村旅游对基层社会治理的影响及应对策略：以惠州市霞角村为例［J］．社会科学家，2020（3）：94-99.

[2] 祝灵君．党领导基层社会治理的基本逻辑研究［J］．中共中央党校（国家行政学院）学报，2020，24（4）：37-45.

[3] 黄浩明．建立自治法治德治的基层社会治理模式［J］．行政管理改革，2018（3）：39-44.

[4] 陈成文．论村规民约与新时代基层社会治理［J］．贵州社会科学，2021（8）：80-87.

[5] 袁丹丹．论乡村振兴背景下的农村基础设施建设［J］．农业经济，2022（2）：64-65.

[6] 王晶晶．新时代乡村人才振兴的困境及对策思考［J］．人才资源开发，2022（7）：22-23.

[7] 邓谋优．我国乡村旅游生态环境问题及其治理对策思考［J］．农业经济，2017（4）：38-40.

[8] 周国忠，姚海琴．旅游发展与乡村社会治理现代化：以浙江顾渚等四个典型村为例［J］．浙江学刊，2019（6）：133-139.

[9] 李婉霞．文物的戏曲资源及其现代利用转向：基于佛山祖庙文物的视角［J］．佛山科学技术学院学报（社会科学版），2024，42（1）：93-98.

[10] 徐柏英．浅谈佛山祖庙北帝诞民俗活动的传播方式创新［J］．文化产业，2020（20）：100-101.

南宁敷文书院园林考证与美学分析[1]

黄　铮[2]

摘　要： 明嘉靖年间，王阳明在南宁创办中国首个以“敷文”命名的书院，“宣扬至仁，诞敷文德”的文化教育思想，带动了心学在广西的传播，对广西乃至全国的书院建设及文化教育产生了深刻的影响，其后全国至少建有16个“敷文书院”。南宁敷文书院历经沧桑，几度兴废，至今房舍已荡然无存。本文分析归纳历史文献，对比明清时期广西书院园林的营造特征，考证复原南宁敷文书院并分析其美学特征。本研究将为广西明清时期340余所书院建筑文化的保护传承提供借鉴。

关键词： 南宁敷文书院；明清书院；考证；美学特征

一、引言

书院起源于唐末至五代十国时期，是以民间创建为主、官方倡导发展的教育机构。宋朝在佛教禅林讲学制度影响下，书院形成儒家特色的教育组织和讲学制度[1]。广西地处西南边疆，各民族杂居且远离中原文化中心。明朝广西土司反叛猖獗，加之当地民风强悍，流官管理困难。明嘉靖六年（1527）五月，广西思恩州和田州发生叛乱，严重影响边疆稳定。十二月王阳明奉命到广西镇压叛乱，在他的招抚政策感召下，来年正月，叛军首领卢苏、王受率众接受招安，不动一兵一卒平息叛乱。阳明先生看出广西叛乱横生的原因是“教化未明”，解决方法则是“教民成俗，莫先于学”[2]。兴办书院能“引民向善、化夷为夏”，利于边疆稳定。嘉靖《广西通志》“书院·南宁府”记载，明嘉靖七年（1528）王阳明在南宁城北门口县学旧址创建了南宁敷文书院，宣扬阳明心学，并聘其门人季本为山长，负责日常管理。此后广西以“敷文书院”命名的书院多达11所，如宾州敷文书院、苍梧敷文书院等，广西书院迎来发展的高峰。

二、南宁敷文书院园林历史沿革

1. 明朝时期

根据民国版《邕宁县志》（1937）记载，敷文书院位于南宁府宣化县北门正街口，王阳明动用军饷银两，仅用时半年时间建成。书院初期建有正厅、东西廊房和后厅，厅后配有田塘和园林，厅前有讲学台，王阳明亲自于书院中植两种银杏树。相传王阳明撰记，并手书匾额“以宣扬至仁，诞敷文德”。书院每日召集学生院内讲学，论辩“致良知学”。王阳明将白鹿洞书院学规张贴在讲堂内，作为敷文书院学则，并不断完善“书院讲会”制度，敷文书院成为心学在广西的传播中心，形成了阳明心学与程朱理学争鸣的局面。明嘉靖《南宁府志》中记载，敷文书院建成后历经多次修整。明嘉靖十六年（1537年），知府郭楠对学院进行修整，后厅内立王阳明雕像，春秋祭祀，名为文成公祠。明万历七年（1579），首辅张居正大规模禁毁书院，敷文书院改为别署[3]。

1　基金项目：2022年广西艺术学院高层次人才科研项目“中国传统园林中的营造智慧及其创新性转化研究”（编号：GCRC202207）；2023年广西哲学社会科学研究课题“广西明清书院景观营造法式的艺术性考证与传承发展研究”（编号：23BWY002）。

2　广西艺术学院建筑艺术学院副教授，530007，63113529@qq.com。

明万历十一年（1583），左江道陈希美、知府陈纪等再次对敷文书院进行修复。现存于南宁市人民公园镇宁炮台内《左江道修复王文成公敷文书院碑》记载："敷文书院，公旧所题名也，手泽犹存焉尔。中为仪门，又中为大堂，堂匾曰：耀德堂，公所敷文降虏处也。两廊各翼以精舍十八楹，后为后堂，窿然特起。前道佥事欧阳公瑜，扁其上曰：道德功勋，奉公像以立。面为对越亭，旁各翼以精舍，如前廊式，后为公石像。"此次修复大致沿袭第一次修复的规制，满足讲学、祭祀、食宿之功用，后堂的建筑布局变动较为明显。梳理碑文内容，书院共三进院，大门在先，门头有"敷文书院"匾额；仪门、大堂（福耀堂）在二进院，是讲学读书之处，东西两廊为生活起居精舍 18 间；第三进院为抬高的后堂，此进应该是利用原有塘林地新建，欧阳瑜书写"道德功勋"匾额，院内有"对越亭"一座，堂内立有阳明先生石像，高数尺的讲学台（洗心台）后有几列房屋。明末，敷文书院被改建为兵舍。

2. 清朝时期

清康熙九年（1670），左江道左翔、南宁知府韩章收回书院原址，捐资重建，建造大门 1 座、大堂 1 座，重立王阳明像，敷文书院规制焕然一新。之后，又历经清康熙十一年（1672）重修书院、二十五年（1686）、五十一年（1712）、五十六年（1717）多次重修。雍正《廣西通志》记载："文成公祠在城北敷文书院，祀明姚江王守仁，其手书平田功刻于壁上。"清道光二十一年（1841），知府刘梦兰、知县李天钰率士绅劝捐重修，重修仅有文字描述，无书院园林方面的记载。

3. 民国至今

民国二十六年（1937）版民国《邕宁县志》记载：民国初年敷文书院犹存，名为文成公祠、文成公讲学处。民国十五年（1926）改建省立第一中学校女子部，民国十六年（1927）改为省立第三女子师范学校，民国十九年（1930）改为省立第三女子中学校，历史照片中校内有王守仁先生纪念亭，亭碑上有石刻王阳明画像。

历经数百年，几次兴衰，如今南宁敷文书院原建筑均已不存，仅遗有"王文成公讲学处"花岗岩竖条幅式石刻尚镶嵌在今广西壮族自治区储备局宿舍大门旁旧墙中。碑高 2.07 米，宽 1.4 米。王阳明石刻画像方碑现移置南宁市人民公园镇宁炮台内，碑板阳面边框用缠枝纹作为界格，正中为王阳明坐像，坐像上端为碑额，自右向左有阴刻篆书"王阳明老先生遗像"八个大字。

三、 南宁敷文书院园林考证

1. 书院园林的概念

目前，尚没有关于书院园林的明确概念，笔者认为书院园林广义上指的是包括书院建筑在内的建筑整体布局及周边环境的园林化空间[4]。书院园林重视的是整体和谐、和合思维观，传统书院园林环境作为一种空间遗产具有真实性、整体性特征，承载了遗产的文化价值[5]。书院设计理念、选址、书院建筑形制、植物、碑文雕塑等园林小品等都是书院园林的营造特征。从书院园林发展变迁来看，经历了从郊野山林迁入中心城镇的过程，布局从寺庙式单轴线"前祀后学"的空间形态发展成园林式多轴自由院落空间，书院园林文化完成了从以儒学文化为主转变为儒释道文化共存的园林空间形态[6]。

2. 选址布局考证

早期的书院选址上受佛、道隐逸文化的影响，多选址山林地或城郊之地建造，体现了儒家追比先贤、山林隐逸的思想倾向。风景幽雅的美景之地能陶冶读书人心性和教化人的作用，通过自然来化育人格品质。明末官府逐渐加强对书院的控制，要求书院迁至府县城池之内[7]，因此书院逐渐向城市周边集中，城池内的书院逐渐增多。

明嘉靖十七年（1538）《南宁府志》中南宁府城图清楚显示敷文书院选址于北门（图 1），毗邻察院，北门数十丈的凹口处开了一小城门，作为城内居民运柴、粮的通道。敷文书院所在花洲在今民族大道和民权路交界城内处，一说为龙溪（朝阳溪）源头北湖村。花洲场地原有两口大水塘，旧称"花洲汛"。塘中间有柳堤，塘水长期清碧，花垂柳绿。尤其月夜良辰，月影、树影、人影，影影印入碧水中，极富诗情画意，故有"十五花洲寻夜月"一句，遂成邕州八景之一的"花洲夜月"。据记载，王阳明曾在塘边讲学，水塘则称为"书院塘"，五花洲的水塘既可种藕养花，又可蓄水防涝、防火。五花洲道路曲折、水体充沛、植被丰富、建筑错落有致，为市井繁华之处。图 2 为南宁城五花洲图。

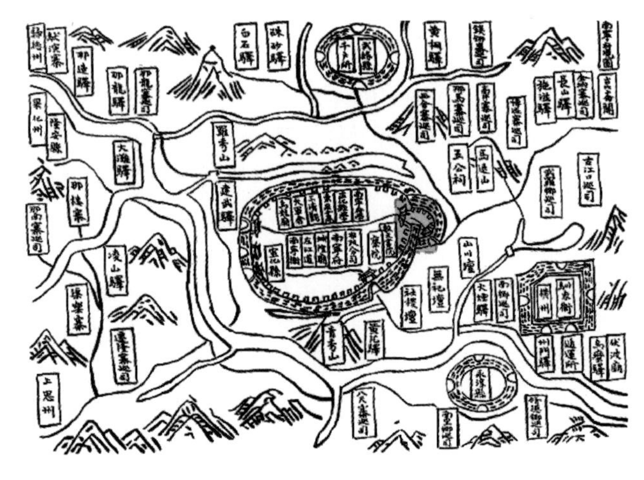

图 1　敷文书院位置（来源：明嘉靖十七年《南宁府志》）

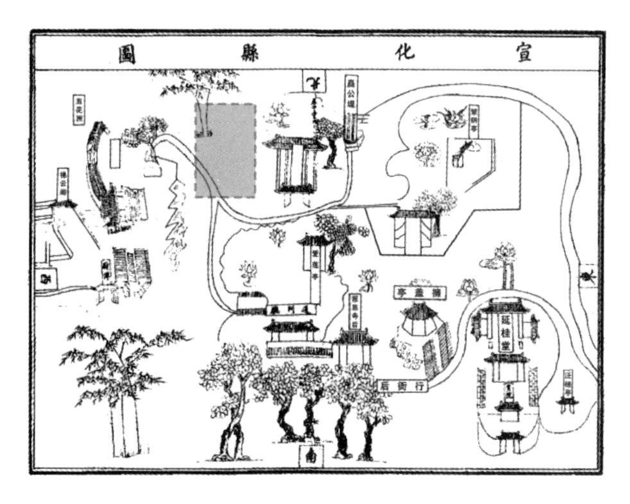

图2　南宁城五花洲图（来源：明《永乐大典》）

3. 书院建筑考证

南宁敷文书院建筑的文献记录寥寥无几，据《南宁府志》（1538）和《左江道修复王文成公敷文书院碑》（1583）记载，书院建筑布局在明朝时期有过三次变化，从创建初期的二进中轴对称合院式布局演变为三进中轴合院式布局。书院建筑坐北朝南，沿着中轴线依次是大门、正厅（讲堂）、后厅、田塘，东西建有廊房供生活起居。明嘉靖十六年（1537），知府郭楠对学院进行修整时，阳明心学已经在学子中风靡一时，新立王阳明像，后厅为文成公祠。明万历十一年（1583）的修复，敷文书院建筑布局从二进合院拓展为三进合院，沿着中轴线依次是大门（敷文书院匾额）、仪门、讲堂、后堂（道德功勋匾额）、多列房屋，东西18间精舍作为生活起居用房。在第三进的末端，后堂空间抬升，后堂院内的“对越亭”、王阳明石像和三进院内洗心台是此次增加的新内容（图3）。

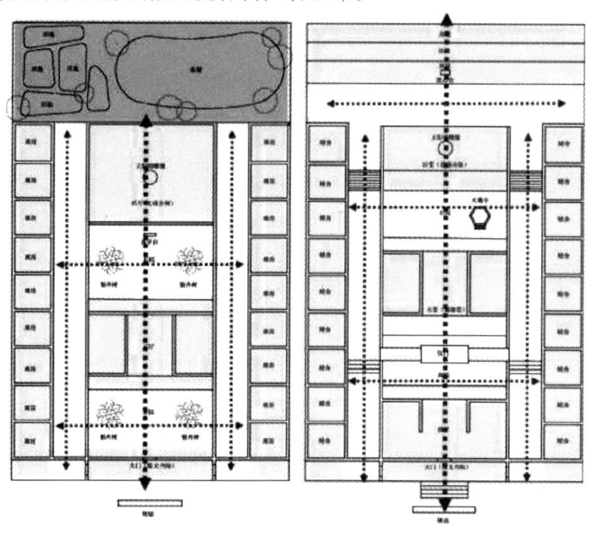

图3　明嘉靖—万历年间南宁敷文书院建筑布局变化

（来源：根据文献绘制）

清朝时南宁敷文书院历经六次书院修复，但文献中仅有事件记载，缺少具体的修复内容为佐证。清康熙末年随着政权稳定，各地开始大力扶持书院的发展，带来了书院兴建的风潮。清朝是广西书院建设高峰时期，数目增加至272所[8]，南宁敷文书院作为明清书院的开创者，地位十分重要。对比清朝广西具有代表性的钦州东坡书院图（清朱椿年《钦州志（道光十四年刻本）》和容县绣江书院图［容县志（光绪）］的建筑布局，可推测广西明清书院布局秉持礼制思想以讲堂为中心，规制中轴对称布局，中轴线上依次为导引空间、入口空间、礼仪空间、讲堂中心、藏书空间或祭祀空间等，从入口空间到祭祀空间前高后低，整体逐渐抬高，寓意步步高升，凸显祭祀空间的地位，沿中轴线两侧为生徒的生活空间（图4、图5）。

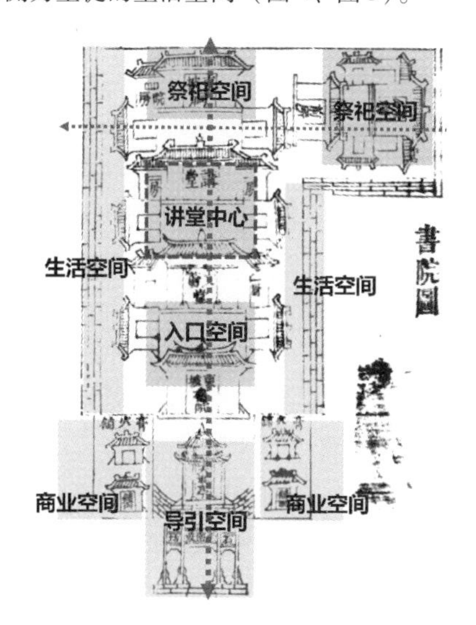

图4　钦州东坡书院建筑布局分析

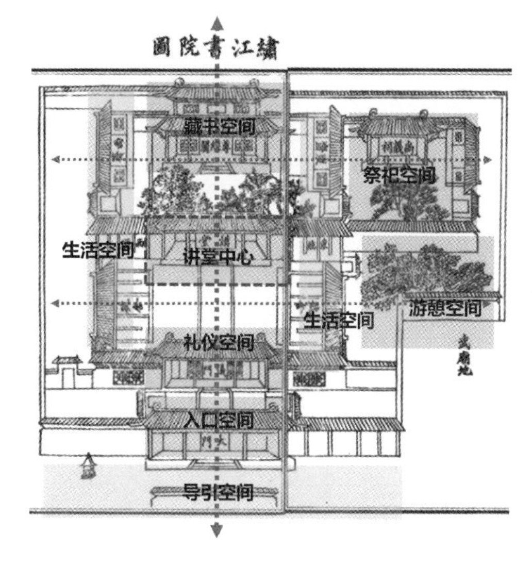

图5　容县绣江书院建筑布局分析

书院牌坊也称棂星门，一般竖立于大型书院建筑前面，临近路口，提醒人们进入严肃、恭敬的地域，多有品题刻在牌坊。书院除了具备讲学功能之外兼有学术交往、生活起居、游憩、仓储等功能，也有如钦州东坡书院石牌坊与书院大门之间有膏火铺和铺面，以出租铺面来为书院提供膏火（书院每月发给肄业生徒的生活费用），维持书院日常运作[9]。讲堂是整个书院的中心，讲堂前的院落多开敞且面积最大，每到讲学辩论之时能扩展面积，营造自由开放的学习空间。“顾书院之建，必崇祀先贤，以正学统”，祭祀空间是儒家“礼”文化必不可少的内容，是书院中最为恢宏威严之处，设置在讲堂之后显示其尊崇的地位。

四、 南宁敷文书院园林美学特征

1. “礼乐相成”的空间和谐美学

书院是传播儒学道统的场所，“礼乐相成”的儒家核心思想影响敷文书院园林的择址和布局（图6）。“礼乐相成”源自《礼记》：“礼乎礼，夫礼所以制中也。”礼制文化通过“尚中为尊”来强调建筑空间中的等级秩序，形成古代书院的讲学、藏书与祭祀三大主体功能[10]。古代“礼”代表了社会礼制和礼法等社会规范，艺术为“乐”，包括书院园林在内的艺术形式[11]。敷文书院园林作为儒家文化产物，自然将“礼”“乐”观念反映在整体书院空间环境之中。“礼乐相成”的园林美学以中庸之道为依托，当“礼”无法达到空间美的统一时，儒家又强调“乐”的补充功能。“乐”可被看作儒家（中庸之道）、道家（道法自然）和佛家（净心修性）三家融合发展一致性的中和思想[12]。

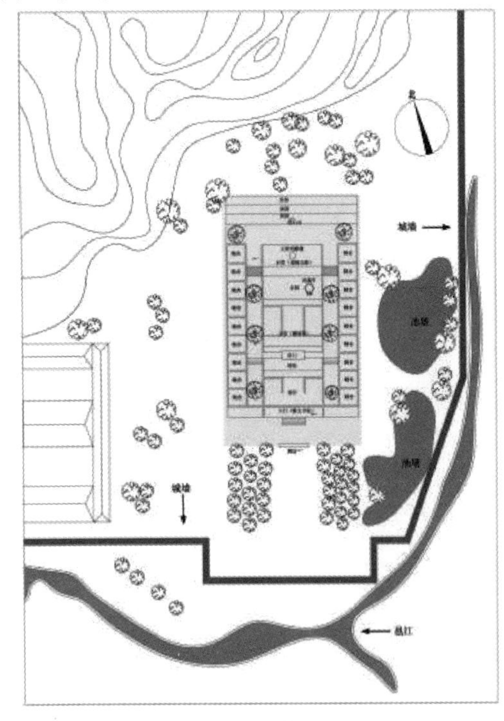

图6　南宁敷文书院复原总平面图

南宁敷文书院择址于“邕州八景”之一的“花洲夜月”之内，景色优美、环境怡人。王阳明书院塘边讲学，塘内荷花清香扑面、沁人心脾，借自然美景来化育人格品质，达到人、环境和书院精神的和谐统一，反映出“天人合一”的哲学理想。书院的建筑布局强调“天人合一，暗合天象”，相传掌管文化、艺术、学习考试的文曲星位于天国中的东南方向，所以“文崇东南”的朝向崇拜是书院建筑布局的首选，彰显出“礼”的空间秩序。礼制文化通过“尚中为尊”来强调建筑空间中的等级秩序。书院的主体建筑多以中轴线为统领前后递进布置，体现出对中国传统礼乐思想的遵从（图7）。

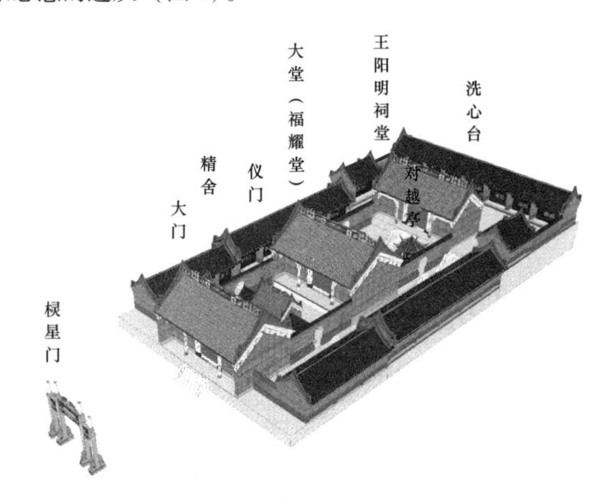

图7　南宁敷文书院复原鸟瞰图

2. 园林植物的“比德”审美

书院园林由文人营造，特别注重植物“比德”手法的运用，把植物的品性与自己的内在素质联系对比，呈现出儒家思想教育物象化的特点，如记载敷文书院边池塘内种植莲花比德君子高洁、清净不染的品性。根据所处地域结合文献的合理推测，明清时期，南宁敷文书院树种应以榕树、桂花、银杏、竹子为主。榕树是广西十分常见的地方树种，树盖如伞的古榕树将书院掩映其中，颇具岭南地域景观特色。桂花寓意“蟾宫折桂、声彻琼林”，既是广西本土常用园林植物，也是书院园林首选的植物。竹子象征正直，竹节中空比喻文人气节，江水倒映着岸边的翠竹，山水交融构成广西特有的山水画卷。书院园林植物是书院文化的重要组成，意蕴深远的植物渲染出书院园林“礼乐教化”的环境氛围，实现人格的升华。

3. “文以载道”的文化美学

楹联、匾额、雕塑等园林小品是传统书院文化的重要组成部分，表现出书院的教学宗旨和营造者的思想倾向，体现出“文以载道”的园林美学。书院主题命名体现出建造者的教育理想和地域特征，南宁敷文书院创建伊始，王阳明手书“以宣扬至仁，诞敷文德”匾额于大门之上，宣扬其“致良知”“知行合一”的心学理念。在历史上，书院历经多次重修，历代文人雅士多有诗咏敷文书院，如赞誉王阳明以文息武的“道德功勋”匾额等。清周起岐《咏敷文书院》有楹联“南极文星耀，西荒武库雄，百年留古院，九郡息兵戎”；清颜鼎植《谒文成书院复新》有楹联“岭外有文能止武，堂上习礼致精禋”等以景喻情，情景交融，高度赞扬王阳明创建书院的丰功伟绩。

五、 结语

南宁敷文书院是王阳明心学在广西的发源地与传播中心，极大地推动了广西明清时期传统书院文化的发展，培养了一大批地方人才。敷文书院园林选址上传达了“礼乐相成”的哲学思想与审美情趣，园林美学上反映了清净幽深的书院意境，更是从园林植物、园林小品中表现出“比德审美”“文以载道”等美学思想。南宁敷文书院园林的研究，后续将会更关注书院园林的文化内涵、景观基因及价值评价等方面的研究，以进一步挖掘其文化环境景观的地域特色，为广西及西南少数民族地区文教景观研究提供借鉴和参考。

参考文献

[1] 聂月琪，郭峰．中国古代学校文化管理的经验考究及其当今镜鉴［J］．河南理工大学学报（社会科学版），2023，24（3）：69-75.

[2] 王守仁．王阳明全集［M］．上海：上海古籍出版社，2012.

[3] 孙先英，覃明．敷文书院与王守仁的书院教育思想在广西的传播及影响［J］．广西社会科学，2010（3）：25-28.

[4] 梁南南，鞠建新．从竹山书院略觑我国书院园林的环境特色及文化内在［J］．中国园林，2009，25（3）：59-63.

[5] 李晓峰，吴奕苇．传统书院作为空间遗产的价值认知、承载与保护［J］．建筑遗产，2018（3）：57-62.

[6] 晏琪，徐武军，付玲，等．江西省弋阳叠山书院园林变迁钩沉：基于元明清社会环境视角［J］．风景园林，2018，25（12）：116－120.

[7] 张燕妮．试论古代书院的环境经营［J］．宜春学院学报，2005（S1）：114-116.

[8] 全昭梅．广西书院与地方文化研究［D］．南宁：广西大学，2015.

[9] 张劲松．论清代书院的助学制度［J］．大学教育科学，2016（1）：68-73，127.

[10] 刘永辉，李晓峰．基于民间信仰的空间遗产研究：闽南民间书院祭祀空间解析［J］．新建筑，2022（4）：118-123.

[11] 王其亨，刘彤彤．情深而文明，气盛而化神：试论“乐”与中国古典园林［J］．规划师，1997（1）：38-41.

[12] 刘金波．兼性：礼乐文化传播的中国智慧研究［J］．社会科学文摘，2021（10）：112-114.

以龙岩永定南中村苏氏宗族发展初探东南移民聚落演化

李　昂[1]

摘　要： 本研究以《永定苏九三郎公宗支大族谱》为基础，深入分析苏氏家族的历史发展和变迁，旨在探究东南客家民系及其移民聚落的演化特征。通过族谱研究、村民访谈、人类学调查和田野考察，本研究旨在从微观角度揭示宏观的区域发展与演化趋势。

关键词： 永定苏氏；族谱研究；客家民系；宗族发展；演化特征

一、 引言

客家人，作为中国南方独具特色的族群，其历史和文化在中国历史长河中占据重要地位。而永定地区，坐落于中国东南部，乃客家民系的显著聚居区。该地区的苏氏宗族作为客家民系的一部分，其族谱的编纂与传承不仅详尽地记录了家族的发展历程，也映射了客家人迁徙、定居及社会发展的历史轨迹。

本研究以《永定苏九三郎公宗支大族谱》为基础研究材料，细致追踪永定地区苏氏宗族的谱系发展，并对其在不同历史阶段的扩张、发展、迁移与演化进行了深入分析。研究采用了族谱分析、对当地村民及乡贤的深入访谈、人类学调查以及田野考察等多元化研究方法，以确保所得结论与实际聚落情况的紧密相关性。通过对苏氏宗族在小范围村落内的发展历程进行深入剖析，旨在进一步揭示东南客家移民聚落的发展与演化特性。

二、 苏姓客家民系在南中村的迁移与发展

1. 南中村苏氏宗族的聚落变迁

南中村位于福建省龙岩市永定区湖坑镇，南溪河穿村而过，两侧为丘陵地貌，森林覆盖率高。现村域内姓氏皆为苏姓，属于客家民系。苏氏宗祠的历史可追溯至三百多年前，见证了苏氏家族的悠久历史。

田野调查和访谈资料[2]表明，苏氏家族在明朝中后期从永定古竹乡迁徙至南中村，当时村内已存在范、马、刘、李、林等多个姓氏的宗族。随着苏氏家族的逐步发展和扩张，其他姓氏的宗族逐渐外迁，最终使南中村形成了以苏姓为单一姓氏的宗族聚落。

《永定苏九三郎公宗支大族谱》十一世酌斗公系记载：“酌斗公君羡古竹开居始祖苏九三郎公太后裔，十世祖建裔公之三子，系从杨家察祠分出。择居南溪八甲，最早是在南洋建山樑居住，后在现存祠堂前右下角塘边建土楼。而后生四子[3]分开居住，长房住德星楼，二房住南昌楼，三房住南阳楼，四房住桥头下片。后四房系迁往四川。”

除四房族系整体迁往四川之外，各族系地块划分如下：长房族系居住在乡道北侧；二房族系位于乡道南侧、南溪河北岸；三房族系则居住在南溪河南岸、国道北侧（图1）。按照最初的分地原则，各族系应互不干涉。然而，长房族系凭借其武力背景和强势地位，占据了河流附近肥沃土地的一部分。这些土地原本属于二房、三房和四房，长房族系在这些土地上分别建造了“源远楼”“进源楼”和“南

1　维也纳技术大学博士，liang_1991@ outlook. com。

2　访谈人物有：福建省龙岩市永定区湖坑镇南中村村书记苏涛，南中村乡贤、龙岩学院教授苏永达（二房族系，树德楼），以及现居各个土楼中的部分住户。

3　其中长房为吴孺人所生，其余三子均为卢孺人所生。

兴楼”。二房族系得益于人丁兴旺，在十四世与十五世时进行了大规模的建楼扩产；而三房族系由于长期面临田产和财力不足的问题，人口增长和地块扩张能力受限，发展较为缓慢，直至十八世和十九世时情况才有所好转。

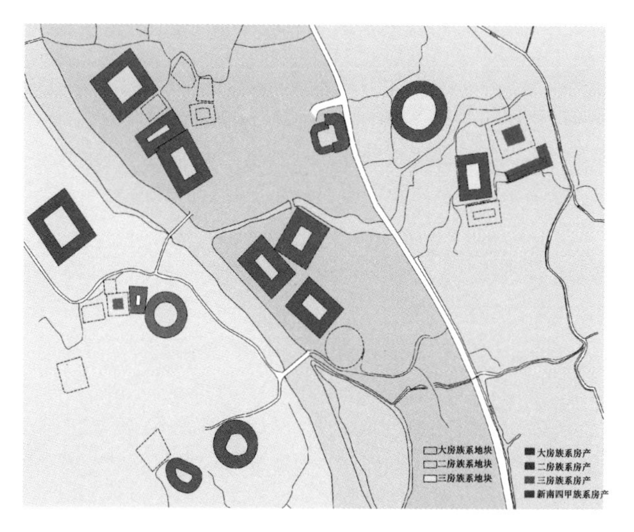

图1　南中村苏氏各族系地块划分
（来源：作者自绘）

2. 当地宗族的生存经济模式

从民系族群的生存特征角度出发，通过族谱记录、乡贤访谈以及田野调查，南中村苏氏宗族能够充分反映该地区客家居民家庭内部多业并举的生存文化习惯。据罗香林先生在20世纪40年代的研究，客家家庭通常采取大家庭的生活方式，家族成员广泛从事农业、手工业、商业、学术及军事等多种职业。在这种模式下，妇女和部分居家男性主要负责耕作，而农闲时期则转向家庭手工业，如织布和制扇。客家家庭中，农业与手工业的界限并不明显，而精明的男性成员则可能在本地或远至南洋群岛经营商业和工业。即便资本有限，他们也会设法通过各种商业活动维持生计。对于有潜力的子女，家庭会鼓励他们接受教育，追求学术成就或职业发展。随着时代的变迁，一些家庭也开始鼓励子女投身军旅，使得家庭内部职业更加多元化。即便在某一领域遭遇挫折，家族也能通过其他途径得到补偿。客家家庭的这种多元化经营模式，使得他们能够在社会经济的波动中保持韧性和活力。[1]240

当地居民所具备的灵活商业策略和对外贸易的文化倾向驱使他们频繁地前往沿海城市乃至远赴南洋地区从事商业活动。龙岩学院教授及南中村乡贤苏永达先生提供的信息表明，三房系十九世的苏新吾，最初在新南村衍香楼楼主苏谷香的后裔处担任学徒，随后转至上海开展商业活动，并在此过程中积累了相当的财富。积累了财富后，苏新吾返回家乡，建造了三座具有衍香楼风格的建筑——庆新楼、成德楼和塘新楼，这三座建筑分别承担着居住、教育等不同的功能。此外，苏新吾先生还育有四子，这一举措打破了苏氏家族自十六世至十九世的单传模式，为家族的兴旺发达注入了新的活力。

通过苏式第十九世苏新吾的案例，我们可以看到，南中村苏氏宗族成员的商业活动不仅限于地方层面，他们的足迹遍及沿海城市甚至远及海外。依靠广泛的商业探索，不仅为个人带来了财富，也为整个家族乃至村落的经济发展和文化繁荣作出了重要贡献。此外，这些商业活动所积累的资本和经验，也反过来促进了当地社会结构和文化传统的变迁和发展。

3. 烟草种植业作为当地历史重大产业

从历史社会经济的角度审视，永定地区的烟草种植业自明朝引入，经历了清朝早期至中期的发展，以及末期的限制。自明朝万历年间起，永定地区便开始广泛种植包括烟叶在内的高附加值经济作物（图2）。当地居民通过自建烟叶晾晒和烘烤设施进行精加工，逐步扩大了生产规模以供出口，并进一步带动了与烟叶加工相关的区域性商品生产和销售业务，从而促进了当地居民财富的快速积累。到了清代中叶，永定县的晒烟年产量已超过450万公斤。据史料记载，在清乾隆年间，永定地区广泛种植烟草，尽管后来受到官方的一定限制，但种植规模依然庞大，“永以膏田种烟者多，近奉文严禁，即种于旱地高原，亦损肥田十之五六。”[2]104到了清道光年间，“春夏烟草阡连”[3]502，年种植面积为2万~2.5万亩，产烟150万~180万公斤，价值400余万银元。

图2　永定县种植烟叶的景象
（来源：文献［7］，图版1）

烟草种植业的传入极大地促进了永定地区经济的发展，而永定地区的烟农在烟草种植和加工技术上的掌握速度也非常快，不久便精通了晒烟种植技术和精细加工技术。永定地区得天独厚的自然地理条件，加之先进的栽培和制作技术，使得“永定晒烟独着于天下，本省各处及各省亦有晒烟，制成丝色味皆不能及”。[4]12因此，永定条丝烟被誉为“烟魁”，并成为明、清两代朝廷的贡品，凸显了永定烟草产业在历史上的重要性和影响力。[5]87-88

这一历史背景与《永定苏九三郎公宗支大族谱》中记载的苏氏家族南中八甲十一世酌斗公系的土楼建设历程基本一致，反映出从明朝中后期开始的建设活动，在清朝早期至中期达到高峰，而到了清末则出现了停滞。此外，在田野调查中，我们观察到大多数土楼的外墙上装饰有多排间隔紧密的竹钉（图3）。据当地居民介绍，这些竹钉在烟叶种植时期用于悬挂装满新鲜烟叶的竹编排箕进行晾晒。这种设计不仅体现了当地居民对烟草产业的适应性改造，也展示了他们对檐下空间的复合利用智慧。随着烟草产业规模的扩大，以及由“晒烟”到“烤烟”的品质要求和技术改进，当地相继建造了大小规模不一的烤烟房和烟草加工工坊。当地田野调查发现，“晒烟”与“烤烟”并存的状况持续了相当长的时间。

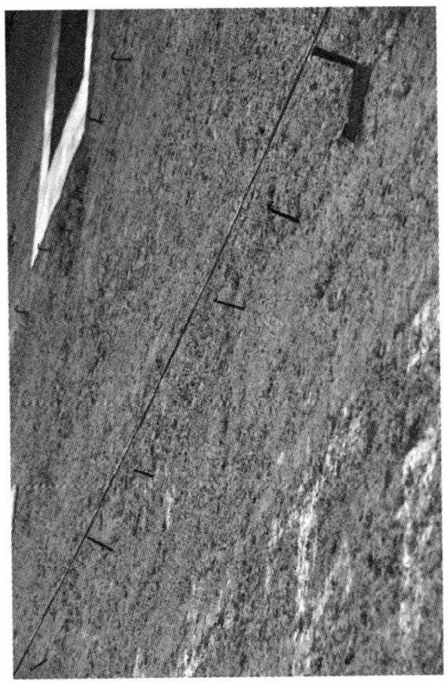

图3　土楼外墙上用于晾晒烟叶的竹钉

（来源：作者自摄）

三、 从苏氏族谱到村域聚落调查研究

1. 从永定苏氏始祖九三郎公世系到南中村南溪八甲苏氏宗族的地域性发展与流变

由《永定苏九三郎公宗支大族谱》永定苏氏九三郎公世系记载，永定苏氏始祖九三郎公太，系入闽始祖苏益公之十三世裔孙君万公之次子。他出生于广东大埔县枫朗乡，约生于公元1300年前后。元皇庆二年（1313）前后，时公年幼，随母蔡氏将枫朗产业变卖，移居福建省汀州府上杭县金丰里苦竹乡（今永定区古竹乡）居住。子孙遂定居于古竹。后裔人丁兴旺有十万之众，遍布全国各地，东南亚诸国。广东大埔作为永定苏氏一脉的发端起点，迁徙至现永定苦竹乡，在六世永祯支脉（杨家寨祠）下十世建乔之三子酌斗公君羡于南中南溪八甲开基立祠。

从苏式一族由始祖入闽，至现今粤北大埔，后随支脉变迁迁居闽南永定古竹乡，终在南溪八甲立祠，于南中村力排他姓，自成一脉（图4）。以苏式宗族族谱为考据，还原其地域性发展与流变，不仅能够窥视古代人口迁移、家族扩张等乡土自治的社会现象，也可以对古民居的类型演变与地域性比较研究提供史料支撑，使儒家文化圈的古民居建筑也可以不同于官方记载的官式建筑的历史研究体系，独立探索出新的乡土社会自身的历史研究方法论。

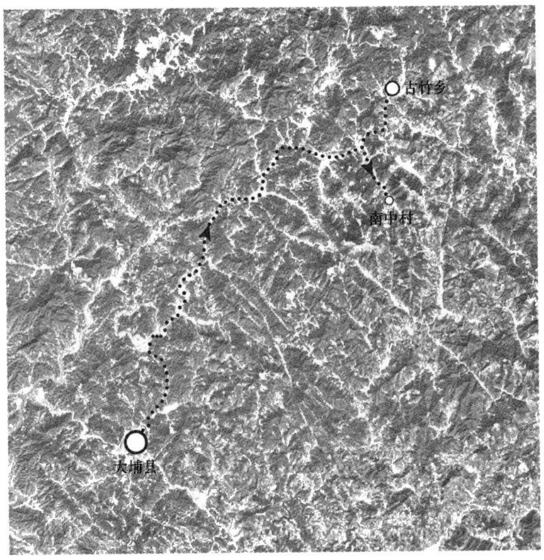

图4　苏氏迁移路线示意

（来源：作者自绘）

2. 从“大家庭”到“小家庭”——苏式宗族的家庭结构变迁

依据郑振满先生在《明清福建的家庭结构及其演变趋势》中的分析，明清时期福建家庭结构整体上呈现出大家庭[1]与小家庭[2]之间的动态平衡。这种平衡是在代代分家析产的背景下形成的。郑先生进一步指出，在家庭结构的周期性变化过程中，大家庭的发展机遇在某些情况下可能超越小家庭，从而在一定程度上占据主导地位。[7]74

将此理论应用于南中村苏氏宗族的支脉演化研究，我们发现这一推论同样适用。史料记载，南溪八甲的开基祖，即古竹十一世的酌斗公，育有四子。至十二世，这四子通过分配家产和土地，各自建立了独立的“小家庭”支脉。随后，他们始终以各自分得的房产与地产为基础，继续维持在广义各支房系的“大家庭”发展格局。至今，当地居民在讨论家族身份和家庭发展史时，总是以祖先在“四房分产”事件后所属的特定房支为讨论的基础。

1　指由两对及两对以上的配偶组成的家庭。

2　指只有一对配偶的“核心家庭”。

通过对族谱的深入分析和实地田野调查的访谈，笔者绘制了历史发展脉络（表1），并提出了聚落建筑实体发展演化过程的可视化推论。

表1　苏氏家族聚落土楼建筑实体演化脉络

	筹建人世代	筹建人名	建造时间	楼名及其他信息
长房族系	十一世前	始建不详	不详	德星楼（已毁，仅剩东侧片楼）
	十三世	斌九	建成（约公元1650年，清顺治年间）	进源楼
	十三世	汉九	建成（约公元1690年，清康熙年间）	源远楼（亦称上坝楼）
	十四世	若懿	建成（公元1693年，清康熙年间）	环极楼
	十六世	仰字辈	不详	德馨楼
	十六世	仰字辈	不详	南兴楼（桥头）
二房族系	十一世前	始建不详	始建成（公元1600年前）	南昌楼
	十一世前	马姓氏族	始建成（公元1600年前）	马屋墩
	十四世	若藩，若浩	建成（约公元1700年，清康熙年间）	树德楼
	十五世	乃柱，乃来	建成（约公元1730年，清雍正年间）	定宝楼
	十五世	乃曦	建成（约公元1740年，清乾隆年间）	庆扬楼（亦称上新楼）
	十五世	乃唆	建成（约公元1750年，清乾隆年间）	祖德楼（下新楼）
三房族系	十一世	始建不详	不详	南阳楼（已毁）
	十八世	始建不详	建成（约公元1870年，清同治年间）	南兴楼（庆新楼旁，小四方楼）
	十九世	新吾	建成（约公元1870年，清同治年间）	庆新楼
	十九世	新吾	建成（约公元1870年，清同治年间）	成德楼（主要做学堂功能，已毁）
	十九世	新吾	建成（约公元1870年，清同治年间）	塘新楼（已毁）

续表

	筹建人世代	筹建人名	建造时间	楼名及其他信息
新南四甲迁居	不详	不详	不详	南兴楼（亦称 D 形楼）
	不详	不详	不详	振德楼

来源：文献［1］及作者调查。

根据对图表的分析，本研究基于南中村苏氏宗族大房、二房、三房的划分，融合族谱记录与田野调查资料，依照世代和时间顺序对相关数据进行了系统的整理与排列。本研究汇总了现存土楼的建造时代、主要建造者、竣工时间以及楼名，并依照各房系的建筑时间进行了排序。研究发现，规模较大的土楼建设往往象征着新家庭结构的确立。无论土楼的规模大小，新址建楼的事件均在一定程度上映射了家庭结构的变迁和家产的重新配置。

例如，在苏氏南中八甲族谱的记载中，在十三世九字辈时期，大房族系的土楼多由单一家长独立出资建造。而在十四至十五世时，二房族系的建楼模式则呈现出多样性，既有单一家长独资建造，也有兄弟合资建造。这些新建土楼标志着以新楼为中心的大家庭的扩张，为家族未来几代的繁衍提供了居住空间和财产分配的基础。

进一步分析显示，新楼的建设资金来源多样，既有单一家长独资建造的案例，如二房族系十五世的乃曦与乃晙在河边相邻建造的庆扬楼和祖德楼（俗称上新楼和下新楼），也有兄弟合资建造的实例，例如二房族系十四世的若藩与若浩合建的树德楼，以及十五世的乃柱与乃来合建的定宝楼。这反映出家族内部既有以“小家庭”为单位的独立建设，也有以“大家庭”为单位的集体建设。

尽管土楼的建设资金来源不同，但建成后，无论是独资还是合资建造的土楼，兴建人的后代由于聚居的实际情况，即便家产已经分配，仍然保持了一定程度的“大家庭”生活方式。居民家庭内部多业并举的生存文化习惯，使得即便后代继承并均分祖产后形成了各自的“小家庭”，他们之间也基本维持了类似“大家庭”的合作互助宗族生存模式。

然而，随着时间的推移，土楼内的居住人数逐渐减少，村民们更倾向于在周边地区建造独立的楼房。这种产权更为明确的居住方式，标志着历史上长期存在的高密度家族集合聚居的“大家庭”模式已彻底转变为“小家庭”模式。

四、古民系民居聚落当代的发展现状与展望

在建筑学科对近现代民居的研究中，学者们通常集中于建筑实体和空间布局的调研。然而，这种趋势可能未能充分揭示民居背后的社会文化价值和历史脉络。为了更全面地理解民居的深层含义，建筑学科的研究者应当更加积极地采用跨学科的研究方法，借鉴人类学与社会学的成果与研究手段。

地区性民居建筑在空间类型、结构形式和建造逻辑上具有共性，但它们在建造细节和整体发展上可能展现出递进的演化特征。因此，要准确推测建筑层面研究问题的演变，必须明确时间顺序并提供确凿证据，避免仅记录空间和建造现象而忽略时空背景的描述。以人类学和社会学的视角，尤其是通过族谱、县志等可靠的历史资料进行研究，往往能为现存空间实体在时间轴上的准确定位提供关键线索。

近年来，建筑学领域对人类学与社会学的关注和研究呈现显著增长。发表的研究成果，例如《从宗族到乡族：闽西客家古村芷溪的聚落演变研究》[8]、《基于宗族结构的传统村落院落单元研究——以宁波市走马塘历史文化名村保护规划为例》[9]、《基于主姓家族的村落空间研究——以山西省苏庄国家历史文化名村为例》[10]，在分析宗族关系对聚落空间的影响方面取得了突破性进展。

尽管这些研究在不同层面上均有显著成就，但其中的研究方法依然存在进一步优化的可能性。比如多数研究集中于探讨多个姓氏族群在聚落空间中的分布和变迁，通常以祠堂作为研究标志，而对居住建筑本身的关注不足。同时，复杂的多姓氏乡族结构和随时间演变的社会形态，导致研究往往停留在宏观层面的叙述，难以深入挖掘建筑构造和建造过程的详细问题。

在本文南中村的研究案例中，首先由于宗族单一，时间线的梳理相对清晰；其次该村庞大的居住体量和集中的居住模式为研究提供了便利。这使得研究更容易从人类学和社会学的角度切入，利用族谱资料对历史民居建筑群进行时间轴上的定位。这一方法不仅为建筑本体的进一步研究提供了可靠的历史背景，也为深入探讨建筑的深层次问题奠定了坚实的基础。

五、结语

本研究深入分析了《永定苏九三郎公宗支大族谱》，从

而揭示了苏氏宗族在永定地区的迁移、发展和演化过程，进而展现了东南客家民系的独特特征。南中村苏氏宗族的历史，不仅记录了一个家族的兴衰，也映射了东南客家民系迁徙和发展的历程。通过细致地结合族谱记载、田野调查和访谈资料，我们得以更深入地理解南中村苏氏宗族的演化脉络。

在家族结构的动态分析中，我们发现宗族与房族之间的关系随着代代分家析产，在“大家庭”与“小家庭”模式之间实现了动态转换。即便在“小家庭”的周期内，宗族成员之间仍保持着相对紧密的联系，维持了“大家庭”的特点，形成了一种“嵌套”的复合立体家庭结构。这种结构不仅反映了该地区客家社会结构的显著特点，也揭示了其随时间的演变过程。

此外，本研究不仅为宗族历史和文化的研究提供了丰富的资料与建筑学层面的视角，也为现代家族研究、社会结构研究以及建筑技术史等提供了重要的参考价值。通过对族谱的深入研究，我们不仅能够更具体地理解历史变迁和社会结构的演化，而且为聚落式民居的建筑学研究提供有益的基础资料。

参考文献

[1] 罗香林．客家研究导论［M］．广州：广东人民出版社，2018.

[2] 伍玮，王见川．永定县志［M］．厦门：厦门大学出版社，2015.

[3] 徐元龙．永定县志（民国）［M］．厦门：厦门大学出版社，2015.

[4] 巫宜福，等．永定县志［M］．道光十年（1830）刊本影抄．

[5] 劳格文．客家传统社会［M］．北京：民族出版社，2009.

[6]《永定土楼》编写组．永定土楼［M］．福州：福建人民出版社，1990.

[7] 郑振满．明清福建的家庭结构及其演变趋势［J］．中国社会经济史研究，1988（4）：67-74.

[8] 黄桑．从宗族到乡族：闽西客家古村芷溪的聚落演变研究［D］．武汉：华中科技大学，2019.

[9] 何依，孙亮．基于宗族结构的传统村落院落单元研究：以宁波市走马塘历史文化名村保护规划为例［J］．建筑学报，2017（2）：90-95.

[10] 何依，邓巍．基于主姓家族的村落空间研究：以山西省苏庄国家历史文化名村为例［J］．建筑学报，2011（11）：11-15.

三江并流世界自然遗产地保护与传统村落发展研究[1]

撒 莹[2] 张 涛[3] 黄书健[4]

摘 要： 为更好保护世界自然遗产地，进一步巩固扶贫成果，本文以三江并流世界自然遗产区内的 8 个国家级传统村落为例，利用 GIS（地理信息系统）分析结合实地调研。从生态环境、文化见证、社会经济、交通线路四个方面开展遗产地内传统村落的研究，发现遗产地内传统村落都存在远离行政中心、交通不便、村落旅游发展受制于周边景点的带动等共性问题。实地调研发现，需要增设旅游专线，提升年轻一代的文化自信，加强遗产地与传统村落之间联系等，以指导其后续更好地发展与保护。

关键词： 世界自然遗产保护；国家级传统村落发展；保护与发展；三江并流

一、 前期研究

1. 引言

乡村是中华民族文化的发源地，传统村落则是中国传统文化集大成者，它们如明亮的繁星点缀在中华大地上，熠熠生辉。随着我国工业化和城镇化程度越来越高，乡土文化的价值和内涵在现代文化的冲击下逐渐消退。村落旅游的兴起，村落商业化改造以及乡村空心化的大量出现，不仅导致众多的乡村文化消亡，还对传统村落的保护与发展造成了巨大的影响。目前我国的传统村落已经受到广泛关注，政府开始给予政策以及经济上的支持，需要出台地方保护政策，还需要相应的跟踪和关注[1]。三江并流世界自然遗产地位于云南省滇西北地区。

2. 研究综述

有关传统村落的研究主要采用定性与定量研究相结合的方法，需要多学科的融合研究以及传统村落的分类研究。中国传统村落因其自身的文化与地理环境，有着强烈的地域性特征，很难有普适性的方法可以运用于所有的传统村落，因此，必须对现有的传统村落按照其不同的文化、地理特征，以及从属关系进行精确划分，从而有针对性地研究[2]。目前国外对世界遗产和相关村落的研究有政治环境[3]、邻里社区[4]、遗产地周边尚未开发村落的价值研究[5]、遗产旅游与居民生计的关系[6]、遗产旅游对当地居民与环境的影响[7]。国内针对世界遗产地传统村落的研究主要集中在社区参与[8]、村落保护[9]、空间格局[10]、人居环境[11-12]，遗产区及其内部传统村落之间互动的研究还需进一步推进。

二、 世界遗产云南省概况

2024 年，我们研究小组对云南省 777 个传统村落进行分析，得出云南省传统村落在市域空间分布上不均衡，集中在 3 个主要的高密度聚集区，分别位于滇西北、滇西以及滇南地区。

截至 2024 年 7 月，中国的世界遗产数量已达 59 项，云

1 基金项目：云南省哲学社会科学艺术科学规划项目，项目批准号：A2022YZ15。
2 云南大学副教授，650500，saying@ ynu. edu. cn。
3 云南大学硕士研究生，650500，610379706@ qq. com。
4 云南大学硕士研究生，650500，1494481572@ qq. com。

南省拥有6项世界遗产（表1），分布于滇中、滇南和滇西北。其中三江并流世界自然遗产拥有4.1万平方千米保护区，遗产地内部有8个国家级传统村落，居全国第一。因此，研究三江并流世界自然遗产与其内部传统村落的互动关系，对其他世界遗产区及其传统村落的保护发展有重要意义。

表1　云南6项世界遗产地内传统村落数量一览

序号	世界遗产类型	世界遗产名称	国家级传统村落数量
1	世界自然遗产	三江并流	8
2		中国南方喀斯特路南石林	1
3		澄江化石群	无
4	世界文化遗产	丽江古城	
5	世界文化景观遗产	哈尼梯田	2
6		普洱景迈山古茶林	3

来源：依据 https：//whc. unesco. org/en/list/整理。

三、三江并流世界自然遗产地保护与传统村落发展研究

1. 三江并流世界自然遗产地内部传统村落概况

三江并流世界自然遗产地内传统村落大多位于山区，海拔在1600～3000米（表2），属于典型的高原山地人居环境，生存条件艰苦。由于其地形条件的限制，村庄大多位于较为平坦的山腰台地或山脚坝区，村庄空间布局由山腰向山脚呈现阶梯状向下延展，农田位于坡度较为平缓的地区，而建筑则位于农田的周边以及坡度较大不适宜耕作的山腰坡地上。村庄四面环山，村内的水源只能依靠山泉与流经境内的小河与溪流。

表2　三江并流世界自然遗产区内传统村落概况

村名	地理位置	民族	海拔（米）	建筑结构	产业类型	所属片区	荣誉	名录批次
迪庆州德钦县云岭乡雨崩村	坝区	藏族	3000	土木结构	旅游业 种植业	聚龙湖风景区		2
迪庆州香格里拉市洛吉乡尼汝村	山区	藏族	2705	土木结构	种植业 畜牧业 旅游业	普达措国家公园		2
迪庆州香格里拉市三坝乡白地村	山区	纳西族	2300	砖木结构	种植业 养殖业	哈巴雪山风景区	2019年中国美丽休闲乡村	2
丽江市玉龙县石鼓镇仁和村石支村	山区	普米族	2100	土木结构	种植业	老君山风景区		2
迪庆州德钦县霞若乡霞若村	河谷	傈僳族	2200	土木结构	种植业	白马雪山国家级自然保护区		3
迪庆州香格里拉格咱乡木鲁村	山区	纳西族	2700	土木结构	种植业 养殖业	红山风景区		3
怒江州贡山县丙中洛镇甲生村	山区	怒族	1625	干栏式木结构	种植业 旅游业	聚龙湖风景区		3
怒江州贡山县丙中洛秋那桶村	山区	怒族	1750	干栏式木结构	种植业	聚龙湖风景区	第二批国家森林乡村	3

来源：张涛整理并绘制。

2. 地形地貌

8个传统村落分布在干热河谷区、坝子区和山地区。

霞若村是三江并流世界自然遗产地中唯一地处河谷地带的传统村落，地处遗产地内部的白马雪山保护区，主要民族为傈僳族，村民大多沿河而居，土木构造的干栏式建筑从山脚逐渐蔓延至河边，沿等高线分布，村庄错落有致，景致优美。

坝子区的传统村落有雨崩村和塔城村。塔城村是典型的坝子型传统村落。塔城村位于维西县塔城镇，是塔城镇镇政府所在地，塔城村四面环山，村落处于山脉交汇处形成的较为平坦的地区，整个村落沿河而建，从河流北岸一直延伸至山脚。为保护在该地区常年生活的国家一级保护动物——滇金丝猴，特别设立了白马雪山滇金丝猴自然保护区。

山地区的木鲁村和尼汝村（图1）分布传统藏式民居、

白地村的木楞房、秋那桶村的千脚落地房等。这些传统村落中只有少部分附属建筑物和部分非生活居住用房采用钢筋混凝土建造，如储物间、村政府办公楼等。

图1　尼汝村地形地貌

3. 生态环境

三江并流世界自然遗产地处于东亚、南亚和青藏高原三大地理区域的交汇处，是世界上罕见的高山地貌及其演化的代表地区，也是世界上生物物种最丰富的地区之一。遗产地内涵盖高山峡谷、雪峰冰山、高原湿地等多种地形，以及藏族、怒族、普米族、纳西族、傈僳族、独龙族等少数民族聚居地，是世界上罕见的多民族、多语言、多宗教信仰和风俗习惯并存的地区。对于世界自然遗产而言，保护生态环境是其建立的初衷和核心，即便是当地的社区活动也不能破坏遗产区内的自然资源。

三江并流世界自然遗产地涵盖自然保护区和风景名胜区，自然保护区的建立、相应法律法规的逐渐完善，以及“天然防护林工程”“退耕还林还草”等政策的实施，在保护世界自然遗产地生态环境的同时，也割裂了内部以农、林、牧为主要收入来源的传统村落对自然资源的利用。将自然保护地和传统村落周边环境共同保护，将减少传统村落周边环境的破坏性行为。村落周边生态环境得到良好的保护，不仅给传统村落的农业生产提供了更好的生产条件，还减少了水土流失、山体滑坡等自然灾害。传统村落良好的生态环境不但保护了周边生态环境，还促进了生态旅游的发展，也增加了当地居民的收入，又与遗产地的生态旅游发展相互促进，相互影响，两者相辅相成，使遗产地与其内部传统村落得到更好的保护与发展。

4. 文化见证

三江并流世界自然遗产地内的8个国家级传统村落皆为少数民族村落，悠久的历史，独具特色的文化习俗，不仅具有极高的研究价值，还是三江并流世界自然遗产地内重要的人文景观资源。三江并流世界自然遗产地蕴含着丰富的各类自然山水景观，而大量的少数民族聚居地则构成了三江并流世界自然遗产地的核心人文景观。在被选为传统村落之初，三江并流世界自然遗产地内传统村落除雨崩村外，其余村落长期得不到社会的足够关注，直到三江并流世界自然遗产地旅游的逐渐发展，这些村落才渐渐展现在公众面前，而这些村落神秘独特的文化习俗，则成为遗产地旅游路线上重要的文化见证。

（1）非遗文化

以尼汝村为例，2020年村落总人口634人，藏族人口615人，占村落总人口的97%，其余19人包括纳西族11人、普米族4人、傈僳族3人、彝族1人。村民们信仰藏传佛教，在村公所的前方建造有一座庄严的白塔。而在村民的家中，都备有念珠与转经筒等物，并供奉有活佛画像。在村中行走，偶尔会有诵经声从民居中传来。村内拥有一座胜嘎神山，每年藏历九月十五，尼汝村都会举行传统的祭山跑马节，人们身着盛装从四面八方聚集在神山脚下。祭山跑马节共有四项议程，即集体煨桑、跑马祭山、集体宴席、跳锅庄舞，并按照传统规矩，依次进行。该节日不仅表现了藏族人民对自然山水的崇拜之情，也表现出当地居民希望人与自然和谐相处的文化内涵，以及祈求粮食丰收、家家平安的淳朴愿望。

（2）建筑文化传承

村落内建筑以藏式民居为主，村落内现存的建筑主要分为四种。第一种是传统藏式民居（图2）。其建筑功能为传统藏式民居形制，底层为畜牧圈和储藏室，二层为居民日常生活起居的地方。第二种为翻新的传统藏式民居（图3），因尼汝村村规民约规定不许村民砍伐村庄周边的树木，因此现在村内用于房屋建造的木材多是从香格里拉进货，费用较高。部分人家在经济能力不足以新建房舍的情况下，对现有房屋进行部分翻新，除房屋整修翻新之外，主要改动是将作为畜牧圈和储藏室的一楼改为堂屋与卧室。第三种是新建民居（图4），与传统藏式民居一样采用了土木结构。相较于传统土木结构的藏式民居，受现代文化与汉文化的影响，新式民居在外观以及内部功能结构上已经明显偏向于汉族地区的木构造房屋。第四种为砖石建筑（图5）。在许多村民家中，都在传统民居旁边新建有1～3间一层小平房，其房屋功能主要是取暖、做饭、休闲以及储藏杂物。前三种建筑屋顶都舍弃了传统藏式民居的平屋顶，考虑到遗产地多雨天气的影响，尼汝村传统藏式民居多为坡屋顶，传统的坡屋顶为木制，一般3～5年一换，但受遗产地和传统村落相应保护规定的影响，近几年坡屋顶的材质统一换成了薄铁皮。

由图2～图5可以看出，在现代文化冲击下，遗产地内少数民族传统村落文化思想的变化过程。

图2　尼汝村传统藏式民居（来源：张涛拍摄）

图3　尼汝村翻新后的藏式民居（来源：张涛拍摄）

图4　尼汝村新建民居（来源：张涛拍摄）

图5　尼汝村新建小平房（来源：张涛拍摄）

5. 社会经济

在遗产地成立之前，对村落的破坏主要来自当地居民为了生活生产，对生态环境的破坏，在遗产地成立之后，相关的破坏行为已经得到了禁止，随着社会经济的发展，外来文化以及旅游发展对村落本体的破坏日益严重。随着世界遗产旅游热的兴起，三江并流地区政府的旅游收入和游客数量便开始大幅度增加。以迪庆为例，由历年迪庆州统计年鉴得知，2003 年迪庆州接待海内外游客 166.88 万人，旅游收入为 10.24 亿元。而到了 2017 年，迪庆州共接待海内外游客 2676.89 万人，旅游收入 298.86 亿元（图 6、图 7）。旅游不仅给地方政府提供了经济效益，最重要的是还能让更多的人了解认识这些地方，因此政府往往将旅游作为实现地方发展的便捷途径。

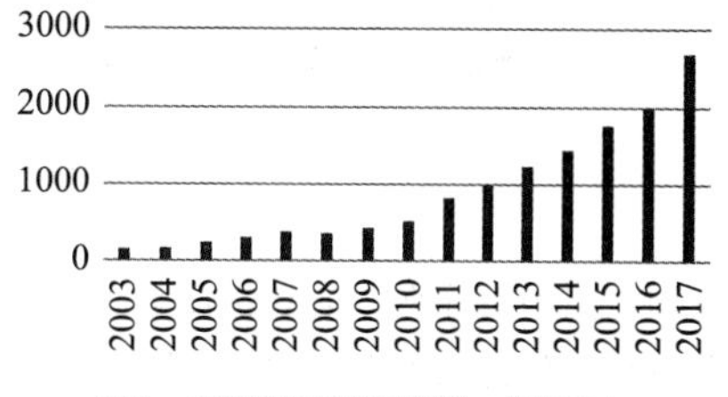

图6　迪庆历年接待游客数，单位万人
（来源：张涛绘制）

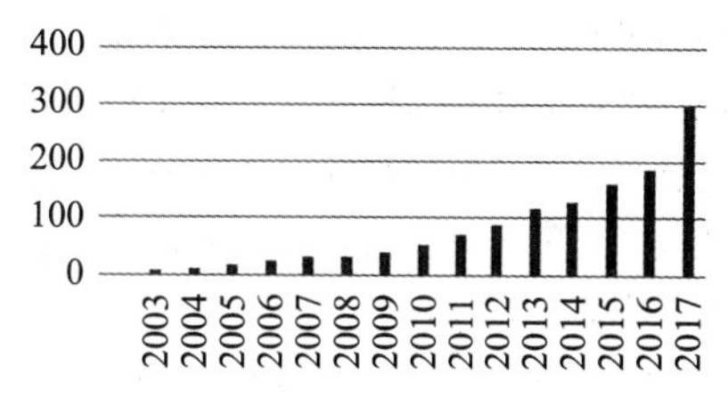

图7　迪庆历年旅游收入，单位：亿元
（来源：张涛绘制）

遗产地保护与传统村落的保护发展都离不开经济的支持，完全依赖政府的投入是行不通的，必须充分发挥自身优势，提高内生动力，走可持续发展的社会经济模式。三江并流世界自然遗产地的旅游发展不仅可以提升自身的知名度，使更多的人关注三江并流世界自然遗产的保护发展，还能为遗产地所在政府以及内部的村落带来巨大的经济收益和社会影响。

一方面，位于三江并流世界自然遗产地内部的国家级传统村落都具有优秀的自然人文旅游资源，可以作为自然景点供游客参观，也能让游客体验到三江并流世界自然遗产地独特的少数民族文化习俗。在大量游客涌入的同时，传统村落可以作为旅游服务驿站，承担旅游服务功能，还提升了遗产地的吸引力以及提高了村落及其内部居民的收入。具有代表性的传统村落是三江并流世界自然遗产地梅里雪山景区与其内部的雨崩村。雨崩村作为梅里雪山景区的旅游服务基地，承担了景区的旅游服务功能，又因为自身独具魅力的藏族文化，以及优美的村落环境，村庄与雪山交相辉映，赢得了“上有天堂，下有雨崩”称谓。从图8可以看出，雨崩村近三年人均收入在遗产地内所有传统村落中排第一，而课题组实地采访得知，旅游业是村民的主要经济收入来源，村民主要提供住宿、餐饮、导游以及提供马匹等服务。雨崩村与梅里雪山两者相辅相成，共同打造为国内外著名景点，是三江并流世界自然遗产地与传统村落良好互动的典范。

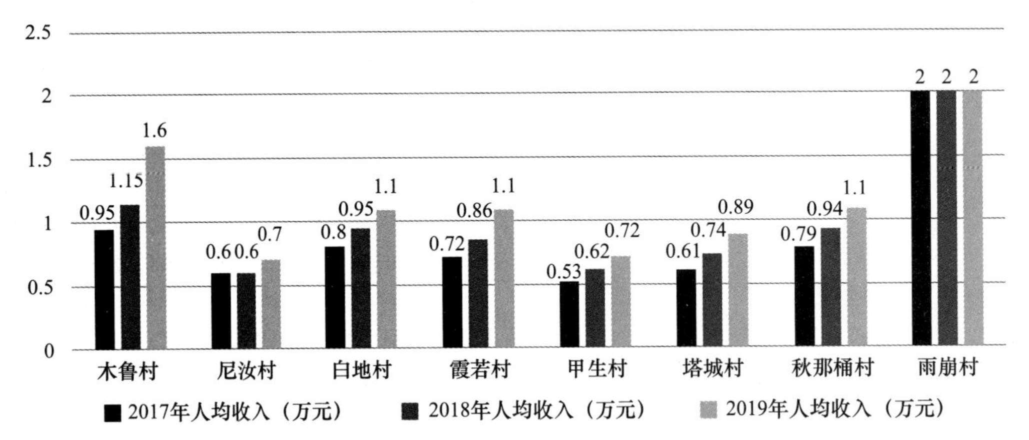

图8　三江并流世界自然遗产地内传统村落近三年人均收入分析

（来源：张涛绘制）

另一方面，因为旅游业的季节性影响，旅游发展不能完全取代传统村落的传统生产方式。传统的农业、畜牧业在村民收入中仍占据一定地位，尤其是处于旅游发展初期的传统村落，传统农业是村民收入的主要来源。木鲁村是这一方面的典型村落，木鲁村旅游业尚未起步，村民的收入主要来源于传统农业和采摘松茸。近几年在村委会的带领下，通过种植经济价值更高的白芸豆和羊肚菌，再结合采摘松茸的收益，木鲁村在没有旅游业带动的情况下，近三年人均收入在8个传统村落中排第二。但是，受限于村落相关保护政策以及可耕种土地面积的制约，旅游业仍是三江并流世界自然遗产地内传统村落未来发展的大方向。

环境经济学理论认为，环境与经济是紧密联系的，环境是经济的基础，经济发展对环境的变化起主导作用，经济的发展对环境友好的或坏的影响、环境的变化又反过来影响经济的发展。根据2015年、2017年、2019年、2021年、2023年5年中国提交给世界遗产委员会的报告，管理计划及管理制度是影响遗产保护的主要因素，在三江并流世界自然遗产中，建立少数民族村落的管理制度是遗产地的文化核心，传统村落作为乡村中的精品，其自身的保护发展对遗产地的保护发展起着非常重要的作用与影响。

遗产地良好的生态旅游发展不仅能够提升自身的知名度，并且还能利用旅游发展来更好地保护遗产地的生态环境。受遗产地旅游的发展影响，遗产地内传统村落及其生态环境得到了更好的发展保护。三江并流遗产地养育了传统村落和村民，传统村落的发展又反哺了遗产地，两者相互影响，共同促进。

6. 交通线路

在课题组调研采访过程中发现，三江并流遗产地传统村落未来的发展大方向都以旅游业为主，希望通过旅游业的发展带动村落发展，提高村民的收入水平。但是目前这些传统村落面临着一些共性的发展问题：它们大多远离县级行政中心，导致城市的发展并没有辐射到自己所在的区域；受地形地貌限制，传统村落只有县道或乡间小路相互相连，缺乏相应的县级以上公共交通，除部分村庄的村民可在香格里拉汽车站买到直达的班车票，余下村庄的村民只能自驾或包车前往。当前村落的旅游发展程度也与它们周边所拥有的景点数量有关，雨崩村能够进入大众的视野并得到旅游业的发展，与梅里雪山景区有着重要关系。遗产地内8个传统村落的发展程度与景点密度高的地区，其旅游发展程度越高，如雨崩村、秋那桶村等。而处于低密度地区的霞若村、木鲁村等村落，其旅游发展程度较低。

尼汝村作为藏族村落，村落内相关的物质文化和非物质文化现状保存良好，这既依赖当地政府的工作、村民的自发保护，也与相应遗产地和国家级传统村落法律法规的保护有关。虽然目前尼汝村传统文化状况保存较好，但仍出现了一些问题。笔者在村内走访中发现，村内居民大多为中老年人和儿童。除适龄儿童外出学习外，许多青壮年劳动力选择了外出打工，造成村落空心化问题的出现；没有香格里拉直达尼汝村的班车，想去尼汝村要么自驾游，要么坐班车到洛吉乡，再从洛吉乡包车前往尼汝村，道路狭窄且弯道较多，交通不便；尼汝村位于普达措国家公园内部，除村落本身优美的环境外，村落周边的七彩瀑布、南宝牧场等景点亦为人所熟知，并且还有被称为“迪庆州七大最美徒步路线"的尼汝徒步路线，使尼汝村与所在三江并流世界自然遗产地普达措国家公园景区以及周边景点产生互动，互相影响。

三、总结

三江并流世界自然遗产地内的传统村落是遗产地的重要组成部分，是遗产地内文化遗产的代表性杰作。遗产地跟传统村落不仅是包含与被包含的关系，还是相互影响，相互促进，相互发展的关系。每个国家级传统村落都拥有着巨大的发展潜能，如何利用景区自身的发展优势带动景区内传统村落的发展，最后实现像梅里雪山景区与雨崩村一样的共赢关系，将是接下来遗产地内其他传统村落保护发展的主要方向。

针对重点调研的尼汝村，当前存在遗产地保护与传统村落发展问题，提出以下几点改进措施：

（1）增强村落与遗产地之间的关系：大力宣传云南普达措国家公园秘境尼汝户外徒步线路，加深普达措国家公园旅游发展对尼汝村的影响，提升尼汝村徒步旅游知名度，通过宣传以及规划加强尼汝村与周边景点的联系，吸引更多的游客到村落内旅游观光。

（2）开通香格里拉到尼汝村的客车专线，提升通行便利度，吸引更多非自驾游游客前往。

（3）增强文化宣传，使年轻一代的村民了解本村落与本民族的传统文化，提升文化自信，保留传统文化习俗，让更多的年轻人愿意留在家乡、建设家乡，也让传统村落的非物质文化可以代代相传。

在提升知名度以及吸引更多游客的同时，打造多样化旅游方式，让游客不再局限于"观景"这一层面，可以从商业角度出发，举办一些互动式体验活动，既让游客体验了当地的文化习俗，又保护了当地文化传统。

参考文献

[1] 白聪霞，陈晓键．传统村落保护的研究回顾与展望［J］．华中建筑，2016，34（12）：15-18.

[2] 李伯华，刘敏，刘沛林．中国传统村落研究的热点动向与文献计量学分析［J］．云南地理环境研究，2019，31（1）：1-9，16.

[3] IMANALY AKBAR，ZHAOPING YANG，FANG HAN，et al. The Influence of Negative Political Environment on Sustainable Tourism：A Study of Aksu-Jabagly World Heritage Site，Kazakhstan［J］．Sustainability. 2020，12：143.

[4] MOHD ZEESHAN，B. ANJAN KUMAR PRUSTY，P. A. AZEEZ. Protected area management and local access to natural resources：a change analysis of the villages neighboring a world heritage site，the Keoladeo National Park，India［J］．Earth Perspectives. 2017，4（2）：1-13 .

[5] SUSAN OSIREDITSE KEITUMETSE，MICHELLE GENEVIEVE PAMPIRI. Community Cultural Identity in Nature-Tourism Gateway Areas：Maun Village，Okavango Delta World Heritage Site，Botswana［N］．Participatory Archaeology and Heritage Studies Perspectives from Africa . Publish Location London. 2018：99-117.

[6] MING MING SU，GEOFFREY WALL，KEJIAN XU. Heritage tourism and livelihood sustainability of a resettled rural community：Mount Sanqingshan World Heritage Site，China［J］．Journal of Sustainable Tourism. 2015，24（5）：735-757.

[7] SOONKI KIM，VICTOR T. KING. World Heritage Site Designation Impacts on a Historic Village：A Case Study on Residents' Perceptions of Hahoe Village（Korea）［J］．Sustainability. 2016，8（3）：258.

[8] 徐敬瑶．社区参与视角下的传统村落活态保护研究［D］．昆明：昆明理工大学，2016.

[9] 张宝丹．元阳哈尼梯田遗产区村落与民居保护管理及其实施范式研究［D］．昆明：昆明理工大学，2016.

[10] 张忠训．环梵净山区域少数民族传统村落现状与空间格局分析［J］．铜仁学院学报，2017，19（3）：90-94.

[11] 胡筱璇．元阳阿者科传统村落人居环境景观改造设计［D］．昆明：昆明理工大学，2018.

[12] 邵思宇．元阳哈尼梯田遗产区传统村落人居环境修复研究［D］．南京：南京大学，2018.

[13] 蒋朝晖．香格里拉市尼汝村守好生态秘境打造幸福家园 让世外桃源更加美丽富饶［J］．环境经济，2023，（23）：52-55.

[14] 张涛．乡村振兴战略下三江并流遗产区传统村落保护发展研究［D］．昆明：云南大学，2021

[15] 黄书健，撒莹，朱可欣，等．云南省传统村落空间分布特征及保护管理研究［J］．小城镇建设，2024，42（5）：76-84.

文化交融的印记——民族交流下内蒙古地区的建筑融合与重塑[1]

陈施利[2]　郭　沁[3]

摘　要： 内蒙古作为北疆多民族聚居区，历经漫长的文化交融与历史积淀，形成了各民族间独具特色的人居建筑。这些建筑既展现差异又体现同质化联系，不仅是各民族间认同与融合的生动见证，更是铸牢中华民族共同体意识的重要文化资源。本文从民族交融的宏观视角出发，基于民族交融三元论，将内蒙古人居建筑演变分为空间互嵌、文化互鉴、精神互融三阶段，佐证民族融合与文化交流在内蒙古为主的北疆地区人居环境形成中的核心作用。

关键词： 中华民族共同体；文化互鉴；内蒙古建筑

一、 引言

内蒙古自治区是位于我国北部边陲一处承载着悠久历史与多元文化的重要区域，该地区面积较大，占全国土地面积的 12.3%，由东北向西南斜伸，为狭长形。长期以来，此地为众多民族所共居，包括但不限于蒙古族、汉族、满族、回族、达斡尔族、鄂温克族、鄂伦春族等。这些民族在内蒙古大地上共同编织了丰富多彩的文化和社会图景，因此也留存了众多具有显著代表性的建筑遗址。

建筑既是文化符号，也是历史记录，更是社会反映。纵观内蒙古地区的建筑类型，与中国其他地区相比较而言，该地区建筑的一些共性特征十分显著，这些特征可归结为几个关键要点。其一，丰富多样的建筑类型；其二，地域上分布广泛；其三，内生型建筑与植入型建筑和谐共存；其四，建筑技艺体现了简朴粗放的风格；其五，受邻近地区的影响，内蒙古地区的建筑亦呈现独特的地域性特征[1]。这些特征共同构成了内蒙古地区建筑风貌的独特画卷。

人居建筑作为人类“衣、食、住、行”四大需求之一“居住生活文化”的物质载体，不仅可以反映一个地区的地理特征，更可以挖掘出现象背后更深层次的精神文化风貌[2]。随着民族交流的发展阶段不同，建筑呈现出不同的形制与审美表现。这些建筑，作为各族人民交流互鉴的结晶，同时也是多民族融合历史进程的珍贵历史见证。它们不仅深刻体现了各民族间的认同与融合，更是构筑和巩固中华民族共同体意识的重要文化资源。

二、 内蒙古地区多民族文化传播史回溯

我国是一个统一的多民族国家。民族共同体意识铸牢的这一过程涉及由多元到一体的深度融合，体现在形、气、神三个方面的互联互通，依次推进[3]。其中，形指的是物质现象，是多民族差异性与同一性的现实基础；气则象征着活态的民族关系，是文化认同的选择；而神则代表着精神层面的升华，是更高层次的认同与归属（图 1）。

1　基金项目：国家自然科学基金项目“文化解释视角下的多民族聚居地区人居环境演变机制研究——以内蒙古土默特地区为实证案例”（52408072）。

2　内蒙古师范大学设计学院在读硕士研究生，010022，1441268977@ qq. com。

3　内蒙古师范大学设计学院环境设计系副教授，010022，la-guo@ foxmail. com。

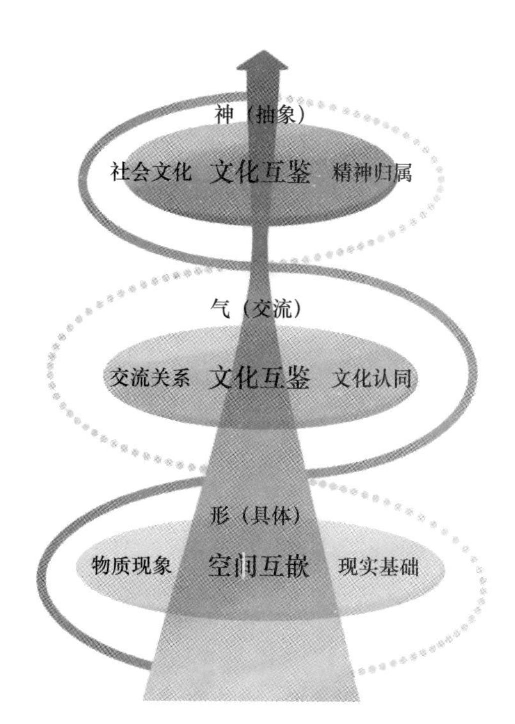

图1　“形气神”关系示意图（来源：作者自绘）

依据“形、气、神”这一民族文化交流与融合的三个逐步深入的阶段，可以观察到在不同历史时期与社会背景下，内蒙古地区展现出的独特且多元的民族融合现象，具有其阶段性的特征表现[4]。

在第一阶段，内蒙古地区的民族融合主要体现在“形”层面，即不同民族在物质文化、生活方式因地理条件的相近而产生的相互借鉴与融合。至第二阶段，民族融合开始深入到“气”的层面，即民族间的精神文化、价值观念以及心理状态等方面的交流与融合。因战争和迁徙，大规模的人口进行流动，这一时期的融合表现更为复杂，不仅涉及物质文化的交流，还包括语言、宗教、艺术、法律等方面的深度融合，各民族间开始更深层次、更全面地相互了解。到了第三阶段，内蒙古地区的民族融合则开始体现在“精神”层面，即民族间的精神文化认同与民族共同体意识的形成。这一时期的融合是各民族已经超越了表面的物质与精神文化的交流，达到了民族认同感与接纳归属感的统一。

元朝开启了蒙古文化向中原的广泛传播。这一时期，元朝不仅吸收了中原及其他地区的文化精髓，还继承了历史传统，对外开放的国策更促进了文化的多元发展，为北方民族文化的繁荣注入了活力。蒙古族依旧维系着其传统习俗和居住方式的独特性。

北元政权虽存在时间较短，却是蒙古地区经济繁荣和开放交流的关键时期。1368 年，随着明军的胜利，蒙古势力退回草原，建立了北元政权。在这一时期，土默特地区的阿勒坦汗成为最具影响力的领袖，推动了蒙古文化的进步。

在明嘉靖年间，阿勒坦汗的势力在土默特地区不断扩张，并在 1572 年建立了“归化”城。该城很快成为政治、经济和贸易的枢纽，促进了蒙汉文化的交融。晋商的活跃贸易和汉人的迁入，加深了这一地区的民族融合。阿勒坦汗的宗教信仰转变对蒙古地区文化产生了深远影响。《阿勒坦汗传》[1] 记载，1578 年，他与三世达赖喇嘛的会晤，不仅重续了蒙藏之间的联系，也标志着蒙古地区对藏传佛教的重新接纳。在阿勒坦汗的推动下，格鲁派佛教在蒙古地区得到了广泛传播，寺庙的建立进一步丰富了内蒙古的文化内涵[5]。

三、　民族融合对人居环境表达的影响

这种“形气神”的关系直观体现在物质、交流和社会文化层面的演变，以及这些演变如何与中华民族共同体意识相互影响[6]。人居建筑作为精神文化的物质载体，由内蒙古地区的人居建筑的演变，可以看到不同文化之间由浅入深的互动、认同和融合过程，从而加深对中华民族共同体意识的理解（表 1）。

表1　铸牢意识的“形气神”关系与人居建筑演变因素的关系简表

融合阶段	表现层面	底层基础	建筑演变的体现
形（具体）	物质现象	现实基础	空间互嵌
气（交流）	交流关系	文化认同	文化互鉴
神（抽象）	社会文化	精神归属	精神互融

来源：参考改编于纳日碧力戈，张梅胤．中华民族共同体的三元观［J］．广西民族研究，2022（2）：1-7.

1. 形——空间互嵌

“形”指的是交融过程中的物质现象层面，是构成不同民族间共性的物质基础，涉及中国境内的 56 个民族实体及各民族丰富多样的器物特色和物质生活[4]，在建筑领域则具体体现为建筑的近地域性特征。内蒙古地区的自然环境丰富多样，尤其是广袤的草原，孕育了当地居民传统的游牧生活方式，因此该地最具代表性的内生型建筑是方便移动游居的“蒙古包”。

而内蒙古的地域辽阔，东西跨度超过 2400 千米，与中原地区的多个省份相接，同时与俄罗斯和蒙古国为邻。这些接壤地区的地理环境，由于空间上的相互嵌入，展现出相似性。历史上，无论是民间的自然流动还是政治推动的上层建筑，外来居民多次迁入，随着他们的定居，加之相

1　由珠荣嘎译注，内蒙古人民出版社 1990 年出版。

似的地理条件，各种独特的建筑文化在此相互影响和融合，渐渐出现除蒙古包等内生型建筑外的其他建筑类型。这种文化融合不仅体现在建筑风格的多样性上，如合院式住宅、窑洞式住宅、木结构住宅等，也反映在特定类型的建筑之中，例如藏传佛教的召庙建筑。内蒙古地区的召庙建筑，展现了藏传佛教、汉族传统建筑与当地萨满教文化的和谐融合。这些建筑在发展中，不仅汲取了西藏、甘青地区寺庙建筑和中原汉地官式建筑的艺术精华[7]，还直接受到了邻近汉族地区建筑风潮的影响，彰显了其近地域性的特征[8]。

以窑洞这种居住形式为例，它根植于黄土高原，得益于黄土的直立特性和干燥气候。窑洞的居住形式源远流长，其历史可追溯至古老的洞穴居住时期。《诗经》中提到的“古公亶父，陶复陶穴”，便是对这种生活方式的形象描述[1]。经过长时间的演变，窑洞成为人类洞穴居住文化的代表，并被纳入中国五大传统民居建筑之列。

内蒙古的土窑洞主要分布在南部，尤其是与黄土高原相接的区域。在张家口至呼和浩特一线，当地居民利用深厚的土层和坚硬的土质，挖掘窑洞作为居所，形成了别具一格的“察北窑洞”。这些窑洞均采用土质结构，不依赖砖石装饰，窗洞设计精巧，门框置于中央。其内部设有火炕，被巧妙利用以储物。察北窑洞通常高约 2.8 米，多选择在坚硬土质的平地或崖壁上挖掘[9]。

呼和浩特市南部的清水河县，保留着较为完好的窑洞群。在黄河岸边的窑沟乡，居民多居住于坡地开凿的窑洞中。不同于常见的黄土窑洞，清水河的居民更倾向于用石材建造窑洞。得益于当地丰富的石材资源和悠久的石匠传统，石材窑洞成为当地的建筑特色。这些窑洞以坚硬的石材建成，色彩鲜明，装饰精细，与延安窑洞相映成趣。窑洞内部温暖舒适，窗户上装饰着剪纸，墙壁用白泥粉刷，地面铺设平整的石块，缝隙用红浆勾勒。清水河县的窑洞选址讲究，与中原地区的传统建筑观念相契合，追求“背山面水，负阴抱阳”的居住环境。此外，居民们在窑洞周围及村落中植树，体现了与自然和谐共生的设计理念。窑洞民居的出现展现了与内蒙古地区传统内生型建筑不同的建筑风格，但正是这种相近的空间位置和相似的地理环境作为现实基础，促进了不同民族间生活方式的交融与重叠。

2. 气——文化互鉴

“气”指的是民族间活态交流的关系，是经过交流后的文化选择。在建筑上集中体现为建筑的多样融合性，在内蒙古地区的许多建筑上都可以看到多种民族的建筑特点。从秦朝修筑长城直至契丹族建立辽朝之前，北方的少数民族一直被中原政权阻挡在长城以北，南北之间的文化交流因而受限。辽朝建立之后，北方的少数民族开始以军事力量侵入中原，随着战争与迁徙，民族间的交流活跃了起来，优秀的文化也就在长时间的交流中保留下来。

以内蒙古寺庙为例，内蒙古是藏传佛教建筑广泛分布的地区之一。《内蒙古喇嘛教史》[1] 所载，中华人民共和国成立之初，内蒙古地区便拥有召庙 1366 座，僧侣达 6 万人之众。这些寺庙大多始建于元朝至明朝初期，它们虽深受蒙古统治阶层的推崇，但信仰主要局限于贵族阶层之中。随着元朝的落幕，蒙古地区的藏传佛教与西藏的佛教主流失去了联系，一度面临消失的危机。当时的建筑多为汉式或蒙古族传统的毡包式，缺少了藏族工匠的精湛技艺。许多建筑如今已不复存在，只留下岁月的遗址供人凭吊。自明朝中期至清朝，出于政治统治和佛教传播的需要，中国北方地区，特别是内蒙古，兴建了大量的城堡和寺庙。随着藏传佛教的再次兴起，内蒙古地区又迎来了兴建召庙的热潮。

内蒙古的藏传召庙，在选址、布局与建筑形制上，融合了政治、文化的多重影响，展现出多元的布局、丰富的类型、以藏式为主导的设计理念、规制与式微的技艺、粗犷而不失精细的工艺等。寺庙之间设有举行藏传佛教仪式的空间，如跳神、转经等宗教活动。主要建筑通常采用“都纲法式”，并融入了内蒙古特有的变体。建筑装饰则融合了藏族与蒙古族的风格，如外部的苏力德形式，以及对成吉思汗的供奉等元素。

呼和浩特市的大召无量寺是漠南内蒙古地区首座藏传佛教格鲁派寺庙，由明廷赐名“弘慈寺”，后由清太宗扩修并赐予“无量寺”匾额。大召寺的布局遵循汉式“迦蓝七堂制”，中轴线上排列着重要殿堂，两侧附属建筑对称布局，但东西偏院不完全对称，体现了藏式寺庙布局的影响。大召寺是汉制与藏式寺庙的结合，折射出当时的多民族文化在内蒙古地区交流融合的活态。

内蒙古地区除藏传寺庙以外，汉传宗教建筑也不在少数。在蒙古与汉族文化的交织影响下，这些宗教建筑成为多元文化融合的典范。内蒙古的汉传宗教建筑，主要由山西商人资助建立，他们在经济考量下巧妙地设计了多功能的空间布局，使建筑的主要立面精致而其他部分则保持简洁。这些建筑不仅展现了实用性，也反映了当地统治阶级的建筑理念。例如，魁星楼在设计上融入了蒙古族的空间设计思想，而观音庙的装饰则巧妙地结合了藏传佛教的艺术元素。这样的融合不仅丰富了建筑的文化内涵，也展现了内蒙古地区在历史长河中文化交流与融合的生动局面。这些建筑作品既是信仰的殿堂，也是民族文化交流的桥梁，见证了内蒙古在不同文化影响下的独特建筑风貌和文化多样性。

1 由德勒格编著，内蒙古人民出版社 1998 年出版。

3. 神——精神互融

“神”指的是精神层面的升华，是更高层次的认同与归属。建筑作为一种文化符号[10]，承载着丰富的意义和价值，是文化认同、交流和传承的重要媒介与见证。内蒙古地区古建筑的生成，随着时间的推移，民族融合性的特点越发明显。内蒙古地区的衙署府邸，是汉族、蒙古族、满族三民族融合的杰出代表。它们是清政府在稳定边疆政策下，于内蒙古地区古建筑中留下的特殊标志。这一独特的建筑形式，不仅见证了清朝与蒙古诸部在维护国家统一、边疆稳定方面的历史文化价值，也生动体现了内蒙古地区民族融合的更高阶段。

追溯至清初，地方官员精选地理位置建立衙门，这些衙门逐步演变成城镇的政治和商业中心。清末，随着新政的推行和蒙地的开放，新的行政区划得以建立，朝廷指派官员负责建设，包括衙署、城墙和城门，同时推动了街道的规划和文庙的建造，进一步强化了这些地区作为政治和商业中心的功能。自清初以来，随着农业经济的发展，内蒙古地区的城镇得到了发展，清朝对蒙古地区的宗教政策也在一定程度上推动了近代城镇的兴起。

清朝对衙署府第中重要建筑的形式有严格的规范，这些规范主要来源于《大清会典》[1]。府邸根据其建造目的大致分为三类：一是为加强对蒙古地区的统治而建立的王府；二是为清朝下嫁蒙古的公主而建的“公主府”；三是为加强边疆控制而建造的军事和行政设施。早期的衙署府第由朝廷出资，严格按照规定建造，形式严谨，风格统一。然而到了晚清，受到中原汉地和早期殖民城市建筑的影响，蒙古王府的建筑风格开始呈现多样化。在布局上，建筑群按照传统的礼制原则，以前堂后寝、轴线对称的方式组织，采用四合院的形式，创造出丰富的空间层次[11]。

实际上，府第既是办公也是居住的场所，其设计不可避免地融合了衙署、民宅、园林等多种建筑元素。内蒙古的衙署府第建筑在清朝后期尤为明显地融合了满族、汉族、蒙古族、藏族的建筑风格[1]。这种融合主要表现在装饰和附属建筑上，例如正殿屋顶的“佛八宝”图案、门屋脊上的佛教六字真言、受满蒙民族习俗影响的抹灰天花“硬海墁”，以及体现蒙古族宗教信仰的“前厅堂、后佛殿”布局等。一些王府还设有蒙古包、苏鲁锭和拴马桩等设施，进一步彰显了蒙古族的文化特色。

衙署府邸的繁荣，作为民族精神提升的显著标志，构成了一笔弥足珍贵的文化遗产。记载并见证了内蒙古地区不同民族间的深入交流与和谐融合，成为文化认同、交流与传承的核心载体与历史见证。这些建筑群不仅彰显了清朝与蒙古各部在维护国家统一与边疆安宁中所作出的历史贡献，更深刻体现了内蒙古地区民族融合的不断深化，标志着一个多元文化和谐共存、共荣共进的崭新时代。

四、总结

内蒙古地区建筑与人居文化的融合与发展，体现了民族交流与文化互鉴的深远影响。从空间互嵌到精神互融，内蒙古地区的建筑不仅是多民族融合的见证，更是中华民族共同体意识的物质载体与精神象征。这些宝贵的文化遗产，不仅丰富了地域建筑风貌，也促进了不同民族文化的和谐共生，为构筑民族共有的精神家园提供了坚实基础。

参考文献

［1］王南．内蒙古古建筑［M］．北京：中国建筑工业出版社，2015.
［2］罗莀．传统建筑文化的继承与创新［J］．中外建筑，2004（2）：49-51.
［3］纳日碧力戈．试论铸牢中华民族共同体意识的“形联意”［J］．北方民族大学学报，2022（4）：5-9.
［4］纳日碧力戈，邹君．论铸牢中华民族共同体意识的形、气、神［J］．中南民族大学学报（人文社会科学版），2021，41（4）：15-20.
［5］杨宇星．文化交融视角下内蒙古美岱召传统建筑组群空间环境研究［D］．西安：西安建筑科技大学，2022.
［6］纳日碧力戈，张梅胤．中华民族共同体的三元观［J］．广西民族研究，2022（2）：1-7.
［7］张鹏举，高旭．内蒙古地域藏传佛教建筑形态的一般特征［J］．新建筑，2013（1）：152-157.
［8］白璐，张欣宏．内蒙古非物质文化遗产的数字化保护研究：以内蒙古藏传佛教建筑形态为例［J］．工业设计，2018（6）：67-68.
［9］中国科学院自然科学史研究所．中国古代建筑技术史（上）［M］．北京：中国建筑工业出版社，2016.
［10］杨洁，潘俊峰．传统文化符号在香山饭店建筑设计中的应用分析［J］．家具与室内装饰，2018（6）：70-71.
［11］中华人民共和国住房和城乡建设部．中国传统建筑解析与传承：内蒙古卷［M］．北京：中国建筑工业出版社，2016.

1 《钦定大清会典》卷首。

建筑生命力的典范：喀什高台民居空间特征研究

刘　静[1]

摘　要： 本文探讨喀什高台民居作为中国传统建筑的独特空间结构特征，作为现今中国唯一完整保存的高台建筑群落，不仅是维吾尔族传统文化的实物载体，更是伊斯兰文化与当地自然环境、社会习俗完美融合的结晶。其独特的建筑布局、竖向叠加的居住层次、灵活多变的内部空间组织，以及与周边环境和谐共生的关系，共同构成了高台民居独特的建筑风貌和强大的生命力。本研究不仅有助于深化对高台民居的认识和理解，更为现代建筑设计提供灵感和启示。

关键词： 高台民居；空间布局；困境与保护

一、 高台民居是我国唯一的一处保存完整的高台建筑群

喀什是历史文化名城，曾是古丝绸之路的重镇，是西域、维吾尔、伊斯兰文化融汇和集中展现的地方，保持有地域特色鲜明的建筑艺术，其传统街区形态演变是自发演变的过程。喀什是现代维吾尔族文化最重要的发祥地，其外部封闭而内部丰富的居住街区形态具有鲜明的维吾尔族的特色。现喀什古城东北角完整保存着中国唯一的一处高台民居，也是古城喀什的精髓所在，被称为“维吾尔民俗博物馆”。维吾尔名称为阔孜其亚贝希巷，意为高崖上的土陶，因有着维吾尔千年的土陶作坊而得名。

高台民居依老城地势建造于老城东北端一处建于高30多米、长400多米黄土高崖上，距今已有600多年历史，是维吾尔族在喀什定居时，根据自然、地理及生活的需要而建造的，许多民居院落经历了六七代人流传至今，高崖上百年老宅处处可见（图1）。高台民居北侧是喀什市区内最主要的河流——吐曼河，它承载了喀什的生活及灌溉功能；东面被茂密的树林所包围；南侧是喀什最大的东湖公园；西面为城区主干道——吐曼路。高崖最高处距地面30多米，独特的维吾尔族民族性格等少数民族文化因素在高台民居建筑形态演变中起到决定性作用（图2）。

图1　东北视角下的高台民居（来源：作者自摄）

1　厦门理工学院土木工程与建筑学院副教授，361024，308113090@ qq. com。

图2　高台民居现状（来源：卫星影像）

二、 高台民居街巷空间的独特性

高台民居空间结构独特，是我国其他省市所未见的。街巷平面形态丰富多变，具有很大的包容性且极富诗意。街巷平面构成没有约定俗成，但又决非随心所欲。街巷的布局、尺度、走向等平面要素的形成，是因为地形与环境客观条件，再根据人的生活需要而逐步产生的。

民居空间结构为多层立体生长型，随处可见楼上楼、过街楼、悬空楼，民居错落地排列出幽深却四通八达的巷道（图3）。街巷的封闭性和曲折性，使人很容易丧失方向感和方位感。小巷上空的过街楼充分利用了有限的空间，并为夏天的小巷起到了一定的遮阴作用。喀什的街巷可分为街、巷、尽端巷3种。街指民居内部较宽的通道，起到主要交通作用，可以通行非机动车，街区交通节点区域形成了集市交易的场所，居民常常在此聚集；尽端巷是居民通向自家住宅的通道，通道比较窄小，一般只能步行到达；巷是连接街与尽端巷的，巷道两侧是居民住宅的院门，是居民对外交通的主要道路。

图3　曲折多变的巷道（来源：作者自摄）

（1）建筑群肌理脉络的生长。高台的民居群呈现出生长性，建筑密度非常大，由于早期高台上的巷道都是被用来做排水的排水道，因此巷道均没有人为的规划，顺应自然地势，自由延伸。喀什地区气候干热少雨，高台上的居民择水而居，逐渐形成了现在民居群落依高崖坡势而建，层层叠叠，前后、左右、上下形成不规则的空间（图4）。后期人们建房则见缝插针，又形成了一些不规则的房屋，组成了一些不规则的小院落。

图4　层叠的建筑空间（来源：作者自摄）

（2）街巷空间的生命延伸。喀什地势平坦，多风沙，为起到防风的目的，高台民居群边缘明确，出入口很少，除了几条主要通行道路，其他巷道基本都是封闭的尽端式，巷道多为1～3m，巷道都非常狭窄且弯弯曲曲（图5）。两侧建筑因地形变化高低错落，景观效果极其丰富，过街楼之间也围合出了连续的天井，空间构成复杂且丰富实用。这也是在其他民居空间中所未见到的。

图5　街道空间意向（来源：作者自摄）

（3）院落空间的自由发展。高台居民的室内外空间都是根据具体住户的居住生活要求按实际需要而定，自由度很强，每家每户均利用自家有限的场地进行居住功能的增加，高台民居里的院落住宅有平房、二层楼房、三层楼房甚至有七层楼房，高崖上建有三层、高崖下四层，从高崖上、高崖下都可出入。由于用地有限，为了增加使用空间，房屋向高空延伸，建筑在原来修建的基础上逐步向上增加，在修建二层时，利用街巷空间，与对面的民居相接修建一个悬挑的空间，增加二层的使用面积。经年累月，渐渐形成了喀什小巷特有的"过街楼"景观（图6），是一种在有限的范围内极大利用空间的居民自主建造的创造性方式，这可以说是高台民居建筑中的主要特色。

图6　过街楼（来源：作者自摄）

（4）视觉界面的第一印象。喀什夏季的最高温度可达40℃，冬季的最低温度约为零下22℃。民居以当地丰富的黏土为材料，创造了风格独特的生土建筑。墙体庄重厚实（50～70cm），起到了很好的保温、防寒、隔热功效。对外的墙体上减少开窗，减少了白天太阳光线射入，也减小了风沙对室内环境的影响。维吾尔族建筑外墙面简洁，沿街外墙全部用土坯砌成，抹上麦草泥。远观高台整个建筑群宛如一座历经千年的古城（图7），增强了高台民居的质朴、敦厚、封闭的风格特征。

图7　外墙（来源：作者自摄）

（5）庭院生活空间的延续。维吾尔族每家都有自己的庭院，院内遍布各类花木，庭院前一般有回廊、回廊立柱上雕刻有各种花卉图案，回廊下有护栏条都是木匠制造出来的，为圆形且粗细、间隔、长短不一的木质护栏。回廊里有苏帕，铺上花毡地毯，是维吾尔族主要的生活空间（图8）。

图8　庭院（来源：作者自摄）

（6）第五立面的独特变化。喀什气候干燥少雨，所以高台民居的屋顶均是平屋顶，屋顶几乎没有坡度，居民可以在屋顶上晾晒干果。随着居住功能的增加，如果需要加盖房屋，居民便在原有房顶上加盖一层，随着人口的增加、时间的变迁，高台民居便都是层层叠叠的了（图9）。屋顶常建棚屋，棚屋内养殖家禽、放置杂物或做卫生间，为了避免阳光的暴晒，屋顶上常覆盖织物。远远看去，层层叠叠的屋顶在天空的映衬下，诉说着高台的历史。

图9　屋顶（来源：作者自摄）

三、 高台民居典型户型解析

（1）单元集中式。空间布局简单，集中以外墙围合主要生活空间，无中厅或庭院，室内外空间装饰较少，经济能力较弱的小户型常见。124号民居（图10）：房屋具有100多年的历史，共两层5间房子，只有一个小过厅，房屋面积很小但布局灵活，空间利用率高；属于高台典型的小户型民居。

（2）庭院围合式。空间布局围绕中心庭院布置，各个生活房间的开门、开窗均朝向庭院。庭院空间是一家人生活的主要场所，庭院内种植各种花草果木，生活气息浓重。属内向型空间，庭院式民居在高台较为常见。222号民居（图11）：房屋具有200年的历史，共有3个庭院，10间屋子，房间布局灵活、合理，室内装饰以及阿以旺（维吾尔语意为“明亮的处所”）装饰得很精美，庭院空间很大，围合明显。

（3）工坊式。现居住在高台的居民以小手工业为主，加之高台的旅游价值，许多沿街巷的住户将自己的住宅改建成一层以手工制作以及游人参观为主的公共交流空间，楼上则为生活居住的空间。531号民居（图12）：1996年设计院测绘后在北京民族园复原，房屋共2层16间房间，房屋内有阿依弯沙拉依[1]，很有古老的维吾尔民居特点。

四、 高台民居的困境

1. 地震的威胁

喀什处于帕米尔强烈隆起区、南天山强烈隆起区、塔里木沉降区三大新构造单元的接合部，又是喀什中新生代沉积凹陷的西边缘。受西昆仑地震带的影响，其周围地区曾发生过多次强震和中震。国家地震局将乌恰—喀什一带列为发生6级左右破坏性地震可能性较大的全国十个危险区之一。目前喀什市抗震设防为8.5度，是处于高地震烈度区的城市（图13）。

2. 房屋稳定性的威胁

高台民居的建造历史可以追随到两千多年前，但是目前现存的民居大多是修建于二三百年前的，房屋直至现在仍在不断翻修和改造之中。早期的高台民居主要为木结构，质量较好的房屋用木柱、木梁、生土填充墙，楼板为木质密肋小梁，沿街外墙大多用土坯砌成，抹上麦草泥，数十年甚至百年依旧如故。近十几年建的房屋外墙逐步采用砖木结构，少数为砖混结构，大多出挑的部位仍用木结构作为承重构件（图14）。高台民居的抗震性能均未能达到8.5级的抗震设防标准，所以房屋均需要加固保护。

图10　单元集中式民居（124号民居）（来源：作者自摄）

1　阿依湾沙拉依即阿以旺民居，也称阿以旺-沙拉依民居。沙拉依是维吾尔族民居的一个基本的生活单元，围绕阿以旺厅（带天窗的明亮处所）进行布局，庭院在四周，有起居室会客厅等多种功能，是居民主要的活动区域。

图 11　庭院围合式民居（222 号民居）（来源：作者自摄）

图 12　工坊式民居（531 号民居）（来源：作者自摄）

图 13　高密度的喀什老城区（来源：作者自摄）

图 14　高台民居建筑质量现状（来源：作者自摄）

喀什的地质属自重湿陷性黄土，承重性能较差。土陶历史上鼎盛时期，高台上有一百多家土陶作坊，全喀什市土陶作坊全部集中在这土崖上，由于所需陶品量逐年增多，土崖上的挖土量逐年增大，造成了现在看到的高台下陶洞遍布，加之高台的居民自行挖掘的地道、地下室，整个土崖千疮百孔。同时高台的四周已经露出了坡度陡峭的边坡地带，原有边坡上已有的民居，大都傍坡而建，坡高最大的达到13m，大部分也在6～9m。这些民居基本上都没有经过正规的设计，现有情况几乎没有抗边坡滑移的能力，更不要说地震发生，就是处于正常使用情况，边坡的稳定也没有保证，随时都有滑坡发生的可能（图15）。

图15　岌岌可危的边坡（来源：作者自摄）

3. 安全疏散隐患巨大

高台街坊的形成过程非常复杂，时间段很长，再加上多年来不停翻修、扩建，每户在街坊中所处的位置随意、无规则，街巷忽上忽下，有宽有窄，有长有短，很多小巷是尽头封闭的。四周有可向外通达的通道，巷道宽度一般为3m左右，尽端巷道宽度2～3m，均不能满足防火间距及疏散道路宽度要求，一旦发生紧急事故，后果是很严重的。

五、 高台民居的保护历程

2010年起，国家累计投资70多亿元开展改造项目，对有历史文化价值的传统民居在保留原有空间格局的基础上进行修缮加固，得到联合国教科文组织高度评价。2022年1月，自治区十三届人大代表提出关于喀什古城保护和利用的议案，自治区人大常委会及时启动古城保护的立法工作，组建立法工作专班、开展立法专题调研、召开立法推进会，先后与14个政府部门进行座谈交流，随机走访商户、居民和游客，广泛听取民意诉求。2024年3月31日上午，随着自治区十四届人大常委会第九次会议全票通过《新疆维吾尔自治区喀什古城保护条例》，新疆有了首部为一座古城"量身定制"的法规。该条例于2024年5月1日起施行。喀什高台民居作为喀什古城保护的重要部分，其保护工作是一个复杂而长期的过程，需要政府、专家、居民和社会各界的共同努力。未来，应进一步加强研究和实践，不断完善保护和发展机制，可以确保高台民居这一宝贵的历史文化遗产得到妥善保护，同时促进喀什古城整体的繁荣与发展。让喀什高台民居成为连接过去与未来的桥梁，为中华民族的文化多样性贡献独特的力量。

参考文献

［1］褚萱靖，胡荣．山西碛口古镇街巷空间特色研究及其保护对策初探［J］．城市建筑，2021，18（6）：33-35.

［2］王学斌．新疆喀什维吾尔族传统街区的形态特征及成因［J］．规划师，2002（6）：49-53.

［3］邬建华，杨涛．浅谈喀什高台民居外观风格的形成［J］．昌吉学院学报，2007（1）：42-44.

［4］史靖塬，浅析维吾尔文化对新疆地域建筑的影响［D］．西安：西安建筑科技大学，2008.

［5］王小东，胡方鹏．在生命安全和城市风貌保护之间的抉择［J］．建筑学报，2009（1）：90-93.

［6］王小东，刘静，倪一丁．喀什高台民居的抗震改造与风貌保护［J］．建筑学报，2010（3）：78-81.

从倪瓒 《狮子林图》 看青州偶园的艺术特色

国增林[1]

摘 要： 元四家之一的倪瓒在晚年创作的《狮子林图》是其著名的代表作。倪瓒的绘画不但影响了后世画家，而且也影响了后来的造园家，其中就包括明代造园叠山家张南垣、张然父子。倪云林和黄子久的绘画对张然后期的造园事业产生了重要影响，他为冯溥设计的青州偶园就是佳例。本文通过梳理倪瓒《狮子林图》和偶园的内在关系，尝试分析青州偶园如画的空间及艺术特色。

关键词： 倪瓒；张然；陈从周；偶园

一、 引言

青州古城内的偶园，历史上称“冯家花园”，是清康熙年间文华殿大学士冯溥告老还乡后的住所。园内最为精彩的叠石假山能有幸保存下来，有赖于我国著名古建园林专家同济大学陈从周教授的一次参观访问。20 世纪 80 年代之前，陈从周教授就久慕偶园而意欲前往一览。1981 年，陈先生参加完淄博城市总体规划会议之后借机游览偶园，当时恰遇地方准备拆除园中假山，在他的强力呼吁之下，上演了一出“劫法场”的好戏，才使偶园的叠石假山最终得以保存，并且他和相关方约定对故园进行重修。回沪之后，陈从周先生以《益都之行冯氏偶园》诗来追述他的青州之行：

相惊初见几经秋，尘世身闲苦未求。已诺名园为补笔，痴儿日日盼青州。钟情山水岂逃名，怕说清游寄性真。垂老未忘林壑美，一肩行李鲁中程[2]。

因诸事繁忙，陈先生在两年之后到鲁中故地重游，对偶园进行了详细的踏勘，提出了宝贵的保护和修复意见。这在《陈从周全集 10 · 春苔集》“鲁中行记”中有详尽的记述，特别对因缘际会使得冯氏偶园的假山得以保存并且履行前约为偶园的修复献计献策的情况做了说明。其中陈从周先生在考察了偶园的历史之后，特别指出：

当年规模视今日残存为大，假山、佳山堂、近樵亭、卧云亭、松风阁下之暖室皆在，池沿山者已填。假山、佳山堂与暖阁不失旧观[3]。

笔者对偶园现存部分进行考察，发现实际与陈从周先生所记并无二致，只是沿假山的“曲水”水路已恢复，修复时据说也是根据陈从周先生的指导进行的，这一情况与《偶园纪略》中所述相符。如果从陈从周先生发起呼吁保护偶园假山算起，距离该园初建约 300 年，当时偶园的园主人冯溥、造园大家张南垣、张然父子均大约生活在同一时期。而再上溯约 300 年，恰好是元代大画家倪瓒所生活的年代，倪云林对画坛甚至是造园界的影响相当深远，我国古代传统造园大家大多是丹青高手，而张然就曾师法倪云林，这种影响也传导到他的园林创作中，偶园就是一个比较有代表性的例子。

1　浙江财经大学艺术学院讲师，310009，369086328@ qq. com。

2　蔡达峰．宋凡圣．陈从周全集卷 13 · 山湖处处［M］．杭州：浙江大学出版社，2015：48-49.

3　蔡达峰．宋凡圣．陈从周全集卷 10 · 春苔集［M］．杭州：浙江大学出版社，2015：43.

二、 偶园概述

1. 偶园的历史变迁

偶园的园主人为冯溥（1609—1691），清初大臣，字孔博，号易斋，卒谥“文毅”。《清史稿 · 冯溥传》记载：“康熙二十一年（1682）冯溥以年老请休获准，返归青州，驻偶园。”《青州府志》记载：“冯溥既归，辟园于居地之南，筑假山，树奇石，环以竹树，曰偶园。”相关文献记载，实际上冯溥在乞休［清康熙十一年（1672）］之前，就已开始着手重新修建偶园。之所以取名为“偶园”，是因为冯溥在北京有万柳堂一座，在他致仕之时将其献给康熙皇帝，后来康熙皇帝又将青州原大明衡王府花园赐给冯溥。因此冯溥取“无独有偶”之意，为自己的晚年悠游之所命名为“偶园”（图 1）。据李焕章《织斋文集》中的《奇松园记》一文可以看出明代“奇松园”修建和更迁与偶园的关系。从文中所记来看，奇松园建于第六代衡王朱常庶在位期间，因园内有众多古松柏树而得名。清顺治三年（1646），衡王府遭查抄拆毁，奇松园“赖其地处偏隘”而幸存。但由于无人管理，经年荒废。清康熙初年，青州府同知朱麟祥将此园买下，离任后将此园售予冯溥，因冯溥当时仍在京为官，故奇松园“深锁重关，游人罕至”。直至清康熙十一年（1672）冯溥回乡，才得以将奇松园重新修造。冯溥在偶园中度过了十年的悠悠岁月。后冯溥三子冯协一自清康熙五十六年（1717）从台湾知府位上卸任回乡，至清乾隆三年（1738）逝去，一直居住于偶园。

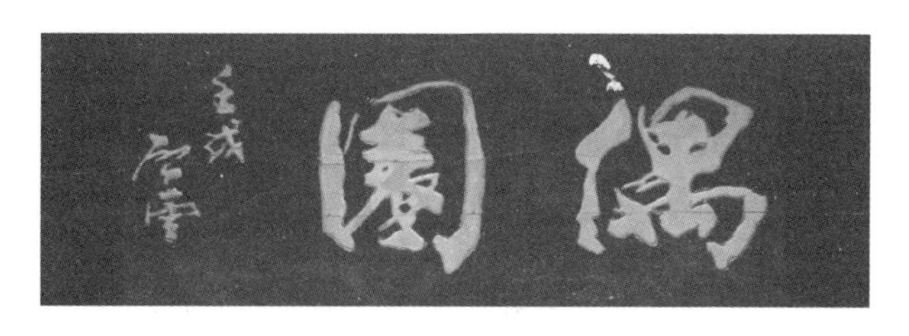

图 1　偶园牌匾

有关资料记载，偶园在清乾隆年间仍保存完好，并有部分场所对外开放，接待游客。但到了清道光初年（1821），随着经济的萧条，有的设施被毁损，直至民国年间，为冯氏世守，但已荒芜殊甚。冯协一的长孙冯时基及其三弟冯时陛的长子冯铃，分别撰《偶园纪略》一文和《蕉砚录》一书，对当时的偶园状况有所描绘。从清光绪三十三年（1907 年）成书的《益都县图志》以及民国时期青州文人所写的《青社琐记》《青州纪游》等书中均能看到有关偶园的记载。1950 年，偶园收归国有，花园部分改为“益都人民公园”，宅院部分改为早期的“益都博物馆”。偶园中门“偶园”门到 1960 年还尚存，为“过厅式”门，但门后石屏已无，屏后的牡丹池栏杆尚有若干，偶园北部的园林建筑和树木荡然无存，南部假山上的山茶房、卧云亭仅有基础，大石桥成为偶园中仅存的明代园林建筑，假山状况多年来基本未变，只是假山中峰东侧的石窟洞泉已倒塌。1966—1976 年，假山上的古柏树被砍伐，特别是靠近松风阁的一株明代古圆柏和假山中峰上的两株明代古圆柏被伐，使“龙鳞耸干抱山腰”之景大为失色。偶园的宅院部分直到 1980 年还存有“大宅门”“存诚堂”“对厅”“东厢房”及两处北屋，但随着益都博物馆的搬走以及公园的改造，“对厅”和“东厢房”被拆，在偶园北部又建起了一草亭，种植多株芍药花。松风阁前植枫树两株，偶园甬道两旁及假山上下补植柏树数株，将牡丹池残存阑板移至园内角落，卧云亭就原址基础复建，对山茶房室内方砖铺地进行了修复，较完全地实现了偶园的原貌。

2. 偶园的设计者

《陈从周全集》中《春苔集》有《鲁中记行》一文，其中有关于益都偶园的详细记载。陈从周先生提出了两个判断即冯溥的北京万柳堂规划出自张南垣、张然父子之手，另外谈及偶园假山为“今日鲁中园林最古之叠石，或云出张然之手，盖张为冯氏门客。”笔者对偶园进行实地探访时，也考察到偶园的设计者注明为张然。史料记载张南垣在清康熙十年（1671）去世，而冯溥从清康熙十一年（1672）乞休到清康熙二十一年（1682）康熙帝诏准其致仕期间一直在北京供职，偶园的前身主体“奇松园”是冯溥致仕之前从当时的青州地方官手里购得的，在购买之后旋即进行了重新规划，冯溥致仕之后在偶园度过了约 10 年的时光。因此，从偶园的购买和开始营构时间节点，可以基本排除张南垣为其“营构”偶园的可能性。清吴伟业在其《张南垣传》中提及“君有四子，能传父术。晚岁辞涿鹿相国之聘，遣其仲子行，退老于鸳湖之侧，结庐三楹”。由此可见，在张南垣晚年已将园林事务委任其子代劳，特别是他的二儿子张然，更是其中的佼佼者。张然供奉清内廷（内务府）约 30 年，到清康熙三十八年（1699）去世。顾图河在《雄雉斋选集》中写道：“云间张铨候工于叠石，畅春园假山皆出其手。”可见当时张然造园的成就及影响力。戴名世《张翁家传》记述“益都冯相国构万柳堂于京师，遣使迎翁至，为之经画，遂擅燕山之胜。自是诸王公园林，皆成翁手”。其他如“北都则南海之瀛台、玉泉之静明园、西郊之畅春园、王学士之怡园，皆出南垣父子之手”。陈从周先生在对比了张然为王熙所构的北京怡园之后，更加印证了张然作为偶园设计者的判断，并称“张然之能在于能运不同之材，叠各具特征之山”。

三、 从倪瓒到张然

1. 倪瓒及其《狮子林图》

元末明初大画家倪瓒（1301—1374），字泰宇，别字元镇，号云林子，江苏无锡人。与黄公望、王蒙、吴镇合称“元四家”。倪瓒生长在一个道教家庭，家境优渥，家里“清閟阁”藏书非常可观，这为倪瓒的成长提供了良好条件。倪瓒沉浸在各类典籍和诗文书画之中，对佛家典籍也多有涉猎。特别是书画方面，有家藏钟繇《荐季直表》、米芾《海岳庵图》、董源《潇湘图》、李成《茂林远岫图》、荆浩《秋山图》等，心摹手追之余勤苦研习及再加上外师造化，奠定了未来发展的坚实基础。但是不久之后家庭变故及家境变迁，在信仰全真教后倪瓒逐渐养成了孤僻狷介的性格，消极避世，反映在画作上就是苍凉古朴、静穆萧疏的画意。在其晚年，一直活跃在太湖一代，太湖的湖光山色使得倪瓒创造出了新的构图和笔墨技巧，逐渐形成了鲜明的个人风格。倪瓒晚年画作典型的构图就是近景一二土坡，中景为烟波浩渺的水面形成的一片虚空，远景则布置连续的山林，画中大多不设人物，画面简淡而萧疏，意境幽寂而深远。这从其晚年代表画作《容膝斋图》（图2）可见一斑。此图作于明洪武五年（公元1372年），倪瓒时年72岁，该画作最初赠予其好友檗轩翁，后檗轩翁将该卷转赠潘仁仲医师而请倪瓒为之补题。事实上，容膝斋是潘医师的休闲处，并非画中茅草亭。从《容膝斋图》可以看到倪瓒画作中典型的“一水两岸”的构图，近处土坡及远山林带皆截取其中一段，令观者有画外不尽之感，中部水体“以无代有”，茅亭低矮而空无一人，整个画面简逸萧疏，风神淡远。但是在倪瓒的绘画作品中有一幅相当独特，即《狮子林图》（图3）。之所以独特，一是此画迥别于其他画作的写意性质体现了写实性；二是画作中难得出现了人物。清沈复《浮生六记》中记载“城中最著名之狮子林，虽曰云林手笔……”代表了关于狮子林的设计者是倪瓒的一种观点［实际上狮子林是元至正二年（1342），天如禅师惟则的弟子为他建造的，当时初名“狮子林寺”，后改为“菩提正宗寺”］。但无论如何，倪瓒在其73岁作《狮子林图》是无争的事实。该图的传世使狮子林名气大增，成为苏州四大名园之一。

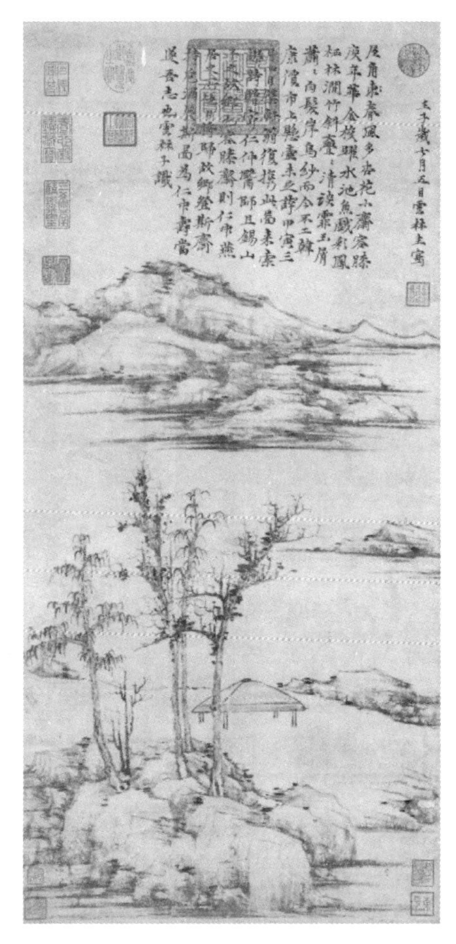

图2 元倪瓒《容膝斋图》

图3 元倪瓒《狮子林图》

倪瓒对明清产生了深远的影响，文徵明和董其昌对倪瓒有极高的评价。其他画家如朱耷、石涛、徐渭等都深受其影响。

2. 画家、造园家张然及偶园

明计成《园冶》中曾述及造园“三分匠人，七分主人”。“主人”一解是园主人，另一解是“主事之人”。因为并非所有的园主人都深谙造园之理，故这里所谓的“主人”应主要从第二解。很显然，考察张然（张然，字铨候，号陶庵，张南垣次子）的成长路径及造园实践，无论如何都不应将其归于“匠人”之列。清吴伟业《张南垣传》明确记载张南垣“少学画，好写人像，兼通山水，遂以其意垒石在他人为之莫能及也”。由此可见张然之父张南垣是通绘事的，而且从小就进行了专业的训练，这也是他后来在造园叠石上取得特殊成就的重要原因。“君（张南垣）有四子，能传父术”，说明张南垣的儿子们是继承了他的衣钵的，而其中更以张然的成就最著，原因除了张南垣的刻意培养（陆燕喆《张陶庵传》记载早年张南垣父子修建一座园林时，“南垣治其高而大者，陶庵治其卑而小者”），另外就是张然作为画家的身份。戴名世所撰《张翁家传》说：“张翁讳某，字某，江南华亭人，迁嘉兴。君性好佳山水，每遇名胜，辄徘徊不忍去。少时学画，为倪云林、黄子久笔法，四方争以金币来购。”（曹汛先生也认为文中“张翁”即指张然）由记述可见，张然不但像他的父亲一样从幼时即学画，而且宗法的主要画家为董其昌所言之“南派山水画”的代表性人物，同时也是“文人画”的高峰——黄公望、倪瓒（元四家中的两位）。另外，张然和冯溥的交谊很深，张然之所以能在北京留下诸多佳作是和冯溥的引荐分不开的。毛奇龄著《文华殿大学士太子太傅刑部尚书易斋冯公年谱》记载：“冯溥在五十五岁（清康熙二年，1663）时曾给假回籍，相中奇松园，并请同年吕宫题名，欲购之。”又据冯氏史料记载，清康熙八年（1669）冯溥曾回到故里青州，买下青州府同知朱麟祥的奇松园以及文敏公的存诚堂，着手改造，为将来的隐退做准备。清康熙十年（1671）冯溥再次回到青州故里，并且邀请张然同往。张然对奇松园及存诚堂做了测绘，在回京后依据测绘图和北京万柳堂进行了偶园的设计。张然为冯溥的万柳堂曾画《亦园山水图》，万柳堂和偶园前身奇松园的情况较为类似（冯溥《春日题佳山堂》诗中有“一园春色似京华”句），皆以土山和池沼为主体，以面对假山的厅堂为中心。冯溥《佳山堂诗集》卷六《题张陶庵画亦园山水图》诗中有“崖悬木杪堪猿啸，松倚云根见鹤来”句，写实地反映了偶园的松石之景。青州博物馆馆藏有珍贵的冯溥《佳山堂消暑图》（图4），此图为清初大画家李洽所绘，绘制时间为清康熙十七年（1678），是目前所见有关偶园最早的图像资料。问题是冯溥在清康熙二十年（1681）才致仕南归，怎么会在之前三四年就回到青州呢？查找《清圣祖实录》卷71《康熙十七年画戊午》条：二月丁未遣大学士冯溥祭先师孔子。可以推测此图当是冯溥祭孔省亲时所作。根据此图可以更进一步推测偶园至迟在1678年即已建造完成。

图4 冯溥《佳山堂消暑图》

四、偶园的布局与特色

1. 偶园的布局

偶园的格局在历史变迁中屡有兴废。据李焕章《织斋文集》《奇松园记》一文记载：“奇松园，明衡藩东园之一角也。宪王时以其府东北隙地，结屋数楹，如士大夫家，青琐绿窗，竹篱板扉，绝不类王公规制，盖如宋之艮岳，元之西苑也。中有松十围，荫可数亩，尽园皆松也，故园以松名，效晋兰亭流觞曲水，管弦丝竹，吴歈越鸟，无日无之，亦吾郡之繁华地。迨府第毁后，兹园赖其地处偏隘，园亭池沼，颇有烟霞致。又老松虬枝霜干，日长龙鳞，故国乔木，人所羡仰。郡丞朱公以其值，买之，以饷四方之宾客。后朱公去转，售之今相府，深锁重关，游人罕至矣。念斯园自旧朝来，隶帝子家，辱于阉竖、舞女、歌儿，其后胥徒啬夫，阜圉夏畦，皆过焉。卒未有文人骚客，载笔携筒，拈韵赋诗，以遨以游，骋目娱心……癸亥夏闰六月二十八日雨中记。”从文中可见“奇松园”变迁及其与偶园的关系，还说明李焕章写此文时，冯溥已购奇松园但尚未修缮，除此之外，偶园的状态是并非“王公规制”，而是更接近文人园的状态，较为朴实而雅致。冯溥后裔冯时基有《偶园纪略》一文备述偶园园事，记云：“存诚堂先文毅公居宅也。对厅之东门北向，颜曰一丘一壑，入门东转为间山亭，再东为园门，西向颜‘偶园’二字，门内石屏四，镌明高唐王篆书，屏后石阑，依竹径东行达友石亭，亭前太湖石奇巧为一方之冠，石南鱼沼，沼南竹柏森森，幽然而静，北山为云镜阁，阁西而北有函室曰绿格阁，北而东，楼台参差，别为院落，阁后太湖石横卧，长可七八尺，为园之极北处。友石亭西一小斋，西有池蓄鱼，亭东南石台陡起，有阁曰松风，下为暖室，乃冬日游憩处。循台而南入楮绿门，过大石桥（图5）跨方池，桥尽西转即佳山堂（图6）。堂南向，正对山之中峰，堂前花卉阴翳，阴晴四时，各有其趣。西十余武，幽室向北有茅屋数椽，曰一草堂，亭前金川石十有三，游赏者目为十三贤。室南近樵亭（图7）饰以紫花石，下临池水，南对峭壁，引水作瀑布注于池，循山而东，流水上叠石为桥，渡桥入石洞，东行西折，渐至山腰为山之西麓，东陟登顶，为山之主峰（图8），近树远山一览在目，峰东北临水有石窟，俯而入幽暗不辨物，宛转而行，豁然清爽，则石室方丈，由石罅中透入日光也。出洞南转，仰视有孔，窥天若悬壁。三面皆石蹬，拾级而登，则中峰之东麓（图9），东横石桥，下临绝涧，引水为泉，由洞中曲屈流出会瀑布之水，依东山北入方池，涧北即山阿，为卧云亭，后石径崎岖，援而升为山之东峰，北下山半有斗室，曰山茶山房，房前缘石为径，北登松风阁，阁后下石阶十余级为友石亭之左。”从前后两篇记可以一窥偶园的历史变迁以及当年的盛况。由记中所述也可以推断，偶园最初的规模较目前的留存为大，实际上是一处结合住宅、宗祠以及园林的古建筑群。除去草木花卉之外，主要建筑及设施包括一山（石包土的假山，分东、西、中三峰）、一堂（佳山堂）、二水（洞泉水、瀑布水）、二门（偶园门、榼绿门）、三桥（大石桥、横石桥、瀑水桥）、三阁（云镜阁、绿格阁、松风阁）、四池（鱼池、蓄水池、方池、瀑水池）、五亭（友石亭、问山亭、·草亭、近樵亭、卧云亭）。另外，还有小斋、幽室、山茶山房等建筑。至清末，“山石树木，大概虽存，而荒芜殊甚”（清光绪《益都县图志》），仅存一山一堂一阁。到陈从周先生前往青州观览时，已是名园迟暮甚至危在旦夕，但所幸最后还是将山石及部分古松（也有明代三棵古松被砍伐的记载）保留了下来，令人不胜慨叹也不禁神往。

图5　大石桥（衡王府花园旧物）

图6　佳山堂

图7　东南角近樵亭

图8　由佳山堂看南山三峰

图9　假山东麓及卧云亭

2. 偶园的特色

谈到偶园的特色，陈从周先生曾评张然设计的偶园：“其运石之妙在于模鲁山之特征，运当地之材，其突兀苍古之笔，视南中清逸秀润之态，有所异也，足征叠山在于运石，因材而致用，必不能囿于一方陈式也。张然之能在于能运不同之才，叠各具特征之山。观其北京为王熙所构怡园，益信余言矣。”怡园［清代著名宫廷画家焦秉贞曾绘制《北京怡园图》（图10），现藏浙江省博物馆］原为明朝权臣严嵩的花园，清初归王崇简及其子王熙所有。《宸垣识略》记载怡园为“康熙中大学士王熙别业”。王世祯《居易录》记载：“怡园水石之妙，有若天然，华亭张然所造。”园林营造的至高境界正如计成《园冶》所说“宛自天开”者，可以说王世祯对怡园给予了极高的评价。这一评价也道出了张涟、张然父子造园特别是叠山理水的思想。偶园的特色首先体现在园子的立意上。吴伟业《张南垣传》引南垣论曰“今之为假山，聚危石，架洞壑，带以飞梁，矗以高峰，据盆盎之智以笼岳渎，使入之者如入鼠穴、蚁蛀，气象蹙促，此皆不通于画之故也”。因此张南垣叠假山不主张缩小比例，如果丧失了真实的尺度感，则假山就变成如盆景一样。张南垣主张堆山采用“平冈小阪”“陵阜破陀”的方式，截取真山大壑的一个角落或局部，使所营造之园“若似乎处大山之麓，截溪断谷，私此数石为吾有也”。张然叠山也继承了张南垣的路数，这一点在北京怡园和青州偶园的设计规制上体现的尤为明显，反映了文人园不追求奢华，强调天然去雕饰的价值取向。其次，在偶园的整体格局上，如果将其对照倪瓒所绘狮子林图，会发现在厅堂和山的对应关系上，偶园和狮子林是十分相似的——佳山堂南向面对三峰与禅窝（元代危素《狮子林记》曾记载：云狮子林后结茅为方丈，扁其楣曰禅窝，下设禅座，上安七佛像，间列八境）面对群山（图 11）。也正如陈从周先生所云“群山环抱，古木森严，坐佳山堂如在万壑中”。从目前的资料看，还没有相关偶园取法狮子林图的直接证据，但是二园在空间格局上的高度相似，加上张然绘画主要宗法倪瓒和黄公望的事实，或许可以一窥两者之间的内在联系。再者，张然继承了张南垣的造园理念，在园林经营中强调“真山真水”而非盆景式的艺术处理，这种处理方式体现了“以小见大”“以偏概全”（褒义）的思想，为求其真而示其“小”、示其“偏”，令游览者产生置身真实的自然之境的体验，还暗示出山水绵延不尽之象。这种高明的手法与倪瓒的绘画取景方式类似，即倪瓒的绘画描写的是一个画家内心想要表达，然后经过作者精心组织的理想世界——严格说是一个世界的局部——呈现出萧逸空寂的美学意蕴。

图 10　清焦秉贞绘《北京怡园图》

五、 结语

张南垣作为造园家深刻体会到了各类园林兴废及变迁，从而触发了其邀吴伟业为之作传的最初动因即“人以文留”，而非“人以园名”。从传记来看，张南垣自身作为一个造园家不仅擅长绘事而且也确实做到了名垂后世。张南垣之子张然的造园艺术使“山子张”更是冠盖京华。除了北京的作品，张然经营“构制”的青州偶园也独具特色，

图 11　狮子林三面环山的厅堂

成为国内为数不多的具有清初康熙朝叠山遗留的佳例。本文从考究青州偶园的历史变迁，过渡到对其设计者的进一步挖掘，甚至继续往前推演几百年，将张然与元代画家倪瓒进行跨时空的链接。从倪瓒《容膝斋图》代表的成熟期的画家创作上的经典构图，到对倪瓒所作《狮子林图》的进一步考证，发现该图所示主体空间与偶园呈现高度的相似性，越发体会到“黄子久笔法”对张然造成的重要影响。此种影响使我们看到元明山水画对造园艺术家来说，已经超越了表层物象而演化成园林创作者的精神内质，并使以张氏父子为代表的造园人在其世代能够出类拔萃的重要因素。清乾隆时期以后，偶园逐渐废弛，令人怀想“南垣之叹”。后幸于陈从周先生的呼吁，园林主体和菁华得以存世，陈先生之功绩当永记之。曹汛先生在其《史源学材料的史源学考证示例，造园大师张然的一处叠山作品》中说：“就以园林史而论，如果不懂得史源学和年代学，你就不但不会写园林史、不会研究园林史，甚至读不好园林史。”诚如曹汛先生所言，本文的研究史料还有待于进一步完善和丰富，论证与考析也需要进一步深入和拓展，甚至是一部分材料还需要比对和证伪。

参考文献

［1］蔡达峰．宋凡圣．陈从周全集卷 13 · 山湖处处［M］．杭州：浙江大学出版社，2015.

［2］朱良志．源上桃花无处无：倪瓒的空间创造［M］．杭州：浙江人民美术出版社，2020.

［3］高木森．清溪远流：清代绘画思想史/高木森著作系列［M］．杭州：浙江人民美术出版社，2020.

［4］童寯．江南园林志［M］．2 版．北京：中国建筑工业出版社，2014.

［5］杨鸿勋．江南园林论［M］．北京：中国建筑工业出版社，2011.

［6］苏州市狮子林管理处．徐贲狮子林图［M］．苏州：古吴轩出版社，2019.

［7］孟凡玉．山水画意指引下中国传统园林假山理法研究［D］．北京：北京林业大学，2022.